教育部生物医学工程专业教学指导委员会“十四五”规划教材
“双一流”高校建设“十四五”规划系列教材

生物医学信息传感与测量技术

主 编 林 凌 李 刚

图书在版编目(CIP)数据

生物医学信息传感与测量技术 / 林凌, 李刚主编.
-- 天津 : 天津大学出版社, 2023.4
教育部生物医学工程专业教学指导委员会“十四五”
规划教材 “双一流”高校建设“十四五”规划系列教材
ISBN 978-7-5618-7451-6

Ⅰ. ①生… Ⅱ. ①林… ②李… Ⅲ. ①生物医学工程
－信息技术－高等学校－教材 Ⅳ. ①R318.04

中国国家版本馆CIP数据核字(2023)第071407号

出版发行 天津大学出版社
地　　址 天津市卫津路92号天津大学内（邮编:300072）
电　　话 发行部:022-27403647
网　　址 www.tjupress.com.cn
印　　刷 天津泰宇印务有限公司
经　　销 全国各地新华书店
开　　本 787mm×1092mm　1/16
印　　张 25.25
字　　数 631千
版　　次 2023年4月第1版
印　　次 2023年4月第1次
定　　价 69.00元

前　言

本书是教育部高等学校生物医学工程类专业教学指导委员会规划的系列教材之一，为适应学科的发展和教学改革的需要，本书在内容上进行了大胆的改革。

生物医学传感器在医学仪器和生命科学仪器中不仅起着不可或缺的重要作用，也是决定医学仪器和生命科学仪器性能的关键部件。然而，生物医学工程专业电子工程方向的学生中绝大多数在未来所从事的不是传感器本身的研发和生产，而是传感器的应用，而以往的教材重点几乎全部放在传感器本身，涉及传感器的接口和应用却着墨甚少。为此，本书在立意、内容组织等方面进行了重要改革，以体现工程教育“学以致用”的宗旨，又加强了各门课程的密切联系，特别强调以“测量”和“设计”两条主线贯穿始终。

第 1 章介绍了传感与测量的关系、医学诊断与医学研究中的传感与测量、医学传感与测量的特殊性、传感器的基本参数与特性、测量的基本知识、误差的基本知识和生物医学信号（信息）测量，几十年生物医学工程专业的教学经验告诉我们，这些知识对掌握和应用传感器是十分必要的，但其在迄今为止的教材和教学中却严重缺位。

第 2~4 章介绍了传统的阻抗型传感器、电容型传感器和电感型传感器，除传统的、原理性的传感器接口电路外，大幅度提高了这些传感器的新型集成接口电路以及传感器在医学上应用的占比，如电阻型传感器的集成接口电路、电容传感器的集成接口电路 AD7745、LDC 电感数字转换器 LDC1000 和可变差动变压器的集成接口 PGA970，可以避免读者局限于传感器原理电路的狭隘、僵化的认知；又如荧光定量 PCR 仪中的精密测温、压力传感器在血压计中的应用、输液报警器、电容型免疫传感器、体内金属物的无创探查系统和磁感应电阻抗断层成像等内容，给读者以生动、丰富的现代医学仪器中传感器应用实例。

第 5 章介绍了光电传感器，光电传感器是现代医学仪器中最重要的传感器，既有极低成本的光敏二极管，也有极高灵敏度的光电倍增管。光电传感器的应用实例也很多，这些实例不仅有助于读者开阔视野，而且能令读者举一反三地将各种各样的生物医学信号转变成光电信号的检测，强化创新意识。

第 6 章介绍了图像传感器，图像传感器可以传感的信息量远远多于其他任何一种传感器，目前图像传感器的发展及其性能的提高令人目不暇接，图像传感器在医学上的应用最值得期待。

第 7 章介绍了生物电信号检测，虽然这方面的内容已趋于成熟，但其重要性却不容忽视，生物电信号作为生命的本质，携带了丰富而重要的健康和病理信息。由于生物电信号信噪比低，其信号检测、处理与分析一直是生物医学工程及其他涉及信号处理与分析专业的最佳研究对象和学习微弱信号检测与处理的不二题材。

第 8 章介绍了生物医学信号检测模拟前端，随着微电子技术、微处理器技术和信号处理电路技术的快速发展，模拟前端（Analog Front End，AFE）或称片上系统（System on Chip，SoC）应运而生，它们把传感器的接口电路、基准电源和激励电源、模数转换器（Analog to

Digit Converter, ADC）和数字接口电路集成在一个芯片上，甚至把传感器也集成在上面，毫不夸张地实现了片上系统。对读者而言，只有了解和掌握生物医学信号检测模拟前端，才能在未来不落后。

第 9 章介绍了数字时代的生物医学传感与测量技术，虽然主要内容是作者的成果，却不会出现挂一漏万现象，比较好地覆盖了数字时代的生物医学传感与测量技术。

本书由林凌教授和李刚教授担任主编。本书的编写参考和引用了大量的文献资料，限于篇幅、工作量和教材的简洁性而没有在每个引用的地方特意注明，在此向这些文献的原作者表示衷心的感谢。特别向教育部生物医学工程专业教学指导委员会和天津大学出版社黎恋恋编辑表示感谢，感谢在本书的筹划、撰写和出版过程中给予的指导、支持和帮助。

作者

2022 年初秋于北洋园

目　　录

第 1 章　概论

自古以来,人们就希望拥有“顺风耳”“千里眼”以延伸自己的感官能力,感知千里之外的情况。到现代,这些梦想已经部分实现,实现这种能力的技术就是传感器。

人类对客观世界的好奇心亘古有之:地球之外有无生命?光跑得有多快?前者是定性判断、有无的测量;后者是定量测量、状态的测量。

现代人们去医院看病,医生或通过询问,或通过仪器进行检查。前者是医生用自身的传感器——感官进行“传感”,后者是通过物理传感器进行“测量”。

除极少数轻微的病患,绝大多数的病患都需要进行各种各样的检查,也就是采用具有各种各样的传感器的仪器进行测量,医生必须依靠这些测量结果才能做出正确的诊断。

以上初步地勾勒出信息、传感、测量之间的关系,下面更详细地进行说明。

1.1　传感与测量的关系

马克思认为:“一种科学只有在成功地运用数学时,才算达到了真正完善的地步。”从这句话中可以得到这样的推论:

(1)在运用数学时,每个变量应该也只能被测量得到;

(2)应用数学计算的结果也应该且必须被测量得到。

所以,著名科学家门捷列夫这样说:“科学是从测量开始的。”

现代科学诞生和发展的历史完全是一段科学“测量”的历史,每一个物理定理或定律和基本物理常数都诞生于巧妙的“测量”。

早期人类的测量凭借自身的感官或简单的机械量具,如直尺、量规、水银温度计等,随着电气、电子技术的发展,逐步发展出将被测量转变成电压、电流等的电量测量装置。这些装置在强调能量转换时被称为换能器(transducer),在强调信息转换时被称为传感器(sensor),本书主要讨论后者。

可以这样理解,传感器是一种检测装置,能感受到被测量的信息,并能将感受到的信息按一定规律变换成为电信号或其他所需形式的信息输出,以满足信息的传输、处理、存储、显示、记录和控制等要求。

从测量的角度来看,传感器是仪器或测量系统最前端的环节,决定了仪器或测量系统的测量灵敏度、精度和范围等性能。

通常传感器根据其基本感知功能,可分为热敏元件、光敏元件、气敏元件、力敏元件、磁敏元件、湿敏元件、声敏元件、放射线敏感元件、色敏元件、味敏元件、化学敏感元件和生物敏感元件等十二大类。

所谓测量,就是一个比对过程,把被测量与标准量(或基准量)进行比较,确定被测量与标准量(或基准量)的比值关系。

科学测量的永恒目标是追求更高的精度，在一般的应用中也必须保证一定的精度才能有意义，这就需要掌握“误差理论与数据处理”并将其应用在测量过程中和仪器或测量系统的设计中。

1.2 医学诊断与医学研究中的传感与测量

通过前面的讨论，我们可以认为“测量就是科学”。同样，在医学上可以认为“测量就是诊断”。

测量可以为临床诊断提供各种医学信息，如心电图、血压和体温等各种生理信息，血液成分、尿液成分、呼吸气体成分等化学信息，X 光图像、B 超、MRI（磁共振成像）和 PET-CT 图像等图像信息，各种微生物和病毒的存在与否和数量多少等信息，以及基因等生物信息。

同样，医学基础研究也必须依靠这些信息。家庭健康、慢病管理、个人健康管理、运动保健等，同样需要这些信息。

获取这些信息只能依靠传感器及由其构成的测量装置、仪器或系统。

1.3 医学传感与测量的特殊性

除少数离体组织或样本外，医学传感和测量的对象是人体，因此对其有特殊的要求。

1. 电气安全和机械安全

传感器需要用电才能工作，因此不论是对受试者（患者）还是操作者（医务人员或其他法定人员）均不能产生伤害甚至生命威胁，具体适用标准是《医用电气设备 第 1-1 部分：通用安全要求 并列标准：医用电气系统安全要求》（GB 9706.15—2008）。

同样，对传感器及其构成的医学测量系统也要禁止有对受试者（患者）或操作者（医务人员或其他法定人员）产生机械伤害的风险。对可能触及的部分需要进行防伤害处理，如仪器外壳不能存在尖锐的倒角、边框等。

2. 无创或无损

在设计传感或测量系统时，尽可能采用无创的方法，甚至牺牲一定的精度也在所不惜。如血压和血氧饱和度的直接测量，既会对人体产生伤害，又容易产生交叉感染，非不得已的情况下不会采用。

当目前技术做不到或代价难以承受，必须采用有创的方法测量时，则应该尽可能减少对人体的伤害，如血液的生化检验需要抽血。

3. 无电磁辐射和电离辐射

电磁辐射（electromagnetic radiation）的另一个通俗名字为电磁波，高能量（高频率）电磁辐射是电离辐射（ionizing radiation），只有这部分电磁辐射是危险的。

低强度、短时间的电磁辐射几乎对人体无影响，但高强度或长时间的电磁辐射会对人体产生潜在的危害。

电离辐射是一种可以把物质电离的辐射，需要严格限制在尽可能低的强度和短的时间内。

4. 无生物毒性

在需要对人体注射或涂抹一定的化学物质以提高传感灵敏度和精度时，如各种造影剂、超声耦合剂等，必须保证满足无或低生物毒性，并能够尽快代谢或耗散，且排出人体。

1.4　传感器的基本参数与特性

掌握传感器的性能与参数是应用传感器的前提，而传感器的参数可分为工作参数、性能参数和极限参数，性能参数又称为质量参数，可分为静态参数、动态参数和其他性能参数三类，动态参数又可分为频域参数（高频性能）和时域参数（高速性能），如图 1-1 所示。

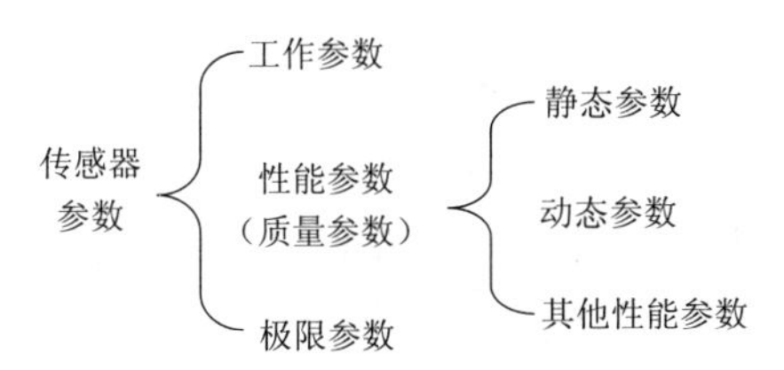

图 1-1　传感器参数的分类

1.4.1　工作参数

所谓工作参数，是指传感器正常工作时所需的条件和表现出来的参数。常见的工作参数有电源电压和工作温度。

（1）电源电压是指能够达到正常表现时的电源电压。

（2）工作温度是指保证传感器的性能和不损坏传感器的温度范围。

1.4.2　性能参数（质量参数）

性能参数体现"奥运精神"——越大越好、越快越好、越强越好或越小越好，等等。虽然理想（理论）如此，但工程上是能满足要求就好，其原因是：一则实际传感器的性能不可能做到理想的性能；二则高性能往往与高成本密不可分，通常也需要考虑性价比的问题。

为简单、清晰起见，我们通过传感器的转换函数 $f(t)$（图 1-2）来分析与时间无关的静态特性和与时间有关的动态特性。

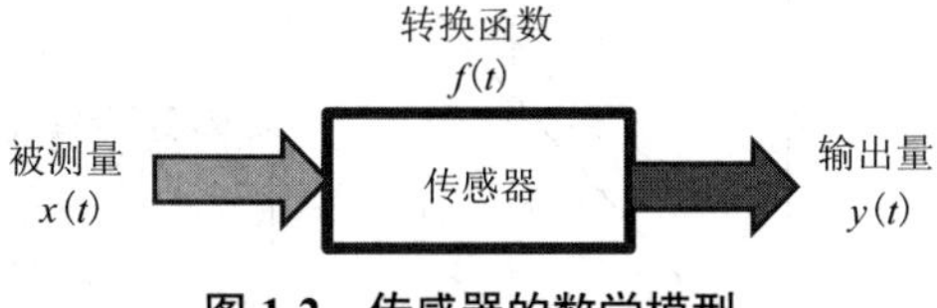

图 1-2　传感器的数学模型

1. 静态参数

当被测量为某些确定的值或其变化极其缓慢，换言之，即与时间无关时，可用静态特性来描述传感器的性能 f 或传感器输出 y 与输入 x 的关系。静态参数主要有量程、线性度、灵敏度、迟滞、重复性、精度、分辨率、零点漂移，下面逐一介绍。

1)量程

量程是传感器的测量范围，是指测量上下极限之差。每个传感器都有自身的测量范围，被测量处在这个范围内时，传感器的输出信号才有一定的准确性，因此量程也是用户选型时首先要关注的技术指标，根据被测量选择一款量程合适的传感器是极为重要的。

传感器的量程 X_{FS}、满量程输出 Y_{FS}、测量下限 X_{min}、测量上限 X_{max} 的关系如图 1-3 所示。

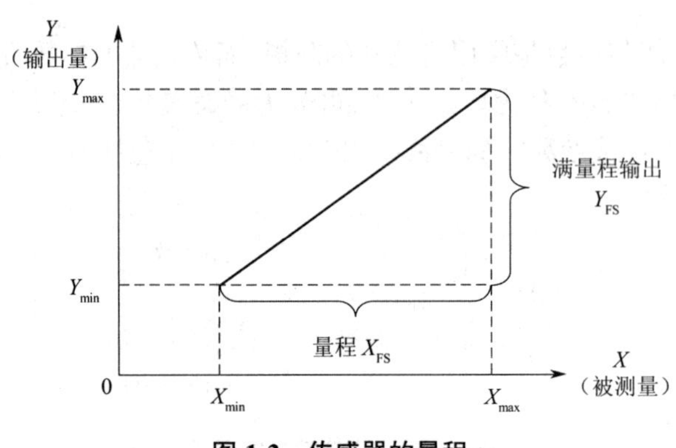

图 1-3　传感器的量程

2)线性度

传感器的线性度又称非线性误差，是指传感器的输出与输入之间的线性程度。理想的传感器输入-输出关系应该是线性的，这样使用起来才最为方便。但实际中的传感器都不具备这种特性，只是不同程度地接近这种线性关系。

在实际中，有些传感器的输入-输出关系非常接近线性，在其量程范围内可以直接用一条直线来拟合其输入-输出关系；有些传感器则有很大的偏离，但通过非线性补偿、差动使用等方式，也可以在工作点附近一定的范围内用直线来拟合其输入-输出关系。

选取拟合直线的方法很多，图 1-4 表示的是用最小二乘法求得的拟合直线，这是拟合精度最高的一种方法。实际特性曲线与拟合直线之间的偏差称为传感器的非线性误差 δ，其最大值与满量程输出 Y_{FS} 的比值即为线性度 Y_L，即

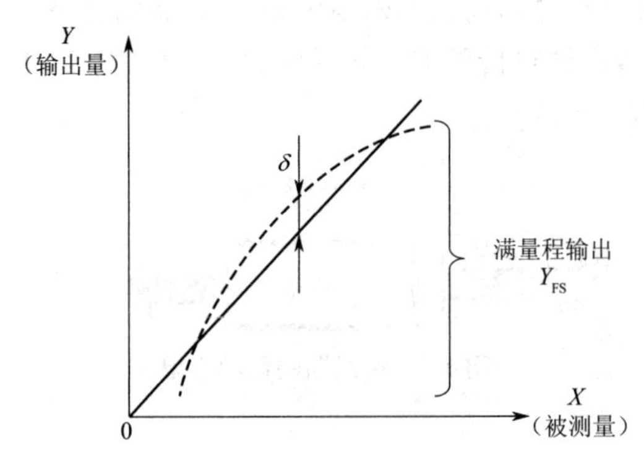

图 1-4　传感器的线性度

$$Y_L = \pm \frac{\delta}{Y_{FS}} \tag{1-1}$$

特别地，在不考虑延时、蠕变、迟滞、空程或回差、不稳定性等因素时，可用下列多项式来描述静态特性：

$$y = a_0 + a_1 x + a_2 x^2 + \cdots + a_n x^n \tag{1-2}$$

相对而言，传感器的非线性特性有以下几种情况。

Ⅰ. 理想的线性情况

如图 1-5（a）所示，如果

$$a_0 = a_2 = \cdots = a_n = 0 \tag{1-3}$$

则

$$y = a_1 x \tag{1-4}$$

如图 1-5（b）所示，若 $a_0 \neq 0$，但 $a_2 = \cdots = a_n = 0$，其依然是线性函数，只是直线不过 0 点，传感器有零点偏移，有

$$y = a_0 + a_1 x \tag{1-5}$$

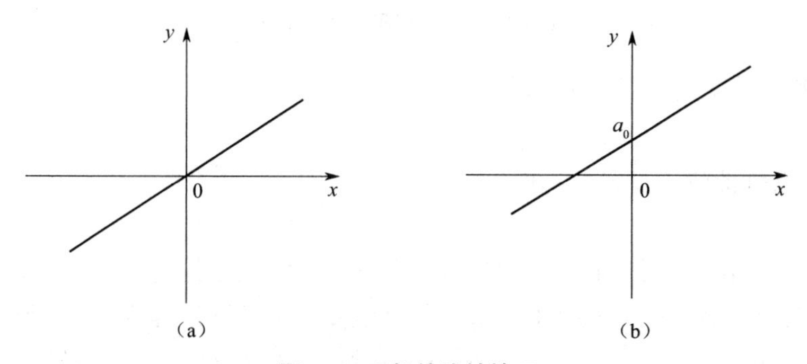

图 1-5　理想的线性情况

（a）过 0 点的线性函数　（b）不过 0 点的线性函数

Ⅱ. 非线性项次数为偶数（图 1-6）

如果

$$a_0 = 0,\ a_3 = a_5 = a_7 = \cdots = 0 \tag{1-6}$$

则

$$y = a_1 x + a_2 x^2 + a_4 x^4 + \cdots \tag{1-7}$$

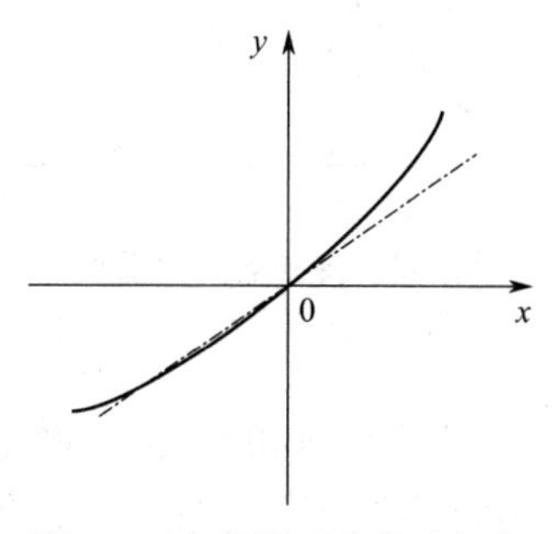

图 1-6　非线性项次数为偶数

Ⅲ.非线性项次数为奇数(图 1-7)

如果

$$a_0 = a_2 = a_4 = a_6 = \cdots = 0 \tag{1-8}$$

则

$$y = a_1x + a_3x^3 + a_5x^5 + \cdots \tag{1-9}$$

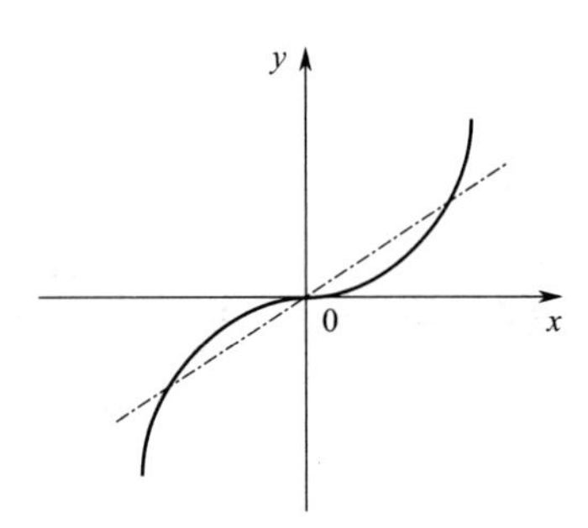

图 1-7 非线性项次数为奇数

Ⅳ.非线性项次数有奇数也有偶数

$$y = a_0 + a_1x + a_2x^2 + a_3x^3 + a_4x^4 + \cdots \tag{1-10}$$

传感器的特性曲线不具备对称性。

3)灵敏度

传感器的灵敏度是指其输出变化量 ΔY 与输入变化量 ΔX 的比值,可以用 k 表示。对于一个线性度非常高的传感器来说,也可认为其灵敏度等于其满量程输出 Y_{FS} 与量程 X_{FS} 的比值(图 1-8)。灵敏度高,通常意味着传感器的信噪比高,这将会方便信号的传递、调理及计算。

$$k = \pm\frac{\Delta Y}{\Delta X} \tag{1-11}$$

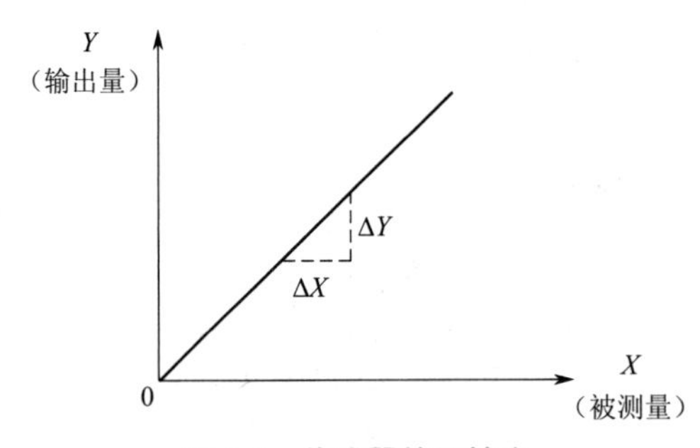

图 1-8 传感器的灵敏度

4)迟滞

当输入量从小变大或从大变小时,所得到的传感器输出曲线通常是不重合的。也就是说,对于同样大小的输入信号,当传感器处于正行程与反行程时,其输出值是不一样大的,会有一个差值 ΔH,这种现象称为传感器的迟滞(图 1-9)。

产生迟滞现象的主要原因包括传感器敏感元件的材料特性、机械结构特性等，例如运动部件的摩擦、传动机构间隙、磁性敏感元件的磁滞等。迟滞误差 γ_H 的具体数值一般由实验方法得到，用正反行程最大输出差值 ΔH_{max} 的一半与其满量程输出 Y_{FS} 的比值来表示，即

$$\gamma_H = \pm\frac{\Delta H_{max}}{2Y_{FS}}\times 100\% \tag{1-12}$$

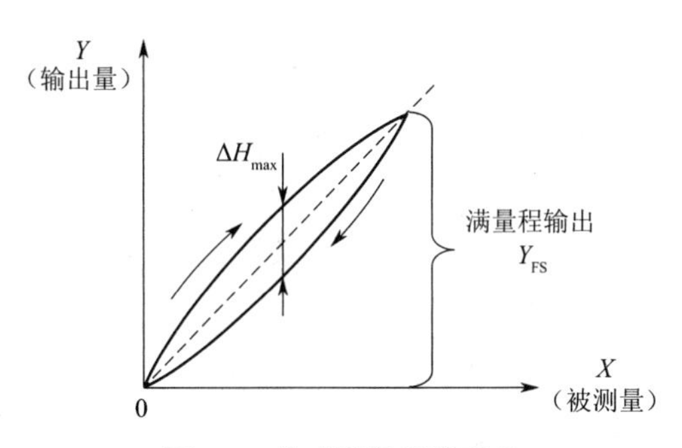

图 1-9　传感器的迟滞现象

5）重复性

一个传感器在工作条件不变的情况下，若其输入量连续多次地按同一方向（从小到大或从大到小）做满量程变化，所得到的输出曲线也会有所不同，可以用重复性误差 γ_R 来表示（图 1-10）。

重复性误差是一种随机误差，常用正行程或反行程中的最大偏差 ΔY_{max} 的一半与其满量程输出 Y_{FS} 的比值来表示，即

$$\gamma_R = \pm\frac{\Delta Y_{max}}{2Y_{FS}}\times 100\% \tag{1-13}$$

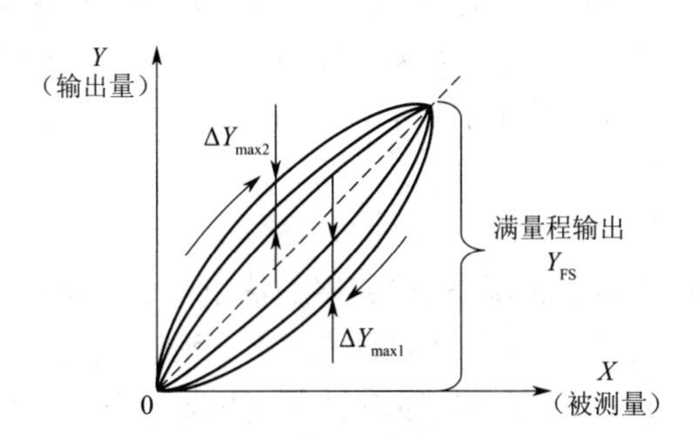

图 1-10　传感器的重复性误差

6）精度

在测量过程中，测量误差是不可避免的。误差主要有系统误差和随机误差两种。

引起系统误差的原因有测量原理及算法固有的误差、仪表标定不准确、环境温度影响、材料缺陷等，可以用准确度来反映系统误差的影响程度。

引起随机误差的原因有传动部件间隙、电子元件老化等，可以用精密度来反映随机误差的影响程度。

精度是一种反映系统误差和随机误差的综合指标(图 1-11),精度高意味着准确度和精密度都高。一种较为常用的评定传感器精度的方法是用线性度 γ_L、迟滞 γ_H 和重复性 γ_R 这三项误差值的方和根来表示,即

$$\gamma = \sqrt{\gamma_L^2 + \gamma_H^2 + \gamma_R^2} \tag{1-14}$$

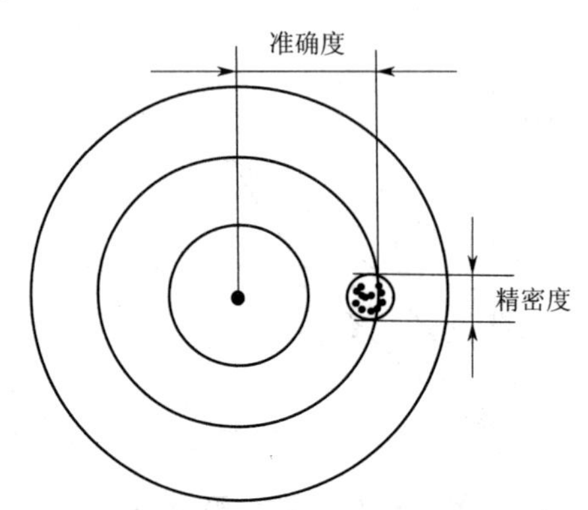

图 1-11 传感器的准确度、精密度与精度的关系

7)分辨率

传感器的分辨率代表其能探测到的输入量变化的最小值。例如一把直尺,它的最小刻度为 1 mm,那么它无法分辨出两个长度相差小于 1 mm 的物体的区别。

有些采用离散计数方式工作的传感器,例如光栅尺、旋转编码器等,它们的工作原理就决定了其分辨率的大小。有些采用模拟量变化原理工作的传感器,例如热电偶、倾角传感器等,它们在内部集成了 A/D 功能,可以直接输出数字信号,因此其 A/D 的分辨率也就限制了传感器的分辨率。

有些采用模拟量变化原理工作的传感器,例如电流传感器、电涡流位移传感器等,其输出为模拟信号,从理论上讲它们的分辨率为无限小。但实际上,当被测量的变化值小到一定程度时,其输出量的变化值和噪声处于同一水平,已经没有意义,这也相当于限制了传感器的分辨率。

8)零点漂移

在传感器的输入量恒为零的情况下,传感器的输出值仍然会有一定程度的小幅变化,这就是零点漂移(图 1-12)。引起零点漂移的原因很多,例如传感器内敏感元件的特性随时间而变化、应力释放、元件老化、电荷泄漏、环境温度变化等。其中,环境温度变化引起的零点漂移是最为常见的现象。

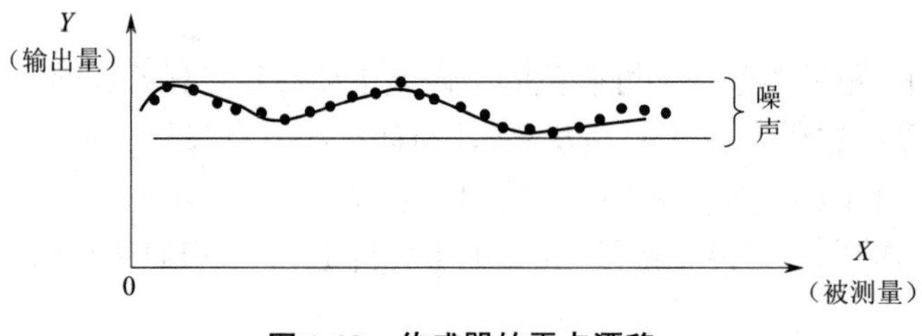

图 1-12 传感器的零点漂移

2. 动态参数

当被测量随时间变化时，传感器输出与输入的关系表现的是传感器的动态特性。

描述一个系统的动态特性时，用微分方程更为方便、准确：

$$a_n\frac{\mathrm{d}^n y}{\mathrm{d}t^n}+a_{n-1}\frac{\mathrm{d}^{n-1} y}{\mathrm{d}t^{n-1}}+\cdots+a_1\frac{\mathrm{d}y}{\mathrm{d}t}+a_0 y=b_m\frac{\mathrm{d}^m x}{\mathrm{d}t^m}+b_{m-1}\frac{\mathrm{d}^{m-1} x}{\mathrm{d}t^{m-1}}+\cdots+b_1\frac{\mathrm{d}x}{\mathrm{d}t}+b_0 x \tag{1-15}$$

式中：y表示$y(t)$，x表示$x(t)$。

式（1-15）进行拉普拉斯变换，可得

$$Y(s)\left(a_n s^n+a_{n-1}s^{n-1}+\cdots+a_1 s+a_0\right)=X(s)\left(b_m s^m+b_{m-1}s^{m-1}+\cdots+b_1 s+b_0\right) \tag{1-16}$$

可得传感器的系统函数：

$$H(s)=\frac{Y(s)}{X(s)}=\frac{b_m s^m+b_{m-1}s^{m-1}+\cdots+b_1 s+b_0}{a_n s^n+a_{n-1}s^{n-1}+\cdots+a_1 s+a_0} \tag{1-17}$$

对一阶系统，有

$$H(s)=\frac{b_1 s+b_0}{a_0} \tag{1-18}$$

或

$$a_1\frac{\mathrm{d}y}{\mathrm{d}t}+a_0 y=b_0 x \tag{1-19}$$

对二阶系统，有

$$H(s)=\frac{b_2 s^2+b_1 s+b_0}{a_0} \tag{1-20}$$

或

$$a_2\frac{\mathrm{d}^2 y}{\mathrm{d}t^2}+a_1\frac{\mathrm{d}y}{\mathrm{d}t}+a_0 y=b_0 x \tag{1-21}$$

对于绝大多数的传感器，基于二阶系统分析已经能够具有足够的精度。

传感器动态参数又可分为两类：带宽（频域指标）和速度（时域指标）。

1）带宽（频域）

在实际应用中，大量的被测量是时间变化的动态信号，例如血压的变化、物体位移的变化、加速度的变化等。这就要求传感器的输出量不仅要能够精确地反映被测量的大小，还要能跟得上被测量变化的速度，这就是指传感器的动态特性。

从传递函数的角度来看，大多数传感器都可以简化为一个一阶或二阶环节，因此通常可以用带宽来大概反映其动态特性。如图 1-13 所示，在传感器的带宽范围内，其输出量的幅值在一定范围内有小幅变化（最大衰减为 0.707）。因此，当输入值做正弦变化时，通常认为输出值可以正确反映输入值，但是当输入值变化的频率更高时，输出值将会产生明显衰减，导致较大的测量失真。

2）压摆率

在被测量以阶跃信号形式加载至传感器后，传感器输出的最大变化率称为压摆率。此参数的含义如图 1-14 所示。

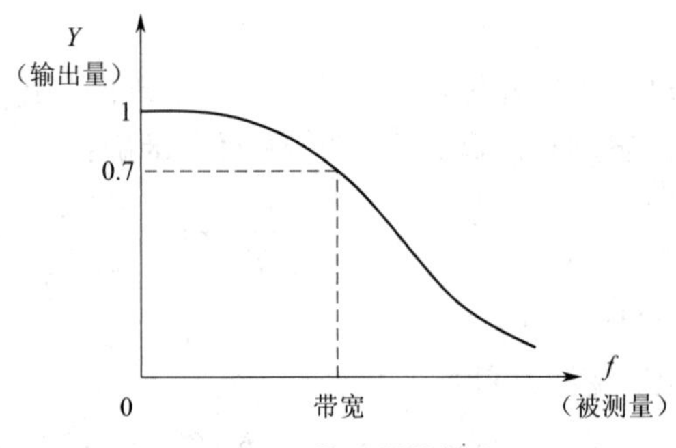

图 1-13 传感器的带宽

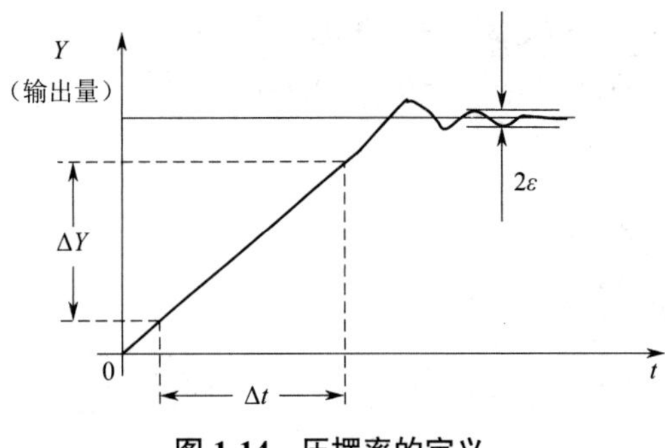

图 1-14 压摆率的定义

3)建立时间

在被测量以阶跃信号形式加载至传感器后,传感器输出达到某一特定范围所需要的时间 t_s 为建立时间。此处所指的特定范围与稳定值之间的误差区,称为误差带,用 2ε 表示,如图 1-15 所示。此误差带可用误差电压相对于稳定值的百分数(也称为精度)表示。建立时间的长短与精度要求直接有关,精度要求越高,建立时间越长。

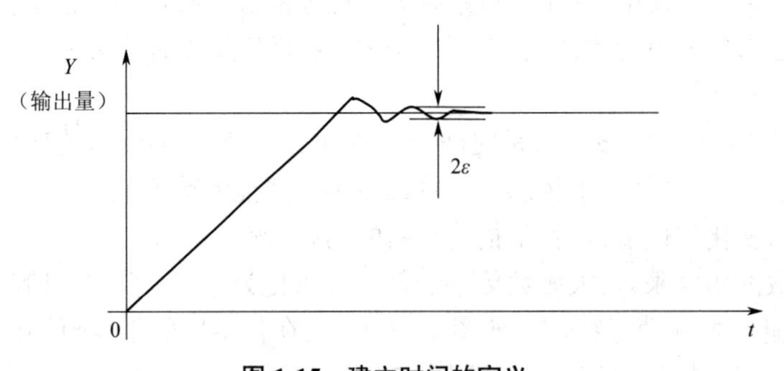

图 1-15 建立时间的定义

3. 其他性能参数

前面虽然讨论了传感器的主要参数,但在实际应用传感器时,以下几类参数必须认真考虑。

(1)输入输出阻抗;

(2)功耗;

（3）体积、散热条件。

1.4.3　极限参数

极限参数有时也称作最大额定值，是指为了保证传感器的寿命和性能，由生产厂家规定的绝对不能超过的值。在实际使用中，如果超过其极限值中的一项，传感器有可能被损坏，即使不被损坏，电路指标也可能下降，传感器本身的质量可能变低、寿命可能缩短。

不同类型和不同型号的传感器具有不同的极限参数，但大体可分为如下几类。

（1）工作电源或激励电源：如需要电源工作的传感器所允许的最大电源电压，需要激励电压或电流传感器允许的最大值。

（2）输入过载：如压力传感器、加速度传感器和光敏传感器对最大被测量均有所限制。

（3）工作的环境条件：对于一些传感器，如果工作温度、湿度、振动、环境电磁场等超出其耐受值，可能导致损坏。

1.4.4　有噪声的传感器的数学模型

考虑有外界干扰和内部噪声时，传感器的数学模型（图 1-16）可修正为

$$Y(s)=H_S(s)X(s)+H_n(s)N(s) \tag{1-22}$$

式中：$H_S(s)$ 表示信号的传递函数；$H_n(s)$ 表示干扰（噪声）的传递函数；$N(s)$ 表示干扰（噪声）。

传感器的噪声与灵敏度的关系：

（1）灵敏度——决定了被测量的最小值；

（2）噪声——决定了灵敏度的高低。

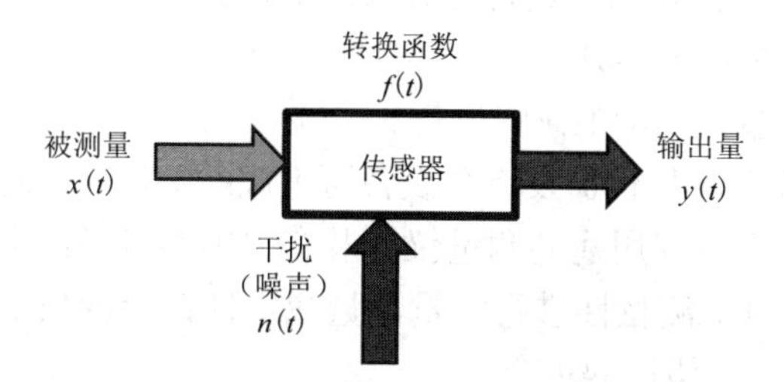

图 1-16　有外部干扰和内部噪声的传感器数学模型

传感器噪声的主要来源：

（1）传感器自身的电阻热噪声等；

（2）被测对象的其他非被测参数；

（3）环境干扰；

（4）传感器的非线性；

（5）传感器的漂移；

（6）激励信号的稳定性。

1.5 测量的基本知识

信号是一个物理词汇,信号是表示消息的物理量,如电信号可以通过幅度、频率、相位的变化来表示不同的消息。从广义上讲,它包含光信号、声信号和电信号等。因此,工程上的生物医学信息是通过生物医学信号的检测与处理而获取的,习惯上也称为生物医学信号测量。

如同其他领域的测量一样,没有一定精度的测量是毫无意义的。测量的永恒目标是追求更高的精度、更快的速度、更低的成本,还有对人体更低的伤害,最佳的测量是无损无创的。

要保证足够高的测量精度,必须掌握测量的基本概念和测量的一般方法。

1.5.1 测量的概念

1. 测量的物理含义

测量是用实验的方法把被测量与同类标准量进行比较,以确定被测量大小的过程。

2. 测量过程

一个测量过程通常包括以下几个阶段:

(1)准备阶段;

(2)测量阶段;

(3)数据处理阶段。

3. 测量手段

按照层次和复杂程度,测量手段通常可分为以下几类。

(1)量具:体现计量单位的器具。

(2)仪器:泛指一切参与测量工作的设备。

(3)测量装置:由几台测量仪器及有关设备所组成的整体,用以完成某种测量任务。

(4)测量系统:由若干不同用途的测量仪器及有关辅助设备组成,用于多种参量的综合测试。测量系统是用来对被测特性进行定量测量或定性评价的仪器或量具、标准、操作、方法、夹具、软件、人员、环境和假设的集合。

4. 测量结果的表示

测量结果由两部分组成,即测量单位和与此测量单位相适应的数值,一般表示成

$$X = A_x X_o \tag{1-23}$$

式中:X 表示测量结果;A_x 表示测量所得的数值;X_o 表示测量单位。

1.5.2 测量及方法的分类

测量及方法可以有以下几种分类。

1. 按被测量变化的速度分类

1)静态测量

在测量过程中被测量保持稳定不变的测量即为静态测量,如人的身高在测量过程中几

乎不变，又如骨密度、颅内压等。

某些在测量过程中变化缓慢的医学信息的测量也可以认为是静态测量，如体温、绝大多数血液成分等。

2）动态测量

在测量过程中被测量一直处于变化状态的测量即为动态测量，如脉搏波、心电图（ECG）和脑电图（EEG）等。

2. 按比较的方式分类

1）直接测量

（1）直接比较测量法：将被测量直接与已知其值的同类量相比较的测量方法。

（2）替代测量法：用选定的且已知其值的量替代被测量，使得在指示装置上有相同的效应，从而确定被测量值。

（3）微差测量法：将被测量与同它的量值只有微小差别的同类已知量相比较并测出这两个被测量间的差值的测量方法。

（4）零位测量法：通过调整一个或几个与被测量有已知平衡关系的量，用平衡的方法确定出被测量值。

（5）符合测量法：由对某些标记或信号的观察来测定被测量值与做比较用的同类已知被测量间微小差值的一种微差测量法。

2）间接测量

间接测量是通过对与被测量有函数关系的其他量的测量，并通过计算得到被测量值的测量方法。

为保证测量精度和可靠性，一般情况下应尽量采用直接测量，只有在下列情况下才选择间接测量：

（1）被测量不便于直接读出；

（2）直接测量的条件不具备，如直接测量该被测量的仪器不够准确或没有直接测量的仪表；

（3）间接测量的结果比直接测量更准确。

3）组合测量

测量过程中，在测量两个或两个以上相关的未知数时，需要改变测量条件进行多次测量，根据直接测量和间接测量的结果，通过解联立方程组求出被测量，称为组合测量。

4）软测量

软测量是把生产过程知识有机地结合起来，应用计算机技术对难以测量或者暂时不能测量的重要变量，选择另外一些容易测量的变量，通过构成某种数学关系来推断或者估计，以软件来替代硬件的功能。应用软测量技术实现元素组分含量的在线检测不但经济可靠，而且动态响应迅速，可连续给出萃取过程中元素组分含量，易于达到对产品质量的控制。

在医学上，利用人体生理、生化参量的某些关联实现某种医学信息的检测。如血糖的无创测量，有学者提出一种基于血糖无创检测的代谢率测量方法，通过温度传感器、湿度传感器、辐射传感器分别测得人体局部体表与环境之间通过对流、蒸发、辐射三种传热方式所散发的热量，利用热力学第一定律建立人体热平衡方程，选择相关参数并建立数学模型，求得人体局部组织代谢率和血糖。

5)建模测量

所谓“模型”就是“关系”,即被测量与系统输出量(观察量)之间的关系,可以是多被测量,也可以有多被测量与多输出量(观察量)之间的动态关系。

建模测量的步骤如下:

(1)基于物理原理、化学原理和生物原理寻找一组与被测量有稳定、确切单调关系的观察量;

(2)在此基础上建立测量系统;

(3)采集足够多的样本数据,样品的分布覆盖所有被测量的动态范围和可能状态;

(4)对所采集的数据建模,这些模型可以是数学表达式,或人工神经网络的权系数,或者表格等;

(5)将模型嵌入测量系统中,测量新的被测量时,系统可以直接输出结果。

建模测量不仅适用于难以用其他方式测量的多被测量,所建立的模型也是对客观事物运动规律的一种认识,其意义不可小觑。

3. 按测量数据的读取方式分类

1)直读法

利用直接指示被测量大小的指示仪表进行测量,能够直接从仪表刻度盘上读取被测量数值的测量方法,称为直读法。直读法测量时,度量器不直接参与测量过程,而是间接地参与测量过程。例如,用欧姆表测量电阻时,从指针在刻度尺上指示的刻度可以直接读出被测电阻的数值。这一读数被认为是可信的,因为欧姆表刻度尺的刻度事先用标准电阻进行了校验,标准电阻已将它的量值和单位传递给欧姆表,间接地参与了测量过程。

特点:度量器间接参与测量过程。

优点:过程简单,操作容易,读数迅速。

缺点:测量的准确度不高。

2)比较法

将被测量与度量器在比较仪器中直接比较,从而获得被测量数值的方法称为比较法。例如,用天平测量物体质量时,作为质量度量器的砝码直接参与测量过程。比较法具有很高的测量准确度,精度可以达到0.001%,但测量时操作比较麻烦,相应的测量设备也比较昂贵。

特点:度量器直接参与测量过程。

优点:测量的准确度高。

缺点:过程和操作复杂,读数较难,甚至需要复杂的计算。

根据被测量与度量器进行比较时的不同特点,比较法可分为零值法、较差法、替代法三种。

Ⅰ. 零值法

零值法又称为微差法,是利用被测量对仪器的作用与标准量对仪器的作用相互抵消,由指零仪表做出判断的方法。现代仪器用仪表放大器进行高倍放大,可以达到前所未有的精度和灵敏度。

特点:测量的准确度取决于度量器和指零仪表的灵敏度。

典型的电路是惠斯登电桥,其测量的特点如下:

(1)测量精度高;

(2)读数时指零仪表指零,说明指零仪表支路电流为 0,即读数时不向被测电路吸取能量,不影响被测电路的工作状态,所以不会因为仪表的输入电阻不高而引起误差;

(3)由于在测量过程中要进行平衡操作,其反应速度相对较慢,采用现代控制理论也可以测量速度很高的信号。

Ⅱ. 较差法

通过测量被测量与标准量的差值,或正比该差值的量,由标准量来确定被测量数值的方法称为较差法。

特点:准确度取决于标准量,可达到较高的测量准确度。

典型的有比色仪和浊度计测量浓度。

Ⅲ. 替代法

分别把被测量与标准量接入同一测量仪器;在标准量替代被测量时,调节标准量,使仪器的工作状态在替代前后保持一致,然后根据标准量来确定被测量数值的方法称为替代法。

特点:测量的准确度取决于替代的标准量和测量仪器的准确度。

4. 测量单位

1)单位

用来标志量或数的大小的指标统称为单位。

2)单位制

基本单位与导出单位组成的一个完整的单位体制称为单位制。

3)国际单位制(SI)

Ⅰ. 国际单位制的构成

国际单位制(法语 Système International d'Unités, SI)包括 SI 单位、SI 单位的十进倍数单位、SI 的基本单位和导出单位。

Ⅱ.SI 基本单位

国际单位制中的基本单位是通过计量标准来定义、实现、保持或复现的。

表 1-1 列出了国际单位制的基本单位。

表 1-1　国际单位制的基本单位

量的名称	单位名称		单位符号
长度	米	meter	m
质量	千克(公斤)	kilogram	kg
时间	秒	second	s
电流	安[培]	ampere	A
热力学温度	开[尔文]	kelvin	K
物质的量	摩[尔]	mole	mol
发光强度	坎[德拉]	candela	cd

计量基准按其定义计量单位的形式可分为实物基准和自然基准。

实物基准是以实物来定义、复现计量单位的计量基准,又称为人工基准。例如,质量计量基准就是实物基准千克原器(2018 年 11 月 16 日第 26 届国际计量大会通过了关于修订国际单位制的决议,即质量单位“千克”改由普朗克常数来定义)。

自然基准是指以自然现象或物理效应来定义计量单位,而以实物复现的计量基准。例如,长度计量基准是自然基准,它是以激光波长来定义的(2018 年 11 月 16 日第 26 届国际计量大会通过了关于修订国际单位制的决议,即当真空中光的速度 c 以单位 m/s 表示时,将其固定数值取为 299 792 458 来定义米,其中秒用铯的频率 DnCs 定义)。

2018 年 11 月 16 日第 26 届国际计量大会通过了关于修订国际单位制的决议。国际单位制 7 个基本单位中的 4 个,即千克、安培、开尔文和摩尔分别改由普朗克常数、基本电荷常数、玻尔兹曼常数和阿伏伽德罗常数来定义;另外 3 个基本单位在定义的表述上也做了相应调整,以与此次修订的 4 个基本单位相一致。

自 2019 年 5 月 20 日起,国际单位制的 7 个基本单位全部由基本物理常数定义,这些常数如下:

(1)铯 133 原子基态的超精细能级跃迁频率 Δv_{Cs} 为 9 192 631 770 Hz;

(2)真空中光的速度 c 为 299 792 458 m/s;

(3)普朗克常数 h 为 $6.626\ 070\ 15 \times 10^{-34}$ J·s;

(4)基本电荷 e 为 $1.602\ 176\ 634 \times 10^{-19}$ C;

(5)玻尔兹曼常数 k 为 $1.380\ 649 \times 10^{-23}$ J/K;

(6)阿伏加德罗常数 N_A 为 $6.022\ 140\ 76 \times 10^{23}$ mol^{-1};

(7)频率为 5 401 012 Hz 的单色辐射的发光效率 K_{cd} 为 683 lm/W。

其中,单位赫兹、焦耳、库伦、流明、瓦特的符号分别为 Hz、J、C、lm、W,它们分别与单位秒(s)、米(m)、千克(kg)、安培(A)、开尔文(K)、摩尔(mol)、坎德拉(cd)相关联,相互之间的关系为 $Hz = s^{-1}$, $J = kg·m^2/s^2$, $C = A·s$, $lm = cd·m^2/m^2 = cd·sr$, $W = m^2·kg/s^3$。

SI 的基本单位如下。

(1)秒,符号 s, SI 的时间单位。当铯的频率 Δv_{Cs},即铯 133 原子基态的超精细能级跃迁频率以单位 Hz(即 s^{-1})表示时,将其固定数值取为 9 192 631 770 来定义秒。

(2)米,符号 m, SI 的长度单位。当真空中光的速度 c 以单位 m/s 表示时,将其固定数值取为 299 792 458 来定义米,其中秒用 Δv_{Cs} 定义。

(3)千克,符号 kg, SI 的质量单位。当普朗克常数 h 以单位 J·s(即 $kg·m^2/s$)表示时,将其固定数值取为 $6.626\ 070\ 15 \times 10^{-34}$ 来定义千克,其中米和秒用 c 和 Δv_{Cs} 定义。

(4)安培,符号 A, SI 的电流单位。当基本电荷 e 以单位 C(即 A · s)表示时,将其固定数值取为 $1.602\ 176\ 634 \times 10^{-19}$ 来定义安培,其中秒用 Δv_{Cs} 定义。

(5)开尔文,符号 K, SI 的热力学温度单位。当玻尔兹曼常数 k 以单位 J/K(即 $kg · m^2/(s^2 · K)$)表示时,将其固定数值取为 $1.380\ 649 \times 10^{-23}$ 来定义开尔文,其中千克、米和秒用 h, c 和 Δv_{Cs} 定义。

(6)摩尔,符号 mol, SI 的物质的量的单位。1 mol 精确包含 $6.022\ 140\ 76 \times 10^{23}$ 个基本粒子,该数即为以单位 mol^{-1} 表示的阿伏加德罗常数 N_A 的固定数值,称为阿伏加德罗数。

（7）一个系统的物质的量，符号为 n，是该系统包含的特定基本粒子数量的量度。基本粒子可以是原子、分子、离子、电子以及其他任意粒子或粒子的特定组合。

（8）坎德拉，符号 cd，SI 的给定方向上发光强度的单位。当频率为 5 401 012 Hz 的单色辐射的发光效率以单位 lm/W（即 cd · sr/W 或 cd · sr · s^3/（kg · m^2）表示时，将其固定数值取为 683 来定义坎德拉，其中千克、米、秒分别用 h，c 和 $\Delta\nu_{Cs}$ 定义。

Ⅲ.SI 导出单位

SI 导出单位是用基本单位以代数形式表示的单位。这种单位符号中的乘和除采用数学符号，如速度的 SI 单位为米每秒（m/s）。属于这种形式的单位称为组合单位。

表 1-2 列出了 SI 导出单位的名称和符号。

表 1-2　SI 导出单位的名称和符号

量的名称	单位名称	单位符号	其他表示示例
频率	赫[兹]	Hz	s^{-1}
力（重力）	牛[顿]	N	kg·m/s^2
压力、压强、应力	帕[斯卡]	Pa	N/m^2
能量、功、热	焦[耳]	J	N·m
功率、辐射通量	瓦[特]	W	J/s
电荷量	库[仑]	C	A·s
电位、电压、电动势	伏[特]	V	W/A
电容	法[拉]	F	C/V
电阻	欧[姆]	Ω	V/A
电导	西[门子]	S	A/V

国际单位制有两个辅助单位（已并入导出单位），即弧度和球面度。表 1-3 列出了 SI 辅助单位。

表 1-3　SI 辅助单位

量的名称	单位名称	单位符号
平面角	弧度	rad
立体角	球面度	sr

表 1-4 列出了 SI 词头表示的倍率关系。

表 1-4　SI 词头

所表示的因数	词头名词	词头符号
10^{12}	太[拉]	T
10^{9}	吉[咖]	G

续表

所表示的因数	词头名词	词头符号
10^6	兆	M
10^3	千	k
10^2	百	h
10^1	十	da
10^{-1}	分	d
10^{-2}	厘	c
10^{-3}	毫	m
10^{-6}	微	μ
10^{-9}	纳[诺]	n
10^{-12}	皮[可]	p

在使用词头时,应注意以下几点:

(1)词头符号用罗马体(正体)印发,在词头符号和单位符号之间不留间隔;

(2)不允许使用重叠词头;

(3)词头永远不能单独使用;

(4)在国际单位制的基本单位中,由于历史原因,质量单位(kg)是唯一带有词头的单位名称,它的十进倍数与分数单位是将词头加在"g"前,而不是加在"kg"前构成的,但"kg"并不是倍数单位而是SI单位。

1.6 误差的基本知识

由于实验方法和实验设备的不完善,周围环境的影响,以及人的观察力、测量程序等限制,实验观测值和真值之间总是存在一定的差异。人们常用绝对误差、相对误差或有效数字来说明一个近似值的准确程度。为了评定实验数据的精确性或误差,认清误差的来源及其影响,需要对实验的误差进行分析和讨论。由此可以判定哪些因素是影响实验精确度的主要方面,从而在以后实验中进一步改进实验方案,缩小实验观测值和真值之间的差值,提高实验的精确性。

研究误差的意义如下。

(1)正确认识误差的性质,分析误差产生的原因,以消除或减少误差。

(2)正确处理测量和实验数据,合理计算所得结果,以便在一定条件下得到更接近真值的数据。

(3)正确组织实验过程,合理设计仪器或选用仪器和测量方法。

①研发新产品时,在最经济的条件下,设计满足精度及其他要求的系统。

②科学探索时,在已有的条件下得到更高的精度或灵敏度。

1.6.1　误差的基本概念

著名科学家门捷列夫说过“科学是从测量开始的”，又说“没有测量，就没有科学”。时至今日，不仅人们的日常生活每时每刻离不开测量，诊断和治疗同样也离不开测量。但是，无论测量仪器多么精密，方法多么先进，实验技术人员如何认真、仔细，观测值与真值之间总是存在着不一致的地方，这种差异就是误差（error）。可以说，误差存在于一切科学实验的观测之中，测量结果都存在误差。

1. 真值

所谓真值，是指某个被测量的真实值。

真值仅是一种理想的存在，一般情况下是不知道的。在以下几种情况中，我们认为真值存在。

1）理论真值

（1）三角形的三个内角之和为 180°，一个整圆周角为 360°。

（2）某一被测量与本身之差为零，或与本身的比值为 1。

2）约定真值

因为真值无法获得，计算误差时必须找到真值的最佳估计值，即约定真值。约定真值通常由以下方法获得。

（1）计量单位制中的约定真值。国际单位制所定义的 7 个基本单位，根据国际计量大会的共同约定，凡是满足上述定义条件而复现出的有关被测量都是真值。

（2）标准器相对真值。凡高一级标准器的误差是低一级或普通测量仪器误差的 1/20~1/3 时，则可认为前者是后者的相对真值。

（3）在科学实验中，真值就是指在无系统误差的情况下，观测次数无限多时所求得的平均值。但是，实际测量总是有限的，故用有限次测量所求得的平均值作为近似真值（或称最可信赖值）。

2. 误差

所谓误差，即测得值与被测量的真值之差：

$$\text{误差}=\text{测得值}-\text{真值} \tag{1-24}$$

误差可以用绝对误差和相对误差两种方式来表示。

1）绝对误差

某被测量测得值与其真值之差称为绝对误差，它是测得值偏离真值大小的反映，有时又称真误差。

$$\text{绝对误差}=\text{测得值}-\text{真值} \tag{1-25}$$

$$\text{修正值}=-\text{绝对误差}=\text{真值}-\text{测得值} \tag{1-26}$$

于是

$$\text{真值}=\text{测得值}+\text{修正值} \tag{1-27}$$

这说明测得值加上修正值后，就可以消除误差的影响。在精密计量中，常采用加一个修正值的方法来保证测得值的准确性。

2）相对误差

绝对误差与真值的比值所表示的误差大小称为相对误差，由于测得值与真值相近，故也可近似用绝对误差与测得值的比值作为相对误差，即

$$相对误差 = 绝对误差/真值 \approx 绝对误差/测得值 \tag{1-28}$$

相对误差是无名数，常用百分数（%）来表示，对于相同的被测量，绝对误差可以评定其测量精度的高低，但对于不同的被测量，绝对误差就难以评定其测量精度的高低，而采用相对误差来评定较为确切。

3）引用误差

所谓引用误差，指的是一种简化、实用和方便的仪器仪表示值的相对误差，它是以仪器仪表某一刻度点的示值误差为分子，以测量范围上限值或全量程为分母，所得的比值，即

$$引用误差 = 示值误差/测量范围上限 \tag{1-29}$$

3. 误差的来源

在测量过程中，误差的来源可归纳为以下几个方面。

1）测量装置误差

（1）标准量具误差，以固定形式复现标准量值的器具，如标准量块、标准线纹尺、标准电池、标准电阻、标准砝码等，它们本身体现的量值不可避免地都含有误差。

（2）仪器误差，凡用来直接或间接将被测量和已知量进行比较的器具设备，称为仪器或仪表，如天平等比较仪器，压力表、温度计等指示仪表，它们本身都具有误差。

（3）附件误差，仪器的附件及附属工具等引起的误差。

2）环境误差

由于各种环境因素与规定的标准状态不一致而引起的测量装置和被测量本身的变化所造成的误差，如温度、湿度、气压（引起空气各部分的扰动）、振动（外界条件及测量人员引起的振动）、照明（引起视差）、重力加速度、电磁场等所引起的误差，通常仪器仪表在规定的正常工作条件下所具有的误差称为基本误差，而超出此条件时所增加的误差称为附加误差。

3）方法误差

由于测量方法不完善所引起的误差，如采用近似的测量方法而造成的误差，例如测量圆周长 s，再通过计算求出直径 $d=s/\pi$，因近似数 π 取值的不同，将会引起不同大小的误差。

4）人员误差

人员误差指测量者受分辨能力的限制、工作疲劳导致眼睛的生理变化、固有习惯引起的读数误差以及精神上的因素产生的一时疏忽等所引起的误差。

总之，在计算测量结果的精度时，对上述四个方面的误差来源，必须进行全面的分析，力求不遗漏、不重复，特别要注意对误差影响较大的那些因素。

4. 误差的分类

根据误差的性质和产生的原因，一般可分为以下三类。

1）系统误差

系统误差是指在测量和实验中未发觉或未确认的因素所引起的误差，而这些因素影响结果永远朝一个方向偏移，其大小及符号在同组实验测定中完全相同，实验条件一经确定，系统误差就获得一个客观上的恒定值。

当改变某些条件时，有可能发现系统误差的变化规律。系统误差产生的原因：测量仪器不良，如刻度不准、仪表零点未校正或标准表本身存在偏差；周围环境的改变，如温度、压力、湿度等偏离校准值；实验人员的习惯和偏向，如读数偏高或偏低等引起的误差。针对仪器的缺点，外界条件变化影响的大小、个人的偏向，分别加以校正后，系统误差是可以清除或降低的。

2）偶然（随机）误差

在已消除系统误差的一切被测量的观测中，所测数据仍在末位或末两位数字上有差别，而且它们的绝对值和符号是变化的，时大时小，时正时负，没有确定的规律，这类误差称为偶然误差或随机误差。

偶然误差产生的原因不明，因而无法控制和补偿；但是，倘若对某一被测量做足够多次等精度测量后，就会发现偶然误差完全服从统计规律，误差的大小或正负的出现完全由概率决定。因此，随着测量次数的增加，随机误差的算术平均值接近于零，多次测量结果的算数平均值将更接近于真值。

3）粗大误差

粗大误差是一种显然与事实不符的误差，它往往是受到某些突然出现的干扰而产生的。

5. 几种表征误差的方法

1）绝对误差

某次测量的绝对误差 δ 为

$$\delta = x - \mu \tag{1-30}$$

式中：x 表示测量值；μ 表示被测量的真值。

或

$$\delta = \bar{x} - \mu \tag{1-31}$$

式中：$\bar{x}$ 为测量的算术平均值，由下式定义：

$$\bar{x} = \frac{\sum x_i}{n} \tag{1-32}$$

式中：x_i 表示一组测量中的各个测量值；n 表示测量次数。

2）极限误差

测量的极限误差是极端误差，测量结果（单次测量或测量列的算术平均值）的误差不超过该极端误差的概率为 p，并使差值（$1-p$）可以忽略。

Ⅰ. 单次测量的极限误差

测量列的测量次数足够多，且单次测量误差为正态分布时，根据概率论知识，可求得单次测量的极限误差。

由概率积分可知，随机误差正态分布曲线下的全部面积相当于全部误差出现的概率，即

$$\frac{1}{\sigma\sqrt{2\pi}}\int_{-\infty}^{+\infty} e^{-\delta^2/(2\sigma^2)} d\delta = 1 \tag{1-33}$$

而随机误差在 $-\delta \sim +\delta$ 范围内的概率为

$$P(\pm\delta) = \frac{1}{\sigma\sqrt{2\pi}}\int_{-\delta}^{+\delta} e^{-\delta^2/(2\sigma^2)}\, d\delta = \frac{2}{\sigma\sqrt{2\pi}}\int_{0}^{+\delta} e^{-\delta^2/(2\sigma^2)} d\delta \tag{1-34}$$

引入一个新变量 t，有

$$t=\frac{\delta}{\sigma},\ \delta=t\sigma$$

则式(1-34)可以改写为

$$P(\pm\delta)=\frac{2}{\sqrt{2\pi}}\int_{0}^{t}\mathrm{e}^{-t^2/2}\mathrm{d}t=2\Phi(t) \tag{1-35}$$

或

$$\Phi(t)=\frac{1}{\sqrt{2\pi}}\int_{0}^{t}\mathrm{e}^{-t^2/2}\mathrm{d}t \tag{1-36}$$

函数 $\Phi(t)$ 称为概率积分，不同 t 的 $\Phi(t)$ 值可由相应的表格查出或通过计算机计算出来。

若某随机误差在 $\pm t_0$ 范围内出现的概率为 $2\Phi(t_0)$，则超出的概率为

$$\alpha=1-2\Phi(t_0)$$

表 1-5 给出了几个典型的 t 值及其相应的超出或不超出 $|\delta|$ 的概率(图 1-17)。

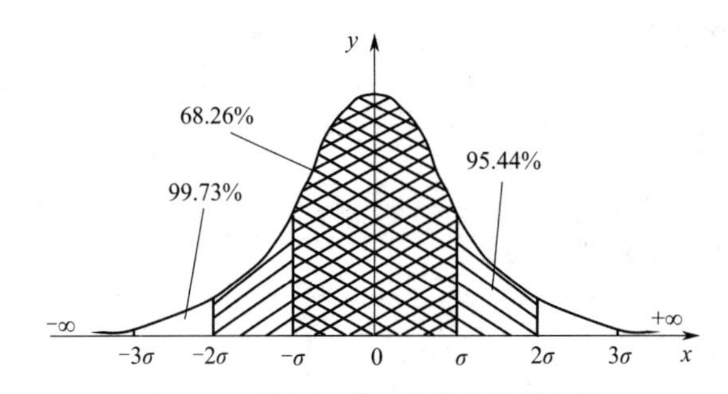

图 1-17　随机误差正态分布的特征量

表 1-5　几个典型的 t 值及其相应的超出或不超出 $|\delta|$ 的概率

t	$\|\delta\|=t\sigma$	不超出 $\|\delta\|$ 的概率 $2\Phi(t)$	超出 $\|\delta\|$ 的概率 $1-2\Phi(t)$	测量次数 n	测量超出 $\|\delta\|$ 的次数
0.67	0.67σ	0.497 2	0. 502 8	2	1
1	1σ	0.682 6	0.317 4	3	1
2	2σ	0.954 4	0.045 6	22	1
3	3σ	0.997 3	0.002 7	370	1
4	4σ	0. 999 9	0.000 1	15 626	1

由表 1-5 可见，随着 t 的增大，超出 $|\delta|$ 的概率减小得很快。当 t=2，即 $|\delta|=2\sigma$ 时，在 22 次测量中只有 1 次的误差绝对值超出 2σ 范围；而当 t=3，即 $|\delta|=3\sigma$ 时，在 370 次测量中只有 1 次的误差绝对值超出 3σ 范围。由于在一般测量中，测量次数很少超过几十次，因此可以认为绝对值大于 3σ 的误差是不可能出现的，通常把这个误差称为单次测量的极限误差 $\delta_{\lim x}$，即

$$\delta_{\lim x} = \pm 3\sigma \tag{1-37}$$

当 t=3 时,对应的概率 p=99.73%。

在实际测量中,有时也可取其他 t 值来表示单次测量的极限误差值,如取 t=2.58,p=99%;t=2,p=95.44%;t=1.96,p=95%等。因此,一般情况下,测量列单次测量的极限误差可用下式表示:

$$\delta_{\lim x} = \pm t\sigma \tag{1-38}$$

若已知测量的标准差 σ,选定置信系数 t,则可由式(1-38)求得单次测量的极限误差。

Ⅱ. 测量列的算术平均值的极限误差

测量列的算术平均值 $\bar{x}$ 与被测量的真值 L_0 之差称为算术平均值误差 $\delta_{\bar{x}}$,即

$$\delta_{\bar{x}} = \bar{x} - L_0 \tag{1-39}$$

当多个测量列的算术平均值误差 $\delta_{\bar{x}}$(i=1, 2,…, n)为正态分布时,根据概率论知识,同样可得测量列算术平均值的极限误差表达式为

$$\delta_{\lim \bar{x}} = \pm t\sigma_{\bar{x}} \tag{1-40}$$

式中:t 为置信系数;$\sigma_{\bar{x}}$ 为算术平均值的标准差。

通常取 t=3,则

$$\delta_{\lim \bar{x}} = \pm 3\sigma_{\bar{x}} \tag{1-41}$$

在实际测量中,有时也可取其他 t 值来表示算术平均值的极限误差。但当测量列的测量次数较少时,应按学生氏分布(Student's distribution,或称 t 分布)来计算测量列算术平均值的极限误差,即

$$\delta_{\lim \bar{x}} = \pm t_{\alpha}\sigma_{\bar{x}} \tag{1-42}$$

式中:t_{α} 为置信系数,它由给定的置信概率 $p = 1 - \alpha$ 和自由度 $v = n - 1$ 来确定,具体数值可查阅有关参考文献;α 为超出极限误差的概率(称显著度或显著性水平),通常取 α =0.01 或 0.02, 0.05;n 为测量次数;$\sigma_{\bar{x}}$ 为 n 次测量的算术平均值标准差。

对于同一个测量列,按正态分布和 t 分布分别计算时,即使置信概率的取值相同,但由于置信系数不相同,求得的算术平均值极限误差也不相同。

3)算术平均误差

在一组测量中,用全部测量值的随机误差绝对值的算术平均值表示算术平均误差。定义平均误差 $\bar{d}$ 为

$$\bar{d} = \frac{\sum |x_i - \bar{x}|}{n} \tag{1-43}$$

4)标准误差

标准误差是测量值 x_i 与真值 μ 误差的平方和与观测次数 n-1 比值的均方根,按定义其计算公式为

$$\sigma = \sqrt{\frac{\sum_{i=1}^{n}(x_i - \mu)^2}{n-1}} \tag{1-44}$$

但式(1-44)中的真值 μ 在通常情况下并不可知,在测量次数足够多时,可以用平均值 $\overline{x}$ 替代真值 μ 来计算 σ:

$$\sigma=\sqrt{\frac{\sum_{i=1}^{n}(x_i-\overline{x})^2}{n-1}}=\sqrt{\frac{\sum_{i=1}^{n}\delta_i^2}{n-1}} \tag{1-45}$$

标准误差能够很好地反映测量的精密度。

1.6.2 精度与不确定度

反映测量结果与真值接近程度的量,称为精度(也称精确度),它与误差大小相对应,测量的精度越高,其测量误差就越小。精度包括精密度和准确度两层含义。

(1)测量中所测得量值重现性的程度,称为精密度。它反映偶然误差的影响程度,精密度高就表示偶然误差小。

(2)测量值与真值的偏移程度,称为准确度。它反映系统误差的影响精度,准确度高就表示系统误差小。

(3)精确度(精度)反映测量中所有系统误差和偶然误差综合的影响程度。在一组测量中,精密度高的准确度不一定高,准确度高的精密度也不一定高,但精确度高,则精密度和准确度都高。

(4)不确定度是由于测量误差的存在而对被测量值不能肯定的程度。其表达方式有系统不确定度、随机不确定度和总不确定度。系统不确定度实质上就是系统误差限,常用未定系统误差可能不超过的界限或半区间宽度 e 来表示。随机不确定度实质上就是随机误差对应于置信概率($1-\alpha$)时的置信区间[$-k\alpha$, $+k\alpha$](α 为显著性水平)。当置信因子 k=1 时,标准误差就是随机不确定度,此时的置信概率(按正态分布)为 68.26%。总不确定度是由系统不确定度与随机不确定度按方差合成的方法而得到的。

为了说明精密度与准确度的区别以及精确度的意义,可用打靶示意,如图 1-18 所示。

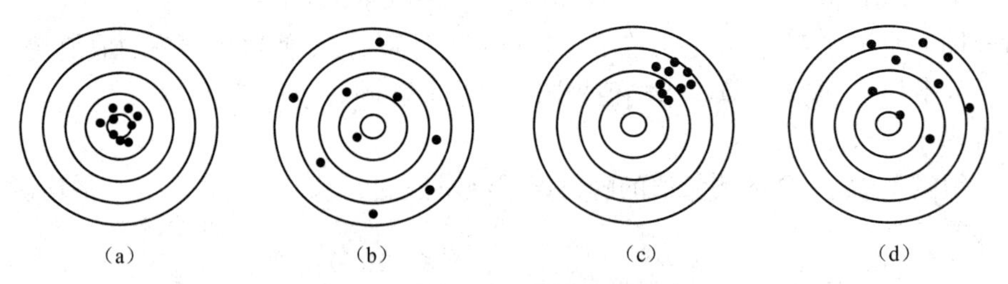

图 1-18　精密度和准确度的关系

(a)精密度和准确度都好　(b)准确度好,精密度不好　(c)精密度好,准确度不好　(d)精密度和准确度都不好

图 1-18(a)表示精密度和准确度都很好,则精确度高;图 1-18(b)表示准确度很好,但精密度却不高;图 1-18(c)表示精密度很好,但准确度却不高;图 1-18(d)表示精密度与准确度都不好。在实际测量中没有像靶心那样明确的真值,而是设法去测定这个未知的真值。

在实验过程中,往往满足于实验数据的重现性,而忽略数据测量值的准确程度。绝对真值是不可知的,人们只能订出一些国际标准作为反映测量仪表准确性的参考标准。随着人类认识水平的提高，可以逐步逼近绝对真值。

1.6.3　有效数字及其运算规则

在科学工程中总是以一定位数的有效数字来表示测量或计算结果。不是说一个数值中小数点后面位数越多越准确。实验中从测量仪表上所读数值的位数是有限的，其取决于测量仪表的精度。模拟仪表的最后一位数字往往是仪表精度所决定的估计数字，即一般应读到测量仪表最小刻度的十分之一位。数值准确度大小由有效数字位数来决定。

1. 有效数字

含有误差的任何近似数，如果其绝对误差界限是最末位数的半个单位，那么从这个近似数左方起的第一个非零的数字，称为第一位有效数字，从第一位有效数字起到最末一位数字止的所有数字，不论是零或非零的数字，都称为有效数字。若具有 n 个有效数字，就说是有 n 位有效位数，例如取 n=314，第一位有效数字为 3，共有三位有效位数；又如 00 027，第 1 位有效数字为 2，共有两位有效位数；而 000 270，则有 3 位有效位数。

要注意有效数字不一定都是可靠数字。如用直尺测量某个长度，最小刻度是 1 mm，但可以读到 0.1 mm，如 42.4 mm。又如体温计最小刻度为 0.1 ℃，可以读到 0.01 ℃，如 37.16 ℃，此时有效数字为 4 位，而可靠数字只有 3 位，最后一位是不可靠的，称为可疑数字。记录测量数值时，只保留 1 位可疑数字。

为了清楚地表示数值的精度，明确给出有效数字位数，常用指数的形式表示，即写成一个小数与相应 10 的整数幂的乘积。这种以 10 的整数幂来计数的方法称为科学计数法。

如 75 200 有效数字为 4 位时，记为 7520×10；有效数字为 3 位时，记为 752×10^2；有效数字为 2 位时，记为 7.5×10^4。

如 0.004 78 有效数字为 4 位时，记为 4.780×10^{-3}；有效数字为 3 位时，记为 4.78×10^{-3}；有效数字为 2 位时，记为 4.8×10^{-3}。

2. 有效数字运算规则

（1）记录测量数值时，只（需）保留一位可疑数字。

（2）当有效数字位数确定后，其余数字一律舍弃。舍弃办法是四舍六入五凑偶，即末位有效数字后边第一位小于 5 舍弃不计，大于 5 则在前一位数上增 1；等于 5 时，前一位为奇数，则进 1 为偶数，前一位为偶数，则舍弃不计。这种舍入原则可简述为“小则舍，大则入，正好等于奇变偶”。如保留 4 位有效数字，则有 3.717 29 → 3.717；5.142 85 → 5.143；7.623 5 → 7.624；9.376 56 → 9.376。

（3）在加减计算中，各数所保留的位数，应与各数中小数点后位数最少的相同，例如将 24.65，0.008 2 和 1.632 三个数字相加时，应写为 24.65+0.01+1.63= 26.29。

（4）在乘除运算中，各数所保留的位数，以各数中有效数字位数最少的那个数为准，其结果的有效数字位数亦应与原来各数中有效数字最少的相同。例如，$0.012\,1 \times 25.64 \times 1.057\,82$ 应写成 $0.012\,1 \times 25.6 \times 1.06=0.328$，虽然这三个数的乘积为 0.328 182 3，但只应取其积为 0.328。

（5）在近似数平方或开方运算中，平方相当于乘法运算，开方是平方的逆运算，故可按乘除运算处理。

（6）在对数运算中，n 位有效数字的数据应该用 n 位对数表，或用（n+1）位对数表，以免损失精度。

（7）在三角函数运算中，所取函数值的位数应随角度误差的减小而增多，其对应关系如表 1-6 所示。

表 1-6　三角函数运算中函数值的位数与角度误差的关系

角度误差	10″	1″	0.1″	0.01″
函数值位数	5	6	7	8

3. 测量数据的计算机处理

大批量测量数据的处理采用计算机几乎是唯一的方式，而且现代的医学仪器和科学仪器以及各种测控系统都是采用计算机进行控制和完成数据处理后输出最终结果的。在这样的情况下，尤其要注意测量数据的有效位数的问题。

（1）在进行复杂数据处理时，需要仔细考虑所有的数据来源及其精度和所有的中间计算过程。处理前的测量值和其他参加运算的数值的有效位数决定了最后结果的有效数字位数。位数过多导致对结果的误解，过少则损失测量的精度。

（2）用计算机进行数据处理几乎无一例外地、有意或无意地使用浮点数，IEEE 754 标准中规定 float 单精度浮点数在机器中用 1 位表示数字的符号，用 8 位表示指数，用 23 位表示尾数，即小数部分；对于 double 双精度浮点数，用 1 位表示符号，用 11 位表示指数，用 52 位表示尾数，其中指数域称为阶码。IEEE 754 标准中规定浮点数的格式如图 1-19 所示。

S	exponent	mantissa
1 bit	8 bits	23 bits

（a）

S	exponent	mantissa
1 bit	11 bits	52 bits

（b）

图 1-19　IEEE 754 标准中规定浮点数（float 和 double）

（a）单精度浮点数　（b）双精度浮点数

S—符号位；exponent—指数（阶码）；mantissa—尾数（小数）

由于单精度浮点数的计算速度快，占用内存小，认为 23 位的精度足够高，其实不然。例如，对 18 位的 ADC（模数转换器）得到的 4 096 个时序数字信号进行傅里叶变换，相量表采用单精度的 23 位有效数字，总共是 4 096 个乘加计算（可增加 6 位有效数字），实际得到最后结果的有效位数应该为 18 位+6 位=24 位，已经超过单精度浮点数的表达范围，这还不考虑计算过程中因浮点数进行加减法运算时需要对位等造成的精度损失。由此可见，采用计算机进行数据处理时也需要考虑其可能带来的精度损失，在高精度测量时尤为重要。

1.6.4 随机误差

1. 随机误差产生的原因

当对同一量值进行多次等精度的重复测量时，会得到一系列不同的测量值（常称为测量列），每个测量值都含有误差，这些误差的出现没有确定的规律，即前一个误差出现后，不能预计下一个误差的大小和方向，但就误差的总体而言，却具有统计规律性。

随机误差是由很多暂时未能掌握或不便掌握的微小因素导致的，主要有以下几方面。

（1）测量系统的因素：元器件的不稳定性、元器件的漂移（温漂和时漂）、各部件的配合、各种微小的外部干扰等。

（2）环境方面的因素：温度的微小波动、湿度与气压的微量变化、光照强度变化、灰尘以及电磁场变化等。

（3）人员方面的因素：瞄准、读数的不稳定等。

2. 随机误差的正态分布

如果测量数列中不包括系统误差和粗大误差，从大量的实验中发现偶然误差的大小有如下几个特征。

（1）绝对值小的误差比绝对值大的误差出现的机会多，即误差的概率与误差的大小有关，这是误差的单峰性。

（2）绝对值相等的正误差和负误差出现的次数相当，即误差的概率相同，这是误差的对称性。

（3）极大的正误差和负误差出现的概率都非常小，即大的误差一般不会出现，这是误差的有界性。

（4）随着测量次数的增加，随机误差的算术平均值趋近于零，这是误差的抵偿性。

19世纪，德国科学家高斯研究大量的测量数据时发现，随机误差的分布服从正态分布。因此，在误差理论中又将正态分布称为高斯分布，如图1-20所示。

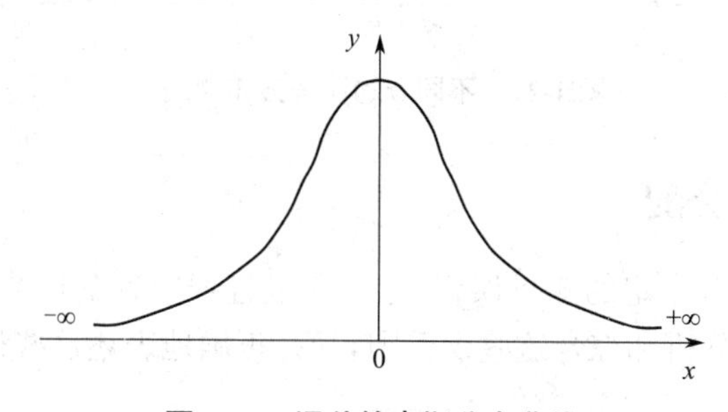

图1-20 误差的高斯分布曲线

正态分布的分布密度 $f(\delta)$ 与分布函数 $F(\delta)$ 分别为

$$f(\delta)=\frac{1}{\sigma\sqrt{2\pi}}\mathrm{e}^{-\delta^2/(2\sigma^2)} \tag{1-46}$$

$$F(\delta)=\frac{1}{\sigma\sqrt{2\pi}}\int_{-\infty}^{\delta}\mathrm{e}^{-\delta^2/(2\sigma^2)}\mathrm{d}\delta \tag{1-47}$$

式中:δ 为标准差(或称为均方根误差);e 为自然对数的底,其值为 2.718 2…。

正态分布误差的数学期望为

$$E=\int_{-\infty}^{+\infty}\delta f(\delta)\mathrm{d}\delta=0 \tag{1-48}$$

其方差为

$$\sigma^2=\int_{-\infty}^{+\infty}\delta^2 f(\delta)\mathrm{d}\delta \tag{1-49}$$

其平均误差为

$$\theta=\int_{-\infty}^{+\infty}|\delta| f(\delta)\mathrm{d}\delta=0.797\,9\sigma\approx\frac{4}{5}\sigma \tag{1-50}$$

由于

$$\int_{-\rho}^{\rho}f(\delta)\mathrm{d}\delta=\frac{1}{2} \tag{1-51}$$

可以解出或然误差为

$$\rho=0.674\,5\sigma\approx\frac{2}{3}\sigma \tag{1-52}$$

图 1-21 给出了不同 σ 的误差分布曲线。σ 越小,测量精度越高,分布曲线的峰越高且越窄;σ 越大,分布曲线越平坦且越宽。由此可知,σ 越小,小误差占的比重越大,测量精度越高;反之,则大误差占的比重越大,测量精度越低。

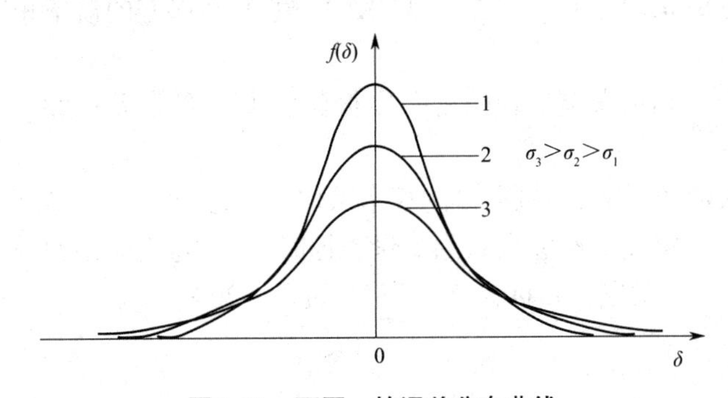

图 1-21 不同 σ 的误差分布曲线

1.6.5 误差的合成与分配

任何测量结果都包含一定的测量误差,这是测量过程中各个环节一系列误差因素共同作用的结果。要正确地分析和综合这些误差因素,并正确地表述这些误差的综合影响,以达到以下目的。

(1)提高测量的精度,消除或减少其中占比较大的误差来源。

(2)设计和优化测量方法或系统,使测量可以达到最高精度,满足测量精度要求的经济的测量方法或测量系统。

本节简要介绍误差合成与分配的基本规律和基本方法,这些规律和方法不仅应用于测量数据处理中给出测量结果的精度,而且还适用于测量方法和仪器装置的精度分析计算以及解决测量方法的拟订和仪器设计中的误差分配、微小误差取舍及最佳测量方案确定等问题。

现代测量系统或复杂测量几乎全部都是间接测量或组合测量或建模测量。为了讨论问题方便起见,这里把所有测量类别均归纳为间接测量。

间接测量是通过直接测量与被测量之间有一定函数关系的其他量,按照已知的函数关系式计算出被测量。因此,间接测量的量是直接测量所得到的各个测量值的函数,而间接测量误差则是各个直接测得值误差的函数,故称这种误差为函数误差。研究函数误差的内容,实质上就是研究误差的传递问题,而对于这种具有确定关系的误差计算,也称为误差合成。

下面分别介绍函数系统误差和函数随机误差的计算问题。

1. 函数系统误差计算

在间接测量中,不失一般性,假定函数的形式为初等函数,且为多元函数,其表达式为

$$y=f(x_1,x_2,\cdots,x_n) \tag{1-53}$$

式中:$x_1,x_2,\cdots,x_n$ 为各个直接测量值;y 为间接测量值。

由多元偏微分可知:

$$\mathrm{d}y=\frac{\partial f}{\partial x_1}\mathrm{d}x_1+\frac{\partial f}{\partial x_2}\mathrm{d}x_2+\cdots+\frac{\partial f}{\partial x_n}\mathrm{d}x_n \tag{1-54}$$

若已知各个直接测量值的系统误差 $\Delta x_1,\Delta x_2,\cdots,\Delta x_n$,由于这些误差值均比较小,可以用来替代式(1-54)中的 $\mathrm{d}x_1,\mathrm{d}x_2,\cdots,\mathrm{d}x_n$,从而可近似得到函数的系统误差 Δy 为

$$\Delta y=\frac{\partial f}{\partial x_1}\Delta x_1+\frac{\partial f}{\partial x_2}\Delta x_2+\cdots+\frac{\partial f}{\partial x_n}\Delta x_n \tag{1-55}$$

式(1-55)称为函数系统误差公式,而 $\frac{\partial f}{\partial x_1},\frac{\partial f}{\partial x_2},\cdots,\frac{\partial f}{\partial x_n}$ 为各个直接测量值的误差传递系数。

例 1-1　如图 1-22 所示,用直流电桥测量未知电阻,当电桥平衡时,已知 R_1=200 Ω,R_2=100 Ω,R_3=50 Ω,其对应的系统误差分别为 ΔR_1=0.2 Ω,ΔR_2=0.1 Ω,ΔR_3=0.1 Ω。求电阻 R_x 的测量结果。

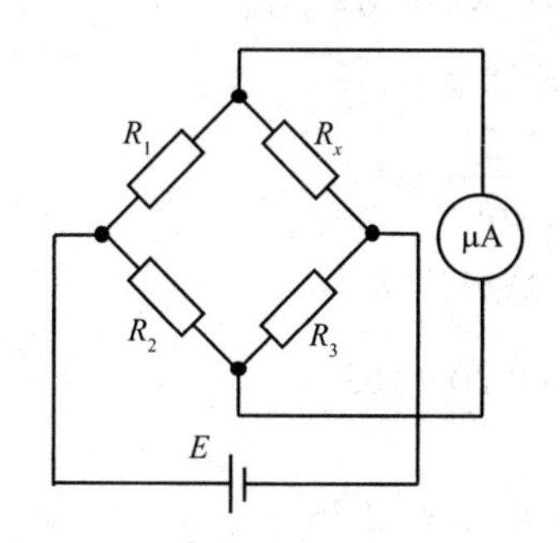

图 1-22　惠斯登电桥法测量电阻

由惠斯登电桥平衡条件,可得

$$R_{x0}=\frac{R_1}{R_2}R_3=100\ \Omega \tag{1-56}$$

根据式(1-55)可得电阻 R_x 的系统误差为

$$\Delta R_x=\frac{\partial f}{\partial R_1}\Delta R_1+\frac{\partial f}{\partial R_2}\Delta R_2+\frac{\partial f}{\partial R_3}\Delta R_3 \tag{1-57}$$

式(1-57)中各个误差传递系数分别为

$$\frac{\partial f}{\partial R_1}=\frac{R_3}{R_2}=\frac{50}{100}=0.5$$

$$\frac{\partial f}{\partial R_2}=-\frac{R_1R_3}{R_2^2}=-\frac{200\times 50}{100^2}=-1$$

$$\frac{\partial f}{\partial R_3}=\frac{R_1}{R_2}=\frac{200}{100}=2$$

由式(1-57)可得

$$\Delta R_x=0.5\times 0.2\,\Omega-1\times 0.1\,\Omega+2\times 0.1\,\Omega=0.2\,\Omega$$

将测量结果修正后可得

$$R_x=R_{x0}-\Delta R_x=100\,\Omega-0.2\,\Omega=99.8\,\Omega$$

对于一个复杂的测量系统,也可以采用类似的方法分析其误差。

例 1-2 对图 1-23 所示的传感器测量系统,不失一般性,不管其量纲,假设 x=0.20,k_1=10,Δk_1=0.1;k_2=50,Δk_2=−1;k_3=16.38,Δk_3=2/2.5=0.8(这里给出的是 12 位 ADC,一般做到系统误差为最低有效位 LSB)。求该系统的测量结果 D。

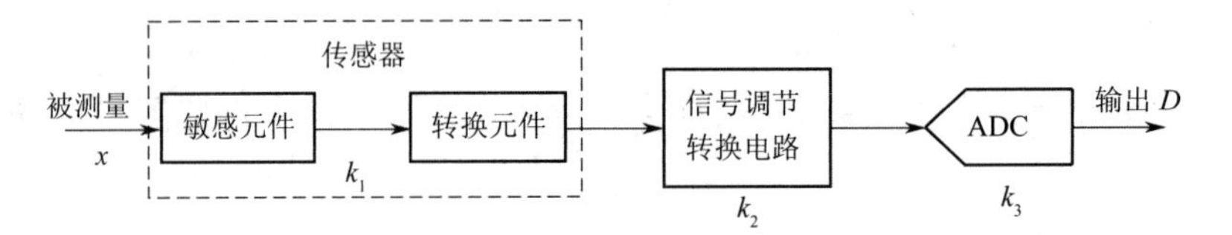

图 1-23 传感器测量系统

由系统构成可计算得:

$$D_0=k_1k_2k_3x=10\times 50\times 16.38\times 0.20=1\,638 \tag{1-58}$$

根据式(1-55)可得 D 的系统误差

$$\Delta D=\frac{\partial f}{\partial k_1}\Delta k_1+\frac{\partial f}{\partial k_2}\Delta k_2+\frac{\partial f}{\partial k_3}\Delta k_3 \tag{1-59}$$

式(1-59)中各个误差传递系数分别为

$$\frac{\partial f}{\partial k_1}=k_2k_3x=50\times 16.38\times 0.20=163.8$$

$$\frac{\partial f}{\partial k_2}=k_1k_3x=10\times 16.38\times 0.20=32.76$$

$$\frac{\partial f}{\partial k_3}=k_1k_2x=10\times 50\times 0.20=100$$

由式(1-59)可得

$$\Delta D=163.8\times 0.1+32.76\times(-1)+100\times 0.8=63.62$$

将测量结果修正后可得

$$D = D_0 - \Delta D = 1\,638 - 63.62 = 1\,574.38$$

换算成被测量 Δx，因为

$$x = D / k_1 k_2 k_3 \tag{1-60}$$

所以

$$\Delta x = \frac{\Delta D}{k_1 k_2 k_3} = \frac{63.62}{10 \times 50 \times 16.38} = 0.0077 \approx 0.008 \tag{1-61}$$

此例的提示：

（1）为了说明如何计算一个测量系统的系统误差而假定的一些数据，实际中的值可以由高一等精度的仪器进行标定得到；

（2）被测量的相对系统误差为

$$\frac{\Delta x}{x} \times 100\% = \frac{0.008}{0.2} \times 100\% = 4\% \tag{1-62}$$

说明该系统的测量精度很低，而各个环节的相对精度分别为

$$\frac{\Delta k_1}{k_1} \times 100\% = \frac{0.1}{10} \times 100\% = 1\% \tag{1-63}$$

$$\frac{\Delta k_2}{k_2} \times 100\% = \frac{-1}{50} \times 100\% = -2\% \tag{1-64}$$

$$\frac{\Delta k_3}{k_3} \times 100\% = \frac{0.8}{16.38} \times 100\% = 4.9\% \tag{1-65}$$

相对精度最低也在 -2%，由此可知，一个高精度的测量系统必须保证每个环节的精度足够高。

2. 函数随机误差计算

随机误差是用表征其取值分散程度的标准差来评定的，函数的随机误差也是用函数的标准差来进行评定的。因此，函数随机误差计算，就是研究函数 y 的标准差与各测量值 $x_1, x_2, \cdots, x_n$ 的标准差之间的关系。但在式（1-54）中，若以各测量值的随机误差 $\delta x_1, \delta x_2, \cdots, \delta x_n$ 代替各微分量 $\mathrm{d}x_1, \mathrm{d}x_2, \cdots, \mathrm{d}x_n$，只能得到函数的随机误差，而得不到函数的标准差。因此，必须进行下列运算，以求得函数的标准差。

函数的一般形式为

$$y = f(x_1, x_2, \cdots, x_n) \tag{1-66}$$

为了求得用各个测量值的标准差表示的函数标准差公式，设对各个被测量进行了 n 次等精度测量，其相应的随机误差如下。

对 x_1 为

$$\delta x_{11}, \delta x_{12}, \cdots, \delta x_{1n}$$

对 x_2

$$\delta x_{21}, \delta x_{22}, \cdots, \delta x_{2n}$$

$$\vdots$$

对 x_n 为

$$\delta x_{n1}, \delta x_{n2}, \cdots, \delta x_{nn}$$

根据式(1-54),可得函数 y 的随机误差为

$$\left.\begin{aligned}\delta y_1 &= \frac{\partial f}{\partial x_1}\delta x_{11} + \frac{\partial f}{\partial x_2}\delta x_{21} + \cdots + \frac{\partial f}{\partial x_n}\delta x_{n1} \\ \delta y_2 &= \frac{\partial f}{\partial x_1}\delta x_{12} + \frac{\partial f}{\partial x_2}\delta x_{22} + \cdots + \frac{\partial f}{\partial x_n}\delta x_{n2} \\ &\vdots \\ \delta y_n &= \frac{\partial f}{\partial x_1}\delta x_{1n} + \frac{\partial f}{\partial x_2}\delta x_{2n} + \cdots + \frac{\partial f}{\partial x_n}\delta x_{nn}\end{aligned}\right\} \tag{1-67}$$

将方程组中每个方程平方后相加,再除以 n,根据式(1-45)可得

$$\sigma_y^2 = \left(\frac{\partial f}{\partial x_1}\right)^2 \sigma_{x1}^2 + \left(\frac{\partial f}{\partial x_2}\right)^2 \sigma_{x2}^2 + \cdots + \left(\frac{\partial f}{\partial x_n}\right)^2 \sigma_{xn}^2 + 2\sum_{1 \leqslant i < j}^{n}\left(\frac{\partial f}{\partial x_i}\frac{\partial f}{\partial x_j}\frac{\sum_{m=1}^{n}\delta x_{im}\delta x_{jm}}{n}\right) \tag{1-68}$$

若定义

$$K_{ij} = \frac{\sum_{m=1}^{n}\delta x_{im}\delta x_{jm}}{n} \tag{1-69}$$

$$\rho_{ij} = \frac{K_{ij}}{\sigma_{xi}\sigma_{xj}} \tag{1-70}$$

或

$$K_{ij} = \rho_{ij}\sigma_{xi}\sigma_{xj} \tag{1-71}$$

则式(1-68)可以改写为

$$\sigma_y^2 = \left(\frac{\partial f}{\partial x_1}\right)^2 \sigma_{x1}^2 + \left(\frac{\partial f}{\partial x_2}\right)^2 \sigma_{x2}^2 + \cdots + \left(\frac{\partial f}{\partial x_n}\right)^2 \sigma_{xn}^2 + 2\sum_{1 \leqslant i < j}^{n}\left(\frac{\partial f}{\partial x_i}\frac{\partial f}{\partial x_j}\rho_{ij}\sigma_{xi}\sigma_{xj}\right) \tag{1-72}$$

若各个测量值的随机误差是相互独立的,且当 n 适当大时(如 $n>10$),有

$$K_{ij} = \frac{\sum_{m=1}^{n}\delta x_{im}\delta x_{jm}}{n} \simeq 0$$

则式(1-72)可以简化为

$$\sigma_y^2 = \left(\frac{\partial f}{\partial x_1}\right)^2 \sigma_{x1}^2 + \left(\frac{\partial f}{\partial x_2}\right)^2 \sigma_{x2}^2 + \cdots + \left(\frac{\partial f}{\partial x_n}\right)^2 \sigma_{xn}^2 \tag{1-73}$$

或

$$\sigma_y = \sqrt{\left(\frac{\partial f}{\partial x_1}\right)^2 \sigma_{x1}^2 + \left(\frac{\partial f}{\partial x_2}\right)^2 \sigma_{x2}^2 + \cdots + \left(\frac{\partial f}{\partial x_n}\right)^2 \sigma_{xn}^2} \tag{1-74}$$

1.7 生物医学信号(信息)测量

首先,需要厘清以下概念的含义及其相互之间的异同。

消息:指客观存在的一切事物通过物质载体所发出的情报、指令、数据、信号中所包含的一切可以传递和交换的知识内容。

信号:一个物理概念,用以表示消息的物理量,如电信号可以通过幅度、频率、相位的变化来表示不同的消息。

信息:反映事物的属性、状态、结构、相互联系以及与外部环境的互动关系,减少事物的不确定性。信息是一个相对的概念,同一个信号可能包括多种信息,如心电图中,不同的诊断目的可能需要不同的信息,甚至作为干扰的"基线漂移",在某些情况下也可以作为呼吸的信号,携带一定的呼吸信息。

有关信息,应该理解如下几点:

(1)比特是信息量的单位,但工程上也习惯把它作为信号的单位;

(2)一个信号(消息)的比特数是其可能携带的最大信息量;

(3)有关信息的最重要、最基础的定理是香农三大定理;

(4)在生物医学信息检测中,永恒的目标是获得尽可能多的信息,用工程上的语言表达即检测更加微弱的信号,用技术上的语言表达即获得更高信噪比的信号,用测量上的语言表达即获得更高精度的数据。

传感:感知客观事物的信息。物理实现是通过传感器——能感受规定的被测量并按照一定的规律转换成可用输出信号的器件或装置,传感器通常由敏感元件和转换元件组成。

测试:具有实验性质的测量,即测量和实验的综合,而测试手段就是仪器仪表。由于测试和测量密切相关,在实际使用中往往并不严格区分测试与测量。测试的基本任务就是获取有用的信息,通过借助专门的仪器、设备,设计合理的实验方法以及进行必要的信号分析与数据处理,从而获得与被测对象有关的信息。

测量:按照某种规律,用数据来描述观察到的现象,即对事物做出量化描述。测量是对非量化实物的量化过程。

信号处理:对各种类型的电信号,按各种预期的目的及要求进行加工过程的统称。对模拟信号的处理称为模拟信号处理,对数字信号的处理称为数字信号处理。所谓信号处理,就是对记录在某种媒体上的信号进行处理,以便抽取出有用信息的过程,它是对信号进行提取、变换、分析、综合等处理过程的统称。

在上述概念中,信息与信号比较容易区别,前者更抽象,后者更具体;而传感与检测、检测与测量,在带有探索性质、试验性质的场合很难做出清晰的区别。因此,在本书中也就不刻意地使用这些术语。

生物医学测量的核心是生物医学信息检测与处理。为讨论问题方便起见,将其分成两块内容。

(1)生物医学信号检测:如何获取生物医学信息。

(2)生物医学信号处理:如何从已获取的信息中提取生物医学信息。

把两者融合在一起有助于我们站在更高的高度审视与处理获取的生物医学信息。

生物医学信号处理包含模拟信号处理和数字信号处理两种类型。

1. 模拟信号处理

在生物医学信息（信号）测量系统（图 1-24）中，包含模拟/数字转换器之前的电路部分均属于模拟信号处理。模拟信号处理的作用如下：

（1）保证获得足够高精度的数字信号（模拟/数字转换器的输出）；

（2）保证获得足够高采样率的数字信号，也就是满足动态信号的采集要求和足够高的信息量（由香农定理所确定）；

（3）一般情况下，不得有非线性失真。

获取高质量数字信号是实现高精度、高质量生物医学信号测量的必要前提，模拟信号处理（包括信息传感）的重要性就在于此。

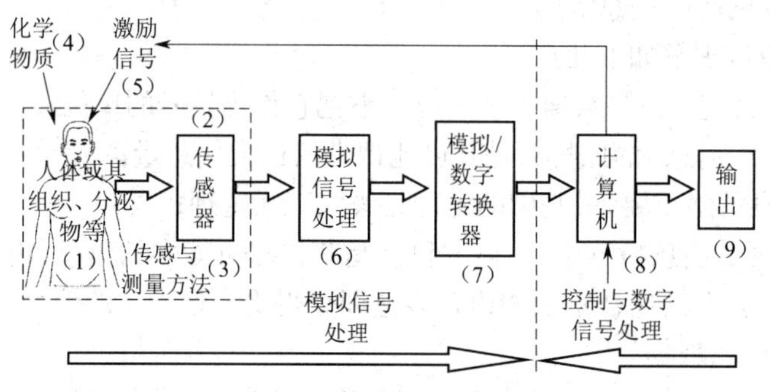

图 1-24　生物医学信息（信号）测量系统

图 1-24 中各个部分的作用与功能简述如下（序号与图中的序号相对应）。

（1）人体或其组织、成分、分泌物、基因携带的微生物等都是生物医学信息（信号）测量系统的测量对象。

（2）除少数医学信息（信号），如身高和心电等生物电外，均需要合适的传感器把被测信号转换为电信号，如体温、血压等；还有一些信号需要通过一次或多次转换和计算才能得到目标参数，如血氧饱和度，即动脉血液中含氧血红蛋白和还原血红蛋白的含量不同影响透射光的吸光度，进而影响两个或两个以上波长的光电容积脉搏波（PPG）的幅度，通过两个或两个以上波长的 PPG 的交直流分量可计算得到被测者的血氧饱和度值。

（3）被测对象与传感器总是不可分割地统筹考虑与设计，这就是传感与测量方法，其中要点如下：

①针对被测对象选取合适的传感器，如体温测量可以选择热敏电阻、热电偶、红外测温仪等；

②选择传感方法或传感器要尽可能做到对人体无伤害或少伤害；

③在保证一定的精度和可靠性的条件下，也要注意使用的舒适性和便捷性；

④测量方法最能体现创新性，如测量到以往所测量不到的信息，比以往的测量精度更高，同样精度情况下比以往更快、成本更低、更方便等。

（4）有些测量需要向人体注射一些化学物质，特别是一些图像的获取需要注射显影剂、增强剂,以得到更清晰的图像。

（5）需要向人体注入某种能量的生物医学信息（信号）测量系统更为常见,如医用诊断 X 光机和 CT 机需要 X 光源,生物阻抗成像需要施加恒定电流,PPG 需要激励光等。激励信号的施加要尽可能做到对人体无伤害或少伤害,避免或降低被测试者的不适。

（6）除前面已经说明的模拟信号处理的功能和作用外,从系统来看,模拟信号处理电路还需要完成与传感器的接口和驱动模拟/数字转换器,这两点也是模拟信号处理电路中极其重要的环节。

（7）由于现代生物医学信息（信号）测量系统无一不采用计算机（微控制器或嵌入式系统）作为控制核心和完成数字信号处理等功能,因此需要把模拟信号转变为数字信号,完成这一功能的就是模拟/数字转换器（Analog to Digital Converter, ADC）。选择 ADC 的主要参数如下:

①转换位数 n（动态范围 2^n）,注意不是精度,但是依据精度来选择 ADC 的转换位数;

②精度,通常用多少最低有效位（Least Significant Bit,LSB）来表示;

③（最高）采样速度,即每秒多少次,采用单位是 SPS（Sample Per Second）或 kSPS（kilo SPS）、MSPS（Mega SPS）、GSPS（Giga SPS）,依据奈奎斯特定律和信号与可能混入的噪声的最大频率来选择。

（8）计算机是生物医学信息（信号）测量系统的核心,用以完成控制和数字信号处理等功能,一般选用微控制器或嵌入式系统。其选择依据主要是计算（数字信号处理）能力和控制能力。很多情况下还要考虑其功耗、片上外设（如搭载 ADC 等）性能。

（9）输出功能包括通信、显示等。

2. 数字信号处理

数字信号处理具有很多模拟信号处理难以比拟的优越性。

（1）精度高。在模拟系统的电路中,元器件精度要达到 10^{-3} 以上已经不容易,而数字系统 17 位字长可以达到 10^{-5} 的精度,这是很平常的。

（2）灵活性强。数字信号处理系统的性能取决于运算程序和设计好的参数,这些均存储在数字系统中,只要改变运算程序或参数,即可改变系统的特性,比改变模拟系统方便得多。

（3）可以实现模拟系统很难达到的指标或特性。例如,数字滤波可以实现严格的线性相位;数据压缩方法可以大大地减少信息传输中的信道容量。

（4）可以进行自适应处理,这是模拟信号处理难以实现的。

（5）可以进行十分复杂的计算和特征提取,这也是模拟信号处理不能实现的。

早期数字信号处理存在一些缺点,如增加了系统的复杂性,它需要模拟接口以及比较复杂的数字系统;应用的频率范围受到限制,主要受 ADC 的采样频率的限制;系统的功率消耗比较大等。但这些缺点基本上都已克服或已降到可以忽略的地步。

1.7.1　生物医学信息检测

生物医学信息检测包括两个部分:生物医学传感技术与检测技术。前者主要关注信息获取的前端,包括被测对象、传感器及其接口;后者关注传感方法和系统实现。

1. 生物医学传感技术

生物医学传感技术是有关生物医学信息获取的技术，也是生物医学工程技术中的先导和核心技术，它与生物力学、生物材料、人体生理、生物医学电子与医疗仪器、信号与图像处理等其他生物医学工程技术直接相关，并且是这些技术领域研究中共性的基础和应用研究内容。生物医学传感技术的创新和应用的进展直接关系到医疗器械，尤其是新型诊断及治疗仪器的水平，因此国际上将该技术的研究与推动放在非常重要的地位。

生物医学传感技术是电子信息技术与生物医学交叉的产物，具有非常旺盛的生命力。医疗保健高层次的追求，早期诊断、快速诊断、床边监护、在体监测等对传感技术的需求，生命科学深层次的研究，分子识别、基因探针、神经递质与神经调质的监控等对高新传感技术的依赖，为生物医学传感技术的发展提供了客观条件。微电子技术与光电子技术、分子生物学、生化技术等新学科、新技术的发展为生物医学传感技术的进步奠定了技术基础。在这些背景条件下，生物医学传感技术在国际上得到了快速的发展，并取得了明显的进步。

2. 生物医学检测技术

生物医学检测技术是运用工程的方法去测量生物体的形态、生理机能及其他状态变化的生理参数、生化成分及其空间分布、反映生物体空间结构信息和状态信息的图像等。

生物医学信息范围很广，但概括起来可分为以下几大类。

（1）生理信息，如体温、心电、血压、呼吸等，以及细胞层面离子通道电流。

（2）生化信息，如血液成分、尿液。

（3）图像信息，如 X 光、CT、MRI、PET、内窥镜。

（4）微生物，如细菌、病毒、衣原体。

（5）病理信息，可分为广义和狭义两类信息。

①广义的病理信息：疾病发生的原因，发病原理和疾病过程中发生的细胞、组织和器官的结构、功能和代谢方面的改变及其规律。

②狭义的病理信息：从人体切下得到的组织标本，通过取材、脱水、固定、切片等一系列步骤之后制成病理切片，从病理切片获得的显微图像等。

1.7.2 生物医学信息（信号）处理

生物医学信息处理是生物医学工程学的一个重要研究领域，也是近年来迅速发展的数字信号处理技术的一个重要的应用方面。数字信号处理技术和生物医学工程的紧密结合，使我们在生物医学信号特征的检测、提取及临床应用上有了新的手段，因而也帮助我们加深了对人体自身的认识。

人体中每时每刻都存在着大量的生命信息。由于我们的身体整个生命过程中都在不断地实现着物理的、化学的及生物的变化，因此所产生的信息是极其复杂的。

我们可以把生命信号概括分为化学信息和物理信息两大类。

化学信息是指组成人体的有机物在发生变化时所给出的信息，它属于生物化学研究的范畴。

物理信息是指人体各器官运动时所产生的信息。物理信息所表现出来的信号又可分为电信号和非电信号两大类。

人体电信号，如体表心电图（ECG）、脑电图（EEG）、肌电图（EMG）、眼电图（EOG）、胃电图（EGG）等在临床上取得了不同程度的应用。

人体磁场信号检测近年来也引起了国内外研究者和临床的高度重视，磁场信号也可归为人体电信号。

人体非电信号，如体温、血压、心音、心输出量及肺潮气量等，通过相应的传感器即可转变成电信号。

电信号是最便于检测、提取和处理的信号。上述信号是由人体自发产生的，称为主动性信号。人体在外界施加某种刺激或某种物质时所产生的信号，称为被动性信息。如诱发响应信号，即在刺激下所产生的电信号，在超声波及 X 射线作用下所产生的人体各部位的超声图像、X 射线图像等也是被动性信号。这些信号是进行临床诊断的重要工具，如脑功能、睡眠分期等。

因此，上述的生物医学信号可分为以下几类：

(1) 主动的与被动的信号；

(2)电的和非电的人体物理信息；

(3)空间结构或分布的图像信息；

(4)机能（功能）、状态的信息。

1. 生物医学信号的特点

一般而言，生物医学信号有如下特点。

1)信号弱

直接从人体中检测到的生理电信号的幅值一般比较小，如从母体腹部得到的胎儿心电信号仅为 10~50 pV，脑干听觉诱发响应信号小于 1 μV，自发脑电信号为 5~150 μV，体表心电信号相对较大，最大可达 5 mV。因此，在处理各种生理信号之前，要配置各种高性能的放大器。

2)噪声强

噪声指其他信号对所研究对象信号的干扰，如电生理信号总是伴随着由于肢体动作、精神紧张等带来的干扰，而且常混有较强的工频干扰；诱发脑电信号中总伴随着较强的自发脑电；从母体腹部得到的胎儿心电信号常被较强的母体心电所淹没，这给信号的检测与处理带来了困难。因此，要求采用一系列有效去除噪声的算法。

3)频率范围一般较低

经频谱分析可知，除声音信号（如心音）频谱成分较高外，其他电生理信号的频谱一般较低，如心电的频谱为 0.05~100 Hz，脑电的频谱为 0.5~100 Hz。因此，在信号的获取、放大、处理时要充分考虑对信号的频率响应特性。

表 1-7 列出了部分生物医学信号的参数。

表 1-7　部分生物医学信号的参数

生物医学信号	幅值	频率/Hz
心电	10 μV~4 mV	0.05~100
脑电	10~300 μV	0.5~100

续表

生物医学信号	幅值	频率/Hz
胃电	0.01~1 mV	0~1
肌电	0.1~5 mV	5~2 000
心磁	10^{-10} T	0.4~40
脑磁	10^{-12} T	交变
动脉血压	3.33~53.33 kPa	0~50

4）随机性强

生物医学信号是随机信号，一般不能用确定的数学函数来描述，它的规律主要从大量统计结果中显现出来，必须借助统计处理技术来检测、辨识随机信号和估计它的特征。而且它往往是非平稳的，即信号的统计特征（如均值、方差等）随时间变化而改变。这给生物医学信号的处理带来了困难。

2. 生物医学数字信号处理方法

生物医学数字信号处理的主要任务：

（1）研究不同生物医学信号检测和提取的方法；

（2）研究突出信号本身、抑制或除去噪声的各种算法；

（3）研究对不同信号特征的提取算法；

（4）研究信号特征在临床上的应用。

常用的生物医学数字信号处理方法如下。

1）时域方法——AEV 方法

AEV 方法原本是通信研究中用于提高信噪比的一种叠加平均法，在医学研究中也叫平均诱发反应法，简称 AEV（Averaged Evoked Response）方法。

所谓诱发反应，就是肌体对某个外加刺激所产生的反应，AEV 方法常用来检测那些微弱的生物医学信号，如希氏束电图、脑电图、耳蜗电图等。希氏束电图的信号幅度仅为 1~10 μV，它们在用 AEV 方法检测之前，几乎或完全淹没在很强的噪声中，这些噪声包括自发反应、外界干扰、仪器噪声等。AEV 方法要求噪声是随机的，并且其协方差为零，信号是周期或重复产生的，这样经过 N 次平方叠加，信噪比可提高 N 倍，使用 AEV 方法的关键是寻找叠加的时间基准点。

2）频域滤波方法

频域滤波是数字滤波中常用的一种方法，也是消除生物医学信号中噪声的另一种有效方法。当信号频谱与噪声频谱重叠很小时，可用频域滤波的方法来消除干扰，频域滤波器可分为 FIR 滤波器和 IIR 滤波器两类。FIR 滤波器的设计方法主要有窗函数法、频率采样法；IIR 滤波器的主要设计方法有冲激响应不变法、双线性变换法。

3）小波分析方法

小波分析是传统傅里叶变换的继承和发展。由于小波的多分辨率分析（Multi-resolution Analysis）具有良好的空间域和频率域局部化特性，对高频采用逐渐精细的时域或空域取样步长，可以聚焦到分析对象的任意细节，从这个意义上讲，它已被人们誉为数学显微镜。目前，在心电数据的压缩、生物医学信号的信噪分离、QRS 波的综合检测、脑电图 EEG 的时频分析、信号的提取与奇异性检测等方面有广泛的应用。

4）自适应滤波方法

自适应滤波能够跟踪和适应系统或环境的动态变化，它不需要事先知道信号或噪声的特性，通过采用期望值和负反馈值进行综合判断的方法来改变滤波的参数。自适应滤波器的设计有两种最优准则：一种准则是使滤波器的输出达到最大的信噪比，称为匹配滤波器；另一种准则是使滤波器的输出均方估计误差为最小，称为维纳（Wiener）滤波器。

5）混沌（Chaos）和分形（Fractal）方法

混沌和分形理论是一种非线性动力学课题，混沌系统的最大特点是初值敏感性和参数敏感性，即所谓的蝴蝶效应。混沌学研究的是无序中的有序，许多现象即使遵循严格的确定性规则，但大体上仍是无法预测的，如大气中的湍流、人心脏的跳动等。

混沌事件在不同的时间标度下表现出相似的变化模式，与分形在空间标度下表现十分相像，但混沌主要讨论非线性动力系统的不稳、发散的过程。混沌与分形在脑电信号处理的应用中尤为引人注目。

6）人工神经网络分析方法

人工神经网络是一种模仿生物神经元结构和神经信息传递机理的信号处理方法，是由大量简单的基本单元（神经元）相互广泛连接构成的自适应非线性动态系统。其具有以下特点：

（1）并行计算，因此处理速度快；

（2）分布式存储，因此容错能力较好；

（3）自适应学习。

生物医学工程工作者采用神经网络的方法来解释许多复杂的生理现象，例如心电和脑电的识别，心电信号的压缩和医学图像的识别和处理。神经网络在微弱生理电信号的检测和处理中的应用主要集中在对自发脑电的分析和脑干听觉诱发电位的提取。

7）深度学习

深度学习（Deep Learning, DL）是机器学习（Machine Learning, ML）领域中一个新的研究方向，它被引入机器学习，使其更接近于最初的目标——人工智能（Artificial Intelligence, AI）。

深度学习是一类模式分析方法的统称，就具体研究内容而言，主要涉及以下三类方法：

（1）基于卷积运算的神经网络系统，即卷积神经网络（Convolutional Neural Network, CNN）；

（2）基于多层神经元的自编码神经网络，包括自编码（Auto Encoder）以及近年来受到广泛关注的稀疏编码（Sparse Coding）两类；

（3）以多层自编码神经网络的方式进行预训练，进而结合鉴别信息进一步优化神经网络权值的深度置信网络（Deep Belief Networks, DBN）。

通过多层处理，逐渐将初始的“低层”特征表示转化为“高层”特征表示后，用“简单模型”即可完成复杂的分类等学习任务。由此可将深度学习理解为进行“特征学习”（feature learning)或“表示学习”(representation learning)。

以往在机器学习用于现实任务时,描述样本的特征通常需由人类专家来设计,称为“特征工程”(feature engineering)。众所周知,特征的好坏对泛化性能有至关重要的影响,人类专家设计出好特征也并非易事;特征学习(表示学习)则通过机器学习技术自身来产生好特征,这使机器学习向“全自动数据分析”又前进了一步。

近年来,研究人员也逐渐将这几类方法结合起来,如对原本是以由监督学习为基础的卷积神经网络结合自编码神经网络进行无监督的预训练,进而利用鉴别信息微调网络参数形成的卷积深度置信网络。与传统的学习方法相比,深度学习方法预设了更多的模型参数,因此模型训练难度更大,根据统计学习的一般规律可知,模型参数越多,需要参与训练的数据量也越大。

20世纪八九十年代,由于计算机计算能力有限和相关技术的限制,可用于分析的数据量太小,深度学习在模式分析中并没有表现出优异的识别性能。自从2006年，Hinton等提出快速计算受限玻尔兹曼机(RBM)网络权值及偏差的CD-K算法以后，RBM就成了增加神经网络深度的有力工具,导致后面使用广泛的DBN(由Hinton等开发并已被微软等公司用于语音识别中)等深度网络的出现。与此同时,稀疏编码等由于能自动从数据中提取特征也被应用于深度学习中。基于局部数据区域的卷积神经网络方法近年来也被大量研究。

深度学习在生物医学信号处理中具有难以估量的发展空间和应用前景。同时,深度学习与脑机能研究有着天然的联系,且是联系最紧密的两个重要科学问题和研究方向,二者相互促进发展,而且深度学习在医学图像诊断和大数据挖掘上的应用是目前学术界研究最热门的领域。

习题与思考题

1. 传感器的作用是什么?
2. 了解传感器在医疗设备中的应用情况。
3. 传感器技术主要涉及哪些内容?
4. 传感器与数学有何关系?
5. 有哪几种敏感元件?
6. 敏感元件与传感器是什么关系?
7. 为什么说传感器决定了仪器或测量系统的测量灵敏度、精度和测量范围等性能?
8. 对医疗仪器中的传感器有何特殊的要求?
9. 传感器的输出形式有哪些?
10. 传感器的参数有哪几类?
11. 什么是传感器的工作参数?
12. 什么是传感器的质量参数?
13. 什么是传感器的静态参数?用自己的语言描述传感器的静态参数。
14. 什么是传感器的动态参数?用自己的语言描述传感器的动态参数。
15. 什么时候考虑传感器的频率特性?什么时候考虑传感器的速度参数?

16. 在应用(选择)传感器时,如何考虑传感器的参数?
17. 传感器理想的静态特性是什么?
18. 为什么要用微分方程描述传感器的动态特性?
19. 传感器的灵敏度受哪些因素限制?
20. 除静态特性和动态特性外,其他参数是否无关紧要?
21. 为什么要特别注意极限参数?
22. 传感器可能存在哪些噪声? 如何评估这些噪声对传感(测量)的影响?
23. 测量是什么样的过程?
24. 传感与测量的异同点是什么?
25. 为什么在传感器的应用中要强调精度?
26. 传感器的每一个参数与传感器在应用时的精度有何关系?
27. 测量方法有哪几种分类?
28. 什么是组合测量? 组合测量有何意义?
29. 什么是软测量? 软测量有何意义?
30. 什么是建模测量? 建模测量有何意义?
31. 什么是测量单位? 国际单位制中的基本单位有哪些?
32. 什么是误差? 为什么不直接分析精度?
33. 误差有哪些来源?
34. 噪声与误差有何关系?
35. 什么是信噪比? 如何评价某个信号的信噪比?
36. 什么是相对误差? 什么是绝对误差? 什么是引用误差?
37. 误差有哪几类?
38. 什么是系统误差? 什么是随机误差? 这样区分有何意义?
39. 什么是精度? 什么是不确定度?
40. 什么是精密度? 什么是准确度? 它们各自与哪种类型的误差相关联?
41. 什么是有效数字? 怎样确定有效数字?
42. 回忆一下以往的实验报告是否应该考虑有效数字。
43. 经过运算后,如何取舍有效数字?
44. 什么是误差合成? 什么时候需要误差合成?
45. 什么是误差分配? 什么时候需要误差分配?
46. 什么是消息? 什么是信号? 什么是信息?
47. 什么是传感? 什么是检测? 什么是测量?
48. 数字信号处理是否可以取代模拟信号处理? 为什么?
49. 生物医学信号有何特点?
50. 什么是生物医学数字信号处理的主要任务?
51. 生物医学数字信号处理的方法有哪些? 它们各自有何特点和优势?

第2章 阻抗(无源)型传感器

2.1 概述

医学测量仪器的第一个环节是将被测对象、系统或过程中需要观察的信息转化成电压。这种转化广义地说包括各种物理形式,如机—电、热—电、声—电或机—光、热—光、光—电等转化,内容极其广泛,这些转化技术称为传感技术;实现这种技术的元件称为传感元件;而以这种技术手段独立地制作成一种装置,即将传感元件通过机械结构支承固定,并通过机械电气或其他方法连接,将所获信号传输出去的装置称为传感器。在医学测量仪器中最常用的传感技术是将物理量和化学量等非电量转换成电的输出信号。鉴于本书所适用专业,本章只限于讨论将与生物、医学有关的物理量和化学量等非电量转换成电的输出信号的传感器及其接口电路。

传感部分是医学测量仪器中获取信息的最前沿一环,它得到的是被测量的第一手资料,类似于人类的感觉器官,所以对它的技术性能有如下要求,以满足测试的需要:

(1)灵敏度高、线性度好;

(2)输出信号信噪比高,这就要求其内噪声低,同时不应引入外噪声;

(3)滞后、漂移小;

(4)特性的复现性好,具有互换性;

(5)动态性能好;

(6)对被测对象的影响小,即负载效应低。

这些要求是从测量角度出发提出的。由于传感器直接与被测对象接触,工作条件往往很恶劣,它必须在各种介质中工作,所以要根据被测对象提出不同的抗腐蚀要求;在不同强度环境下工作,需提出如抗振、抗干扰、耐高温等某些特殊的要求;在一些特殊领域中工作,还需提出特殊的要求,如在运载工具特别是在航空航天器中工作的传感器,其功耗、体积与重量等就显得较为重要,在许多场合还要求非接触或远距离测量等。

由于被测物理量的多样性以及测量范围很广,传感技术借以变换的物理现象和定律很多,加之所处的工作条件有很大的不同,所以传感器的品种、规格十分繁杂,每年新增新型传感器上千种。为了进行有效的研究,必须对传感器予以适当的科学分类。目前常用的分类方法有两种:一是按传感器的输入量来分类,二是按传感器的输出量来分类。

按传感器的输入量分类,就是按传感器所测量的物理量来分类。例如,用来测量力的传感器称为测力传感器;用来测量位移的传感器称为位移传感器;用来测量温度的传感器称为温度传感器等。这种分类方法便于实际使用者选用。

按传感器的输出量分类,就是按传感器的输出参数来分类。输出参数是电量的传感器可分为电路参量型传感器(如电阻式、电容式、电感式传感器)和发电型传感器(即传感器可输出电源性参量，如电势、电荷等)。发电型传感器又可分为主动型和能量转换型等；而电路参量型传感器又可称为被动型传感器或能量控制型传感器等。

传感器输出的电信号需要经测量电路进行加工和处理，如衰减、放大、调制和解调滤波、运算等。有些传感器还需要外加电源，所以广义的测量电路还包括为传感器提供参考电压或电流的电路。实际上，测量电路具有的功能如表 2-1 所示。

表 2-1　测量电路具有的功能

补偿功能	校正、补偿、去除噪声
初等运放功能	放大、单位换算、输入失调去除
积分运算功能	时间积分、空间积分、同步相加、相关函数、各种矩
变换功能	A/D 变换、V/F 变换、傅里叶变换、阿达玛变换、其他正交变换、各种滤波器
比较功能	阈值、模板匹配
控制	零位法计测、伺服型计测
传送功能	数据压缩、调制解调、格式变换、规程变换
驱动信号	恒压源、恒流源、驱动信号补偿
其他	学习、模式识别、判断

随着微电子技术和计算机技术的发展，测量电路的设计和应用也发生了根本性的变化。测量电路的功能已向传感器和后续处理电路两个方向扩展，即传感器与测量电路的一体化和测量电路与后续电路的一体化。再采用测量电路已不足以表达发生这一根本性变化的内涵。这里，借用计算机技术中的“接口”(Interface)这一概念来命名，即传感器接口电路。

一般来说，对传感器接口电路有如下要求。

(1)尽可能提高包括传感器和接口电路在内的整体效率。虽然能量是传递信息的载体，传感器在传递信息时必然伴随着能量的转换和传递，但传感器的能量变换效率不是最重要的。

实际上，为了不影响或尽可能少影响被测对象的本来状态，要求从被测对象上获得的能量越小越好。因而，这里所说的效率是指信息转换效率，其可由下式确定：

$$\eta = \frac{I_o}{I_i} \tag{2-1}$$

式中：I_o 为传感器的输出信号；I_i 为传感器的输入信号。

例如，对压电晶体构成的传感器，要求接口电路的输入阻抗足够高，这样才能得到较高的效率。又如，对一些需要驱动电源的传感器，则要求接口电路能提供尽可能稳定的驱动电源，只有这样才有可能得到较高的效率。

(2)具有一定的信号处理能力。例如，半导体热敏电阻中的接口电路具有引线补偿的功能；而热电偶的接口电路则应有冷端补偿功能等。如果从整个医学测量仪器来考虑，则应根据系统的工作要求，选择功能尽可能全的接口电路芯片，甚至可以考虑整个系统就用一个芯片。

(3)提供传感器所需要的驱动电源(信号)。按传感器的输出信号来划分,传感器可分为电参数传感器和电量传感器。后者的输出信号是电量,如电势、电流、电荷等,这类电量传感器有压电传感器、光电传感器等。前者的输出信号是电量参数,如电阻、电容、电感、互感等,这类传感器需外加驱动电源才能工作。一般来说,驱动电源的稳定性直接影响系统的测量精度,因而这类传感器的接口电路应能提供稳定性尽可能高的驱动电源。

(4)尽可能完善的抗干扰和抗高压冲击保护机制。在工业和生物医学信号的测量中,干扰是难以避免的,如工频干扰、射频干扰等。而高电压的冲击同样难以避免,这在工业测量中是不言而喻的。在生物医学信号的测量中,经常存在几千伏甚至更高的静电,在进行人员抢救时还有施加到人体上的除颤电压。因而,传感器接口电路应尽可能地完善抗干扰和抗高压冲击的保护机制,避免干扰对测量精度的影响,保护传感器和接口电路本身的安全。这种机制包括输入端的保护、前后级电路的隔离、模拟和数字滤波等。

实际上,表 2-1 给出的是广义的传感器接口电路的功能。为使讨论和学习方便,这里讨论的是狭义的传感器接口电路,即与传感器接口的第一级电路。

限于篇幅,这里仅讨论为数不多但有特点的传感器。所谓特点,是指这些传感器对接口电路有特殊的要求。但这里不打算详尽地讨论这几种传感器的工作原理,而是仅限于讨论与接口电路有关的内容。通过这几种有特点的传感器接口电路的学习和分析,掌握传感器接口电路的设计方法。

传感器的分类方式有多种,为了方便介绍传感器的接口电路,本书对传感器的分类如图 2-1 所示。

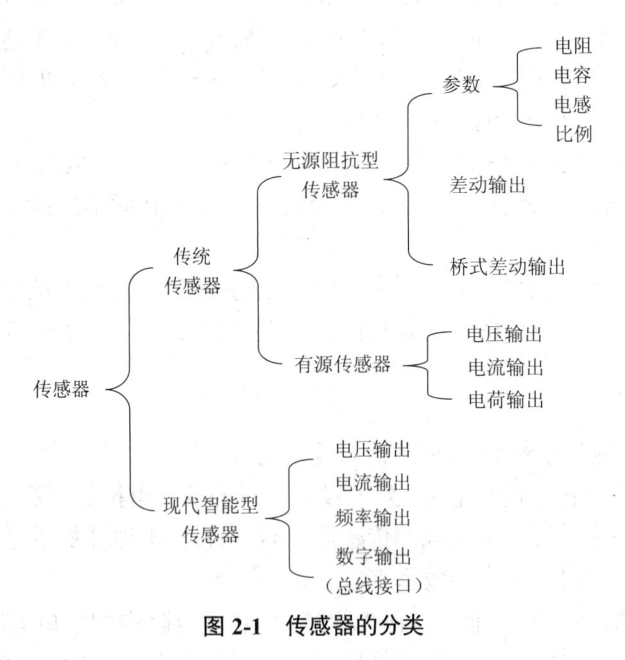

图 2-1 传感器的分类

本书将按图 2-1 所示的分类方法来介绍传感器的相应接口电路。按这种分类把每类中最有特点的传感器接口电路介绍一遍,基本上可覆盖绝大多数的传感器接口电路。

首先,传感器可以分为传统传感器和现代智能型传感器,这样分类虽然有些牵强,但更便于讨论问题。现代智能型传感器是指那些把必要的传感器接口电路与传感器本身集成在一起的传感器，一般来说，这类传感器的接口电路较易实现，因为这类传感器的输出特性比较理想。例如，电压输出的传感器，其内阻近乎 0；而电流输出的传感器，其内阻可接近于无穷大，这两类传感器对后续电路(接口电路)没有很严格的要求；而频率输出和数字输出(总线接口)型传感器，则可直接与微处理器或显示、控制电路接口，不少现代智能型传感器本身已把显示驱动或控制电路集成在一起。

把不是现代智能型传感器的其他传感器都归类到传统传感器中。这一类传感器又可分为无源阻抗型传感器和有源传感器。无源阻抗型传感器是指传感器在被测量的作用下仅有阻抗的变化而无能量的输出，这类传感器需要外加驱动(参考)信号才能工作。而有源传感器本身在被测量的作用下有能量输出，能量输出的形式可为电压、电流和电荷。

无源传感器又可分为单元件、差动式和桥式等三种形式。无源传感器需要外加驱动(参考)信号才能工作。无源传感器在外加驱动(参考)信号的作用下，一般可有电压、电流和频率三种输出方式。

对电压输出的有源传感器，一般采用仪器放大器或高输入阻抗的电压放大器(同相放大器)作为接口电路。对电流输出的有源传感器，则采用电流/电压转换电路作为接口电路。对电荷输出的有源传感器，则需要采用具有极高输入阻抗的电压放大器(静电放大器)或电荷放大器作为接口电路。

对于无源传感器，设计稳定、高精度的驱动(参考)电源是保证接口电路精度的关键。在驱动信号的作用下，这类传感器可根据不同的具体情况采用仪器放大器或电流/电压转换电路作为接口电路，对频率输出的情况则需要采用特殊的电路设计。

由于采用运算放大器构成的电路在讨论原理时比较方便，所以本书仍然采用由运算放大器构成的电路来分析传感器的接口原理，同时在可能的情况下，也给出将广义的接口电路的一部分甚至全部集成到一个芯片中的器件。实际上，现在已有的许多芯片是将表 2-1 所列出的传感器中某项信号处理功能甚至几项功能全部集成到一个芯片中，有的还将微处理器等集成到一个芯片中，或者专门对某种传感器的特点按信号处理要求设计成集成电路。这种芯片的出现，必将简化传感器的接口电路以及医学测量仪器的设计和制造，大幅度提高系统的整体性能，提高测量精度和可靠性，降低成本。在设计中，尽可能选用专用芯片或多功能芯片，实际上就是采用“器件解决”的指导思想。“器件解决”是现代测控电路设计的必然趋势。建议读者在实际工作中不要局限于本书的电路，要尽可能地选用现成的传感器接口电路芯片，甚至是传感器与接口电路集成在一起的芯片。

无源阻抗型传感器的历史最为悠久，它利用被测物理量改变敏感元件的阻抗而实现传感。阻抗可以是电阻，也可以是电容(容抗)或电感(感抗)。其中，电阻型传感器是应用最广泛的一种类型，也是可传感量最多的传感器，还是经久不衰、依然在发展的传感器类型；电容型传感器主要是传感几何量，且其灵敏度很高，可以在很多特殊的条件下实现测量；电感型传感器基本上只用于几何量的测量，在医学上的一个特殊应用是感应电流电阻抗成像(Induced Current Electrical Impedance Tomography，ICEIT)。

本章介绍电阻型传感器及其接口电路与应用。

2.2 电阻型传感器

电阻型传感器是历史最悠久、种类最多、应用最广泛的一大类传感器。

电阻型传感器是将被测量，如位移、形变、力、加速度、湿度、温度等物理量转换成电阻值的一种器件，主要有电阻应变式、压阻式、热电阻、热敏电阻、光敏电阻、磁敏电阻等电阻型传感器。电阻型传感器成本低，应用极为广泛。

2.2.1 电位器式位移或角位移传感器

被测量通过一定的机械传动部件与电位器的旋转轴（或滑动臂）相连，被测量变化时带动滑动臂移动，电位器中心至两个固定端的电阻发生差动变化。

电位器式传感器通常用于位移、液位、角度的测量。

通过分压电路或者桥电路可将电位器的电阻变化转换为电压变化输出，再经 A/D 转换后，可以准确测量被测物理量。

图 2-2 所示为电位器式位移或角位移传感器示意图。如果在某个位置（位移或角位移）使得电位器的分压比为 β，滑动端至另一端的分压比则为（$1-\beta$），因而传感器的输出为

$$V_o=(V_{i1}-V_{i2})\beta \tag{2-2}$$

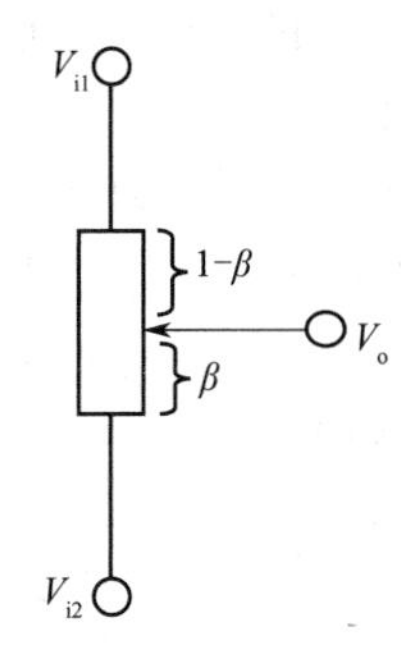

图 2-2 电位器式位移或角位移传感器示意图

2.2.2 电阻应变片（丝）

传感器中的电阻应变片具有金属的应变效应，即在外力作用下产生机械形变，从而使电阻值随之发生相应的变化。电阻应变片主要有金属和半导体两类，金属应变片有金属丝式、箔式、薄膜式等，半导体应变片具有灵敏度高（通常是金属丝式、箔式的几十倍）、横向效应小等优点。

电阻应变式称重传感器的原理：弹性体（弹性元件，即敏感梁）在外力作用下产生弹性变形，使粘贴在其表面的电阻应变片（转换元件）也随之产生变形，电阻应变片变形后，它的阻值将发生变化（增大或减小），再经相应的测量电路把这一电阻变化转换为电信号（电压或电流），即可完成将外力变换为电信号的过程。

2.2.3　压阻式传感器

压阻式传感器（图 2-3）是根据半导体材料的压阻效应在半导体材料的基片上经扩散电阻而制成的器件。其基片可直接作为测量传感元件，扩散电阻在基片内接成电桥形式（图 2-4 和图 2-5），当基片受到外力作用而产生形变时，各电阻值将发生变化，电桥就会产生相应的不平衡输出。

图 2-3　几种压阻式传感器

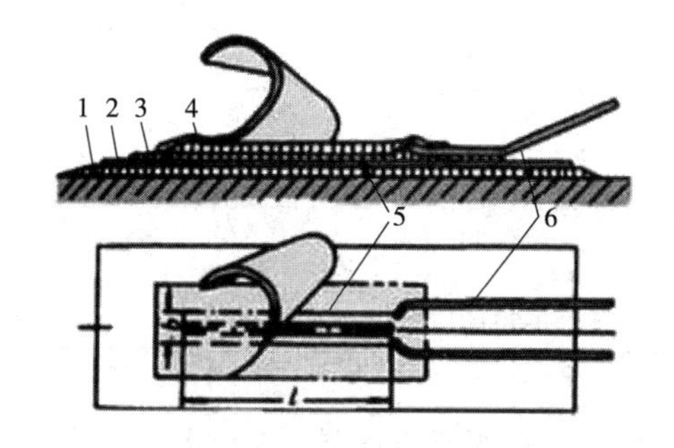

图 2-4　应变片的结构

1、3—黏合层；2—基底；4—盖片；5—敏感栅；6—引出线

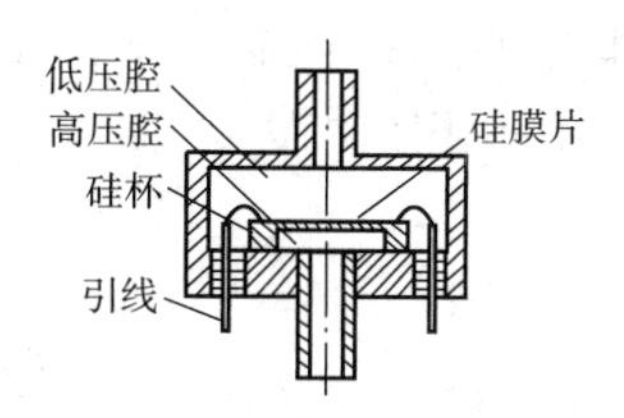

图 2-5　压阻式传感器的结构

用作压阻式传感器的基片（或称膜片）（图 2-6）材料主要为硅片和锗片，以硅片为敏感材料而制成的硅压阻式传感器越来越受到人们的重视，尤其是以测量压力和速度的固态压阻式传感器应用最为普遍。

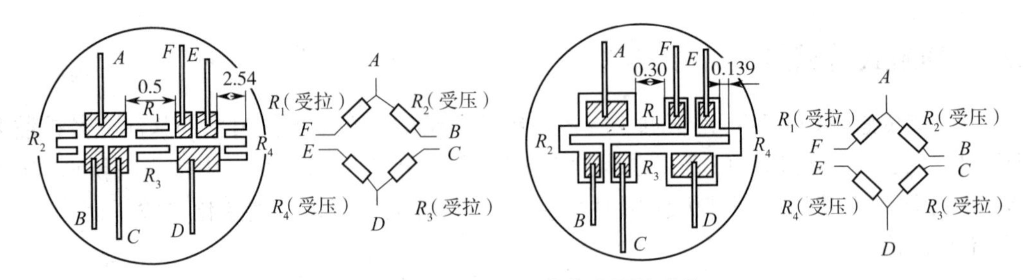

图 2-6　两种微型压阻式传感器的膜片

2.2.4　热电阻传感器

热电阻传感器主要是利用电阻值随温度变化而变化这一特性来测量温度及与温度有关的参数(表 2-2)。在温度检测精度要求比较高的场合,这种传感器比较适用。应用较为广泛的热电阻材料为铂、铜、镍等,它们具有电阻温度系数大、线性好、性能稳定、使用温度范围宽、加工容易等特点,可用于测量-200~500 ℃范围内的温度。

表 2-2　热电阻传感器的种类、测温范围及其特性

种类	测温范围	特性
铜电阻	-50~150 ℃	中精度,价格低
铂电阻	-200~600 ℃	高精度,价格高
热敏电阻	-200~0 ℃ -50~30 ℃ 0~700 ℃	灵敏度高,精度低,价格最低

热电阻是一种用于测量温度的传统传感器,它的阻值随温度的变化而变化。测量阻值的原理主要是欧姆定律,需要恒流源或恒压源作为驱动信号才能进行测量。

热电阻材料一般有两类:贵金属和非贵金属。用于测温的主要有铂热电阻(贵金属)和镍、铜热电阻(非贵金属),它们都具有制成热电阻的必要特性,如稳定性好、精度高、电阻率较高、温度系数大和易于制作等。金属铂电阻器的性能十分稳定,在 0~630 ℃铂电阻与温度满足如下关系:

$$\left.\begin{aligned} R_t &= R_0\left(1 + AT + BT'^2\right) \\ T &= T' + 0.045\frac{T'}{100}\frac{T'}{100-1}\left(\frac{T'}{419.58}-1\right)\left(\frac{T'}{460.74}-1\right) \end{aligned}\right\} \quad (2\text{-}3)$$

式中:R_t 表示温度为 t ℃时的电阻值;R_0 表示温度为 0 ℃时的电阻值;A=0.397 497 3 × 10^{-2};B=−0.589 73 × 10^{-6}。

热电阻传感器可分为以下两类。

(1)NTC 热电阻传感器:负温度系数传感器,即传感器阻值随温度的升高而减小。

(2)PTC 热电阻传感器:正温度系数传感器,即传感器阻值随温度的升高而增大。

2.2.5　热敏电阻

与热电阻不同的是,热敏电阻主要采用半导体材料制成,具有灵敏度高、价格低廉的优点,缺点是一致性和稳定性差。

按温度特性,半导体热敏电阻(图 2-7)可分为两类,即随温度上升电阻增加的为正温度系数热敏电阻,反之为负温度系数热敏电阻。

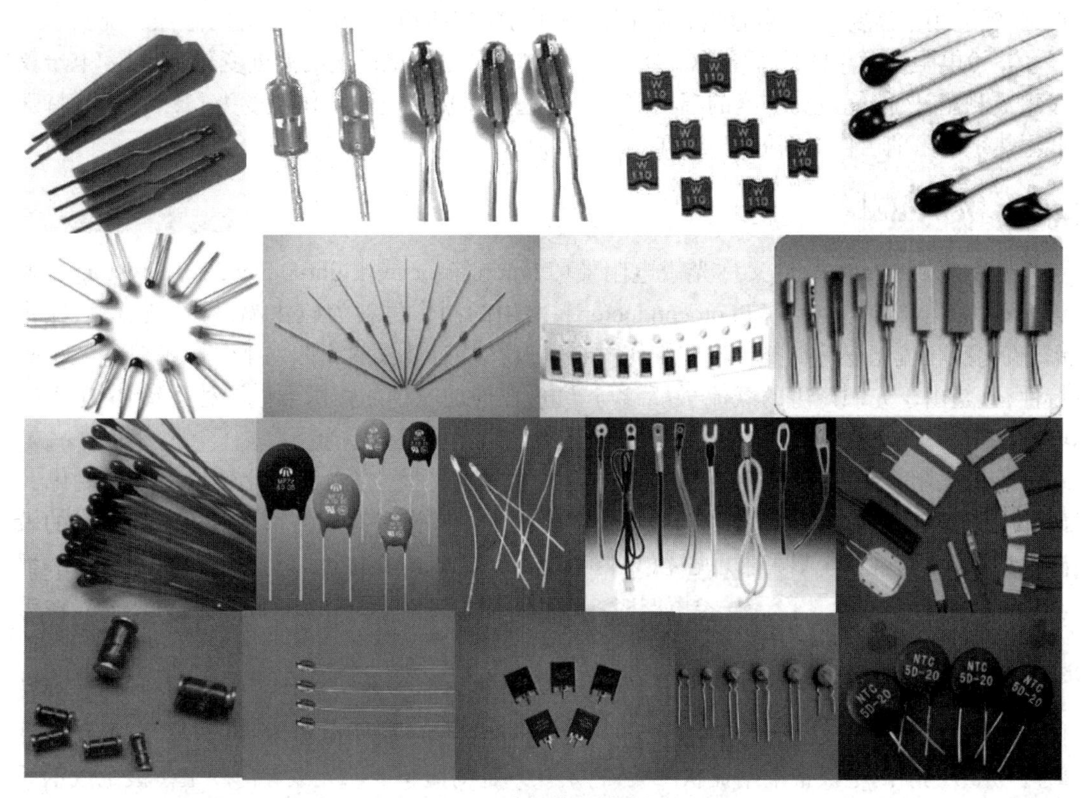

图 2-7　半导体热敏电阻

1. 正温度系数热敏电阻的工作原理

正温度系数热敏电阻以钛酸钡($BaTiO_3$)为基本材料,再掺入适量的稀土元素,利用陶瓷工艺高温烧结而成。纯钛酸钡是一种绝缘材料,但掺入适量的稀土元素如镧(La)和铌(Nb)等以后,变成半导体材料,被称为半导体化钛酸钡。它是一种多晶体材料,晶粒之间存在晶粒界面,对于导电电子而言,晶粒界面相当于一个位垒。当温度低时,由于半导体化钛酸钡内电场的作用,导电电子可以很容易越过位垒,所以电阻值较小;当温度升高到居里点温度(即临界温度,此元件的温度控制点,一般钛酸钡的居里点为 120 ℃)时,内电场受到破坏,不能帮助导电电子越过位垒,所以表现为电阻值急剧增加。因为这种元件在达到居里点前电阻随温度变化非常缓慢,具有恒温、调温和自动控温的功能,只发热,不发红,无明火,不易燃烧,电压交、直流 3~440 V 均可,使用寿命长,非常适用于电动机等电器装置的过热探测。

2. 负温度系数热敏电阻的工作原理

负温度系数热敏电阻是以氧化锰、氧化钴、氧化镍、氧化铜和氧化铝等金属氧化物为主要原料，采用陶瓷工艺制造而成的。这些金属氧化物材料都具有半导体性质，完全类似于锗、硅晶体材料，其体内的载流子（电子和空穴）数目少，电阻较高；温度升高，体内载流子数目增加，自然电阻值降低。负温度系数热敏电阻类型很多，分为低温（-60~300 ℃）、中温（300~600 ℃）、高温（>600 ℃）三种，具有灵敏度高、稳定性好、响应快、寿命长、价格低等优点，广泛应用于需要定点测温的温度自动控制电路，如冰箱、空调、温室等的温控系统。

热敏电阻与简单的放大电路结合，就可检测千分之一摄氏度的温度变化，所以和电子仪表组成测温计，能完成高精度的温度测量。普通用途热敏电阻工作温度为-55~315 ℃，特殊低温热敏电阻的工作温度低于-55 ℃，可达-273 ℃。

2.2.6 光敏电阻

光敏电阻（Photocell）又称光敏电阻器（Photoresistor 或 Light-Dependent Resistor，后者可缩写为 LDR）或光导管（Photoconductor），常用的制作材料为硫化镉，另外还有硒、硫化铝、硫化铅和硫化铋等材料。这些制作材料具有在特定波长的光照射下其阻值迅速减小的特性，这是由于光照产生的载流子都参与导电，在外加电场的作用下做漂移运动，电子奔向电源的正极，空穴奔向电源的负极，从而使光敏电阻器的阻值迅速下降。

光敏电阻器一般用于光的测量、光的控制和光电转换（将光的变化转换为电的变化）。硫化镉光敏电阻器是常用的光敏电阻器，它是由半导体材料制成的。光敏电阻器对光的敏感性（即光谱特性）与人眼对可见光（0.4~0.76 μm）的响应很接近，只要人眼可感受的光，都会引起它的阻值变化。设计光控电路时，一般都用白炽灯泡（小电珠）光线或自然光线作为控制光源，使设计大为简化。

通常，光敏电阻器都制成薄片结构，以便吸收更多的光能。当它受到光的照射时，半导体片（光敏层）内就激发出电子-空穴对，并参与导电，使电路中电流增强。为了获得高的灵敏度，光敏电阻的电极常采用梳状图案，它是在一定的掩膜下向光电导薄膜上蒸镀金或铟等金属形成的。一般光敏电阻器结构如图 2-8 所示，若干封装形式的光敏电阻如图 2-9 所示。

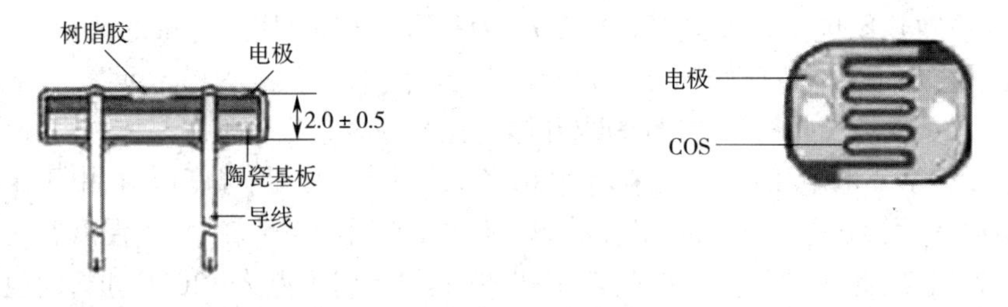

图 2-8 光敏电阻的内部结构

光敏电阻器通常由光敏层、玻璃基片（或树脂防潮膜）和电极等组成。光敏电阻器在电路中用字母“R”或“RL”“RG”表示。

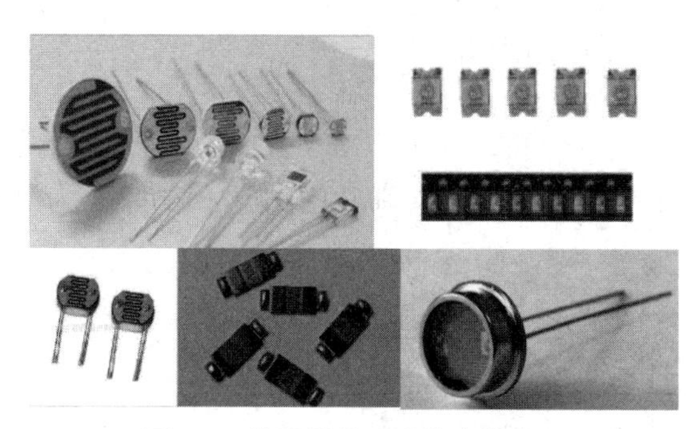

图 2-9　若干封装形式的光敏电阻

光敏电阻常用硫化镉(CdS)制成,可分为环氧树脂封装和金属封装两款(图 2-9),同属于导线型(DIP 型)。环氧树脂封装光敏电阻按陶瓷基板直径分为 ϕ3 mm、ϕ4 mm、ϕ5 mm、ϕ7 mm、ϕ11 mm、ϕ12 mm、ϕ20 mm、ϕ25 mm。

根据光敏电阻的光谱特性,可分为紫外光敏电阻器、红外光敏电阻器、可见光光敏电阻器。

光敏电阻的主要参数如下。

(1)光电流、亮电阻。光敏电阻在一定的外加电压下,当有光照射时,流过的电流称为光电流,外加电压与光电流之比称为亮电阻,常用"100LX"表示。

(2)暗电流、暗电阻。光敏电阻在一定的外加电压下,当没有光照射时,流过的电流称为暗电流,外加电压与暗电流之比称为暗电阻,常用"0LX"表示。

(3)灵敏度。灵敏度是指光敏电阻不受光照射时的电阻值(暗电阻)与受光照射时的电阻值(亮电阻)的相对变化值。

(4)光谱响应。光谱响应又称光谱灵敏度,是指光敏电阻在不同波长的单色光照射下的灵敏度。若将不同波长下的灵敏度画成曲线,就可以得到光谱响应的曲线。

(5)光照特性。光照特性是指光敏电阻输出的电信号随光照度而变化的特性。从光敏电阻的光照特性曲线可以看出,随着光照强度的增加,光敏电阻的阻值开始迅速下降。若进一步增大光照强度,则电阻值变化减小,然后逐渐趋向平缓。在大多数情况下,该特性为非线性。

(6)伏安特性曲线。伏安特性曲线用来描述光敏电阻的外加电压与光电流的关系,对于光敏器件来说,其光电流随外加电压的增大而增大。

(7)温度系数。光敏电阻的光电效应受温度影响较大,部分光敏电阻在低温下的光电灵敏度较高,而在高温下的灵敏度较低。

(8)额定功率。额定功率是指光敏电阻用于某种线路中所允许消耗的功率,当温度升高时,其消耗的功率就降低。

2.2.7　磁敏电阻(霍尔元件)

霍尔元件是一种基于霍尔效应的磁敏电阻传感器,其可以检测磁场及其变化,可以在各种与磁场有关的场合中使用。所谓霍尔效应,是指将导体薄片置于磁感应强度为 B 的磁场中(图 2-10),磁场方向垂直于薄片,当有电流 I 流过薄片时,在垂直于电流和磁场的方向上

将产生电动势 E_H，薄片越薄，灵敏度越高，有

$$E_H = \frac{IB}{ne\delta} \tag{2-4}$$

式中：I 为电流；B 为磁感应强度；n 为导体薄片中的电子浓度；e 为电子的电荷量；δ 为导体的厚度。

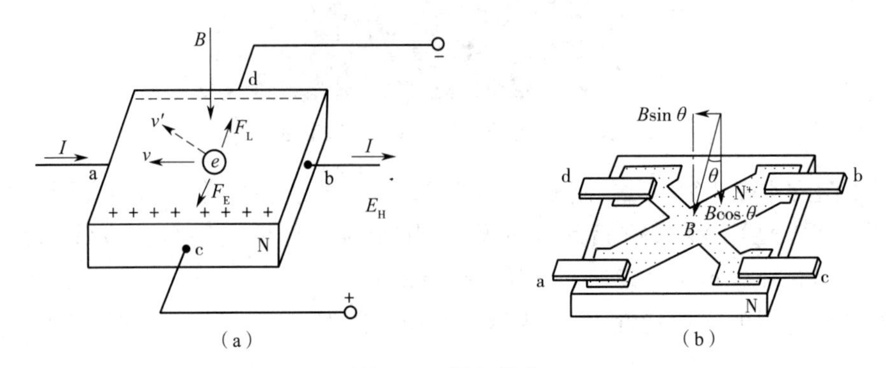

图 2-10　霍尔效应

（a）原理示意图　（b）霍尔元件结构的示意图

在导体薄片的材料、尺寸确定后，式（2-4）中的 n、e、δ 均为常数，可令 $K_H=1/ne\delta$，则式（2-4）可以简化为

$$E_H = K_H IB \tag{2-5}$$

式中：K_H 为霍尔元件的灵敏度。

由于金属材料中的电子浓度 n 很大，所以灵敏度 K_H 非常低；而半导体材料中的电子浓度 n 较小，所以灵敏度 K_H 比较高。

霍尔元件可用多种半导体材料制作，如 Ge、Si、InSb、GaAs、InAs、InAsP 以及多层半导体异质结构量子阱材料等。

半导体中电子迁移率（电子定向运动的平均速度）比空穴迁移率高，因此 N 型半导体较适合于制造灵敏度高的霍尔元件。其中，N 型锗容易加工，其霍尔常数、温度性能、输出线性都较好；应用非常普遍的锑化铟元件由于在高温时霍尔常数大，所以输出较大，但对温度最敏感，尤其在低温范围内温度系数大；砷化铟的霍尔常数较小，温度系数也较小，但输出线性好；砷化镓的温度特性和输出线性好，是较理想的材料，但价格较贵。不同材料适用于不同场合，锑化铟霍尔元件适于作为敏感元件，锗和砷化铟霍尔元件适用于测量指示仪表。

霍尔元件的内部结构、符号和外形如图 2-11 所示，它由霍尔片、4 根引线和壳体组成。霍尔片是一块矩形半导体单晶薄片（一般为 4 mm × 2 mm × 0.1 mm），在其长度方向两端面上焊有 a、b 两根引线，称为控制电流端引线，通常用红色导线。其焊接处称为控制电流极（或称激励电流极），要求焊接处接触电阻很小，并呈纯电阻，即欧姆接触（无 PN 结特性）。在其另两侧端面的中间以点的形式对称地焊有 c、d 两根霍尔输出引线，通常用绿色导线。其焊接处称为霍尔电极，要求欧姆接触，且电极宽度与基片长度之比小于 0.1，否则影响输出。

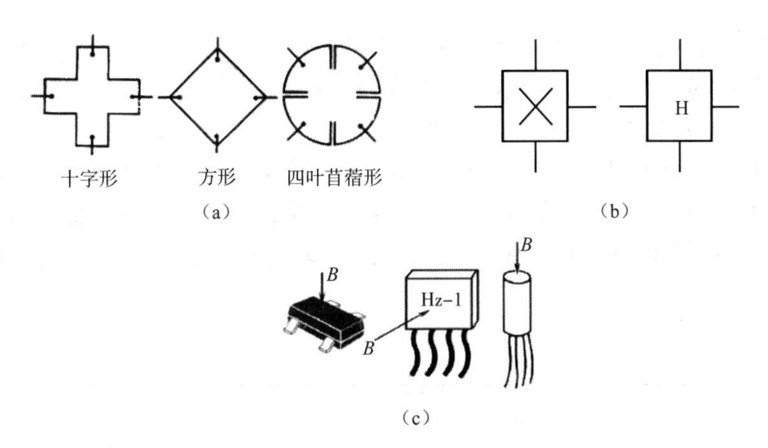

图 2-11　霍尔元件

(a)内部结构示意图　(b)符号　(c)外形

霍尔元件的主要特性如下。

(1)霍尔系数 R_H(又称霍尔常数):在磁场不太强时,霍尔电势差 U_H 与激励电流 I 和磁感应强度 B 的乘积成正比,与霍尔片的厚度 δ 成反比,即 $U_H=R_H IB/\delta$,其中 R_H 称为霍尔系数,它表示霍尔效应的强弱。另外,$R_H=\mu\rho$,即霍尔常数等于霍尔片材料的电阻率 ρ 与电子迁移率 μ 的乘积。

(2)霍尔灵敏度 K_H(又称霍尔乘积灵敏度):霍尔灵敏度与霍尔系数成正比,而与霍尔片的厚度 δ 成反比,即 $K_H=R_H/\delta$,它通常可以表征霍尔常数。

(3)霍尔额定激励电流:当霍尔元件自身温升 10 ℃时所流过的激励电流。

(4)霍尔最大允许激励电流:以霍尔元件允许最大温升为限制所对应的激励电流。

(5)霍尔输入电阻:霍尔激励电极间的电阻值。

(6)霍尔输出电阻:霍尔输出电极间的电阻值。

(7)霍尔元件的电阻温度系数:在不施加磁场的条件下,环境温度每变化 1 ℃时,电阻的相对变化率,用 α 表示,单位为%/℃。

(8)霍尔不等位电势(又称霍尔偏移零点):在没有外加磁场和霍尔激励电流为 I 的情况下,在输出端空载测得的霍尔电势差。

(9)霍尔输出电压:在外加磁场和霍尔激励电流为 I 的情况下,在输出端空载测得的霍尔电势差。

(10)霍尔电压输出比率:霍尔不等位电势与霍尔输出电势的比率。

(11)霍尔寄生直流电势:在外加磁场为零、霍尔元件用交流激励时,霍尔电极输出除交流不等位电势外,还有一直流电势,即寄生直流电势。

(12)霍尔不等位电势温度系数:在没有外加磁场和霍尔激励电流为 I 的情况下,环境温度每变化 1 ℃时,不等位电势的相对变化率。

(13)霍尔电势温度系数:在外加磁场和霍尔激励电流为 I 的情况下,环境温度每变化 1 ℃时,不等位电势的相对变化率。它同时也是霍尔系数的温度系数。

(14)热阻 R_{th}:霍尔元件工作时功耗每增加 1 W,霍尔元件升高的温度值。它反映了元件散热的难易程度。

霍尔元件具有许多优点，如结构牢固、体积小、质量轻、寿命长、安装方便、功耗小、频率高（可达 1 MHz）和耐震动等。霍尔元件的壳体上用非导磁金属、陶瓷或环氧树脂封装，不怕灰尘、油污、水汽及盐雾等的污染或腐蚀。

随着微电子技术的发展，现在已经见不到单独的霍尔元件，通常以集成有全部所需的信号处理电路的芯片——智能磁传感器的形式出现。图 2-12 所示为高精度、200 kHz 带宽、可编程线性霍尔传感器 IC 即 CC6521/CC6522 的内部功能框图；图 2-13 所示为开关霍尔传感器的内部功能框图。

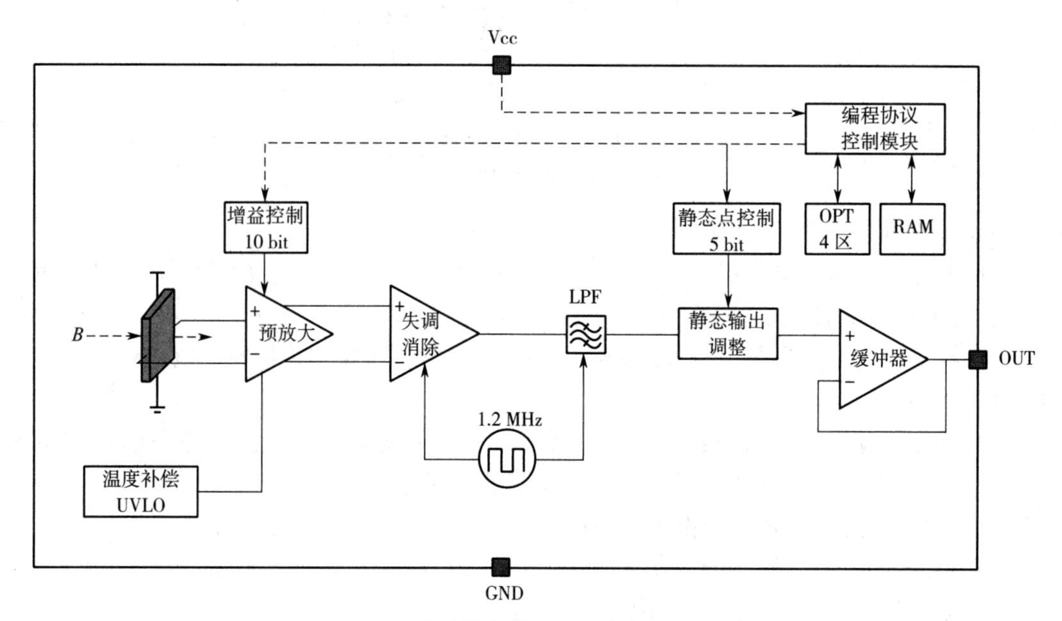

图 2-12　线性霍尔传感器的内部功能框图

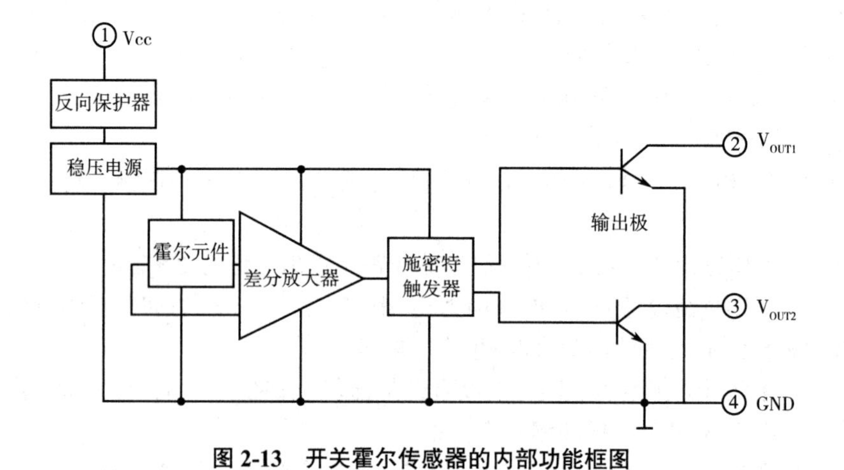

图 2-13　开关霍尔传感器的内部功能框图

2.3　电阻型传感器的接口电路

从电路的角度可将电阻型传感器分为三种形式:电阻、分压式电阻(半桥)和电阻全桥。针对不同形式的电阻型传感器,相应有合适的接口电路。

2.3.1　伏安法阻抗测量电路

所谓伏安法阻抗测量,是指对被测电阻施加特定恒定幅值的交流电压 U_f,然后测量阻抗 Z_S 中的电流 I_f(图 2-14),由欧姆定律可得

$$Z_S = \frac{U_f}{I_f} \quad U_0(t) = Z_x I_{om} \sin \omega t \tag{2-6}$$

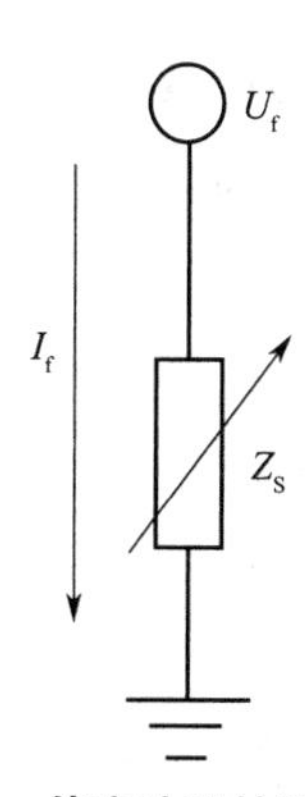

图 2-14　伏安法阻抗测量电路

在这种方法中,高精度参考电压 U_f 相对容易获得,但输出信号为电流,不易进行后续处理,且为非线性,有

$$\Delta I_f = -U_f \Delta Z_S / Z_S^2 \tag{2-7}$$

也可以对被测电阻施加特定恒定幅值的交流电流 I_f,然后测量阻抗两端的电压,则有

$$U_f = I_f Z_S \tag{2-8}$$

在这种方法中,输出为电压,易进行后续处理,且为线性,有

$$\Delta U_f = I_f \Delta Z_S \tag{2-9}$$

但高精度参考电流 I_f 不易获得。

为了保证足够的精度,且能够满足较好的经济性和工艺性,在工程实践上发展了如下一系列阻抗型传感器的接口方法和电路。

2.3.2　半桥测量电路

采用基本伏安法作为阻抗型传感器的接口电路(也称测量电路,本章不加区别),不论是电压源驱动还是电流源驱动均有很不利的因素,但工程上常采用如图 2-15 所示的电路,较好地避免了上一小节电路的问题。

图 2-15 所示电路中，交流电压源经过电阻施加到传感器上，不难得到电路的输出为

$$U_o = \frac{Z_S}{R_f + Z_S} U_f \tag{2-10}$$

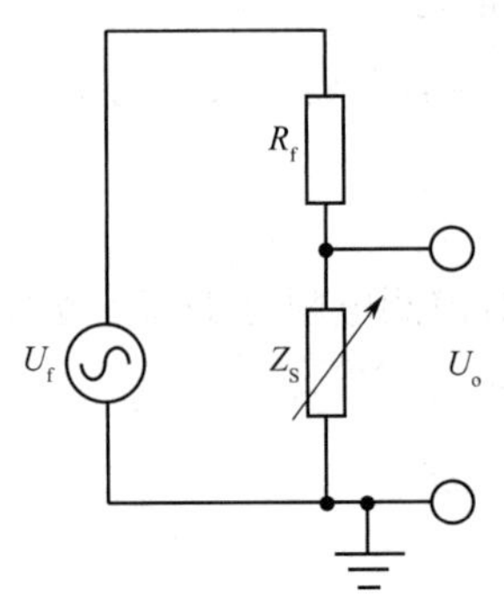

图 2-15　阻抗型传感器的半桥单臂测量电路

当取 $R_f >> |Z_S|$ 时，式（2-10）可以改写为

$$U_o = \frac{Z_S}{R_f} U_f \tag{2-11}$$

式（2-11）表明：

（1）电路输出 U_o 与 Z_S 是线性关系；

（2）采用电压源 U_f 驱动，容易实现；

（3）只需要加一个电阻 R_f，电路简单。

但实际上，图 2-15 所示电路依然存在很大的不足：

（1）电路保持线性的前提是 $R_f >> |Z_S|$，不满足该条件时依然存在一定的非线性原理误差；

（2）当 $R_f >> |Z_S|$ 时，必然导致电路具有很低的灵敏度 k，有

$$k = \frac{U_f}{R_f} \tag{2-12}$$

（3）在绝大多数情况下，被测物理信号 X 使阻抗型传感器在一个很大的基础阻抗上产生一个很小的变化量，且有

$$Z_S(1+\mathit{\Delta}) = \beta X(1+\mathit{\Delta}) \tag{2-13}$$

式中：X 表示被测物理量；β 表示传感器的灵敏度系数；$\mathit{\Delta}$ 表示被测物理量及相应的传感器阻抗的变化量。

式（2-13）也可以改写成微分增量的形式：

$$\Delta Z_S = \beta \Delta X \tag{2-14}$$

而式（2-11）也可以改写成微分增量的形式：

$$\Delta U_o = k \Delta Z_S \tag{2-15}$$

结合式（2-14）和（2-15）可得

$$\Delta U_o = k\beta \Delta X \tag{2-16}$$

k 和 β 都是很小的数,说明这种接口电路虽然简单,但灵敏度和信噪比都很低。

2.3.3　全桥测量电路

1. 阻抗型传感器的全桥单臂接口电路

为了克服半桥单臂测量电路灵敏度和信噪比都很低的缺点,实际应用中常采用图 2-16 所示的全桥单臂接口电路,该电路中往往选取 3 个相同的电阻 R_f(或阻抗):

$$R_f = R_{S0} \tag{2-17}$$

式中:R_{S0} 为被测量处于 0 点或平衡位置时的阻值(或阻抗值,为简便起见,以下均以阻值来讨论),则有

$$R_S = R_{S0}(1+\varDelta) \tag{2-18}$$

图 2-16 所示电路的输出为

$$U_o = \left(\frac{R_S}{R_f + R_S} - \frac{1}{2}\right)U_f \tag{2-19}$$

或

$$U_o = \left(\frac{1}{R_f + R_S} - \frac{R_S}{(R_f + R_S)^2}\right)U_f \Delta R_S \tag{2-20}$$

显然,该输出存在较严重的非线性。但如果选取 $R_f \gg R_S$,式(2-20)可以改写为

$$\Delta U_o = \frac{U_f}{R_f}\Delta R_S \tag{2-21}$$

这样可以提高测量的线性,但降低了灵敏度。

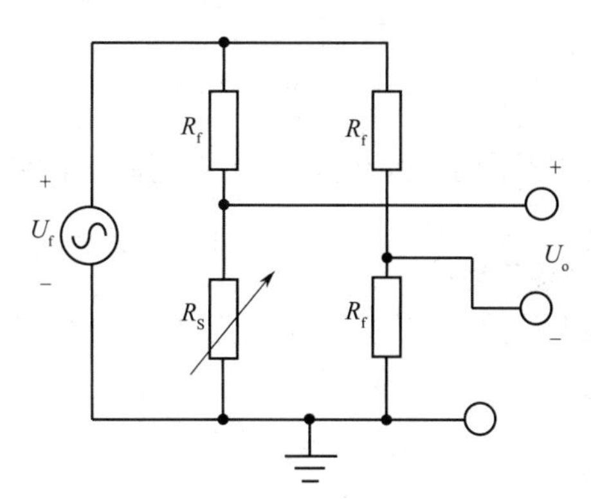

图 2-16　阻抗型传感器的全桥单臂接口电路

如果采用恒流源 $2I_f$ 替代恒压源 U_f 驱动电桥,依然取 $R_f = R_{S0}$,假定传感器臂与参考臂中的电流相同,均为 I_f,则有

$$U_o = (R_S - R_f)I_f = \Delta R_S I_f \tag{2-22}$$

式(2-22)说明采用恒流源激励测量电桥既可获得较好的线性,又能得到较高的灵敏度,代价是需要采用恒流源。

2. 阻抗型传感器的全桥双臂接口电路

有的阻抗型传感器可以实现差动形式，如电容、电感和电阻传感器，可以采用图 2-17 所示的阻抗型传感器的全桥双臂接口电路，其电路输出为

$$U_o = \left(\frac{1}{2} - \frac{R_{S2}}{R_{S1} + R_{S2}}\right) U_f \tag{2-23}$$

式中：$R_{S1} = R_{S0} + \Delta R_S$，$R_{S2} = R_{S0} - \Delta R_S$。

式（2-23）可以改写为

$$U_o = \frac{U_f}{2R_{S0}} \Delta R_S \tag{2-24}$$

显然，该输出具有较高的线性。

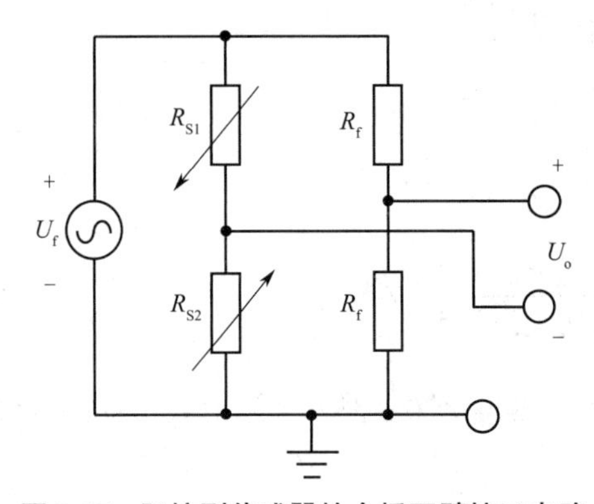

图 2-17　阻抗型传感器的全桥双臂接口电路

如果采用恒流源 $2I_f$ 替代恒压源 U_f 驱动电桥，依然取 $R_f = R_{S0}$，假定传感器臂与参考臂中的电流相同，均为 I_f，则有

$$U_o = 2I_f \Delta R_S \tag{2-25}$$

式（2-25）说明采用恒流源激励测量电桥既可获得较好的线性，又能得到较高的灵敏度，代价是需要采用恒流源。

3. 阻抗型传感器的全桥接口电路

压阻传感器是一种压力传感器，其中的压敏元件可以做成图 2-18 所示的完全差动形式，不难得出其电路输出为

$$U_o = \frac{U_f}{R_S} \Delta R_S \tag{2-26}$$

显然该电路既有良好的线性，又有较高的灵敏度。

如果采用恒流源 $2I_f$ 替代恒压源 U_f 驱动电桥，依然取 $R_f = R_{S0}$，每个传感器臂中的电流相同，均为 I_f，则有

$$U_o = 4I_f \Delta R_S \tag{2-27}$$

显然该电路既有良好的线性，又有很高的灵敏度。

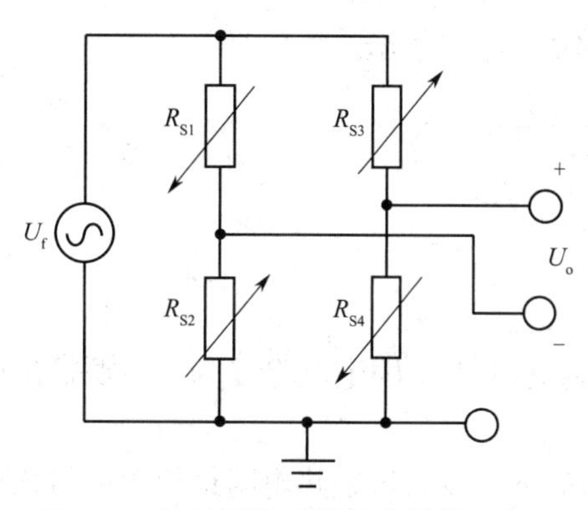

图 2-18　阻抗型传感器的全桥接口电路

2.3.4　四线制电阻型传感器测量电路

由于多数的电阻型传感器的电阻值较小，如热电阻本身的阻值较小，随温度变化而引起的电阻变化值更小。例如，铂电阻在 0 ℃时的阻值 R_0=100 Ω，铜电阻在 0 ℃时的阻值 R_0=100 Ω。因此，若传感器与测量仪器之间的引线过长，会引起较大的测量误差。在实际应用中，通常采用所谓的二线、三线或四线制的方式，如图 2-19 所示。

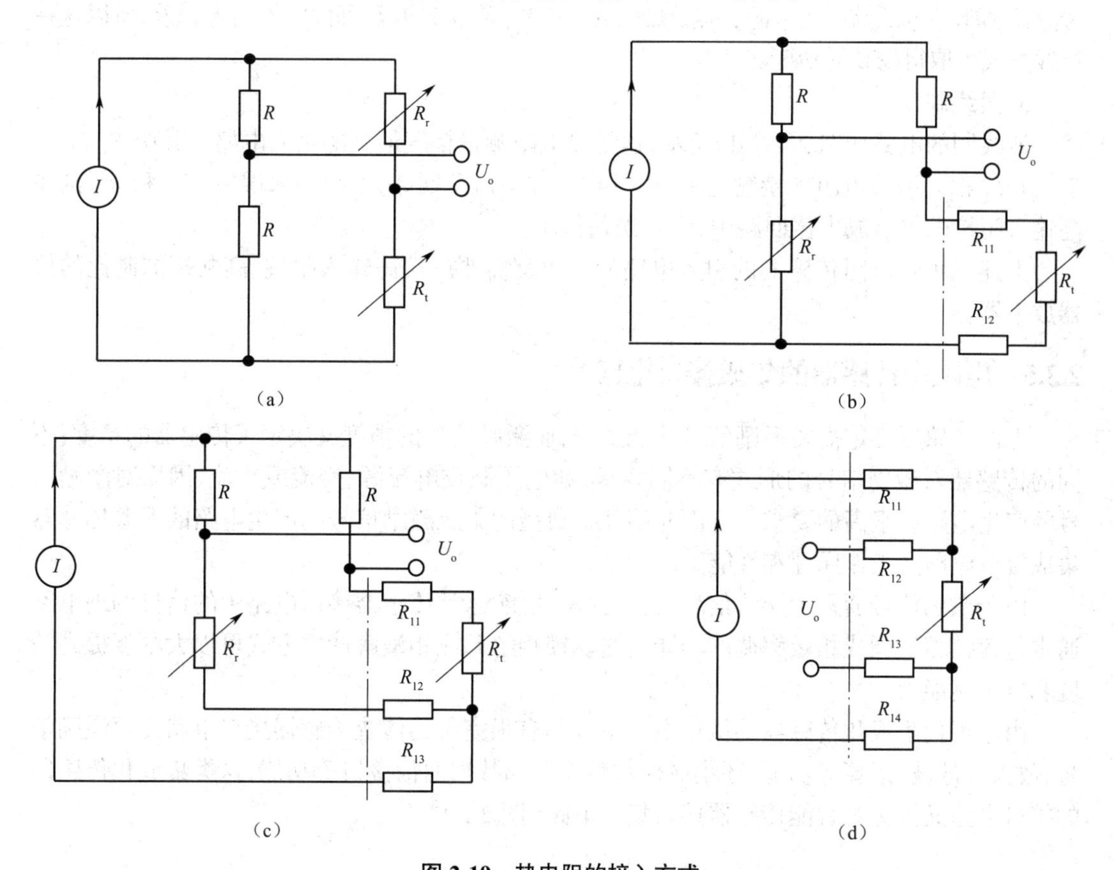

图 2-19　热电阻的接入方式

(a)桥式电路原理　(b)二线制　(c)三线制　(d)四线制

在图 2-19(a)所示电路中,电桥输出电压 U_o 为

$$U_o=\frac{I}{2}\times\frac{2R}{2R+R_t+R_r}(R_t-R_r)$$

当 $R>>R_t$、R_r 时,有

$$U_o=\frac{I}{2}(R_t-R_r)$$

式中:R_t 为铂电阻;R_r 为可调电阻;R 为固定电阻;I 为恒流源输出电流值。

1. 二线制

二线制的电路如图 2-19(b)所示,这是热电阻最简单的接入电路,也是最容易产生较大误差的电路。其中的两个 R 是固定电阻,R_r 是为保持电桥平衡设置的电位器。

二线制的接入电路由于没有考虑引线电阻和接触电阻,有可能产生较大的误差。如果采用这种电路进行精密温度测量,整个电路必须在使用温度范围内校准。

2. 三线制

三线制的电路如图 2-19(c)所示,这是热电阻最实用的接入电路,可得到较高的测量精度。其中的两个 R 是固定电阻,R_r 是为保持电桥平衡设置的电位器。

三线制的接入电路由于考虑了引线电阻和接触电阻带来的影响,且 R_{11}、R_{12} 和 R_{13} 分别是传感器和驱动电源的引线电阻,一般说来,R_{11} 和 R_{12} 基本上相等,而 R_{13} 不引入误差,所以这种接线方式可取得较高的精度。

3. 四线制

四线制的电路如图 2-19(d)所示,这是热电阻测量精度最高的接入电路。其中 R_{11}、R_{12}、R_{13} 和 R_{14} 都是引线电阻和接触电阻,R_{11} 和 R_{12} 在恒流源回路,不会引入误差,R_{13} 和 R_{14} 则在高输入阻抗的仪器放大器回路中,引入误差很小。

上述三种热电阻传感器的引入电路的输出都需要后接高输入阻抗、高共模抑制比的仪器放大器。

2.3.5 电阻型传感器的集成接口电路

无源传感器必定需要激励信号才能工作,而激励信号的精度又决定了传感器的精度;不同的传感器对激励信号的形式有不同要求,如电压源或电流源、交流或直流,因而对激励信号的产生电路有很高的要求。下面介绍几款典型的集成激励信号的产生电路的无源传感器集成接口电路的工作原理和性能。

由于激励信号通常为交流信号,为了提高性能,这类传感器接口电路中的信号调理电路通常包含锁相解调或相敏解调的功能电路。锁相解调或相敏解调的方式可以大幅度提高精度和抗干扰能力。

由于现代集成化传感器的接口电路不仅具有很完备的传统传感器接口电路需要激励信号、放大和滤波、运算等功能,还集成模数转换器和数据通信接口等功能,这类集成化传感器的接口电路又被称为智能传感器接口集成电路(图 2-20)。

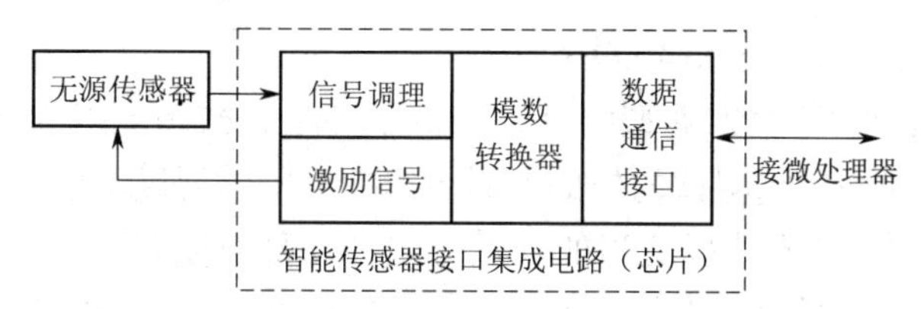

图 2-20　智能传感器接口集成电路(芯片)之一——传感器信号调理芯片

混合信号微处理器(图 2-21)可以看成在智能传感器接口电路的基础上集成微控制器。因此,这是一类更高级的智能传感器接口电路。

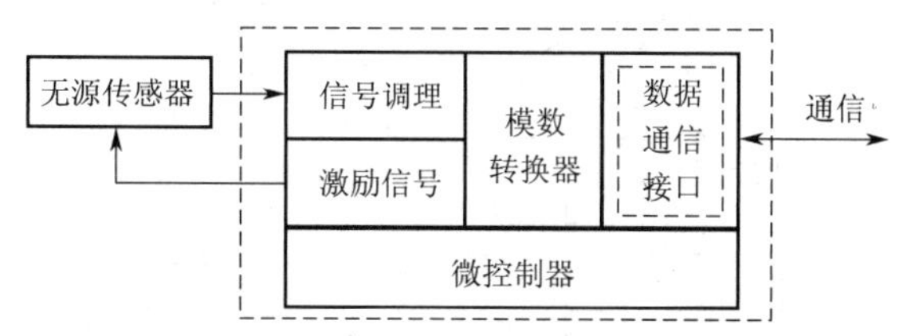

图 2-21　智能传感器接口集成电路(芯片)之二——混合信号微处理器

1. 热敏电阻到数字转换的接口电路

1)负温度系数热敏电阻的基本知识

半导体热敏电阻按电阻值随温度变化的特性可分为三种类型,即负温度系数(Negative Temperature Coefficient, NTC)热敏电阻、正温度系数(Positive Temperature Coefficient, PTC)热敏电阻以及在某一特定温度下电阻值会发生突变的临界温度电阻器(Critical Temperature Resistor, CTR)。

NTC 热敏电阻具有温度特性波动小、对各种温度变化响应快的特点,可实现高灵敏度、高精度的检测,但也存在严重的缺点,即原理上的非线性(图 2-22)和一致性较差。即便如此,因其价格低廉, NTC 热敏电阻依然是数字体温计用传感器的首选。这使人们想方设法基本解决了在数字体温计应用 NTC 时的“原理上的非线性和一致性较差”等问题,同时保证了很好的工艺性和产品的低成本。

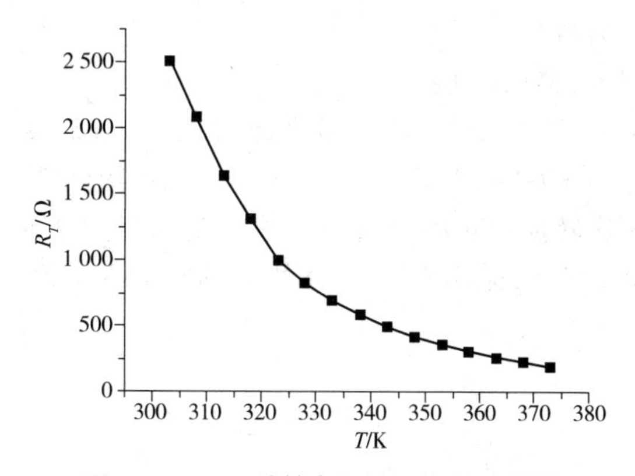

图 2-22　NTC 热敏电阻的阻值-温度特性

2）热敏电阻到数字转换器 MAX6682

MAX6682（图 2-23）不会对典型的负温度系数（NTC）热敏电阻的高度非线性传输函数进行线性化，但通过采用适当阻值的外部电阻可以在有限的温度范围内提供线性输出数据。在 0~50 ℃温度范围内，只要选择适当的热敏电阻和外部电阻阻值，MAX6682 可以按照 8 LSB/℃（0.125 ℃分辨率）的比例输出数据。其同样适用于其他温度范围，但输出数据不一定按照每摄氏度偶数个 LSB 的比例变化。

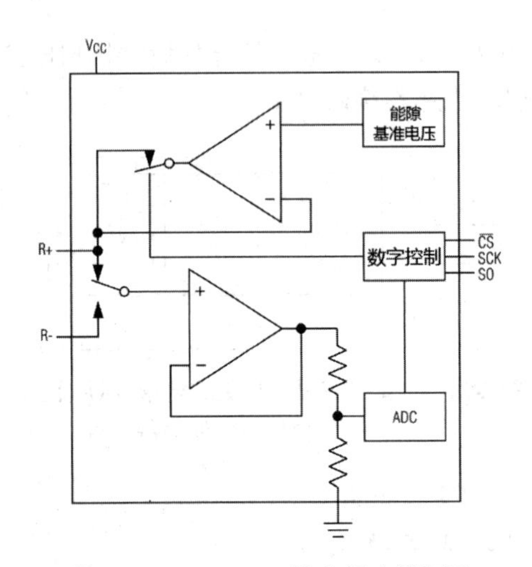

图 2-23　MAX6682 的内部功能框图

MAX6682 具有如下特性：

（1）将热敏电阻温度转换为数字数据；

（2）低热敏电阻平均电流减小自加热误差；

（3）低电源电流，21 μA（典型值），包括 10 kΩ 热敏电阻电流；

（4）内部基准隔离热敏电阻与供电电源的噪声；

（5）10 位分辨率；

（6）支持任意热敏电阻温度范围；

（7）输出数据按照比例直接读取温度，温度范围 0~50 ℃；

（8）简单的 SPI 兼容接口；

（9）小尺寸、8 引脚的 μMAX 封装。

3 线 SPI™ 兼容接口可方便地与不同的微处理器连接（图 2-24）。MAX6682 是只读器件，简化了只需要温度数据的系统的应用。电源管理电路可降低热敏电阻的平均电流，从而降低自加热效应。在两次转换中间，电源电流被降至 21 μA（典型值）。内部电压基准在两次测量之间被关断。MAX6682 采用小尺寸、8 引脚的 μMAX 封装，工作于−55~125 ℃温度范围。

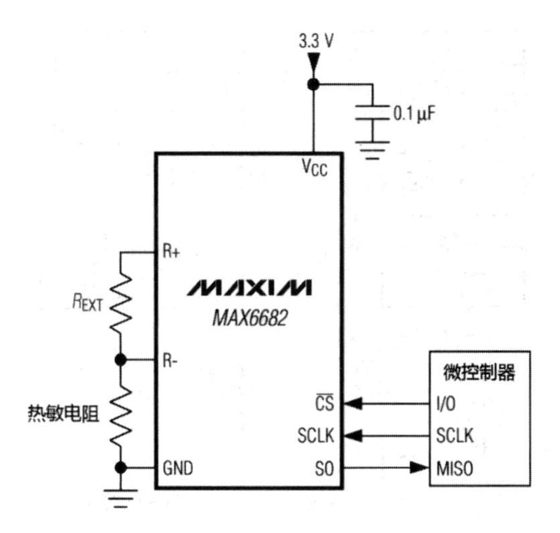

图 2-24　MAX6682 的典型工作电路

MAX6682 使用内部 10 位 ADC 将电阻 R_{EXT} 的电压降转换为数字输出。通过测量 R_{EXT} 上的电压,当使用一个 NTC 热敏电阻时,输出代码与温度直接相关。虽然热敏电阻的电阻与其温度之间的关系是非线性的,但只要正确选择 R_{EXT},可使 R_{EXT} 上的电压在有限的温度范围内是合理线性的。例如,在 10~40 ℃温度范围内, R_{EXT} 的电压与温度之间的关系在约 0.2 ℃范围内呈线性。温度范围越宽,误差越大。数字输出为 10 位+符号字, 11 位数字与 R_{EXT}(标准化为 V_{R+})电压之间的关系如下:

$$D_{OUT}=\frac{\left(\frac{V_{REXT}}{V_{R+}}-0.174\,387\right)\times 8}{0.010\,404}\times 500 \tag{2-28}$$

3)集成数字体温计芯片 HT7500

为了解决 NTC 热敏电阻的"原理上的非线性和一致性较差"等问题和降低数字体温计的成本,设计了专用的集成电路芯片,如图 2-25 所示的集成数字体温计芯片 HT7500 以及如图 2-26 所示由 HT7500 构成的体温计原理电路。

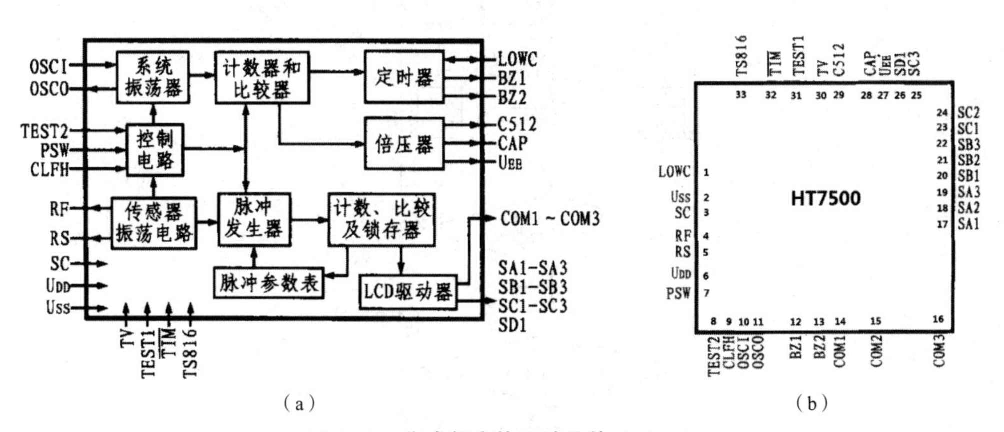

图 2-25　集成数字体温计芯片 HT7500

(a)内部框图　(b)引脚排列图

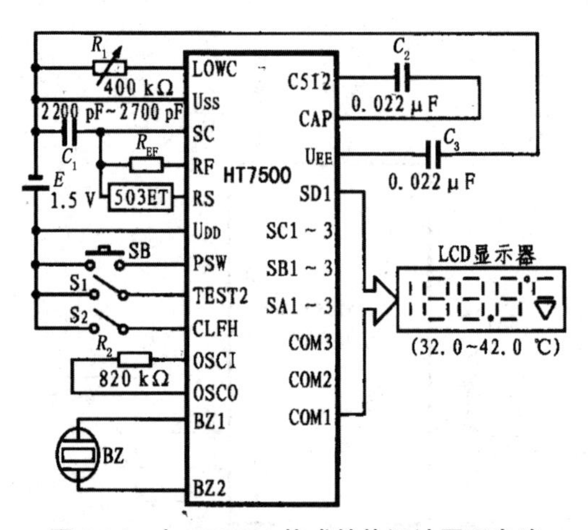

图 2-26　由 HT7500 构成的体温计原理电路

为了更深入地了解一支实用体温计的设计，图 2-27 给出了数字体温计的工作流程图。

采用 T/FC（Temperature/Frequency Conversion，温度/频率转换）或 R/FC（Resistance/Frequency Conversion，电阻/频率转换）原理如图 2-28 所示。

RTC 的阻值和温度的关系可表示为

$$R_a = R_b e^{\beta\left(\frac{1}{T_a}-\frac{1}{T_b}\right)} \tag{2-29}$$

式中：R_a 为绝对温度 T_a 时 R_t 的阻值；R_b 为绝对温度 T_b 时 R_t 的阻值；β 为取决于 R_t 的材料的常数。

图 2-29 所示为数字体温计常用的 R/FC——基于施密特触发器的 *RC* 振荡器；其中 R/M 是参考和测量开关，R_t 是 RTC 传感器，R_r 是参考电阻。

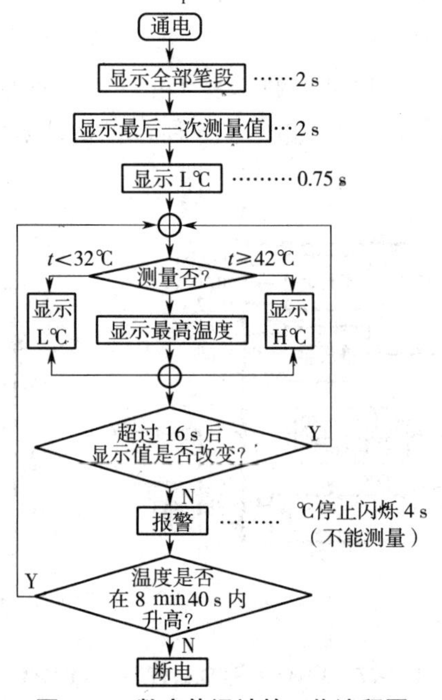

图 2-27　数字体温计的工作流程图

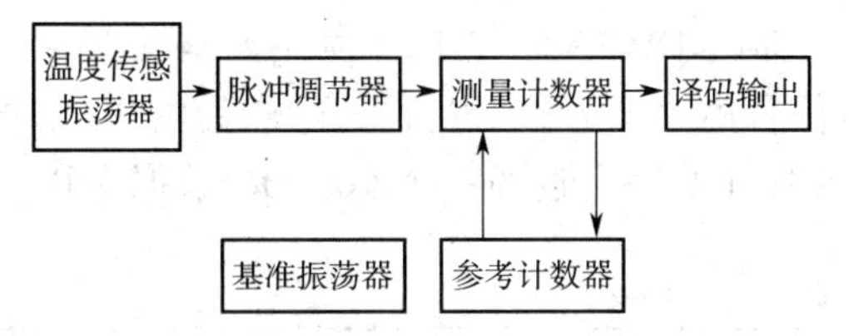

图 2-28　数字体温计 T/FC 原理框图

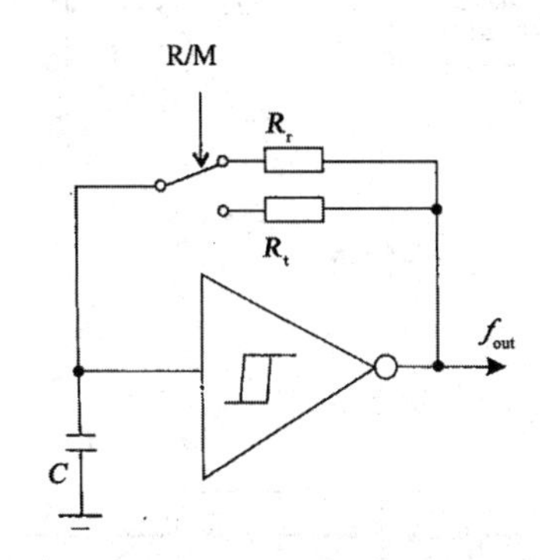

图 2-29　基于施密特触发器的 *RC* 振荡器

通常 *RC* 振荡器的振荡频率可简略表示为 $f=k/R_tC$，其中 k 为振荡器电路固有常数，其频率同 R_tC 成反比，当 C 固定时，f 将随 R_t 的变化做相应变化：

$$f=\frac{k}{R_bC}\mathrm{e}^{\beta\left(\frac{1}{T_a}-\frac{1}{T_b}\right)} \tag{2-30}$$

所以有：

（1）R/M=1 时，$R=R_r$，$f_{out}=f_r$；

（2）R/M=0 时，$R=R_t$，$f_{out}=f$。

正常工作期间，振荡器在 R/M 信号控制下交替输出参考频率和温度频率。

式（2-30）中 f 与 T 的关系曲线如图 2-30 所示。

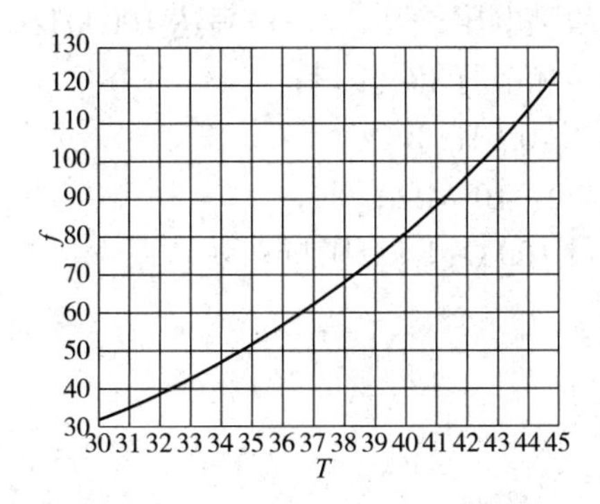

图 2-30　*RC* 振荡器 f 与 T 的关系曲线

2.12 位阻抗转换器网络分析仪（IC）AD5934

AD5934 是一款高精度的阻抗转换器系统解决方案，片上集成一个频率发生器和一个

12 位、250 kSPS 模数转换器(ADC)(图 2-31)。其用频率发生器产生的信号来激励外部复阻抗,外部复阻抗的响应信号由片上 ADC 进行采样,然后由片上 DSP 进行离散傅里叶变换(DFT)处理。DFT 算法在每个频率上返回一个实部(R)数据字和一个虚部(I)数据字。

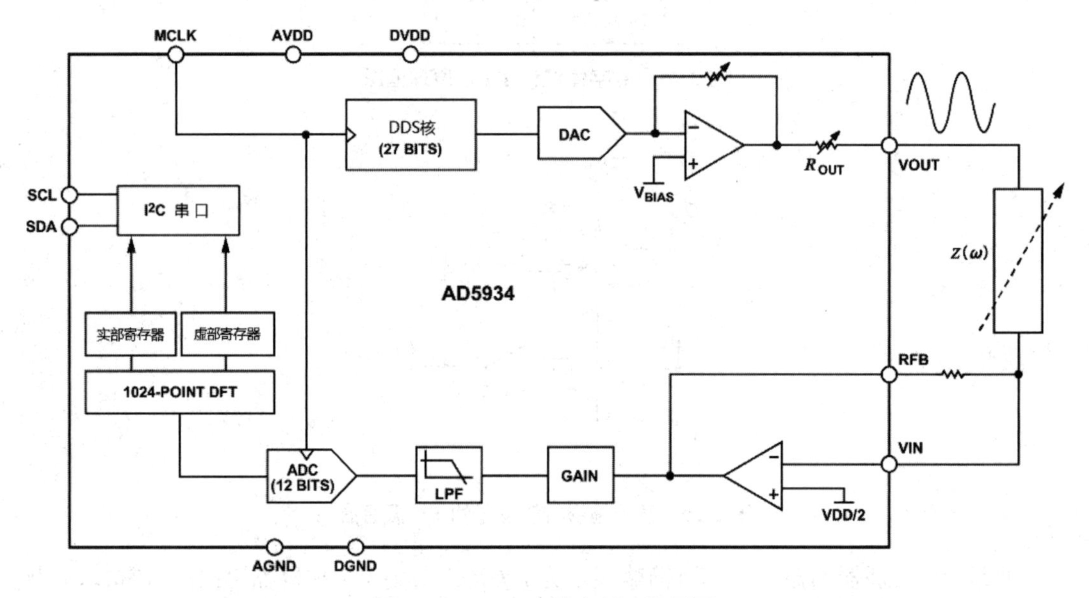

图 2-31 AD5934 的内部功能框图

校准后,使用以下两个公式可很容易计算出各扫描频率点的阻抗幅度和相应的阻抗相位:

幅度 = $\sqrt{R^2 - I^2}$

相位 = arctan(I/R)

ADI 公司还提供了一款类似器件 AD5933,它是一款 2.7~5.5 V、1 MSPS、12 位阻抗转换器,内置温度传感器,并采用 16 引脚 SSOP 封装。

AD5933 具有以下特点和优势:

(1)可编程输出峰峰值激励电压,输出频率最高达 100 kHz;

(2)可编程频率扫描功能和串行 I²C 接口;

(3)频率分辨率为 27 位(<0.1 Hz);

(4)阻抗测量范围为 1 kΩ ~10 MΩ;

(5)利用附加电路可测量 100 Ω~1 kΩ 阻抗;

(6)相位测量功能;

(7)系统精度为 0.5%;

(8)电源电压为 2.7~5.5 V;

(9)温度范围为−40~125 ℃;

(10)16 引脚 SSOP 封装。

图 2-32 所示为 AD5934 的生物阻抗测量电路。

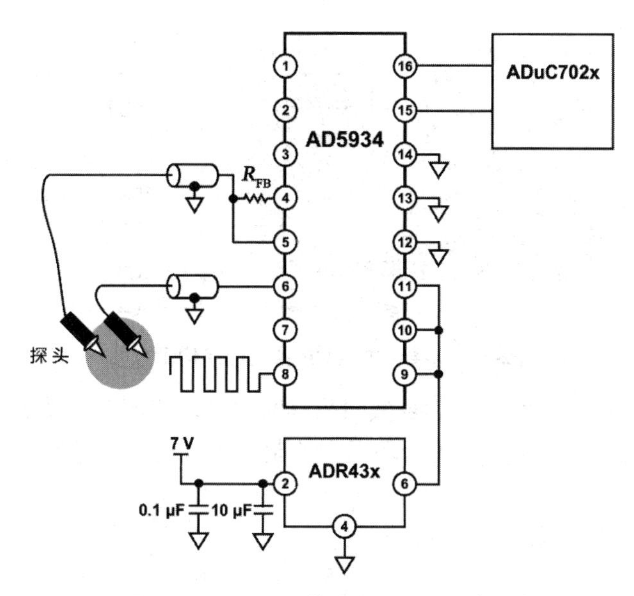

图 2-32　AD5934 的生物阻抗测量电路

2.4　电阻型传感器应用举例

与其他领域的现代化设备一样，每一台医疗仪器少则配有几个(种)传感器，多则配有几十个(种)传感器，甚至几百个(种)传感器。限于篇幅，下面仅列举若干医疗仪器中的传感器应用实例。

2.4.1　荧光定量 PCR 仪中的精密测温

在疾病的预防和治疗中，对致病病毒进行快速诊断和定量分析十分重要。对此，基于聚合酶链式反应(Polymerase Chain Reaction，PCR)技术的荧光定量基因扩增仪已日益显现出强大的优势。荧光定量 PCR 仪通过 DNA 探针和荧光技术探测病人体内的特异病毒 DNA 结构，与其他基于免疫反应的测定方法相比，它具有早在潜伏阶段探测病毒的突出优势。对确诊病人，荧光定量 PCR 仪可以被用来测定病毒数量的变化，从而实现病情监视，更重要的是它能对抗病毒药物的疗效做出快速评估。PCR 中的基因扩增反应周期性地进行，每个周期内包括 DNA 片段高温变性、低温退火、中温延伸，这三个不同温度下的变性、退火和延伸循环进行，使 DNA 量获得指数型倍增，在数十分钟内微量 DNA 样品可被拷贝 10^6~10^8 倍。在这一过程中，仪器热循环仪温控精度决定了最终拷贝定量精度。因此，热循环仪高精度温控是荧光定量 PCR 仪中的一项核心技术，而反应温度精密测量又是高精度温控的基础。

目前市面上 PCR 仪的主流方向为半导体式 PCR 仪，其内部结构示意图如图 2-33 所示，在快速导热金属质地的基座上设有多个试管孔，并由下方的半导体片进行加热制冷控温。

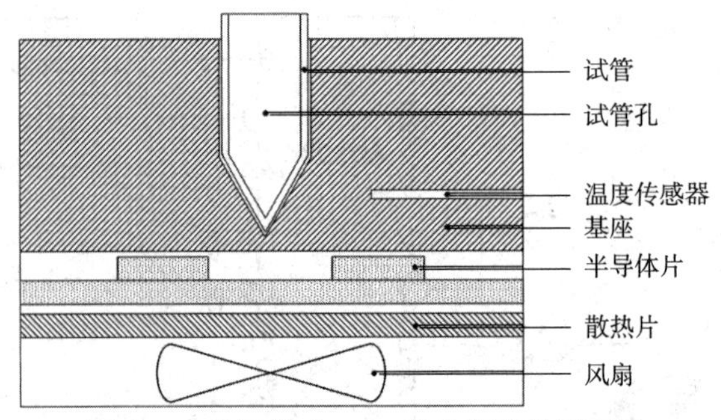

图 2-33 半导体式 PCR 仪内部结构示意图

荧光定量 PCR 仪有多路温度信号，实时采样时通过多路模拟开关实现各路信号通道间的切换，采集得到的温度值作为系统闭环温度控制的实时反馈信号传输到上位机做进一步处理。

1. 精密测温系统的构成

1）测温传感器选型

温度测量方法主要有接触式测量和非接触式测量。非接触式测温的典型代表是红外线测温，它主要用于被测温度高、测量环境复杂等比较特殊的场合，但精度和灵敏度都较低。接触式测温传感器主要有热电偶（Thermocouples）、热电阻（RTD）、热敏电阻（Thermistor）以及集成温度传感器（Integrated Siliconsensors）。为实现温度精密测量，这里采用高精度和高灵敏度的 NTC 半导体热敏电阻作为测温传感器，它具有响应快、非线性强等特点，测量范围为−100~200 ℃。

2）热敏电阻温度-阻值关系

根据 NTC 半导体热敏电阻阻值 R，采用经验公式法或者查表法可得到温度值 T。一般 NTC 半导体热敏电阻阻值-温度（R-T）的经验公式为

$$R_t = R_0 e^{B(1/T - 1/T_0)} \tag{2-31}$$

式中：R_t、R_0 分别为绝对温度 T（K）、T_0（K）下的零功率电阻值；B 为常系数。

在较大温度区间，需要对 B 进行函数修正，即

$$B_t = cT^2 + dT + e \tag{2-32}$$

式中：c、d、e 为常数；$T=t$（℃）+273.15。

额定零功率电阻值，即标称电阻值 R_0，通常是指在基准温度 25 ℃时测得的零功率电阻值 R_{25}。

对所选 NTC 半导体热敏电阻，在测温中心覆盖的 100 ℃范围内，式（2-31）与 R-T 曲线拟合精度为 ±0.02 ℃。但为了取得更高的测温精度，可采用查表和样条函数插值相结合的方法。

3）热敏电阻激励用恒流源的设计

测温采用恒流源激励法，即在电流恒定时，根据电阻两端的电压来推算温度值。

恒流源既可以通过运放等分立元件搭建而成，也可以直接采用集成恒流源器件。为了确保恒流源精度和稳定性，这里采用性能独特的集成恒流源器件 DH905。其在内部自动实现最佳温度补偿，电流连续可调，具有低起始电压（1.1 V）、低噪声（I_n <10 nA）和低温度系数（$<25\times10^{-6}$/℃）等特点，实际使用时只需外接一个精密可调的电阻来调节分流电流即可。

恒流源输出电流大小的确定至少要考虑两方面因素。一方面,输出电流与采样电压有直接对应关系,电流过小,采样电压低,会降低测量灵敏度和精度;但若电流过大,则可能超出 A/D 转换器输入量程范围。另一方面,必须考虑 NTC 半导体热敏电阻的自发热现象(self-heating),当电流流经 NTC 半导体热敏电阻时,在它上面消耗的能量表现为一定大小的热量,如果该热量值较大或散热不善,会引起热敏电阻自身温度变化,从而导致测量误差,所以恒流源取值不宜过大,可选取恒流源输出电流值为 200 μA。

由于 NTC 半导体热敏电阻引线的阻值与热敏电阻本身阻值相比要小得多,所以。NTC 半导体热敏电阻与恒流源的激励、测量连接线路共用两根引线即可,而不必像热电阻那样采用激励、测量回路独立的三线制或者四线制,这也简化了测量回路。

4)精密测温系统的微处理器和 A/D 转换器

精密测温系统的微处理采用功能强大的数据采集芯片 ADμC824。它是一款高性能、高集成度单片机,适用于各类智能仪表、便携式仪器以及数据采集系统。ADμC824 将 8051 内核、两路 24 位+16 位 ∑-Δ 的 ADC、增益可程控的放大器(PGA)、12 位 DAC、FLASH、RAM、WDT、μP 监控电路、温度传感器、SPI 和 I²C 总线接口等硬件资源集成于一体,具有功能强、编程简单、调试方便、体积小且功耗低等特点。

A/D 转换器的选取必须考虑其转换速度、分辨率、转换方式和转换精度。值得注意的是, NTC 半导体热敏电阻是本质非线性元件,其阻值随温度的变化率在不同温度段下是不同的,低温段变化率较大,高温段变化率较小。所以,在确定 A/D 转换器转换位数时,分辨率计算应该在电阻变化率较小的高温段进行。这里 A/D 转换器选用 ADμC824 内部集成的 24 位 ADC,不仅节约了硬件开销,简化了硬件设计,而且其分辨率也完全满足要求。精密测温系统的实际量程范围为 0~150 ℃,模拟量输入范围为 0~5 V,高温段的最小电阻变化率为 2.3 Ω/℃,在 200 μA 恒流源激励下的电压变化定为 460 pV/℃,而 24 位 A/D 转换器的分辨率可达 0.3 pV,所以理论上讲此 A/D 转换器的测温精度能达到 0.001 ℃。

5)多路模拟开关的选取和系统整体构成

多路模拟开关选用适用于数据采集场合的 MAX396,其导通电阻小(最大为 100 Ω),各通道间导通电阻差异较小(6 Ω 以内),漏电流较小(85 ℃时低于 2.5 nA),是一类工作电压范围较宽的低功耗 COMS 多路模拟开关。设计中,由于模拟信号采用差动方式输入,而且在 ADμC824 的 ADC 前面还有缓冲器和程控放大器,使得模拟量输入通道具有很大的输入阻抗,所以由多路模拟开关的漏电流和导通电阻引起的测量误差较小。

精密测温系统构成框图如图 2-34 所示。从图中可见, ADμC824 的 P2 口直接控制 MAS396 的通道选择,模拟输入信号最终经 ADμC824 的片内 ACD 转换为数字量,继而由 MAS232 串行接口芯片将采集到的温度量发送至微机做进一步处理。

2. 精密测温系统的软件设计

精密测温系统的主程序流程图如图 2-35 所示,软件采用 C51 语言编制。关键子程序有查表子程序、通信中断子程序、采样子程序、滤波子程序、数据发送子程序、A/D 转换器零点、满量程校准子程序、定时子程序及测试结果校准子程序等。在线联机调试时,利用 AD 公司提供的在线调试开发软件 Quickstart,将编译、连接完成后的目标程序代码经串行通信接口下载到 ADμC824 执行,然后把执行结果上载到上位计算机做进一步分析和修改。

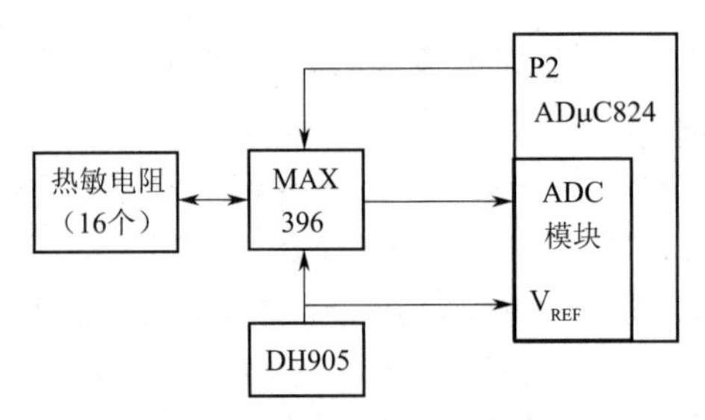

图 2-34 精密测温系统结构框图

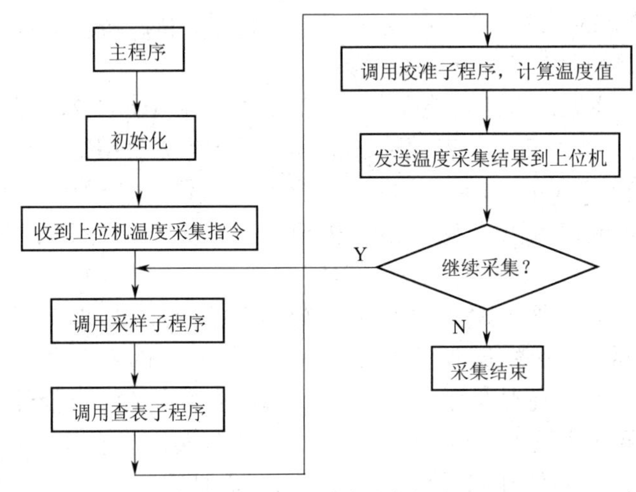

图 2-35 精密测温系统的主程序流程图

3. 热循环仪精密测温系统的校准和模拟测试

由于数据采集通道各个环节可能引入测量误差，除软件设计中采用数字滤波外，还需优化印刷电路板设计，并对测温系统进行校准。校准时采用精密电阻箱的输出电阻来模拟热敏电阻，将查表得到的实际阻值对应的温度值与测温系统 ADC 转换得出的温度值进行对比，获得系统误差模型。考虑到测量误差的非线性特性，采用分段线性化校准的方法，即对每个测量区间建立不同的误差模型。根据实验结果，将测温范围划分为低温、中温、高温三个校准区间。大量实验数据表明，每个校准区间内的温度误差基本符合线性关系，即每个区间可由各自的线性误差模型来描述。所以，只要找到各个区间线性误差模型的相关系数，就能对采样值进行软件校准。将三个校准区间各自的校准系数（即线性误差模型系数）保存到 ADμC824 的电可擦除数据存储器中，即可由软件实现测量校准。

按照一定的阻值间隔，改变精密电阻箱的输出电阻值来模拟温度变化时热敏电阻的阻值变化，以对测温系统实行模拟测试。图 2-36 给出了部分测试结果，其中横坐标表示精密电阻箱输出阻值对应的温度值，即标准温度，纵坐标表示测温系统的测量结果，即测量温度。测量温度（Y）和标准温度（X）的线性拟合公式为 $Y=0.989X-0.034\ 02$，相关系数 $R=0.996\ 1$。可见，校准后的测试结果与标准值的线性度较好。对采样得到的电阻值，根据已知热敏电阻阻值-温度分度表，结合样条函数插值法来计算温度值。测试结果经校准后，平均相对误差为 0.089%，平均绝对误差为 ±0.033 ℃。

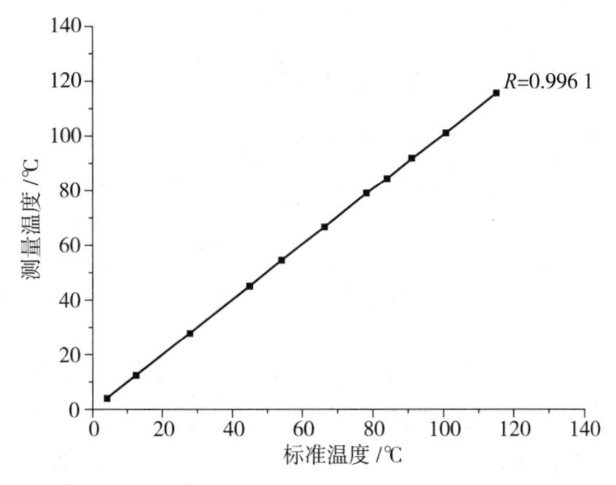

图 2-36　模拟测试结果拟合曲线

2.4.2　压力传感器在血压计中的应用

1. 血压检测的基本原理

血压测量有直接测量和间接测量两种方法。

1)直接测量法

直接测量法即将特制导管经穿刺周围动脉,送入主动脉,导管末端经换能器外接床边监护仪,自动显示血压数值。此法的优点是直接测量主动脉内压力,不受周围动脉收缩的影响,测得的血压数值准确;缺点是需用专用设备,技术要求高,且有一定创伤,故仅适用于危重和大手术病人。直接测量血压计的结构框图如图 2-37 所示。

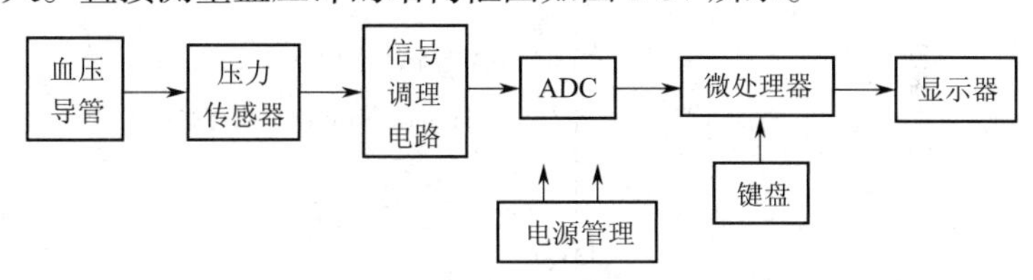

图 2-37　直接测量血压计的结构框图

2)间接测量法

间接测量法即目前广泛采用的袖带加压法,此法采用血压计测量。血压计有汞柱式、弹簧式和电子式,其中汞柱式已经逐步淘汰。间接测量法的优点是简便易行,不需特殊的设备,随处可以测量;缺点是易受周围动脉舒缩的影响,数值有时不够准确。由于此法是无创测量,可适用于任何病人。

间接测量法又可分为柯氏音测量法和示波测量法。

Ⅰ. 柯氏音测量法(柯氏音法)

柯氏音测量法又称水银汞柱测量法,属于无创血压测量方法。1905 年,俄国学者柯洛特柯夫发现,用袖带绑扎上臂并加压,将肱动脉血管压瘪,然后再减压,随着外压力的降低,从袖带内的听诊器中可以听到血流重新冲开血管后发出与脉搏同步的摩擦、冲击音。由于这一发现的重要性,这种摩擦、冲击音就被命名为柯氏音。柯氏音法血压计的结构框图如图 2-38 所示。

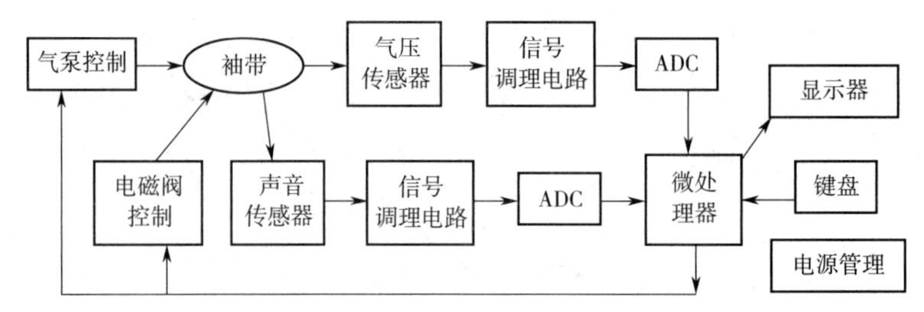

图 2-38 柯氏音法血压计的结构框图

柯洛特柯夫通过袖带加压和听脉搏音来测量血压,实现了无创测压,对人类医学的贡献很大,直到现在很多医生还在用此法测量血压。人们为了纪念柯洛特柯夫,称此法为柯氏音法。柯氏音法发明至今已有 100 多年,由于科技的限制,这 100 多年中没有任何一种血压测量方式的准确性能与其相比,于是柯氏音法成为血压测量的国际标准。

Ⅱ. 示波测量法(示波法)

示波测量法也称振荡法,是 20 世纪 90 年代发展起来的一种比较先进的电子测量方法。其原理简述如下:首先把袖带捆在手臂上,对袖带自动充气,达到一定压力(一般比收缩压高出 30~50 mmHg)后停止加压,开始放气,当气压达到一定程度时,血流就能通过血管,且有一定的振荡波(图 2-39 中的 Systolic 处),振荡波通过气管传播到压力传感器,压力传感器能实时检测到袖带内的压力及波动;逐渐放气,振荡波越来越大;继续放气,由于袖带与手臂的接触越来越松,因此压力传感器所检测的压力及波动越来越小。

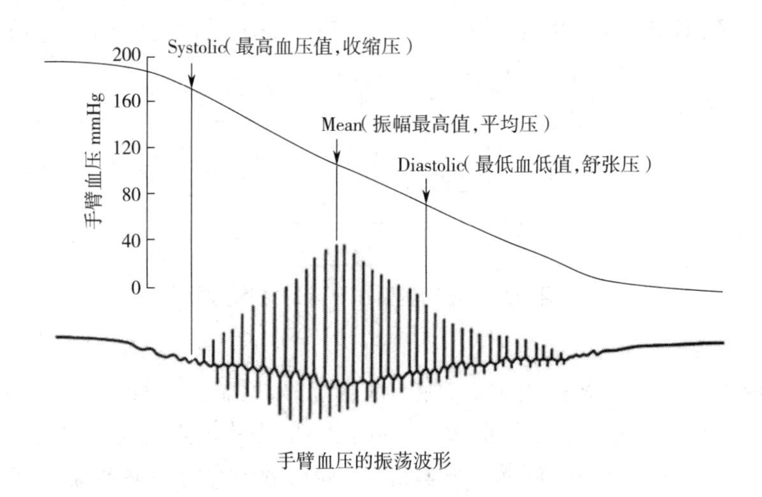

图 2-39 示波法测量血压的原理

选择波动最大的时刻(图 2-39 中的 Mean 处)为参考点,向前寻找峰值 45%的波动点,这一点所对应的压力为收缩压;向后寻找峰值 75%的波动点,这一点所对应的压力为舒张压;而波动最高的点所对应的压力定义为平均压。值得一提的是,45%与 75%这两个常数对于各个厂家来说不尽相同,都是以临床测试的统计结果为依据而确定的。

示波法血压计是很流行的一种血压计, 80%家庭拥有的血压计都是示波法血压计。其先进性只是体现在测量血压的电子仪器技术上,但核心测量技术(即示波法)存在一些缺陷。

由于示波法的测得值是浮动变化的,不存在规律性,可能存在若干个最大值,根据计算得到的数据无法真正体现血压的数值。所以,示波法测量血压是建立在以下假设的前提之上。

(1)受测者的波形是标准化的。但是标准化的波形是建立在数学模型上,实际生活中,每个人的波形都不尽相同,类似于标准化波形的更是少之又少,几乎可以忽略不计。

(2)用来计算血压值的公式和系数(45%和75%)以及受测者是相同的,健康的人一般来讲能够大致符合该系数,不健康的人往往不符合。但是,只有健康状况不佳的人才更需要血压计进行血压测量。

示波法的判断依据是大量的人群实验通过统计学方法给出的,因此这种测量方法必将造成部分人群存在测量误差,有时误差可达几十毫米汞柱。示波法的测量误差比柯氏音法大,虽然柯氏音法存在一定的测量误差,但在国际标准中,采用柯氏音法而不是示波法作为检测血压计测量误差的对照仪器。

示波法血压计的结构框图如图2-40所示。

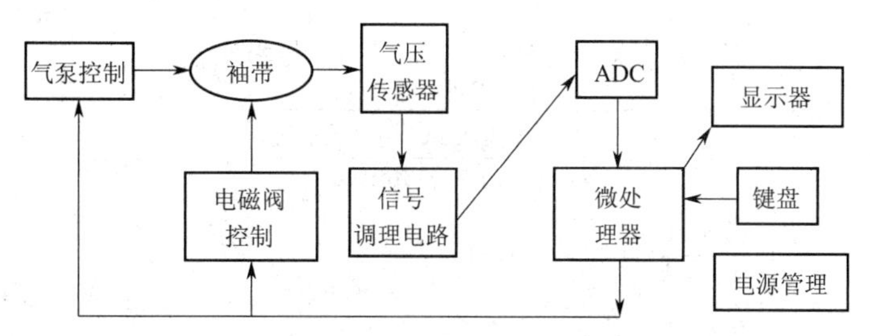

图2-40　示波法血压计的结构框图

2. 信号及其处理

1)信号

我国医药行业标准《无创自动测量血压计》(YY 0670—2008)规定的主要参数如下。

(1)测量范围:0~34.67 kPa(0~260 mmHg)。

(2)分辨力:0.133 kPa,1 mmHg。

(3)最大误差:±0.4 kPa,±3 mmHg。

(4)平均误差:±0.67 kPa,±5 mmHg。

(5)标准偏差:±1.067 kPa,±8 mmHg。

压力传感器输出的信号是脉搏信号和静压信号的混合信号,静压信号属低频信号,频率小于或等于0.04 Hz,脉搏信号频率一般约为1 Hz。

以上是进行无创自动测量血压计设计的主要依据。

2)噪声与误差

在现有技术条件下,如电池容量和器件的低功耗,可以完全保证不用交流电源供电,保证基本上不受工频干扰的影响。因而,在血压计中的主要干扰和噪声因素如下。

Ⅰ.基本的电路和器件噪声

压力传感器输出的信号夹杂着来自外界的高频干扰、直流或低频干扰分量。但从总体情况而言,常规无创自动测量血压计的信噪比还算比较高,采用常规的滤波器足以保证测量精度。

Ⅱ. 气泵与放气阀干扰

由于气泵和放气阀均是电感性质的器件，工作电流较大，因此需要注意其瞬时反电动势对电路的干扰以及驱动器件的保护。

3）系统的初步设计

脉搏信号作为判断脉搏波的特征点，以便确定该特征点所对应的静压信号幅值，也就是血压值。脉搏信号强度因人而异，但一般范围为 1~3 mmHg。

常用的压力传感器的灵敏度为 10 mV/ mmHg 左右，因而脉搏压力信号转换的电压信号为 10~30 mV。通常 ADC 的输入范围为 2.5 V、3 V、4 V 和 5 V 等，而单片机（ARM）内置 ADC 的输入范围为 3 V，以传感器输出的最大信号 20 mV，可计算放大器的增益为 150 倍。考虑避开放大器和 ADC 的非线性区域以及出现特别大的脉搏波信号，将增益设定为 60 倍。

当脉搏压力信号过弱时，只要 ADC 的位数足够高，完全可以避免放大器增益不够的问题，以 10 位 ADC 为例：

$$\text{数字灵敏度}=\frac{\text{传感器的灵敏度}\left(\dfrac{\text{mV}}{\text{mmHg}}\right)\times\text{放大器增益}}{\dfrac{3\times10^{3}(\text{mV})(\text{ADC输入范围})}{2^{10}(\text{ADC分辨率})}}=\frac{10\times60}{\dfrac{3\times10^{3}}{2^{10}}}\approx204/\text{mmHg} \tag{2-33}$$

式（2-33）意味着每 mmHg 至少会有 204 个字的变化，或者说可以把变化幅值为 1 mmHg 的脉搏波信号分成 204 个量化层级。这样的灵敏度足以保证对脉搏的信号的分析精度。

对于静压信号，按照国家行业标准，测量血压的最大值为 260 mmHg，为在设计上留有余量，设定为 300 mmHg，等效为 300 mmHg × 10 mV/mmHg = 3 000 mV，因此静压信号可以不需要放大，且数字灵敏度为

$$\text{数字灵敏度}=\frac{\text{传感器的灵敏度}\left(\dfrac{\text{mV}}{\text{mmHg}}\right)\times\text{放大器增益}}{\dfrac{3\times10^{3}(\text{mV})(\text{ADC输入范围})}{2^{10}(\text{ADC分辨率})}}=\frac{10\times1}{\dfrac{3\times10^{3}}{2^{10}}}\approx3.4/\text{mmHg} \tag{2-34}$$

式（2-34）意味着每 mmHg 至少会有 3.4 个字的变化，这样的灵敏度足以保证国家行业标准测量分辨率 1 mmHg 的要求。

3. 极简血压计的设计

对于压阻传感器的信号处理而言，所需的信号处理模块及其要求如下。

（1）提供激励信号的恒流源或恒压源：几十至几百微安电流，或 1~6 V 电压。

(2)信号放大:将最大信号幅值放大到 ADC 输入满量程,且要求高输入阻抗和高共模抑制比的差动输入/单端输出的(仪器)放大器。当采用差动输入 ADC 时,放大器也可以是差动输出。

(3)滤波器:抑制噪声和干扰。

然而,采用高性能单片机 BH45B1225 之后,与传统的常规血压计的设计发生了根本的变化。BH45B1225 中有 3 个与此有关的关键部件。

(1)12 位 DAC:可以作为压阻传感器的激励信号恒压源,且具有精度高、稳定且可程控的优点。

(2)1~128 倍可程控增益、差动高输入阻抗、高共模抑制比的 PGA(程控增益放大器),完全满足压阻传感器的信号放大要求。

(3)24 位 ∑-Δ 型 ADC,即使对压阻传感器的输出信号不做任何放大,也可以满足对血压的测量分辨率的要求。∑-Δ 型 ADC 具有天然的、性能极优的低通滤波性能,因而对很多低频微弱信号的采集是优先之选。

图 2-41 给出了采用 BH45B1225 设计的血压计(压阻传感器接口部分)。

综上所述,采用像 BH45B1225 这样先进、大规模的单片机设计电阻型传感器的接口电路与应用系统,既能保证高精度、高性能和高可靠性,又能做到成本低、电路简单、工艺极佳,具备一系列突出优势。

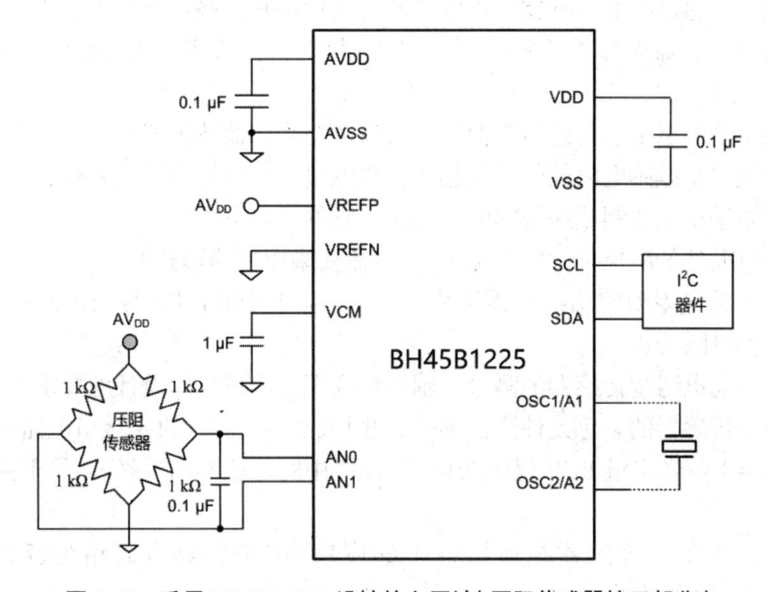

图 2-41　采用 BH45B1225 设计的血压计(压阻传感器接口部分)

习题与思考题

1. 传感器的作用是什么?
2. 举例说明在某个领域的传感器应用情况。

3. 了解传感器在医疗设备中的应用情况。

4. 传感器与测量(测试)有什么关系?

5. 测量医学仪器中对传感(器)部分有何要求?为什么?

6. 医疗仪器中涉及的传感器种类有哪些?

7. 传感器技术主要涉及哪些内容?

8. 传感器的输出形式有哪些?

9. 为什么要用多项式描述传感器的静态特性?

10. 传感器理想的静态特性是什么?

11. 为什么要用微分方程描述传感器的动态特性?

12. 传感器的灵敏度受限于哪些因素?

13. 什么是阻抗(无源)型传感器?为何要区别它与其他类型的传感器?

14. 什么是电阻型传感器?

15. 为什么阻抗(无源)型传感器需要激励信号?

16. 直流激励信号与交流激励信号有何不同(从它们的产生、稳定和对传感器的原理误差等方面进行分析)?

17. 电流激励信号与电压激励信号有何不同(从它们的产生、稳定和对传感器的原理误差等方面进行分析)?

18. 电阻型传感器有哪些种类?可以测量的物理量有哪些?有哪些应用?

19. 电阻型传感器内部敏感电阻有哪几种连接关系?从测量和电路性能的角度分析最好的连接形式是什么?

20. 采用桥路的电阻型传感器为何要求接口电路为仪器放大器?

21. 如何把单个敏感电阻的传感器构成桥路电路?这样做的好处是什么?

22. 为何要采用三线制或四线制的电阻型传感器接口电路?

23. 在敏感元件的阻值很大的情况下,是否需要采用桥路形式?

24. 测温用的电阻型传感器有哪几种?从传感器本身的精度、接口电路的要求、成本等各个方面进行对比、分析。

25. 如何考虑电阻型传感器的测量范围和精度等对测量电路设计的要求?

26. 电阻型传感器的敏感元件连接形式、内阻大小等是如何决定接口电路的形式的?

27. 从“2.4.1 荧光定量 PCR 仪中的精密测温”中的传感器的选择、测量电路可以得到哪些启发?

28. 从“2.4.2 压力传感器在血压计中的应用”中采用具有高精度、高性能单片机 BH45B1225 有什么优势?

29. 有了先进的器件,对测量和电路等的知识和应用能力是否降低了要求?请详细地给出你的观点并加以验证。

第 3 章　电容型传感器

3.1　概述

电容型传感器是将被测量（如尺寸、压力等）的变化转换成电容量变化的一种传感器。它的敏感部分就是具有可变参数的电容器。其最常用的形式是由两个平行电极组成、极间以空气为介质的电容器（图 3-1）。忽略边缘效应，平板电容器的电容为

$$C=\varepsilon A/d=\varepsilon_0\varepsilon_r A/d \tag{3-1}$$

式中：ε 为极间介质的介电常数；ε_0 为真空介电常数；ε_r 为空气的相对介电常数；A 为两电极互相覆盖的有效面积；d 为两电极之间的距离。

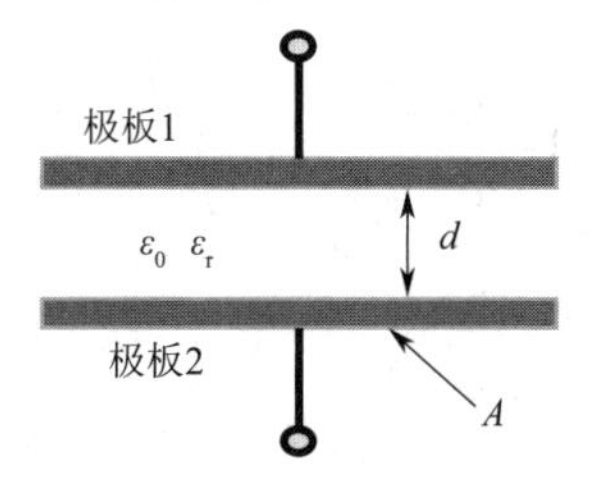

图 3-1　平板电容传感器

d、A、ε 三个参数中任一个的变化都将引起电容量变化，并可用于测量。因此，电容型传感器可分为变极距型、变面积型、变介质型三类（图 3-2）。变极距型一般用来测量微小的线位移或由于力、压力、振动等引起的极距变化。变面积型一般用于测量角位移或较大的线位移。变介质型常用于物位测量和各种介质的温度、密度、湿度的测定。20 世纪 70 年代末以来，随着集成电路技术的发展，出现了与微型测量仪表封装在一起的电容型传感器。这种新型的传感器能使分布电容的影响大为减小，使其固有的缺点得到克服。电容型传感器是一种用途极广，很有发展潜力的传感器。

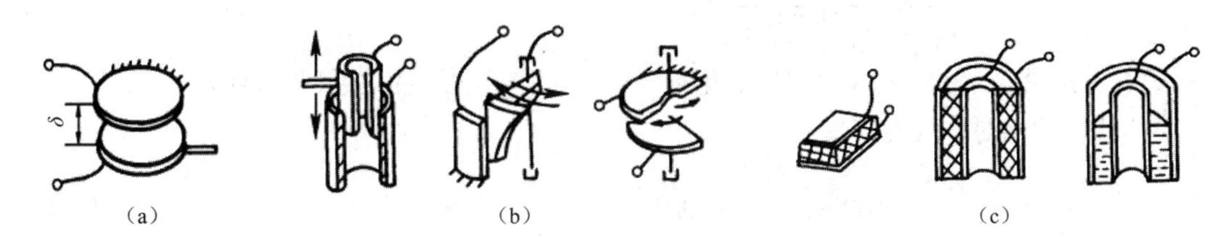

图 3-2　电容型传感器的三种类型

（a）变极距型　（b）变面积型　（c）变介电常数型

为了改进电容型传感器的精度、线性等性能，常常采用差动结构，如图 3-3 所示。

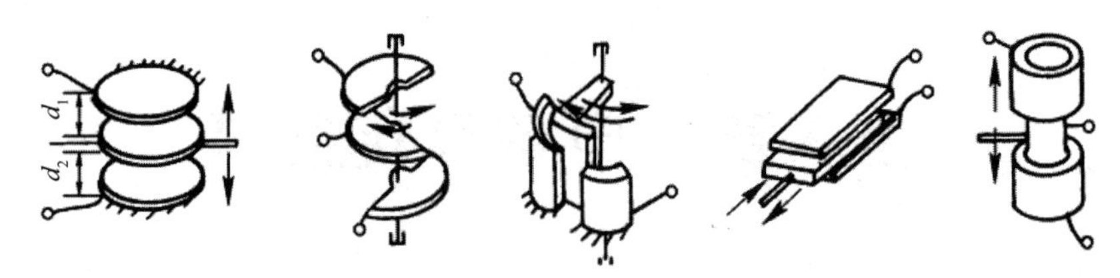

图 3-3 电容型传感器的差动结构

3.2 电容型传感器的工作方式

3.2.1 变极距型电容型传感器

1. 基本输出特性

若电容器极板间距离由初始值 d_0 缩小了 Δd,电容量增大了 ΔC,则有

$$C = C_0 + \Delta C = \frac{\varepsilon_0 \varepsilon_r A}{d_0 - \Delta d} = \frac{C_0}{1 - \dfrac{\Delta d}{d_0}} = \frac{C_0\left(1 + \dfrac{\Delta d}{d_0}\right)}{1 - \left(\dfrac{\Delta d}{d_0}\right)^2} \tag{3-2}$$

当 $\Delta d/d_0 << 1$ 时,$1-(\Delta d/d_0)^2 \approx 1$,则

$$C = C_0 + C_0 \frac{\Delta d}{d_0} \tag{3-3}$$

式(3-3)表明,C 与 Δd 近似呈线性关系。变极距型电容型传感器只有在 $\Delta d/d_0$ 很小时,才有近似的线性关系。

2. 非线性

电容的相对变化量为

$$\Delta C / C_0 = 1 / \left(1 - \frac{\Delta d}{d_0}\right) \tag{3-4}$$

当 $\Delta d/d_0 << 1$ 时,将式(3-4)展开为级数形式:

$$\Delta C / C_0 = \frac{\Delta d}{d_0} + \left(\frac{\Delta d}{d_0}\right)^2 + \left(\frac{\Delta d}{d_0}\right)^3 + \cdots \tag{3-5}$$

式(3-5)表明,输出电容的相对变化量与输入位移呈非线性关系(图 3-4)。

传感器的相对非线性误差:

$$\delta = \frac{(\Delta d / d_0)^2}{|\Delta d / d_0|} \times 100\% = \left|\frac{\Delta d}{d_0}\right| \times 100\% \tag{3-6}$$

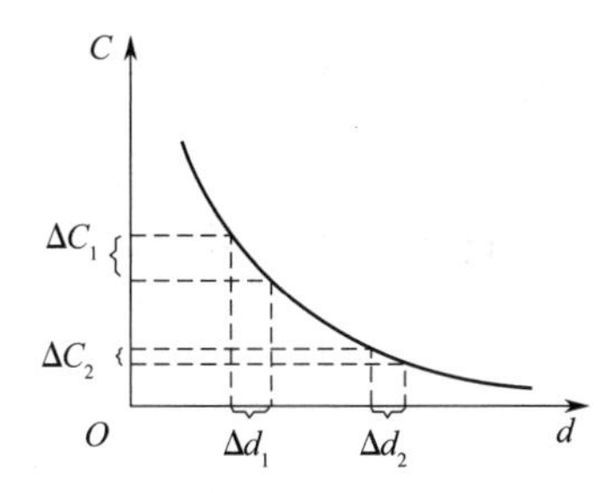

图 3-4　变极距型电容型传感器基本输出特性

3. 灵敏度

当$|\Delta d/d_0|<<1$时，由式（3-5）可近似得

$$\Delta C / C_0 = \Delta d / d_0 \tag{3-7}$$

变极距型电容型传感器的灵敏度为

$$k = \frac{\Delta C / C_0}{\Delta d} = \frac{1}{d_0} \tag{3-8}$$

式（3-8）说明，单位输入位移所引起的输出电容相对变化的大小与 d_0 成反比关系。同时也说明，要提高灵敏度，应减小起始间隙 d_0，但非线性误差却随着 d_0 的减小而增大。

一般变极距型电容型传感器的起始电容在 20~100 pF，极板间距离在 25~200 μm。

极板最大位移应小于间距的 1/10，才能够保证变极距型电容型传感器的线性和灵敏度。

变极距型电容型传感器在微位移测量中应用最广。

4. 差动结构

在实际应用中，为了提高灵敏度，减小非线性误差，大都采用差动结构。变极距型电容型传感器差动结构如图 3-5 所示。

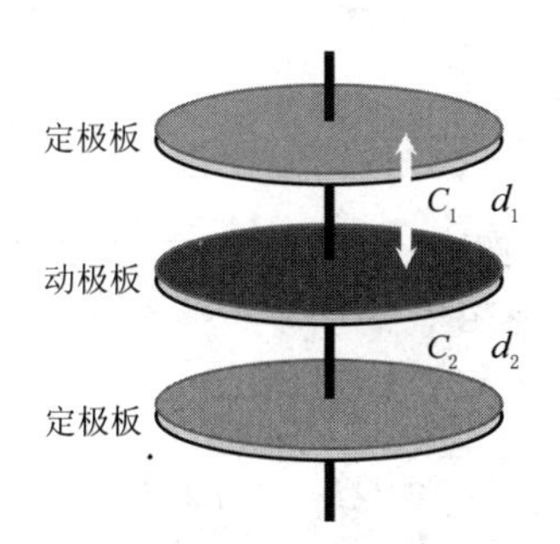

图 3-5　变极距型电容型传感器差动结构

在差动式平板电容器中，当动极板向上移动 Δd 时，电容器 C_1 的间隙 d_1 变为 $d_0-\Delta d$，电容器 C_2 的间隙 d_2 变为 $d_0+\Delta d$，则

$$\begin{cases} C_1 = C_0 \dfrac{1}{1-\Delta d / d_0} \\ C_2 = C_0 \dfrac{1}{1+\Delta d / d_0} \end{cases} \tag{3-9}$$

变极距型电容型传感器电容值总的变化量为

$$\Delta C = C_1 - C_2 = 2C_0\left[\frac{\Delta d}{d_0} + \left(\frac{\Delta d}{d_0}\right)^3 + \left(\frac{\Delta d}{d_0}\right)^5 + \cdots\right] \tag{3-10}$$

略去高次项，则 $\Delta C/C_0$ 与 $\Delta d/d_0$ 近似呈线性关系，即

$$\frac{\Delta C}{C_0} = 2\frac{\Delta d}{d_0} \tag{3-11}$$

其相对非线性误差近似为

$$\delta = \frac{2\left|\left(\Delta d/d_0\right)^3\right|}{2\left|\Delta d/d_0\right|} \times 100\% = \left\{\frac{\Delta d}{d_0}\right\}^2 \times 100\% \tag{3-12}$$

从式（3-11）可得其灵敏度为

$$k = \frac{\Delta C/C_0}{\Delta d} = \frac{2}{d_0} \tag{3-13}$$

由式（3-12）和式（3-13）可以看出，差动结构的变极距型电容型传感器非线性误差大大降低，灵敏度增加了一倍。

3.2.2 变面积型电容型传感器

两种常用变面积型电容型传感器为直线位移式（图 3-6）和角位移式（图 3-7）。

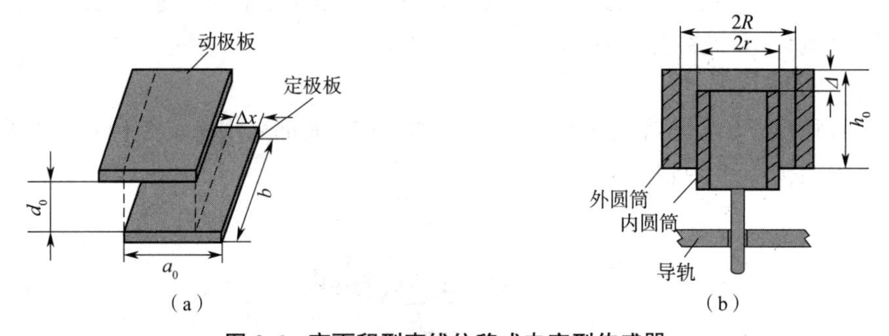

图 3-6 变面积型直线位移式电容型传感器

（a）平板型直线位移式 （b）圆筒型直线位移式

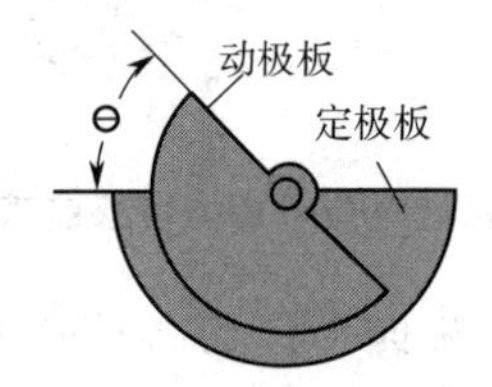

图 3-7 变面积型半圆角位移式电容型传感器

1. 平行平板型直线位移式

如图 3-6（a）所示，被测量通过动极板移动引起两极板有效覆盖面积的改变，产生电容量的变化。当动极板相对于定极板平移 Δx 时，则电容相对变化量为

$$\frac{\Delta C}{C_0} = \frac{C_0 - C}{C_0} = \frac{\Delta x}{\alpha} \tag{3-14}$$

式中：C_0 为初始电容值；C 为动极板相对于定极板平移 Δx 后的电容值；α 为传感器系数。

$$\alpha \propto \frac{d_0}{\varepsilon b} \tag{3-15}$$

式中：ε 为介电常数；d_0、b 参见图 3-6(a)。

由此可见，平行平板型直线位移式电容型传感器的电容量与水平位移呈线性关系。

2. 同轴圆筒型直线位移式

如图 3-6(b)所示，初始电容 C_0 为

$$C_0=\frac{2\pi\varepsilon h_0}{\ln\frac{R}{r}} \tag{3-16}$$

当内、外圆筒覆盖长度变化时，电容量也随之变化。当内圆筒向下移动 Δx 时，内、外圆筒间的电容相对变化量为

$$\frac{\Delta C}{C_0}=\frac{C_0-C}{C_0}=\frac{\Delta x}{h_0} \tag{3-17}$$

由此可见，同轴圆筒型直线位移式电容型传感器的电容量与内圆筒线位移呈线性关系。

3.2.3　变介质型电容型传感器

变介质型电容型传感器主要有三种形式：单组平板厚度式、单组平板位移式和测量液位圆筒式。

1. 单组平板厚度式

如图 3-8 所示，设固定极板长度为 a、宽度为 b，两极板间的距离为 d；被测量物体的厚度和介电常数分别为 d_x 和 ε，则

$$C=\frac{1}{\frac{1}{C_1}+\frac{1}{C_2}+\frac{1}{C_3}}=\frac{ab}{\frac{d-d_x}{\varepsilon_0}+\frac{d_x}{\varepsilon}} \tag{3-18}$$

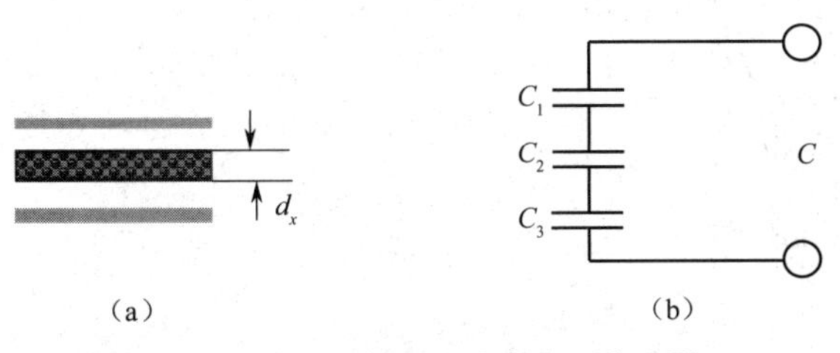

图 3-8　单组平板厚度式电容型传感器

(a)原理结构图　(b)等效电路图

传感器的电容量与被测量物体的厚度和介电常数有关。当介电常数一定时，通过传感器电容量的变化可测量物体的厚度。

2. 单组平板位移式

如图 3-9 所示，设固定极板长度为 l、宽度为 b，两极板间的距离为(d_1+d_2)；被测量物体的厚度和介电常数分别为 d_2 和 ε_2，则

$$C = C_A + C_B \tag{3-19}$$

其中

$$C_A = \frac{ab}{\frac{d_2}{\varepsilon_2} + \frac{d_1}{\varepsilon_1}} \quad C_B = \frac{b(l-a)}{\frac{d_1 + d_2}{\varepsilon_1}} \tag{3-20}$$

设在电极中无被测量物体时的电容量为 C_2，即

$$C_0 = \varepsilon_1 \frac{b(l-a)}{d_1 + d_2} \tag{3-21}$$

可得

$$C = C_0 + C_0 \frac{a}{l} \frac{1 - \frac{\varepsilon_{r1}}{\varepsilon_{r2}}}{1 + \frac{\varepsilon_{r1}}{\varepsilon_{r2}}} \tag{3-22}$$

单组平板位移式电容型传感器电容量的变化与位移 a 呈线性关系。

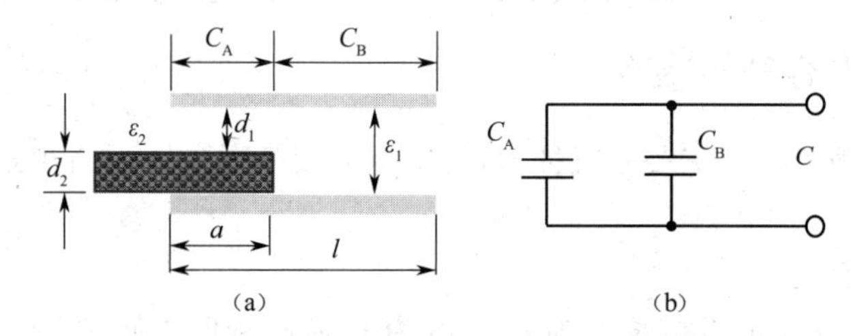

图 3-9 单组平板位移式电容型传感器

(a)原理结构图 (b)等效电路图

3. 测量液位圆筒式

如图 3-10 所示，设被测介质的介电常数为 ε_1，液面高度为 h，传感器总高度为 H，内筒外径为 d，外筒内径为 D，则传感器电容值为

$$\begin{aligned} C &= \frac{2\pi\varepsilon_1 h}{\ln\frac{D}{d}} + \frac{2\pi\varepsilon(H-h)}{\ln\frac{D}{d}} \\ &= \frac{2\pi\varepsilon H}{\ln\frac{D}{d}} + \frac{2\pi h(\varepsilon_1 - \varepsilon)}{\ln\frac{D}{d}} \\ &= C_0 + \frac{2\pi h(\varepsilon_1 - \varepsilon)}{\ln\frac{D}{d}} \end{aligned} \tag{3-23}$$

由此可见，测量液位圆筒式电容型传感器电容量的增量正比于被测液位高度。

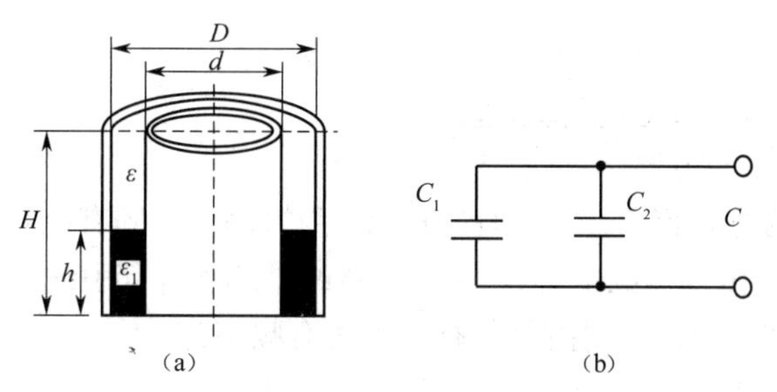

图 3-10　测量液位圆筒式电容型传感器

(a)原理结构图　(b)等效电路图

3.3　电容型传感器的接口电路

考虑电容器的损耗和电感效应,电容型传感器的等效电路如图 3-11 所示。其中,并联损耗电阻 R_p 表示极板间的泄漏电阻和介质损耗,并联损耗低频时影响大,随着工作频率增高,容抗减小,影响减弱;串联损耗电阻 R_s 表示引线电阻、电容器支架和极板电阻的损耗;电感 L 表示电容器的电感和外部引线电感。

根据等效电路,电容型传感器有一个谐振频率,通常为几十兆赫兹。当工作频率等于或接近谐振频率时,传感器无法正常工作。因此,工作频率应该选择低于谐振频率。

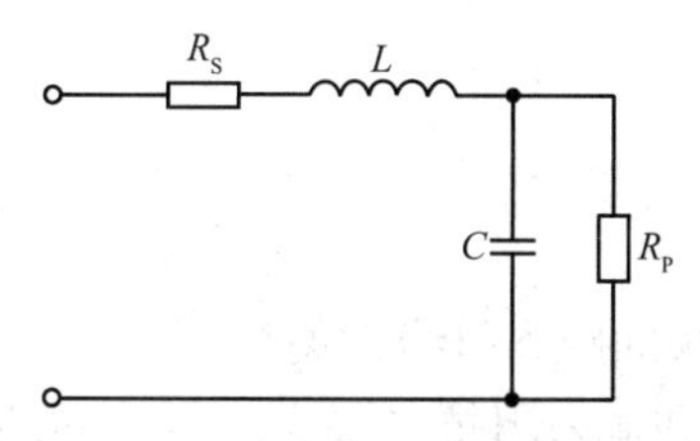

图 3-11　电容型传感器的等效电路

电容型传感器中电容值和电容变化量都十分微小,更需要精心设计其测量电路。因此,需要测量电路能够检测出电容的微小变化量,并转换成相应的电压、电流或频率输出。常用测量电路有调频式电路、运算(放大器)式电路、二极管双 T 形交流电桥、环形二极管充放电电路、脉冲宽度调制电路等。

新型的集成电容测量电路具有分立器件或小规模集成电路搭建的测量电路无法比拟的性能,应注意设计时优先选用。

3.3.1　调频式测量电路

如图 3-12 所示,调频式测量电路中电容型传感器作为振荡器谐振回路的一部分,当输入量导致电容量发生变化时,振荡器的振荡频率就发生变化。

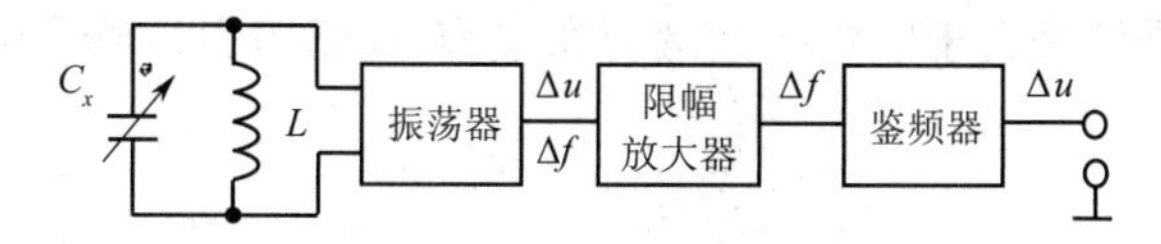

图 3-12　电容型传感器的调频式测量电路

调频振荡器的振荡频率为

$$f=\frac{1}{2\pi\sqrt{LC}}=\frac{1}{2\pi\sqrt{L(C_1+C_2+C_x)}} \tag{3-24}$$

式中：C 为振荡回路的总电容，有 $C=C_1+C_2+C_x$，C_1 为振荡回路固有电容，C_2 为传感器引线分布电容，$C_x=C_0\pm\Delta C$ 为传感器的电容；L 为电容器的电感和外部引线电感之和。

当被测信号为 0 时，$\Delta C=0$，则振荡器有一个固有频率为

$$f_0=\frac{1}{2\pi\sqrt{L(C_1+C_2+C_0)}} \tag{3-25}$$

当被测信号不为 0 时，$\Delta C\neq 0$，则振荡器频率变化为

$$f=\frac{1}{2\pi\sqrt{L(C_1+C_2+C_0\mp\Delta C)}}=f_0\pm\Delta f \tag{3-26}$$

调频式测量电路具有较高的灵敏度，可测量高至 0.01 μm 级位移变化量。信号输出频率易于用数字仪器测量，并与计算机通信，抗干扰能力强，可方便实现遥测遥控。

3.3.2 运算(放大器)式电路

如图 3-13(a)所示，对变极距型平行平板电容传感器，有

$$C_x=\frac{\varepsilon A}{d} \tag{3-27}$$

则有

$$\dot{U}_{\mathrm{o}}=-\dot{U}_{\mathrm{i}}\frac{C}{\varepsilon A}d \tag{3-28}$$

即运算放大器的输出电压与极板间距离呈线性关系。

在运算放大器的放大倍数和输入阻抗无限大的条件下，运算放大器电路解决了变极距型电容型传感器的非线性问题。

实际上，运算放大器测量电路仍然存在一定的非线性。

为保证精度，除要求运算放大器阻抗和放大倍数足够大外，还要求电源电压的幅值和固定电容值非常稳定。

为了确保电路的稳定性，需要增加一个很小的电阻 R_1 和一个很大的电阻 R_{f}，如图 3-13(b)所示。对这两个电阻阻值的要求如下：

$$\left.\begin{aligned}R_1&\ll\frac{1}{2\pi fC_1}\\R_{\mathrm{f}}&\ll\frac{1}{2\pi fC_x}\end{aligned}\right\} \tag{3-29}$$

式中：f 为激励信号的频率。

而 C_1 的选择需要显著大于电路的杂散分布电容，通常可以取到 1 000 pF~0.01 μF。

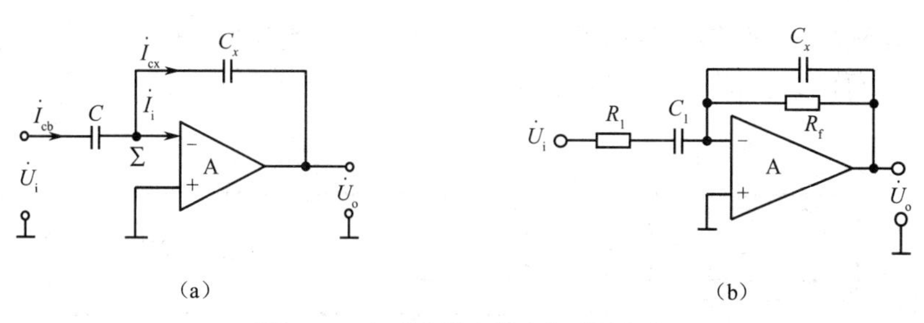

(a)　(b)

图 3-13　运算(放大器)式测量电路

(a)原理电路图　(b)实用电路图

3.3.3　电容型传感器的集成接口电路 AD7745

1.AD7745 主要特点

AD7745 是 AD 公司生产的具有高分辨率、低功耗的电容数字转换器。该芯片性能稳定,操作方便,可以和多种电容传感器一起开发各种实际产品。AD7745 的主要特点如下。

(1)电容数字转换器:

①具有单端电容探测器或者差分式电容探测器接口;

②分辨率为 4 aF,精确度为 4 fF,线性度为 0.01%;

③在普通模式下,电容高达 17 pF;

④可测量电容范围为 -4~4 pF;

⑤可容忍高达 60 pF 的寄生电容;

⑥更新频率为 10~60 Hz。

(2)片上温度传感器:

①分辨率为 0.1 ℃,精确度为 ±2 ℃;

②电压输入通道;

③内部时钟振荡器;

④两线串行接口(与 I^2C 兼容)。

(3)电源:2.7~5.25 V 单电源供电。

2.AD7745 工作原理及引脚功能

1)工作原理

AD7745 的核心是一个高精度的转换器,由 1 个二阶调制器和 1 个三阶数字滤波器构成。AD7745 可以配置成一个电容数字转换器(CDC),也可以配置成一个经典的模数转换器(ADC)。除了转换器外,AD7745 还集成了 1 个多路复用器、1 个激励源和电容数模转换器(CAPDAC)作为电容的输入、1 个温度传感器、1 个时钟发生器、1 个控制逻辑校正、I^2C 接口。AD7745 的功能框图如图 3-14 所示,下面对图中的主要部分进行功能说明。

Ⅰ.Σ-Δ 调制器

Σ-Δ 调制器是 AD7745 的核心,它是将模拟信号转换成数字信号的器件。其工作原理是:被测电容连接在 CDC 激励输出(EXCA 或者 EXCB)与 Σ-Δ 调制器输入(VIN(+))之间,在 1 个转换周期内,一个方波激励信号(从 EXCA 或者 EXCB 输出)加到被测电容上,

Σ-Δ 调制器对经过的电荷连续采样，数字滤波器处理 Σ-Δ 调制器的输出，数据经过数字滤波器校正后输出，再由 I^2C 串行接口将数据输出。

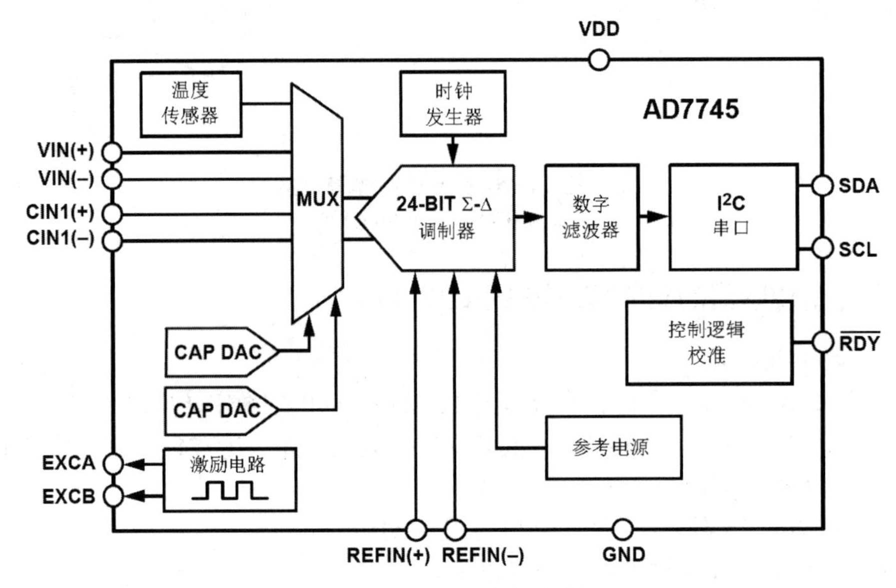

图 3-14　AD7745 的内部功能框图

Ⅱ. 电容数模转换器

电容数模转换器（CAPDAC）可以理解成一个负电容直接在内部连接到 CIN 引脚。在 AD7745 中有 2 个 CAPDAC，一个连接到 CIN1（+），另一个连接到 CIN1（-），如图 3-15 所示。其中，输入电容 C_x、C_y（差分模式下）与输出数据（DATA）之间的关系如下：

$$\text{DATA} \approx (C_x - \text{CAPDAC}(+)) - (C_y - \text{CAPDAC}(-))$$

电容数模转换器可以用来编程被测电容的输入范围，通过设置 CAPDAC（+）和 CAPDAC（-）的值，可以改变被测电容的范围，例如在单端模式下，将 CAPDAC 设置成 ±4 pF，被测电容的变化范围为 0~8 pF。

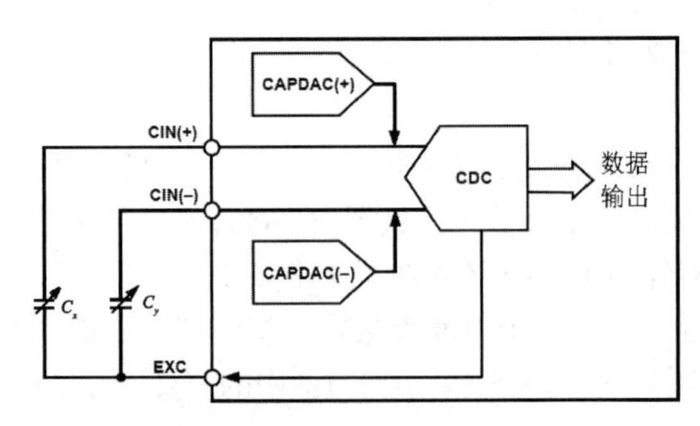

图 3-15　CAPDAC 的使用

Ⅲ. 温度传感器

AD7745 使用 1 个片上晶体管测量芯片内部的温度，芯片的温度变换将影响晶体管的电压 ΔV_{BE}，Σ-Δ 调制器将 ΔV_{BE} 转变成数字信号，最终的输出与温度变化呈线性关系。由于

AD7745的功耗很低,因此它自身产生的热量很少(在$V_{DD}=5$ V时,温升小于0.5 ℃),被测电容探测器的温度可以认为和AD7745的温度相同,因此AD7745内部的温度传感器可以用作系统的传感器。也就是说,整个系统的温漂补偿可以基于片内的温度传感器,而不需要片外器件。

Ⅳ.I^2C串行接口

AC7745支持I^2C兼容2线串行接口,I^2C总线上的2根线是SCL(时钟)和SDA(数据),所有的地址、控制和数据信息都通过这2根线进行传输。

2)引脚功能

AD7745的引脚分布如图3-16所示,各引脚功能描述如下。

SCL:I^2C串行时钟输入。

RDY:逻辑输出。当该引脚信号的下降沿到来时,表示在使能的通道转换已经完成,同时新的数据已经到达该通道。

EXCA,EXCB:CDC激励输出,被测电容接在EXC引脚和CIN引脚之间。

REFIN(+),REFIN(−):差分参考电压输入。

CIN1(−):在差分模式下,CDC的负电容输入;在单端模式下,该引脚内部断开。

CIN1(+):在差分模式下,CDC的正电容输入;在单端模式下,CDC的电容输入。

NC:空管脚。

VIN(+),VIN(−):ADC的差分电压输入。该引脚同时连接外部温度探测二极管。

GND:接地端。

VDD:电源端,2.7~5.25 V单电源供电。

SDA:双向I^2C串行数据线。

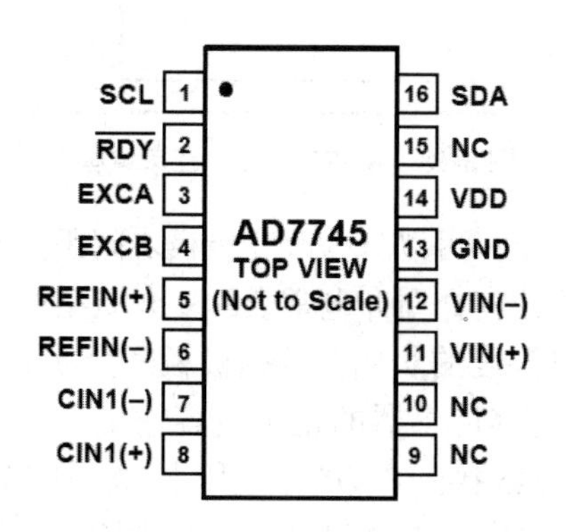

图3-16　AD7745的引脚排列

3.AD7745工作模式

AD7745有差分和单端两种测量工作模式。

1)差分模式

当被测电容传感器是差分式电容传感器,其连接方法如图3-17所示,差分电容探测器的正电容输入连接到CIN1(+),负电容输入连接到CIN1(−),通过I^2C接口将AD7745中的电容设置寄存器(Cap Setup Register)中的CAPDIFF位设置成1。

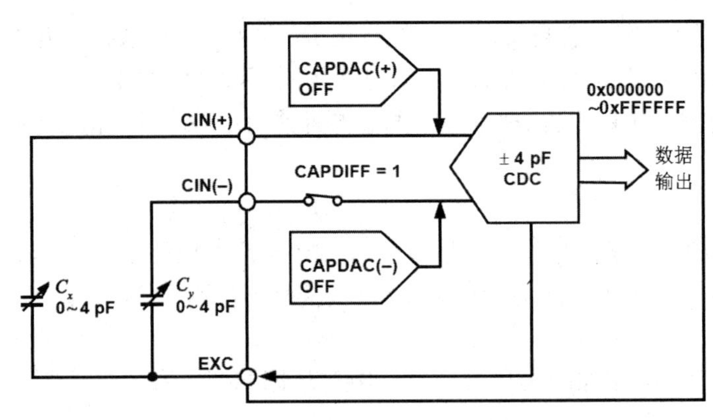

图 3-17 AD7745 工作在差分模式

2)单端模式

当被测电容传感器是单端式电容传感器,其连接方法如图 3-18 所示,可以通过设定 CAPDAC(+)的值调整被测电容传感器的输出范围。

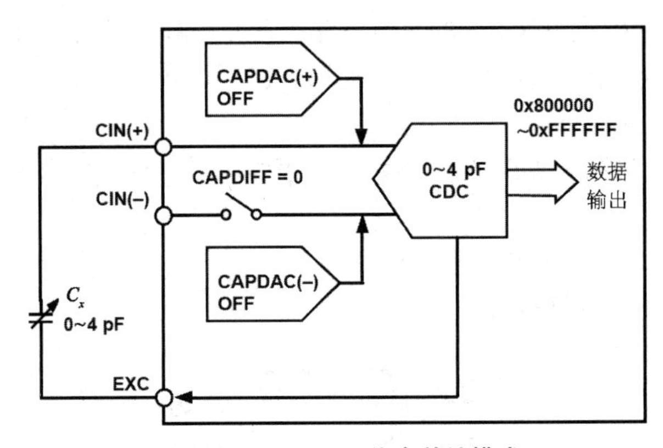

图 3-18 AD7745 工作在单端模式

电容传感器的种类很多,总体可以分为改变极板之间距离的变极距型传感器,改变极板遮盖面积的变面积型传感器,改变介质介电常数的变介质型传感器。

图 3-19 给出了一个测量湿度的实例。根据极板间介质的介电常数随湿度而改变的差分式电容传感器,将差分式电容传感器的正负电容输出分别接到 AD7745 的 CIN1(+)和 CIN1(-)引脚。然后将 AD7745 接到 3 V/5 V 电压上,将 AD7745 的输出通过 I^2C 总线接到主机控制器(MCU),SCL 和 SDA 要接 10 kΩ 的上拉电阻。主机控制器选择 P89C668,因为该 MCU 具有 I^2C 接口和 UART 串口。

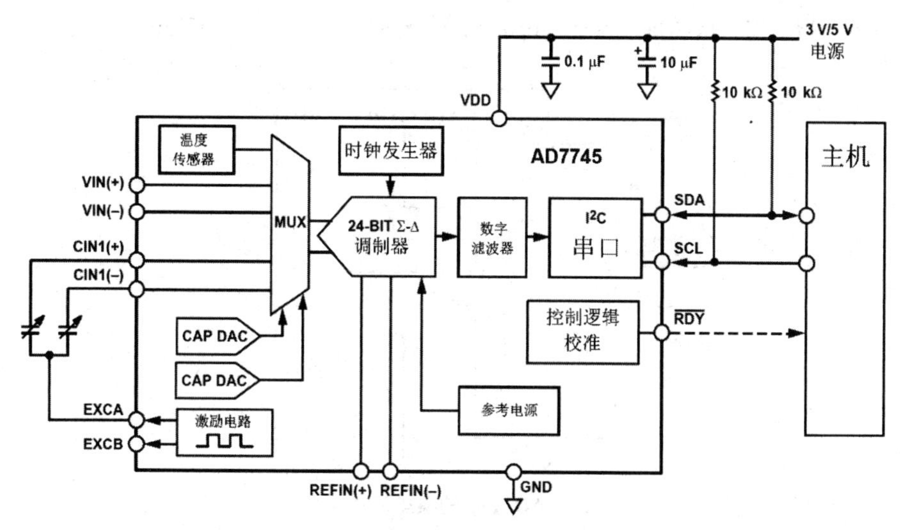

图 3-19　湿度探测系统

3.3.4　双通道电容数字转换器 AD7156

AD7156 是一款响应快速的超低功耗转换器（图 3-20），可为电容型传感器提供一种全面的信号处理解决方案。

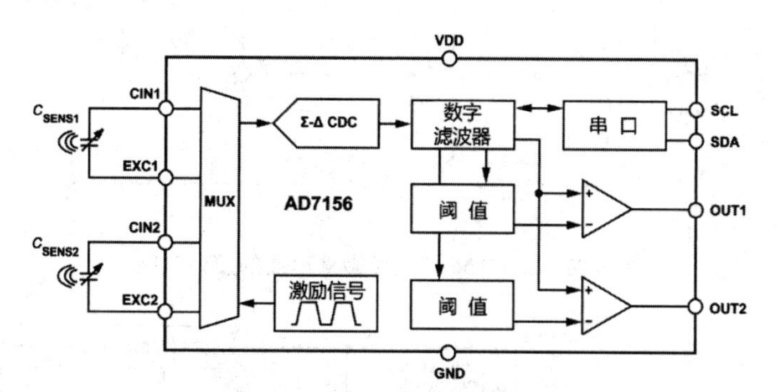

图 3-20　AD7156 的内部功能框图

AD7156 采用 ADI 公司的电容数字转换器（CDC）技术，这种技术将与实际传感器接口过程中起重要作用的多种特色功能汇集于一身，如高输入灵敏度、较高的输入寄生接地电容和漏电流容限。

集成自适应式阈值算法可对因环境因素（如湿度和温度）或绝缘材料老化而导致传感器电容发生的任何变化进行补偿。

默认情况下，AD7156 采用固定上电设置以独立模式运行，并以两路数字输出显示检测结果。另外，AD7156 也可通过串行接口与微控制器连接，可通过用户自定义设置对内部寄存器进行编程，而数据和状态信息则可从该部件中读取。

AD7156 工作电源电压为 1.8~3.6 V，额定温度范围为−40~85 ℃。

图 3-21 至图 3-23 分别给出了 AD7156 的典型应用电路、AD7156 与主控微控制器的接

口电路和具备 EMC(Electro Magnetic Compatibility,电磁兼容性)的 AD7156 独立运行电路。

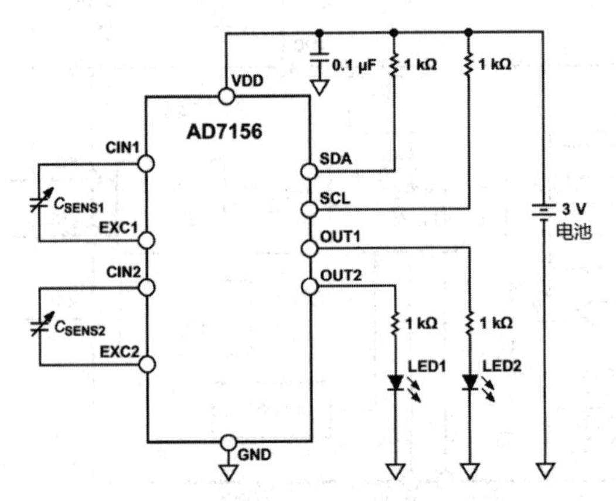

图 3-21 AD7156 的典型应用电路

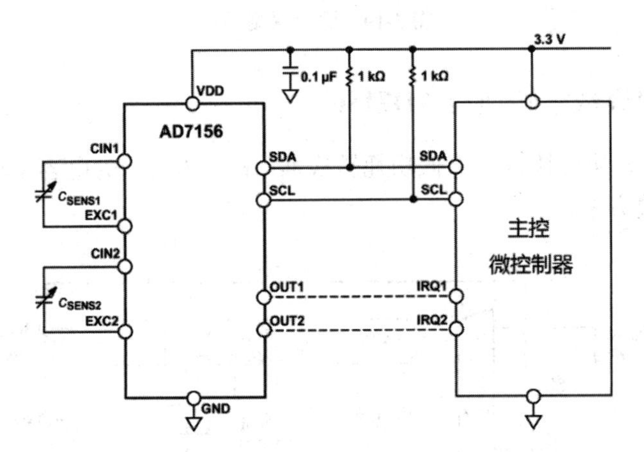

图 3-22 AD7156 与主控微处理器的接口电路

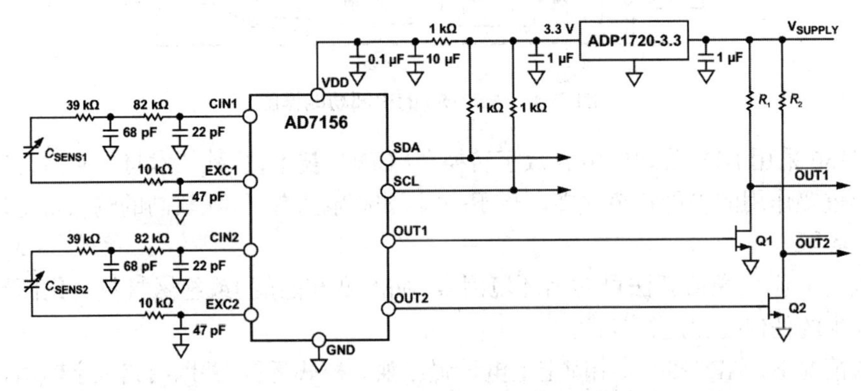

图 3-23 具备 EMC 的 AD7156 独立运行电路

3.3.5 24 位电容数字转换器 AD7747

AD7747 是一款高分辨率、Σ-Δ 电容数字转换器(CDC)(图 3-24),可直接与电容传感器的电容连接进行测量，还具有高分辨率（24 位无失码、最高 19.5 位有效分辨率）、高线性度（±0.01%）和高精度（±10 fF 工厂校准）等固有特性。AD7747 的电容输入范围是 ±8 pF（可变），而且可接收最大 17 pF 共模电容（不可变），后者可以通过一个可编程片内数字电容转换器（CAPDAC）来平衡。

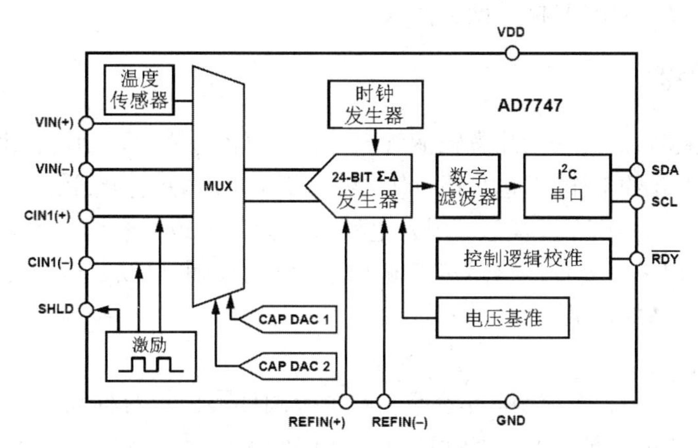

图 3-24 AD7747 的内部功能框图

AD7747 针对一块极板接地的单端或差分输入电容传感器设计。该器件内置一个片内温度传感器，其分辨率为 0.1 ℃，精度为 ±2 ℃；还集成片内基准电压源和片内时钟发生器，因此在电容传感器应用中无须任何额外的外部元件。该器件配有一个标准电压输入，当与差分基准电压输入结合使用时，可方便地与一个外部温度传感器（如 RTD、热敏电阻或二极管等）接口。

AD7747 具有一个双线式 I²C 兼容串行接口，可采用 2.7~5.25 V 单电源供电，额定温度范围为-40~125 ℃的汽车电子温度范围，采用 16 引脚 TSSOP 封装。

图 3-25 给出了 AD7747 不同容性传感器的典型应用电路。

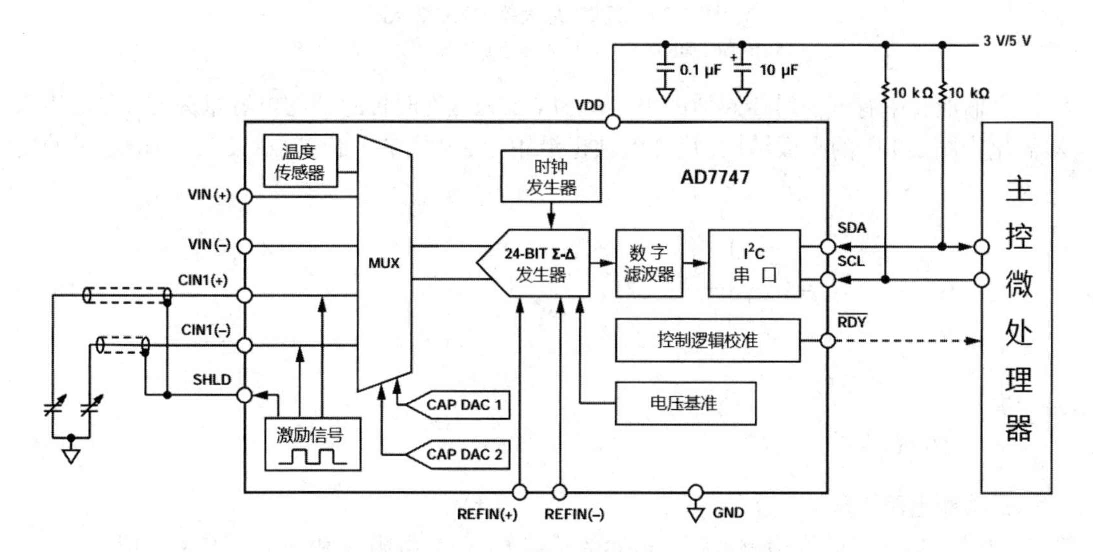

图 3-25 不同容性传感器的典型应用电路

3.4 电容型传感器的应用

电容型传感器具有结构极简单、灵敏度极高，但又极易受干扰的特点，在医学信息检测与处理中既有广泛的应用，又极具创新性。

3.4.1 输液报警器

在对患者输液时，需要密切注意输液管中是否有气泡或者药液，长时间的关注对于看护者或护士是一个重要的工作，但也是极其困难的工作。为解决这个问题，已经有很多的输液报警器产品出现，这些产品基本上采用光电对管作为气泡或无药液的传感器，不仅可靠性差，功耗也较大。但采用电容传感器实现输液管气泡的检测，可以获得结构简单、成本低廉、功耗极微和可靠性高的效果。

1. 传感原理

如图 3-26（a）所示，作为电容传感器的两个半圆柱形极板对称夹住输液管。由于空气与水（药液）的相对介电常数 ε_r 相差近百倍，分别为 ε_{r1}=1.0 和 ε_{r2}=78.5，因此输液管中有气泡时将比无气泡时显著地减少传感器的电容量。检测电容量的这种变化，就可以检测出输液管中有无气泡出现。

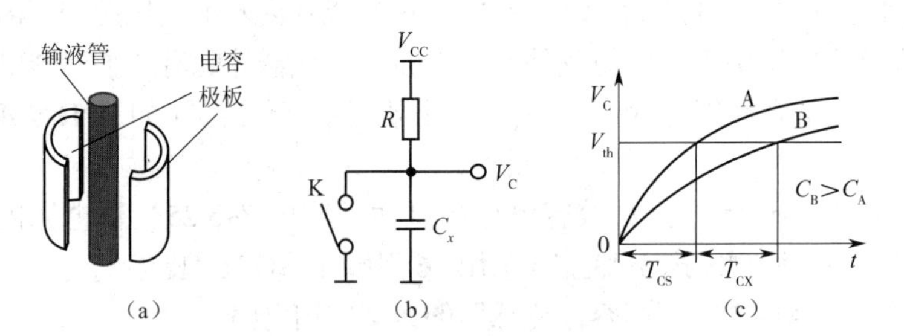

图 3-26 运算（放大器）式测量电路

（a）传感原理电路图 （b）检测电路原理图 （b）工作波形图

设输液管中有气泡时传感器的电容量为 C_A，无气泡时传感器的电容量为 C_B，并把传感器简化为图 3-9 中的平板结构（尺寸参数也沿用图 3-9 中的），由式（3-22）可得电容量的变化为

$$\Delta C=C_B-C_A=C_0\frac{a}{l}\frac{1-\dfrac{\varepsilon_{r1}}{\varepsilon_{r2}}}{1+\dfrac{\varepsilon_{r1}}{\varepsilon_{r2}}} \tag{3-30}$$

由于 $\varepsilon_{r1}<<\varepsilon_{r2}$，所以

$$\Delta C=C_0\frac{a}{l} \tag{3-31}$$

2. 检测电路原理

如图 3-26（b）所示，检测电路由电容传感器 C_x、一个电阻 R 和一个开关 K 组成。

当 K 闭合时，传感器电容被短路至地，其上的电压 $V_C = 0$。

当 K 断开后，V_{CC} 通过电阻 R 对 C_x 充电，C_x 的充电曲线如图 3-26（c）所示。充电曲线达到阈值 V_{th} 的时间与 C_x 的容量有关，C_x 的容量越大，充电越慢，达到阈值的时间越长，通过充电达到阈值 V_{th} 的时间可以判断输液管中有无气泡出现。

3. 基于专用单片机的实现

所谓专用单片机，是指目前广泛使用的“触摸按键专用检测传感器芯片”，其工作原理就是检测人体手指触摸按键时电容的是否增加，从而检测是否有“按键”操作。

JR9219 是一款超强抗干扰触摸按键专用检测传感器芯片。其利用操作者的手指与触摸按键感应焊盘之间产生的电荷电平来进行检测，通过检测电荷的微小变化来确定手指接近或者触摸到感应表面。其没有任何机械部件，不会磨损，感测部分可以放置到任何绝缘层（通常为玻璃或塑料材料）的后面，很容易制成与周围环境密封的键盘。JR9219 芯片封装小，外围元件少，成本低，具有超强防水抗干扰性能。

JR9219 单键触摸单片机的特点：

（1）1 个触摸按键输入；

（2）1 对 1CMOS 高电平有效输出；

（3）2.4~5.5 V 工作电压（固定电压）；

（4）超低功耗，8 μA@3 V；

（5）智能优化算法，灵敏度高，反应快速；

（6）灵敏度参数及参考灵敏度参数可以通过外部电容调节；

（7）应用线路精简，成本低。

图 3-27 所示为 JR9219 的引脚封装图，表 3-1 给出了 JR9219 的引脚功能说明，表 3-2 和表 3-3 分别给出了 JR9219 的工作参数和电气参数。

表 3-1　JR9219 的引脚功能说明

引脚序号	名称	IO 类型	描述
1	S_ADJ	I	灵敏度调节电容，10 nF，电容越大越灵敏（3.3~68 nF）
2	VDD	P	正电源输入端
3	S_REF	I	参考灵敏度参数输入端，15~pF，越大越不灵敏
4	S0	I	S0 触摸检测输入端
5	GND	P	负电源输入端，地
6	OUT	O	S0 触摸输出端 CMOS 高电平有效输出，平时为低电平
7	S_M1	I	细调灵敏度选择 1 端
8	S_M2	I	细调灵敏度选择 2 端

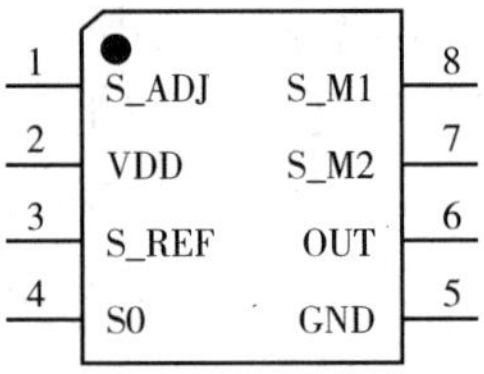

1
S_ADJ
S_M1
8
2
VDD
S_M2
7
3
S_REF
OUT
6
4
S0
GND
5

图 3-27　JR9219 的引脚封装图

表 3-2　JR9219 的工作参数

参数	符号	最小值	单位
工作电压	V_{DD}	-0.3~5.5	V
输入/输出电压	V_I/V_O	-0.5~V_{DD}+0.5	V
工作温度	T_{OPR}	-40~85	℃
储存温度	T_{STG}	-50~125	℃
ESD 水平(HBM)	V_{ESD}	>6 000	V

表 3-3　JR9219 的电气参数

参数	符号	测试条件	最小值	典型值	最大值	单位
工作电压	V_{DD}	—	2.4	3.0	5.5	V
待机电流	I_{ST}	3.0 V	—	8	—	μA
工作电流	I_{OP}	3.0 V	8	—	46	μA
驱动电流	I_{OH}	$V_{OH}=0.7V_{DD}$	—	8	—	mA
	I_{OL}	$V_{OL}=0.3V_{DD}$	—	10	—	mA
输入端口	V_{IL}	输入低电平	0	—	0.2	V_{DD}
	V_{IH}	输入高电平	0.8	—	1.0	V_{DD}

图 3-28 给出了 JR9219 的应用电路图，这是采用轻触按键的电路，图中 S0 端原本连接一个小的电极片，与人体手指构成一个电容而完成轻触按键的功能。在输液管气泡监测的应用中，只需将电容传感器的两个极板分别接 S0 和地(GND)即可。

2.4~5.5 V
C_S
10 nF
1
S_ADJ
S_M2
8
2
VDD
S_M1
7
C_1
C_2
C_{S1}
1~5 pF
OUT
3
S_REF
OUT
6
10 μF
0.1 μF
R_1 1 kΩ
4
S0
GND
5
S0

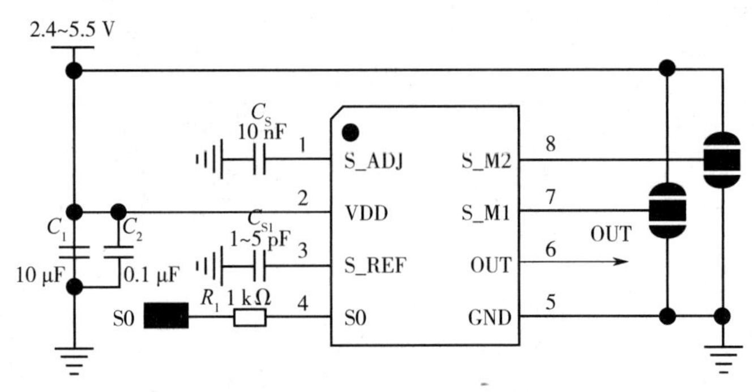

图 3-28　JR9219 的应用电路图

设计电路时应注意以下事项：

（1）C_1、C_2、C_{S1} 电容离 IC 越近越好，能有效提高系统的抗干扰能力；

（2）C_S 电容为灵敏度电容（3.3~68 nF）；

（3）C_{S1} 电容为参考灵敏度设置电容，取值范围为 1~5 pF；

（4）R_1 电阻为 1 kΩ，主要用于抗干扰处理，干扰小的应用可以不加；

（5）画板时 S0 走线越细越好、越短越好，一般双面板走 0.15 mm 的线；

（6）OUT 为 CMOS 高电平有效输出；

（7）S_M1、S_M2 引脚为灵敏度细调输入端，对应引脚直接 GND 或 VDD，不能为空，如表 3-4 所示。

表 3-4　JR9219 的细调灵敏度设置

细调灵敏度	S_M1	S_M2
0（最高）	0	0
1（最高）	0	1
2（最高）	1	0
3（最高）	1	1

3.4.2　电容型免疫传感器

1. 测定原理

电化学免疫传感器是免疫传感器中研究较早、种类较多的一个分支。它将免疫技术和各种电化学技术耦联，显著提高了免疫传感器的灵敏度。近十几年来，随着相关科学技术的发展，一些新型的电化学免疫传感器相继涌现，其中电容型免疫传感器（图 3-29）便是其中较为引人注目的一种。

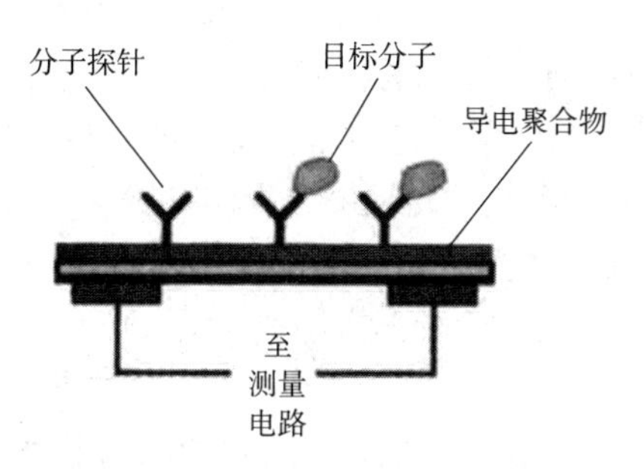

图 3-29　电容型免疫传感器

电容型免疫传感器是以测定界面电容变化作为分析和研究的手段。当电极插入溶液中，电极-溶液界面近似为一平行板电容器，在给定的电压下其双层电容 C 可用式（3-1）表示，其中 ε 为极间介质的介电常数，ε_0 为真空介电常数，ε_r 为空气的相对介电常数，A 为两电极互相覆盖的有效面积，d 为两电极之间的距离。

在免疫分析中，在 ε、ε_0、A 被视为恒定的前提下，由于在传感器界面上形成了抗原抗体复合物，相应的生物敏感膜厚度值 d 增大，导致被测定的膜电容下降，由此可以建立目标物的定量检测方法。

2. 生物膜的构建和应用

同其他传感器一样，生物敏感膜的构建是电容型免疫传感器识别免疫分子最为重要的部分。但与其他免疫传感器不同的是，构建电容型免疫传感器的关键在于生物敏感膜必须处于充分的绝缘状态，否则会由于溶液中的离子直接传递到电极表面而发生短路现象，导致传感器测不到所需要的响应信号。

通常电容型免疫传感器的基底是金属或半导体，免疫分子可通过半导体氧化物、金属氧化物、自组装单层分子或聚合物等耦联在电极表面。Bataillard 报道了能分别测定甲胎蛋白和 IgE 浓度的电容型免疫传感器。首先通过水合作用在硅表面形成硅醇基，再用 4-氨丁基二甲基甲氧基硅烷处理硅醇基，最后通过戊二醛将硅表面和抗体分子的氨基共价地连接起来，这样通过测定抗原与固定在电极表面的抗体反应前后的电容变化，就能达到测定相应抗原浓度的目的。此外，利用金属氧化物耦联免疫分子，也能用于相应抗原和抗体的检测。但由于通过这些方法构建的传感器得到的响应信号较弱，所以近些年来已较少采用。为提高电容型免疫传感器的灵敏度、稳定性、选择性并降低检出限，寻找新的方法构建生物膜是解决这些问题的关键。

但是，目前电容型免疫传感器的研究大多还停留在实验室阶段，原因之一是受制作工艺的限制，通过自组装方法制备的传感器尚无法进行大规模工业化生产；另外通过这种方法所构建的电容型免疫传感器再生使用不理想，在不破坏自组装单层膜的绝缘结构前提下，有效地对已结合的抗原和抗体进行分离的方法还不成熟。因此，要使这种传感器能广泛地应用于常规分析还需要解决电极稳定性、再生性等诸多问题。

3. 测量电路

电容型免疫传感器的测量电路可以分为两类：电容测量电路和阻抗测量电路（恒电位仪）。由于电容型免疫传感器的信号微弱（电容量及其变化很小，仅为 10 pF 量级），故应该使用大规模集成电路——模拟前端作为电容型免疫传感器的测量电路。

电容测量电路可以采用 3.3 介绍的电容型传感器的集成接口电路 AD7745、双通道电容数字转换器 AD7156 和 24 位电容数字转换器 AD7747 等。

这里重点介绍大规模集成化的阻抗测量电路（恒电位仪）——模拟前端 AD5940。

1）恒电位仪的工作原理

三电极电化学传感器通过在工作电极和参比电极间加控制电压，在工作电极表面产生电流信号，该电流信号与被测物质浓度具有一定的关系，分析该电流信号就可以计算出被测物的浓度。实际进行信号处理时，需要在工作电极和参比电极间加一个恒定电位，以维持传感器的电化学稳定性，使其能稳定地输出模拟信号，恒电位仪即由此而得名。因此，恒电位仪是电化学传感器不可缺少的设备。

三电极电化学传感器包含工作电极（WE）、参比电极（RE）和辅助电极（AE）。WE 的作用是在电极表面产生化学反应；RE 在没有电流通过的前提下，用来维持工作电极与参比电极间电压的恒定；AE 用来输出反应产生的电流信号，由测量电路实现信号的转换和放大。

如果直接在工作电极和参比电极间加电压，在电压的作用下，工作电极表面产生化学反应。由于此时工作电极和参比电极间形成回路，反应所产生的电流将通过参比电极输出，随着反应电流的变化，工作电极和参比电极间的电压也会发生改变，无法保持恒定。加入辅助电极，就是要通过反馈作用使工作电极和参比电极间的电压保持恒定，保证参比电极没有电流流过，强迫反应电流全部通过辅助电极输出。

恒电位仪就是用来维持工作电极和参比电极间电位差恒定的电子设备，其中控制部分的原理框图如图 3-30 所示。其中把工作电极接实地，可以防止寄生信号的干扰，从而提高电路中电流和电压的稳定性和精度。这样，恒定电位就在保证参比电极没有电流流过的前提下，恒定在某固定值。把参比电位加到控制放大器（CA）的反相输入端，在 CA 同相输入端加控制电压作为基准电位，控制放大器的输出端接辅助电极形成闭环负反馈调节系统，反相输入端的电位随同相输入端的电位变化而变化，因此当同相输入端的基准电位恒定时，工作电极中电流变化时，参比电位相对于工作电极电位的任何微小变化，均将为电路的电压负反馈所纠正，从而达到自动恒定电位的目的。

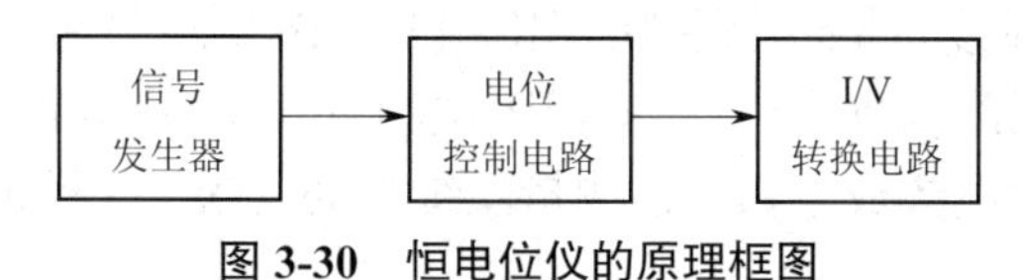

图 3-30　恒电位仪的原理框图

恒电位电路设计需满足两个条件：

（1）提供基准电位；

（2）满足恒电位的调节规律，当电路参数发生变化时，具有自动调节能力，使电极相对电位保持恒定。

传统的恒电位仪电路原理如图 3-31 所示。其中，A_1 构成跟随器，以取得最高的输入电阻；A_2、R_1 和 R_2 构成反相加法器，以维持 AE 电极上电位 V_{AE} 稳定在控制电压 V_{in}。

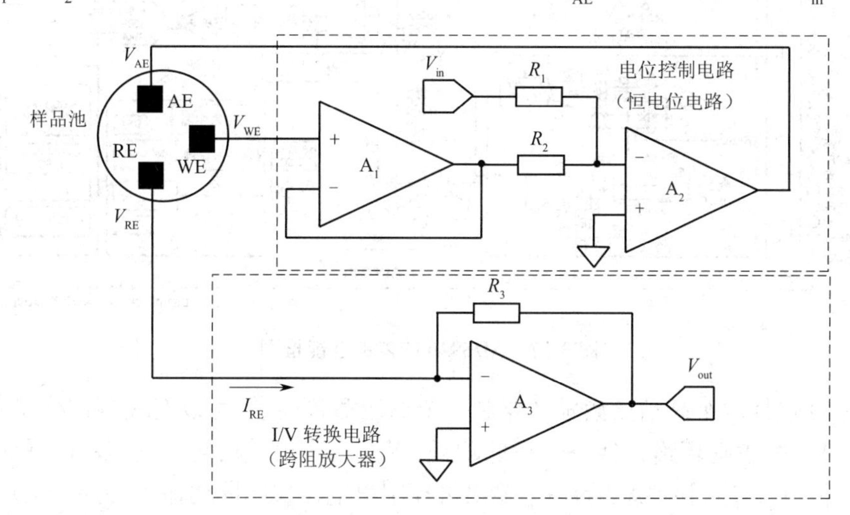

图 3-31　三电极电化学传感器（恒电位仪）的电路原理

由于 A_1 构成跟随器的输入电阻远高于样品池 AE 与 WE 之间的电阻，因此 $V_{WR}=V_{AE}$，且 A_1 的输出也等于 V_{AE}。

假设 R_1 和 R_2 相等，A_2 的开环增益为 k，由电位控制电路（恒电位电路）可得

$$V_{AE}=-k(V_{in}+V_{WE})/2=-k(V_{in}+V_{AE})/2 \tag{3-32}$$

或

$$V_{AE}=\frac{-k}{2+k}V_{in}=\frac{-1}{2/k+1}V_{in} \tag{3-33}$$

由于 $k\to+\infty$，所以

$$V_{AE}=-V_{in} \tag{3-34}$$

式（3-34）说明，AE 上电位 V_{AE} 稳定在控制电压 V_{in}（绝对值），这就是恒电位仪名字的由来。

而 I/V 转换电路（跨阻放大器）的输出：

$$V_{out}=-I_{RE}R_3 \tag{3-35}$$

2）AD5940 简介

AD5940 是一款高精度、低功耗模拟前端（AFE）（图 3-32），专为需要高精度、电化学测量技术的便携式应用而设计，如电流、伏安或阻抗测量。AD5940 设计用于皮肤阻抗和人体阻抗测量，并与完整生物电势或生物电位测量系统中的 AD8233 模拟前端配合使用，也可用于电化学有毒气体检测。

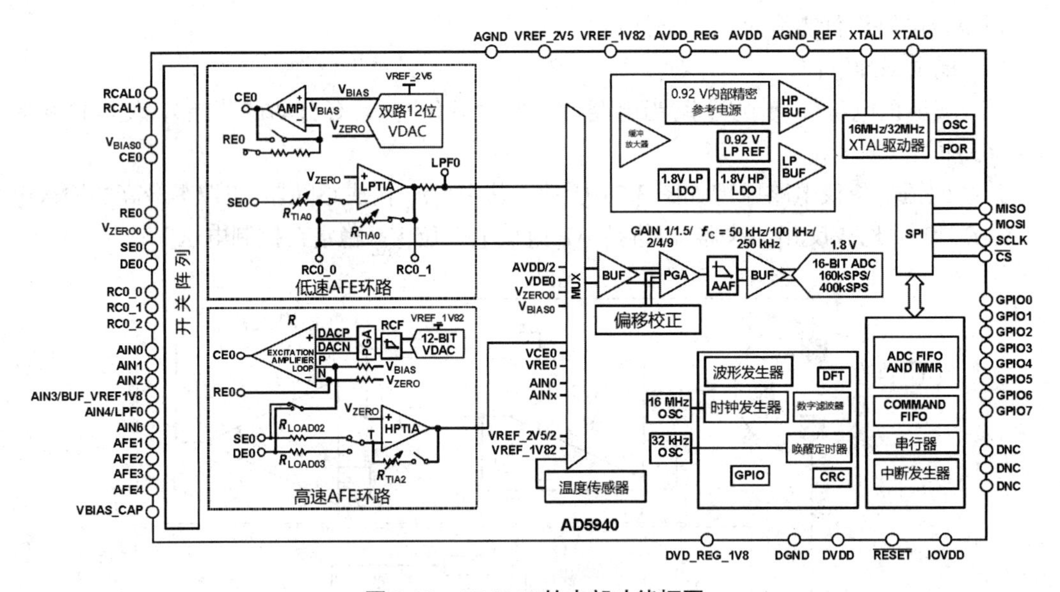

图 3-32 AD5940 的内部功能框图

AD5940 包括两个高精度激励环路和一个通用测量通道，可以对被测传感器进行广泛的测量。第一个激励环路包括一个超低功耗、双通道输出数模转换器（DAC）和一个低功耗、低噪声恒电位仪。该 DAC 的一个输出可控制恒电位仪的同相输入，另一个输出控制跨阻放大器（TIA）的同相输入。该低功耗激励环路能够生成 DC 至 200 Hz 的信号。第二个

激励环路包括一个 12 位 DAC,称为高速 DAC。该 DAC 能够生成最高 200 kHz 的高频激励信号。

AD5940 测量通道具有 16 位、800 kSPS 多通道逐次逼近寄存器(SAR)模数转换器(ADC),带有输入缓冲器,内置抗混叠滤波器和可编程增益放大器(PGA)。ADC 前端的输入多路复用器允许用户选择输入通道进行测量。这些输入通道包括多个外部电流输入、外部电压输入和内部通道。利用内部通道,可对内部电源电压、裸片温度和基准电压源进行诊断测量。

电流输入包括两个具有可编程增益的 TIA 和用于测量不同传感器类型的负载电阻。第一个 TIA 称为低功耗 TIA,可测量低带宽信号。第二个 TIA 称为高速 TIA,可测量高达 200 kHz 的高带宽信号。

超低泄漏、可编程开关矩阵将传感器连接到内部模拟激励和测量模块。该矩阵提供一个接口,可用于连接外部 RTIA 和校准电阻,还可用于将多个电子测量器件多路复用到相同的可穿戴设备电极。

提供 1.82 V 和 2.5 V 片内精密基准电压源。内部 ADC 和 DAC 电路采用该片内基准电压源,以确保 1.82 V 和 2.5 V 外设均具有低漂移性能。

AD5940 测量模块可通过串行外设接口(SPI 接口)直接寄存器写入控制,或者通过使用预编程序列器控制,该序列器提供 AFE 芯片的自主控制。6 kB 的静态随机访问存储器(SRAM)划分为深度数据先进先出(FIFO)和命令 FIFO。测量命令存储在命令 FIFO 中,且测量结果存储在数据 FIFO 中。多个 FIFO 相关中断可用于指示 FIFO 何时写满。

提供多个通用输入/输出(GPIOs)并使用 AF 序列器进行控制,以便对多个外部传感器器件进行精确周期控制。

AD5940 采用 2.8~3.6 V 电源供电,额定温度范围为-40~85 ℃。AD5940 提供 56 引脚、3.6 mm × 4.2 mm WLCSP 封装。

AD5940 具有如下优异特性。

(1)模拟输入:

① 16 位、800 kSPS ADC;

②电压、电流和阻抗测量能力,包括内部、外部电流和电压通道,以及超低泄漏开关矩阵和输入多路复用器;

③输入缓冲器和可编程增益放大器。

(2)电压 DACs:输出范围为 0.2~2.4 V 的双通道输出电压 DAC。

(3)12 位 V_{BIAS0} 输出到偏置恒电位仪:

① 6 位 V_{ZERO0} 输出到偏置 TIA;

②超低功耗,即 1 μA;

③ 1 个高速、12 位 DAC,且传感器输出范围为 ± 607 mV,输出上具有 2 和 0.05 增益设置的可编程增益放大器。

(4)放大器、加速器和基准电压源:

① 1 个低功耗、低噪声恒电位仪放大器,适合电化学检测中的恒电位仪偏置;

② 1 个低噪声、低功耗 TIA,适合测量传感器电流输出 50 pA~3 mA;

③用于传感器输出的可编程负载和增益电阻。

（5）模拟硬件加速器：

①数字波形发生器；

②接收滤波器；

③复数阻抗测量（DFT）引擎。

（6）1 个高速 TIA，可以处理 0.015 Hz~200 kHz 的宽带宽输入信号。

（7）数字波形发生器，用于生成正弦波和梯形波形。

（8）2.5 V 和 1.82 V 内部基准电压源。

（9）降低系统级功耗。

（10）能够快速上电和断电的模拟电路。

（11）可编程 AFE 序列器，最大限度地降低主机控制器的工作负载。

（12）6 kB SRAM，可对 AFE 序列进行预编程。

（13）超低功耗恒电位仪通道，上电且所有其他模块处于休眠模式时为 6.5 μA 的电流消耗。

（14）智能传感器同步和数据采集：

①传感器测量的精确周期控制；

②受控于序列器的 GPIOs。

（15）片内外设：

① SPI 串行输入/输出；

②唤醒定时器；

③中断控制器。

（16）电源：

①电源电压为 2.8~3.6 V；

② 1.82 V 输入/输出兼容。

③上电复位；

④集成已上电的低功耗 DAC 和恒电位仪放大器的休眠模式，以保持传感器偏置；

⑤能够快速上电和断电的模拟电路。

3）AD5940 的主要模块

（1）低功耗、双输出、电阻串 DAC，用于设置传感器偏置电压和低频激励，支持计时安培分析法和伏安法电化学技术。

（2）低功耗恒电位仪，将偏置电压应用于传感器。

（3）低功耗 TIA，执行低带宽电流测量。

（4）高速 DAC 和放大器，设计用于产生高达 200 kHz 的激励信号以进行阻抗测量。

（5）高速 TIA，支持更宽信号带宽的测量。

（6）高性能 ADC 电路。

（7）可编程开关矩阵，AD5940 的输入开关允许对外部传感器的连接进行充分配置。

（8）可编程序列器。

（9）SPI 接口。

（10）波形发生器，设计用于产生高达 200 kHz 的正弦和梯形波形。

（11）中断源，输出到 GPIOx 引脚以提醒主机控制器发生中断事件。

（12）数字输入/输出。

4）电容型免疫传感器的测量电路

图 3-33 所示为高带宽环路的恒电位仪应用于电容型免疫传感器的测量电路。开关矩阵支持 2 线、3 线或 4 线电极连接。低带宽环路可以使用单参考电极配置，更高带宽环路可以使用单或双参考电极测量配置。

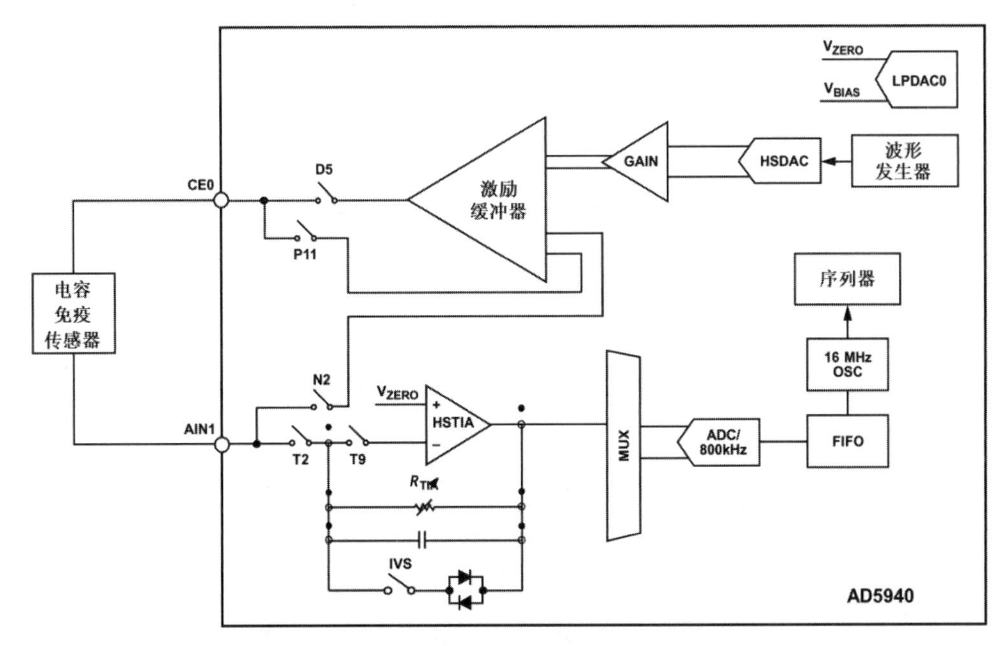

图 3-33　在恒电位仪模式下使用高带宽 AFE 环路

习题与思考题

1. 通过电容型传感器的电容计算公式（3-1），并结合电容型传感器的种类，有何感想？

2. 电容型传感器有何特点？

3. 电容型传感器有哪几种工作方式？

4. 电容型传感器的差动结构有哪几种？差动结构有何优点？

5. 检索一下有哪些种类的电容型传感器？在什么样的场合应用？如果用其他此类的传感器将会有何利弊？

6. 什么样的电容型传感器存在原理的非线性？非线性对测量有何影响？

7. 什么样的测量电路能够纠正电容型传感器的非线性？

8. 本章介绍了几种类型的电容型传感器测量（接口）电路？各有何优缺点？

9. 还能找到那些电容型传感器测量（接口）电路？它们各有何优缺点？

10. 从电容型传感器用于输液气泡的监测中,你有何感想?
11. 电容型免疫传感器有何特点?
12. 大规模集成电容测量电路的性能如何?有何优点?
13. 什么是恒电位仪?有何意义?

第 4 章　电感型传感器

4.1　概述

电感型传感器是利用线圈自感或互感系数的变化来实现非电量电测的一种装置。利用电感型传感器，能对位移、压力、振动、应变、流量、材料的电磁特性等参数进行测量。电感型传感器具有结构简单、灵敏度高、输出功率大、输出阻抗小、抗干扰能力强及测量精度高等一系列优点，因此在机电控制系统中得到广泛的应用；主要缺点是响应较慢，不宜用于快速动态测量，而且传感器的分辨率与测量范围有关，测量范围大，分辨率低，反之则高。

4.2　电感型传感器的分类与工作原理

电感型传感器的工作原理是电磁感应，它是把被测量如位移等，转换为电感量变化的一种装置。按照转换方式的不同，其可以分为自感型（变磁阻型传感器与电涡流型传感器）和互感型（差动变压器式）两大类，如图 4-1 所示。

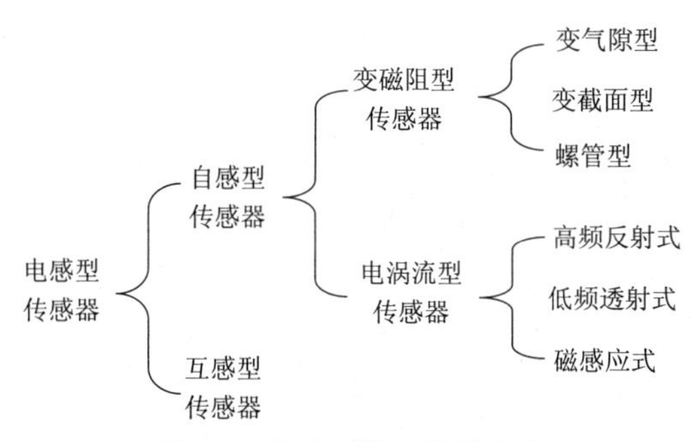

图 4-1　电感型传感器的分类

4.2.1　自感型传感器

所谓自感型传感器，只有 1 个线圈和一定形状的磁芯及衔铁构成，可以用图 4-2 所示的符号来表示。

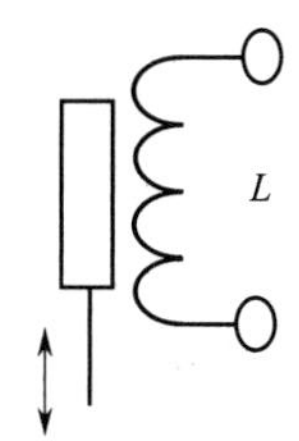

图 4-2　自感型传感器的电路符号

自感型传感器又可以分为变磁阻型传感器和电涡流型传感器两种。为了提高传感器的线性,它们可做成差动形式。

1. 变磁阻型传感器

变磁阻型传感器有变气隙型变截面型和螺管型,其中两种结构示意图如图 4-3 所示。

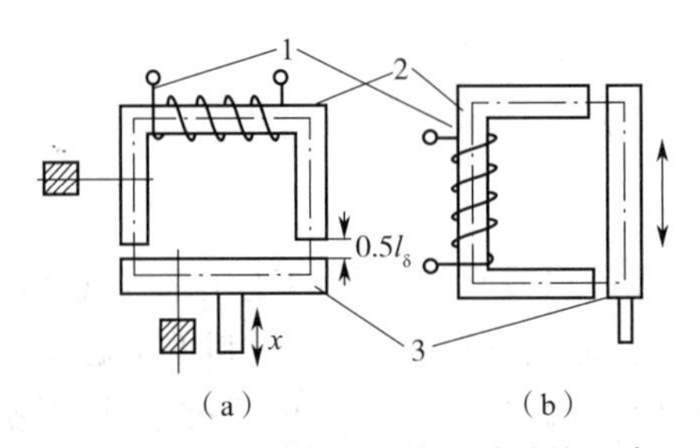

图 4-3 变磁阻型传感器的两种结构示意图

(a)变气隙型 (b)变截面型

1—线圈;2—铁芯;3—衔铁

该传感器由线圈、铁芯和衔铁组成。工作时衔铁与被测物体连接,被测物体的位移将引起空气隙的长度发生变化,由于气隙磁阻的变化,而导致线圈电感量的变化。

当线圈通以有效值为 I 的交流电时,在磁芯中将产生磁通 ϕ,若线圈匝数为 N,则

$$L = N\phi / I \tag{4-1}$$

由磁路欧姆定律,可得

$$\phi = \frac{NI}{R_m} = \frac{NI}{\sum_{i=1}^{n} R_{mi}} \tag{4-2}$$

式中:N 为线圈匝数;R_m 为磁路总磁阻。

将式(4-2)代入式(4-1),可得线圈电感为

$$L = \frac{N^2}{\sum_{i=1}^{n} R_{mi}} \tag{4-3}$$

总磁阻:

$$\sum_{i=1}^{3} R_{mi} = \frac{l_1}{\mu_1 S_1} + \frac{l_2}{\mu_2 S_2} + \frac{2\delta}{\mu_0 S_0} \tag{4-4}$$

式中:μ_0、δ、S_0 分别为气隙磁导率、气隙厚度和截面面积;μ_1、l_1、S_1 分别为磁(铁)芯磁导率、长度和截面面积;μ_2、l_2、S_2 分别为衔铁磁导率、长度和截面面积。

因此

$$L = \frac{N^2}{\frac{l_1}{\mu_1 S_1} + \frac{l_2}{\mu_2 S_2} + \frac{2\delta}{\mu_0 S_0}} \tag{4-5}$$

由于气隙的磁阻远远大于磁(铁)芯的磁阻,因此式(4-5)可以改写为

$$L = \frac{N^2 \mu_0 S_0}{2\delta} \tag{4-6}$$

由式(4-6)可见,磁(铁)芯的结构和材料确定后,自感 L 是气隙厚度 δ 和/或截面面积 S 的函数,即

$$L = f(\delta, S) = \begin{cases} f(\delta) \\ f(S) \end{cases} \tag{4-7}$$

且 L 与 δ 之间是非线性关系,L 与 S 之间是线性关系。

变气隙型和变截面型电感传感器的特性如图 4-4 所示。

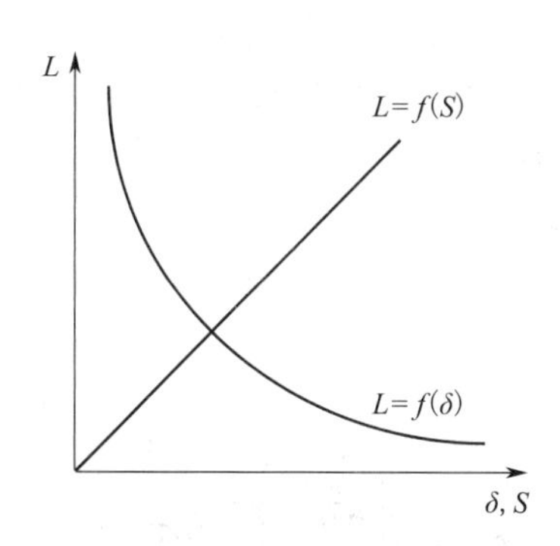

图 4-4　变气隙型和变截面型电感传感器的特性

1)变气隙型传感器

对图 4-5 所示的变气隙型电感传感器,衔铁上移 $\Delta\delta$,$\delta = \delta_0 + \Delta\delta$,则有

$$\Delta L = L_1 - L_0 = \frac{N^2 \mu_0 S_0}{2(\delta_0 - \Delta\delta)} - \frac{N^2 \mu_0 S_0}{2\delta_0} = \frac{N^2 \mu_0 S_0}{2\delta_0}\left[\frac{2\delta_0}{2(\delta_0 - \Delta\delta)} - 1\right] = L_0 \frac{\Delta\delta}{\delta_0 - \Delta\delta} \tag{4-8}$$

或

$$\frac{\Delta L}{L_0} = \frac{\Delta\delta}{\delta_0 - \Delta\delta} = \frac{\Delta\delta}{\delta_0} \frac{1}{1 - \dfrac{\Delta\delta}{\delta_0}} \tag{4-9}$$

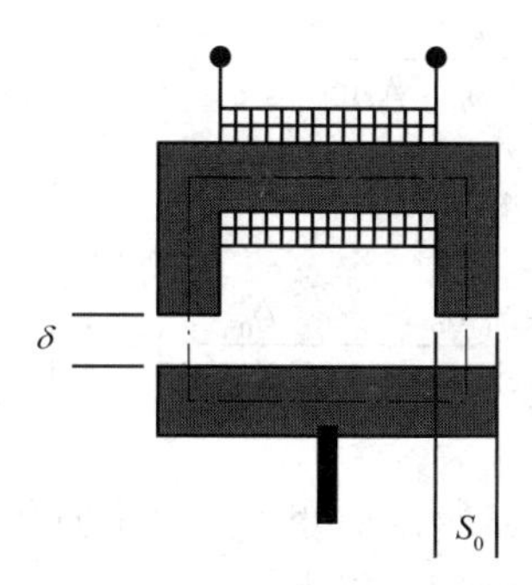

图 4-5　变气隙型电感传感器

当 $\delta_0 << 1$ 时,用泰勒级数展开式(4-9):

$$\frac{\Delta L}{L_0} = \frac{\Delta\delta}{\delta_0}\left[1 + \frac{\Delta\delta}{\delta_0} + \left(\frac{\Delta\delta}{\delta_0}\right)^2 + \cdots\right] \tag{4-10}$$

忽略高次项：

$$\frac{\Delta L}{L_0}=\frac{\Delta\delta}{\delta_0} \tag{4-11}$$

定义变气隙型电感传感器的灵敏度：

$$K=\frac{\frac{\Delta L}{L_0}}{\Delta\delta}=\frac{1}{\delta_0} \tag{4-12}$$

变气隙型电感传感器的测量范围与灵敏度及线性度是相矛盾的，因此变气隙型电感传感器适用于测量微小位移的场合。

2）差动变气隙型电感传感器

为了减小非线性误差，实际中广泛采用差动变气隙型电感传感器，其结构示意图如图4-6所示。

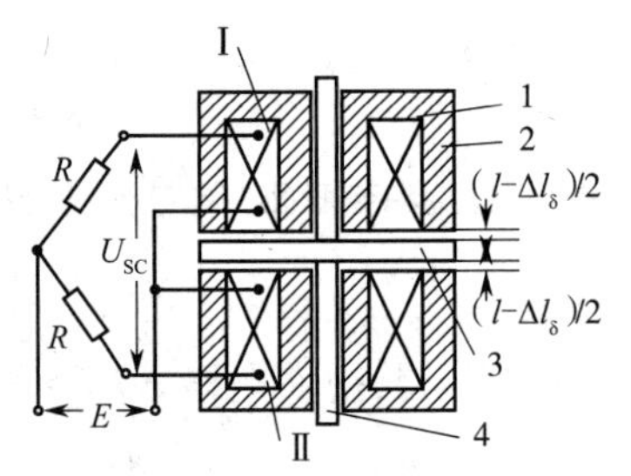

图4-6 差动变气隙型电感传感器

1—线圈；2—铁芯；3—衔铁；4—导杆

差动变气隙型电感传感器要求两个导磁体的几何尺寸及材料完全相同，两个线圈的电气参数和几何尺寸完全相同。

在图4-6中，衔铁下移$\Delta\delta$：

$$L_1=\frac{\mu_0 S_0 N^2}{2(\delta_0+\Delta\delta)} \qquad L_2=\frac{\mu_0 S_0 N^2}{2(\delta_0-\Delta\delta)} \tag{4-13}$$

所以

$$\Delta L=L_2-L_1=\frac{\mu_0 S_0 N^2}{2\delta_0}\left(\frac{\delta_0}{\delta_0-\Delta\delta}-\frac{\delta_0}{\delta_0+\Delta\delta}\right)=L_0\left(\frac{1}{1-\frac{\Delta\delta}{\delta_0}}-\frac{1}{1+\frac{\Delta\delta}{\delta_0}}\right) \tag{4-14}$$

式（4-14）中不存在偶次项，显然差动变气隙型电感传感器的非线性误差在$\pm\Delta\delta$工作范围内要比单个变气隙型电感传感器小得多。

忽略高次项，则可得差动变气隙型电感传感器的灵敏度：

$$K=\frac{\frac{\Delta L}{L_0}}{\Delta\delta}=\frac{2}{\delta_0} \tag{4-15}$$

式（4-15）表明，差动变气隙型电感传感器的灵敏度提高了1倍。

差动式与单线圈电感传感器相比，具有下列优点：

（1）线性好；

（2）灵敏度提高一倍，即衔铁位移相同时，输出信号大一倍；

（3）电磁吸力对测力变化的影响由于能够相互抵消而减小；

（4）温度变化、电源波动、外界干扰等对传感器精度的影响，也由于能互相抵消而减小。

3）变截面型传感器

如前所述，变截面型电感传感器在忽略气隙磁通边缘效应的条件下，输入与输出呈线性关系，因此可望得到较大的线性范围。

由图 4-7 和式（4-6）可得

$$\Delta L = \frac{N^2\mu_0}{2\delta}\Delta S = \frac{L}{S_0}\Delta S \tag{4-16}$$

$$K = \frac{\frac{\Delta L}{L_0}}{\Delta\delta} = \frac{1}{S_0} \tag{4-17}$$

由式（4-17）可见，磁（铁）芯的结构和材料确定后，传感器的灵敏度是一个固定的常数。

与变气隙型电感传感器一样，采用差动形式的变截面型电感传感器（图 4-8）可以进一步改善线性和获得更优良的性能。

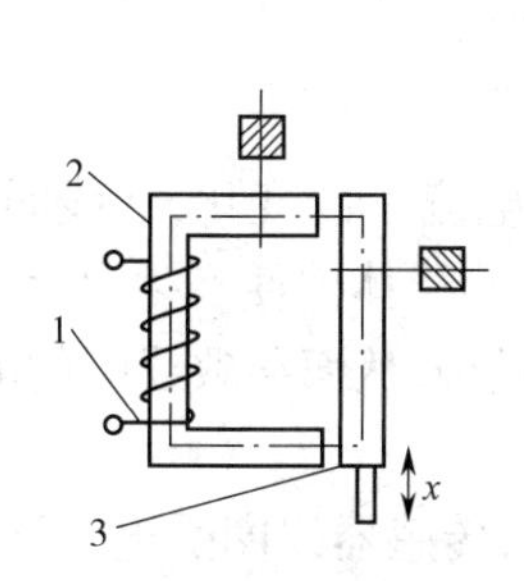

图 4-7　变截面型电感传感器

1—线圈；2—铁芯；3—衔铁

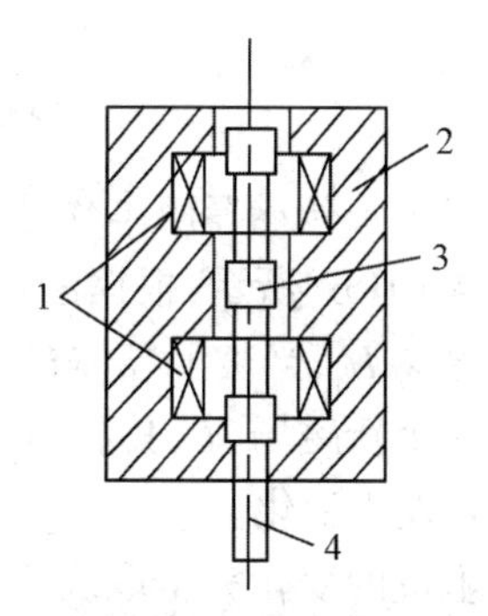

图 4-8　差动变截面型电感传感器

1—线圈；2—铁芯；3—衔铁；4—导杆

4）螺管型传感器

螺管型电感传感器的结构示意图如图 4-9 所示，衔铁随被测对象移动，线圈磁力线路径上的磁阻发生变化，线圈电感量也因此而变化，线圈电感量的大小与衔铁插入线圈的深度有关。螺管型电感传感器的灵敏度较低，量程大，结构简单，易于制作和批量生产，是使用最广泛的一种电感传感器。

2. 电涡流型传感器

1）电涡流型传感器的内部结构

电涡流型传感器结构比较简单，主要由一个安置在探头壳体内的扁平圆形线圈构成，如图 4-10（a）所示。

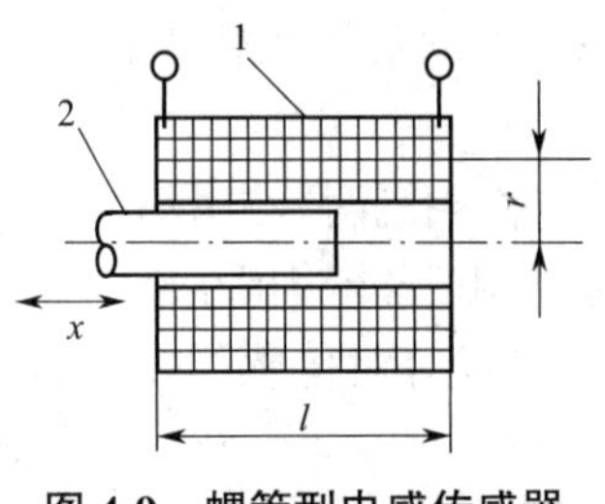

图 4-9　螺管型电感传感器

1—线圈；2—铁芯

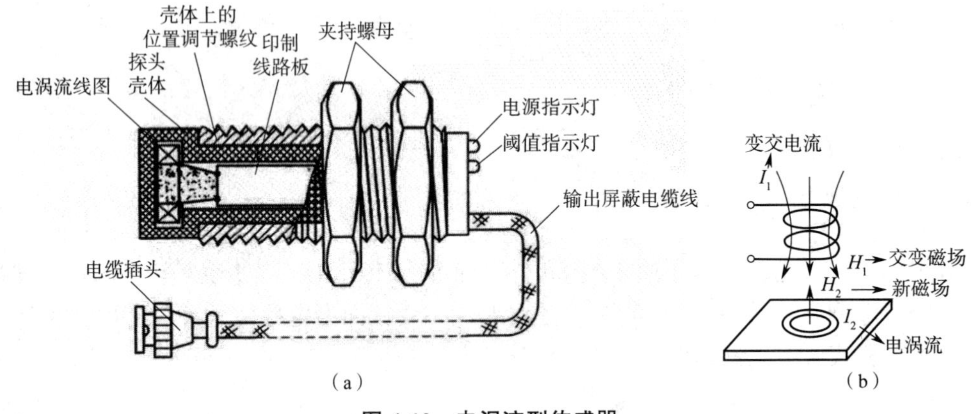

图 4-10　电涡流型传感器

(a)传感器实物构造　(b)工作原理示意图

2)电涡流型传感器的工作原理

如图 4-10(b)所示，根据法拉第电磁感应原理，由于电流 I_1 的变化，在线圈周围就产生一个交变磁场 H_1，当被测导体置于该磁场范围之内时，被测导体内便产生电涡流 I_2，电涡流也将产生一个新磁场 H_2，其和 H_1 方向相反，抵消部分原磁场，从而导致线圈的电感量、阻抗和品质因素发生变化。

线圈阻抗的变化完全取决于被测导体的电涡流效应，传感器线圈受电涡流影响时的等效阻抗 Z 的函数关系式为

$$Z = F(\rho, \mu, r, f, x) \tag{4-18}$$

式中：ρ 为被测导体的电导率；μ 为被测导体的磁导率；r 为线圈与被测导体的尺寸因子；f 为线圈的激励频率；x 为线圈与被测导体之间的距离。

3)电涡流型传感器的工作特性

在如图 4-11 所示的电涡流型传感器简化模型中，把在被测导体上形成的电涡流等效成一个短路(电流)环，即假设电涡流仅分布在环体内，模型中的电涡流的贯穿深度可由下式求得：

$$h = \sqrt{\frac{\rho}{\pi \mu_0 \mu_r f}} \tag{4-19}$$

式中：ρ 为被测导体的电导率；μ_0 和 μ_r 分别为真空磁导率和被测导体的相对磁导率；f 为线圈的激励频率。

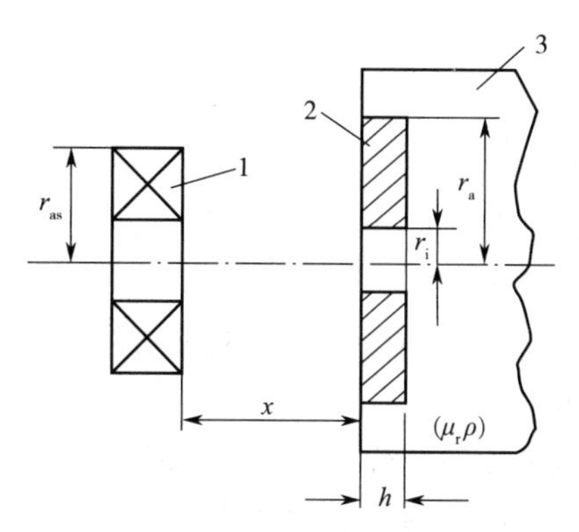

图 4-11　电涡流型传感器简化模型

根据简化模型可以画出等效电路图(图 4-12),其中 R_2 为电涡流短路环等效电阻,其表达式为

$$R_2 = \frac{2\pi\rho}{h\ln\frac{r_a}{r_i}} \tag{4-20}$$

式中:ρ 为被测导体的电导率;h 为电涡流的贯穿深度;r_a 和 r_i 分别为等效短路环的外半径和内半径。

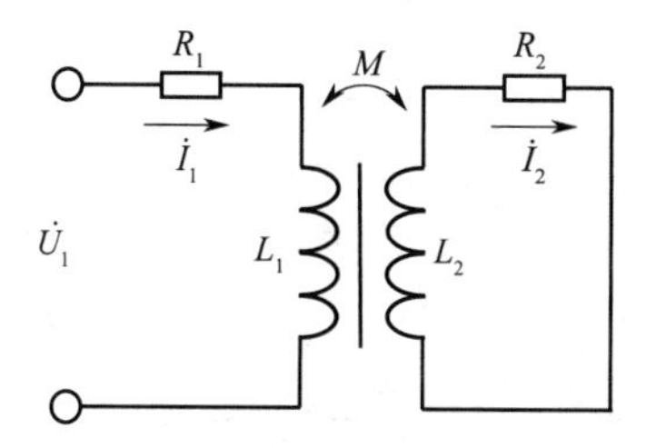

图 4-12　电涡流型传感器的等效电路

根据基尔霍夫第二定律,可以列出方程组:

$$\left.\begin{aligned} R_1\dot{I}_1 + \mathrm{j}\omega L_1\dot{I}_1 - \mathrm{j}\omega M\dot{I}_2 = \dot{U}_1 \\ -\mathrm{j}\omega M\dot{I}_1 + R_2\dot{I}_2 + \mathrm{j}\omega L_2\dot{I}_2 = 0 \end{aligned}\right\} \tag{4-21}$$

可得等效阻抗 Z 的表达式为

$$Z = \frac{\dot{U}_1}{\dot{I}_1} = R_1 + \frac{\omega^2 M^2}{R_2^2+\omega^2 L_2^2}R_2 + \mathrm{j}\omega\left(L_1 - \frac{\omega^2 M^2}{R_2^2+\omega^2 L_2^2}L_2\right) = R_{eq} + \mathrm{j}\omega L_{eq} \tag{4-22}$$

式中:R_{eq} 和 L_{eq} 分别为传感器线圈的等效电阻和等效电感,且有

$$R_{eq} = R_1 + \frac{\omega^2 M^2}{R_2^2+\omega^2 L_2^2}R_2 \qquad L_{eq} = L_1 - \frac{\omega^2 M^2}{R_2^2+\omega^2 L_2^2}L_2 \tag{4-23}$$

线圈的等效品质因数 Q 为

$$Q = \frac{\omega L_{eq}}{R_{eq}} = \omega\frac{L_1 - \frac{\omega^2 M^2}{R_2^2+\omega^2 L_2^2}L_2}{R_1 + \frac{\omega^2 M^2}{R_2^2+\omega^2 L_2^2}R_2} = \omega\frac{L_1}{R_1}\frac{1-\frac{\omega^2 M^2}{R_2^2+\omega^2 L_2^2}\frac{L_2}{L_1}}{1+\frac{\omega^2 M^2}{R_2^2+\omega^2 L_2^2}\frac{R_2}{R_1}} = Q_0\frac{1-\frac{L_2}{L_1}\frac{\omega^2 M^2}{Z_2^2}}{1+\frac{R_2}{R_1}\frac{\omega^2 M^2}{Z_2^2}} \tag{4-24}$$

$$Q_0=\frac{\omega L_1}{R_1} \tag{4-25}$$

$$Z_2^2=R_2^2+\omega^2 L_2^2 \tag{4-26}$$

式中：Q_0 为无金属导体，即无电涡流时，线圈的品质因数；Z_2 为金属导体中电涡流部分的等效阻抗。

由式(4-24)可见，因电涡流的影响，传感器线圈的等效品质因数 Q 变小了，等效电阻 R_{eq} 变大了，等效电感 L_{eq} 变小了。

因此，当式(4-18)中涉及导体的参数 ρ、μ、h、r 和线圈与导体间距离 x 中只有一项发生变化时，就可通过阻抗、电感和品质因数之一或全部的测量，得到引起变化的被测参数。

4)电涡流型传感器的种类

式(4-19)说明电涡流在导体内的渗透深度与传感器激励电流的频率有关，频率高则不易渗透，频率低则容易穿透，因而电涡流型传感器可以分为高频反射式和低频透射式两类。

Ⅰ. 高频反射式传感器

一个通有交变电流的线圈，由于电流的变化，在线圈周围产生一个交变磁场 H_1，当被测导体置于该磁场范围之内时，被测导体内便产生电涡流，电涡流也将产生一个新磁场 H_2，H_2 与 H_1 方向相反，因而抵消部分原磁场，从而导致线圈的电感量、阻抗和品质因数发生改变(图 4-13)。

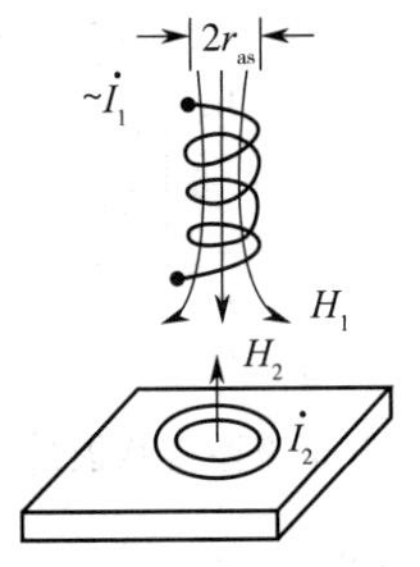

图 4-13　高频反射式传感器(r_{as} 为线圈等效外半径)

从能量角度分析，被测导体内存在电涡流损耗，使传感器的 Q 值和等效阻抗 Z 降低。当被测导体与传感器间距离改变时，传感器的 Q 和 Z、电感 L 均发生变化，位移量转换成电量。

一般来说，传感器线圈的阻抗、电感和品质因数的变化与导体的几何形状、电导率、磁导率有关，也与线圈的几何参数、电流的频率以及线圈到被测导体的距离有关。如果控制上述参数中一个变化，其余皆不变化，就可以构成测位移、测温度、测硬度等各种传感器。

Ⅱ. 低频透射式传感器

将发射线圈和接收线圈置于被测金属板上、下方(图 4-14)，当低频电压加到线圈 L_1 的两端后，产生磁场线的一部分透过金属板，使线圈 L_2 产生感应电动势。但电涡流消耗部分磁场能量，使感应电动势减小，金属板越厚，损耗的能量越多，输出电动势越小。

电动势的大小与金属板的厚度及材料的性质有关。电动势随材料厚度的增加按负指数规律减小。若金属板材料的性质一定，即可测其厚度。

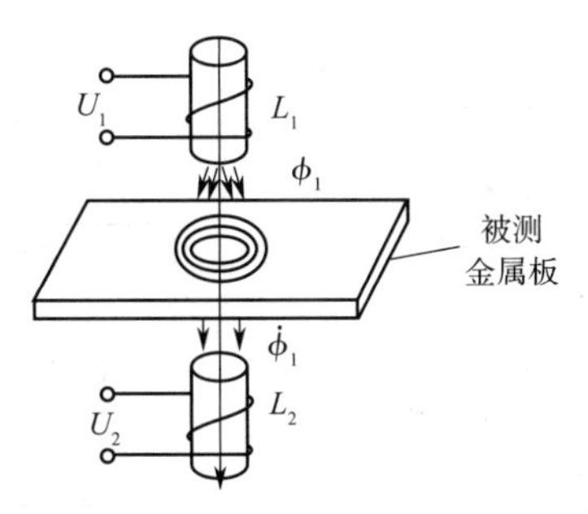

图 4-14　低频透射式传感器

4.2.2　互感型传感器

互感型传感器本身是互感系数可变的变压器，当一次侧线圈接入激励电压后，二次侧线圈将产生感应电压输出，互感变化时，输出电压将有相应变化。

一般来说，这种传感器的二次侧线圈有两个，采用差动式接线方式，故常又称为差动变压器式传感器（图 4-15）。

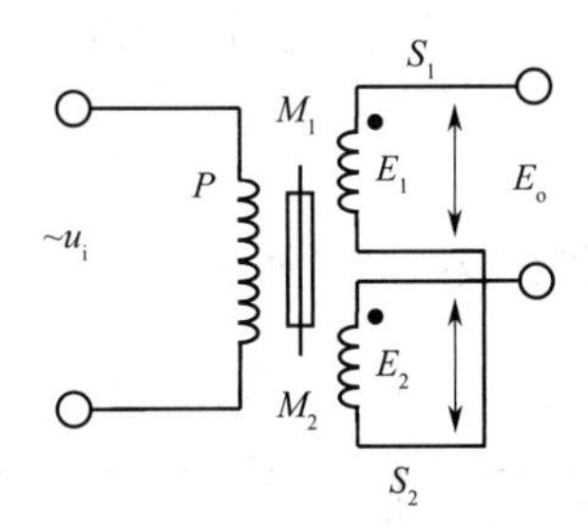

图 4-15　差动变压器式传感器

其基本结构主要包括衔铁、初级绕组、次级绕组和线圈框架等，其中次级绕组采用差动形式连接。

其基本种类有变隙式、变面积式和螺线管式等，其中应用最多的是螺线管式差动变压器。

1. 变隙式差动变压器传感器

变隙式差动变压器传感器的结构如图 4-16 所示。

在图 4-16（a）中，A、B 两个铁芯上绕有 $W_{1a}=W_{1b}=W_1$ 两个初级绕组和 $W_{2a}=W_{2b}=W_2$ 两个次级绕组，两个初级绕组的同名端顺向串联，而两个次级绕组的同名端则反向串联。

当衔铁没有位移时，衔铁 C 处于平衡位置，与两个铁芯的间隙有 $\delta_{a0}=\delta_{b0}=\delta_0$，则绕组 W_{1a} 和 W_{2a} 之间的互感 M_a 与绕组 W_{1b} 和 W_{2b} 之间的互感 M_b 相等，致使两个次级绕组的互感电势相等，即 $e_{2a}=e_{2b}$。由于次级绕组反向串联，因此差动变压器的输出电压 $U_o=e_{2a}-e_{2b}=0$。

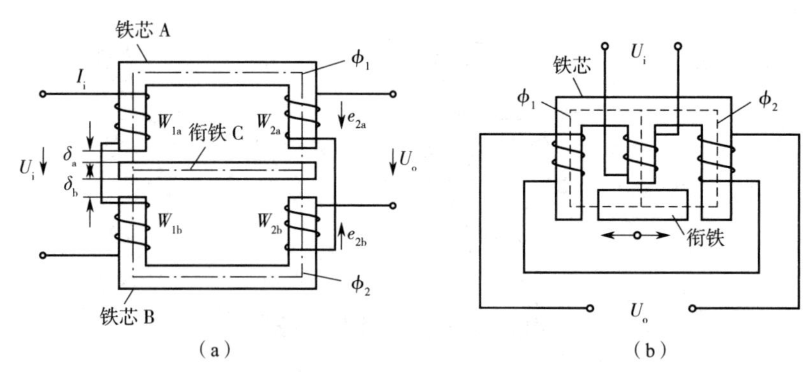

图 4-16 变隙式差动变压器传感器

(a)结构一 (b)结构二

当衔铁有位移时,$\delta_a \neq \delta_b$,$M_a \neq M_b$,两个次级绕组的互感电势不相等,即 $e_{2a} \neq e_{2b}$,差动变压器的输出电压 $U_o=e_{2a}-e_{2b} \neq 0$,即差动变压器有输出电压,且其大小与极性反映了位移的大小与方向。

图 4-16(b)中的变隙式差动变压器传感器工作原理与上述类似。

由如图 4-17 所示变隙式差动变压器传感器的等效电路,可得

$$U_o = \frac{\delta_b - \delta_a}{\delta_b + \delta_a}\frac{W_2}{W_1}U_i \tag{4-27}$$

式中:W_1 和 W_2 分别为初级线圈和次级线圈的匝数。

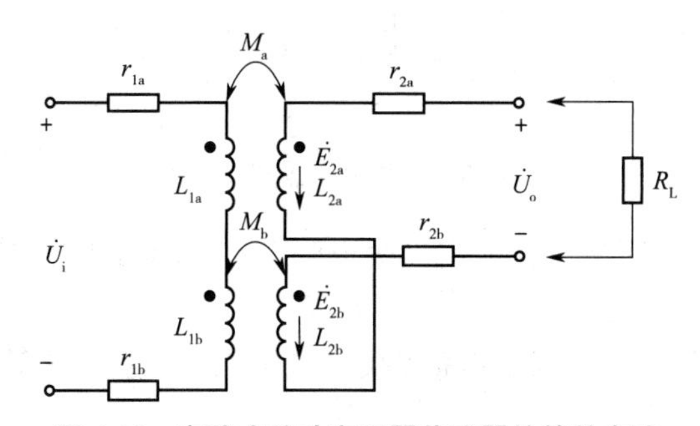

图 4-17 变隙式差动变压器传感器的等效电路

如果衔铁没有位移,即 $\delta_a=\delta_b=\delta_0$,则有

$$U_o = \frac{\delta_b - \delta_a}{\delta_b + \delta_a}\frac{W_2}{W_1}U_i=0 \tag{4-28}$$

如果衔铁有位移,即 $\delta_a \neq \delta_b=\delta_0$,则有

$$U_o = \frac{W_2}{W_1}\frac{U_i}{\delta_0}\Delta\delta \tag{4-29}$$

灵敏度为

$$K = \frac{U_o}{\Delta\delta} = \frac{W_2}{W_1}\frac{U_i}{\delta_0} \tag{4-30}$$

综上所述,可得到如下结论。

（1）首先，供电电源 U_i 要稳定，这样才能保证传感器的输出只与位移 $\Delta\delta$ 成正比、线性关系；其次，适当提高 U_i 的幅值有助于提高灵敏度 K 值，但 U_i 幅值的提高受变压器铁芯的饱和磁通和温升限制。

（2）增加 W_2/W_1 的比值和减少 δ_0 都能提高灵敏度 K 值。然而，W_2/W_1 的比值与变压器的体积及零点残余电压有关，不论从灵敏度考虑，还是从忽略边缘磁通考虑，均要求变隙式差动变压器的 δ_0 越小越好，一般选择传感器的 δ_0 为 0.5 mm。

（3）以上分析结果是在忽略铁损和线圈中的分布电容等条件下得到的，如果考虑这些影响，实际的传感器性能将会变差，即灵敏度下降、非线性加大。但是，在一般的工程应用中这些影响是可以忽略的。

（4）以上结果是在假定工艺上严格对称的前提下得到的，而实际上很难做到这一点，因此传感器实际输出特性曲线如图 4-18 所示，存在零点残余电压 ΔU_o。

（5）进行上述推导的另一个条件是变压器副边开路，对于后续的电子电路构成的测量电路而言，这个要求很容易得到满足。

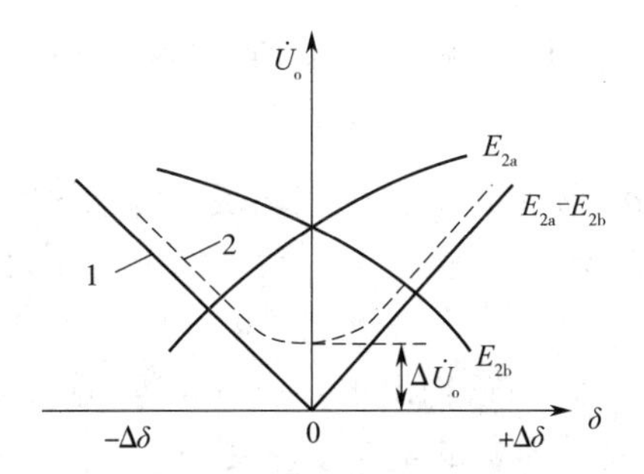

图 4-18　变隙式差动变压器传感器的输出特性曲线

1—理论特性；2—实际特性

2. 变面积式差动变压器传感器

如图 4-19 所示的变面积式差动变压器传感器，均通过不同的旋角改变两组次级线圈铁芯与转子之间的相对面积，从而得到变压器的输出与转角间的比例关系。由于这种传感器的结构复杂且性能并不好，因此很少应用。

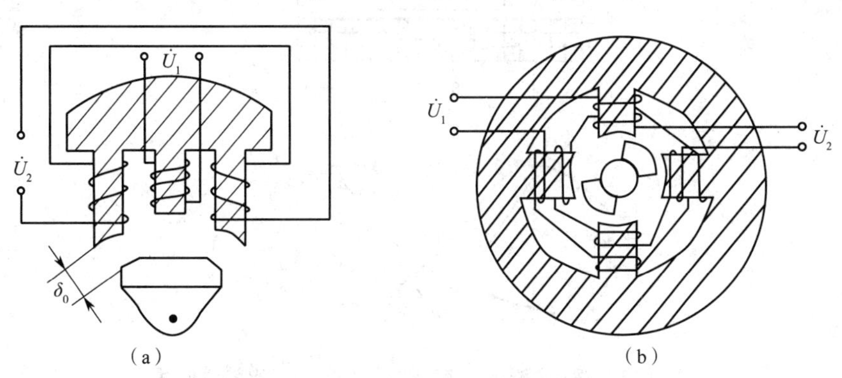

图 4-19　变面积式差动变压器传感器

（a）结构一　（b）结构二

3. 螺线管式差动变压器传感器

螺旋管式差动变压器传感器的结构和连线图如图 4-20 所示。

类似变隙式差动变压器传感器，螺旋管式差动变压器传感器在没有位移时，衔铁处于平衡位置，绕组 W_{1a} 和 W_{2a} 之间的互感 M_a 与绕组 W_{1b} 和 W_{2b} 之间的互感 M_b 相等，致使两个次级绕组的互感电势相等，即 $e_{2a}=e_{2b}$。由于次级绕组反向串联，因此差动变压器的输出电压 $U_o=e_{2a}-e_{2b}=0$。

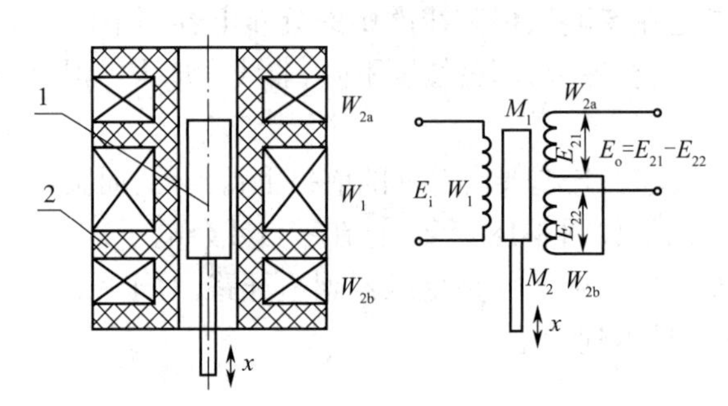

图 4-20　螺旋管式差动变压器传感器

1—活动衔铁；2—骨架

当衔铁有位移时，$\delta_a \neq \delta_b$，$M_a \neq M_b$，两个次级绕组的互感电势不相等，即 $e_{2a} \neq e_{2b}$，差动变压器的输出电压 $U_o=e_{2a}-e_{2b} \neq 0$，即差动变压器有输出电压，且其大小与极性反映了位移的大小与方向。

实际上，即使衔铁处于中心位置，输出也并不等于零，这个电压称为零点残余电压。零点残余电压的大小是判断传感器质量的重要参数之一。

图 4-21 所示为螺旋管式差动变压器传感器的输出特性曲线。当衔铁处于中心位置时，传感器的输出为零点残余电压 U_o，它的存在使得传感器的输出特性不经过零点，造成实际特性与理论特性不完全一致。

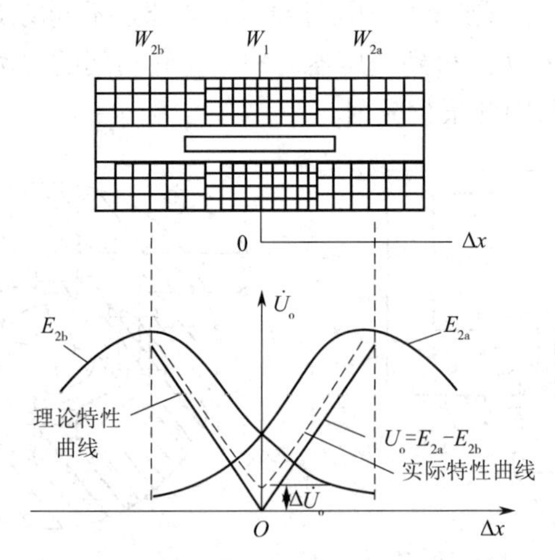

图 4-21　螺旋管式差动变压器传感器的输出特性曲线

零点残余电压 U_o 产生的原因主要如下。

（1）基波分量：由于差动变压器的两个次级绕组不可能完全一致，因此它的等效电路参数（互感 M_a 和 M_b、自感 L 及损耗电阻 R 等）不可能相同，从而使两个次级绕组的感应电势数值不等；又因为初级绕组中的铜损电阻以及导磁材料的铁损和材质的不均匀，线圈匝间电容的存在等因素，使激励电流与所产生的磁通相位不同。

（2）高次谐波分量：主要由导磁材料磁化曲线的非线性引起。由于磁滞损耗和铁磁饱和的影响，使得磁通波形与激励电流波形不一致，产生了非单一正弦波形（除基波分量外，主要包含三次谐波分量）磁通，从而在次级绕组感应出非正弦电势。另外，激励电流本身的波形失真也将导致零点残余电压中有高次谐波成分。

4.3　电感型传感器的分立元件接口电路

从电路的角度，电感型传感器可以分为自感（包括高频反射式电涡流）传感器和互感差动变压器（包括低频透射式电涡流）传感器两大类型。

鉴于目前的仪器仪表已经完全数字化，特别是电感型传感器及其应用场景，更是需要数字化，现代微电子和微处理器的发展为此提供了充分的条件，以往的一些概念，如高、低频电路的分界点，以晶体二、三极管为主完全转向以运算放大器等集成电路为主的设计，甚至采用模拟前端（Analog Front-End，AFE）和混合信号微处理器的片上系统（System on Chip，SoC）设计和生产高精度、极为简洁、低功耗、高可靠性和高性价比的仪器仪表。

但为了给读者介绍一些基本的电感型传感器接口电路的基本知识，下面介绍几种还有一定应用价值的电感型传感器接口电路。

4.3.1　调幅式电感传感器接口电路

调幅式电感传感器接口电路如图 4-22 所示。该电路适用于电感传感器和高频反射式电涡流传感器。

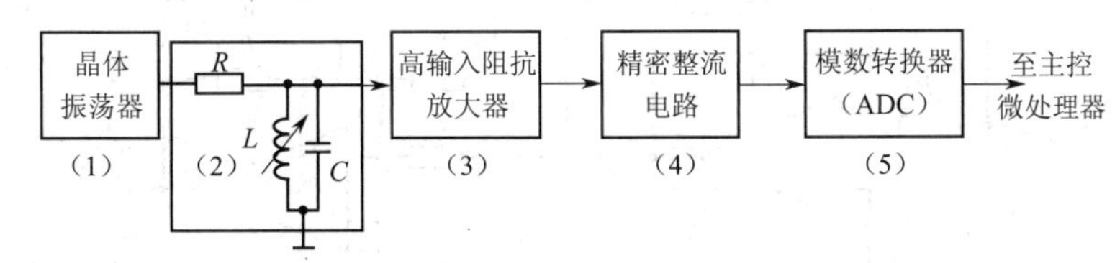

图 4-22　调幅式电感传感器接口电路

图 4-22 中的各个部分的设计要求如下。

（1）对晶体振荡器的频率与幅值均有很高的要求，频率与幅值的偏移与波动将 100%地带入测量误差中。对于晶体振荡器而言，做到频率稳定的要求不难满足。为进一步改善晶体振荡器的频率稳定性，还可以采用“温补”晶体或在振荡回路中加入温度补偿电容。但要稳定振荡器的输出幅度有较大的技术难度。一个替代方案是采用 DDS（Direct Digital Synthesis，直接数字频率合成）技术可以得到频率与幅值都是高精度的激励信号。

（2）传感器的电感 L 与外加的电容 C 构成并联谐振回路，谐振曲线如图 4-23 所示。传感器工作的区域并不是谐振峰 f_0 处，而是在谐振峰两边 f_{r1} 或 f_{r1} 处的邻近区域。

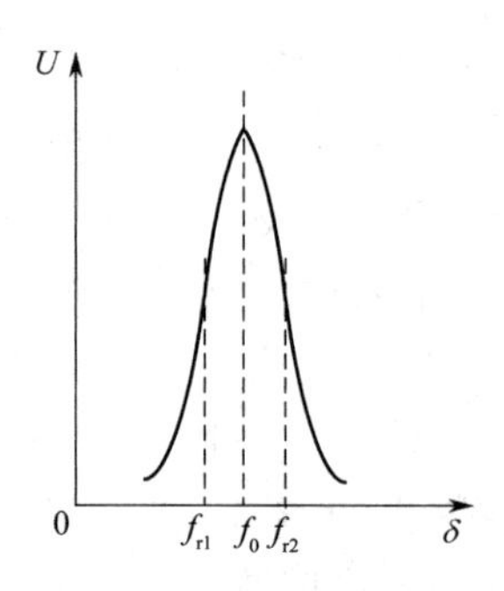

图 4-23 电感传感器与外接电容 *C* 构成谐振回路的幅频特性曲线

(3)顾名思义,放大器的输入阻抗要求高一些,这样可以降低负载效应对谐振回路的影响。同时,还应该注意放大器能够工作在较高的频率,一般在几十千赫兹。

(4)精密整流电路又称为绝对值电路,从电路上看,取绝对值就是对信号进行全波或半波整流。绝对值电路的传输特性曲线应具有如图 4-24 所示的形式。整流二极管的非线性会带来严重影响,特别是在小信号的情况下。为了精确地实现绝对值运算,必须采用线性整流电路(精密整流电路),图 4-25 所示为全波线性绝对值电路。

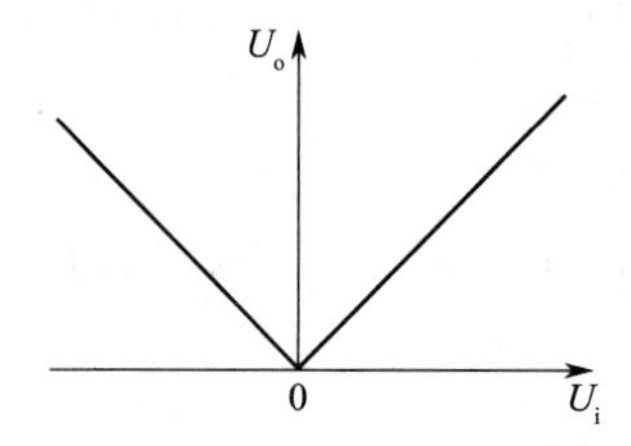

图 4-24 绝对值电路的传输特性曲线

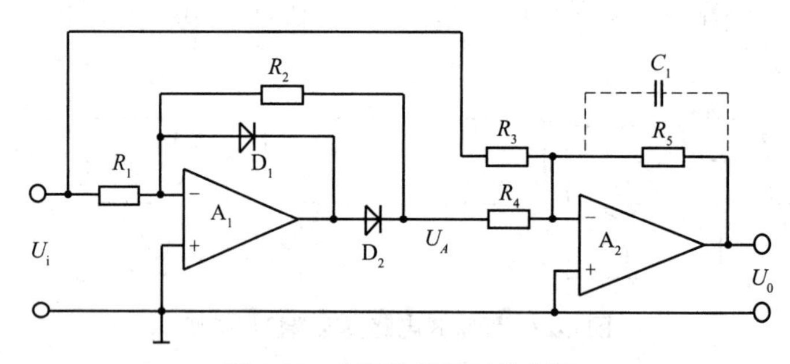

图 4-25 全波线性绝对值电路

对 A_1 和 R_1、R_2、D_1、D_2 构成的半波整流电路,当 $U_i>0$ 时,由于 D_1 导通,D_2 截止,所以 $U_A=0$;当 $U_i<0$ 时,由于 D_1 截止,D_2 导通,所以 $U_A=-\dfrac{R_2}{R_1}U_i$。其在输入 U_i 为正弦信号时的输出波形如图 4-26 所示。

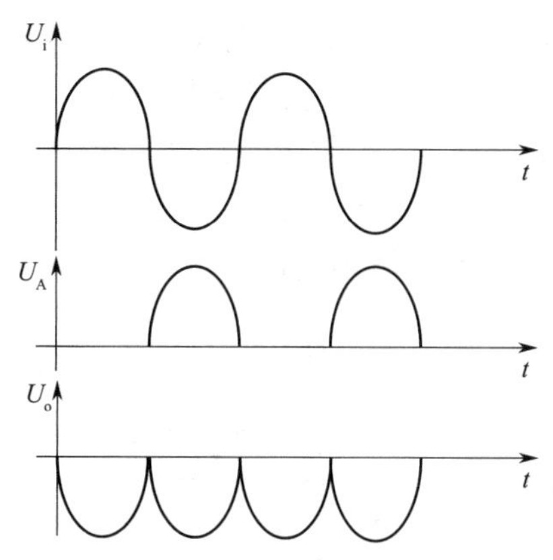

图 4-26　全波线性绝对值电路的输出波形

A_2 和 R_3、R_4 和 R_5 则构成一个反相加法电路，把 U_i 和 U_A 相加后输出。如果令 $R_1 = R_2 = R_3 = 2R_4 = R_5 = R$，则 $U_o = -|U_i|$。

加入 C_1 使得反相放大器同时起滤波器的作用，把精密整流电路得到的绝对值波形滤成直流。

之所以该电路能够消除普通二极管存在的非线性和死区的影响，是由于二极管处于运放的闭环之中，且运放具有很高的开环增益。

（5）模数转换器（Analog to Digital Converter，ADC）的作用是把模拟信号转变成数字信号。其主要参数是转换精度（实际是转换动态范围）n 和转换模拟信号输入范围（又称为满量程范围，Full Scale Input Range）。需要使被转换模拟信号中的最大值尽可能接近满量程范围，而 n 的选取则需要考虑精度（或分辨率）并加上一定的富余量。

4.3.2　调频式电感传感器接口电路

调频式电感传感器接口电路如图 4-27 所示。该电路适用于电感传感器和高频反射式电涡流传感器。

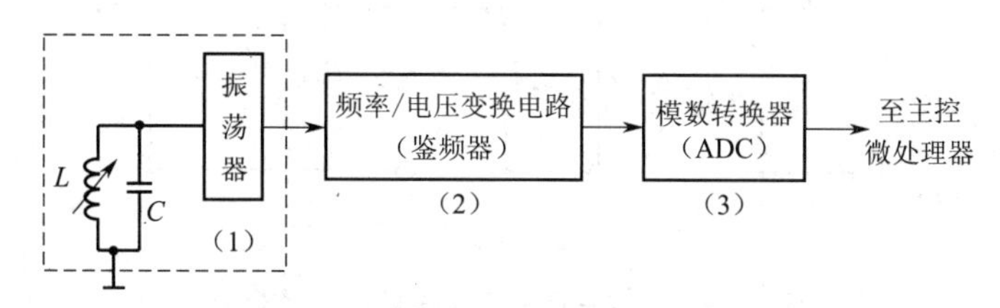

图 4-27　调频式电感传感器接口电路

图 4-27 中的各个部分的设计要求如下。

（1）振荡器既要使自身的振荡频率与传感器电感 L 保持恒定的单调关系，又要避免振荡器其他元件、电源等对其的影响。

变频调幅电路是一个基于运算放大器的电容三点式振荡电路（图 4-28）。电容三点式振荡电路是指两个电容的 3 个段分别接在运算放大器的 3 个极，又称为电容反馈式振荡电路。其具有以下特点。

①输出波形较好。这是由于反馈电压取自电容,而电容对于高次谐波阻抗较小。

②调节电容可以改变振荡频率,但同时会影响起振条件,这种电路适用于固定频率的振荡。传感器的线圈为振荡电路的一部分,传感器线圈 L 和并联电容 C(图中 C_1 和 C_2 串联)组成并联回路,当传感器线圈的等效电感 L 发生变化时,引起振荡器的谐振频率改变,同时输出的信号幅度也发生变化。此时检测出输出电压幅值的变化,也就测量出传感器 Q 值的变化。

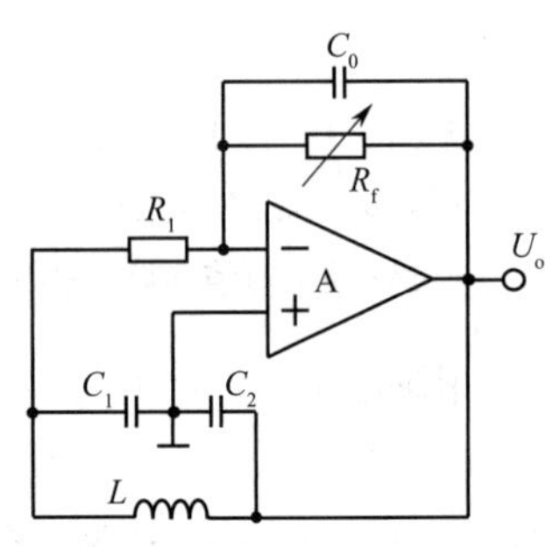

图 4-28 电容三点式振荡电路

由于运放的 $A_{od} \neq \infty$,$r_{id} \neq \infty$,则其交流通路如图 4-29 所示。

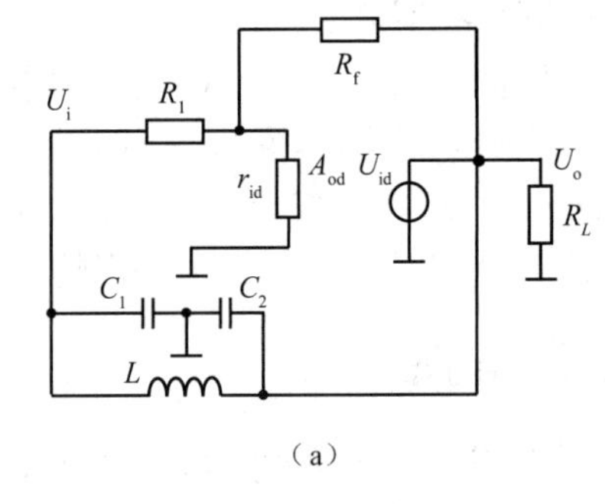

(a)

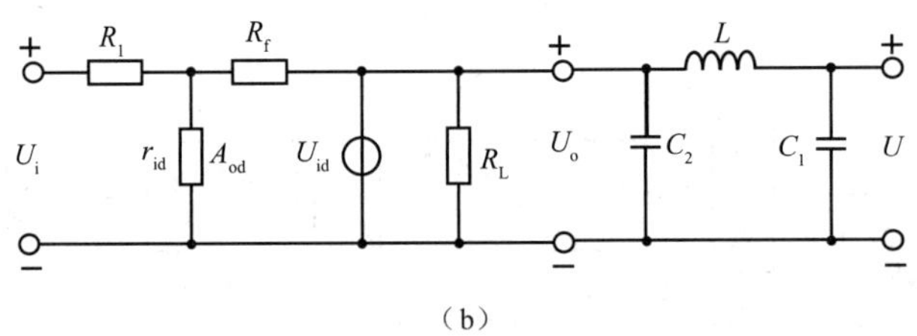

(b)

图 4-29 电容三点式振荡电路的交流通路

由于电容 C_1 上的电压即为放大电路的输出电压,而电容 C_2 上的电压即为放大电路的反馈电压,则反馈系数为

$$F \approx -\frac{C_1}{C_2} \tag{4-31}$$

当 $f=f_0$ 时,放大电路的电压增益为

$$A_U(\omega_0)=\frac{U_o}{U_i}=\frac{A_{od}}{1+\dfrac{R_1}{r_{id}}+\dfrac{R_1}{R_f}(1-A_{od})} \tag{4-32}$$

实际上，运算放大器的 $r_{id} >> R_1$，所以式(4-33)可以修改为

$$A_U(\omega_0)=\frac{U_o}{U_i}=\frac{A_{od}}{1+\frac{R_1}{R_f}(1-A_{od})} \tag{4-33}$$

由式(4-31)和式(4-33)可得 $f=f_0$ 时振荡器的环路增益为

$$T_U(\omega_0)=FA_U(\omega_0)=-\frac{C_1}{C_2}\frac{A_{od}}{1+\frac{R_1}{R_f}(1-A_{od})} \tag{4-34}$$

由此可知运算放大器振荡器的起振条件为

$$-\frac{C_1}{C_2}\frac{A_{od}}{1+\frac{R_1}{R_f}(1-A_{od})}>1 \tag{4-35}$$

当既满足振幅平衡条件又满足相位平衡条件时，电路就能起振，此时的振荡频率近似等于谐振频率：

$$\omega_0=\sqrt{\frac{1}{LC_1C_2/(C_1+C_2)}} \tag{4-36}$$

从式(4-35)和式(4-36)可以看出，适当地选择 C_1、C_2、R_f、R_1 就可以满足电路的起振条件。当电感 L 和电容 C_1、C_2 取值适当，谐振频率与运算放大器的参数无关。由于改变电路 C_1、C_2 的比值将会引起反馈系数的改变，影响振荡幅度，甚至会造成振荡器停振，因此需要调整振荡频率时，不能改变电路 C_1、C_2 的比值；可以通过改变电阻 R_f 和 R_1 的值来调整电路灵敏度。R_f 越大，灵敏度越低；R_f 越小，灵敏度越高；但是，若 R_f 太小，灵敏度也会减小。

当振荡频率很高时，C_1、C_2 的电容量都很小，与运算放大器的结电容直接并联在一起，将会影响振荡频率的稳定性。

(2)对频率/电压变换电路(鉴频器)的要求是其输出电压与输入信号的频率呈良好的线性关系，重点放在避免输入信号的幅值对输出幅值的影响。由于该电路中必不可少地用到非线性元件，如检波二极管或模拟开关器件，它们存在的非理想特性对电路的精度有较大的影响。

采用锁相环(Phase Lock Loop，PLL)技术实现频率/电压变换电路具有较好的线性。PLL 的原理框图如图 4-30 所示。锁相环主要由 3 个基本单元构成：相位比较器(PC)、压控振荡器(VCO)和低通滤波器(LPF)。74HC4046 包含前两个单元，使用时需外接低通滤波器。施加于相位比较器的信号有两个：输入信号 $V_i(t)$ 和压控振荡器输出信号 $V_o(t)$。相位比较器输出信号 $V_e(t)$ 正比于 $V_i(t)$ 和 $V_o(t)$ 的相位差，$V_e(t)$ 经低通滤波器后得到一个平均电压 $V_d(t)$，这个电压控制压控振荡器的频率变化，使输入和输出信号频率之差不断减小，直到这个差值为零，称之为锁定。

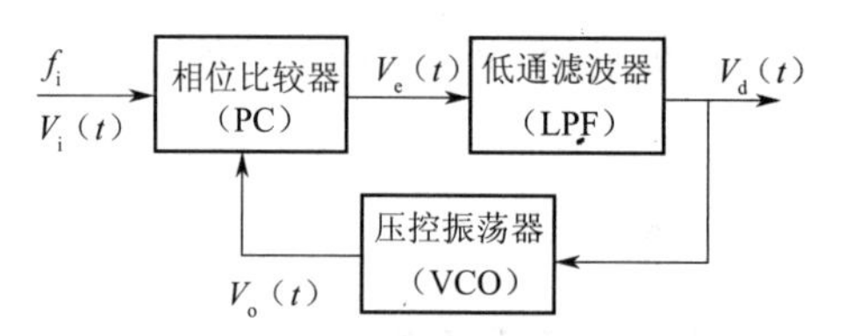

图 4-30 锁相环的原理框图

当锁相环锁定时，VCO 能使其输出信号频率跟随输入信号频率变化，锁定范围以 f_{LR} 表示，锁相环能捕捉的输入信号频率称为捕捉范围，以 f_{CR} 表示。

低通滤波器的时间常数决定了跟随输入信号的速度，同时也限制了 PLL 的捕捉范围。

最常用、价廉物美的锁相环集成电路是 74HC4046。74HC4046 的内部功能框图如图 4-31 所示，其包含 2 个相位比较器、1 个压控振荡器、输入信号源极跟随器和稳压管，比较器有 2 个共同输入信号端（3 脚和 14 脚），一般 14 脚为外部信号输入端，3 脚为 PD 反馈信号输入端。

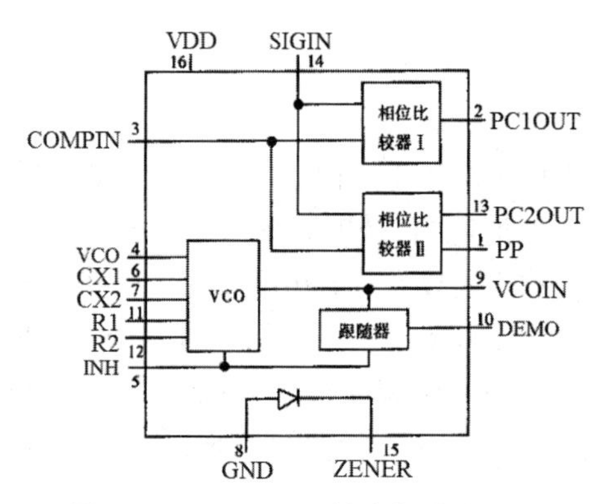

图 4-31 74HC4046 的内部功能框图

相位比较器 I 是异或门，使用时要求输入信号的占空比为 50%，产生 1 个数字信号（2 脚），并在外部输入信号与 PD 反馈输入信号之间的中心频率处维持 90° 相移。

相位比较器 II 是由逻辑门控制的 4 个边沿触发器和 3 态输出电路组成，不要求输入信号的占空比为 50%，产生数字误差信号（13 脚）和相位脉冲输出（1 脚），并在外部输入信号与 PD 反馈输入信号之间保持严格同步，产生 0° 相移。

线性 VCO 产生 1 个输出信号，其频率与 VCO 输入的电压以及连接到引出端的电容 C_1 值及 R_1、R_2 的阻值有关（图 4-32），并且输出范围为 f_{min}~f_{max}，满足以下公式：

$$f_{min}=\frac{1}{R_2(C_1+32\ \text{pF})} \tag{4-37}$$

$$f_{max}=\frac{1}{R_1(C_1+32\ \text{pF})}+f_{min} \tag{4-38}$$

式中：$10\ \text{k}\Omega \leqslant R_1 \leqslant 1\ \text{M}\Omega$；$10\ \text{k}\Omega \leqslant R_2 \leqslant 1\ \text{M}\Omega$；$10\ \text{pF} \leqslant C_1 \leqslant 0.01\ \mu\text{F}$。

相位脉冲输出端（1 脚）用于表示锁定或 2 个信号之间的相位差。如果相位脉冲端输出高电平，表示处于锁定状态。在信号输入端无信号输入时，压控振荡器被调整到最低频率。

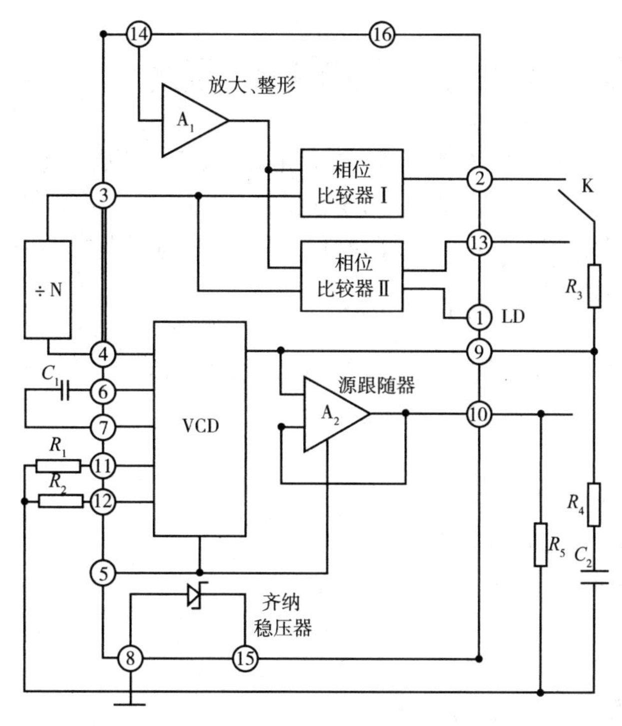

图 4-32　74HC4046 的基本连线图

图 4-33 所示为 74HC4046 构成的鉴频器（频率/电压变换电路），其中 C_2 用于隔直电容并把信号输入到 14 脚（SIGIN），R_2 和 C_3 构成低通滤波器，对相位比较器 I 的输出信号进行滤波，C_2 和 R_2 是压控振荡器（VCO）的定时器件，决定 VCO 的起始振荡频率和中心频率。鉴频器由 DEMOD 引脚输出（U_o）。

（3）对模数转换器的要求主要是其精度（位数）、输入范围、无丢失码、线性好。

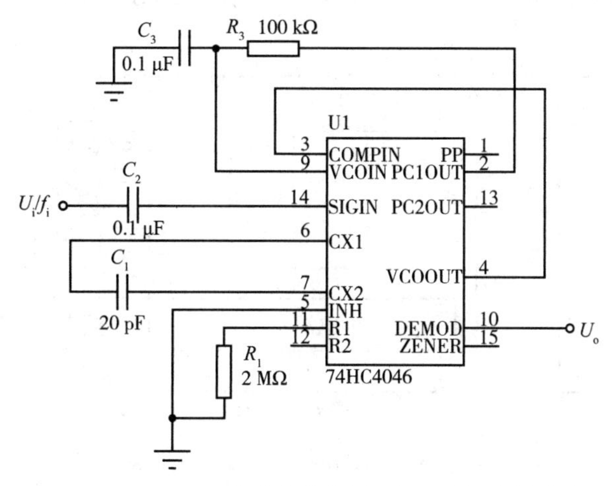

图 4-33　74HC4046 构成的鉴频器（频率/电压变换电路）

4.4 数字化集成电感型传感器接口电路

相比于前面介绍的电感型传感器模拟接口电路，数字化集成电感型传感器接口电路不仅体积小、性能高，还能直接得到数字信号输出。因而，从总体上看，采用先进的数字化集成电感型传感器接口电路还能降低成本，是设计电感型传感器应用系统的必然选择。

4.4.1 LDC 电感数字转换器 LDC1000

LDC1000 是世界上第一款电感数字转换器（图 4-34），该芯片功耗低、管脚少，采用 SON-16 封装（图 4-35）。LDC1000 具有如下特性。

（1）无磁工作。

（2）可达亚微米（0.8~0.35 μm）精度。

（3）可调测量范围（通过线圈设计）。

（4）极低的系统成本。

（5）远距测量。

（6）高耐用。

（7）对环境不敏感（如粉尘、水和油等）。

（8）单电源供电：4.75~5.25 V。

（9）I/O 电平：1.8~5.25 V。

（10）工作电流：1.7 mA。

（11）RP 分辨率：16 位。

（12）L（电感）分辨率：24 位。

（13）LC 频率范围：5 kHz~5 MHz。

LDC1000 提供了几种测量模式和与 MCU 便捷连接的 SPI 串口（图 4-36）。

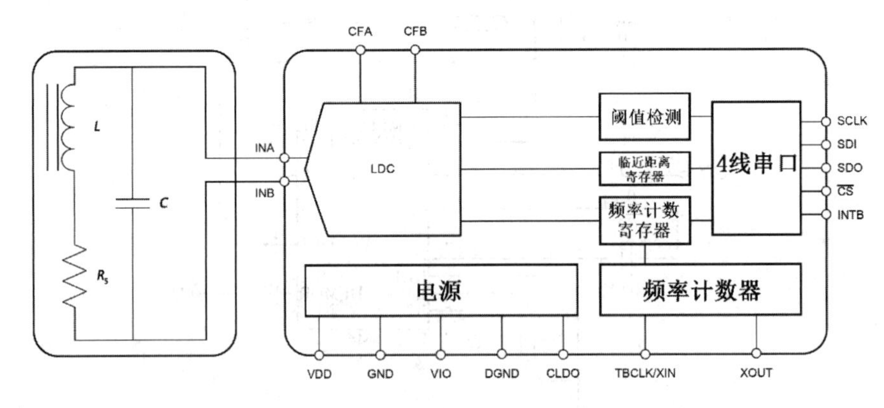

图 4-34 LDC1000 的内部功能框图

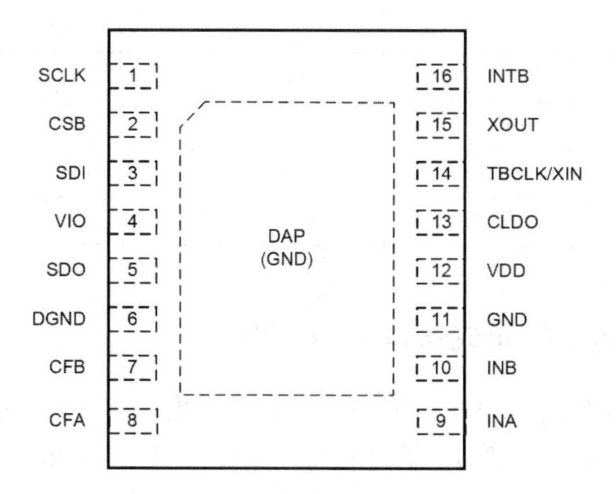

图 4-35　LDC1000 的引脚图

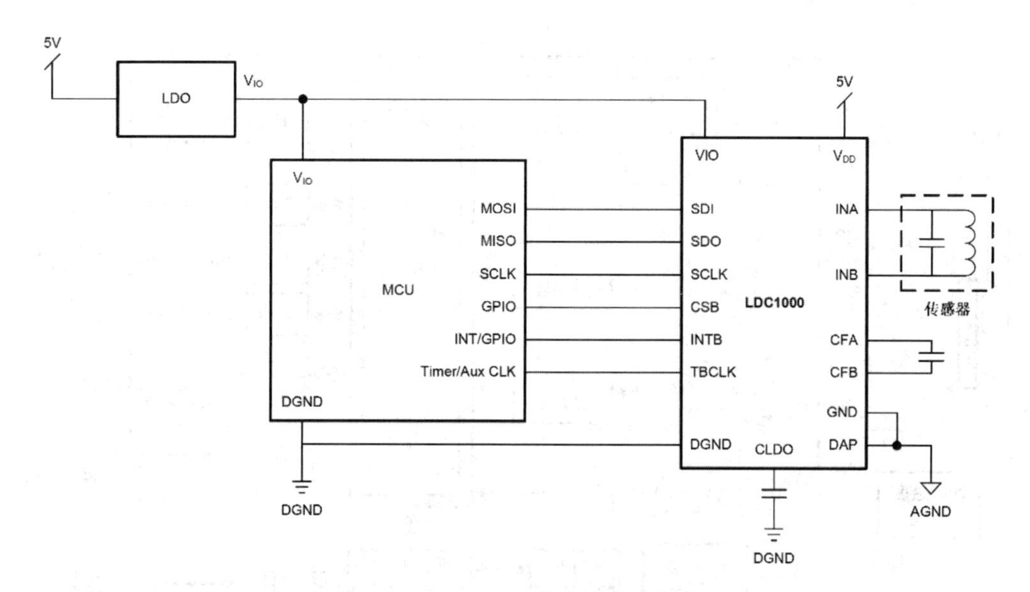

图 4-36　LDC1000 的典型应用电路

在图 4-36 中,各个接口对应连接关系见表 4-1。

表 4-1　LDC1000 与 ARM 连线对应关系

LDC1000 接口	MCU(ARM)接口	说明
SCLK	PB4/ SPISCLK	SPI 时钟信号
CSB	PB5/ SPIGPIO	从设备使能信号
SDI	PB7/ SPIMOSI	SPI 数据输入
SDO	PB6/ SPIMISO	SPI 数据输出
INTB	PA4	中断接口
TBCLK	PB0	频率计数时钟频率

续表

LDC1000 接口	MCU(ARM)接口	说明
VIO	3V3	电源
+5 V	VBUS	电源
GND	GND	电源地

4.4.2 可变差动变压器的集成接口 PGA970

PGA970 是一款具有高级信号处理功能的高集成度片上系统，专门用于差动变压器传感器，也称为线性可变差动变压器(Linear Variable Differential Transformer，LVDT)。PGA970 的内部功能框图如图 4-37 所示。该器件配有一个三通道、低噪声、可编程增益模拟前端，允许直接连接感测元件，后接三个独立的 24 位 Δ-ΣADC。

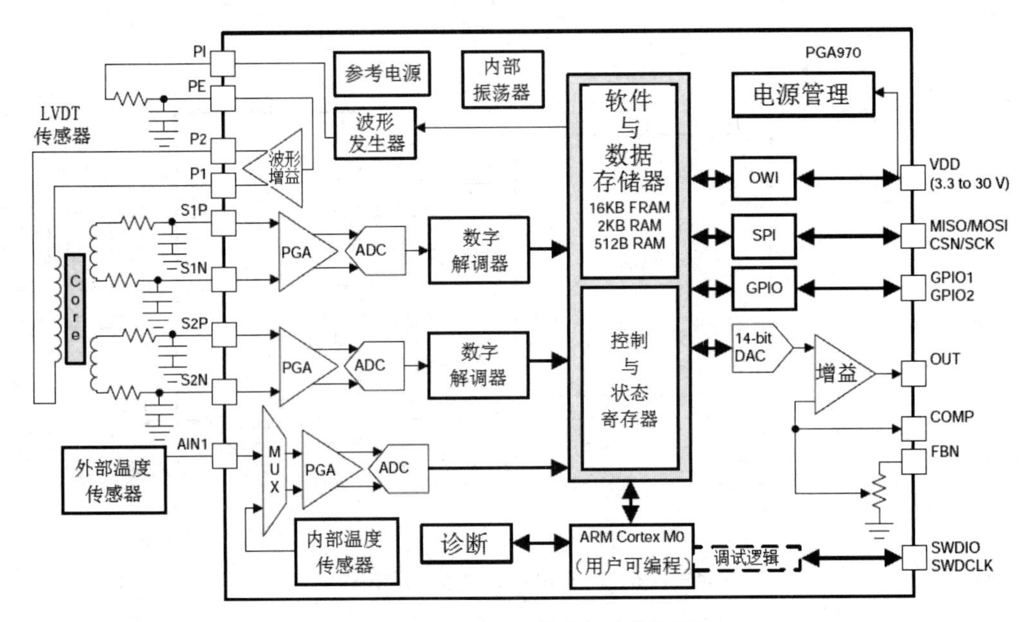

图 4-37 PGA970 的内部功能框图

此外，该器件包含的数字信号解调模块可以连接到集成的 ARM Cortex M0 MCU，从而执行器件非易失性存储器中存储的定制传感器补偿算法。该器件可使用 SPI、OWI、GPIO 或 PWM 数字接口与外部系统通信。模拟输出通过一个 14 位 DAC 和可编程增益放大器来提供支持，从而提供基准或绝对电压输出。感测元件激励通过集成的波形发生器和波形放大器来实现。波形信号数据根据用户自定义存储在指定的 RAM 存储区。

除主要的功能组件外，PGA970 器件还配有额外的支持电路，例如器件诊断、传感器诊断和集成型温度传感器。这些电路可共同为整个系统和感测元件提供保护及相关完整性信息。该器件还包含一个栅极控制器电路，可在系统电源电压超过 30 V 时搭配外部耗尽型金属氧化物半导体场效应晶体管(MOSFET)一同调节器件电源电压。

PGA970 具有以下特点。

（1）模拟特性：

①适用于线性可变差动变压器（LVDT）传感器的可编程增益模拟前端；

②激励波形发生器和放大器；

③具有幅值和相位解调器的双路 24 位模数转换器（ADC）；

④ 24 位辅助 ADC；

⑤片上内部温度传感器；

⑥具有可编程增益的 14 位输出数模转换器（DAC）；

⑦内置诊断。

图 4-38 所示为 PGA970 的引脚图，图 4-39 所示为 PGA970 的典型应用电路。

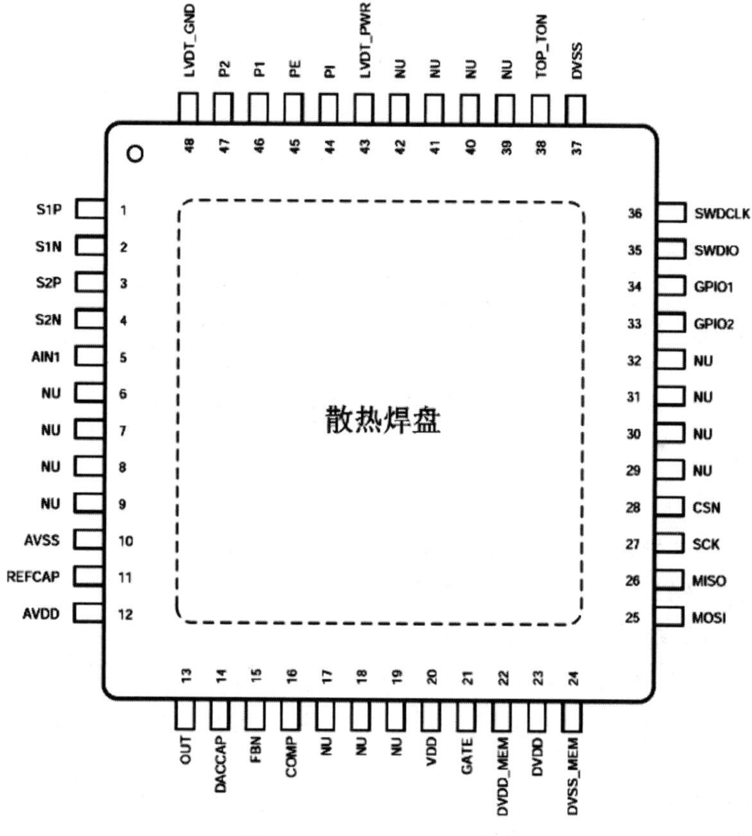

图 4-38　PGA970 的引脚图

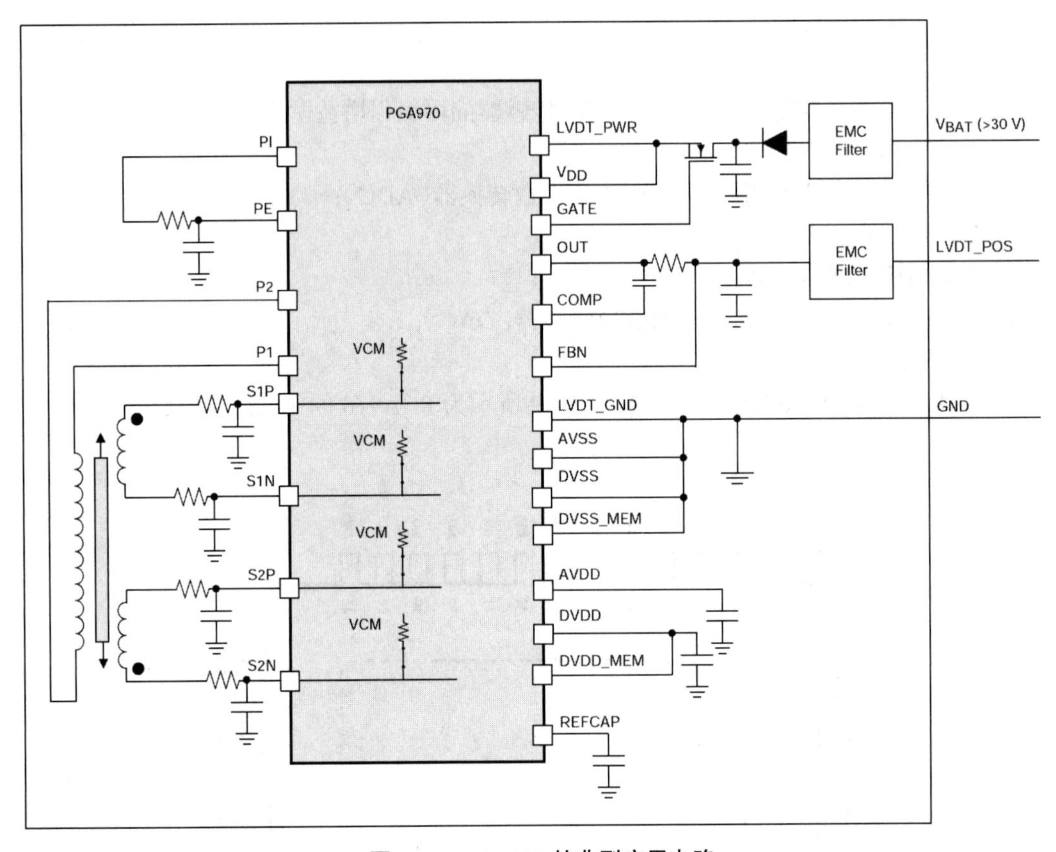

图 4-39　PGA970 的典型应用电路

(2)数字特性：

① ARM Cortex M0 微控制器；

② 16 kB 铁电 RAM(FRAM)程序存储器；

③ 2 kB 通用 RAM；

④ 512BRAM 波形发生器查找表；

⑤ 8 MHz 片上振荡器；

⑥外设特性；

⑦串行外设接口(SPI)；

⑧单线制接口(OWI)；

⑨比例电压输出和绝对电压输出。

(3)通用特性：

①工作电压范围为 3.5~30 V；

②环境温度范围为-40~125 ℃；

③适用于扩展级电源范围(>30 V)的 DMOS 栅极控制器。

4.5　电感型传感器的应用

由于体积、成本和复杂性等因素，自感型和互感型传感器的应用日益减少，而电涡流型传感器具有可在非接触、高温、粉尘、水雾等恶劣环境中使用的特殊优势，在位移、速度等测量中保持长盛不衰的应用。在生物医学工程领域，应用电涡流型传感器可实现磁探测电阻抗成像（Magnetic Detection Electrical Impedance Tomography，MDEIT），MDEIT 技术改善了传统电阻抗成像（Electrical Impedance Tomography，EIT）技术中检测点受成像体表面积限制的缺点，通过激励电流作用下成像体周围产生的磁感应强度分布重建成像体内部电导率。MDEIT 技术与传统电阻抗成像一样具有无创、测量方便、价格低廉的特点。另外，MDEIT 技术通过非接触测量，避免了接触阻抗对成像精度的影响。

4.5.1　体内金属物的无创探查系统

金属探测仪的工作原理主要有差拍式、平衡式和能耗式三种，其中前两种方法采用了 2 个或 2 个以上的振荡线圈，在这种结构的电路中，振荡电路参数性能的一致性、工作点稳定性等会直接影响检测精度，这就要求元器件的参数具有严格的一致性，并且设备的日常维护量也较大。更多的设计采用能耗式，这种电路利用电压变化来检测金属，但电压变化往往同时受电阻变化和电感变化两种因素的影响，而这两种因素引起的电压变化相互耦合，从而就不可避免地影响了检测精度。

这里介绍一种基于电涡流型传感器的数字式体内金属探测仪（图 4-40），其采用单个检测线圈，结构简单，便于操作；利用电涡流传感原理，采用恒频调幅测量电路，将恒流源电路和 LC 谐振电路相结合，简化硬件电路，通过优化电路参数来提高检测的灵敏度；将变化微弱的模拟电压信号转换成数字信号进行处理，简化硬件测量电路，提高系统的稳定性；采用性能优良的主控单元控制信号的激励、采集和处理一步完成，提高系统的抗干扰能力；将数字锁相检测技术、过采样技术和系统比例测量方法相结合，实现对微弱变化信号的高精度、高分辨率检测，从系统方法上提高检测的灵敏度和可靠性。

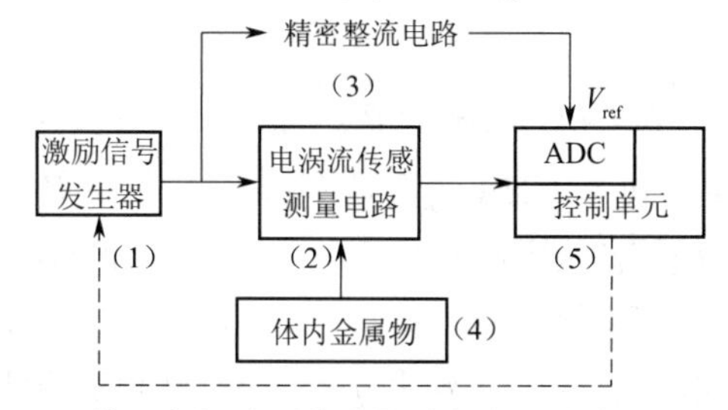

图 4-40　基于电涡流型传感器的数字式体内金属探测仪

1. 若干提高灵敏度与精度的技术和方法

1）数字锁相检测技术

由于所用的激励信号为已知的固定频率的交流信号，因此有条件很好地利用数字锁相检测技术提取有用信号，滤除噪声和干扰，还可以进一步采用过采样技术，减小量化噪声，提高转换精度，进而提高系统的分辨率。

锁相放大器（Lock-in Amplifier，LIA）是众多微弱信号检测技术中，检测准确度较高、应用也最为广泛的仪器之一。LIA 是利用信号与噪声互不相关的特点，采用互相关检测原理来实现的。模拟 LIA 用乘法器和低通滤波器来实现相敏检波，而数字 LIA（Digital LIA，DLIA）则是经过 ADC 采样后获得数字信号，再由微处理器进行数字解调运算。模拟 LIA 由于存在温度漂移、噪声等缺点，已经逐步被 DLIA 所取代。DLIA 采用现代数字信号处理技术，极大地提高了锁相放大器的测量准确度，具有谐波抑制能力强、稳定性高、简化系统硬件电路和降低成本等优点。

在数字锁相运算中，设被测信号

$$x(t)=A\sin(2\pi ft+\theta)$$

式中：A 为信号幅值；θ 为信号初相位；f 为参考信号频率。

以采样频率 $f_s=N\cdot f(N\geqslant 3)$ 对被测信号进行采样，采样间隔 $\tau=1/(N\cdot f)$，采样周期数为 q，总的采样点数 $M=q\cdot N$，得到的采样信号 $x(k)$ 为

$$x(k)=A\sin\left(2\pi f\cdot k\tau+\theta\right)=A\sin\left(2\pi k/N+\theta\right)\quad k=0,1,2,\cdots,M-1 \tag{4-39}$$

而参考信号不用进行采样，可由微处理器根据 N 来产生正弦参考序列 $r_s(k)$ 和余弦参考序列 $r_c(k)$：

$$r_s(k)=\sin\left(2\pi f/N\right)\quad r_c(k)=\cos\left(2\pi f/N\right)\quad k=0,1,2,\cdots,M-1 \tag{4-40}$$

$r_s(k)$ 和 $r_c(k)$ 可以看成正弦参考信号 $\sin(2\pi ft)$ 和余弦参考信号 $\cos(2\pi ft)$ 进行同步采样所得，则同相输出和正交输出的互相关信号分别为

$$R_{xrs}(k)=\frac{1}{M}\sum_{k=0}^{M-1}x(k)r_s(k) \tag{4-41}$$

$$R_{xrc}(k)=\frac{1}{M}\sum_{k=0}^{M-1}x(k)r_c(k) \tag{4-42}$$

将式（4-39）和式（4-40）分别代入式（4-41）和式（4-42），可得

$$R_{xrs}(k)=\frac{A}{2}\sin\theta\quad R_{xrc}(k)=\frac{A}{2}\cos\theta \tag{4-43}$$

则

$$A=2\sqrt{R_{xrs}^2+R_{xrc}^2}\qquad \theta=\arctan\left(R_{xrs}/R_{xrc}\right) \tag{4-44}$$

所以，只需要计算出 R_{xrs} 和 R_{xrc} 即可检出待测信号。

根据上述传统数字锁相算法，当采样频率 $f_s=4f$ 时，即 $N=4$，一个信号周期内仅有四个采样点，由式（4-40）知，对任何 k 值，$r_s(k)$ 和 $r_c(k)$ 的值只有 0、-1 和 1 三种。因而，可以利用这一特点去简化计算 R_{xrs} 和 R_{xrc} 的值。对于 q 个被测信号周期的采样数据，由式（4-41）和式（4-42）得出：

$$R_{xrs}(k)=\frac{1}{M}\sum_{n=0}^{q-1}\left[x(4n+1)-x(4n+3)\right] \tag{4-45}$$

$$R_{xrc}(k)=\frac{1}{M}\sum_{n=0}^{q-1}\left[x(4n)-x(4n+2)\right] \tag{4-46}$$

从式（4-45）和式（4-46）可以看出，采样频率为信号频率的 4 倍时，互相关计算中的乘法运算全部消除，只有采样信号的加减法运算就能够实现互相关运算，计算量大大降低，而且微处理器不需要提供同频率的参考信号，减轻了微处理器的负担，大大提高了算法实现的速度。这种快速的数字锁相算法与相同采样频率的传统数字锁相算法相比，一个周期减少了 8 次乘法运算和 4 次加法运算，若采集 q 个周期，则相应地减少了 $8q$ 次乘法运算和 $4q$ 次加法运算。因此，用四的整数倍对被测信号进行采样时，可以简化算法，加快运算速度，节省存储空间。如果能结合过采样技术进行锁相检测，可以更好地消除混叠效应，还可以提高 ADC 的信噪比。

2）过采样技术

过采样技术是提高测控系统分辨率的常用方法，利用过采样技术对微弱变化信号进行采样，可使 ADC 的分辨率进一步提高，从而简化模拟电路，减小系统体积和降低系统功耗。

根据采样定理，当信号频率为 f 时，采样频率 f_s 必须满足 $f_s \geqslant 2f$，当 $f_s=2f$ 时，称为奈奎斯特频率。实际应用时，通常选取采样频率 f_s 为信号频率的 3~5 倍以上，而过采样是指 ADC 以远远大于奈奎斯特频率（一般几个数量级以上）的速度对信号进行采样，采样率与奈奎斯特频率的比值称为过采样倍数或过采样率。

数字锁相放大器有很强的频率选择性，由于产生混叠效应而使数字锁相放大器的频率选择性能变差。在许多应用中，在信号进行采样前使用抗混叠滤波器滤除高频信号，而本文使用过采样技术使采样频率远远大于信号频率，很容易消除混叠效应。

过采样技术的优点在于它不仅能消除混叠效应，还能提高 ADC 的信噪比。ADC 以频率 f_s 进行采样时，其输出信号在频域表现为一个单频信号和一系列频率分布在 $0\sim f_s/2$ 的随机噪声，即量化噪声，其功率为

$$P_R=\frac{1}{\varDelta}\int_{-\frac{1}{\varDelta}}^{\frac{1}{\varDelta}}x^2\mathrm{d}x=\frac{\varDelta^2}{12} \tag{4-47}$$

式中：$\varDelta$ 为量化电平。

采样频率提高到 nf_s 时（n 为过采样倍数），信号功率和噪声功率均不变，但由于量化噪声均匀分布在 $0\sim nf_s$，噪声分布范围变宽，噪声电压有效值变成原来的 $1/\sqrt{n}$。通过过采样，将大量的噪声转移到 $f_s/2\sim nf_s/2$，这部分噪声可以通过锁相放大器的低通滤波器滤掉，如图 4-41 所示。

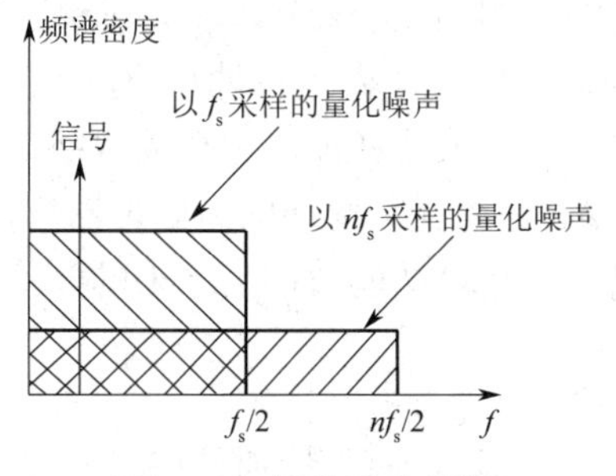

图 4-41　量化噪声分析

设噪声频谱在 $f_s/2$ 范围内均匀分布，信号的带宽为 f，采样频率为 f_s，可以计算出 n 位分辨率的 ADC 的理想信噪比为

$$SNR = 6n + 1.8 + 10\lg(OSR) \tag{4-48}$$

式中：$OSR = f_s/2f$ 为过采样率。

由式(4-48)可以看出，采样频率每提高 4 倍，信噪比提高 6 dB，相当于 ADC 的精度提高 1 位。

3）基于过采样的高速数字锁相算法

假设采样总时间为 $t = qT$，其中 T 为参考信号周期，则采样总点数 $M = t \cdot f_s = qT \cdot Nf = qN$。由式(4-41)和式(4-42)可知，计算一次锁相运算需要 M 次乘法和 M 次加法。可见，采样点数与采样频率成正比，且锁相运算中的乘法运算量也与其成正比。由于参考序列由微处理器产生，为提高运算速度，一般将其做成查找表，M 点的采样点数对应 M 点的参考序列，需要（$M\times$ 数据宽度）位的存储空间。

因此，过采样技术带来的运算量和存储量是可观的，减小其运算量和存储量是有必要的。

在锁相检测中，参考信号用到的是正弦信号和余弦信号等周期信号，当过采样的采样频率为参考信号的整数倍（$f_s = Nf$）时，参考序列有以下特性：

$$r_s(m) = r_s(m + nN) \quad r_c(m) = r_c(m + nN) \quad m = 0,1,\cdots,N-1; n = 0,1,\cdots,q-1 \tag{4-49}$$

显然，参考信号每个周期的第 m 个参考值是相等的，只需一个周期的参考序列（N 点）即可完成锁相计算。计算 R_{xrs} 和 R_{xrc} 的过程中可以利用这些的特性。

由式(4-41)和式(4-49)可知：

$$\begin{aligned}
R_{xrs}(k) &= \frac{1}{M}\sum_{k=0}^{M-1} x(k) r_s(k) \\
&= \frac{1}{M}\sum_{n=0}^{q-1}\sum_{m=0}^{N-1} x(m+nN) r_s(m+nN) \\
&= \frac{1}{M}\sum_{n=0}^{q-1}\sum_{m=0}^{N-1} x(m+nN) r_s(m) \\
&= \frac{1}{M}\sum_{n=0}^{q-1} r_s(m) \sum_{m=0}^{N-1} x(m+nN)
\end{aligned} \tag{4-50}$$

式(4-50)表示，将各个周期内的第 m 个待测信号值相加（累加 q 次）后，乘以相应的参考值（乘 N 次），再将 N 个乘积项相加，这样计算一次锁相运算需要 N 次乘法和 $N+q$ 次加法。并且，由于只需要一个周期的参考序列进行计算，存储量也由原来的（$M\times$ 数据宽度）减小为（$N\times$ 数据宽度）位。在涉及乘法和加法运算的数字信号处理中，大部分时间都消耗在乘法运算中，特别是 DSP、ARM 等稍高性能的微处理器均带有取数即完成累加功能的指令，因而只用计算乘法运算量。优化算法的效率为原来的 η_2 倍：

$$\eta_2 = \frac{M}{N} = \frac{qN}{N} = q \tag{4-51}$$

由式(4-51)可知，运算效率有显著提高，特别是在采样时间越长，即 q 很大时，该算法更有优势。由于运算量得到缩减，过采样率可以做的适当高，与锁相放大器一起提高系统的测

量准确度。

当采样频率为信号频率的 4 的整数倍时，也即采样频率 $f_s=4f$ 时，特别是 $N=1$ 时，一个周期正、余弦参考信号序列分别为

$$r_s(k)=\{0,1,0,-1\} \quad r_c(k)=\{1,0,-1,0\} \tag{4-52}$$

对应的低通滤波后的互相关信号分别为

$$R_{xrs}=\frac{1}{4}\left[x(0)\cdot 0+x(1)\cdot 1+x(2)\cdot 0+x(3)\cdot(-1)\right]=\frac{1}{4}\left[x(1)-x(3)\right] \tag{4-53}$$

$$R_{xrc}=\frac{1}{4}\left[x(0)\cdot 1+x(1)\cdot 0+x(2)\cdot(-1)+x(3)\cdot 0\right]=\frac{1}{4}\left[x(0)-x(2)\right] \tag{4-54}$$

则计算出的幅值和相位分别为

$$A=2\sqrt{\left[x(1)-x(3)\right]^2+\left[x(0)-x(2)\right]^2} \tag{4-55}$$

$$\theta=\arctan\left(\frac{\left[x(1)-x(3)\right]}{\left[x(0)-x(2)\right]}\right) \tag{4-56}$$

当采样频率为 Kf_s 时，可以通过平均下抽样使等效转换速率仍还原为 f_s，即在相同的采样间隔 t_s（相位为 π/2）内，由采集 1 点变为 K 点，再以这 K 个采样值的均值 $\overline{x(k)}$ 代替原来的单一的采样值 $x(k)$。

由于正、余弦函数属于非线性函数，对 K 个采样值进行平均下抽样后得到的幅度均值并不是原始信号在同一相位的理论采样值，下抽样后的均值与同相位实际值有一定的比例关系，需要引入比例系数，如表 4-2 所示（表中数据保留 5 位有效数字）。

表 4-2　下抽样后均值与同相位实际值的比例关系

K	幅值比例系数	K	幅值比例系数	K	幅值比例系数	K	幅值比例系数
1	1.000 0	5	0.904 03	9	0.901 46	13	0.900 86
2	0.923 88	6	0.902 89	10	0.901 24	14	0.900 79
3	0.901 068	7	0.902 21	11	0.901 08	15	0.900 73
4	0.906 13	8	0.901 76	12	0.900 96	16	0.900 86

在实际数字锁相算法应用过程中，可以根据 K 的不同，将比例关系直接引入最终幅值的修正即可计算出准确的幅值。由于下抽样后能够将等效采样频率还原为 f_s，而且相位本身也是通过比例关系计算获得（式（4-56）），所以相位不需修正。本文中将此比例系数关系简称为修正因子 c。

经过类推归纳得出修正因子 c 与 K 的关系式为

$$c=\frac{\dfrac{1}{K}\sum_{n=0}^{K-1}\sin\left(\alpha+\dfrac{2\pi}{4K}n\right)}{\sin\left(\alpha+\dfrac{2\pi(K-1)}{8K}n\right)} \tag{4-57}$$

式中：α 为任意值。

在实际应用中可以根据表 4-2 来直接应用,也可以根据修正因子 c 与 K 的关系式(4-57)来计算出修正因子 c。

修正因子的引入保证了利用下抽样后的均值来计算幅值不带来任何理论上的误差,保证了过采样技术运用到数字锁相中所需要的条件,不仅发挥了基于过采样的锁相检测的精度优势,还仍然保持了数字锁相算法的快速性。

4)系统比例测量方法

激励源自身的不稳定性,特别是幅值的不稳定性,将 100%地影响测量精度与灵敏度。由于可采用晶体振荡器,频率的稳定性可轻而易举达到 10^{-6} 以上,相对于频率的稳定性,幅值的稳定性难以做到 10^{-4}。

Ⅰ.常规无源传感器测量系统

常规无源传感器测量系统的组成框图如图 4-42 所示。传感器对激励源提供的电压(电流)激励信号 S_i 作用下的被测参量 X 做出响应,输出信号 V_1,理想情况下 V_1 与 S_i 成比例关系。传感器输出信号经信号处理电路的线性处理后,如滤波、放大等,输出信号 V_2。信号处理电路的输出信号由 ADC 采样、量化转换为数字输出 D。

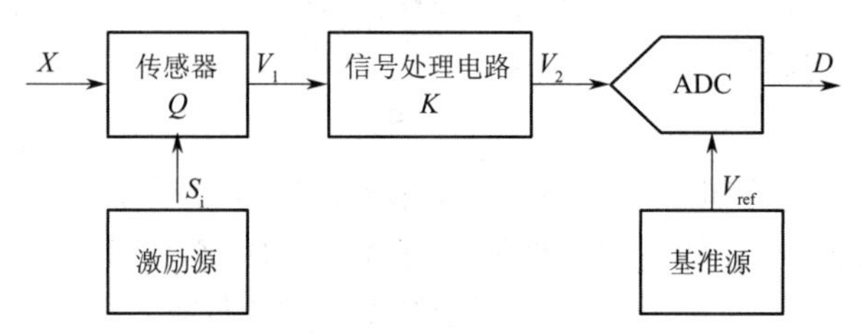

图 4-42 常规无源传感器测量系统的组成框图

由图 4-42 所示的结构框图可得出如下关系:

$$V_1 = X \cdot Q \cdot S_i \tag{4-58}$$

式中:X 是被测参量的强度;Q 是传感器的灵敏系数;S_i 是激励信号幅值。

$$V_2 = K \cdot V_1 = K \cdot X \cdot Q \cdot S_i \tag{4-59}$$

式中:K 是信号处理电路的增益,电路结构一定时,K 为常数。

$$D = \frac{V_2}{V_{ref}} \cdot F_s = K \cdot X \cdot Q \cdot F_s \cdot \frac{S_i}{V_{ref}} \tag{4-60}$$

式中:F_s 是 ADC 满量程数;V_{ref} 是 ADC 基准电压。

因此,在测量过程中,电路结构、器件一定时,若不考虑温度的影响,可将 Q、K、F_s 视为常数,此时系统对被测参量 X 的测量精度主要取决于激励源输出 S_i 和 ADC 基准电压 V_{ref} 的精度和稳定度。

Ⅱ.基于系统比例法的无源传感器测量系统

为了降低激励源和基准电压幅值波动引入的测量误差,本文提出一种系统比例法。具体的,将激励信号 S_i 经过一定的变换电路后用来提供 ADC 的基准电压 V_{ref},若激励信号 S_i 为电流激励信号,需先经电流/电压转换电路变换为电压信号后再进行后续处理,整个系统框图如图 4-43 所示。

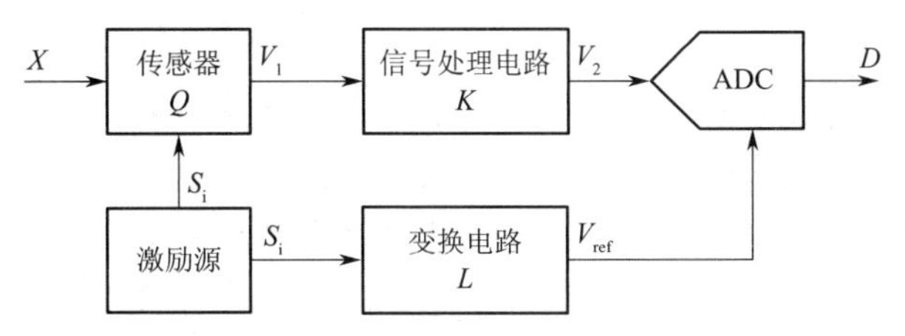

图 4-43　比例法测量系统的组成框图

当激励信号 S_i 为直流时，变换电路通常为分压电路或线性放大电路；当激励信号 S_i 为交流时，变换电路通常为精密整流电路或 RMS-DC 电路。L 为变换电路的变换系数，当变换电路结构一定时，L 可视为常数，则此时有

$$V_{\text{ref}} = L \cdot S_i \tag{4-61}$$

将式(4-61)代入式(4-60)可得

$$D = \frac{V_2}{V_{\text{ref}}} \cdot F_s = K \cdot X \cdot Q \cdot F_s \cdot \frac{1}{L} \tag{4-62}$$

可见，在电路结构、器件一定时，系统数字量输出只与待测参量强度有关，与激励信号和基准电压的绝对值无关，从而规避了激励信号幅值波动及 ADC 基准电压波动影响系统测量精度的问题。根据式(4-62)可知，利用 ADC 的传输特性得到了待测信号与激励信号的比值，以比例的方式对激励信号幅值波动进行了补偿，有效提高了测量系统的测量精度。

Ⅲ. 比例法测量系统的误差分析

理论上，将系统比例测量法引入一般无源传感器测量系统中，能够完全抑制激励信号幅值波动对测量精度的影响。但实际上，系统中所用的电路器件会存在一定的误差，假设由于传感器、信号处理电路和变换电路的器件误差所造成的信号输出误差分别为 δ_Q、δ_K 和 δ_L，根据图 4-43 所示的系统框图进行如下更符合实际情况的关系推导。

传感器的输出信号 V_1 为

$$V_1 = X \cdot Q \cdot S_i + \delta_Q \tag{4-63}$$

则信号处理电路的输出信号 V_2 为

$$V_2 = K \cdot V_1 = K \cdot \left(X \cdot Q \cdot S_i + \delta_Q\right) + \delta_K \tag{4-64}$$

此外，变换电路的输出信号 V_{ref} 为

$$V_{\text{ref}} = L \cdot S_i + \delta_L \tag{4-65}$$

此时，系统的数字量输出 D 为

$$D = \frac{V_2}{V_{\text{ref}}} \cdot F_s = \frac{K \cdot X \cdot Q \cdot S_i + K \cdot \delta_Q + \delta_K}{L \cdot S_i + \delta_L} \cdot F_s \tag{4-66}$$

由式(4-66)可知，由于系统所用的器件存在误差，造成信号处理电路和变换电路的输出直流偏置分别为 $K \cdot \delta_Q + \delta_K$ 和 δ_L，尽管通常情况下该直流偏置相对较小，但仍会影响系统比例法作用的充分发挥。因此，在使用系统比例法时，为了进一步提高系统的测量精度，通常会引入直流偏置电压补偿电路，实现对直流偏置的补偿。

Ⅳ. 结论

系统比例法将激励信号经变换后的直流电压作为 ADC 的基准电压,巧妙地利用 ADC 的传输特性建立了待测信号与激励信号的比例关系,以比例的方式实现了对激励信号幅值波动的补偿。该方法能够极大地抑制激励信号幅值波动及 ADC 基准电压波动引入的测量误差,在不增加系统成本的前提下有效提高了无源传感器测量系统的测量精度。验证实验结果表明,当激励信号幅值发生 50%的变化时,应用系统比例法的测量结果仅变化了约 1%。为进一步提高系统比例法的测量精度,在系统中增加了直流偏置电压补偿电路,经补偿后的最大测量误差仅为 0.3%。对于包含激励源或参考源的一般线性测量系统都可使用这种方法提高测量精度,且几乎不增加成本。

2. 系统设计要点

在前述技术的基础上,下面讨论图 4-40 所示的基于电涡流型传感器的数字式体内金属探测仪的各个组成部分的设计要点。

1)激励信号发生器

为了解决现有测量系统激励信号发生器的不稳定所造成的系统误差,一种主要的方法是应用现代电子技术研制高精度激励源,主要包括以下几种:

(1)由 PLD、可编程时钟芯片和高速 DAC 组成的激励源;

(2)由可编程信号发生器 MAX038 实现的激励源;

(3)用 FPGA 实现的基于直接数字合成(DDS)原理的激励源;

(4)专门的 DDS 集成芯片实现的激励源。

其中,用 FPGA 或 DDS 集成芯片产生一定精度的激励信号应用较为广泛。不难看出,这种方法只能改善激励信号的频率精度,对其幅值精度及稳定性改善不大,因为其幅值精度主要取决于所集成的 DAC 的精度,同时这种方法大大增加了系统成本。

但采用系统比例法进行测量,可以弥补现有激励信号发生器幅值精度不高及稳定性改善不大的问题。

2)电涡流传感测量电路

采用图 4-22 所示的调幅式电感传感器接口电路,在此不再赘述。

3)精密整流电路

采用图 4-25 所示的全波线性绝对值电路,在此不再赘述。

4.5.2 磁感应电阻抗断层成像

将电涡流型传感器用于人体成像的技术称为磁感应电阻抗断层成像(Magnetic Induction Tomography, MIT),或电磁层析成像系统(Electromagnetic Tomography, EMT),这是一种非接触测量组织电阻(电导)率的成像技术,作为一种新型阻抗成像技术,主要用于脑阻抗测量和脑功能的研究。

电磁层析成像传感器包括励磁线圈和检测线圈,其工作原理是:励磁线圈中通入正弦变化的电流,该交变电流在励磁线圈周围产生交变磁场,被测物生物组织在交变磁场的作用下产生感应涡流,此涡流将在被测生物组织周围产生强度与生物组织位置、电导率大小相关的二次磁场;检测线圈根据测量到的信号,对微弱信号进行提取以及处理,得到与生物组织位置、电导率相关的二次磁场信号，根据相关的图像重建算法，对生物组织中电导率的分布情况进行重建。

典型 EMT 系统包括四个部分：传感器阵列（包括励磁线圈和检测线圈）、系统控制电路、数据采集处理电路以及图像重建与特征提取单元。

电磁层析成像系统组成框图如图 4-44 所示。

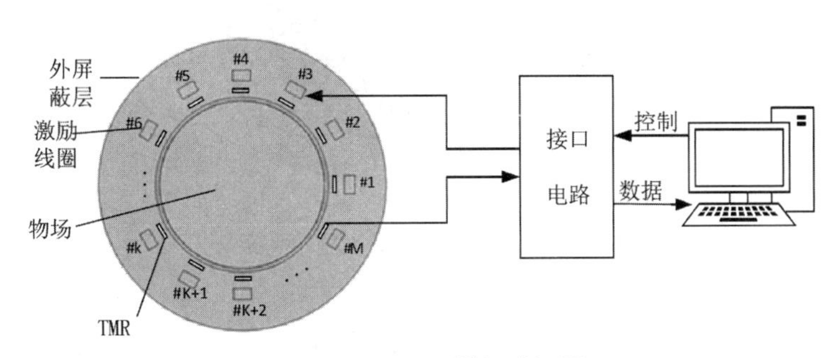

图 4-44　EMT 系统组成框图

1. 按激励方式分类

电磁层析成像系统根据激励线圈的激励方式不同，可以分为单一激励模式和双激励模式。

1）单一激励模式

单一激励模式是指每次只有一个线圈作为励磁线圈，其他线圈作为检测线圈等间距放置于同半径的断层内。该种模式对激励源要求较低，不需要复杂的控制系统，使得这种激励模式被广泛使用。如天津大学尹武良教授、重庆大学何为教授研究的 EMT 系统均采用该种激励模式。但是该种模式下激励线圈的电流强度达到一定幅值后饱和，使得激励线圈产生的磁场无法继续增加，而检测线圈为了得到较高的信噪比，希望激励磁场越大越好，因此双激励模式逐渐取代单一激励模式。

2）双激励模式

双激励模式是指对一对线圈施加一定幅值和频率的正弦交流信号作为系统的励磁传感器。该种模式克服了单一激励模式励磁传感器通入的电流强度达到饱和的缺点，因此通过不同角度激励线圈组合，有可能增大被测对象内的磁感应强度，有希望改善电磁层析成像的性能。天津大学的刘泽比较了多种模式激励下 EMT 系统的优缺点，为系统以及传感器的优化提供了理论基础。

2. 按传感器阵列分类

电磁层析成像系统根据传感器的阵列，又可以分为封闭式和开放式。

1）完全封闭式 EMT 系统

封闭式 EMT 系统如图 4-45 所示，它是把 8 个线圈或 16 个线圈（或者更多）等间距的围绕被测物一周，每次测量时其中一个线圈作为激励线圈，剩余线圈作为检测线圈，依此循环。俄罗斯的 Korje-nevsky、英国威尔士医科大学的 Griffiths、奥地利格拉茨技术大学的 Scharfetter 以及我国第四军医大学的董秀珍教授都采用这种结构。该系统的优点是能够进行全域成像。

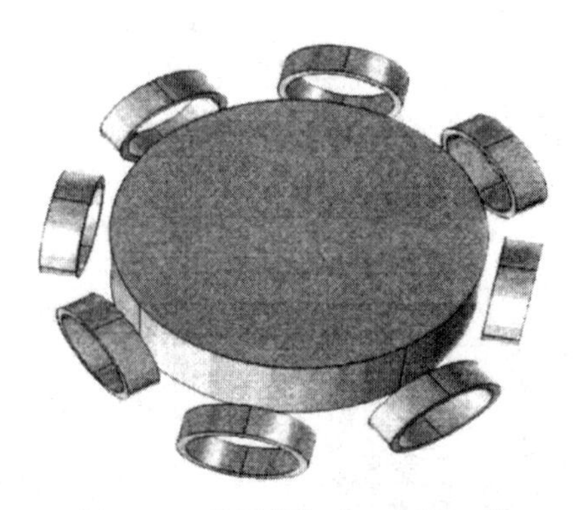

图 4-45 线圈封闭式 EMT 系统

2)开放式 EMT 系统

土耳其中东技术大学、德国卡尔斯鲁厄大学以及我国重庆大学的研究小组采用如图4-46所示结构。与封闭式EMT系统相比，开放式EMT系统可以看成是类似于超声设备，其成像区域以及边界是开放的。

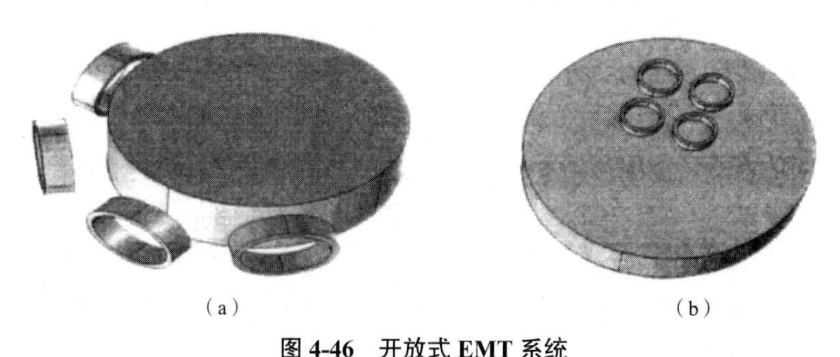

(a) (b)

图 4-46 开放式 EMT 系统

(a)开放式单排传感器 EMT 系统 (b)开放式阵列传感器 EMT 系统

3. 按传感器个数分类

电磁层析成像系统根据传感器个数，又可以分为单个传感器、一对传感器、多个传感器。

1)单个传感器

1988 年，Lynn 和 Harvey 等人研制出一套传感器为单线圈的系统，即激励线圈同时也是检测线圈，驱动激励线圈的电路采用三电容式的 Colpitts 电路，被测物体电导率的分布通过测量目标的改变导致测量线圈的阻抗变化来表示，并实时监测活猫的脑水肿，获得了一维的电阻抗变化信号。

2)一对传感器

1993 年，第一套用于生物医学领域的 EMT 系统由 AI-Zeibak 和 Saunders 等人设计完成。该系统由一对线圈组成，励磁线圈和检测线圈的匝数分别为 160 匝和 80 匝，系统的工作频率为 2 MHz。被测对象被放置在由机械装置驱动的转盘上，因此可以获得多个方向被测对象的投影数据，通过线性反投影法可获得测试对象场的分布。但是，该系统只对信号的幅值进行测量,没有考虑相位的问题,同时由于电磁屏蔽不充分,存在较大的电容耦合。

1997 年, Korzhenevskii 等人提出用相位测量取代振幅测量的方法,研发了一套十分优秀的两线圈 EMT 理论模型。

随着 EMT 技术的发展,对其在生物医学领域的应用提出了新的要求, 2000 年,奥地利格里茨技术大学的 Scharfetter 等人提出了用于生物医学测量的 EMT 的激励频率应在生物医学细胞的 B 散射范围内(<2 MHz)。基于此,他建立了一种由一个激励线圈和一个检测线圈组成的、工作频率在 40.370 kHz 的检测系统。

Griffiths 等人设计了工作频率为 10 MHz 的 EMT 系统,激励线圈和检测线圈放置在相隔 17.5 cm 的有机玻璃架上,通过对被测物体进行机械平移和旋转的方法,实现了对电导率为 0.001~6 S/m 的盐溶液的成像,并给出了二维成像结果。该系统设计了相位补偿线圈,有效地克服了检测磁场中相位的波动。

2014 年, Jacek Salach 等人设计了一个由激励线圈和检测线圈组成的检测系统,通过对被测物体进行旋转,实现了空间物体电导率的测量。

3)多个传感器

常见的多传感器 EMT 系统有 8 或 16 个传感器。我国天津大学研究小组尹武良、王化祥等教授的研究小组、东北大学的李柳博士设计了八线圈单层高频 EMT 系统,采用四种不同的重建算法对铜介质的被测物体进行了成像。

Z.Z.YU 等人开发了由 21 个线圈组成的 EMT 系统,通过对物场(物体)进行五个方向的旋转,分别为 0° 、72° 、144° 、216° 和 288° ,获得了空间五个方向的投影,通过 21 个检测线圈得到被测场在各个方向的投影信息,物场(物体)外部设计了屏蔽层,减少了外界磁场对系统的干扰,提高了系统的检测灵敏度。

2008 年, Scharfetter 等人设计了由 16 个激励线圈(TX)和 16 个检测线圈(RX)组成的 EMT 测试系统, 16 个 TX/RX 单元分两组等间隔地环绕在被测物场(物体)边缘, TX/RX 上下交错分布,每组 TX/RX 单元平行同轴放置,有效地避免了由于被测物体机械运动带来的偏差对成像的影响。

2012 年, H.Y. Wei 等人设计了由两层 8 个线圈组成的 EMT 测试系统,对不同层对应的空间生物组织的 EMT 传感器特性研究测试灵敏度进行仿真计算,相比于传统的 2D 成像,实现了空间 3D 的目标成像,为 EMT 测量空间物体 3D 成像提供了参考。

目前,采用的重构算法是沿线圈轴线的滤波反投影法。其主要步骤为:①进行简单的试探性计算;②反投影计算;③线性加权反投影;④滤波反投影;⑤重构图形。由于在测量盐溶液中磁场交感作用较弱,磁力线的空间位置保持固定,因此假设只考虑模型中心对 $\Delta B/B$ 的贡献。应用该方法测量多个测量目标时,必须忽略目标涡流场的交互影响,所以需要有更加复杂的重构算法来反映这种差别,从而减小假设带来的误差。

习题与思考题

1. 电感型传感器有哪些种类?
2. 电感型传感器的哪些参数可以用来“传感”?

3. 有哪些几何量或物理量可以改变电感型传感器的参数。

4. 有几种改变磁阻的方式?

5. 电感型传感器主要应用在测量位移,通过位移的变化如何测量其他的几何量和物理量?

6. 目前应用较广的是哪一种电感型传感器?

7. 自感传感器的测量电路形式有哪些?

8. 为什么互感差动变压器传感器的应用更为普遍?

9. 为什么电涡流型传感器可用于恶劣环境中? 而互感差动变压器传感器更多地用于精密位移的测量中?

10. 为什么传统的分立元件或小规模集成电路的电感型传感器测量电路已经基本上淘汰?

11. 基于电涡流型传感器的体内金属物探测系统的难点是什么?

12. 基于电涡流型传感器的体内金属物探测系统的构成是什么?

13. 电涡流型传感器用于人体成像的技术是什么? 其与常规用于金属时的透射测量最大的不同之处在哪里?

14. 电磁层析成像系统激励线圈的激励方式有几种? 各有何利弊?

15.EMT 的传感器布置有哪些方式? 应用上如何考虑?

16. 封闭式与开放式 EMT 各自的应用场合有何不同? 为什么?

17. 了解目前用于电感型传感器的专用集成电路(模拟前端)有哪些,其各有什么特点和优势。

18. 本章介绍在生物医学上使用的是哪一种电感型传感器? 了解还有哪些生物医学应用了电感型传感器。

第 5 章　光电传感器

5.1　概述

光电传感器的基本原理是以光电效应为基础，而光电效应是指用光照射某一物体，可以看作一连串带有一定能量的光子轰击在这个物体上，此时光子能量就传递给电子，并且是一个光子的全部能量一次性地被一个电子所吸收，电子得到光子传递的能量后其状态就会发生变化，从而使受光照射的物体产生相应的电效应。

如图 5-1 所示，通常把光电效应分为两大类。

（1）在光线作用下能使电子逸出物体表面的现象称为外光电效应，如光电管、光电倍增管等。

（2）内光电效应包括光电导效在光线作用下能使物体的电阻率改变的现象称为光电导效应，如光敏电阻、光敏晶体管等；在光线作用下物体产生一定方向电动势的现象称为光生伏特效应，如光电池、光电二极等等。

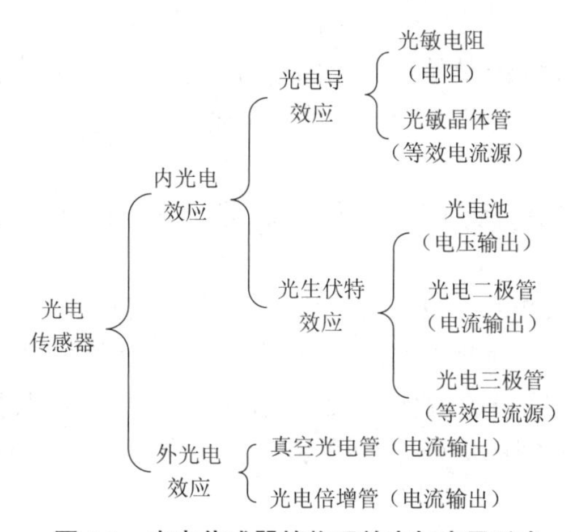

图 5-1　光电传感器的物理效应与应用形式

光电传感器可用于检测直接引起光量变化的非电物理量，如光强、光照度、辐射测温；也可用于检测能转换成光量变化的其他非电量，如零件直径、表面粗糙度、应变、位移、振动、速度、加速度以及物体的形状、工作状态的识别、气体成分分析等。光电传感器具有非接触、响应快、性能可靠等特点，因此不仅在工业自动化装置和机器人中获得广泛应用，在生物医学信息检测中也具有极其重要的应用：常用的仪器如血氧饱和度测量仪，医院应用最多的临床诊断仪器如生化分析仪器，以及大型诊断设备如 X 光机、CT（Computed Tomography，电子计算机断层扫描成像）和 PET-CT（Positron Emission Tomography CT，正电子发射计算机断层成像）等。

5.2 光的性质与光源

顾名思义，光电式感器是对光敏感的传感器，依靠光对其他物理量、化学量或生物量进行检测。不论是主动照明还是被动照明，应用光电传感器的系统或场合必然存在“光源”，因而掌握光电传感器的应用需要掌握光和光源的基本知识。

5.2.1 光的性质

光是一种处于特定频段的光子流。光源发出光，是因为光源中电子获得额外能量，使其跃迁到更外层的轨道，当电子再次跃迁回之前的轨道时，电子以波的形式释放能量——发出“光”。

1. 光的重要特性

光同时具备以下四个重要特征。

（1）在几何光学中，光以直线传播。笔直的“光柱”和太阳“光线”都说明了这一点。

（2）在波动光学中，光以波的形式传播。光就像水面上的水波一样，不同波长的光呈现不同的颜色。

（3）光速极快，在真空中为 299 792 458 m/s $\approx 3 \times 10^8$ m/s，在空气中的速度要慢些，在折射率更大的介质中，如在水中或玻璃中，传播速度还要慢些。

（4）在量子光学中，光的能量是量子化的，构成光的量子（基本微粒），称为“光量子”，简称光子，其能引起胶片感光乳剂等物质的化学变化。

2. 光的传播

光在同种均匀介质中沿直线传播，小孔成像、日食和月食，还有影子的形成都证明了这一事实。

撇开光的波动本性，以光的直线传播为基础，研究光在介质中的传播及物体成像规律的学科，称为几何光学。在几何光学中，以一条有箭头的几何线代表光的传播方向，称为光线。几何光学把物体看作无数物点的组合（在近似情况下，也可用物点表示物体），由物点发出的光束，看作是无数几何光线的集合，光线的方向代表光能的传递方向。几何光学中光的传播规律有以下三个。

（1）光的直线传播规律，已如上述。

（2）光的独立传播规律，即两束光在传播过程中相遇时互不干扰，仍按各自途径继续传播，当两束光会聚于同一点时，在该点上的光能量是简单相加的。

（3）光的反射和折射定律，即光在传播途中遇到两种不同介质的分界面时，一部分反射，一部分折射，反射光线遵循反射定律，折射光线遵循折射定律。

3. 光的频率、波长和光谱

光、光源通常指可见光（图 5-2），即指能刺激人的视觉的电磁波，它的频率范围为 3.9×10^{14}~7.6×10^{14} Hz（图 5-3），这只是整个电磁波谱中范围极小的一部分（图 5-4）。在更广泛的意义上讲，光应包括频率低于 3.9×10^{14} Hz 的红外线和频率高于 7.6×10^{14} Hz 的紫外线。发射(可见)光的物体称为(可见)光源。太阳是人类最重要的光源。可见光源有热辐射高压光源(如白炽灯)、气体放电光源(如霓虹灯、荧光灯)等。光源又分自然光、人造光。有生命的一定是自然光,如水母、萤火虫等,没有生命的不一定是人造光,如恒星、太阳等。

颜色	波长范围	频率范围
红色	700~635 nm	430~480 THz
橙色	635~590 nm	480~510 THz
黄色	590~560 nm	510~540 THz
绿色	560~520 nm	540~580 THz
青色	520~490 nm	580~610 THz
蓝色	490~450 nm	610~670 THz
紫色	450~400 nm	670~750 THz

图 5-2　可见光光谱的颜色

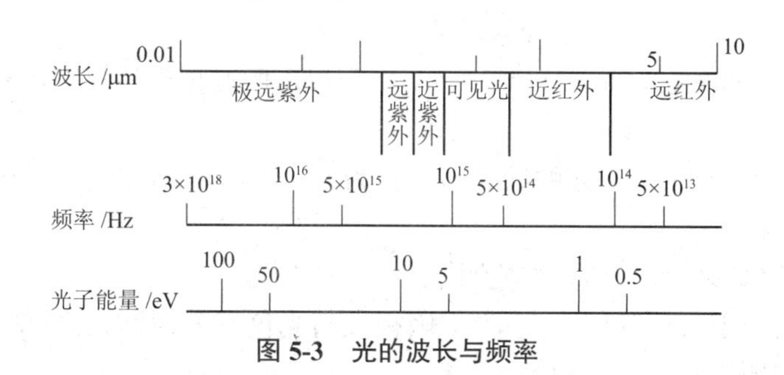

图 5-3　光的波长与频率

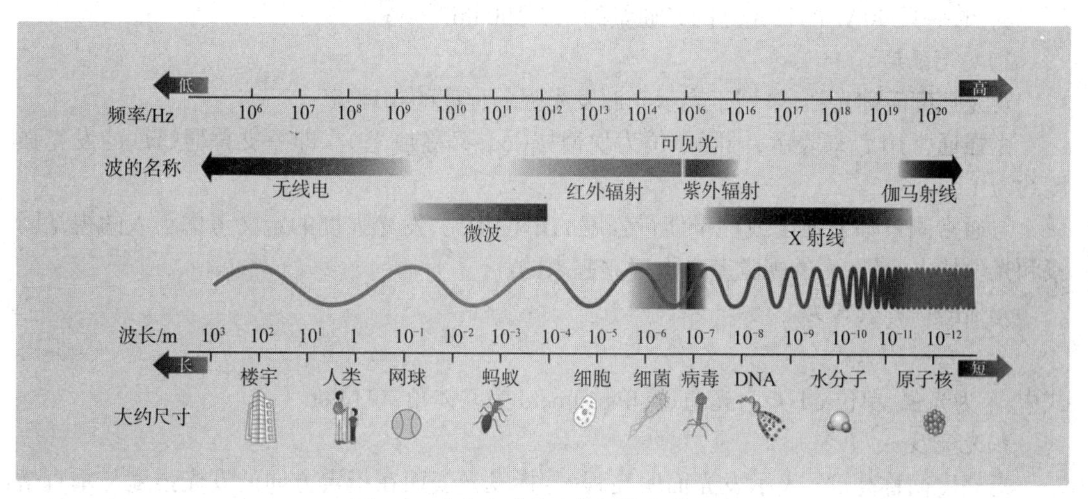

图 5-4　光在电磁波中的区位及其尺度

4. 光学单位

表 5-1 列出了国际单位制光学单位。下面介绍其中 4 个单位的定义及其意义。

表 5-1 国际单位制光学单位

物理量	符号	国际单位制	缩写	注释
光能	Q_v	流明·秒	lm·s	
光通量	F	流明(= cd/sr)	lm	
发光强度	I_v	坎德拉(= lm/s)	cd	一个 SI 基本单位
光亮度	L_v	坎德拉/m²	cd/m²	单位有时被称为 nits
施照度(光照度)	E_v	lux(= lm/ m²)	lx	用于表面入射光
发光度	M_v	lux(= lm/ m²)	lx	用于从表面发出的光
光效能		流明/瓦	lm/W	光通量与辐射通量的比值,最大为 683.002

1)光通量

光通量等于单位时间内某一波段的辐射能量和该波段的相对视见率的乘积。其定义是纯铂在熔化温度(约 1 770 ℃)时,其 1/60 m² 的表面面积于 1 球面度的立体角内所辐射的光量。

由于人眼对不同波长光的相对视见率不同,所以不同波长光的辐射功率相等时,其光通量并不相等。

例如,当波长为 555×10^{-7} m 的绿光与波长为 65×10^{-6} m 的红光辐射功率相等时,前者的光通量为后者的 10 倍。

光通量通常用 F 来表示,单位为流明(lm)。

在理论上,其功率可用瓦特来度量,但因视觉与光色有关,所以度量单位采用标准光源及正常视力的"流明"来度量光通量。

例如,一只 40 W 的日光灯的光通量约为 2 100 lm。

2)发光强度

发光强度简称光强,是用于表示光源发光强弱程度的物理量。

光强通常用 I_v 来表示,国际单位为坎德拉(cd,又称烛光)。即一支普通蜡烛的发光强度约为 1 cd。

与通常测量辐射强度或测量能量强度的单位相比,发光强度的定义考虑了人的视觉因素和光学特点,是在人的视觉基础上建立起来的。

光强的计算公式为

$$I_v = F / \omega \tag{5-1}$$

式中:I_v 为光强,单位 cd;F 为光通量,单位 lm;ω 为立体角,单位 sr。

3)光亮度

光亮度简称亮度, 表示发光面明亮程度,指发光表面在指定方向的发光强度与垂直指定方向的发光面的面积之比,

亮度通常用 L_v 来表示,国际单位是坎德拉每平方米(cd/m²)。

光亮度的计算公式为

$$L_v = I_v / S \tag{5-2}$$

式中:L_v 为光亮度,单位 cd/m²;I_v 为光强,单位 cd;S 为照射面积,单位 m²。

对于一个漫散射面,尽管各个方向的光强和光通量不同,但各个方向的亮度都是相等

的，电视机的荧光屏就近似于一个漫散射面，所以从各个方向上观看图像都有相同的亮度感。

部分光源的亮度值：日光灯为 1 000~5 000 cd/m^2，满月月光为 2 500 cd/m^2，黑白电视机荧光屏为 120 cd/m^2 左右，彩色电视机荧光屏为 80 cd/m^2 左右。

4）光照度

光照度是反映光照强度的物理量，其物理意义是照射到单位面积上的光通量。

光照度通常用 E_v 来表示，国际单位是流明每平方米（lm/m^2），也称为勒克斯（lux），1 lux=1 lm/m^2。

光照度的计算公式为

$$E_v = F / S \tag{5-3}$$

式中：E_v 为光照度，单位 lux；F 为光通量，单位 lm；S 为照射面积，单位 m^2。

为了对光照度的量有一个感性的认识，下面举例进行计算。

一只 100 W 的白炽灯，其发出的总光通量约为 1 200 lm，若假定该光通量均匀地分布在半球面上，则距该光源 1 m 和 5 m 处的光照度值可分别按下列计算求得。

半径为 1 m 的半球面积为 $2\pi \times 1^2$=6.28 m，距光源 1 m 处的光照度值为 1 200 lm/6.28 m^2 = 191 lux。

半径为 5 m 的半球面积为 $2\pi \times 5^2$=157 m^2，距光源 5 m 处的光照度值为 1 200 lm/157 m^2 = 7.64 lux。

5.2.2　光源

光源按发光原理分，除热辐射发光、电致发光、光致发光外，还有化学发光、生物发光等。化学发光是在化学反应中以传热发光形式释放其反应能量时发射的光；生物发光是在生物体内由于生命过程中的变化所产生的发光，如萤火虫体内的荧光素在荧光素酶作用下与空气发生氧化反应而发光。

与光电传感器配套使用的常用光源有 4 类（图 5-5）：白炽光源、气体放电光源、发光二极管和激光器。

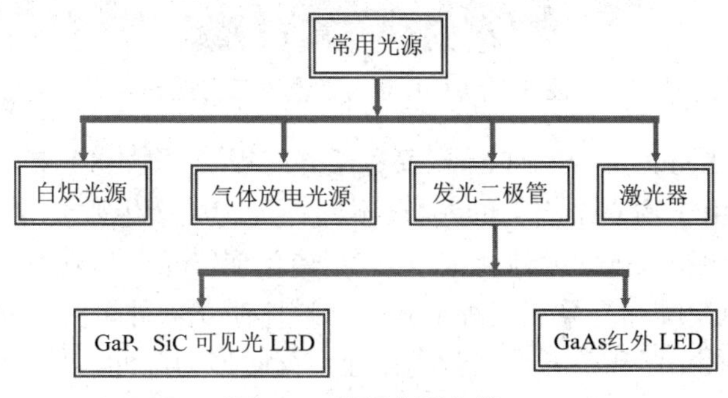

图 5-5　常用光源分类

白炽光源是热辐射光源（图 5-6），利用热辐射来发光的。由热辐射理论可知，温度越高，发光效率也越高。白炽灯是爱迪生于 1879 年首先试制成功的。他选择熔点高的碳做材料，制成碳丝，密封在抽成真空的玻璃管内，通以电流，碳丝就发热发光。由于碳易挥发，工作温度不能超过 2 100 K。后来，选用熔点稍低于碳，但不易挥发的钨做材料，工作温度可达 2 400 K，从而提高了发光效率。现代热辐射型新光源有碘钨灯、溴钨灯，发光效率更高。

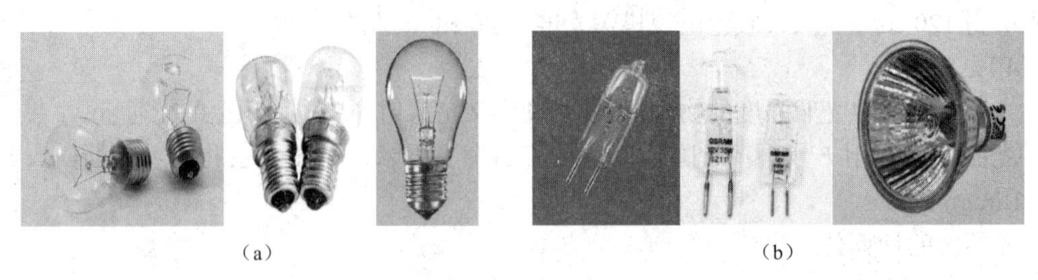

(a) (b)

图 5-6 白炽光源
(a)白炽灯 (b)溴钨灯

发光二极管(Light Emitting Diode，LED)是一种能将电能转化为光能的半导体电子元件(图 5-7)。这种电子元件早在 1962 年就已出现，早期的 LED 只能发出低光度的红光，之后发展出其他单色光的品种，时至今日能发出的光已遍及可见光、红外线及紫外线，光度也提高到相当的高。随着技术的不断进步，发光二极管的用途也由初时作为指示灯、显示板等，而被广泛地应用于显示器、电视机、采光装饰和照明。

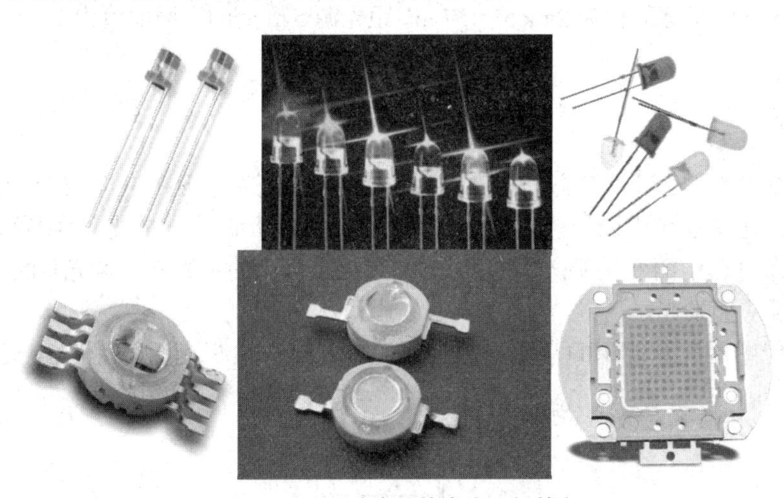

图 5-7 LED(半导体发光二极管)

半导体激光器(Semiconductor Laser)又称激光二极管(图 5-8)，是用半导体材料作为工作物质的激光器。由于物质结构上的差异，不同种类物质产生激光的具体过程很不一样。常用工作物质有砷化镓(GaAs)、硫化镉(CdS)、磷化铟(InP)、硫化锌(ZnS)等。其激励方式有电注入、电子束激励和光泵浦三种形式。半导体激光器件可分为同质结、单异质结、双异质结等。同质结激光器和单异质结激光器在室温时多为脉冲器件，而双异质结激光器在室温时可实现连续工作。现在可用的波长几乎遍及从紫外到近红外，由于激光的优异特性，几乎可以满足光电传感器的任何要求，可以说激光二极管是光电传感器的最佳“伴侣”。

图 5-8　半导体激光器(激光二极管)

5.3　光电传感器分类与基本原理

在 5.1 节已经说明,通常把光电效应分为外光电效应、内光电效应两类。依据这些效应有品种繁多的光电传感器。

根据爱因斯坦假设,一个电子只能接收一个光子的能量,所以要使一个电子从物体表面逸出,必须使光子的能量大于该物体的表面逸出功,超过部分的能量表现为逸出电子的动能。外光电效应多发生于金属和金属氧化物等物质,从光开始照射至金属释放电子所需时间不超过 10^{-9} s。根据能量守恒定理:

$$hv = \frac{1}{2}mv_0^2 + A_0 \tag{5-4}$$

式中:h 为普朗克常量;v 为入射光的频率;hv 为光子的能量;m 为电子质量;v_0 为电子逸出速度;A_0 为电子从物体表面逸出所需要的能量(逸出功)。

当光子能量等于或大于物体的表面逸出功时,才能产生外光电效应。因此,每一种物体都有一个对应于光电效应的光频阈值,称为红限频率。对于红限频率以上的入射光,外生光电流与光强成正比。

内光电效应又分为光电导效应和光生伏特效应(光生伏打效应)两类。光电导效应是指半导体材料在光照下禁带中的电子受到能量不低于禁带宽度的光子的激发而跃迁到导带,从而增加电导率的现象。能量对应于禁带宽度的光子的波长称光电导效应的临界波长。光生伏特效应是指光线作用能使半导体材料产生一定方向电动势的现象。光生伏特效应又可分为势垒效应(结光电效应)和侧向光电效应。势垒效应的机理是在金属和半导体的接触区(或在 PN 结)中,电子受光子的激发脱离势垒(或禁带)的束缚而产生电子空穴对,在阻挡层内电场的作用下电子移向 N 区外侧,空穴移向 P 区外侧,形成光生电动势。侧向光电效应是当光电器件敏感面受光照不均匀时,受光激发而产生的电子空穴对的浓度也不均匀,电子向未被照射部分扩散,引起光照部分带正电、未被光照部分带负电的一种现象。

5.3.1 外光电效应传感器——真空光电器件

即使在半导体技术高度发展的今天,真空光电传感器依然占据不可动摇的“高大上”地位,其是具备极端高灵敏度的科学研究领域与仪器、高端大型医疗仪器中的核心器(部)件。

真空光电传感器是利用外光电效应的真空电子器件,主要有真空光电管和光电倍增管两种。

1. 真空光电管

1)结构组成

如图 5-9 所示,在一个抽成真空或充以惰性气体的玻璃泡内装有光电阴极和光电阳极两个电极,光电阴极通常是用逸出功小的光敏材料(如铯)涂敷在玻璃泡内壁上做成,其感光面对准光的照射孔。

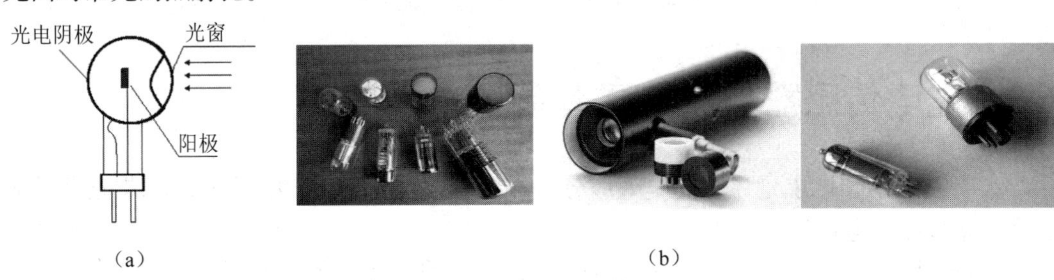

图 5-9 真空光电管

(a)结构图 (b)外形举例

2)工作原理

当光线照射到光敏材料上时,光子的能量传递给阴极表面的电子,当电子获得的能量足够大时,就有可能克服金属表面对电子的束缚(逸出功)而逸出金属表面形成电子发射,这种电子称为光电子。当光电管阳极加上适当电压时,从阴极表面逸出的电子被带正电压的阳极所收集而形成光电流。

3)基本特性

Ⅰ. 光照特性

光照特性指在光源光谱不变和一定的阳极电压下,光电流与光照强度之间的关系。当光照较弱,光电流密度在几十 mA/cm 之内时,阴极发射的光电子数即光电流大小与光照强度呈线性关系(图 5-10 和图 5-11);但当强光照射时,则会偏离线性,阴极发射光电子过程会产生光电疲乏,使光电流出现饱和。

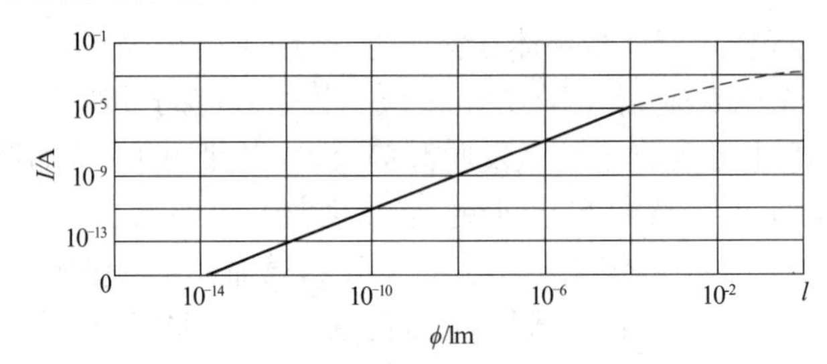

图 5-10 阴极材料真空光电管光照特性

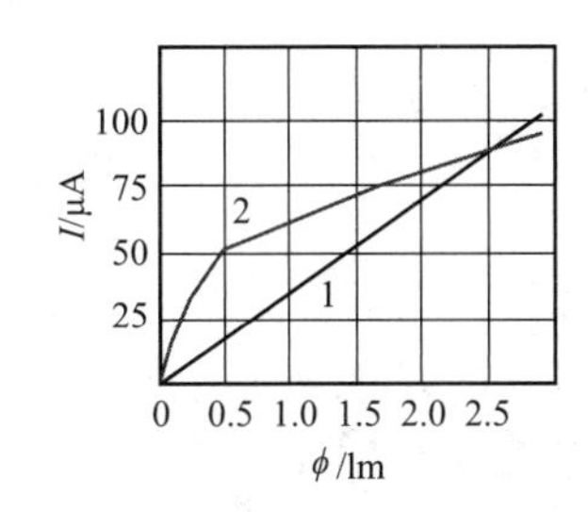

图 5-11　两种阴极材料真空光电管光照特性

1—氧铯阴极光电管；2—锑铯阴极光电管

Ⅱ. 光谱特性

光电管的光谱特性是指光电阴极发射能力与光波波长的关系（图 5-12）。真空光电管的光谱特性主要取决于光电阴极的类型、厚度及光窗材料。由于光电管的结构特点和制造工艺不同，即使光电阴极相同，各光电管之间的光谱响应曲线也会存在有一定差别。

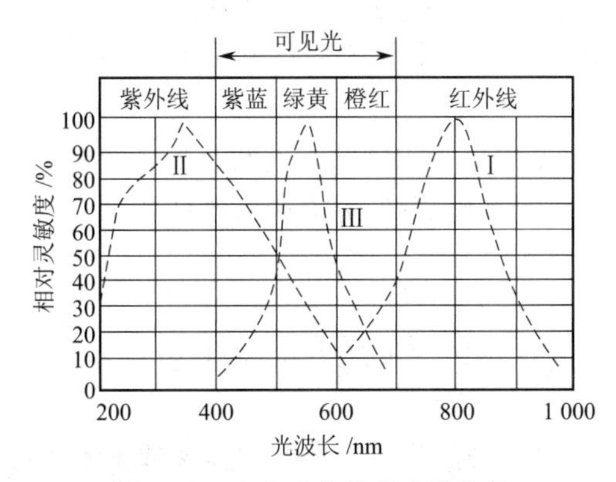

图 5-12　真空光电管的光谱特性

Ⅰ—氧铯阴极光谱特性；Ⅱ—锑铯阴极光谱特性；Ⅲ—正常人的眼睛视觉特性

Ⅲ. 伏安特性

当具有一定辐射光谱的光源以一定光通量照射时，光电管的输出电流与阳极电压的关系曲线称为光电管的伏安特性（图 5-13）。

正常的光电管，不论其结构如何，其伏安特性都会出现饱和区，一般在阳极电压为 50~100 V 时，真空光电管的所有光电子都会到达阳极，光电流开始饱和。

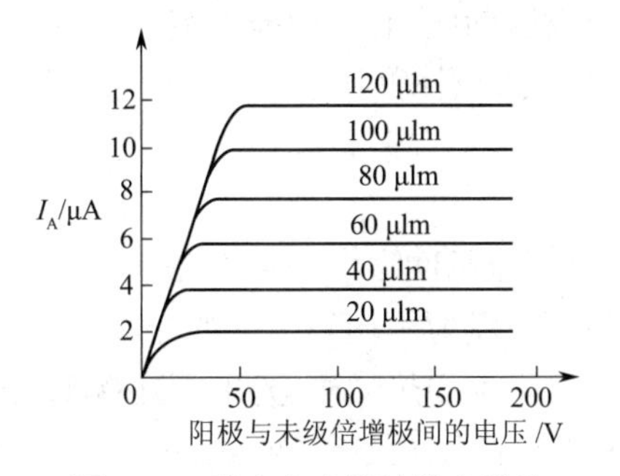

图 5-13　真空光电管的伏安特性

Ⅳ. 频率特性

当光电管受到交变脉冲光照射时，阳极输出的光电流的脉冲幅度与调制光的频率间的关系称为光电管的频率特性。

通常光电管在低频区工作时，光电流不受频率的影响：而在高频区工作时，光电流将随频率的提高而减小，这表明光电转换过程出现了惰性。惰性的出现与光电子在极间的渡越时间、极间电容的大小、管子的结构和工作电压有关。

Ⅴ. 稳定性

Ⅰ）时间稳定性

光电管具有良好的短期稳定性，但若连续使用，灵敏度就有下降的趋势，特别是在强光照射下更是如此。但是，灵敏度的下降在开始时快，后来就较慢，最后几乎保持不变，趋于稳定。

光电管的灵敏度的变化可以分为可逆和不可逆两种类型，把使用过的光电管在黑暗环境中存放一定时间，其灵敏度可以全部或部分地得到恢复，这就是可逆的变化，这种变化称为光电管的疲乏；反之，灵敏度不可恢复的变化就是不可逆变化，这种变化称为光电管的衰老。

光电管的时间稳定性主要取决于阴极的光电疲乏和衰老特征，而这与阴极的种类、照射光的强弱及光的波长有关，还与光电管的结构、阴极表面状况、玻壳清洁程度、基底的材料和管内残余气体有关。

Ⅱ）温度稳定性

光电管的灵敏度还会受到环境温度的影响，而且这种影响对不同光电阴极的光电管不同。

例如，对锑铯阴极来说，温度为 10~45 ℃时，其灵敏度基本不变，但温度升到 150 ℃时，灵敏度会显著下降；而对银氧铯光电阴极来说，温度升高到 100~150 ℃时，光电流会有所增大，但此时阴极的热发射也显著上升，而当温度超过 200 ℃时，光电流又会减小，而且是不可逆的，对于无金属衬底的半透明锑铯或银氧铯光电阴极，温度降到-50 ℃时，灵敏度会下降很多等。

Ⅵ. 暗电流

在完全没有光照射时，光电管阳极的输出电流就是暗电流。

光电管内产生暗电流的原因是阳极与阴极间的漏电流和阴极的热发射，可以在阴极上加上相对阳极为正的电位，热发射即应消失，而漏电流不变的方法来区分这两种暗电流。降低热发射的方法是采用大逸出功的阴极与减少阴极的实际尺寸，例如锑铯阴极在室温下的热发射就远小于银氧铯阴极。

Ⅶ. 噪声

光电管的噪声可以分为暗电流脉冲噪声和寄生在信号中的噪声。

产生噪声的原因主要有：阴极发射不均匀引起的散粒噪声，这种噪声对阴极的光电发射和热发射都会存在；负载电阻上产生的热噪声，光电管在探测弱光时，热噪声是主要的。

散粒噪声电压与负载电阻成正比，而热噪声电压则正比于负载电阻的平方根，因此提高负载电阻，可使热噪声小于散粒噪声。

4)接口电路

由于真空光电管是电流输出传感器,即其输出电流与光照强度(光通量)成正比,呈现很好的线性关系。

当光线照射在光敏材料上时,如果光子的能量大于电子的逸出功,会有电子逸出而产生电子发射。如图 5-14(a)所示,电子被带有正电的阳极吸引,在光电管内形成电子流 I_ϕ,电流在回路电阻 R_L 上产生正比于电流大小的压降 U_o,即有

$$U_o \propto I_\phi \propto 光强 \tag{5-5}$$

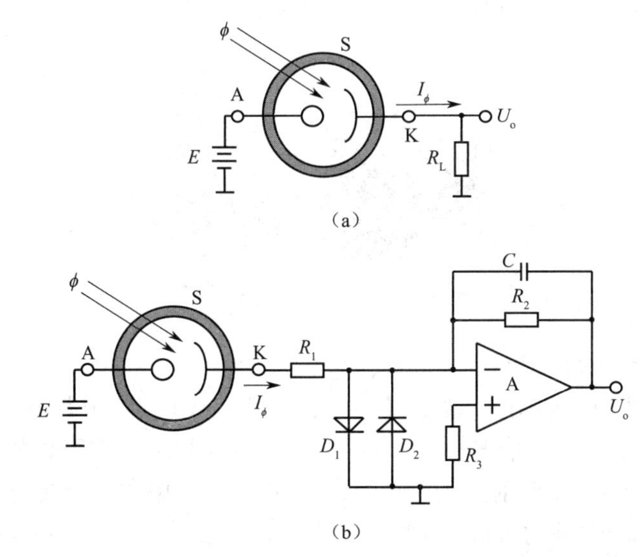

图 5-14　真空光电管的接口电路

(a)基本原理图　(b)实用高性能接口电路

在图 5-14(a)中,真空光电管 S 所需的直流高压 E 加载在真空光电管的 A 极(阳极),真空光电管的 K 极(阴极)接负载电阻(电流/电压转换电阻,或电流取样电阻)R_L,在真空光电管受光照射后产生光电流 I_ϕ,因而电路的输出电压 U_o 为

$$U_o = I_\phi R_L \tag{5-6}$$

R_L 取值越大,灵敏度越高,R_L 越小,传感器的线性越好。因此,图 5-14(b)所示的实用高性能接口电路就不存在上述问题,其中 D_1 和 D_2 是保护电路,除去保护电路的器件,可以看出由运算放大器 A 和 R_2、C、R_3 组成跨阻放大器(电流/电压转换电路),其输入阻抗近乎 0,因而保证真空光电管处于最佳的线性状态;同时,电路的输出为

$$U_o = I_\phi R_2 \tag{5-7}$$

一方面,R_2 取值越大,灵敏度越高;另一方面,依据密勒定律和深度负反馈理论,R_2 等效到跨阻放大器的输入端,也就是跨阻放大器的输入电阻 r_i' 为

$$r_i' = R_2/(1-A) \tag{5-8}$$

式中:A 为运放的开环增益。

一般运算放大器的开环增益 A 至少达到 10^4 以上,精密运算放大器轻而易举达到 10^6,

因此跨阻放大器的输入电阻 r_i' 不难做到 1 Ω 以下,基本上影响不到真空光电管的工作状态,并保持很好的线性。

2. 光电倍增管

光电倍增管(Photo Multiplier Tube，PMT)是在光电管的基础上研制出来的一种真空光电器件(图 5-15),在结构上增加了电子光学系统和电子倍增极,因而极大地提高了检测灵敏度和响应速度,可广泛应用于光子计数、极微弱光探测、化学发光和生物发光研究、极低能量射线探测、分光光度计、旋光仪、色度计、照度计、尘埃计、浊度计、光密度计、热释光量仪、辐射量热计、扫描电镜、生化分析仪等仪器设备中。

图 5-15 光电倍增管

1)光电倍增管的一般结构

光电倍增管由光电发射阴极(光阴极)和聚焦电极、电子倍增极及电子收集极(阳极)等组成(图 5-16)。典型的光电倍增管按入射光接收方式可以分为端窗式和侧窗式两种类型。其主要工作过程如下:当光照射到光阴极时,光阴极向真空中激发出光电子,这些光电子沿聚焦电场进入倍增系统,并通过进一步的二次发射得到倍增放大,最后把放大后的电子用阳极收集作为信号输出。

因为采用了二次发射倍增系统,所以光电倍增管在探测紫外、可见和近红外区的辐射能量的光电探测器中,具有极高的灵敏度和极低的噪声。另外,光电倍增管还具有响应快速、成本低、阴极面积大等优点。

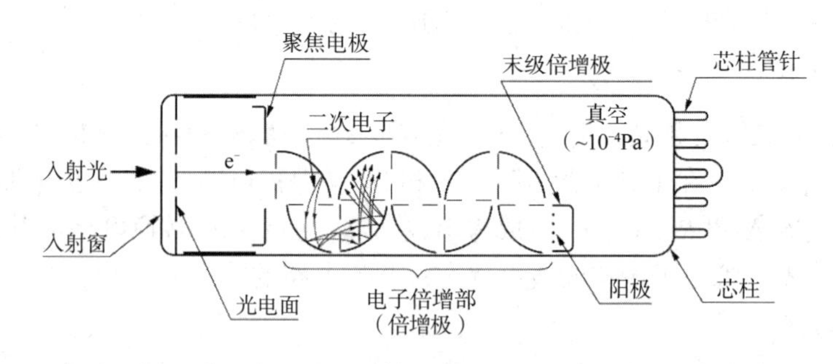

图 5-16 光电倍增管的构造图

2)电子轨迹

为使倍增极有效地收集光电子、二次电子,以及为使电子渡越时间分散尽可能小,根据电子轨迹的解析理论,有必要对电极设计进行优化。

在光电倍增管设计方面,首先要考虑光阴极面和第一倍增极之间的聚焦极,这不仅要考虑光阴极面的形状（平面或者曲面）、聚焦极的形状和配置以及工作电压，还要考虑从光阴极面发射的光电子要有效地入射到第一倍增极。第一倍增极的收集效率用入射到第一倍增极区域的有效电子数和发射的光电子数之比来表示，可获得 60%~90%的值。另外，根据用途，为使电子的渡越时间分散最小，不仅要使电极形状最佳化，电场强度也要设计的比通常用略高。

其次，电子倍增部分通常由几级到十几级具备二次电子发射能力的曲形倍增极组成。为提高各倍增极的收集效率，并使电子渡越时间分散最小化，需要根据电子轨迹的解析来决定倍增极最佳的形状和配置。倍增极的配置还必须考虑避免后级产生离子反馈及光反馈的原则。

可以用计算机模拟计算出光电倍增管的各种特性。例如通过设定光电子、二次电子的初始条件，用蒙特卡罗法可以计算出收集效率、均匀性、电子渡越时间等各种性质，从而可以对光电倍增管进行综合评价。图 5-17 至图 5-19 分别给出了环形聚焦型（Circular Cage）、盒栅型（Box and Grid）以及直线聚焦型（Linear Focus）光电倍增管的电子轨迹模型图。

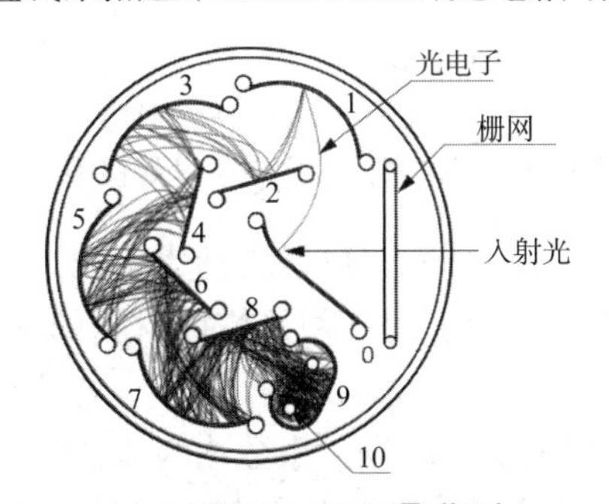

图 5-17　环形聚焦型

0—光电阴极；10—阴极；1~9—倍增极

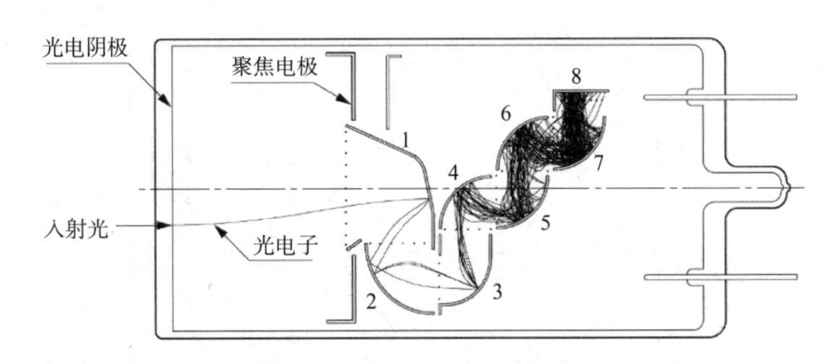

图 5-18　盒栅型

1~7—倍增极；8—阳极

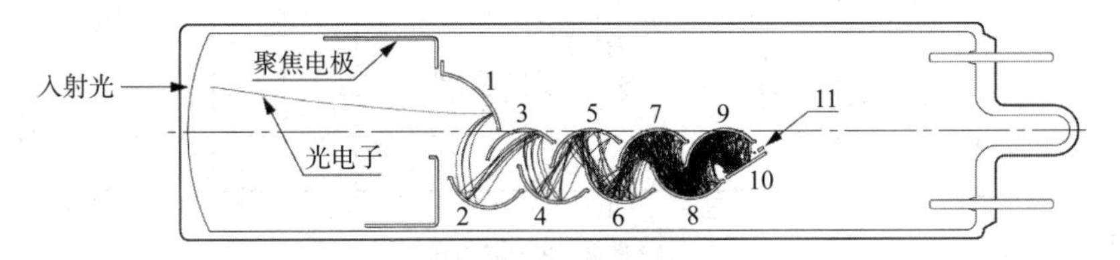

图 5-19　直线聚焦型

1~10—倍增极；11—阳极

3）电子倍增系统（倍增极系统）

如上所述，为使光电倍增管具有最佳性能，需要对它的电位分布和电极结构进行优化。光阴极面发出的光电子经过从第一倍增极到末级倍增极（最多 19 级）的倍增系统，可以得到 10~10^8 倍的电流增益，最后到达阳极。

倍增极中使用的二次电子发射材料主要有碱-锑、氧化铍（BeO）、氧化镁（MgO）、磷化镓（GaP）及磷砷化镓（GaAsP）等，而基板则使用镍金属、不锈钢及银铜合金等。图 5-20 所示为倍增极的二次电子发射模型。

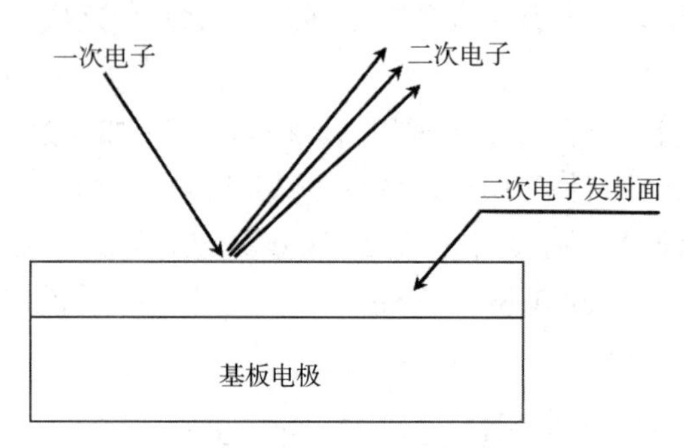

图 5-20　倍增极的二次电子发射模型

如果一个初始能量为 E_p 的一次电子，经倍增极后发射出 δ 个二次电子，则称 δ 为此倍增极的二次电子发射系数。图 5-21 所示为多种倍增极材料的一次电子加速电压和二次电子发射系数 δ 的关系曲线。

假设倍增极级数为 n，各倍增极的二次发射系数均为 δ，则电流增益可用 δ^n 来表示。

由于倍增极结构的多样性，光电倍增管的增益、时间响应、线性等特性会因倍增极级数和其他因素不同而各不相同，要根据具体应用来选择最适合的倍增极结构。

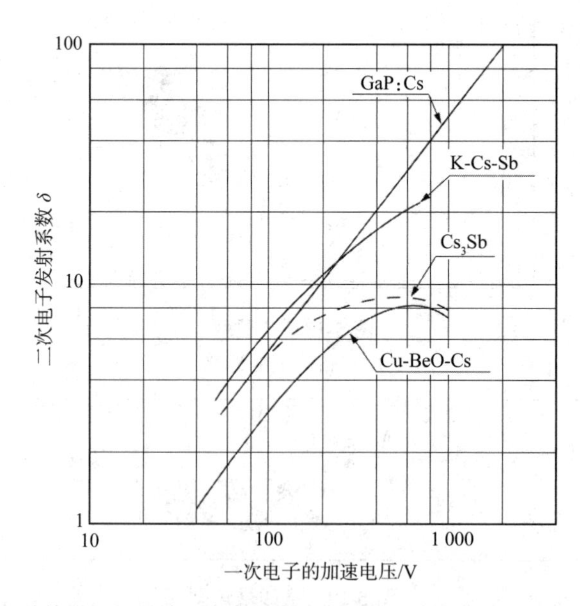

图 5-21　多种倍增极材料的一次电子加速电压和二次电子发射系数 δ 的关系线

4)阳极

光电倍增管的阳极部分负责对经过各级倍增极的二次电子进行收集,并通过外接电路将电流信号输出。

对于前面提到的电子轨迹系统来说,必须对阳极结构进行精心设计使其最优化。阳极一般被制作成棒状、平板状和网格等三种结构。设计阳极结构时一个最重要的考虑因素是确保阳极和末级倍增极间的电位差合适,这样可以避免空间电荷效应,从而获得大的输出电流。

5)光电倍增管的类型

Ⅰ.按接收入射光方式分类

光电倍增管按接收入射光的方式一般可以分为端窗型(head-on)和侧窗型(side-on)两大类。

端窗型光电倍增管(CR 系列)从玻璃壳的顶部接收入射光,侧窗型光电倍增管(R 系列)从玻璃壳的侧面接收入射光。图 5-22 和图 5-23 分别是端窗型光电倍增管和侧窗型光电倍增管的外形图。

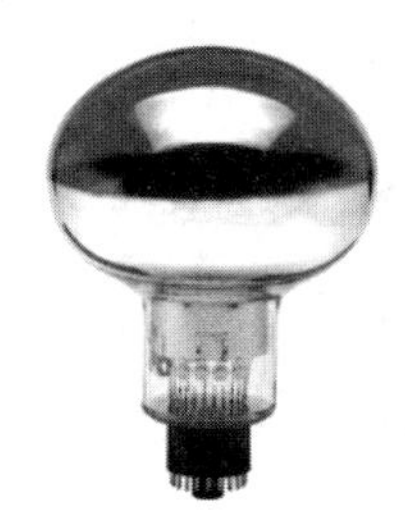

图 5-22　端窗式光电倍增管

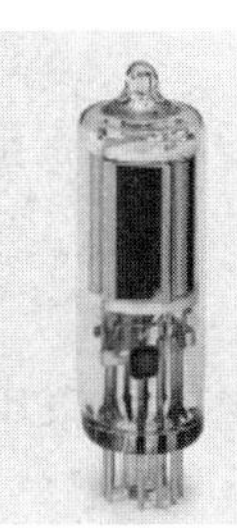

图 5-23　侧窗式光电倍增管

在通常情况下,侧窗型光电倍增管(R 系列)的单价比较便宜(一般数百元 1 只),在分光光度计、旋光仪和常规光度测定方面具有广泛的应用。大部分的侧窗型光电倍增管使用不透明光阴极(反射式光阴极)和环形聚焦型电子倍增极结构,这种结构能够使其在较低的工作电压下具有较高的灵敏度。

端窗型光电倍增管(CR 系列)也称顶窗型光电倍增管,其价格一般在上千元,它是在其入射窗的内表面上沉积半透明的光阴极(透过式光阴极),这使其具有优于侧窗型的均匀性。端窗型光电倍增管的特点是拥有从几十平方毫米到几百平方厘米的光阴极。另外,现在还出现了针对高能物理实验的、可以广角度捕获入射光的大尺寸半球形光窗的光电倍增管。

Ⅱ.按电子倍增系统分类

光电倍增管之所以具有优异的灵敏度(高电流放大和高信噪比),主要得益于其多个排列的二次电子发射系统的使用,它可使电子在低噪声条件下得到倍增。电子倍增系统,包括8~19极的称为打拿极或倍增极的电极。

现在使用的光电倍增管的电子倍增系统有8类,如图5-17至图5-19和图5-24所示。

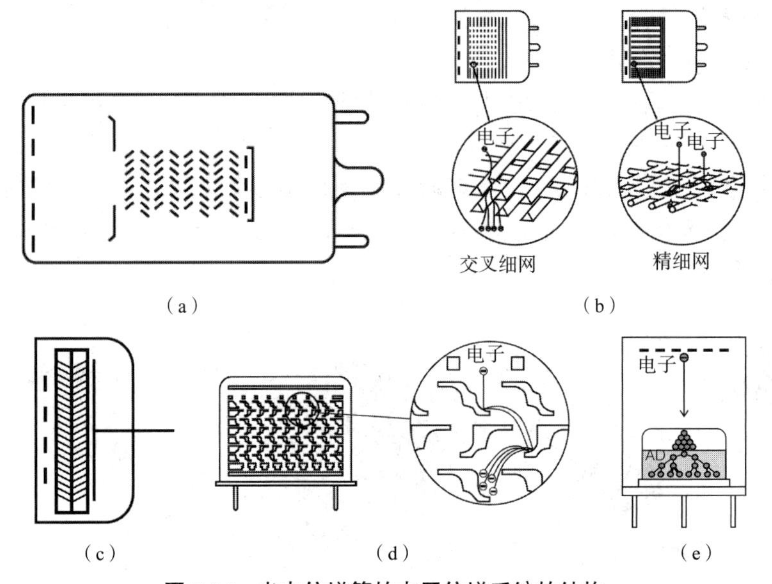

图5-24 光电倍增管的电子倍增系统的结构

(a)百叶窗型 (b)细网型 (c)微通道板型 (d)栅网型多通道倍增极型 (e)电子轰击型

Ⅰ)环形聚焦型

因环形聚焦型的形状小,具有小型紧凑的优点,被所有的侧窗型和一部分端窗型光电倍增管使用,时间响应特性也很好。

Ⅱ)盒栅型

盒栅型被端窗型光电倍增管使用,光电子的收集效率高。采用这种倍增极的光电倍增管,其探测效率高、均匀性好。

Ⅲ)直线聚焦型

直线聚焦型和盒栅型一样用于端窗型光电倍增管,具有快(高)速时间响应特性,时间分辨率和脉冲均匀性好。

Ⅳ)百叶窗型

百叶窗型第一倍增极对光电子的收集效率高,主要用于大口径端窗型光电倍增管。

Ⅴ)细网型

细网型用于端窗型光电倍增管,光电子、二次电子几乎是用平行电场加速,所以平行于光电倍增管轴向的磁场对光电管工作影响很小,即使在强磁场环境下也能使用。另外,由于其均匀性非常好,倍增极间距离很短,可以缩短整个光电管长度,又是平行电场,采用特殊形状的阳极，具有位置探测功能。

Ⅵ）微通道板型，MCP（Microchannel Plate）

因使用了 1 mm 以下的微通道板，所以具有特别好的时间响应特性。由于磁场对增益影响小，采用与细网型电极同样的特殊形状的阳极，也可以用作位置探测器。

Ⅶ）栅网型多通道倍增极型

根据电子轨道模拟和微加工技术，形成极薄型的电极高精度部件，体积小，而且时间响应特性好。

由于磁场的增益变化比较小，与多阳极组合也能得到多通道输出和位置信息。

Ⅷ）电子轰击型

高电压加速光电子，光电子轰击半导体后将能量传递给后者，产生增益。这种结构具有简单、噪声系数小、均匀性和线性好等特点。

6）光电倍增管的基本特性

Ⅰ. 倍增极基本特性

倍增极有许多种类，由于它的结构、倍增极级数的不同而使电流增益、时间响应特性、均匀性、二次电子收集效率等不同，要根据使用目的做相应的选择。

Ⅰ）倍增极的种类和电气特性

电气特性不仅取决于倍增极的种类，还与光阴极面大小和聚焦系统有关，所以不能一概而论。端窗型光电倍增管各倍增极的大致特性如表 5-2（管径到 5 in，1 in=25.4 mm）所示。管轴方向最容易受磁场影响，但特性上限值无大的变化。

表 5-2　各种倍增极的特性

倍增极	时间特性 上升时间/ns	脉冲线性特性 （2%）/mA	磁特性/mT	均匀性	收集效率	特征
环形聚焦型	0.9~3.0	1~10	0.1	△	○	小型高速
盒栅型	6~20			○	◎	高收集效率
直线聚焦型	0.7~3	10~250		△	○	高速、线性好
百叶窗型	6~18	10~40		○	△	大面积使用
细网型	1.5~5.5	300~1 000	500~1 500*	○	△	高磁场
MCP	0.1~0.3	700	1 500*	○	△	超高速
栅网型	0.65~1.5	30	5**	○	○	小型、高速
电子轰击型	依靠内藏元件		—	◎	◎	高电子分辨率

注：*管轴方向；

**栅网型 PMT。

Ⅱ）收集效率和电流增益（放大倍数）

i. 收集效率

光电倍增管的倍增系统是根据电子轨迹来设计的，以使倍增极有良好的电子收集效率。但即使这样，仍然有些电子得不到倍增。

通常把入射到第一倍增极有效部分的光电子的概率称为收集效率(a)。有效部分是指入射到第一倍增极的光电子所产生的二次电子在第二个倍增极以后各级都能被有效倍增。在第二倍增极以后,虽然也存在未被倍增的二次电子,但是因为到达后级倍增极的电子数增加了,所以对收集效率的影响不大。因此,第一倍增极的光电子收集效率是一个重要的特性。

图 5-25 所示为阴极-第一倍增极间电压与相对收集效率的关系曲线。如果阴极-第一倍增极间电压不适当,光电子不能入射到第一倍增极的有效部分,就会影响收集效率。特别是阴极-第一倍增极间电压低时,到达第一倍增极有效部分的光电子数少,收集效率降低。

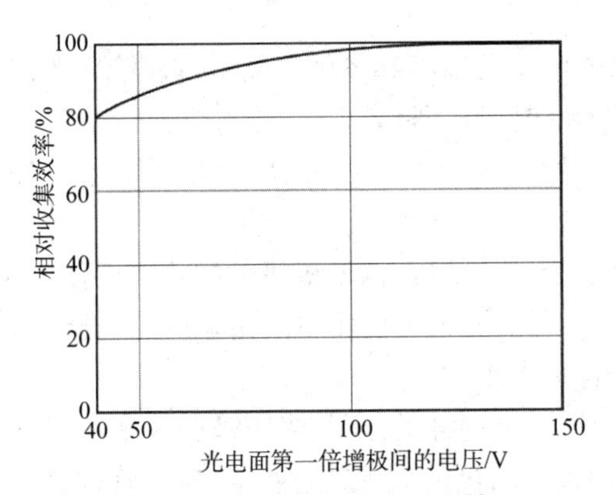

图 5-25 收集效率的电压特性

图 5-25 表明光电倍增管光阴极面和第一倍增极间应加 100 V 左右电压。在闪烁体计数中,第一倍增极的电子收集效率会影响能量分辨率、探测效率和信噪比。探测效率是指光电倍增管探测到的信号与输入信号之比,在光子计数中常用光电倍增管量子效率和第一倍增极收集效率的乘积来表示。

ii. 电流增益(电流增倍率)

二次电子发射系数 δ 是倍增极间电压 E 的函数,可用下式表示:

$$\delta = \alpha E^k \tag{5-9}$$

式中:α 是常数;k 由电极的结构和材料决定,一般在 0.7~0.8 的范围。

从光阴极面发射的光电流 I_k 入射到第一倍增极,发射出二次电子流 I_{d1},这时对于第一倍增极的二次发射系数 δ_1 可用下式表示:

$$\delta_1 = \frac{I_{d1}}{I_k} \tag{5-10}$$

该光电流从第一倍增极到第二倍增极……直到第 n 倍增极连续倍增。第二倍增极以后 n 级倍增极的二次电子发射系数 δ_n 可用下式表示:

$$\delta_n = \frac{I_{dn}}{I_{d(n-1)}} \tag{5-11}$$

阳极电流由下式给出:

$$I_p = I_k \cdot \alpha \cdot \delta_1 \cdot \delta_2 \cdots \delta_n \tag{5-12}$$

而

$$\frac{I_p}{I_k} = \alpha \cdot \delta_1 \cdot \delta_2 \cdots \delta_n \tag{5-13}$$

式中：α 为收集效率，把 $\alpha \cdot \delta_1 \cdot \delta_2 \cdots \delta_n$ 称为电流增益，用 μ 来表示，即

$$\mu = \alpha \cdot \delta_1 \cdot \delta_2 \cdots \delta_n \tag{5-14}$$

如 α=1，光电倍增管倍增级数为 n，平均分压时，电流增益 μ 对工作电压 V 的变化有如下关系式：

$$\mu = (\alpha E^k)^n = \alpha^n (\frac{V}{n+1})^{kn} = A \cdot V^{kn} \tag{5-15}$$

由 $A = \alpha^n / (n+1)^{kn}$ 知道，电流增益与工作电压的 kn 次方成正比。典型的工作电压对增益的关系如图 5-26 所示。图 5-26 采用双对数坐标曲线，直线的斜率为 kn。一般情况下，工作电压增加则增益提高。由于电流增益随工作电压的 kn 次方变化，所以与光电倍增管配套使用的高压电源的稳定性、纹波、温度变化、输入调整率和负载调整率等都对光电倍增管的电流增益产生很大影响。

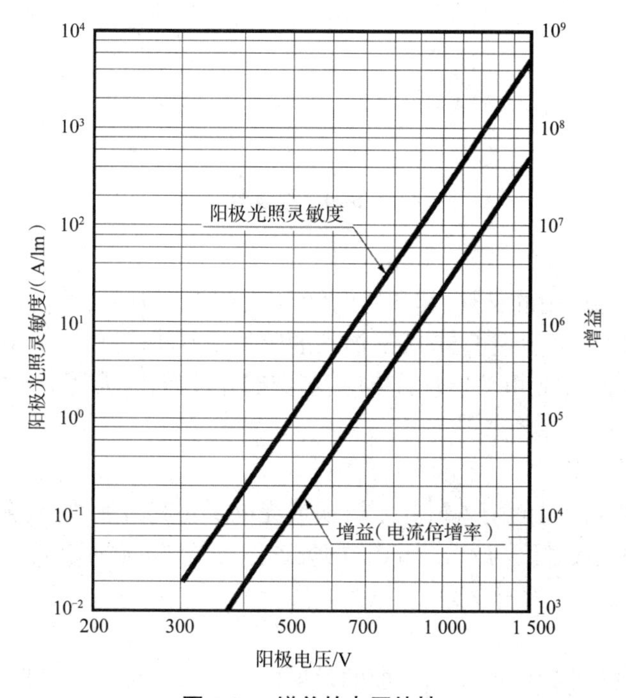

图 5-26　增益的电压特性

Ⅱ. 入射窗材料的种类

如前所述，光阴极面一般对于紫外线都有较高的灵敏度，但入射窗材料吸收紫外线，所以短波区的界限取决于使用的窗材料对紫外线的吸收特性。光电倍增管使用的（光）窗材料有以下几种。

Ⅰ）MgF_2 晶体

卤化碱金属的晶体是透紫外线很好的窗材料，但有水解的缺点。氟化镁（MgF_2）晶体几

乎不水解,是一种实用的窗材料,直到波长 115 nm 的真空紫外线都能透过。

Ⅱ)蓝宝石

Al_2O_3 晶体可作为光窗材料,紫外线的透过率处在透紫玻璃和合成石英玻璃之间。但是短波区的截止波长为 150 nm 附近,比合成石英的截止波长短一些。

Ⅲ)合成石英

合成石英直到 160 nm 的紫外线还能透过,紫外区的吸收比熔融石英小。因为石英的热膨胀系数和芯柱丝使用的可伐合金有很大差别,所以在和芯柱部分的硼硅玻璃之间要加入数种热膨胀系数逐渐过渡的玻璃,换句话说,要使用"过渡节"(图 5-27)。过渡节部分容易裂开,使用时须注意。氦气容易透过石英,所以不能在有氦的气体中使用。

Ⅳ)UV 玻璃(透紫玻璃)

因为紫外线(UV)很容易透过这种玻璃,所以取名透紫玻璃。其能透过的紫外线波长延伸到 185 nm。

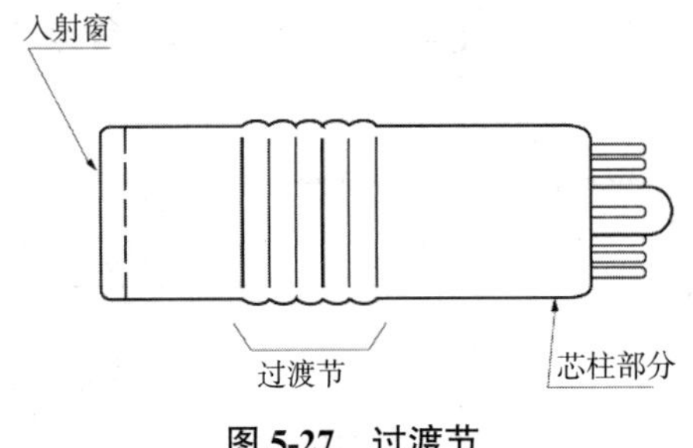

图 5-27 过渡节

Ⅴ)硼硅玻璃

硼硅玻璃是广泛使用的材料,其和光电倍增管芯柱丝使用的可伐合金有相近的膨胀系数,称为"可伐玻璃"。因为短于 300 nm 波长的紫外线不能透过,不适用于紫外线探测。此外,双碱光阴极面端窗型光电倍增管,还使用低钾硼硅玻璃,因为其是光电管的噪声源,故主要用于闪烁计数的光电倍增管。

Ⅲ. 光谱灵敏度特性

光电倍增管的光阴极面把入射光子转换成光电子。其转换效率(阴极灵敏度)因入射光的波长而异。阴极灵敏度与入射光波长的关系称为光谱灵敏度特性。一般光谱灵敏度特性用辐射灵敏度和量子效率来表示。

Ⅰ)辐射灵敏度

辐射灵敏度是光照射时的光阴极面的发射电流与某一波长的入射光的辐射功率(W)之比。辐射灵敏度单位为安培/瓦(A/W)。以光谱灵敏度的最大值为 1,用百分比(%)来表示的称为相对光谱灵敏度。

Ⅱ)量子效率

从光阴极面发射的光电子数除以入射光子数的值来表示量子效率,一般用 h 表示,它是一个百分数。入射光子把能量传递给光阴极面物质价带电子,得到能量的电子并非都能成为光电子发射出来,而是存在某一随机过程。波长短的光子比波长长的光子相应的能量高,光电子发射的概率也高,所以量子效率的最大值在短波方向。

Ⅲ)光谱灵敏度的测试方法和计算方法

辐射灵敏度、量子效率的测试方法是用精密校正过的标准光电管或半导体器件为二级标准。首先用标准光电管或半导体管测试待测波长的入射光辐射通量 L_p,而后把要求测试辐射灵敏度的光电倍增管固定好,测出光电流 I_k。辐射灵敏度 S_k 可用下式求出:

$$S_k = \frac{I_k}{L_p}(\mathrm{A/W}) \tag{5-16}$$

用该波长的辐射灵敏度 S_k(A/W),通过下式可以算出量子效率:

$$\eta(\%) = \frac{hc}{\lambda e}S_k = \frac{1\,240}{\lambda}S_k \tag{5-17}$$

式中:量子效率 η 用百分比表示;普朗克常数 h=6.262 627 6 × 10^{-34} J.s; λ 为入射光波长(nm);真空中光的速度 c =2.997 294 × 10^8 m/s;电子的电荷量 e =1.602 189 × 10^{-19} C。

Ⅳ)波长范围(短波限、长波限)

把光谱灵敏度特性曲线在短波端急剧下降时的波长称为短波限,把在长波端急剧下降时的波长称为长波限。短波限取决于入射窗材料,而长波限则取决于光阴极面种类。把从短波限到长波限的波长称为波长范围。

通常把窗材料吸收急剧增大的波长定义为短波限,而长波限则按下述定义,即双碱系列 Ag-O-C 系列的光阴极面是阴极灵敏度下降到最大辐射灵敏度的 1%以下的波长,多碱系列的光阴极面则是下降到 0.1%时的波长。使用时的界限波长则要由入射光量、光阴极面灵敏度、暗电流、测试系统的信噪比等综合决定。

Ⅳ. 光照灵敏度(白光灵敏度)

光谱灵敏度的测试不仅需要昂贵的设备,而且很费时间,所以一般用光照灵敏度来评价光电倍增管的灵敏度。把距 1 烛光(cd)的点光源 1 m 处面上的亮度称为 1 勒克斯(1 lux),用这 1 lux 照度通过 1 m² 面积的光通量称为 1 流明(1 lm)。测试用色温度为 2 856 K 的标准钨丝灯泡,对应于 1 lm 光的输出电流称为光照灵敏度。有时在光源和光电倍增管之间使用视觉灵敏度补正滤光片,但是通常不用。图 5-28 所示为视觉灵敏度(视觉函数)和色温度 2 856 K 的钨丝灯泡的发光分布曲线。

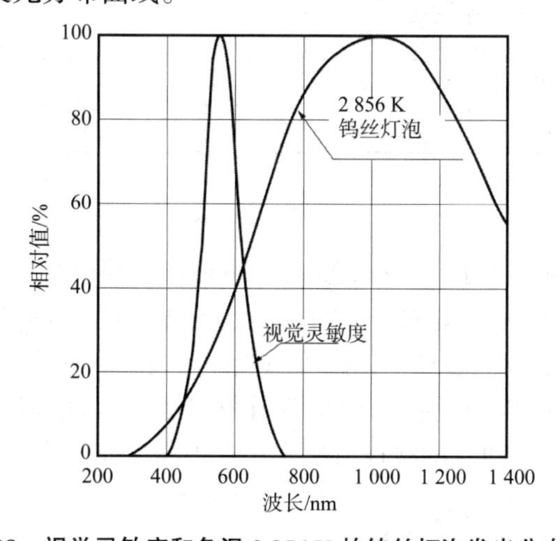

图 5-28　视觉灵敏度和色温 2 856 K 的钨丝灯泡发光分布曲线

在同一品种光电倍增管的灵敏度比较时，使用光照灵敏度更方便。但是，流明（lm）是对标准视觉灵敏度的光束而言的，所以该值对在视觉灵敏范围（350~750 nm）不灵敏的光电倍增管以及具有不同光谱特性的光电倍增管是无物理意义的。Cs-Te，Cs-I 等在钨丝灯泡的发光波长范围是没有灵敏度的光阴极面，要用特定波长的辐射灵敏度来比较。

V. 光照灵敏度和光谱灵敏度

光照灵敏度和光谱灵敏度特性在特定波长范围内有某种程度的相关性。示出光照灵敏度、蓝光灵敏度（Cs-5-58）、红光灵敏度（R-68，IR-D80 A）和各波长的辐射灵敏度的相关性。

可以看出，光电倍增管的辐射灵敏度和直到 450 nm 的蓝光灵敏度有着非常好的相关性，500~700 nm 的光照灵敏度，700~800 nm 用东芝 R-68 滤光片的红光灵敏度，以及在 800 nm 以上用东芝 IR-D80 A 滤光片的近红外灵敏度，都有相关性也是显而易见的。选择在某一波长下光电倍增管的灵敏度时，不进行光谱灵敏度测试，而用具有特定波长的滤光片测试其灵敏度，也很容易进行选择。

VI. 时间特性

光电倍增管是具有非常快速的时间响应的光探测器。它的时间响应主要是由从阴极发射的光电子到达阳极的放大过程中，产生的渡越时间差决定的。因此，在电极设计时把快速测光用光电倍增管的入射窗内表面制作成曲面，使渡越时间差尽可能小。

2 in 直径光电倍增管的不同倍增极的时间特性见表 5-3。可以看出，直线聚焦型倍增极结构的时间特性最好，盒栅型、百叶窗型结构次之。因此，快（高）速光电倍增管通常都使用直线聚焦型结构。

表 5-3 时间特性（2 in 直径光电倍增管） （ns）

倍增极	上升时间	下降时间	脉冲高度（FWHM）	电子渡越时间	T.T.S
直线聚焦型	0.7~3	1~10	1.3~5	16~50	0.37~1.1
环形聚焦型	3.4	10	7	31	3.6
盒栅型	~7	25	13~20	57~70	~10
百叶窗型	~7	25	25	60	~10
细网型	2.5~2.7	4~6	5	15	~0.45
栅网型	0.65~1.5	1~3	1.5~3	4.7~8.8	0.4

VII. 线性

在包括极微弱光领域（光子计数法，Photon Counting）的很宽的入射光范围内，光电倍增管的阳极输出电流对入射光通量的线性（直线性）是很好的，也就是说具有宽的动态范围。但是，在接收较强的光入射时，会产生偏离理想线性的情况。其主要原因是阳极的线性特性影响。具有透过型光电阴极的光电倍增管，工作在低电压、大电流场合，也可能出现阴极线性特性的影响。阴极、阳极两者的线性特性在工作电压一定时，与入射光波长无关，而取决于电流值大小。

Ⅷ. 暗电流

光电倍增管即使在没有光入射的情况下，也有小电流流过，将其称为暗电流。作为微小电流、微弱光使用的光电倍增管，希望暗电流尽可能小。

暗电流按产生原因可分类如下：

（1）由光阴极面及倍增极表面的热电子发射引起的电流；

（2）管内阳极和其他电极之间，以及芯柱阳极管脚和其他管脚之间的漏电电流；

（3）因玻璃及电极支持材料发光产生的光电流；

（4）场致发射电流；

（5）因残留气体电离产生的电流（离子反馈）；

（6）因宇宙射线、玻璃中的放射性同位素发出放射线、环境 γ 射线等导致玻璃发光引起的噪声电流。

7）光电倍增管的供电电路

Ⅰ. 电压分压（分压）电路

Ⅰ）分压电路的基础

为使光电倍增管工作，要在阴极（K）和阳极（P）之间加上 500~3 000 V 的高压，同时供给光电子聚焦电极（F）、各倍增极不同的加速电压。其基本结构可表示为如图 5-29 所示多个独立电源的形式，但实际上并非如此简单。

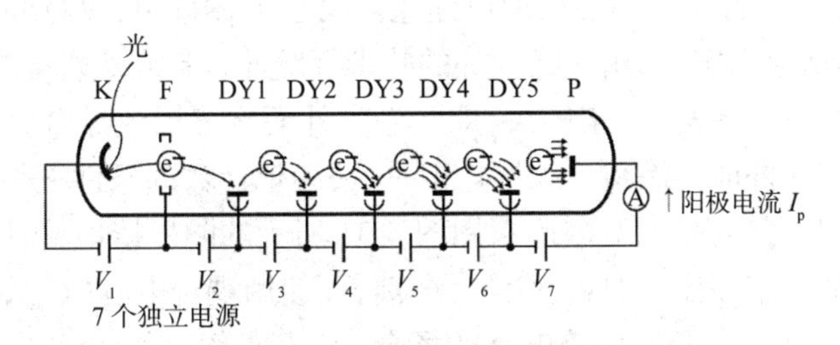

图 5-29　光电倍增管基本构造

实际应用则如图 5-30（a）所示，在阴极和阳极之间用数个电阻（100 kΩ~1 MΩ）进行分压，得到各级间的规定电压。除电阻外，也可使用齐纳二极管进行分压，如图 5-30（b）所示。这种电路称为电压分配电路，一般称为分压电路。

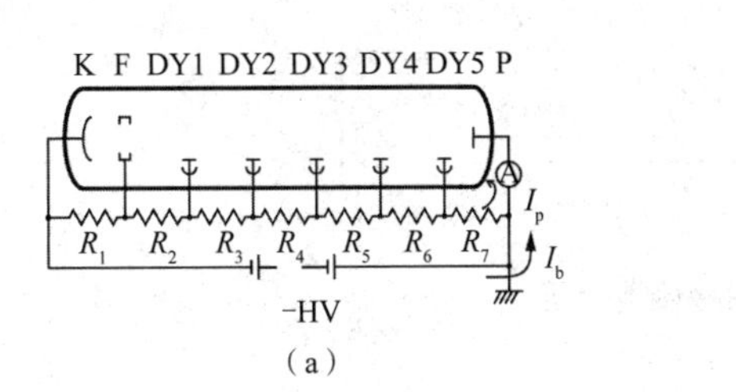

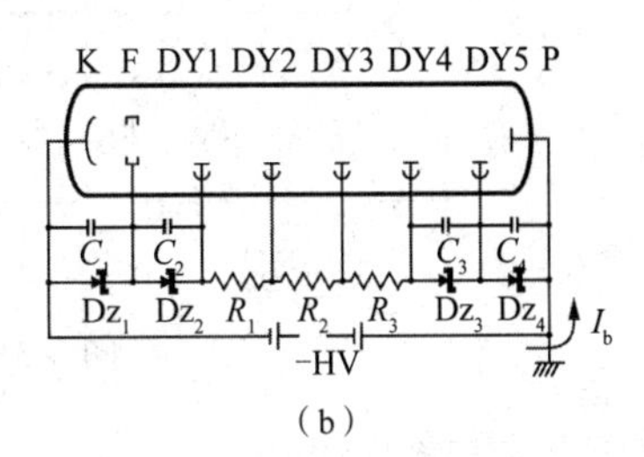

图 5-30　分压电路

（a）使用电阻的电路　（b）使用电阻和齐纳二极管的电路

图 5-30（a）所示电路中的 I_b 是流过分压电路的电流，称为分压电流，它和后面叙述的输

出线性有很大的关系。I_b 可近似用工作电压 V(=−HV)除以分压电阻之和的值来表示，即

$$I_{\mathrm{b}} = \frac{V}{R_1 + R_2 + \cdots + R_6 + R_7} \tag{5-18}$$

图 5-30(b)所示电路中的齐纳二极管(D_z)的作用是不管阴极-阳极间加的电压大小，都能保持电极间电压一定，从而使光电倍增管稳定工作。同式(5-18)一样，可求出 I_b：

$$I_{\mathrm{b}} = \frac{V - \sum_{i=1}^{4} D_{zi}}{R_1 + R_2 + R_3} \tag{5-19}$$

齐纳二极管并联的电容是为了减少齐纳二极管产生的噪声。这种噪声在流过齐纳二极管的电流过小时更为显著，它将影响光电倍增管的输出信噪比，这一点必须注意。

Ⅱ)阳极接地和阴极接地

通常情况下，为使电流计、电流电压转换电路、运算放大器电路等外部电路和光电倍增管阳极在无电位差情况下易于连接，采用阳极接地，阴极加负高压−HV 的方法。但是，在这种方法中，由于光电倍增管的外管壁与接地电位的金属架、套筒、磁屏蔽罩等接近或接触时，光电倍增管内部的电子打到接地电位的玻璃内壁上会引起发光，而使噪声显著增加。另外，在使用端窗型光电倍增管的场合，当阴极附近管壁或面板接地时，由于玻璃的微导电性，阴极和接地间有微小电流流过，因受到电压变化的影响，有导致阴极特性显著变坏的危险。因此，套筒的设计、屏蔽罩的使用都必须加以注意。由于上述理由，为将处于接地电位的电磁屏蔽罩内的光电倍增管固定，选用绝缘性好的软带等缓冲材料卷在管壳外边是很重要的。

以上问题可由“HA 涂覆层”来解决，即在管壳外面涂覆黑色导电涂层并与阴极电位相连，为安全起见也可在外面再涂覆绝缘层。但是，在闪烁计数的条件下是让接地的闪烁体与光电倍增管光电面紧密贴在一起，因此采用图 5-31 所示的阴极接地、阳极加正高压的方法。这时，为了使阳极加的正高压(+HV)和信号分离，而使用耦合电容(C_c)，因而不可能得到直流信号。此外，在闪烁计数等使用该电路的场合，若计数率过大，会产生基线漂移。耦合电容有漏电电流时会产生噪声，这是需要注意的。

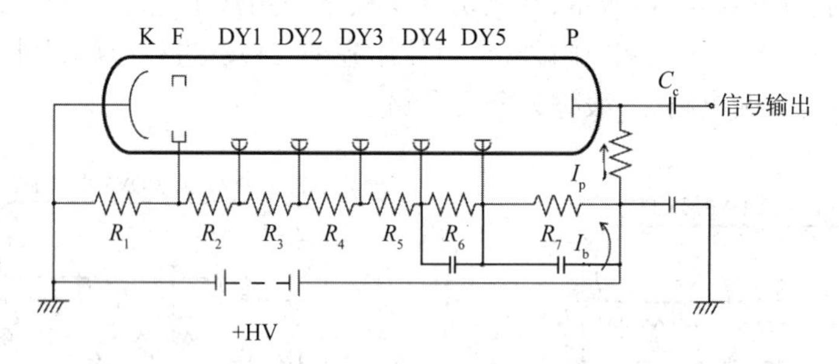

图 5-31 阴极接地分压

Ⅲ)分压电流和输出线性

无论阳极接地还是阴极接地，也无论直流还是脉冲运用，当入射到阴极的光通量增加时，输出电流也将随之增加(A 部)，入射光量和输出电流的关系在某一电流值以上开始偏离理想的直线状态(B 部)，最终达到饱和(C 部)，如图 5-32 所示。

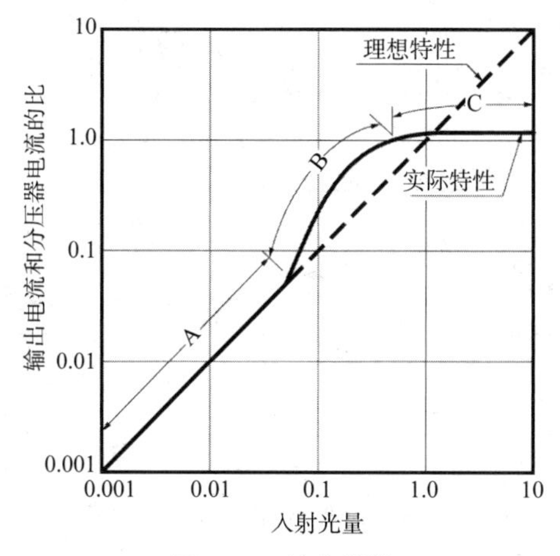

图 5-32　输出线性

Ⅱ. 后续电路

观测光电倍增管输出信号的方法如图 5-33、图 5-34、图 5-35 所示，可应用于不同的工作状态。

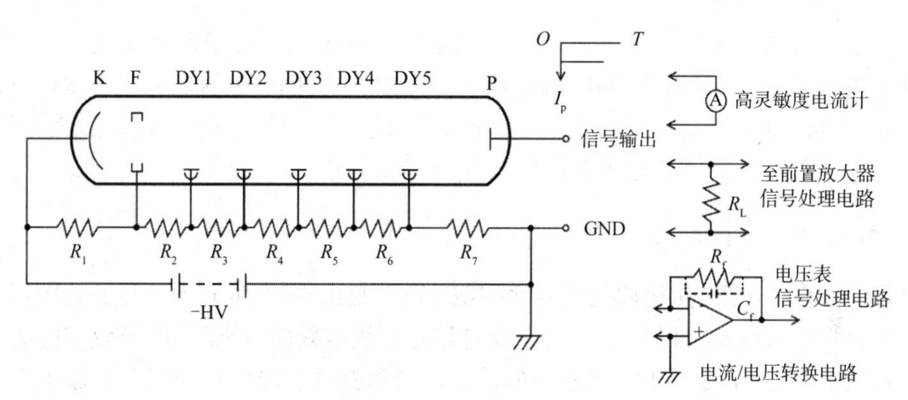

图 5-33　阳极接地直流工作

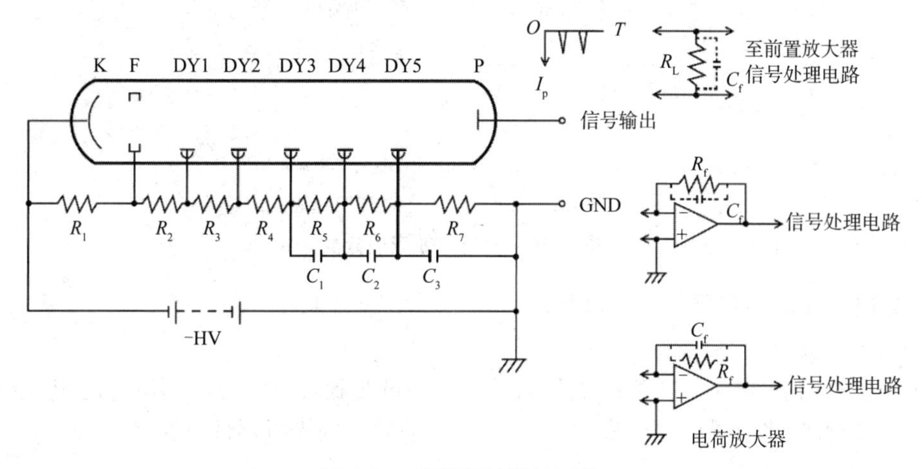

图 5-34　阳极接地脉冲工作

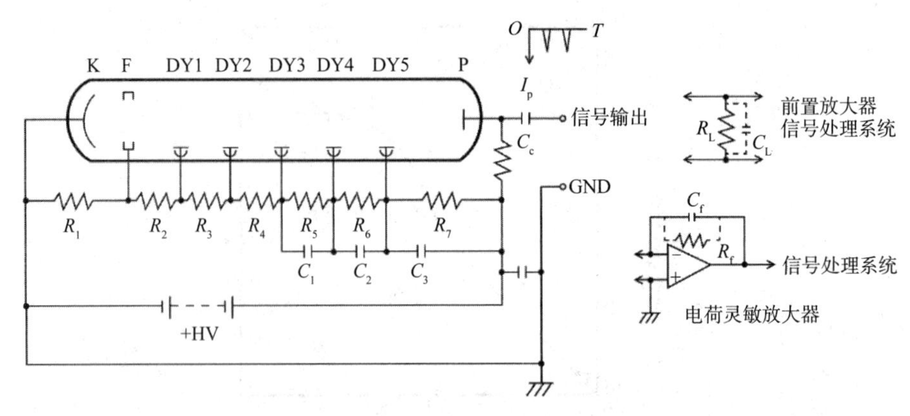

图 5-35 阴极接地脉冲工作

分压电路的工作分为阳极接地法和阴极接地法两种。阳极接地法如图 5-23 和图 5-24 那样直流工作和脉冲工作都可以。阴极接地法如图 5-25 那样,阳极加正电压,必须耦合电容,这样一来就只能用在脉冲工作状态。这种工作状态可以除去由于本底光等产生的直流分量,很适合脉冲工作状态。

在后接放大器电路系统接线时应该注意的是,必须在放大器电路系统接线后面接入高压电源。如果给分压电路加上高压,即使没有光入射,也会因暗电流而在阳极蓄积电荷。在这种状态下,如接通放大器电路系统,该电荷就会引起瞬时电流流过,而破坏放大器电路,尤其是后续电路系统的响应速度更易被破坏,这点必须注意。

5.3.2 内光电效应传感器

当光照射在物体上,使物体的电阻率(1/R)发生变化,或产生光电动势的效应称为内光电效应。内光电效应又可以分为光电导效应和光生伏特效应,基于光电导效应的传感器典型器件有光敏电阻,基于光生伏特效应的传感器典型器件有光电二极管及其派生出来的光电三极管等,如图 5-36 所示。

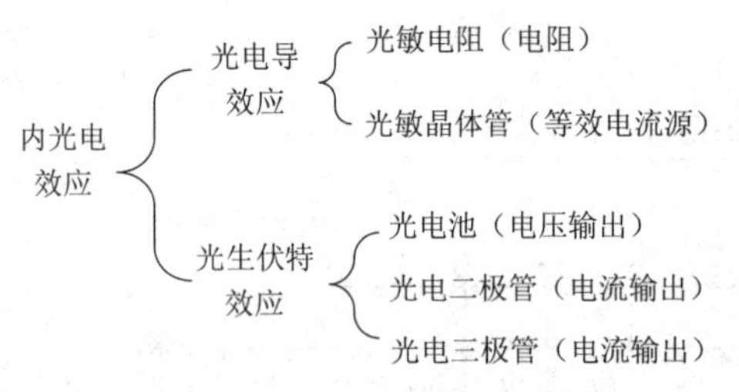

图 5-36 内光电效应的分类

1. 光电导效应传感器——光敏电阻

1)光电导效应

在光照作用下,电子吸收光子能量从键合状态过渡到自由状态,而引起材料电导率的变化,这种现象称为光电导效应(图 5-37)。基于这种效应的光电器件有光敏电阻。

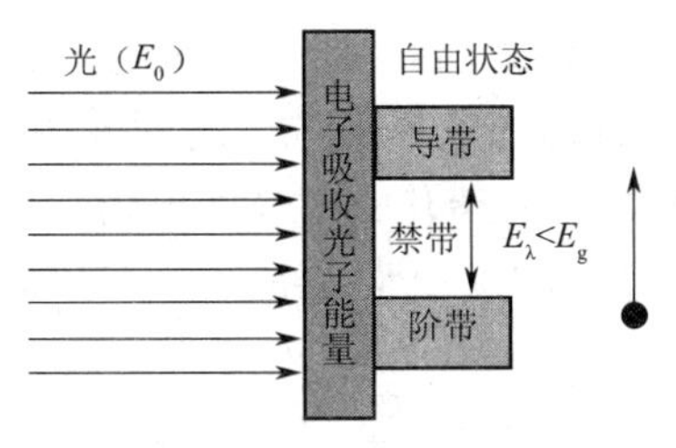

图 5-37 光电导效应

半导体材料的价带与导带间有一个带隙，其能量间隔为 E_g。一般情况下，价带中的电子不会自发地跃迁到导带，所以半导体材料的导电性远不如导体。但如果通过某种方式给价带中的电子提供能量，就可以将其激发到导带中，形成载流子，增加导电性。光照就是一种激励方式。当入射光的能量 $h\nu \geqslant E_g$（h 为普朗克常量，E_g 为带隙能量间隔）时，价带中的电子就会吸收光子的能量，跃迁到导带，而在价带中留下一个空穴，形成一对可以导电的电子-空穴对。这里的电子并未逸出形成光电子，但显然存在由于光照而产生的光电效应。因此，这种光电效应就是一种内光电效应。从理论和实验结果分析，要使价带中的电子跃迁到导带，也存在一个入射光的极限能量，即 $E_0=h\nu_0=E_g$，其中 ν_0 是低频限（即极限频率 $\nu_0=E_g/h$）。这个关系也可以用长波限表示，即 $\lambda_0=hc/E_g$（c 为光速）。入射光的频率大于 ν_0 或波长小于 λ_0 时，才会发生电子的带间跃迁。

2）光敏电阻的工作原理与种类

光敏电阻的工作原理是基于内光电效应。在半导体光敏材料两端装上电极引线，将其封装在带有透明窗的管壳里就构成光敏电阻，为了增加灵敏度，两电极常做成梳状。用于制造光敏电阻的材料主要是金属的硫化物、硒化物和碲化物等半导体。通常采用涂敷、喷涂、烧结等方法在绝缘衬底上制作很薄的光敏电阻体及梳状欧姆电极，再接出引线，封装在具有透光镜的密封壳体内，以免受潮影响其灵敏度。入射光消失后，由光子激发产生的电子-空穴对将复合，光敏电阻的阻值也就恢复原值。在光敏电阻两端的金属电极加上电压，其中便有电流通过，受到一定波长的光照射时，电流就会随光强的增大而变大，从而实现光电转换。光敏电阻没有极性，是一个电阻器件，使用时既可加直流电压，也加交流电压。半导体的导电能力取决于半导体导带内载流子数目的多少。

光敏电阻对光十分敏感，其在无光照时，呈高阻状态，暗电阻一般可达 1.5 MΩ；当有光照时，材料中激发出自由电子和空穴，其电阻值减小，随着光照强度的增大，电阻值迅速降低，亮电阻值可小至 1 kΩ 以下。

光敏电阻的光照特性在大多数情况下是非线性的，只在微小的范围内呈线性，光敏电阻的电阻值有较大的离散性（电阻变化、范围大无规律）。

光敏电阻的灵敏度是指光敏电阻不受光照时的电阻值（暗电阻）和受到光照时电阻值（亮电阻）的相对变化值。光敏电阻的暗电阻和亮电阻的阻值之比约为 1 500：1，暗电阻值越大越好，使用时给其施加直流或交流偏压，MG 型光敏电阻适用于可见光。

根据光敏电阻的光谱特性，其可分为三类。

（1）紫外光敏电阻：对紫外线较灵敏，包括硫化镉、硒化镉等光敏电阻，用于探测紫外线。

（2）红外光敏电阻：主要有硫化铅、碲化铅等光敏电阻。它广泛用于导弹制导、天文探测、非接触测量、人体病变探测、红外通信等国防、科学研究和工农业生产中。

（3）可见光光敏电阻：包括硅、锗、硫化锌等光敏电阻。它主要用于各种光电控制系统，如光电自动开关门户，航标灯、路灯和其他照明系统的自动亮灭，烟雾报警器，光电跟踪系统等方面。

3）规格型号

通常光敏电阻都制成薄片结构，以便吸收更多的光能。当它受到光的照射时，半导体片（光敏层）内就激发出电子-空穴对，参与导电，使电路中电流增强。为了获得高的灵敏度，光敏电阻的电极常采用梳状，它是在一定的掩膜下向光电导薄膜上蒸镀金或铟等金属形成的。一般光敏电阻结构如图 5-38（a）所示。

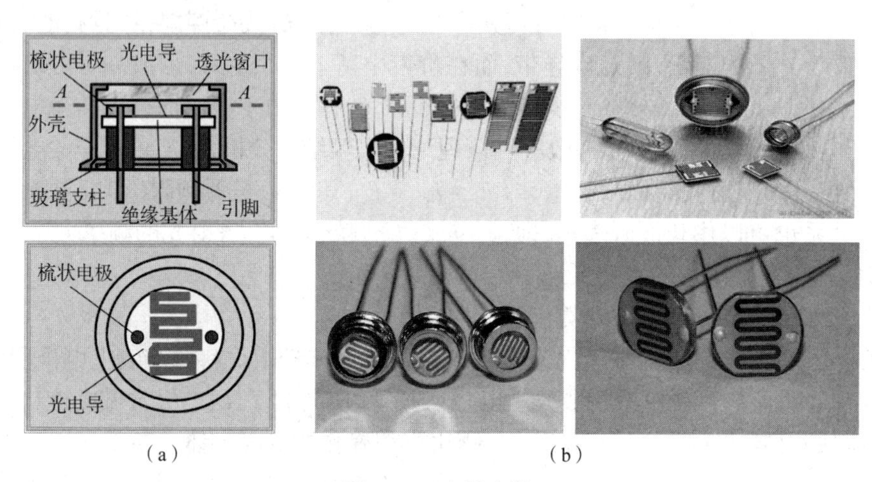

（a） （b）

图 5-38 光敏电阻

（a）光敏电阻的结构 （b）光敏电阻（传感器）的外观

光敏电阻通常由光敏层、玻璃基片（或树脂防潮膜）和电极等组成。光敏电阻在电路中用字母“R”或“R_L”“R_G”表示

光敏电阻常用硫化镉（CdS）制成，如图 5-38（b）所示。它可以分为环氧树脂封装和金属封装两款，同属于导线型（DIP 型），环氧树脂封装光敏电阻按陶瓷基板直径分为 $\phi3$ mm、$\phi4$ mm、$\phi5$ mm、$\phi7$ mm、$\phi11$ mm、$\phi12$ mm、$\phi20$ mm、$\phi25$ mm。

4）参数特性

（1）光电流、亮电阻：光敏电阻在一定的外加电压下，当有光照射时，流过的电流称为光电流；外加电压与光电流之比称为亮电阻，常取 100 lx 光照时的电阻值。

（2）暗电流、暗电阻：光敏电阻在一定的外加电压下，当无光照射时，流过的电流称为暗电流；外加电压与暗电流之比称为暗电阻，常取 0 lx 光照时的电阻值。

（3）灵敏度：指光敏电阻不受光照射时的电阻值（暗电阻）与受光照射时的电阻值（亮电阻）的相对变化值。

（4）光谱响应：又称光谱灵敏度，是指光敏电阻在不同波长的单色光照射下的灵敏度。若将不同波长下的灵敏度画成曲线，就可以得到光谱响应的曲线（图 5-39）。

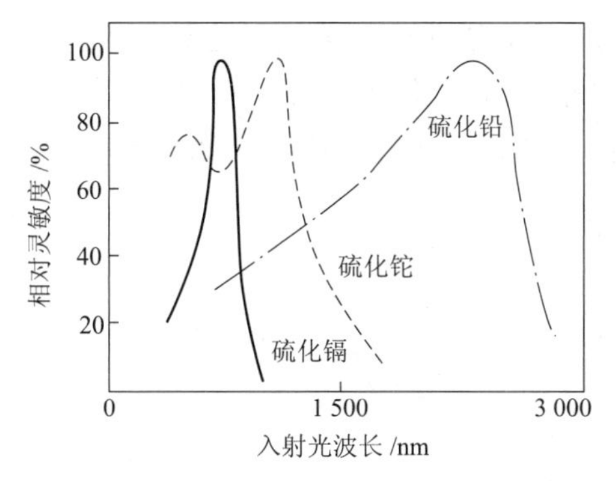

图 5-39　光敏电阻的光谱特性

（5）光电特性：指光敏电阻输出的电信号随光照度而变化的特性。从光敏电阻的光照特性曲线（图 5-40（a））可以看出，随着光照强度的增加，光敏电阻的阻值开始迅速下降。若进一步增大光照强度，则电阻值变化减小，然后逐渐趋向平缓。在大多数情况下，该特性为非线性。

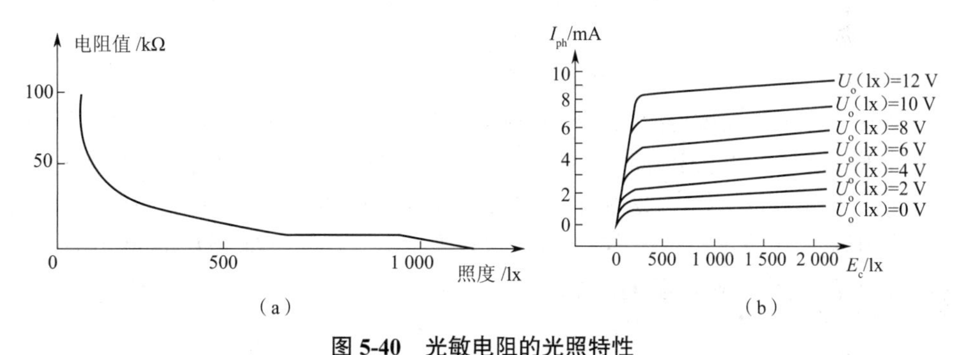

图 5-40　光敏电阻的光照特性

（a）光敏电阻的阻值与照度的关系　（b）光敏电阻的电流与照度的关系

（6）伏安特性：在一定光照度下，加在光敏电阻两端的电压与电流之间的关系称为伏安特性（图 5-41）。在给定偏压下，光照度越大，光电流也越大。在一定的光照度下，所加的电压越大，光电流越大，而且无饱和现象。但是，电压不能无限增大，因为任何光敏电阻都受额定功率、最高工作电压和额定电流的限制。超过最高工作电压和最大额定电流，可能导致光敏电阻永久性损坏。

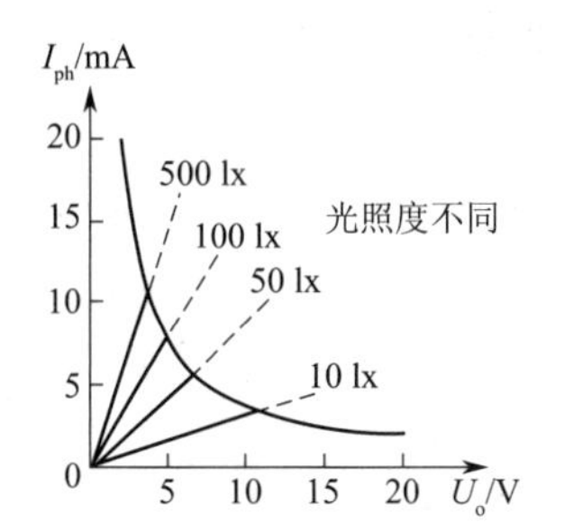

图 5-41　光敏电阻的伏安特性

（7）温度系数：光敏电阻的光谱响应随温度的变化而变化，当温度升高时，它的暗电阻会下降。图 5-42 所示为硫化铅光敏电阻的温度特性，它的峰值随着温度上升向波长短的方向移动。所以，有时为了提高硫化铅光敏电阻的灵敏度或接收远红外光，一般会采取降温措施。

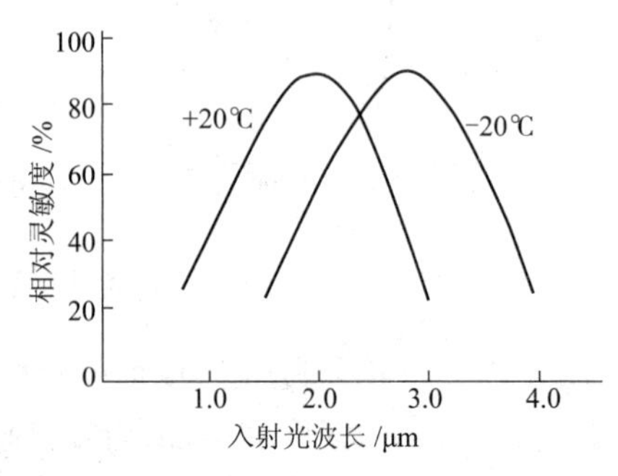

图 5-42　硫化铅光敏电阻的温度特性

（8）额定功率：指光敏电阻用于某种线路中所允许消耗的功率，当温度升高时，其消耗的功率就降低。

（9）响应速度：指光敏电阻从光照跃变开始到稳定亮电流的速度。

（10）频率特性：当光敏电阻所受到的外界光照射强烈变化时，不能快速做出即时反应，需要缓冲时间，说明光敏电阻有时延特性，由于不同材料的光敏电阻时延特性不同，所以它们的频率特性也不相同。图 5-43 所示为相对灵敏度与光强变化频率的关系曲线，可以看出硫化铅的使用频率比硫化铊高得多。但是，多数光敏电阻的时延都较大，因此不能用在要求快速响应的场合，这是光敏电阻的一个缺陷。

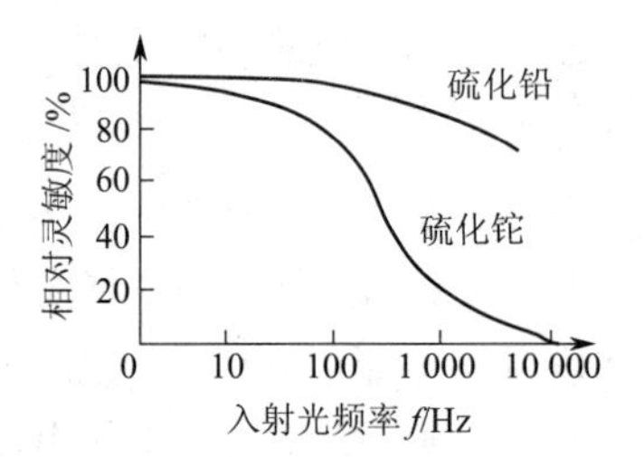

图 5-43　光敏电阻的频率特性

表 5-4 给出了部分光敏电阻的型号和参数。

表 5-4　部分光敏电阻的型号和参数

规格	型号	最大电压（VDC）	最大功耗/mW	环境温度/℃	光谱峰值/nm	亮电阻（10 lux）/kΩ	暗电阻/MΩ	100 γ10	响应时间/ms		照度电阻特性
									上升	下降	
Φ3 系列	GL3516	100	50	−30～+70	540	5~10	0.6	0.5	30	30	2
	GL3526	100	50	−30～+70	540	10~20	1	0.6	30	30	3
	GL3537-1	100	50	−30～+70	540	20~30	2	0.6	30	30	4
	GL3537-2	100	50	−30～+70	540	30~50	3	0.7	30	30	4
	GL3547-1	100	50	−30～+70	540	50~100	5	0.8	30	30	6
	GL3547-2	100	50	−30～+70	540	100~200	10	0.9	30	30	6
Φ4 系列	GL4516	150	50	−30～+70	540	5~10	0.6	0.5	30	30	2
	GL4526	150	50	−30～+70	540	10~20	1	0.6	30	30	3
	GL4537-1	150	50	−30～+70	540	20~30	2	0.7	30	30	4
	GL4527-1	150	50	−30～+70	540	30~50	3	0.8	30	30	4
	GL4548-1	150	50	−30～+70	540	50~100	5	0.8	30	30	6
	GL4548-2	150	50	−30～+70	540	100~200	10	0.9	30	30	6
Φ5 系列	GL5516	150	90	−30～+70	540	5~10	0.5	0.5	30	30	2
	GL5528	150	100	−30～+70	540	10~20	1	0.6	20	30	3
	GL5537-1	150	100	−30～+70	540	20~30	2	0.6	20	30	4
	GL5537-2	150	100	−30～+70	540	30~50	3	0.7	20	30	4
	GL5539	150	100	−30～+70	540	50~100	5	0.8	20	30	5
	GL5549	150	100	−30～+70	540	100~200	10	0.9	20	30	6
	GL5606	150	100	−30～+70	560	4~7	0.5	0.5	30	30	2
	GL5616	150	100	−30～+70	560	5~10	0.8	0.6	30	30	2
	FL5626	150	100	−30～+70	560	10~20	2	0.6	20	30	3
	GL5637-1	150	100	−30～+70	560	20~30	3	0.7	20	30	4
	GL5637-2	150	100	−30～+70	560	30~50	4	0.8	20	30	4
	GL5639	150	100	−30～+70	560	50~100	8	0.9	20	30	5
	GL5649	150	100	−30～+70	560	100~200	15	0.95	20	30	6
Φ7 系列	GL7516	150	100	−30～+70	540	5~10	0.5	0.6	30	30	2
	GL7528	150	100	−30～+70	540	10~20	1	0.6	30	30	3
	GL7537-1	150	150	−30～+70	560	20~30	2	0.7	30	30	4
	GL7537-2	150	150	−30～+70	560	30~50	4	0.8	30	30	4
	GL7539	150	150	−30～+70	560	50~100	8	0.8	30	30	6

续表

规格	型号	最大电压（VDC）	最大功耗/mW	环境温度/℃	光谱峰值/nm	亮电阻（10 lux）/kΩ	暗电阻/MΩ	100 γ10	响应时间/ms		照度电阻特性
									上升	下降	
Φ10系列	GL10516	200	150	−30 ~ +70	560	5~10	1	0.6	30	30	3
	GL10528	200	150	−30 ~ +70	560	10~20	2	0.6	30	30	3
	GL10537-1	200	150	−30 ~ +70	560	20~30	3	0.7	30	30	4
	GL10537-2	200	150	−30 ~ +70	560	30~50	5	0.7	30	30	4
	GL10539	250	200	−30 ~ +70	560	50~100	8	0.8	30	30	6
Φ12系列	GL12516	250	200	−30 ~ +70	560	5~10	1	0.6	30	30	3
	GL12528	250	200	−30 ~ +70	560	10~20	2	0.6	30	30	3
	GL12537-1	250	200	−30 ~ +70	560	20~30	3	0.7	30	30	4
	GL12537-2	250	200	−30 ~ +70	560	30~50	5	0.7	30	30	4
	GL12539	250	200	−30 ~ +70	560	50~100	8	0.8	30	30	6
Φ20系列	GL20516	500	500	−30 ~ +70	560	5~10	1	0.6	30	30	3
	GL20528	500	500	−30 ~ +70	560	10~20	2	0.6	30	30	3
	GL20537-1	500	500	−30 ~ +70	560	20~30	3	0.7	30	30	4
	GL20537-2	500	500	−30 ~ +70	560	30~50	5	0.7	30	30	4
	GL20539	500	500	−30 ~ +70	560	50~100	8	0.8	30	30	6

2. 光生伏特效应传感器——光电 PN 结器件

1）光生伏特效应

在光照作用下，能够使物体产生一定方向的电动势的现象称为光生伏特效应。基于该效应的光电器件有光电池和光电二极管、光电三极管（图 5-44）。

图 5-44　光电二极管与光电三极管

不加偏压的 PN 结如图 5-45(a)所示，当光照射在 PN 结时，如果电子能量大于半导体禁带宽度($E_0>E_g$)，可激发出电子-空穴对，在 PN 结内电场作用下空穴移向 P 区，电子移向 N 区，使 P 区和 N 区之间产生电压，这个电压就是光生伏特效应产生的光生电动势。基于这种效应的器件有光电池。

处于反偏的 PN 结如图 5-45(b)所示，当无光照时，P 区电子和 N 区空穴很少，反向电阻很大，反向电流很小；当有光照时，光子能量足够大，产生光生电子-空穴对，在 PN 结电场作用下，电子移向 N 区，空穴移向 P 区，形成光电流，电流方向与反向电流一致。具有这种性能的器件有光敏二极管、光敏晶体管，从原理上讲，不加偏压的光电二极管就是光电池。当 PN 结两端通过负载构成闭合回路时，就会有电流流动。只要辐射光不停止，这个电流就不会消失。这就是 PN 结被光照射时产生光生电动势和光电流的机理。

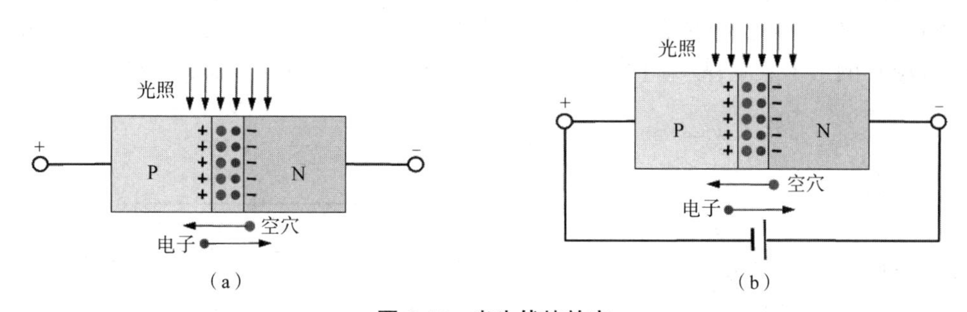

图 5-45　光生伏特效应

(a)没加偏压的 PN 结　(b)加偏压的 PN 结

2)光电池与光电二极管

光电池的工作原理是光生伏特效应，当 PN 结接触区域受到光照射时，便产生光生电动势。以半导体 PN 结为例，具有过剩空穴的 P 型半导体与过剩电子的 N 型半导体结合时，N 区的电子向 P 区扩散，P 区的空穴向 N 区扩散。扩散的结果，N 区失去电子而形成带正电的空间电荷区，P 区失去空穴而形成带负电的空间电荷区，并建立一个指向 P 区的内建电场，如图 5-46(a)所示，被称为“P-N 结”。它将阻止空穴、电子的进一步扩散，故又称“阻挡层”。最后，内建电场的作用将完全抵消扩散，这时便达到动平衡。在阻挡层中空间电荷区里没有导电的载流子，但受到光照射时，设光子能量大于禁带宽度 E_g，使介带中的束缚电子吸收光子能量后能够跃迁到导带中成为自由电子，从而产生光电子空穴对——光生载流子。在一个扩散长度内，进入阻挡层区的光生载流子都将受到内建电场的作用，分别把电子推向 N 区外侧，空穴推向 P 区，形成 P 区为正、N 区为负的光生电动势 U_{oc}。如果用导线连接，便有光生电流 I 产生，这就是利用阻挡层光生伏特效应的光电池(光电二极管)的原理，如图 5-46(b)所示。

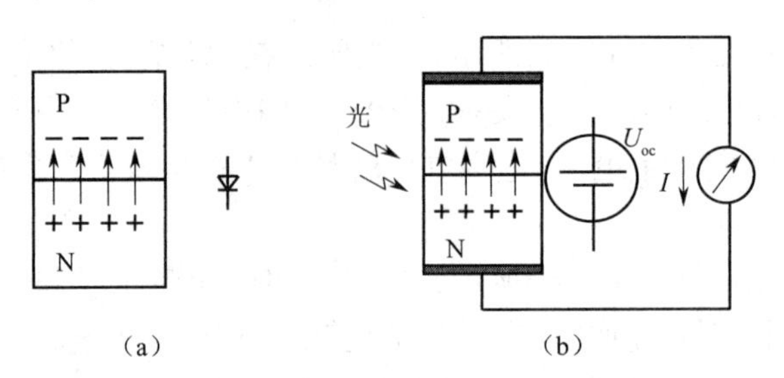

图 5-46　P-N 结及其等效电路与符号

(a)P-N 结　(b)等效电路与符号

光电池的伏安特性如图 5-47(a)所示。当光电池不受光照时,它就是一个 PN 结二极管。当光电池受到恒定的光照时,光电池则相应地产生光生电动势 U_{oc}。特性与纵轴的交点为短路电流,特性与横轴的交点为开路电压,如图 5-47(b)所示。光电池实际的工作方式是在图 5-47(a)的第Ⅰ象限,故第Ⅰ象限的特性代表光电池的实际工作方式的伏安特性。

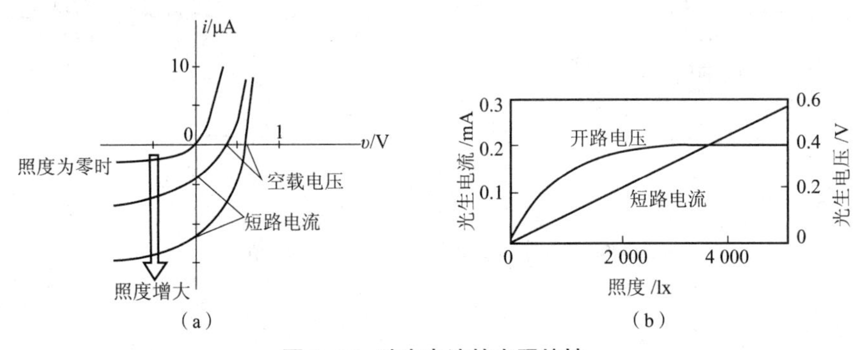

图 5-47　硅光电池的光照特性

(a)伏安特性　(b)开路电压与短路电路

光电二极管也有一个可接受光照的 PN 结,在结构上与光电池相似。其以 P 型硅为衬底,进行 N 掺杂形成 PN 结的硅光电二极管为 2DU 型,形成的硅光电池为 2DR 型;以 N 型硅为衬底,进行 P 掺杂形成 PN 结的硅光电二极管为 2CU 型,形成的硅光电池为 2CR 型。其区别在于硅光电池用的衬底材料的电阻率低,一般为 0.1~0.01 Ω · cm,而硅光电二极管衬底材料的电阻率高,约为 1 000 Ω·cm。

光电二极管在电路中通常处于反向偏置工作状态。当无光照射时,处于截止状态,反向饱和电流(也称暗电流)极小;当受光照射时,产生光生载流子——电子空穴对,使少数载流子浓度大大增加,致使通过 PN 结的反向饱和电流大大增加,约能比无光照反向饱和电流大 1 000 倍。光生反向饱和电流随入射光照度的变化而成比例地变化,它的伏安特性如同图 5-48 中第Ⅲ象限特性。在很大范围内,光生反向饱和电流与所施加的反向电压 $U \leqslant 0$ 的数值无关,而呈一条几乎平行于横轴的水平线,说明光电二极管输出的光生反向饱和电流随入射光照度变化有极好的线性。光电二极管处在反向偏置工作方式,使空间电荷区域宽度增加,结电容减小,因此改善了光电二极管的频率特性。光电池最高能跟踪几个千赫兹频率光照度的变化,而光电二极管却能跟踪兆赫兹频率光照度的变化。

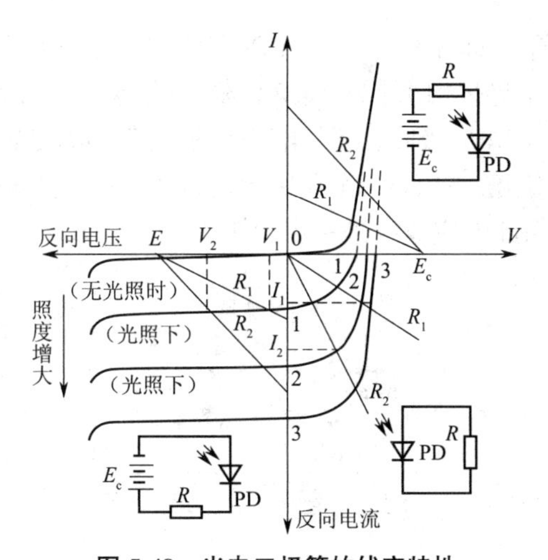

图 5-48　光电二极管的伏安特性

PD—光电二极管；E_c—电源电压；R—负载电阻；$R_1 > R_2$

3)光电二极管的类型与举例

常见的光电二极管有普通型、PIN 型和雪崩型三种，后两者具有高得多的灵敏度和快得多的速度。

Ⅰ. 普通型光电二极管

普通光电二极管在反向电压作用下处于截止状态，只能通过微弱的反向电流。光电二极管在设计和制作时尽量使 PN 结的面积相对较大，以便接收入射光。光电二极管是在反向电压下工作的，没有光照时，反向电流极其微弱，称为暗电流；有光照时，反向电流增大到几十微安，称为光电流。光的强度越大，反向电流越大。

参考图 5-48，在接口电路中将光电二极管的工作状态设计在“$-I$”轴或第Ⅲ象限，前者具有最好的线性（图 5-49），后者可获得更快的速度。

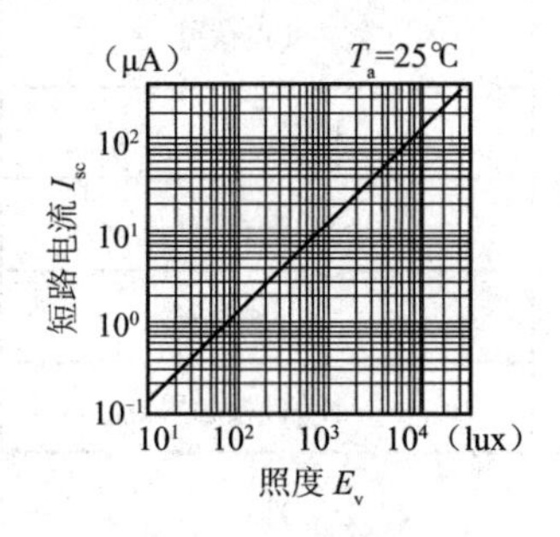

图 5-49　短路电流-照度（I_{sc}-E_v）的关系

特性：优点是暗电流小，一般情况下响应速度较低。

用途：照度计、彩色传感器、光电三极管、线性图像传感器、分光光度计、照相机曝光计。

Ⅱ. PIN 型光电二极管

PIN 光电二极管是 20 世纪 50 年代末期开发出来的光电子器件。它是灵敏度比一般 PN 结光电二极管（PD）要高的光检测二极管，它是针对一般 PD 的不足，在结构上加以改进而得到的一种光电二极管。如图 5-50 所示，PIN 型光电二极管是在 P 区和 N 区之间有很厚的一层高电阻率的本征半导体(I)，同时将 P 区做得很薄，它的 PN 结势垒区扩展到整个 I 型层，入射光主要被较厚的 I 层吸收，激发出较多的载流子形成光电流，提高了对能渗透到半导体内的红外线的灵敏度。由于工作在更大的反差状态，空间电荷区加宽，阻挡层(PN 结)结电容进一步减小，因此响应速度进一步加快。

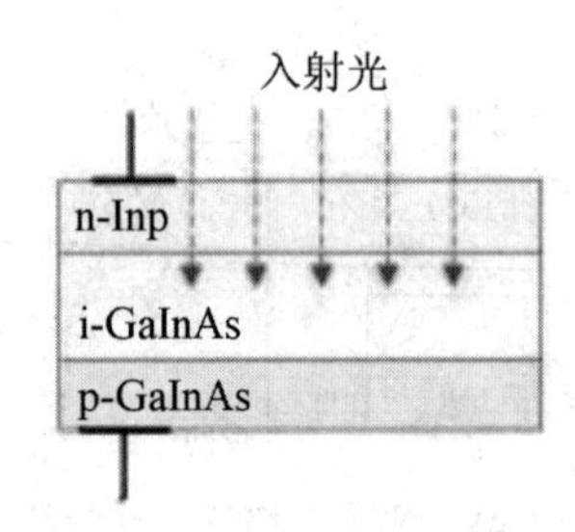

图 5-50　PIN 型光电二极管的结构

特性：缺点是暗电流大，因结容量低，故可获得快速响应。

用途：高速光的检测、光通信、光纤、遥控、光电三极管、写字笔、传真。

Ⅲ. 雪崩 PIN 光电二极管

雪崩 PIN 光电二极管利用了载流子的雪崩倍增效应来放大光电信号，以提高检测的灵敏度，其基本结构常常采用容易产生雪崩倍增效应的 Read 二极管结构(即 N+PIP+型结构，P+面接收光)(图 5-51)，工作时加较大的反向偏压，使其达到雪崩倍增状态；它的光吸收区与倍增区基本一致(即存在高电场的 P 区和 I 区)。

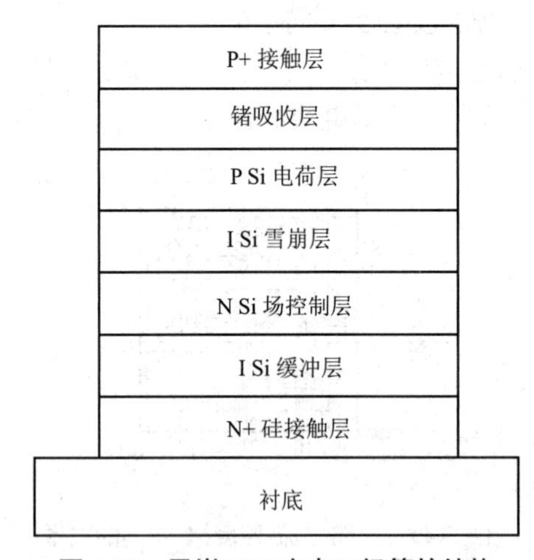

图 5-51　雪崩 PIN 光电二极管的结构

特性：响应速度非常快，因具有倍速作用，故可检测微弱光。

用途：高速光通信、高速光检测。

4)光电二极管的主要参数

Ⅰ. 灵敏度(量子效率)S

一个硅光电二极管的响应特性与突发光照波长的关系响应率(responsivity)定义为光电导模式下产生的光电流与突发光照的比例,单位为安培/瓦特(A/W)。响应特性也可以表达为量子效率(Quantum efficiency),即光照产生的载流子数量与突发光照光子数的比例。

Ⅱ. 暗电流 I_D

在光电导模式下,当不接受光照时,通过光电二极管的电流被定义为暗电流。暗电流包括辐射电流以及半导体结的饱和电流。暗电流必须预先测量,特别是当光电二极管被用作精密的光功率测量时,暗电流产生的误差必须认真考虑并加以校正。其是标志光电二极管的一个重要噪声指标,大约在 10 nA 的量级上。

Ⅲ. 等效噪声功率

等效噪声功率(Noise-equivalent Power, NEP)是指能够产生光电流所需的最小光功率,与 1 Hz 时的噪声功率均方根值相等。与此相关的一个特性被称作探测能力(detectivity),它等于等效噪声功率的倒数。等效噪声功率大约等于光电二极管的最小可探测输入功率。

Ⅳ. 频谱响应范围 λ

顾名思义,频谱响应范围是光电二极管能够产生响应的光谱范围,图 5-52 所示为 PIN 型光电二极管 S9195 的光谱响应范围。

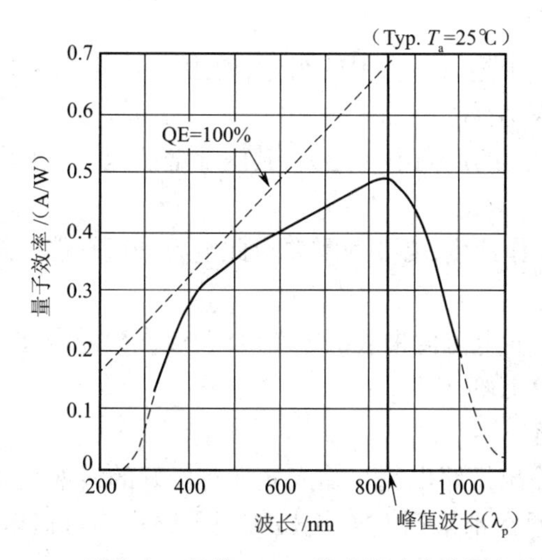

图 5-52　PIN 型光电二极管 S9195 的光谱响应范围和峰值波长

Ⅴ. 峰值波长 λ_p

峰值波长是光电二极管能够产生响应最灵敏的波长,参见图 5-52。

Ⅵ. 响应转折频率 f_C

响应转折频率指电调制后的频率响应的转折频率,如图 5-53 所示频率响应曲线,该型号的转折频率大约为 100 MHz。

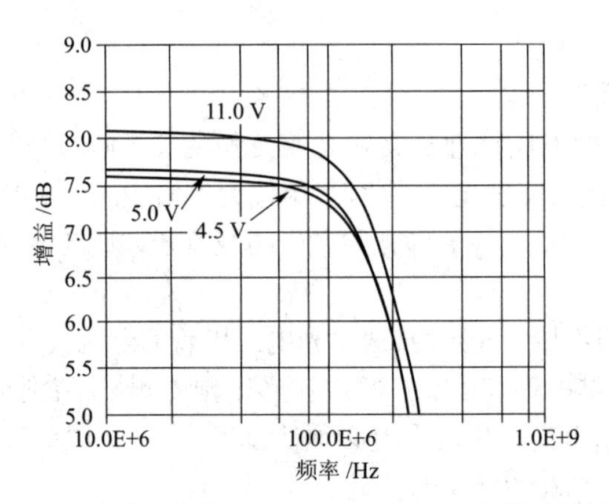

图 5-53 APD 光电二极管 AD500-9-8015-TO52 的带宽和转折频率

Ⅶ. I_D 的温度系数 T_{CID}

光电二极管受温度的影响比较大，通常用每变化 1 ℃引起的变化倍数来表示其影响，通常 T_{CID}=1.1 倍/℃。因此，需要采取恒温或温度补偿等措施。

Ⅷ. 最大耗散功率 P

视光电二极管的封装不同，最大耗散功率的大小不同，如 TO-52 封装为 360 mW。这是一个绝对最大值的指标，使用时不容许器件的实际耗散功率超过该指标。

Ⅸ. 最大反向耐压 V_R

最大反向耐压也是一个绝对最大值的指标，使用时不容许器件的实际反向耐压超过该指标。通常该参数在 10 V 左右。

通常雪崩光电二极管加的反向电压越大，其内部增益越大，但不容许超过该参数值。

Ⅹ. 端电容 C_t

端电容影响器件的工作速度，必要时需要对此电容进行补偿。该参数在 1~3 pF。

Ⅺ. 短路电流 I_{sc}

一般用 100 lx 照明下的电流值来表征短路电流，该参数通常在 100 μA 的量级。

5）光电二极管的接口电路

Ⅰ. 普通型光电二极管

由于光电二极管的输出短路电流与输入光强有极好的线性关系，因此为得到良好的精度和线性。光电二极管通常都采用电流/电压转换电路作为接口电路，如图 5-54（a）所示。不难得出，电路的输出为

$$V_o = -I_g R_f \tag{5-20}$$

为了抑制高频干扰和消除运放输入偏置电流的影响，实际应用的电路如图 5-54（b）所示。

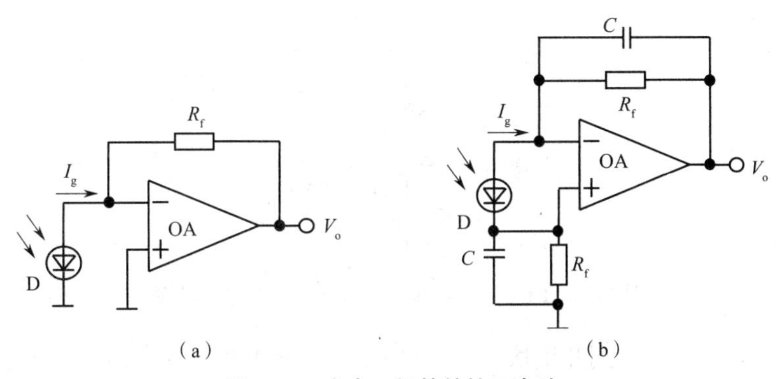

图 5-54　光电二极管的接口电路

(a)单端跨阻放大器　(b)差分跨阻放大器

IVC102 是一种集成化的光电传感器,其内部的结构和外部的接线以及工作波形如图 5-55(a)所示。IVC102 内置高精度运算放大器,该运算放大器的输入偏置电流仅有 750 fA,更重要的是,IVC102 采用电流积分式的原理,可以消除常规电路中由于反馈电阻产生的电阻热噪声,而且 IVC102 内部集成大小不等的 3 只电容,可以得到不同的增益值。在外部时钟脉冲的控制下,IVC102 内部集成的模拟开关可以按照一定占空比对光电流进行积分。显然,采用集成化的光电传感器可以大幅度简化电路,提高系统的抗干扰能力和性能。

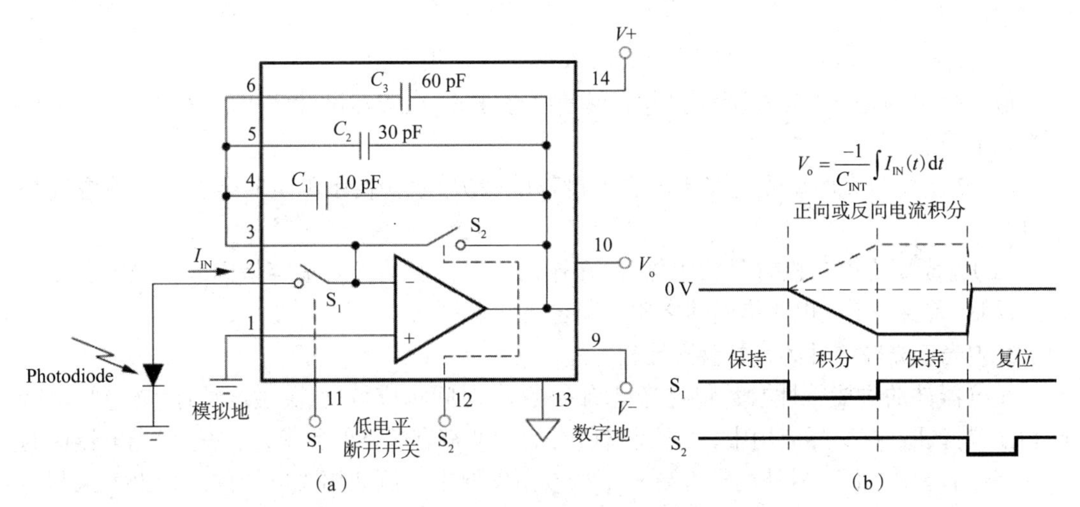

图 5-55　集成化的光电传感器 IVC102 的内部结构和工作波形图

(a)结构和外部的接线图　(b)工作波形图

注意运算放大器的选择,其输入阻抗越高越好,偏置电流越小越好。在信号频率比较高时,还需注意带宽等参数。

Ⅱ. PIN 型与雪崩型光电二极管

为了得到更高的灵敏度,与普通型光电二极管不同的是,这两类光电二极管均需要工作在反向偏置状态。

图 5-56 所示的 PIN 型与雪崩型光电二极管的接口电路,其各个元件的作用如下。

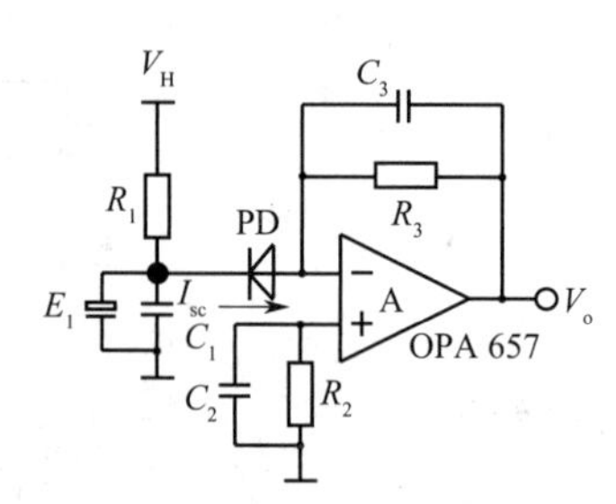

图 5-56 PIN 型与雪崩型光电二极管的接口电路

高压 V_H:PIN 型为几伏到几十伏,雪崩型为 100 V 或更高的反向偏置电压。

E_1、C_1 和 R_1:构成低通滤波器,滤除信号中的纹波。电解电容 E_1 与独石电容 C_1 并联,以保证在高低频率段都能得到很好的滤波效果。

运算放大器 A 和 R_3:构成跨阻放大器,电路的输出为

$$V_o = -I_{sc}R_3$$

其中,I_{sc} 为 PD 产生的光电流。

对运算放大器 A 的一般要求是高速(高频)和高输入阻抗。

C_3:滤波电容,与 R_3 构成低通滤波器的截止频率为

$$f = 1/2\pi R_3C_3$$

R_2:平衡电阻,通常 $R_2 = R_3$。

C_2:旁路电容,避免信号在运算放大器 A 的输入端损失。

值得指出的是,图 5-56 所示的电路仅是原理性的,在实际设计应用电路时至少还需要考虑以下两点:

(1)PIN 型与雪崩型光电二极管受温度影响较大,故在精密测量时需要恒温或温度补偿电路;

(2)雪崩型光电二极管是负阻器件,在输入一定强度的光时很容易进入且锁定在低阻状态,因而需要一定的电路措施使之避免锁定在低阻状态。

3. 内光电光电器件的特性参数比较

光电器件的主要特性参数包括光谱响应特性、时间响应特性、灵敏度特性、光电响应特性和偏置特性。在实际应用中,并不是对所有的特性都有严格的要求,通常是对光电器件的某些特性有要求,而对另外的特性要求不严或不做要求。例如用光电器件进行火灾探测与报警时,对器件的光谱响应和灵敏度特性要求很严,要求必须对起火点的光谱辐射信号有较高的灵敏度响应,而对时间响应特性的要求则低得多。如果是应用光电器件进行物体的转速测量或者检测高速运动物体的运动状态,则必须保证器件具有较高的时间响应特性。

1)光电变换的线性

光电二极管的线性最好,其他依次为零伏或反向偏置状态的光电池、光电三极管、复合光电三极管等,光敏电阻最差。

2)动态范围

动态范围分为线性和非线性。在线性动态范围方面,反向偏置状态的光电二极管动态范围最好,光电池、光电三极管、复合光电三极管较好,光敏电阻最差。但它的非线性动态范

围宽。

3)灵敏度

光敏电阻的灵敏度最高,其他依次为雪崩管、复合光电三极管和光电三极管,光电二极管的灵敏度最低。

4)时间响应

PIN 型与雪崩型光电二极管的时间响应最快,其他依次为光电三极管、复合光电三极管和光电池,时间响应最慢的是光敏电阻,它不但惯性大,而且还具有很强的前例效应。

5)光谱响应

光谱响应主要与光电器件的材料有关,要视具体情况而定。一般来讲,光敏电阻的光谱响应比光生伏特器件的光谱响应范围宽,尤其在红外波段光敏电阻的光谱响应更为突出。

6)暗电流与噪声

光电二极管的暗电流最小,光敏电阻、光电三极管、复合光电三极管和光电池的暗电流较大,尤其是放大倍率高的多级复合光电三极管和大面积的光电池暗电流更大。

4. 常用光电器件的选用技巧

光电器件的应用选择,实际上是指一些应用注意事项与应用技巧或方法。在一般场合中,可采用任何一种光电器件。不过在某种情况下,选用某种器件会更合适些。例如,当需要定理测量光源的发光强度时,选用光电二极管比选用光电三极管更好些,因为光度测量时对光电变换的线性和动态范围的要求比对灵敏度的要求更高。在对辐射进行探测时(发火点的探测),对微弱光的探测要求高,这时必须考虑灵敏度、光谱响应和噪声等特性,对器件的响应速度则不必过多考虑,因此光敏电阻是首选。

当测量对象为高速运动的物体时,光电器件的时间响应成为首要因素,而灵敏度和线性则成为次要因素。如探测 10^{-7} 的光脉冲是否到来,必须选用响应时间小于 10^{-7} 的光电二极管作为探测器件,这时的光谱响应带宽与灵敏度的高低成为次要因素。

当然,在有些情况下,选用几种光电器件都可以实现光电变换任务。例如,对于速度并不太快的物体进行速度的测量,机械量的非接触测量等,可选用光电二极管、光电三极管、光电池、光敏电阻等低响应速度的器件,这时就要看体积、成本、电源等情况,选用最合理的光电器件。

为了提高转换效率,并无畸变地把光电信息变换成电信号,这时不仅要合理选用光电器件还必须考虑光电系统和电子处理系统的设计,使每个环节相互匹配以及相关的单元器件都处于最佳状态。

5. 选用光电器件的基本原则

(1)光电器件必须和辐射信号源及光电系统在光谱特性上实现匹配。例如,测量波长是紫外波段,则需选用专门的紫外光电器件或者光电倍增管;对于可见光,则选用光敏电阻与硅光生伏特器件;对红外波段的信号,则选用光敏电阻或红外响应光生伏特器件。

(2)光电器件的光电转换特性或动态范围必须与光信号的入射辐射能量相匹配。其中首先要注意的是器件的感光面要和入射光匹配。因此,光源必须照射到器件的有效位置,如果发生变化,则测量电路的光电灵敏度将发生变化。如太阳能电池具有大的感光面,一般用于对杂散光或者没有达到聚焦状态的光束进行探测。光电二、三极管的感光面只是在结附近的一个极小的面积，故一般把透镜作为光的入射窗，并使入射光经透镜聚焦到感光面的灵敏点上。光电池的感光面积较大，输出的光电流与感光面积较小的其他器件成正比，在照射光晃动的情况下影响要小些，一般要使入射通量的变化中心处于光电器件光电特性的线性范围内，以确保获得良好的线性。对微弱的光信号，器件必须有合适的灵敏度，以确保一定的信噪比与输出足够强的信号。

（3）光电器件的时间响应特性必须与光信号的调制形式、信号频率及波形相匹配，以确保变换后的信号不产生频率失真而引起输出波形失真。当然，变换电路的频率响应特性也要与之匹配。

（4）光电器件和变换电路必须与后面的应用电路的输入阻抗良好匹配，以保证具有足够大的变换系数、线性范围、信噪比及快速的动态响应等。

（5）为保证器件长期工作时的可靠性，必须注意选择器件的参数和使用环境等。一般在长时间连续工作的条件下，要求器件的参数应该高于使用环境的要求，并留有足够的余地，能够保证在最恶劣环境下正常工作。另外，还需要考虑光电器件工作的小环境设计（如制冷控温等的设计），以便满足长时间连续工作的要求。总之，保证器件工作在额定使用条件范围内是使器件可靠工作的必要条件。

5.4 光电传感器的应用举例

光电传感器具有一系列独特的优点，如高速、灵敏、信息量大、可以做到无创等，在现代生物医学信息检测中占据极其重要的位置，且应用极为广泛。可以说，这里的举例仅是九牛一毛并不算多么的夸张。

5.4.1 光电倍增管的应用举例

1. 紫外、可见、红外分光光度计（UV，Visible，IR Spectrophotometer）

光通过物质时使物质的电子状态发生变化（电子迁移）而引起分子固有振动，并失去其部分能量，将此称为吸收，利用吸收进行定量分析，即可对样本（溶液）中的成分含量进行测定。光谱仪原理和方框图如图 5-57 所示。

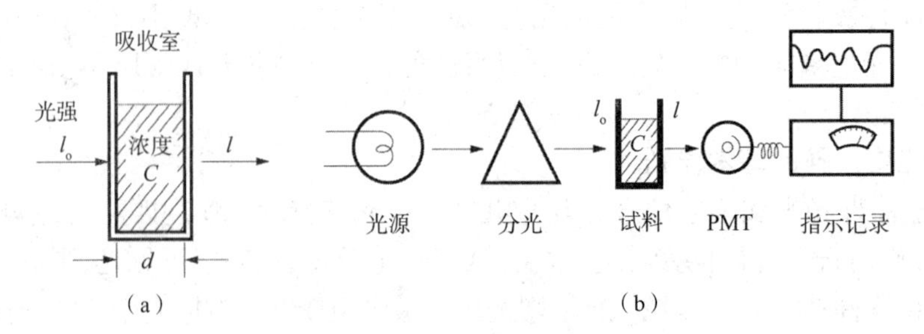

图 5-57 光谱仪原理和方框图

（a）吸收光度法的原理 （b）分光光度计的系统构成

图 5-58 所示为实际产品化的分光光度计中，覆盖从紫外、可见到近红外区域的分光光度计光学系统。

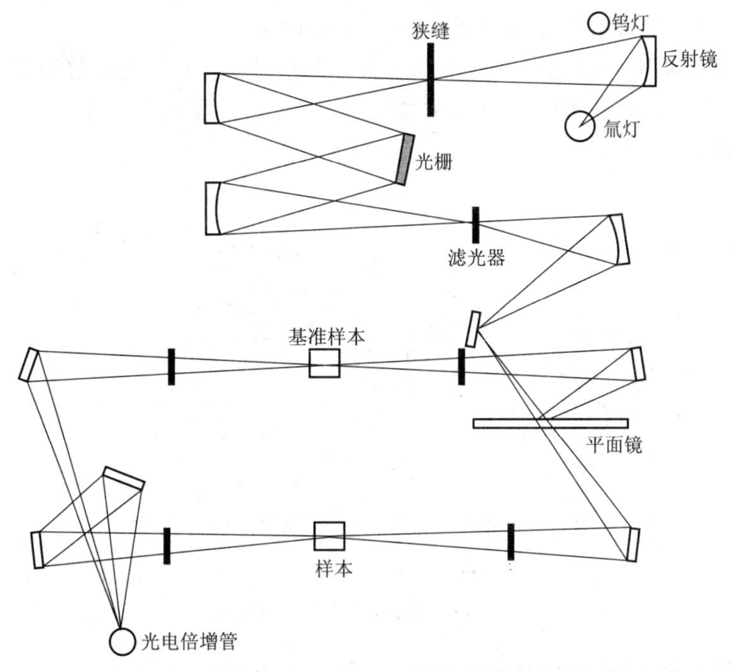

图 5-58　高灵敏度紫外、可见、近红外分光光度计的光学系统

2. 原子吸收分光光度计(Atomic Absorption Spectrophotometer)

将样品融入溶解介质中后,通过高温炉对样品进行燃烧生成原子蒸气,并使用专用的空心阴极灯所发出的特征波长的光照射原子蒸气,通过对分析样品特征光的吸收,从而对样品元素进行分析。

由于元素特有的波长光的吸光度和样品中元素的浓度成比例,将吸光度和预先测得的标准样品做比较,就可知样品的浓度。原子吸光装置的光学系统的具体举例如图 5-59 所示。

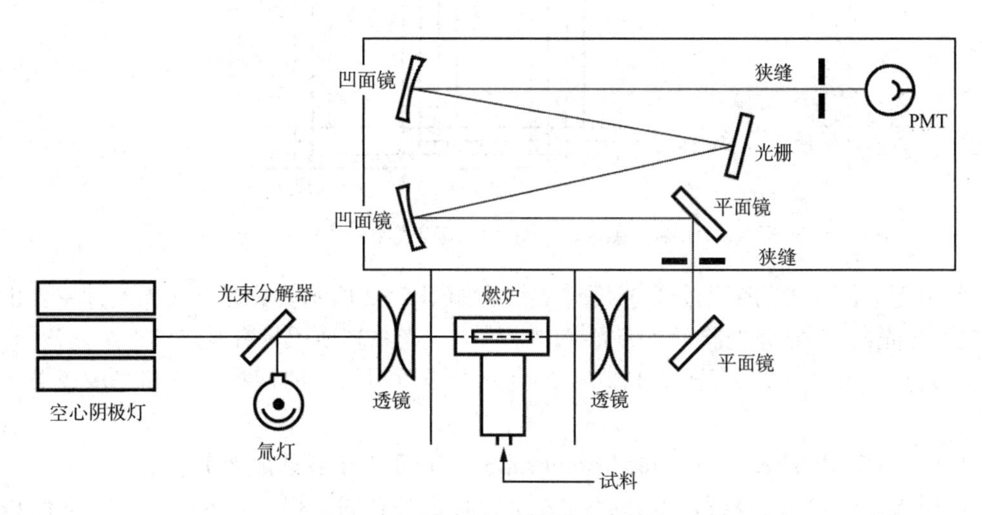

图 5-59　原子吸光装置的光学系统

3. 发射光谱仪(Atomic Emission Spectrophotometer)

发射光谱仪是通过外部能量对样品激发使其发光,并通过分光系统对发射光谱进行分光后,对样品的特征谱线及其强度进行测量,从而实现对样品元素的定性、定量分析。发射光谱仪的方框图如图 5-60 所示。

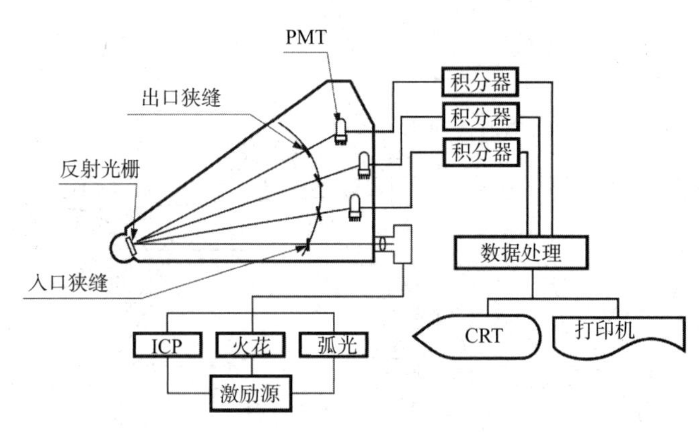

图 5-60　发射光谱仪的方框图

4. 荧光分光光度计(Fluorescence Spectrophotometer)

荧光分光光度计主要用于生物化学,特别是在分子生物化学中的应用极为广泛。当可将光或紫外光照射物质时,样品会发出比光源波长更长的光。该发光过程如图 5-61 所示,这种光称为荧光,测出荧光的强度、光谱,就可对物质进行定量与定性的分析。

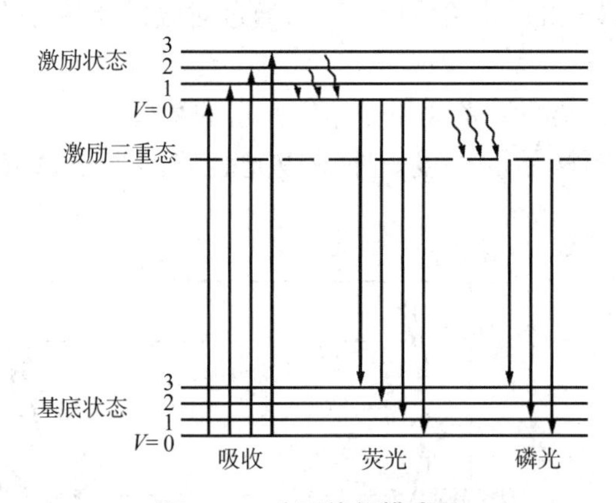

图 5-61　分子能级模式图

使用光电倍增管的荧光分光光度计的结构如图 5-62 所示。荧光分光光度计主要由光源、激发分光器、荧光分光器以及荧光探测器构成。光源多使用具有宽广的连续光谱、辉度高的氙灯。激发分光器、荧光分光器和普通分光器使用一样的回折格子和三棱镜等分光器件。

5. PET-CT(Positron Emission Tomography CT,正电子发射成像)

使用光电倍增管的核医学诊断仪器,除后面要讲到的 γ 相机和 SPECT 外,还有 PET-CT。这里先对 PET-CT 的具体例子进行说明。图 5-63 所示为 PET-CT 仪器的概念图,图

5-64 所示为某型号 PET-CT 仪器的外观。

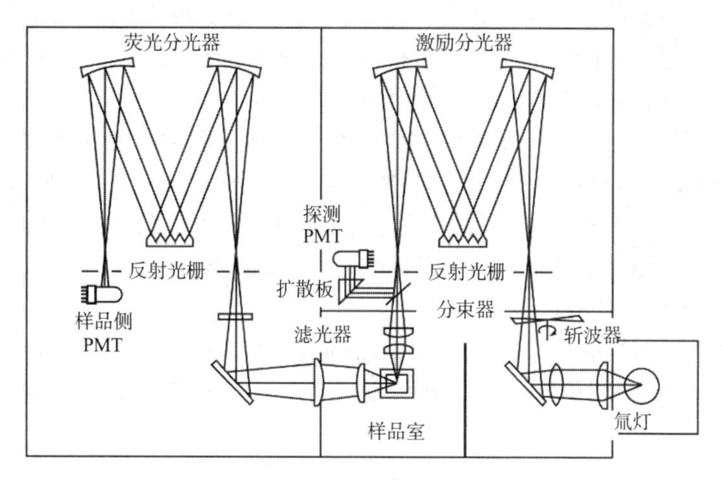

图 5-62　荧光分光光度计结构图

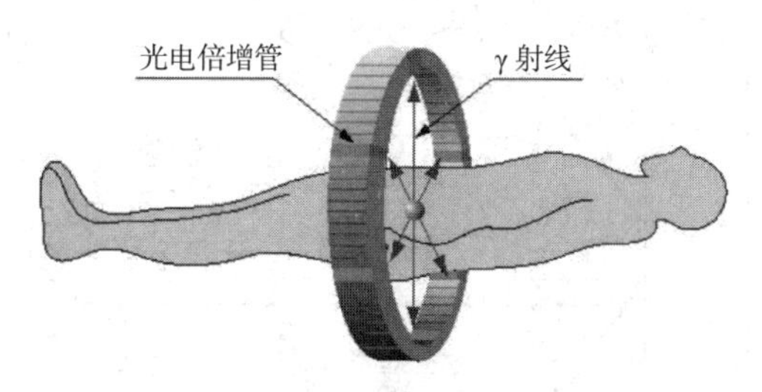

图 5-63　PET-CT 仪器的概念图

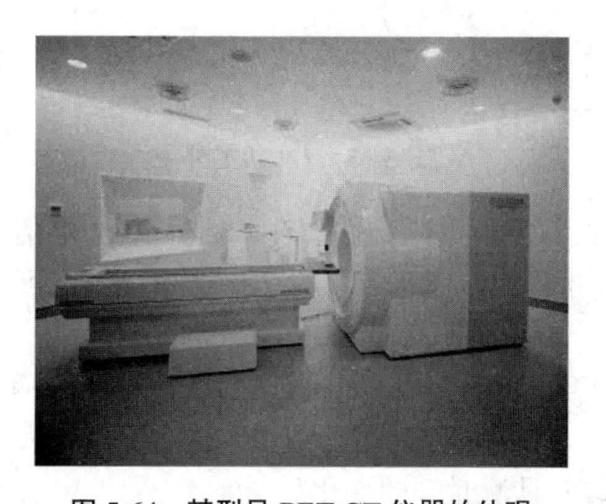

图 5-64　某型号 PET-CT 仪器的外观

PET-CT 是将能放出正电子的同位素标记的药剂注入生物体，从而可以实现对病变和肿瘤的早期诊断、对体内进行动态断层显像的仪器装置。PET-CT 探测时使用的能放出正电子的具有代表性的原子核有 ^{11}C、^{13}N、^{15}O、^{18}F。

当体内放出的正电子和周围组织中的电子结合时，向 180° 的两个相反方向发出两个 γ 射线，根据同时计数法用体外环状排列的探测器进行检测。将每个角度得到的数据整理后，使用 X 射线 CT 等设备依据同样的画像再构成法做成断层图像。

PET-CT 的特点是能够对生物体的代谢和血流、神经传导等生理学、生化学的信息定量计测，以往主要是用来进行脑机能的研究和各器官的机能研究，现在不仅在临床诊断上的应用很多，在癌症的诊断上也发挥着重大作用和威力。

PET-CT 的探测器是光电倍增管和闪烁体组合而成的。为了能够高效地检测出体内放出的高能量（511 keV）γ 射线，闪烁体采用 BGO 和 LSO 等具有高 γ 射线吸收的晶体。

当前正在研究通过测试正电子湮灭时发生的 γ 射线对的飞行时间差，从而了解湮灭位置。因此，采用快速型光电倍增管和荧光衰减时间短的闪烁体。

6. γ 相机（Gamma Camera）

历史上，作为放射性同位素（Radioactive Isotope，RI）的图像装置从闪烁扫描器开始，经逐步改良，直到 Anger（美国）开发出 γ 相机发展至今。图 5-65 所示为 γ 相机的外观。

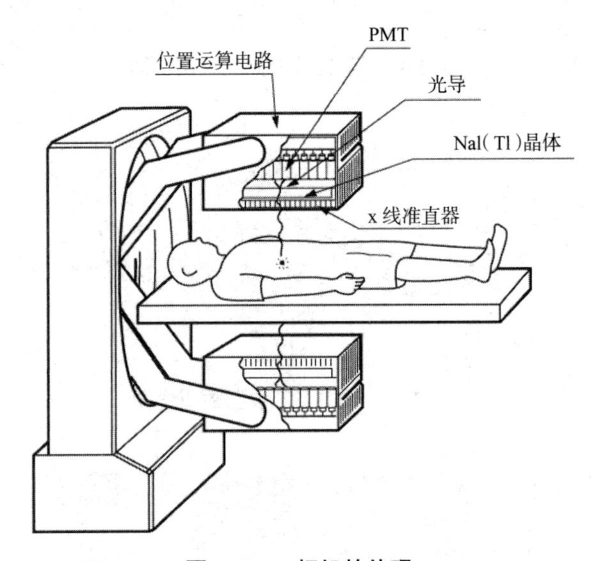

图 5-65 γ 相机的外观

图 5-66 所示为 γ 相机探测器的断面图。在 γ 相机里，光电倍增管是经光导纤维和大面积的碘化钠（NaI（Tl））闪烁体组合起来，用作 γ 射线探测器。

7. 平面成像装置

位置探测型光电倍增管和闪烁体阵列组合的放射线位置探测器相对的配置构造，使用释放正电子的核素进行一、二维成像的平面成像装置（图 5-67），可以用包含正电子的同位素指示器进行二维成像以及计测时间的变化。

对于植物、小动物等有生命的状态、体内物质动态的二维图像，计测与实时相近的状态成为可能。另外，释放正电子的核素中 ^{11}C、^{13}N、^{15}O 等不仅是构成生物体的主要元素，而且是合成有机物的基本物质，因而使利用多种标示化合物质成为可能（$^{11}CO_2$、^{11}C-蛋氨酸、$^{13}NH^{4+}$、$^{13}NO^{3-}$、$^{15}O^-$水等）。

使用半衰期短的释放正电子的核素如 ^{11}C（半衰期 20 min）、^{13}N（半衰期 10 min）、^{15}O（半衰期 2 min）等，因同一个体可能重复计测，在周期变化和多个条件不同的情况下进行计测,可减少因个体差异造成的误差。

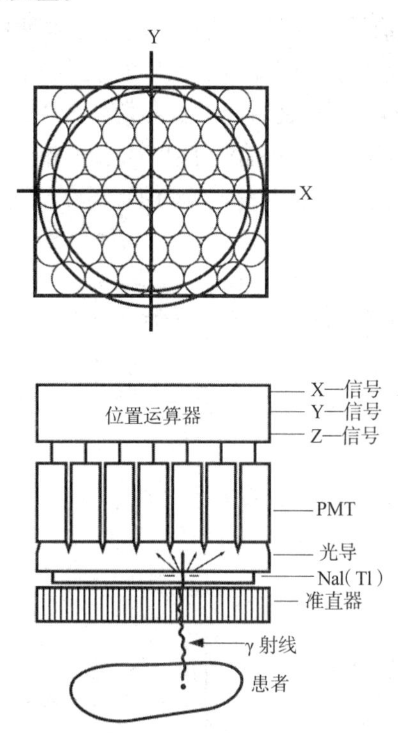

图 5-66 γ 相机探测器的断面图

另外,使用 γ 射线(511 keV)衰减进行成像的方法,被测体内部的吸收几乎可以忽略不计,从而正确地计测植物、小动物体内物质的分布。由于图像生成方法简单的缘故,与医疗用 PET-CT 装置相比,信噪比及空间分辨率更好。

此外,被测对象比较扁平时,不是 PET-CT 装置那样的断层像而是(模拟)投影像,具有较好的视觉观察点。

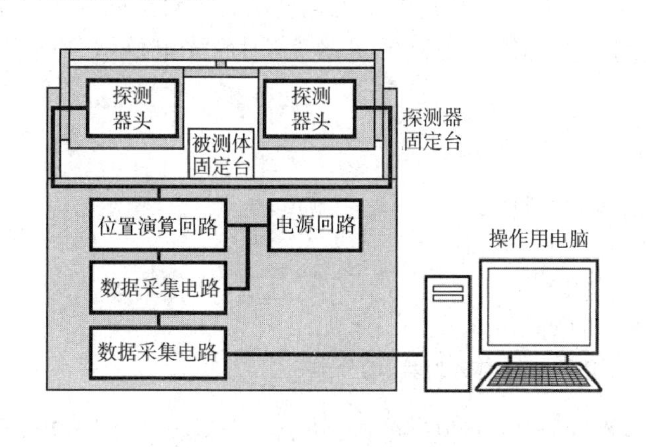

(a)

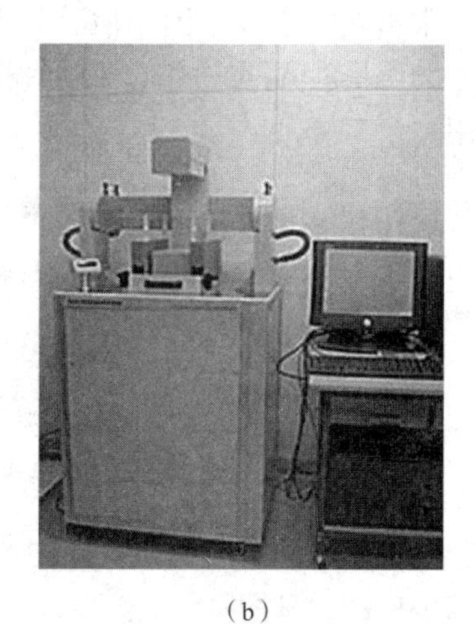

(b)

图 5-67 平板成像设备的系统构成和外观

(a)系统构成 (b)外观

8. 数字成像 X 射线照相(DR)

X 射线图像诊断装置也有采用所谓的光激励荧光体这种特殊的荧光体。X 射线图像在荧光板上暂时蓄积后,用激光扫描荧光板后,积累的 X 射线量对应发出可见光。光电倍增管把此微弱的可见光转换为电信号,之后经过数字信号的处理形成图像(图 5-68)。

与原来的 X 射线胶片图像相比,其缩短了摄影时间,减小了摄影误差,图像数字化处理后,使数据解析和高密度保管、建议检索等成为可能,正在快速普及。

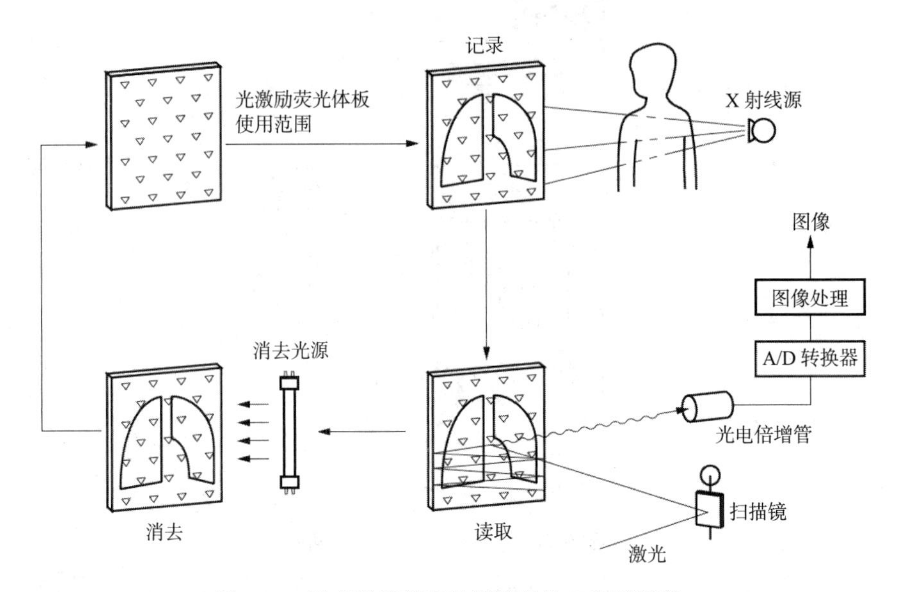

图 5-68　用光激励荧光体板获得的 X 射线图像

9. 实验室检验(体外检验)

对从身体内取出的血样、尿样进行的成分分析和化验称为体外检验(in virtotest)。体外化验以了解健康状况、疾病诊断、查明原因、检测治疗药品药效等为目的而使用,它是现代医疗非常重要的手段。体外检验分类如图 5-69 所示,其中作为免疫学检查对象的肿瘤标定、荷尔蒙、药剂、病毒等浓度极低,检测装置必须有很高的灵敏度,因而光电倍增管被广泛使用。

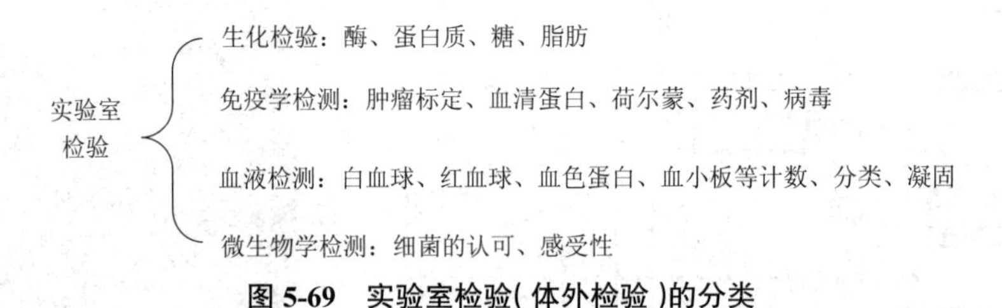

图 5-69　实验室检验(体外检验)的分类

免疫学检测多用抗原抗体的特异性检测法(酶免疫分析，Immunoassay)。图 5-70 所示为酶免疫的原理图。

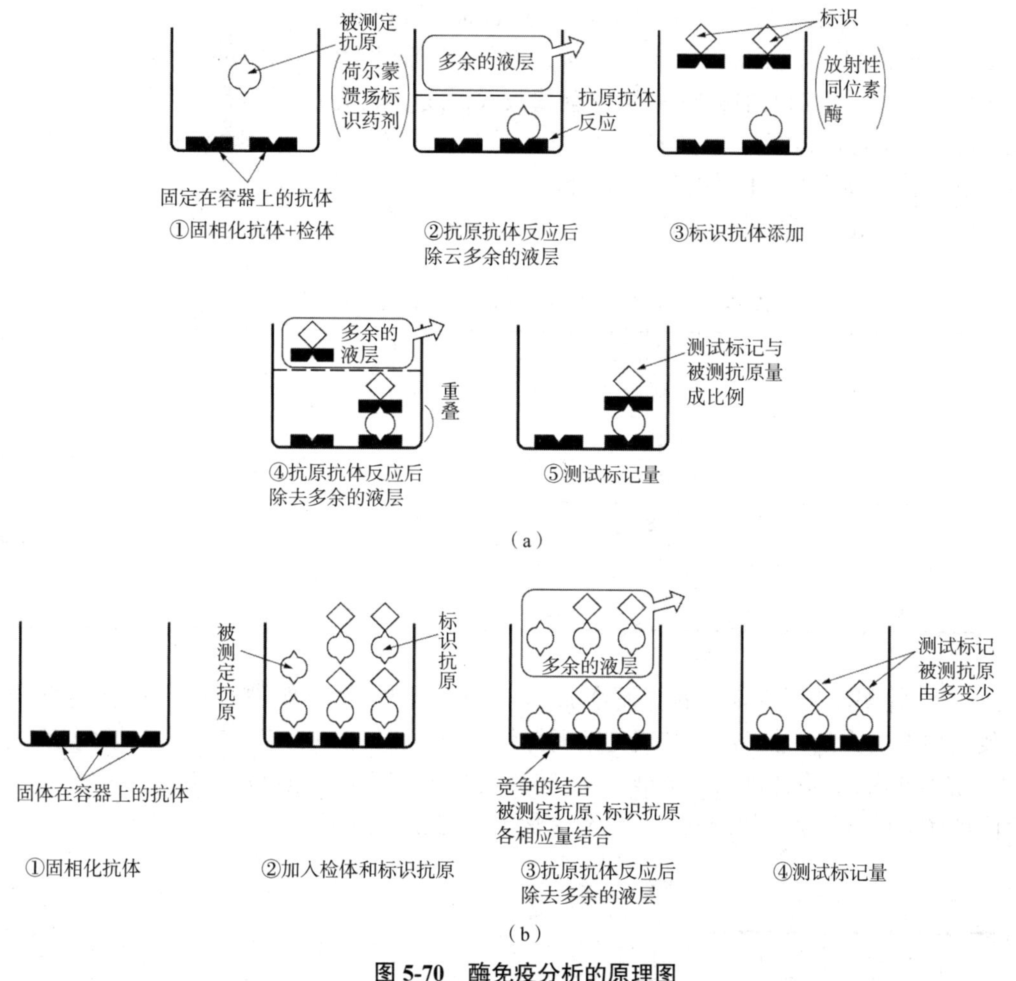

图 5-70　酶免疫分析的原理图

(a)重叠法　(b)竟合法

图 5-70(a)所示为重叠法:①被测定抗原(荷尔蒙、肿瘤标记等)和让对应的抗体固定(固相化抗体)于容器内作抗体;②抗原抗体起反应,被测试抗原和固相化抗体结合,这种反应具有非常高的特异性,很少和不同抗原结合,抗原抗体反应后,残留有抗原和抗体的结合物,除去上面多余的物质;③加进某种标记被测定抗原和结合的抗体(标识抗体);④再次进行抗原抗体反应,被测抗原多层结合,除去上面多余的物质;⑤利用光学的方法(荧光等)用光电倍增管来测试标识量。

图 5-70(b)所示为竞合法:①准备被测抗原和固定有结合抗体的容器;②将被测抗原和加有某种标识的同一种抗原(标识抗原)一起作为检体加进去;③发生具有抗原抗体反应特长之一的竞合结合和含有被测抗原同标识抗原的量相应抗体相结合,达到平衡状态,抗原抗体反应后,除去上面的多余部分;④利用光学方法,用光电倍增管测试标识量。多层法里,被测抗原越多,剩余标识也越多,相反在竞合法里,被测抗原多,剩余的标识数反而减少。

下面根据使用什么样的标识物将其分成不同的类别。

1)标识使用放射性同位素：R.I.A.(Radioimmunoassay)

使用放射性同位素(Radioactive Isotope, RI)作为标识,用闪烁体和光电倍增管组合体测试出样品里剩余标识发射的放射线(γ射线或β射线),对被测抗原进行定量分析。作为标识常用的放射性同位素有 ^{3}H、^{14}C、^{57}Co、^{75}Se、^{125}I、^{131}I 等(表 5-5)。其中,作为标识物且有许多优点的特殊物质的 ^{125}I 使用非常多。除 ^{3}H、^{14}C 外,因为都是发射γ射线,闪烁体要使用对γ射线转换效率高的碘化钠晶体。

表 5-5 放射免疫法中用作标识的放射性同位素

放射性同位素	放射性同位素	放射性同位素	放射性同位素
^{3}H	^{3}H	^{3}H	^{3}H
^{14}C	^{14}C	^{14}C	^{14}C
^{57}Co	^{57}Co	^{57}Co	^{57}Co
^{75}Se	^{75}Se	^{75}Se	^{75}Se
^{125}I	^{125}I	^{125}I	^{125}I
^{137}I	^{137}I	^{137}I	^{137}I

近年来,检测数和检测项目都急剧增加,装置的自动化也随之跟进。为了提高放射性同位素发射射线的光的转换效率,在碘化钠闪烁体上开一个井形孔,将含有抗原-抗体复合物的标识放入孔内,实验管自动逐个推入,自动测试的井形闪烁计数已成主流(图 5-71)。在含有闪烁体的探测部加上铅屏蔽以屏蔽外来放射线,提高测试精度。

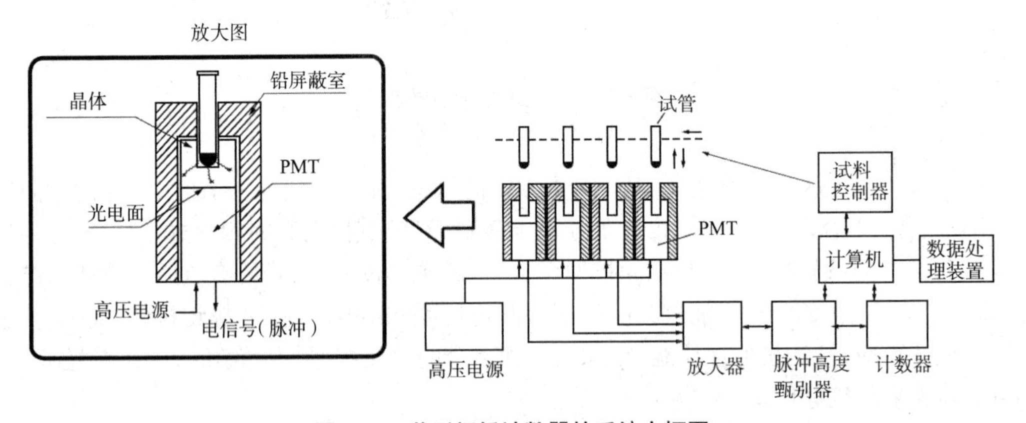

图 5-71 井形闪烁计数器的系统方框图

^{3}H、^{14}C 也作为标识使用,但发射的放射线是β射线,其能量非常弱,要用液体闪烁计数器来测试。

2)标识使用酶：E.I.A.

E.I.A.(Enzymeimmunoassay)称为酶免疫分析,正在研究开发不使用放射性物质的酶免疫分析法。

首先在荧光酶免疫分析中使用标记的荧光物质，最后用激发光源照射剩余的抗原-抗体复合物，通过测试由此产生的荧光强度和波长变化、偏光度等来知道标识的量。其比 E.I.A. 灵敏度略微高一些。图 5-72 所示为免疫分析测定装置的示意图。

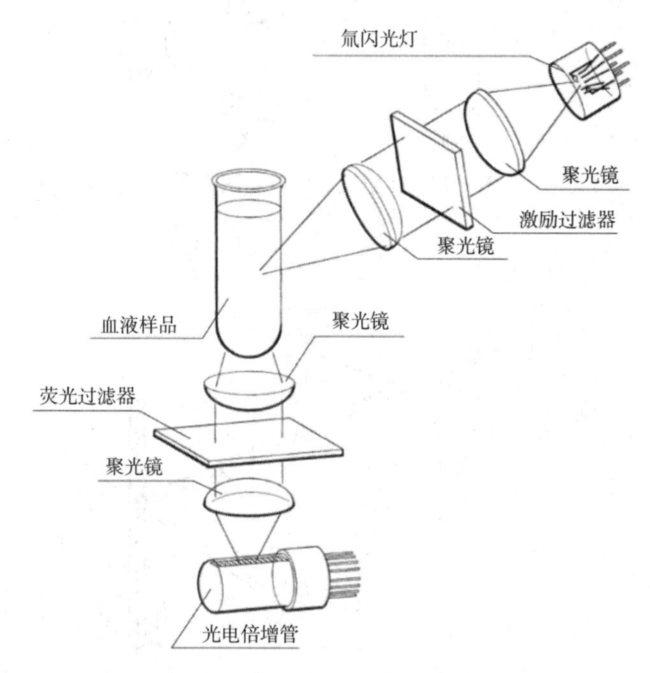

图 5-72　免疫分析测定装置的示意图

另外，非放射性酶免疫分析，为了达到 R.I.A 的高灵敏度，正在研究开发发光酶免疫分析，即使用标记的化学发光性物质和生物发光性物质，最后剩余的含有这些标记物的抗原-抗体复合物各自发光，用光电倍增管捕捉这些光。发光酶免疫分析可以分为以下三种：

（1）使用鲁米诺衍生物、化学发光衍生物等化学发光物质作为标识的方法；

（2）对于 E.I.A 标识酶的酶活性，使用化学发光或生物发光的方法；

（3）使用生物发光反应的催化或者辅酶标识的方法。

可以认为（2）和（3）是 E.I.A 的一种方法。发光酶免疫分析有非常高的灵敏度，和 R.I.A 有相同的浓度测定范围。

3）化学发光免疫测试装置

化学发光免疫测试装置（图 5-73）是具有高灵敏度、快速反应、宽动态范围、不需要检测抗原，像放射性酶免疫分析那样也不需要特殊设备的优点。抗体或者抗原用发光试剂标识，加酶后发生化学反应，可以检测出此时发生的发光。

10. 细胞分类收集器

用光照射高速流动的细胞或染色体水溶液，检测由细胞等发射的荧光和散射光，进而分析出细胞的性质及构造，这一技术称为流体荧光计量法。在这一领域，主要使用的具有代表性的装置是细胞分类收集器。细胞分类收集器是收集根据从混合细胞中发射的荧光质来标识的特定细胞的装置（图 5-74）。

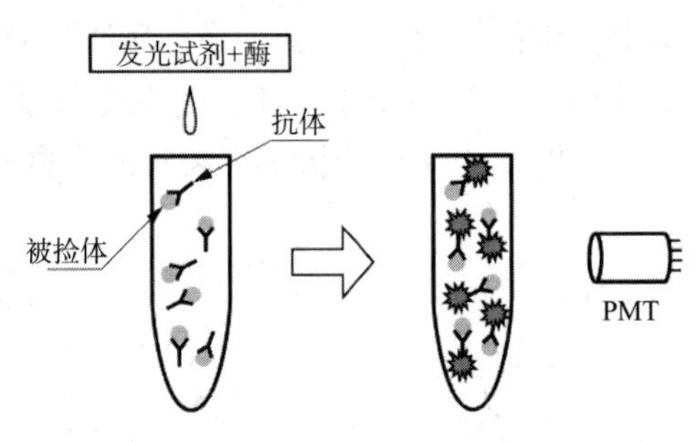

图 5-73 化学发光免疫测试装置

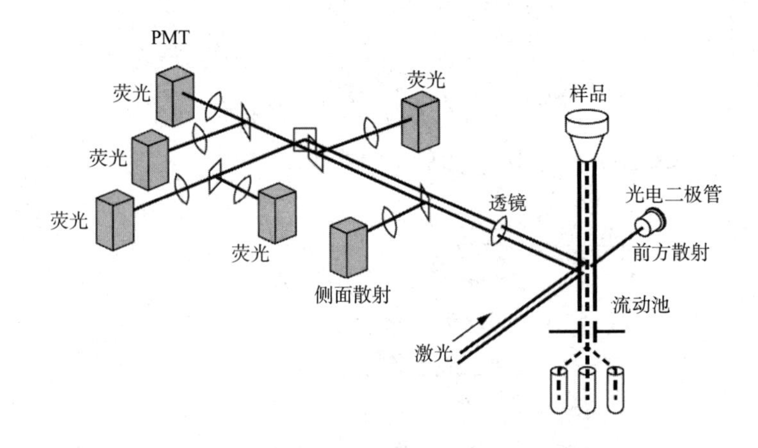

图 5-74 细胞分类收集器的主要部分

首先，把符合荧光探测器目的的荧光物质附着在细胞等上面，搅拌成溶液，再让其从吸管中流过，并使细胞按一定间隔在管内移动。然后，用很强的激光通过微小空间照射，用光电倍增管来检测因激光激励发射的荧光。光电倍增管产生的电信号和各个细胞的荧光分子数成比例。另外，根据照射激光，检测前方的散射光，可获得与细胞体积有关的信息。把这两个信号进行处理，只让含有所希望的细胞部分正好形成液滴时，让该液体流带电，形成电脉冲，使液滴带电。当该特定的带电液滴通过偏转电极时，下落方向发生变化，分别流入对应的容器。

11. 共聚焦激光显微镜

共聚焦激光显微镜是用激光束对荧光色素染色的样品面进行二维扫描的同时，得到二维和三维的荧光图像的显微镜。

扫描极微小的点光时，运用共聚焦机能可以得到高分辨率的图像（图 5-75）。用相同波长范围的激光来回扫描激励处在物镜下面的用荧光色素染色的生物样品，由样品焦点面上发出的荧光，通过共聚焦针孔（狭缝）后，由光电倍增管来检测。把光电倍增管得到的电信号进行图像处理，就可构成二维或三维图像。

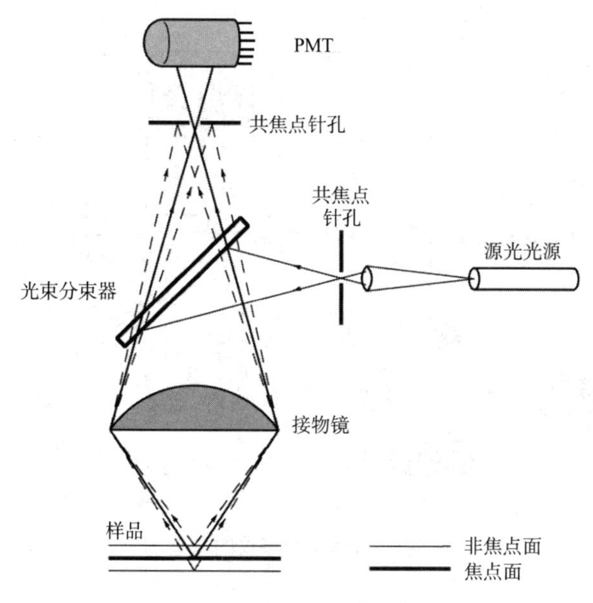

图 5-75　共聚焦激光显微镜

12. DNA 微阵列扫描器

DNA 微阵列扫描器是在分析庞大的遗传基因信息的装置上放置 DNA 薄片，由于 DNA 薄片是高密度配置，有多个 DNA 的线路板，主要使用的是半导体影印法，使用高精度自动化装置分装方法。在 DNA 薄片上和用荧光色素标识的 DNA 配对，通过检测激光扫描后薄片上配对的 DNA 点光的荧光强度，得到目标对象 DNA 中的遗传基因信息（和配对 DNA 具有互补碱基的一个 DNA 链互相结合形成两个 DNA 链）（图 5-76）。

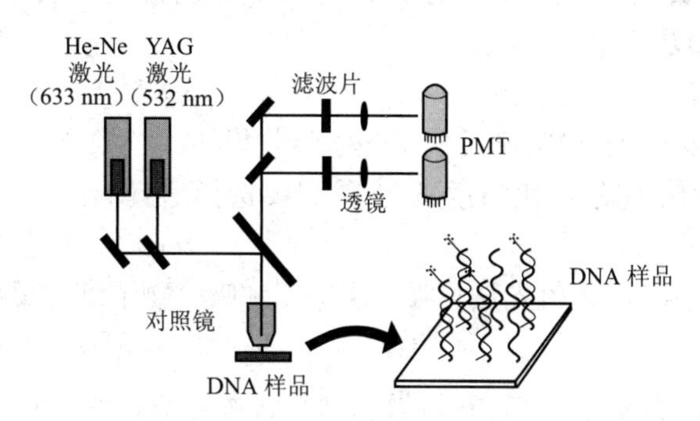

图 5-76　DNA 微阵列扫描仪

13. DNA 测序仪

DNA 测序仪是对从细胞中提取的 DNA 碱基序列进行译读的装置。图 5-77 所示为 DNA 测序仪的原理图。其分离出的 DNA 片与特定的荧光标记结合，作为色素（标记色素）注入脉动板的胶体里，加上电脉动后，将在胶体中下沉。当扫描线扫到 DNA 片时，由于被激光激励，只有具有标记色素的部分发出荧光，荧光通过分光滤光片，用光电倍增管检测，用计算机计算荧光发光位置，就可划分出有特定荧光碱基在哪里。DNA 测序仪在生物遗传学研究、遗传病、肿瘤、传染病、老年病的诊断和治疗方法的研究、遗传基因的译读等方面使用。

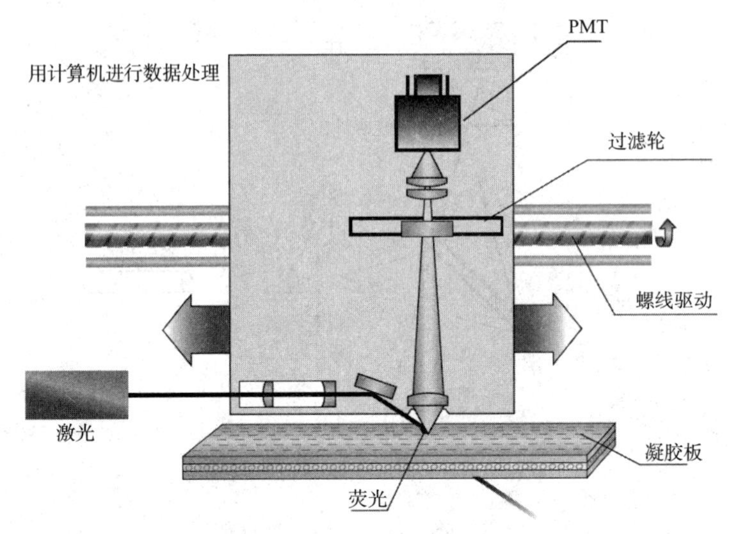

图 5-77 DNA 测序仪的原理图

5.4.2 普通型光电二极管的应用举例

血氧饱和度不仅表征着血液携氧的能力，也揭示了肺交换氧的能力，更直接地反映了人体各组织的可被供氧的状态，因而是一个十分重要的生理指标。血氧饱和度已成为监护仪器的一个基本指标。在国外，该仪器已经进入家庭，像体温计、血压计一样成为一种普通家庭医疗仪器。自从 20 世纪 80 年代末期血氧饱和度测试仪进入实际应用以来，其价格从几万元降至目前的几百元。普通型光电二极管虽然灵敏度不如 PIN 和 APD 型，但对于血氧饱和度的测量不仅具备足够的灵敏度，还具有成本极低、对温度的敏感度低等优点。

1. 朗伯-比尔定律及应用

1）朗伯-比尔定律

朗伯-比尔（Lambert-Beer）定律反映了光学吸收规律，即物质在一定波长处的吸光度与它的浓度成正比。朗伯-比尔定律的意义在于，只要选择适宜的波长，测定它的吸光度就可以求出溶液的浓度。

根据朗伯-比尔定律，出入射光强与吸收层厚度和吸收物浓度的关系为

$$I = I_0 e^{-\alpha cl} \tag{5-21}$$

式中：I_0 为入射光强；I 为透射光强；α 为吸光物质的吸光系数；c 为吸光物质浓度；l 为吸光物质传输的距离（光程）。

此定律以下列条件为前提：①入射光为单色光；②吸收过程中各物质无相互作用；③辐射与物质的作用仅限于吸收过程没有散射、荧光和光化学现象。

2）朗伯-比尔定律的应用

Ⅰ. 单一组织成分的测定

单一组织成分是指试样中只含有一种组织成分，或在混合物中待测组织成分的最大吸收波长 λ_{max} 处无其他共存物质的吸收。此时，可先绘制待测物质的吸收曲线，然后选择最大

吸收波长 λ_{max} 进行定量测定，多采用标准曲线法。

Ⅱ. 多组织成分的测定

多组织成分的测定可依据各组织成分吸收曲线的情况分别处理。

（1）若各种吸光物质吸收曲线互不重叠，可在各自最大吸收波长处分别进行测定，与单一组织成分测定方法相同。

（2）若各组织成分的吸收曲线互相重叠，可根据吸光度具有可加性的特点，即多组织成分试液在某一给定波长处的总吸光度等于各组织成分吸光度之和，通过求解联立方程来进行测定。例如有两种组织成分 A 和 B，在 A 和 B 的最大吸收波长 λ_1 和 λ_2 处，分别测定混合物的吸光度，然后通过求解二元一次方程组，求得各组织成分浓度。同样，当溶液中有 N 个组织成分同时存在时，亦可用类似方法处理，但随着组织成分的增多，实验结果的误差也将增大。

2. 离体血氧饱和度测量原理

当入射光透射过某种均匀、无散射溶液时，其光吸收特性遵从朗伯-比尔定律，可描述为

$$A = -\lg\frac{I}{I_0} = 2.303\alpha cl \tag{5-22}$$

式中：I_0、I 分别为入射光强度和透射光强度；c、α、A 分别为物质的浓度、吸光系数和吸光度；l 为光路长度。

在某一波长光 λ_1 处，式（5-22）对于血液溶液可写为

$$-\lg\frac{I}{I_0} = [\alpha_1 c_1 + \alpha_2(c - c_1)]l \tag{5-23}$$

式中：α_1、α_2 分别为 HbO_2 和 Hb 在波长 λ_1 处的吸光系数；c_1 和 c 分别为 HbO_2 和总 Hb 的浓度。

根据血氧饱和度定义，血液中 HbO_2 和总 Hb 的浓度之比，即 c_1/c。因此，从式（5-23）可以推得

$$SaO_2 = \frac{c_1}{c} = \frac{-\lg\dfrac{I}{I_0}}{(\alpha_1 - \alpha_2)cl} - \frac{\alpha_2}{(\alpha_1 - \alpha_2)} \tag{5-24}$$

由式（5-24）可以看出，当使用单一波长光 λ_1 测量时，SaO_2 依赖于总 Hb 浓度 c 及光路长度 l。假如再采用另一路波长光 λ_2 同时测量，与式（5-24）同理可得

$$SaO_2 = \frac{c_1}{c} = \frac{-\lg\dfrac{W}{W_0}}{(b_1 - b_2)cl} - \frac{b_2}{(b_1 - b_2)} \tag{5-25}$$

式中：W_0、W 分别为波长光 λ_2 入射强度和透射强度；b_1、b_2 分别为 Hb 对 λ_1 和 λ_2 波长光的吸光系数。

由式（5-24）、式（5-25）联立，可以消去总 Hb 浓度 c 和总光路长度 l 得到：

$$SaO_2 = \frac{\alpha_2 Q - b_2}{(\alpha_2 - \alpha_1)Q - (b_1 - b_2)} \tag{5-26}$$

式中：$Q=\dfrac{\lg\dfrac{W}{W_0}}{\lg\dfrac{I}{I_0}}=\dfrac{A_{\lambda1}}{A_{\lambda2}}$，$A_{\lambda1}$ 和 $A_{\lambda2}$ 分别为血液对 λ_1 及 λ_2 波长光的吸光度。

若参考脱氧血红蛋白和氧合血红蛋白的吸收光谱曲线（图 5-78），选择波长在 Hb 和 HbO_2 吸光系数曲线交点（805 nm）附近时，即 $\alpha_1 \approx \alpha_2 \approx \alpha$ 时，式（5-26）变为

$$SaO_2=\frac{\alpha Q}{b_2-b_1}-\frac{b_2}{b_2-b_1}=AQ+B \tag{5-27}$$

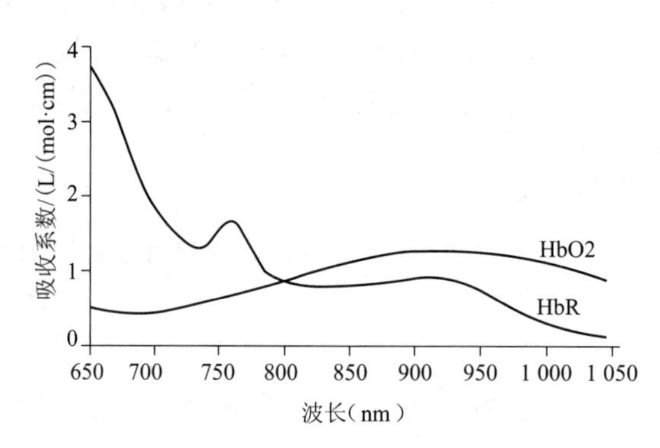

图 5-78 HbO_2 和 Hb 的吸光曲线

式中：A、B 为常数。

式（5-27）说明，当一个波长选为曲线交点附近时，SaO_2 可以从血液溶液在两个波长点的吸光度比率求得。这样 SaO_2 不依赖于总 Hb 浓度 c 和光路长度 l，这就是 SaO_2 测定的基本原理。以上原理的推导过程只针对纯血液溶液。如果该原理要想实际应用于人体 SaO_2 无损伤检测，必须考虑人体非血液组织对光的吸收及散射影响，并消除其所引起的测量误差。

3. 脉搏血氧测量原理

由于人体动脉的搏动能够造成测试部位血液容量的波动，从而引起光吸收量的变化，而非血液组织（皮肤、肌肉、骨骼等）的光吸收量是恒定不变的（图 5-79）。脉搏式 SaO_2 测量技术就是利用这个特点，通过检测血液容量波动引起的光吸收量变化，消除非血液组织的影响，求得 SaO_2。

假设光在测试部位的传输遵循朗伯-比尔定律，由散射、反射等因素造成的光衰减忽略不计，则透射光强为

$$I=I_0F10^{-\alpha'c'l'}10^{-\alpha cl} \tag{5-28}$$

式中：α、c、l 分别为动脉血液的吸光系数、浓度和光路长度；α'、c'、l' 分别为静脉血液的吸光系数、浓度和光路长度；F 为非血液组织吸光率。

从图 5-79 可以看出，非血液组织和静脉血液的吸光量为常量，光在穿过非血液组织及静脉血液后，未穿过动脉血液前的强度为

$$I'=I_0F10^{-\alpha'c'l'} \tag{5-29}$$

则动脉血液的吸光度为

$$A=\lg\frac{I}{I'}=-\alpha cl \tag{5-30}$$

设动脉充盈时血液厚度 l 增加 Δl，透过光量 I 则会减少 ΔI，此时吸光度为 A_1，动脉血液充盈最低时吸光度为 A_2。这样根据式(5-30)，动脉血液吸光度 A 的变化部分 ΔA 可表示为

$$\Delta A=A_1-A_2=-(\lg\frac{I-\Delta I}{I'}-\lg\frac{I}{I'})=-\lg\frac{I-\Delta I}{I}=\alpha c\Delta l$$

当采用 λ_1、λ_2 两路波长光同时测定时，则有

$$Q=\frac{\Delta A_{\lambda1}}{\Delta A_{\lambda2}}=\frac{\alpha_1}{\alpha_2} \tag{5-31}$$

式中：$\Delta A_{\lambda1}$、$\Delta A_{\lambda2}$ 分别为血液对 λ_1 及 λ_2 波长光的吸光度变化量；α_1、α_2 分别为血液对 λ_1 及 λ_2 波长光的吸光系数。

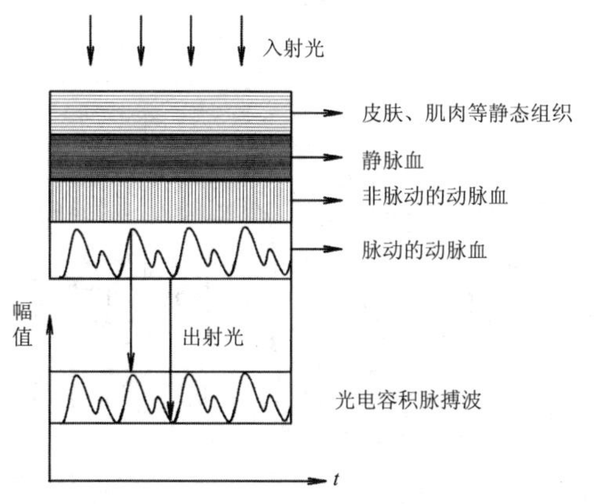

图 5-79　光谱 PPG 信号的产生原理图

4. 传统脉搏血氧测定法

若将动脉血中非搏动部分吸收光强与静脉血及组织吸收光强合并为不随搏动和时间而改变的光强度，实际检测中采用直流分量 DC 来近似代替；而随着动脉压力波的变化而改变的光强定义为搏动性动脉血吸收的光强度，实际检测中采用交流分量 AC 代替。这样根据式(5-30)及式(5-31)得到在两个波长中的光吸收比率为

$$Q=\frac{\lg\dfrac{DC_{\lambda1}-AC_{\lambda1}}{DC_{\lambda1}}}{\lg\dfrac{DC_{\lambda2}-AC_{\lambda2}}{DC_{\lambda2}}}=\frac{\lg\left(1-\dfrac{AC_{\lambda1}}{DC_{\lambda1}}\right)}{\lg\left(1-\dfrac{AC_{\lambda2}}{DC_{\lambda2}}\right)} \tag{5-32}$$

用麦克劳林公式分别对分子、分母展开，由于 $\dfrac{AC_{\lambda1}}{DC_{\lambda1}}\ll1$ 且 $\dfrac{AC_{\lambda2}}{DC_{\lambda2}}\ll1$，则有

$$Q=\frac{-\dfrac{AC_{\lambda1}}{DC_{\lambda1}}-o\left(\dfrac{AC_{\lambda1}}{DC_{\lambda1}}\right)}{-\dfrac{AC_{\lambda2}}{DC_{\lambda2}}-o\left(\dfrac{AC_{\lambda2}}{DC_{\lambda2}}\right)}\approx\frac{\dfrac{AC_{\lambda1}}{DC_{\lambda1}}}{\dfrac{AC_{\lambda2}}{DC_{\lambda2}}} \tag{5-33}$$

将式(5-33)结果代入式(5-27)即可求出 SaO_2,这是脉搏式 SaO_2 检测技术的原理。

由上述推导可知,关于经典的 SaO_2 的测量误差主要有以下几项。

(1)由于采用 *DC* 近似取代不随搏动和时间而改变的光强度,而在实际检测中, *DC* 受测量条件(入射光强、探头压力等)和个体差异(静态组织结构部分的厚度与其光学特性等)的影响,因而对测量结果引入较大的误差。

(2)由于在临床实例中 *AC*/*DC* 的值在 1%~2%,因此由式(5-33)及式(5-27)计算得到数据最高精度只能达到 10^{-2} 数量级。

(3)由式(5-33)可以看出, *Q* 值是近似得到,推导结果本身存在误差。*AC*/*DC* 的值越大,其计算误差就越大;而 *AC*/*DC* 的值越小,误差越小,但 *AC* 值越不容易测准。对不同灌盈状态的被测对象进行测量,难以同时得到高精度。

5. 脉搏血氧测量电路

图 5-80 所示为传统脉搏血氧测量电路的原理框图,为帮助读者更容易理解,图 5-81 给出了其相应点的工作波形。

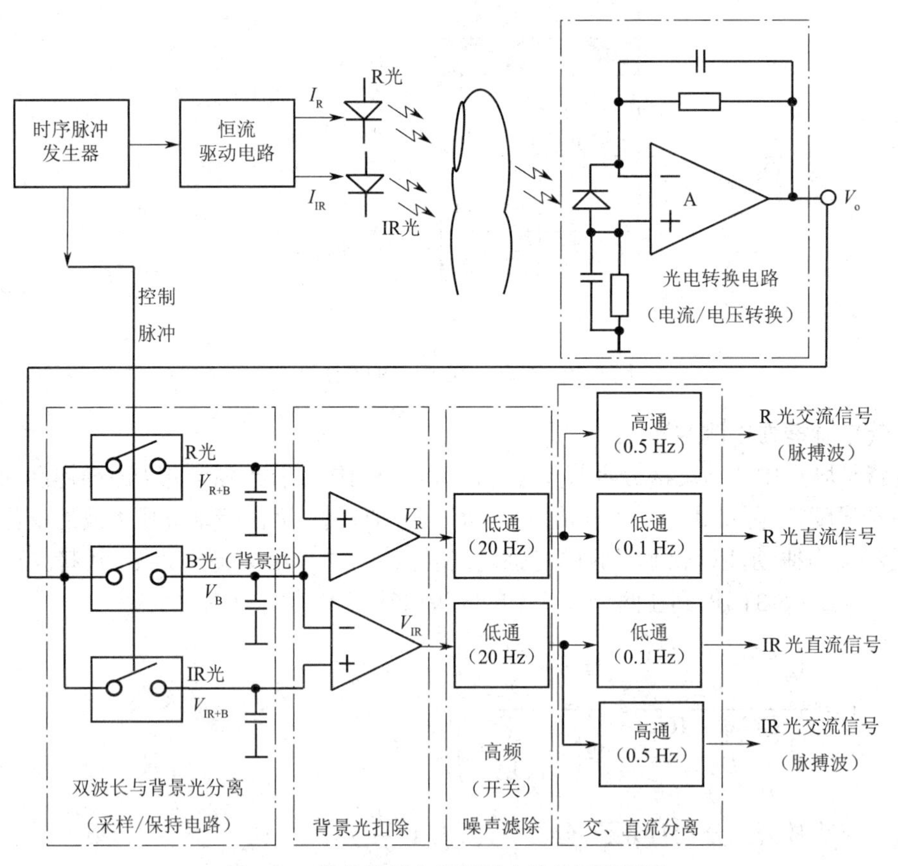

图 5-80 传统脉搏血氧测量电路的原理框图

时序脉冲发生器产生两个同频不同相、占空比为 25%的脉冲序列,经过恒流源驱动电路输出两路恒流 I_R、I_{IR} 分别驱动红色和红外 LED。这两种脉冲光透过被测手指后被光敏二极管所接收,并由光电转换电路转换成电压信号 V_o。在时序脉冲发生器输出的控制脉冲作用下,通过 3 个模拟开关和相应的电容所构成的采样/保持电路分离成含有背景光的红光信号(V_{R+B})和红外光信号(V_{IR+B})以及纯粹的背景光信号(V_B)。实际上,其中的背景光信号包括环境光对光电二极管的作用、光电二极管本身的暗电流和电流/电压转换电路的失调电压等噪声。

通过差动放大器将背景光信号(V_B)从含有背景光的红光信号(V_{R+B})中扣除,就可以得到红光脉搏波信号(V_R);同理,将背景光信号(V_B)从含有背景光的红外光信号(V_{IR+B})中扣除,就可以得到红外光脉搏波信号(V_{IR})。

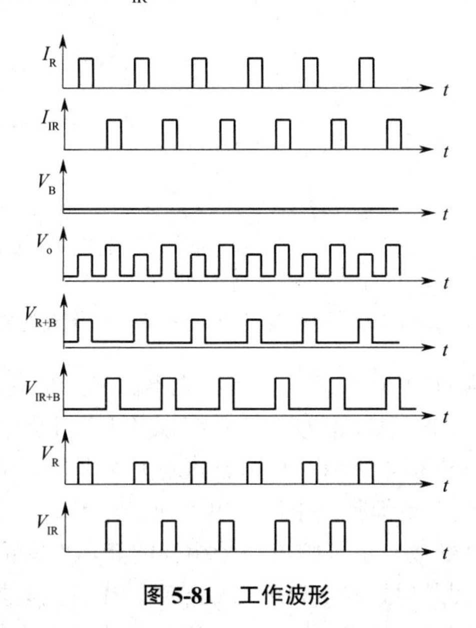

图 5-81　工作波形

这样得到的信号 V_R 和 V_{IR} 中,还会存在各种高频噪声和采样/保持电路工作时不可避免的开关噪声(尖峰干扰),因此可以采用 20 Hz 的低通滤波器来抑制这些噪声,可以得到较好信噪比的两个波长的光电容积脉搏波信号。

计算血氧饱和度需要得到两个波长光电容积脉搏波的交流分量和直流分量,因而采用两组高通、低通滤波器分别滤出所需的这 4 个信号。

5.4.3　PIN 型和 APD 型光电二极管的应用举例

PIN 型光电二极管具有比普通型光电二极管高得多的灵敏度,同时保持优良的线性,具有极高的速度、很低的成本、很小的体积,而 APD 型光电二极管具有更高的灵敏度和速度,因而在高档医学仪器中具有广泛的应用。

流式细胞术(Flow Cytometry, FCM)具有独特的高通量、高灵敏度以及高分辨率等优点,能实现对细胞、活性细菌或死亡细菌的绝对定量检测和痕量检测,同时还可以进行现场实时在线监测。

下面以饮用水中微生物检测为例说明 PIN 型光电二极管在流式细胞术中的应用。

饮用水中 E.coli 和 S.aureus 是危害人体健康的常见细菌,通常采用 SYBR GreenI 和

Presidium Iodide(PI)荧光染料对它们进行染色分析。其中，SYBR GreenI 荧光染料能直接渗透到细菌膜内与核酸结合；PI 荧光染料不能直接渗透到膜功能完整的细菌膜内，只能与膜功能已破坏的死细菌的核酸结合。系统中采用 488 nm 激光器作为激发光源，两种荧光染料的激发光谱如图 5-82 所示，通过探测 525/50 波段和 646/68 波段的荧光信号，可辨别出与 SYBR GreenI 或 PI 荧光染料结合的细菌，从而实现活细菌或死细菌的状态识别和计数分析。

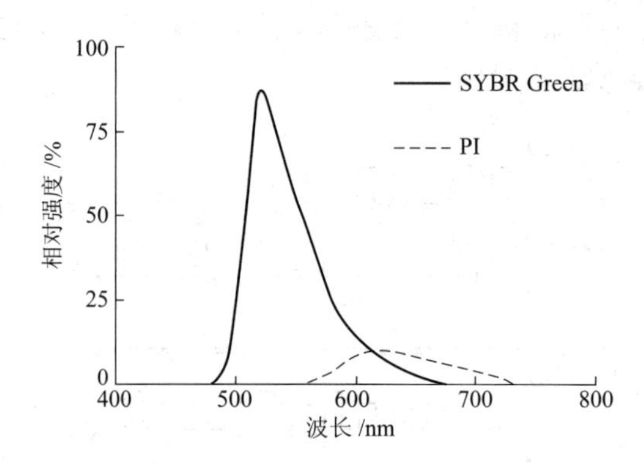

图 5-82 SYBR Green I 和 PI 两种荧光染料在 488 nm 激光激发下的受激光谱图

用于细菌高通量检测的 FCM 系统主要由激光器激光整形模块、细菌悬浮液聚焦模块、光学探测模块、液流稳流控制模块、信号采集系统以及 PC 机显示模块等组成，控制框图如图 5-83 所示，检测原理如图 5-84 所示。利用流体动力学聚焦理论，在流动室中形成稳定的高速流动的单细胞流，细菌在单细胞流中依次单个通过该流动室的检测区域；激光通过柱面镜组和透镜聚焦整形后可形成与单细胞流直径相当的高功率密度的椭圆光斑，并调节该整形光斑位置至流动室的检测区域；经 SYBR Green I 或 PI 荧光染料染色的细菌在该聚焦/整形激光的激发下产生具有一定强度的散射光和荧光，其中散射光包含前向散射光信号(Forward Scatter, FSC)和侧向散射光信号(Side Scatter, SSC)，利用分光镜和滤波片可实现不同荧光(FL1, FL2)的分离和接收。通常，FSC 信号强度与细菌的体积呈正相关关系；SSC 信号强度与细菌胞内细胞器含量呈正相关关系；荧光信号强度与细菌上染色的荧光染料含量和激发光谱特性相关。根据米氏散射原理，利用 FSC 和 SSC 即可区分出常见微生物(如大肠杆菌、曲霉、微球菌、棒状杆菌等)。散射光和荧光经光电探测器可转化为电信号，系统中前向探测器采用硅 PIN 型光电二极管(S3994-01)，荧光探测器与侧向探测器均采用雪崩型二极管(S12023-10 A)；电信号经 A/D 转换器由模拟信号转换为数字信号，再经信号处理器进行前处理后上传至 PC 机；在 PC 机软件中以各信号通道的散点图或柱状图(Diagram)等图像展现，便于用户进行数据分析。

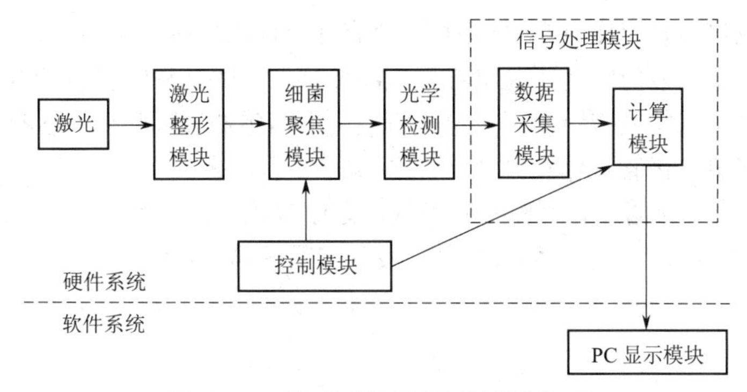

图 5-83　对细菌高通量检测的控制框图

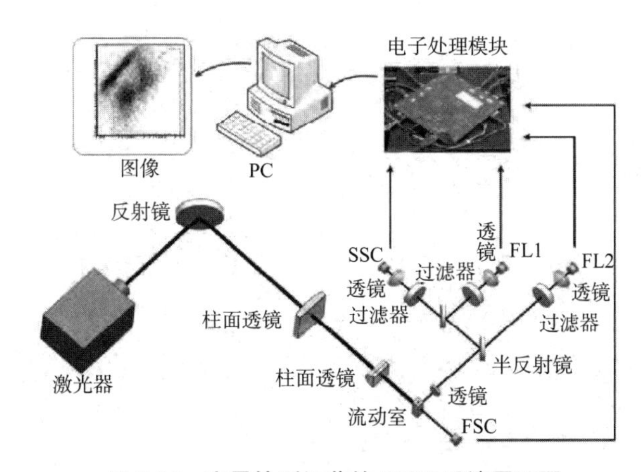

图 5-84　定量检测细菌的 FCM 系统原理图

习题与思考题

1. 光电传感器有哪些工作原理？各又有哪些种类？

2. 光有哪些参数（单位）？选择光电传感器与它们有什么样的关系？

3. 用于测量的光源有哪些种类？各自有哪些特性？

4. 什么是“逸出功”？一定材料的逸出功与光的频率（或波长）有何关系？

5. 查一下若干型号的真空光电管的参数并进行对比，这些参数处于什么样的数量（级）？

6. 查一下若干型号的光电倍增管的参数并进行对比，这些参数处于什么样的数量（级）？

7. 光电倍增管的使用有哪些特别需要的注意事项？

8. 光电倍增管对阳极高压有什么要求？

9. 从电路理论的角度，真空光电管和光电倍增管属于什么样的器件？后续电路的形式应该是什么？

10. 为什么光电倍增管需要磁屏蔽？

11. 如果光电倍增管工作时有强光射入,会有什么样的后果?
12. 什么是光电导效应?基于光电导效应的传感器有哪几种?各有什么特点?
13. 什么是光生伏特效应?基于光电伏特效应的传感器有哪几种?各有什么特点?
14. 普通型光电二极管工作在哪个特性区(段)?为什么?
15. PIN 型光电二极管工作在哪个特性区(段)?为什么?
16. APD 型光电二极管与 PIN 型光电二极管有哪些异同点?

第 6 章　图像传感器

6.1　概述

受益于微电子技术的迅猛发展，图像传感器（Image Sensor, IS）的性能已经到了让人难以置信水平，而且其成本也很低，已经完全渗透到人们的日常生活中。借助于人类历史上空前发展的智能手机，图像传感器的性能也具有超乎寻常的性价比，为新型医学仪器的研发提供了极好的机会。

实际上，图像传感器的应用远远超出人们所熟悉的拍照或拍视频的日常应用，图像传感器能够快速、低成本地获得多维、巨量的信息，图像本身可直接获得至少三维信息，包括二维平面分布的光强度信息、色彩或光波波长强度、视频的时间维度等。图像传感器在国防、交通、社会安全、工农业、科学研究中发挥着重大的作用，理所当然地在医学信息检测中发挥重要作用。

6.2　图像传感器的分类与工作原理

图像传感器是利用光电器件的光电转换功能将感光面上的光像转换为与光像成相应比例关系的电信号。与光敏二极管、光敏三极管等“点”光源的光敏元件相比，图像传感器是将其受光面上的光像分成许多小单元，将其转换成可用的电信号的一种功能器件。图像传感器可以分为光导摄像管和固态图像传感器。与光导摄像管相比，固态图像传感器具有体积小、质量轻、集成度高、分辨率高、功耗低、寿命长、价格低等特点。

固态图像传感器主要有两大技术：CCD（Charge Coupled Device，电荷耦合器件）与 CMOS（Complementary Metal-Oxide-Semiconductor，互补金属氧化物半导体）。CCD 是应用在摄影摄像方面的高端技术元件，CMOS 则应用于较低影像品质的产品中，它的优点是制造成本较 CCD 更低，功耗也低得多。尽管在技术上有较大的不同，但 CCD 和 CMOS 两者性能差距不是很大，只是 CMOS 图像传感器对光源的要求要高一些，但该问题已经基本得到解决，而且近几年 CMOS 图像传感器的性能已经与 CCD 图像传感器接近，大有后来者居上的趋势。

6.2.1　CCD 图像传感器

CCD，可以称为 CCD 图像传感器。CCD 是一种半导体器件，能够把光学影像转化为数字信号。CCD 上植入的微小光敏物质称作像素（Pixel）。一块 CCD 上包含的像素数越多，其提供的画面分辨率就越高。CCD 上有许多排列整齐的电容，能感应光线，并将影像转变成数字信号。经由外部电路的控制，每个小电容能将其所带的电荷转给它相邻的电容。

1. CCD 传感器的基本结构

CCD 图像传感器是按一定规律排列的 MOS(金属-氧化物-半导体)电容器组成的阵列。在 P 型或 N 型硅衬底上生长一层很薄(约 120 μm)的二氧化硅，再在二氧化硅薄层上依次沉积金属或掺杂多晶硅电极(栅极)，形成规则的 MOS 电容器阵列，再加上两端的输入及输出二极管就构成了 CCD 芯片。

CCD 基本结构可以分为两部分：

(1)MOS(金属-氧化物-半导体)光敏元阵列；

(2)读出移位寄存器。

CCD 是在半导体硅片上制作成百上千个光敏元，一个光敏元又称为一个像素，在半导体硅平面上光敏元按线阵或面阵有规则地排列。

MOS 电容器是构成 CCD 的最基本单元，如图 6-1 所示。

图 6-1 MOS 光敏元的结构

2. CCD 基本工作原理

CCD 工作可以分为以下 4 个步骤(图 6-2)：

(1)信号电荷的产生；

(2)信号电荷的存储；

(3)信号电荷的传输；

(4)信号电荷的检测。

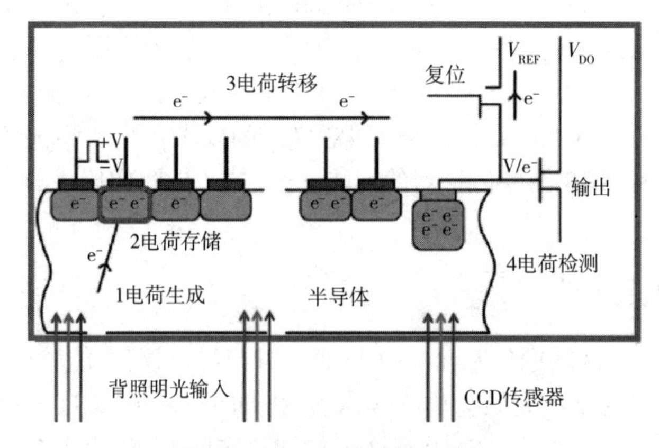

图 6-2 CCD 工作过程示意图

1)信号电荷的产生

CCD 工作过程的第一步是信号电荷的产生。CCD 可以将入射光信号转换为电荷输出(图 6-3),依据的是半导体的内光电效应(光生伏打效应)。

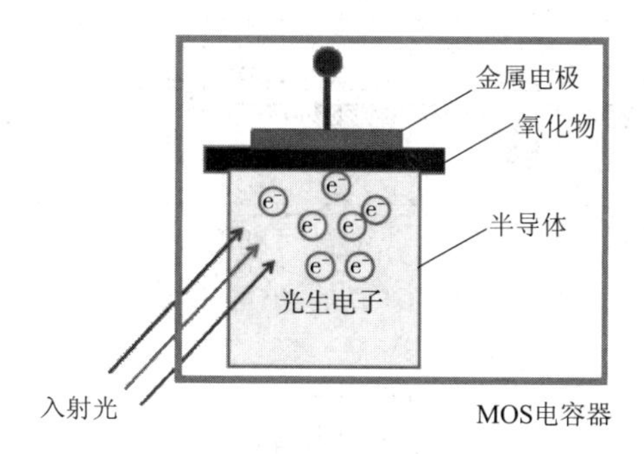

图 6-3　CCD 将光子转换成电荷

2)信号电荷的存储

CCD 工作过程的第二步是信号电荷的存储,就是将入射光子激励出的电荷收集起来成为信号电荷包的过程。如图 6-4 所示,当金属电极上加正电压时,由于电场作用,电极下 P 型硅区里空穴被排斥入地成耗尽区。对电子而言,是一势能很低的区域,称"势阱"。有光线入射到硅片上时,光子作用下产生电子-空穴对,空穴被电场作用排斥出耗尽区,而电子被附近势阱俘获,此时势阱内吸的光子数与光强度成正比。

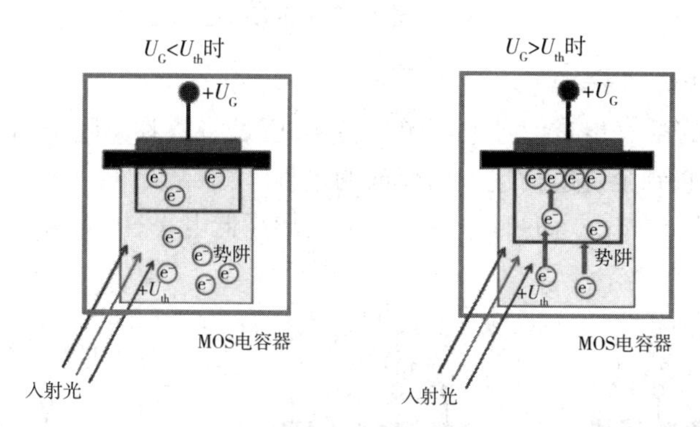

图 6-4　信号电荷的存储

一个 MOS 结构元为 MOS 光敏元或一个像素,把一个势阱所收集的光生电子称为一个电荷包;CCD 器件是在硅片上制作成百上千的 MOS 元,每个金属电极加电压,就形成成百上千个势阱,如果照射在这些光敏元上即是一幅明暗起伏的图像,那么这些光敏元就感生出一幅与光照度响应的光生电荷图像。这就是电荷耦合器件的光电物理效应基本原理。

在栅极 G 电压为零时,P 型半导体中的空穴(多数载流子)的分布是均匀的。当施加正偏压 U_G(此时 U_G 小于 P 型半导体的阈值电压 U_{th}),空穴被排斥,产生耗尽区。若电压继续增加,则耗尽区将进一步向半导体内延伸。

每个光敏元(像素)对应有三个相邻的转移栅电极 1、2、3,所有电极彼此间离得足够近,以保证使硅表面的耗尽区和电荷的势阱耦合及电荷转移(图 6-5)。如图 6-6 所示,所有的 1

电极相连并施加时钟脉冲 φ_1，所有的电极 2、电极 3 也是如此，并施加时钟脉冲 φ_2、φ_3。这三个时钟脉冲在时序上相互交叠。

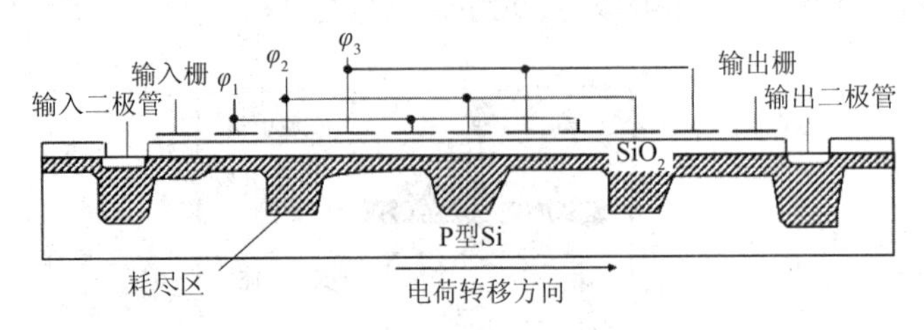

图 6-5　CCD 的 MOS 结构

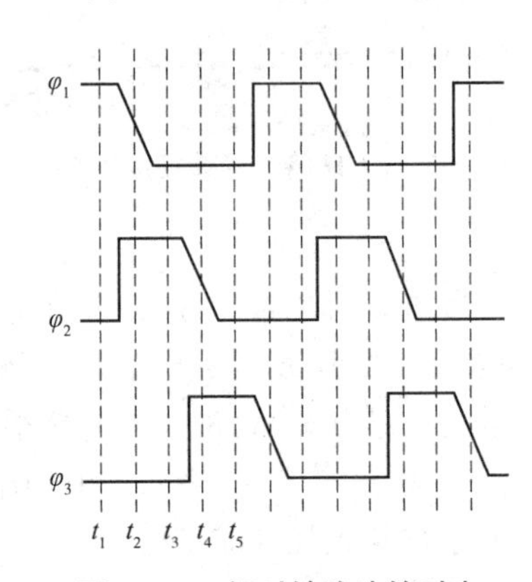

图 6-6　三相时钟脉冲的时序

3）信号电荷的传输（耦合）

CCD 工作过程的第三步是信号电荷包的转移，就是将所收集起来的电荷包从一个像元转移到下一个像元，直到全部电荷包输出完成的过程。

如图 6-7 所示，通过按一定的时序在电极上施加高低电平，可以实现光电荷在相邻势阱间的转移。

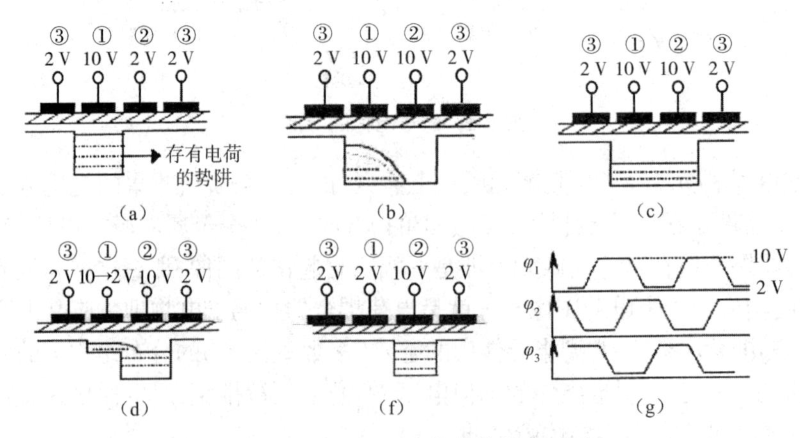

图 6-7　三相 CCD 中电荷的转移过程

（a）初始状态　（b）电荷由①电极向②电极转移　（c）电荷在①、②电极下均匀分布　（d）电荷继续由①电极向②电极转移　（e）电荷完全转移到②电极　（f）三相转移脉冲

图 6-7 中 CCD 的四个电极彼此靠得很近。假定一开始在偏压为 10 V 的①电极下面的深势阱中，其他电极加有大于阈值的较低的电压（例如 2 V），如图 6-7（a）所示。一定时刻后，②电极由 2 V 变为 10 V，其余电极保持不变，如图 6-7（b）所示。因为①和②电极靠得很近（间隔只有几微米），它们各自的对应势阱将合并在一起，原来在①电极下的电荷变为①和②两个电极共有，如图 6-7（c）所示。此后，①电极由电压 10 V 改变为 2 V，②电极 10 V 不变，如图 6-7（d）所示，电荷将转移到②电极下的势阱中。由此实现了深势阱及电荷包向右转移一个位置。

4）信号电荷的检测

CCD 工作过程的第四步是信号电荷的检测，就是将转移到输出极的电荷转化为电流或者电压的过程。输出类型主要有以下三种：

（1）电流直接输出；

（2）浮置栅放大器输出；

（3）浮置扩散放大器输出。

3. CCD 结构类型

按照像素排列方式的不同，可以将 CCD 分为线阵和面阵两大类（图 6-8）。

图 6-8　若干商品化的 CCD 图像传感器
（a）线阵　（b）面阵

线阵 CCD 图像传感器可以分为单行结构和双行结构，目前实用的为双行结构。单、双数光敏元件中的信号电荷分别转移到上、下方的移位寄存器中，然后在控制脉冲的作用下，自左向右移动，在输出端交替合并输出，这样就形成了原来光敏信号电荷的顺序。

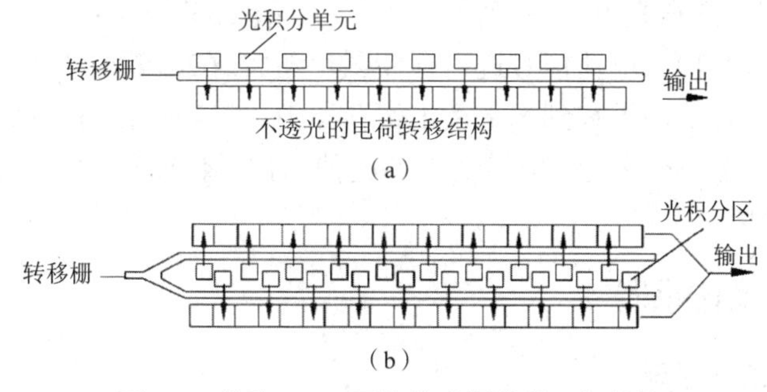

图 6-9　线阵 CCD 图像传感器的单双行结构
（a）单行结构　（b）双行结构

面阵 CCD 图像传感器由感光区、信号存储区和输出转移部分组成，目前有三种典型结构形式，如图 6-10 所示。

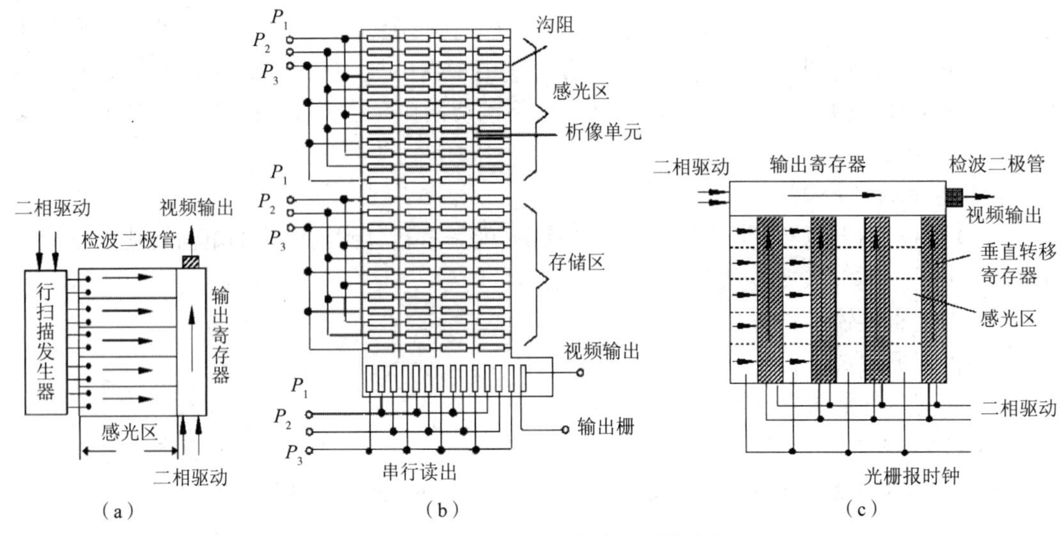

图 6-10 面阵 CCD 图像传感器的结构

(a)结构一 (b)结构二 (c)结构三

图 6-10(a)所示结构由行扫描电路、垂直输出寄存器、感光区和输出二极管组成。行扫描电路将光敏元件内的信息转移到水平(行)方向上，由垂直方向的输出寄存器将信息转移到输出二极管，输出信号由信号处理电路转换为视频图像信号。这种结构易于引起图像模糊。

图 6-10(b)所示结构增加了具有公共水平方向电极的不透光的信息存储区。在正常垂直回扫周期内，具有公共水平方向电极的感光区所积累的电荷同样迅速下移到信息存储区。在垂直回扫结束后，感光区恢复到积光状态。在水平消隐周期内，存储区的整个电荷图像向下移动，每次总是将存储区最底部一行的电荷信号移到水平读出器，该行电荷在读出移位寄存器中向右移动以视频信号输出。当整帧视频信号自存储区移出后，就开始下一帧信号的形成。该 CCD 结构具有单元密度高、电极简单等优点，但增加了存储器。

图 6-10(c)所示结构是用得最多的一种结构形式。它将图 6-10(b)中的感光元件与存储元件相隔排列，即一列感光单元、一列不透光的存储单元交替排列。在感光区光敏元件积分结束时，转移控制栅打开，电荷信号进入存储区。随后，在每个水平回扫周期内，存储区中整个电荷信号一次一行地向上移到水平读出寄存器中。接着一行电荷信号在读出移位寄存器中向右移位到输出器，形成视频信号输出。这种结构操作简单，但单元设计复杂，感光单元面积减小，图像清晰。

6.2.2 CMOS 图像传感器

1. 像元结构和工作原理

CMOS 图像传感器的光电转换原理与 CCD 基本相同，其光敏单元受到光照后产生光生电子。其信号的读出方法却与 CCD 不同,每个 CMOS 源像素传感单元都有自己的缓冲放大器,而且可以被单独选址和读出。

图 6-11 上部给出了 MOS 三极管和光敏二极管组成的相当于一个像敏元(像元)的结构剖面,在光积分期间,MOS 三极管截止,光敏二极管随入射光的强弱产生对应的载流子并存储在源极的 PN 结部位上;当积分结束时,扫描脉冲加在 MOS 三极管的栅极上,使其导通,光敏二极管复位到参考电位,并引起视频电流在负载上流过,其大小与入射光强对应。图 6-11 下部给出了一个具体的像敏元(像元)结构, MOS 三极管源极 PN 结起光电变换和载流子存储作用,当栅极加有脉冲信号时,视频信号被读出。

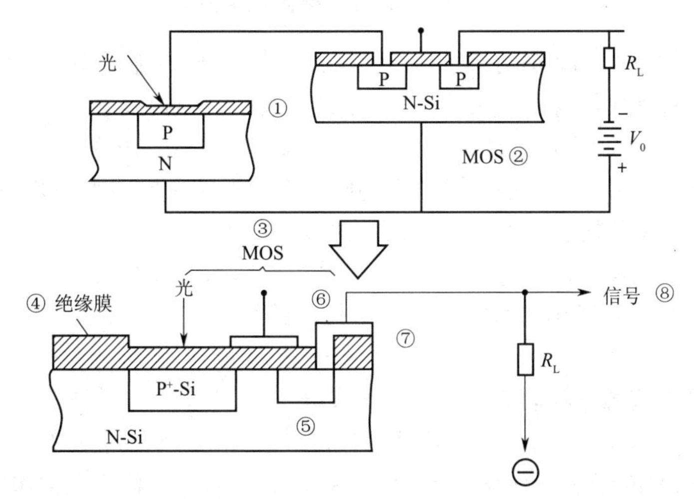

图 6-11　CMOS 像敏元(像元)的结构

2. CMOS 图像传感器阵列结构

图 6-12 所示为 CMOS 像敏元阵列结构,它由水平移位寄存器、垂直移位寄存器和 CMOS 像敏元阵列组成。

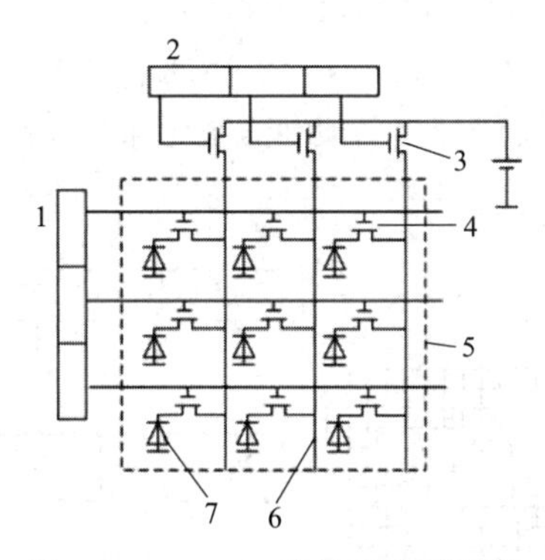

图 6-12　CMOS 像敏元阵列结构

1—垂直移位寄存器;2—水平移位寄存器;3—水平扫描开关;4—垂直扫描开关;
5—像敏元阵列;6—信号线;7—像敏元

图 6-13 所示为 CMOS 摄像器件的原理框图。

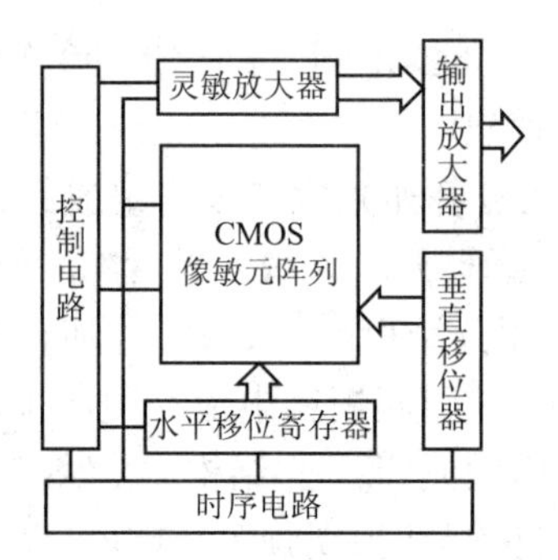

图 6-13 CMOS 摄像器件的原理框图

如前所述,各 MOS 晶体管在水平和垂直扫描电路的脉冲驱动下起开关作用。水平移位寄存器从左至右顺次地将具有水平扫描作用的 MOS 晶体管接通,也就是寻址列的作用,垂直移位寄存器顺次地寻址列阵的各行。每个像元由光敏二极管和起垂直开关作用的 MOS 晶体管组成,在水平移位寄存器产生的脉冲作用下顺次接通水平开关,在垂直移位寄存器产生的脉冲作用下接通垂直开关,依次给像元的光敏二极管加上参考电压(偏压)。被光照的二极管产生载流子使结电容放电,这就是积分期间信号的积累过程。而上述接通偏压的过程同时也是信号读出过程。在负载上形成的视频信号大小正比于该像元上的光照强弱。

3. CMOS 图像传感器的功能结构及工作原理

图 6-14 所示为 CMOS 图像传感器结构框图。首先,景物通过成像透镜聚焦到图像传感器阵列上,而图像传感器阵列是一个二维的像素阵列,每一个像素上都包括一个光敏二极管,每个像素中的光敏二极管将其阵列表面的光强转换为电信号,然后通过行选择电路和列选择电路选取希望操作的像素,并将像素上的电信号读取出来,放大后送相关双采样 CDS 电路处理。相关双采样是高质量器件用来消除一些干扰的重要方法,其基本原理是由图像传感器引出两路输出,一路为实时信号,另一路为参考信号,通过两路信号的差分去掉相同或相关的干扰信号,这种方法可以减少 KTC 噪声(电容的热噪声,或称为电荷热噪声)、复位噪声和固定模式噪声(Fixed Pattern Noise, FPN),同时也可以降低 $1/f$ 噪声,提高信噪比,还可以完成信号积分、放大、采样、保持等功能。最后信号输出到模拟/数字转换器上变换成数字信号输出。

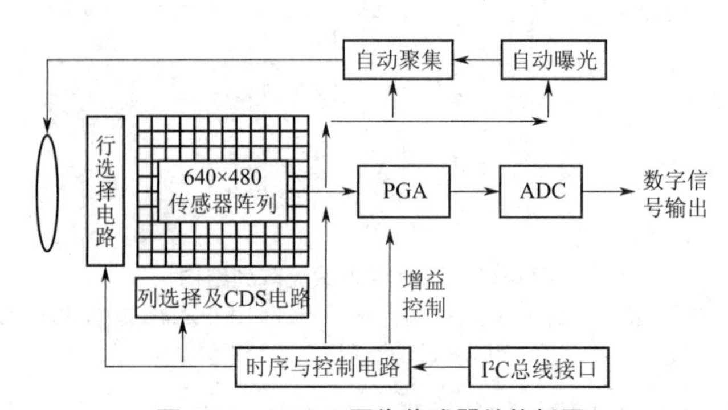

图 6-14 CMOS 图像传感器结构框图

4. CMOS 图像传感器结构类型

至今已有三大类 CMOS 图像传感器,即 CMOS 无源像素传感器(CMOS Passive Pixel Sensor, CMOS-PPS)、CMOS 有源像素传感器(CMOS Active Pixe l Sensor, CMOS-APS)和 CMOS 数字像素传感器(CMOS Digital Pixel Sensor, CMOS-DPS)。在此基础上,又出现了一些特殊性能的 CMOS 传感器,如 CMOS 视觉传感器(CMOS Visual Sensor)、CMOS 应力传感器(CMOS Stress Sensor)、对数极性 CMOS 传感器(Log-Polar CMOS Sensor)、CMOS 视网膜传感器(CMOS Retinal Sensor)、CMOS 凹型传感器(CMOS Foveated Sensor)、对数变换 CMOS 图像传感器(Logarithmic-Converting CMOS Image Sensor)、轨对轨 CMOS 有源像素传感器(Rail-to-Rail CMOS Active Pixel Sensor)、单斜率模式 CMOS 图像传感器(Single Slope Mode CMOS Image Sensor)和 CMOS 指纹图像传感器(CMOS Fingerprint Image Sensor)、FoveonX3 全色 CMOS 图像传感器、VMISCMOS 图像传感器。

CMOS-DPS 不像 CMOS-PPS 和 CMOS-APS 的模/数(A/D)转换是在像素外进行,其将模/数(A/D)转换集成在每一个像素单元里,每一个像素单元输出的是数字信号,该器件的优点是高速数字读出,无列读出噪声或固定图形噪声,工作速度更快,功耗更低。

CMOS 图像传感器具有多种读出模式。整个阵列逐行扫描读出是一种普通的读出模式,这种读出方式和 CCD 的读出方式相似。窗口读出模式是一种对窗口内像素信息进行局部读出的模式,这种读出模式提高了读出效率。跳跃式读出模式,就如同 Super CCD 一样,以降低分辨率为代价,提高了读出速率,采用每隔一个或多个像素读出的模式。

6.3　图像传感器的性能参数

1. 固态图像传感器尺寸

图像传感器的尺寸越大,则成像系统的尺寸越大,捕获的光子越多,感光性能越好,信噪比越低。目前,图像传感器的常见尺寸有 1 in、2/3 in、1/2 in、1/3 in、1/4 in 等(图 6-15)。

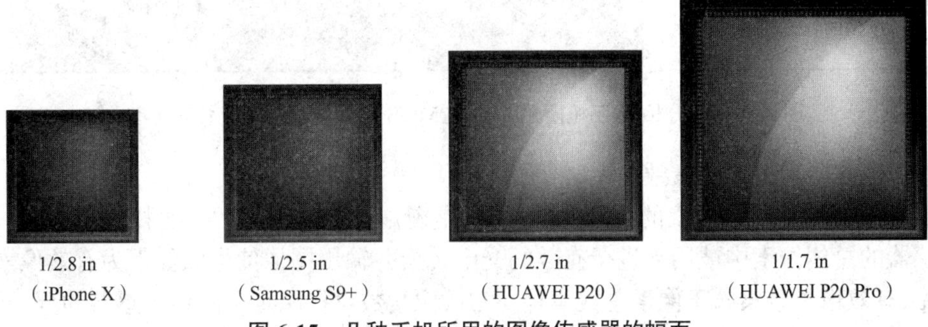

图 6-15　几种手机所用的图像传感器的幅面

计算 CMOS 摄像机图像传感器靶面实际尺寸是一个颇为复杂的过程要注意以下:

(1)名义尺寸是指靶面的对角线;

(2)尺寸包括外轮廓;

(3)这里的 1 in 并不是 25.4 mm,其是由计算真空摄像管的靶面尺寸沿用下来的。

图 6-16 所示为部分相机/手机所用 CCD/CMOS 图像传感器的尺寸对比图。

若干靶面尺寸的实际情况如下。

(1)1 in:靶面尺寸为长 12.7 mm × 宽 9.6 mm,对角线 16 mm。

(2)2/3 in:靶面尺寸为长 8.8 mm × 宽 6.6 mm,对角线 11 mm。

(3)1/2 in:靶面尺寸为长 6.4 mm × 宽 4.8 mm,对角线 8 mm。

(4)1/3 in:靶面尺寸为长 4.8 mm × 宽 3.6 mm,对角线 6 mm。

(5)1/4 in:靶面尺寸为长 3.2 mm × 宽 2.4 mm,对角线 4 mm。

(6)1/2.5 in:靶面尺寸为长 5.12 mm × 宽 3.84 mm,对角线 6.4 mm。

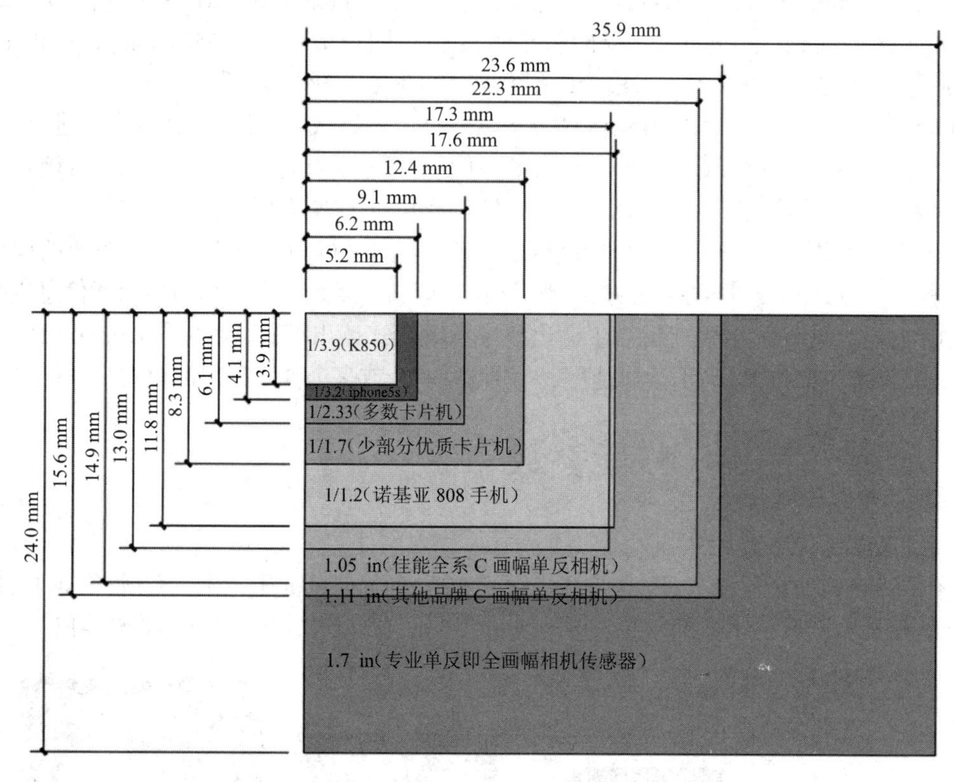

图 6-16 部分相机/手机所用 CCD/CMOS 图像传感器的尺寸对比图

2. 像素总数和有效像素数

像素总数是指所有像素的总和,像素总数是衡量图像传感器的主要技术指标之一。图像传感器的总体像素中被用来进行有效的光电转换并输出图像信号的像素为有效像素。显而易见,有效像素数隶属于像素总数集合。有效像素数直接决定了图像传感器的分辨能力。

3. 动态范围

动态范围由图像传感器的信号处理能力和噪声决定,反映了图像传感器的工作范围(图 6-17),其数值是输出端的信号峰值电压与均方根噪声电压之比,通常用 dB 表示。

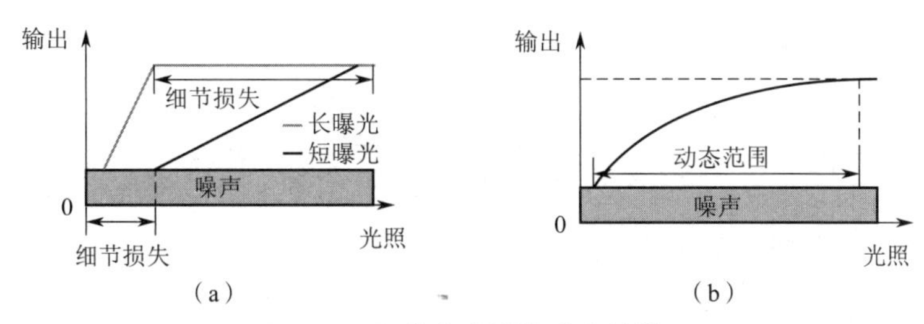

图 6-17　图像传感器的响应特性

(a)传统线性曲线　(b)基于 Autobrite 技术动态范围拓展曲线

4. 灵敏度

图像传感器对入射光功率的响应能力被称为响应度。对于图像传感器来说，通常采用电流灵敏度来反映响应能力，电流灵敏度也就是单位光功率所产生的信号电流。

5. 分辨率

分辨率是指图像传感器对景物中明暗细节的分辨能力，通常用调制传递函数（MTF）来表示，同时也可以用空间频率（l_p/mm 或 l_p/inch，俗称线对数）来表示。

6. 像元尺寸

像元尺寸也就是像素的大小，是指芯片像元阵列上的每个像素的实际物理尺寸，通常的尺寸包括 14 μm、10 μm、9 μm、7 μm、6.45 μm、3.75 μm、3.0 μm、2.0 μm、1.75 μm、1.4 μm、1.2 μm、1.0 μm 等。像元尺寸从某种程度上反映了芯片对光的响应能力，像元尺寸越大，能够接收到的光子数量越多，在同样的光照条件和曝光时间内产生的电荷数量越多。对于弱光成像而言，像元尺寸是芯片灵敏度的一种表征。

7. 光电响应不均匀性

图像传感器是离散采样型成像器件，光电响应不均匀性定义为图像传感器在标准的均匀照明条件下，各个像元的固定噪声电压峰峰值与信号电压的比值。

8. 光谱响应特性

图像传感器的信号电压 V_s 和信号电流 I_s 是入射光波长 λ 的函数。光谱响应特性是指图像传感器的响应能力随波长的变化关系，它决定了图像传感器的光谱范围。

图 6-18 给出了彩色和黑白两种图像传感器的频谱响应曲线（量子效率曲线）示例。

9. 坏点数

由于受到制造工艺的限制，对于有几百万个像素点的传感器而言，所有的像元都是好的情况几乎不可能。坏点数是指芯片中坏点（不能有效成像的像元或相应不一致性大于参数允许范围的像元）的数量，坏点数是衡量芯片质量的重要参数。

10.CRA 角度

从镜头的传感器一侧，可以聚焦到像素上的光线的最大角度被定义为主光角（CRA），镜头轴心线附近接近零度，与轴心线的距离越大，该角度也随之增大。CRA 与像素在传感器上的位置是相关的。如果透镜的 CRA 小于传感器的 CRA，一定会有偏色现象。

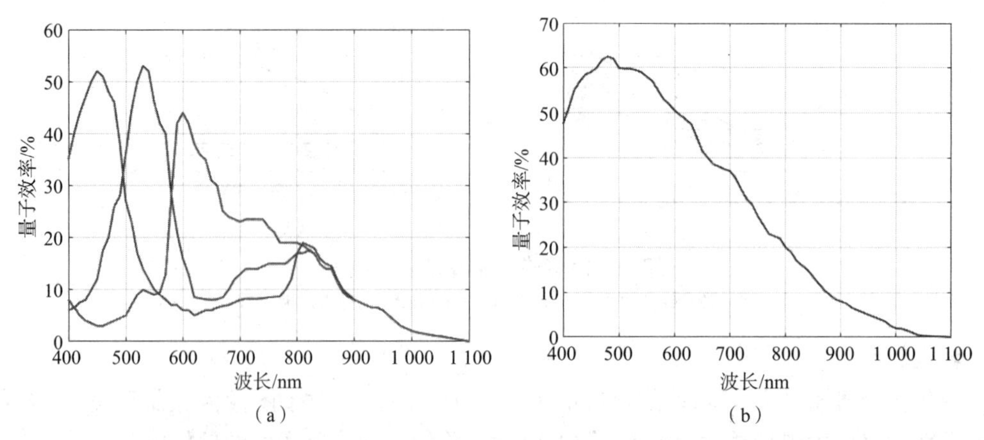

图 6-18 彩色和黑白两种图像传感器的频谱响应曲线(量子效率曲线)

(a)彩色 (b)黑白

11.IR 截止(滤除红外光)

如果没有这种性能,得到的图像就会明显偏红,这种色差是无法用软件来调整的。

12. 快门

Global Shutter(全局快门)与 Rolling Shutter(卷帘快门)对应全局曝光和卷帘曝光模式。卷帘快门采取逐行曝光的方式,全局快门是全部像素同时曝光,之所以全局快门能够拍运动的物体而不产生形变,是因为全局快门在每一个像素上添加了一个存储单元。

13. 像素技术

世界上的图像传感器的主要生产厂商均开发了各具特色的生产工艺,而这些生产工艺又是围绕产品更具有先进的性能和某种特性而开发的,在应用时也需要了解这些像素技术。

FSI(前照式):光从前面的金属控制线之间进入,然后再聚焦在光电检测器上。传统的图像传感器是前照式结构,自上而下分别是透镜层、滤色片层、线路层、感光元件层。采取这种结构时,光线到达感光元件层时必须经过线路层的开口,这里易造成光线损失。

BSI(背照式):光线无须穿过金属互连层,优势大,比较有前景。BSI 在低照条件下的成像亮度和清晰度都比 FSI 有更大的优势。背照式把感光元件层换到线路层的上面,感光层只保留了感光元件的部分逻辑电路,使光线更加直接地进入感光元件层,减少了光线损失,如光线反射等。因此,在同一单位时间内,单像素能获取的光能量更大,对画质有明显的提升。不过该结构的芯片生产工艺难度较大,良率下降,成本相对高一点。

堆栈式(stack):在背照式上的一种改良,将所有的线路层移到感光元件的底层,使开口面积得以最大化,同时缩小了芯片的整体面积,对产品小型化有帮助。另外,感光元件周边的逻辑电路移到底部之后,理论上看逻辑电路对感光元件产生的效果影响就更小,电路噪声抑制得以优化,整体效果应该更优。应该了解相同像素的堆栈式芯片的物理尺寸比背照式芯片要小,但堆栈式的生产工艺更复杂,良率更低,成本更高。索尼的 IMX214(堆栈式)和 IMX135(背照式)很能说明上述问题。

索尼的 STARVIS:基于 BSI 应用于监控摄像机的技术,在可见光和近红外光区域实现高画质。

索尼的 Pregius:将 BSI 技术和全局快门结合一起。

Tetracelll:四合一像素技术。

三星的 ISOCELL:基于 BSI,通过在图像传感器里的像素之间形成一道物理性绝缘体,来有效地防止进入像素的光信号外漏。

OV 的 PureCel:基于 BSI 和先进的 4-单元像素内合并模式。

OV 的 OmniBSI:基于 BSI,像素紧凑,减少像素的串扰问题。

思特威的 SmartGS:基于 BSI,应用于全局快门。

思特威的 SmartPixel™:基于 BSI,适用于安防监控行业的 Rolling Shutter 产品系列。

思特威的 SmartClarity™:基于 BSI,具备出色的夜视性能。

14. 通信接口

图像传感器需要与外界的通信接口,以便把采集的图像数据传输出去。上位机必须具备图像传感器对应规格的通信接口和足够的传输速度及相应的数据存储、处理能力。

MIPI:移动行业处理器接口,是 MIPI 联盟发起的为移动应用处理器制定的开放标准,串行数据,速度快,抗干扰,是业界的主流接口。

LVDS:低压差分信号技术接口。

DVP:并口传输,速度较慢,传输的带宽低。

Parallel:并行数据,含 12 位数据信号,行(场)同步信号时钟信号。

HISPI:高速像素接口,串行数据。

SLVS-EC:由索尼公司定义,用于高帧率和高分辨率图像采集,它可以将高速串行的数据转化为 DC(Digital Camera)时序后传递给下一级模块 VICAP(Video Capture)。SLVS-EC 串行视频接口可以提供更高的传输带宽、更低的功耗,在组包方式上,数据的冗余度也更低。在应用中,SLVS-EC 接口提供了更加可靠和稳定的传输。

15. 封装

BGA:球形触点陈列,表面贴装型封装,球栅网格阵列封装。

LGA:平面网格阵列封装。

PGA:插针网格阵列封装。

CSP:芯片级封装。

COB:将裸芯片用导电或非导电胶黏附在互连基板上,然后进行引线键合实现其电连接。

Fan-out:扇出晶圆级封装。

PLCC:带引线的塑料芯片载体表面贴装型封装。

TSV: TSV 技术本质上并不是一种封装技术,而只是一种重要的工具,它允许半导体裸片和晶圆以较高的密度互连在一起。

6.4 图像传感器的医学应用举例

有关研究的分析资料表明,人的大脑每天通过五种感官接收外部信息的比例分别为味觉 1%,触觉 1.5%,嗅觉 3.5%,听觉 11%,视觉 83%,视觉占据绝大多数的比例。在医学信息中也是如此,从信息的数据量而言,图像信息的数据远远超过其他类型。

除 NMR、CT 和 PET-CT 外,采用光学成像方式的医学图像依然占有很大的比例和具有繁多的种类,这里列举几种典型的应用。

6.4.1 高清医用电子内镜

电子内窥镜(endoscopy)是一种可插入人体体腔和脏器内腔进行直接观察、诊断、治疗的集光、机、电等高精尖技术于一体的医用电子光学仪器。它采用尺寸极小的电子成像元件——CCD(电荷耦合器件),将所要观察的腔内物体通过微小的物镜光学系统成像到 CCD 上,然后通过导像纤维束将接收到的图像信号送到图像处理系统上,最后在监视器上输出处理后的图像,供医生观察和诊断。

从具体部件构成来看,电子内窥镜主要包括先端弯曲部、插入部、操作部、电气接头部。先端弯曲部是内窥镜的最前端,由送水/送气喷嘴、导光束、物镜、钳子管道出口、弯曲橡皮等组成。插入部外面是带刻度的外皮,内部包裹着导光束、导像束、送水/送气管、钳子管道和鼓轮钢丝。操作部是医生检查、治疗时手持操作的部分,主要包括角度控制转子、卡锁、功能按钮、吸引活塞、送水/送气活塞、钳子管道入口等。电气接头部是电子内窥镜连接冷光源和图像处理系统的部件,由电气接头、导光接头、送水/送气接头、吸引接头组成。在诊治活动中动作最频繁的部位:一是操作部,包括送气/送水按钮、吸引按钮、活检通道、角度钮等;二是镜身,镜身为一根易弯曲的插入管,由钢丝网管及蛇形钢管制成,在小于 1 cm 的管径内容纳有导向束、导光束、活检/吸引通道、注气/注水管道及控制角度的钢丝等。

1. 高清医用电子内镜的总体设计

高清医用电子内镜图像处理器由高清摄像模组、高清采集和处理板、主控制板、机箱四部分组成,其是高清医用电子内镜系统的核心部分(图 6-19)。高清医用电子内镜系统包括高清医用电子内镜图像处理器、高清医用电子内镜、冷光源、高清显示屏一、高清显示屏二、台车等。

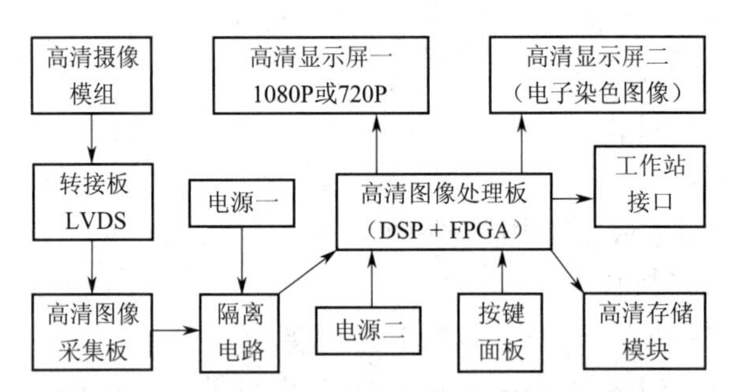

图 6-19 高清医用电子内镜图像处理器原理框图

1)高清摄像模组

高清摄像模组包括微型高清镜头、镜头座、微型高清 CMOS 图像传感器、微型电路板、专用屏蔽线(图 6-20)。高清摄像模组安装在与高清医用电子内镜图像处理器连接的高清医用电子内镜的头端部,用于采集体内全数字图像信号并传送到高清图像采集板。

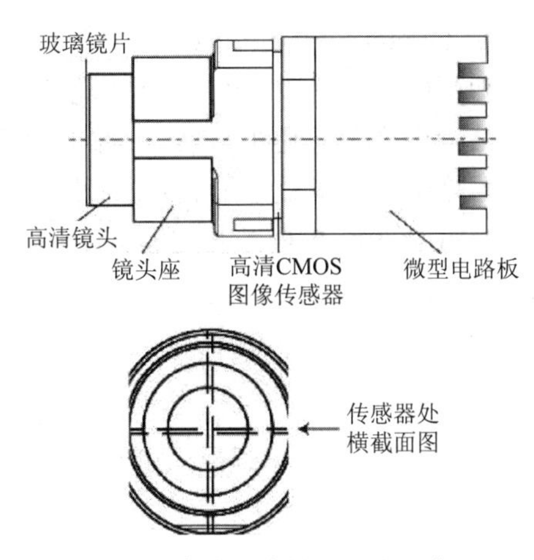

图 6-20　高清摄像模组结构示意图

高清摄像模组前面装有 1 个玻璃镜片，玻璃镜片表面有纳米涂层，能够起到亲水润滑作用和防止镜头表面起雾。

高清摄像模组采用高清 CMOS 图像传感器，图像传感器采用 1/11 in 高清 1 280 × 720（简称为 HD720P）、1/6 in 全高清 1 920 × 1 080（简称为 FHD1080P）两种分辨率宽屏技术。

2）高清采集和处理板

高清采集和处理板包括小型转接板、高清图像采集板和高清图像处理板。高清图像处理板通过高清多媒体接口（High Definition Multimedia Interface，HD-MI）或数字视频接口（Digital Visual Interface，DVI）线缆连接高清显示屏一和高清显示屏二，高清显示屏一显示正常高清彩色图像，高清显示屏二显示经过处理的高清电子染色图像。

基于低电压差分信号（Low Voltage Differential Signaling，LVDS）技术的小型转接板安装在高清医用电子内镜的操作部里面。

3）主控制板

主控制板包括控制电路、温度和压力电路、按键面板、高清存储模块、工作站接口。温度和压力电路可以采集电子内镜头端部的温度和压力信号并进行实时监测和控制，高清存储模块可以存储高清图像并进行实时录像，工作站接口可以与内镜工作站连接。

高清采集和处理板、主控制板安装在高清医用电子内镜图像处理器机箱内部。

2. 电路设计

结合图 6-19 中的原理框图，对高清医用电子内镜图像处理器的工作原理做进一步的说明。主电路包括高清摄像模组、小转接板、高清图像采集板、高清图像处理板、主控制板、按键面板、高清存储模块、电源一、电源二、工作站接口。电源一专门给高清图像采集板供电，电源二专门给主控制板供电。高清图像处理板还包括专用隔离电路，把高清图像采集板与高清图像处理板进行光电技术的隔离，以保护病人安全。主控制板上的按键面板包括菜单按键、上方向按键、下方向按键、左方向按键、右方向按键、白平衡按键、确认按键、转换按键、保存按键、录像按键等。

在高清内镜设计中，如何提高数据处理速度和图像显示实时性是一大难题，也是核心技术之一。为采集和处理微型高清 COMS 图像传感器的巨量全数字信号，高清图像采集和处理板使用快速数字信号处理器(Digital Signal Processor，DSP)和现场可编程门阵列(Field Programmable Gate Array，FPGA)芯片,使用复杂图像处理算法和知识产权核(Intellectual Property core,IPcore)复用技术,使图像色彩更加真实、图像更加清晰和细腻。通过颜色处理及图像强技术实现电子染色,并输出给高清显示屏,以便帮助诊断特殊疾病。快速 FPGA 芯片采用 Xilinx(赛灵思)公司的 XC3S200 系列芯片,最高工作频率为 630 MHz,具有更强大的功能和更多的逻辑单元数量,执行速度更快,但成本和功耗更高,其部分电路原理图见图 6-21。

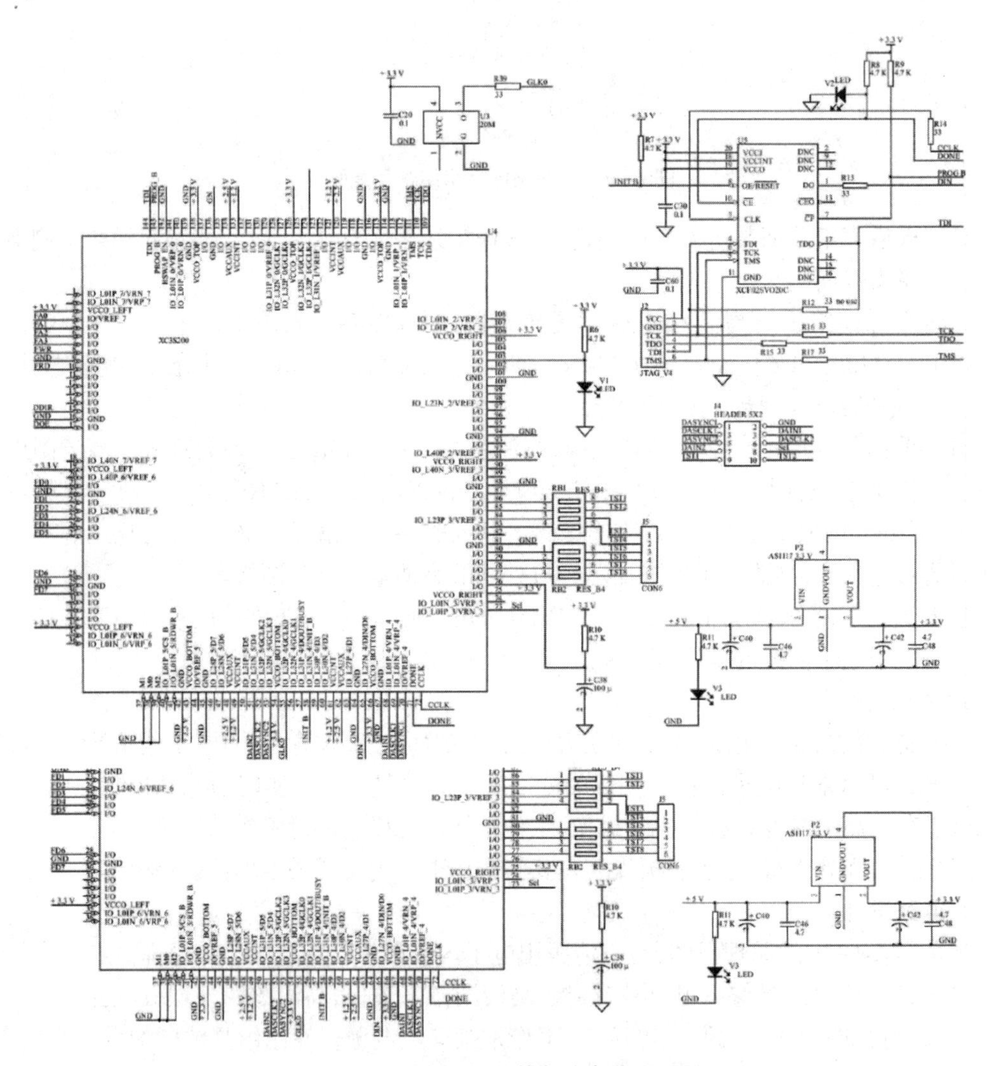

图 6-21　XC3S200 芯片部分电路原理图

图像采集和处理板把高清信号传送给主控制板。主控制板对图像信号进行快速处理和分发,并传送到高清存储模块和工作站接口,通过按键面板对主控制板实现控制。

高清摄像模组采用功耗极低、不超过 90 mW 的 CMOS 图像传感器,CMOS 后面的微型电路板采用功耗极低最小电路设计,再结合光纤导光技术,因此高清摄像模组工作时产生的热量极小,不会引起温度升高,可长期连续工作,克服了现有电子内镜的摄像模组功耗大、散热难、可能伤害病人而只能间断工作的弊端。

小型转接板采用信号放大技术,把来自 CMOS 的微弱信号转换成 LVDS 差分信号,以支持 4 m 以上线缆的数据传送距离,适应电子内镜对长信号线的要求。为了采集微型高清图像传感器的微弱数字信号,高清摄像模组采用微细的专用屏蔽线与小型转接板相连接,小型转接板通过专用双绞屏蔽线与高清图像采集板相连接。

3. 软件设计

设计的软件是嵌入式软件,其是高清内镜图像处理器控制和处理的核心。该软件是基于 Xilinx 软件开发平台编写的,直接对底层 FPGA 芯片及周围控制器进行控制,达到人机交互的目的。该软件首先从头端部的 CMOS 采集全数字高清图像,并传送到后端的采集板,然后通过图像处理和控制板实现各种复杂的算法和功能,如"亮度、对比度调节""红、绿、蓝饱和度调节""消光处理""图像锐化、增益、伽马处理""电子染色""图像白平衡""高清图像保存、录像""头端部温度和压力控制"等,如图 6-22 所示。

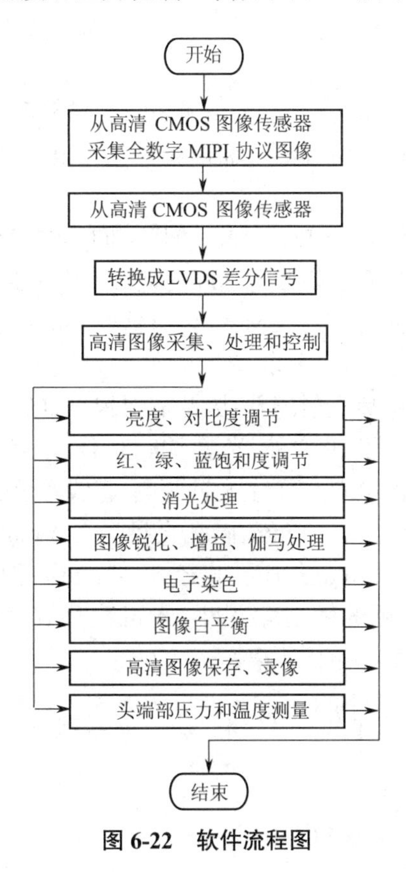

图 6-22　软件流程图

6.4.2　虹膜图像采集装置

虹膜图像采集装置以人眼虹膜为采集对象,由光学系统、图像传感器、USB 接口芯片等组成。光学系统采集用户的虹膜图像,图像信息由图像传感器进行数字化处理,处理后的数据进入 USB 接口芯片，快速上传至计算机主机端进行显示、存储等操作，如图 6-23 所示。

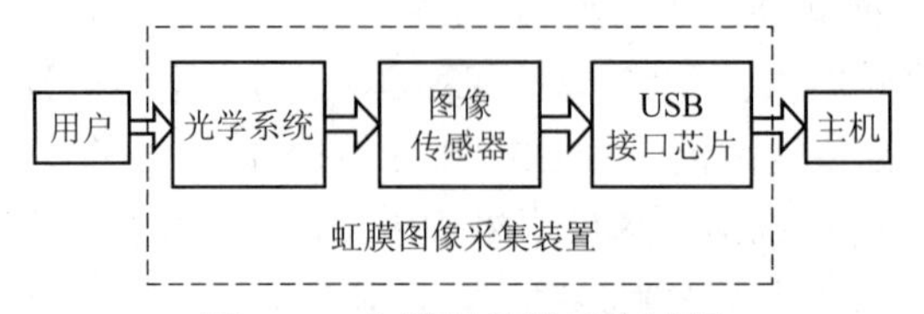

图 6-23 虹膜图像的采集过程

1. 光学系统

在虹膜图像的采集过程中，光学系统提供光源和镜头，并配以辅助的遮挡装置。设计时需要考虑以下几个主要问题。

（1）光源强度适中、显色性好、位置合理，既能满足图像质量的要求，又不给被采集者的眼睛造成伤害。

（2）选择合适的镜头，充分考虑各方面因素，使图像质量达到最佳。

（3）遮挡装置一方面要消除外界杂光干扰，另一方面又起到固定拍摄位置的作用。

1）光源的选择与设计

虹膜诊断需要观察虹膜的形态变化，如颜色、色斑、结构和瞳孔变化等。单色光的显色性很差，会极大地影响观察到的物体颜色，而白光显色性很好，作为光源时能最大限度地还原虹膜的颜色信息。

设计选用一款高指向性白光 LED。目前，市场上同类虹膜采集设备的光源发光强度一般在 2 500~3 500 mcd 范围内，而该装置的光源发光强度为 1 500~1 800 mcd，低于大部分同类产品，被采集者并无不适感。另外，CMOS 传感器要求的最低照度一般在 6~15 lux 范围内，该光源照度远高于该值。

采集过程中光线要尽量避免直射瞳孔，因此需要根据虹膜直径和瞳孔直径来确定拍摄距离、光源的安装位置与角度。除此之外，光源方向性、体积、发光角度等均需要考虑。光源安装位置如图 6-24 所示，两个 LED 位于主光轴两侧，直线距离 $L = 30$ mm，照射方向与光轴夹角 $\varphi = 60°$。人眼虹膜直径为 2~10 mm，瞳孔直径为 2~4 mm，光源直射位置要在瞳孔之外、虹膜之内。取虹膜直径 $D = 10$ mm，瞳孔直径 $d = 4$ mm。已知光源直径为 1 mm，由于拍摄距离很近，且高指向性光源的散射角很小，光斑直径 d' 可视为与光源直径一致，即 $d' = 1$ mm。计算装置允许的最远拍摄距离：

$$S_1 = \frac{L-(d+d')}{2} \cdot \frac{1}{\tan\varphi} = 7.22\ \text{mm} \tag{6-1}$$

最近拍摄距离：

$$S_2 = \frac{L-(D-d')}{2} \cdot \frac{1}{\tan\varphi} = 6.06\ \text{mm} \tag{6-2}$$

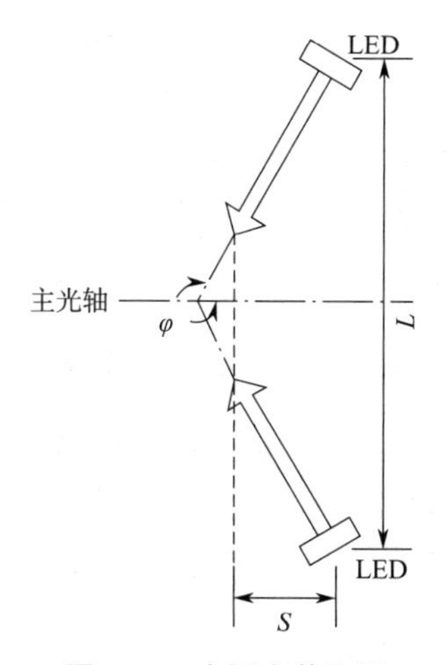

图 6-24　光源安装位置

将拍摄位置固定在 $S = 6.5$ mm 处，光线照射在距瞳孔中心约 3.75 mm 处，不会直射入瞳孔。

当有光线照射在虹膜上时，会在虹膜区域上反光，形成位于虹膜区内的光斑，造成该部分虹膜区域信息被破坏。该装置光源形成的光斑位于瞳孔两侧的虹膜上，直径 1 mm 左右。为消除光斑干扰，照明装置（图 6-25）中两个 LED 发光管的开启可以分别控制。使用时依次打开左灯、右灯，采集两幅图像，即可观察到光斑遮挡的区域。

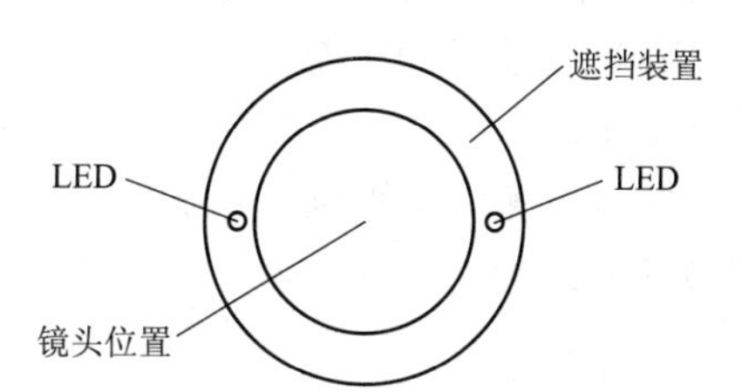

图 6-25　照明装置平面示意图

若被测人眼睛受到自然光或景物影响，会眨眼或转动眼球，从而影响检测效果。因此设计添加了遮挡装置，用于避免外界干扰，而且遮挡装置与被测人接触，起到固定拍摄位置的作用。

2）镜头的计算与选择

光学镜头在虹膜采集装置中具有非常重要的作用。虹膜直径仅 10 mm 左右，必须使用光学镜头放大虹膜图像。焦距决定了放大倍数，分辨率则影响图像的清晰度。另外，景深、视场角、拍摄距离等也决定图像的质量。选取镜头时要充分考虑各种因素，保证虹膜图像满足医疗分析的要求。如图 6-26 所示，当已知被摄物体的大小及该物体到镜头的距离，则可根据下式计算所选取镜头的焦距：

$$f = \frac{wD}{W} = \frac{hD}{H} \tag{6-3}$$

式中：f 为镜头焦距；D 为被摄物体到镜头的距离；W 和 H 分别为被摄物体的宽度和高度；w

和 h 分别为被摄物体在传感器靶面上的成像宽度和高度。

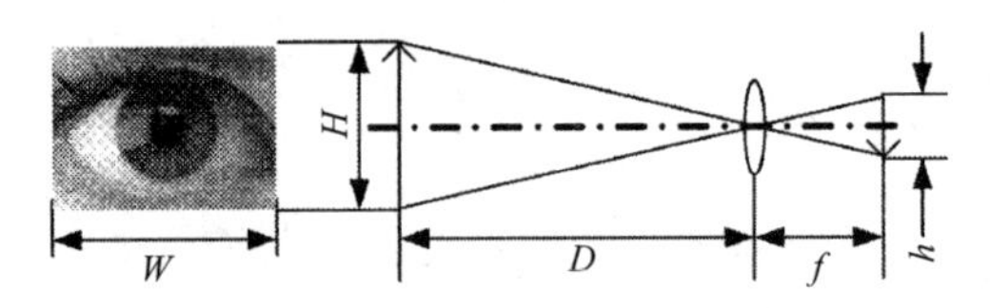

图 6-26 镜头成像示意图

传感器尺寸为 14 in，靶面大小为 2.7 mm × 3.6 mm，镜头拍摄范围为 15 mm × 20 mm，拍摄距离约为 50 mm，可计算镜头焦距 $f \approx 9$ mm。

镜头是否能拍摄到完整的虹膜图像由视场角决定，计算公式如下：

$$\theta_{\mathrm{ah}} = 2\arctan\frac{w}{2f} = 2\arctan\frac{W}{2D} \tag{6-4}$$

$$\theta_{\mathrm{av}} = 2\arctan\frac{h}{2f} = 2\arctan\frac{H}{2D} \tag{6-5}$$

带入各值进行计算，得水平视角 $\theta_{\mathrm{ah}} = 22.62°$，垂直视角 $\theta_{\mathrm{av}} = 17.06°$。镜头的视场角要大于该值，且镜头尺寸要与图像传感器靶面大小匹配。综合以上计算，选择靶面大小为 1/4 in，焦距为 9 mm，视场角为 25.0° × 18.5° 的镜头。

3）光学系统整体结构

该装置为接触式采集设备，使用时将遮挡装置紧贴眼眶，即可固定人眼到镜头的距离，但虹膜在视场中的位置并不能精确固定，因此将整个眼部纳入成像范围内。

光源、镜头、传感器和遮挡装置的位置关系如图 6-27。遮挡装置将人眼固定在距光源约 6.5 mm 的拍摄区域内，使眼部基本布满整个视场。镜头距拍摄位置约 50 mm，根据镜头焦距，将图像传感器放置在距镜头 9 mm 处。

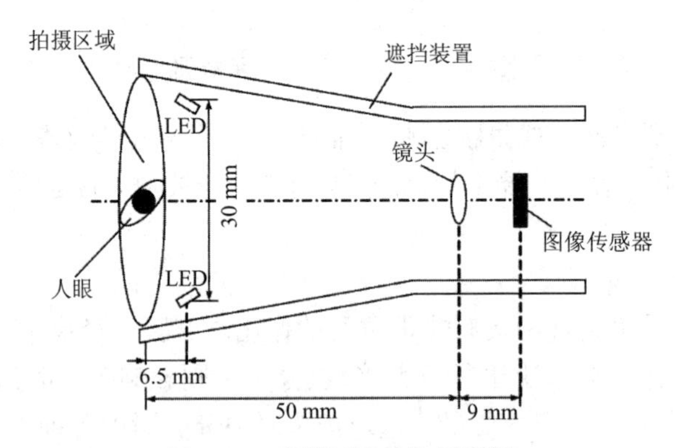

图 6-27 光学系统结构示意图

2. 硬件系统设计

1）硬件电路结构

该设计需要在光照较弱的条件下工作，因此要求图像传感器在弱光环境中也能提供卓越的性能。经选择比较后，采用 14 in CMOS 传感器 OV7725，其可输出 30 fps 的 VGA 格式图像,且具有低光照下灵敏度高的优点。

图像数据的传输由 USB 接口芯片完成。该装置使用 EZ-USBF X 2LP 系列中的 CY-7C68013A 芯片作为核心处理器。数据传输通常需要微处理器通过固件访问接口芯片的端点 FIFO 和外围设备接口,固件程序执行较慢会限制数据传输速率,而 CY7C68013A 提供了一种独特的"量子 FIFO"架构, USB 接口和应用环境直接共享 FIFO 存储器,无须执行固件程序便可实现端点 FIFO 与外部的数据交换。端点 FIFO 可工作在 5~48 MHz 时钟频率下,而图像传感器的信号输出频率为 24 MHz,CY7C68013A 符合要求。

该装置硬件电路框图如图 6-28 所示。图像传感器输出 8 位数字视频信号,并提供行信号、场信号及像素时钟信号对端点 FIFO 进行外部逻辑控制。I²C 总线用于图像传感器与 USB 接口芯片的通信。整个装置由 USB 总线提供 5 V 电压源,电压经转换后为各部分供电。接口芯片内部无程序存储器,需要外部程序存储器装载固件程序。LED 光源的开关由 I/O 接口控制。

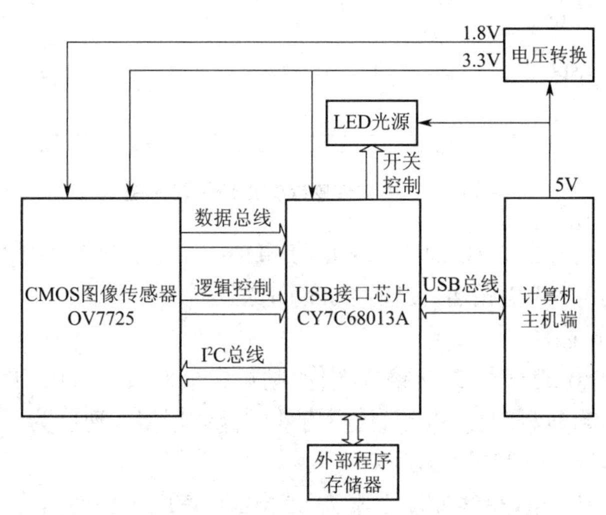

图 6-28　虹膜采集装置硬件电路框图

2)数据传输电路设计

Ⅰ. 硬件连接

图 6-29 所示为图像传感器 OV7725 与 USB 2.0 接口芯片 CY7C68013 A 的连接方式。接口芯片的时钟输出引脚 CLKOUT 为传感器提供 24 MHz 时钟信号。图像传感器像素时钟输出引脚 PCLK 为 CY7C68013A 提供外部参考时钟。将 OV7725 设置为每个 PCLK 的上升沿输出一个像素点。每当检测到 FIFO 时钟接口 IFCLK 信号的上升沿时(端点 FIFO 写使能情况下),图像传感器就将一个 8 位数据写入 USB 端口 FIFO 缓冲区中,达到图像传感器与 USB 控制器同步传输的效果。

系统设置为从属 FIFO 模式,即将外设作为主控方,控制端点 FIFO 与外设间的数据传输。图像传感器信号时序如图 6-30 所示,图像传感器输出的行信号(HREF)控制端点 FIFO 的写信号(SLWR),行信号高电平期间使端点 FIFO 写有效,保证传输有效的图像数据;场信号(VSYNC)与外部中断引脚(INT0)连接,当一帧数据到来时触发中断服务子程序,通知

USB 控制器新一帧图像的到来以达到与 CMOS 图像场同步的目的。在中断程序中进行从属 FIFO 模式转换,系统便可在 PC 机命令下开始采集传输。

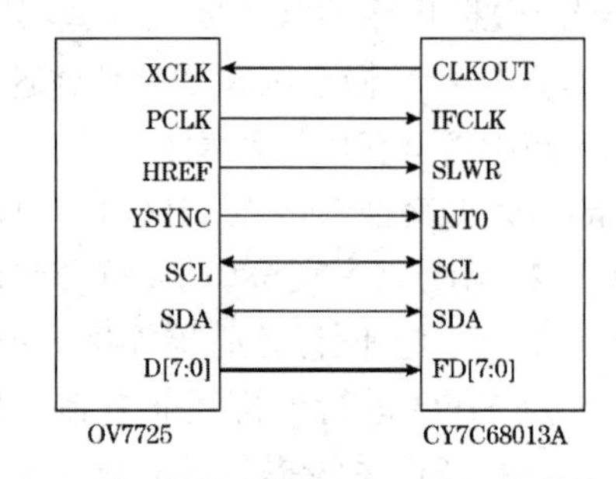

图 6-29 图像传感器与 USB 接口芯片的连接

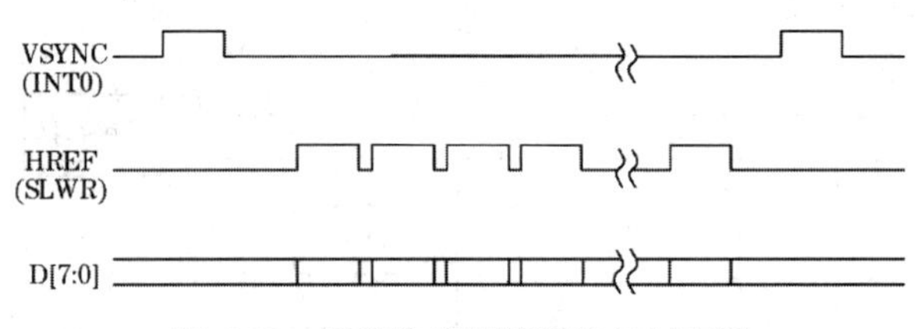

图 6-30 图像传感器输出信号时序图

图像传感器的配置通过 I²C 总线(SCL 与 SDA)实现。图像传感器的数据输出管脚 D[7:0]和接口芯片的 FD[7:0]相连,传输实际的图像数据。

Ⅱ. 数据传输方式选择

若图像传感器输出 YUV4:2:2 格式图像,则每两个像素点占用四字节存储空间,图像大小为 640×480 像素,每秒输出 30 帧,计算有效图像数据传输速度为

$$640 \times 480 \times 2 \times 30 \approx 17.6 \text{ MB/s} \tag{6-6}$$

USB 2.0 协议规定 USB 总线速度上限为 60 MB/s,考虑各种通信协议开销后,理论传输速度见表 6-1,其中每微帧为 125 μs。由表 6-1 可知,中断传输、批量传输、同步传输的传输速度均大于图像传感器的 17.6 MB/s,但实际应用中传输速度受其他因素的影响会大打折扣,为确保图像数据正常传送,选择传输速度为 53.248 MB/s,最接近总线速度上限的批量传输方式。

表 6-1 USB 2.0 数据最大传输速度

传输类型	数据包长度/Byte	每微帧最大传输次数	最大速度/(MB/s)
控制传输	64	31	15.872
中断传输	1 024	3	24.576
批量传输	512	13	53.248
同步传输	1 024	3	24.57

接口芯片 CY7C68013A 工作在 Auto-In(自动打包)机制下,数据在“量子 FIFO”中以数

据包而非字节的形式传输，即对端点 FIFO 进行写操作时，写满协议规定的数据封包容量后便自动启动一次数据传输过程。工作时，图像数据经由通用接口进入端点缓冲区，再以数据包的形式进行传送。USB 串行接口引擎（SIE）通过 USB 总线将数据上传至主机端。一般情况下，使用双重或三重、四重缓冲在通用接口与串行接口间轮换，如图 6-31 所示。

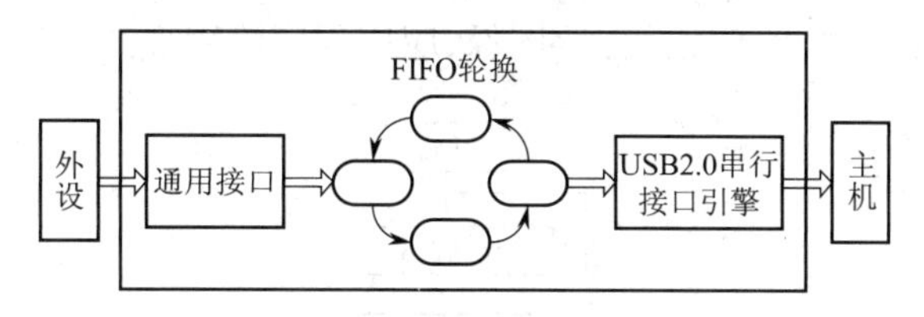

图 6-31　图像数据传输示意图

3. 软件设计

虹膜采集装置的软件系统由固件程序、驱动程序和应用程序 3 部分组成。

1）固件程序

固件程序是指 USB 接口芯片 CY7C68013A 的片内程序。为减少设计人员的工作量，Cypress 公司提供了一个固件框架（firmware），大部分与 USB 协议相关的工作都已在固件中完成。固件程序主要实现以下 3 方面功能：对 USB 端口和 FIFO 进行初始化配置；完成对图像传感器的编程配置；其他自定义功能的设定。

进行固件开发时，首先要根据设备情况来定义 USB 描述符，然后进行端点配置和操作模式设定，该设计使用从属 FIFO 模式，数据自动打包、批量传输，设置四重缓冲区，每个缓冲区大小为 1 024 字节。

对图像传感器进行配置时，主机向 OV7725 传输的有效数据分为三个部分，依次为芯片的 ID 地址、目的寄存器地址和要写的数据。使用时不必配置所有的寄存器，只针对设计中需要的寄存器进行配置即可，主要包括图像分辨率、输出格式、时钟、摄像头和影像处理功能等。

2）驱动程序

驱动程序使用 Cypress 公司提供的通用 USB 驱动程序 CY-USB.SYS。相应地，主机则使用 CyAPI 控制函数类库方法进行编程。

3）应用程序

CyAPI 控制函数类库为 EZ-USB 系列接口芯片提供了精细的控制接口。进行应用程序编程时，以 Cypress 公司提供的驱动程序为基础，在主机程序中加入头文件 CyAPI.h 和库文件 CyAPI.lib 即可调用 CyAPI 函数库中的基础函数。

为提高数据传输速率，主程序中单独开启一个批量传输线程。在该线程中使用设备控制类下的 Open( )函数打开 USB 设备，然后调用 3 个函数 BeginDataXfer( )、WaitForXfer( )、Finish-DataXfer( )读取 FIFO 中的数据，最后调用 Close( )函数结束程序。图像数据存放于计算机内存中，设计中图像传感器输出 YUV422 格式的数据，不能直接在计算机显示，需先转化为 RGB24 数据格式，转化公式如下：

$$R = Y + 1.042 \times (V - 128) \tag{6-7}$$

$$G = Y - 0.344\,14 \times (U - 128) - 0.714\,14 \times (V - 128) \tag{6-8}$$

$$B = Y - 1.772 \times (U - 128) \tag{6-9}$$

传输过程中达到一帧数据量并完成格式转化后即开始显示图像，直到下一帧数据传输转换完成，进行刷新，实现实时显示，图像以 BMP 格式保存。采集虹膜图像时，观察上位机显示的视频，满足要求时即可拍照并保存图像，应用程序流程如图 6-32 所示。

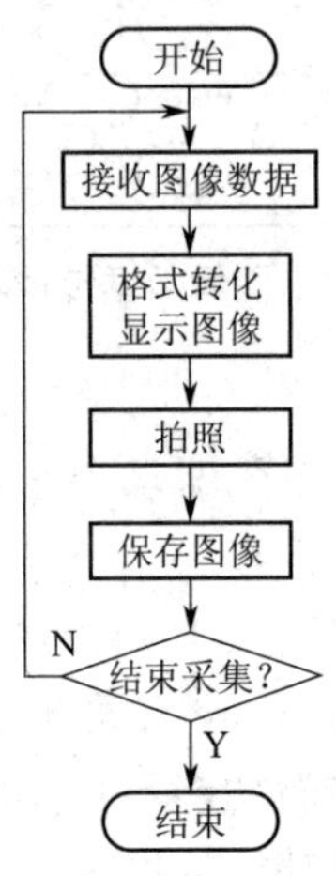

图 6-32 应用程序流程图

6.4.3 直接数字化 X 射线摄影系统

直接数字化 X 射线摄影系统（Digital Radiography，DR）是由电子暗盒、扫描控制器、系统控制器、影像监视器等组成，直接将 X 线光子通过电子暗盒转换为数字化图像，是一种广义上的直接数字化 X 射线摄影。而狭义上的直接数字化摄影（Direct Digital Radiography，DDR）通常指采用平板探测器的影像直接转换技术的数字放射摄影，是真正意义上的直接数字化 X 射线摄影系统。

DR 是计算机数字图像处理技术与 X 射线放射技术相结合而形成的一种先进的 X 射线摄影技术，它在原有的诊断 X 射线机直接胶片成像的基础上，通过 A/D 转换和 D/A 转换，进行实时图像数字处理，进而使图像实现数字化。它的出现打破了传统 X 射线机的观念，实现了人们梦寐以求的模拟 X 射线图像向数字化 X 射线图像的转变，其优势和特点如下。

（1）DR 由于采用数字技术，动态范围广，有很宽的曝光宽容度，因而允许照相中的技术误差，即使在一些曝光条件难以掌握的部位，也能获得很好的图像。

（2）分辨率高，图像清晰、细腻，医生可根据需要进行诸如数字减影等多种图像后处理，以期获得理想的诊断效果。

（3）在透视状态下，可实时显示数字图像，医生再根据患者病症的状况进行数字摄影，然后通过一系列图像后处理如边缘增强、放大、黑白翻转、图像平滑等功能，可从中提取出丰富可靠的临床诊断信息，尤其对早期病灶的发现可提供良好的诊断条件。

（4）其数字化图像比传统胶片成像所需的 X 射线计量要少，因而它能用较低的 X 射线剂量得到高清晰度的图像，同时也使病人减少了受 X 射线辐射的危害。

（5）由于它改变了已往传统的胶片摄影方法，可使医院放射线科取消原来的图像管理方式和片库房，而可以采用计算机无片化档案管理方法取而代之，可节省大量的资金和场地，极大地提高工作效率。此外，由于数字化 X 射线图像的出现，结束了 X 射线图像不能进入医院 PACS 系统的历史，为医院进行远程专家会诊和网上交流提供了极大的便利。另外，该设备还可进行多幅图像显示，进行图像比较，以利于医生准确判别、诊断。通过图像滚动回放功能，还可为医生回忆整个透视检查过程。

CCD 摄像机型 DR 主要由荧光板、反光板、CCD 摄像机、计算机控制及处理系统等构成，其结构如图 6-33 所示。

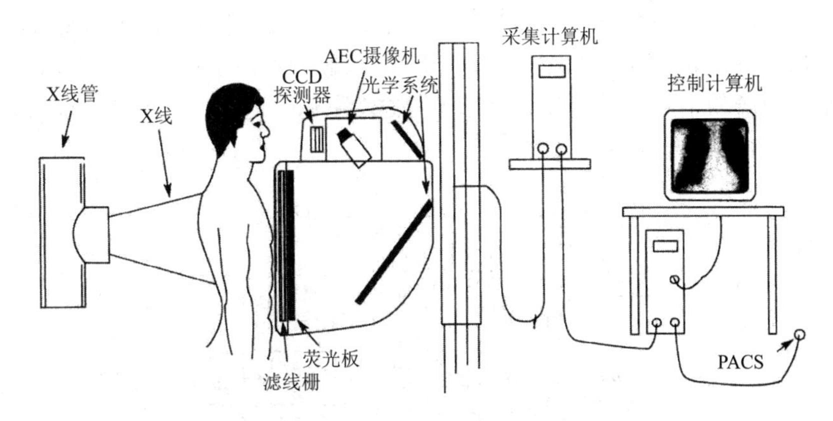

图 6-33　CCD 摄像机型 DR 系统的结构图

其工作原理是：X 射线透过人体被检部位后，经滤线栅滤除散射线到达荧光板，由荧光板将 X 射线图像转换成荧光图像，荧光经过一组透镜反射，进入 CCD 摄像机光敏区，由 CCD 摄像机将荧光图像转换成数字图像信号，再送图像处理器进行图像后处理、存储，由显示器显示或激光打印机打印。

6.4.4　医用无线内窥镜

随着微创、无创医学新理念的普及，用于体内生理、生化参数测量及疾病诊疗的体内胶囊获得了飞速的发展，而无线胶囊式内窥镜是该类系统的典型代表。它将内窥镜封装成普通药丸的形状，病人吞服后可对胃肠道的病变区进行图像取样，同时通过无线传输的方式将病变区观测图像实时传输至体外接收装置，供医生作为诊疗依据。

1. 简介

如图 6-34 所示，无线内窥镜系统主要由主机和从机（无线内窥镜）组成。从机由摄像头采集原始图像，经过压缩处理，通过无线方式把压缩后的图像数据传输给主机；主机通过 USB 连接蓝牙适配器接收压缩图像，并转发给 PC 上的管理软件，管理软件将图像解压缩并显示出来。

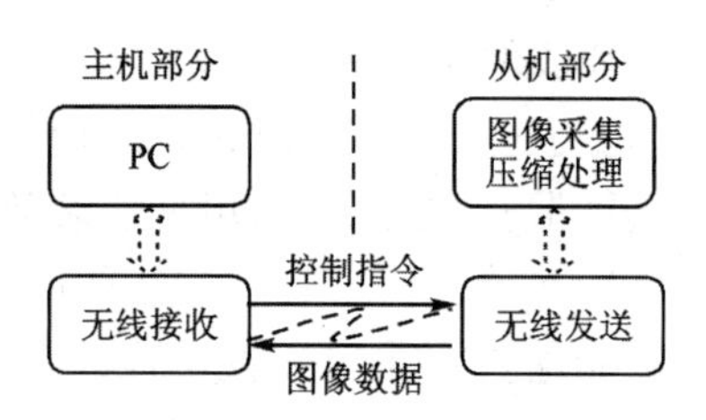

图 6-34 内窥系统结构框图

2. 无线内窥镜组成

如图 6-35 所示，无线内窥镜采用 CPLD 芯片 EPM7256-144，实现 30 万像素 CMOS 摄像头 OV7660 的图像采集控制以及数据和地址总线的切换；利用 Atmel 公司的 ARM7 芯片 AT91R40008，实现 JPEG-LS 无损图像压缩与蓝牙无线数据传输，实现温度、压力采集以及可控光源和系统控制。CPLD 和 ARM7 之间的图像数据交换通过 8 位数据总线实现，ARM7 和 CPLD 之间的握手控制则通过 I/O 口线实现。由于图像数据量较大，按 640 × 480 分辨率、8 位图像的格式计算达几十万字节，故本系统外部扩展了 2 片工作在乒乓方式的 512 kB 的 SRAM 作数据缓存。

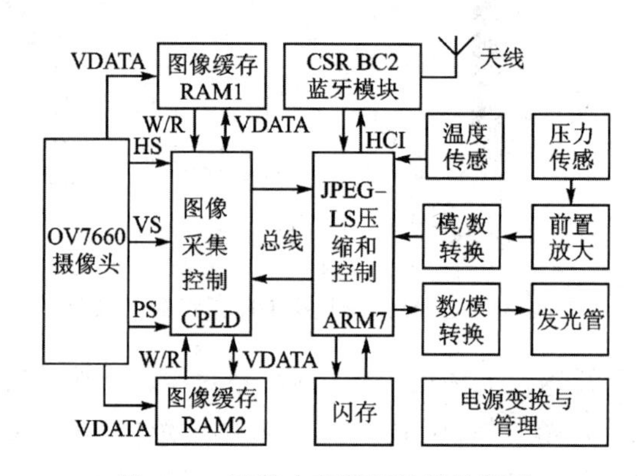

图 6-35 无线内窥镜硬件结构框图

3. 系统工作原理

内窥系统可以实现图像的连续采集以及温度、湿度、照明亮度等的控制。其中，图像采集是系统的核心，其工作流程如下。

（1）默认情况下，系统工作在休眠状态。

（2）工作人员通过 PC 管理软件发送命令开始采集图像，软件通过 USB 接口把命令发送给蓝牙适配器，然后发送给无线内窥镜。

（3）内窥镜接收到图像采集命令后，ARM 控制 CPLD 开始采集图像数据。

（4）CPLD 把采集到的一帧图像数据写入一块 SRAM 中，把 ARM 的总线切换到该 SRAM 上，并通知 ARM 进行压缩；同时 CPLD 往另一块 SRAM 中继续写入下一帧图像，以便于提高系统的吞吐率。

（5）ARM 通过蓝牙模块返回响应命令，并返回采集 JPEG-LS 图像的头信息。

（6）PC 管理软件发送命令接收下一行压缩图像，ARM 压缩该行原始图像，并发送压缩数据;如果出错,可以重新发送。重复本步骤可以获取整帧压缩图像。

(7)PC 软件对压缩图像解码并显示,并提供其他附加功能,如图像处理、保存等。

(8)重复步骤(2)至(7),获取下一帧压缩图像。

由上述流程可以看出,JPEG-LS 压缩以及无线信道传输决定整个系统的图像传输速率。无线传输采用蓝牙技术,其标称速率为 1 Mb/s,不易提高。因此,系统设计的核心是 JPEG-LS 的编码效率。

4.ARM 与摄像头接口设计

系统采用美国 Omni Vision 公司(简称为“OV 公司”)开发的 CMOS 彩色图像传感器芯片。该芯片将 CMOS 光感应核与外围支持电路集成在一起,具有可编程控制与视频模/数混合输出等功能。

1)SCCB 配置

为使芯片正常工作,需要通过 SCCB 总线来完成配置工作。SCCB 总线是 OV 公司定义的一套串行总线标准,与 I^2C 总线类似。配置时,主要是写 OV7660 的内部寄存器,使芯片输出格式正确的彩色图像数据。OV7660 共有 100 个左右的寄存器可以配置,其数据手册并未提供可用的配置值。系统调试过程中,通过各种测试,测出一系列配置数据,可使 OV7660 输出颜色丰富的图像,见表 6-2。

表 6-2　推荐 OV7660 的配置表

寄存器号	配置值	寄存器号	配置值
0x00	0x80	0x13	0x8F
0x01	0x80	0x14	0x3A
0x02	0x80	0x24	0xA0
0x69	0x50	0x25	0x80
0x10	0x40	0x41	0x20

2)图像数据访问

AT91R40008 不带摄像头接口,因此系统增加了一块 CPLD 实现 CMOS 摄像头的时序,如图 6-36 所示。ARM 只需访问 SRAM 就可以访问图像数据。CPLD 确保 ARM 的总线每次都只挂接一块有完整图像的 SRAM。

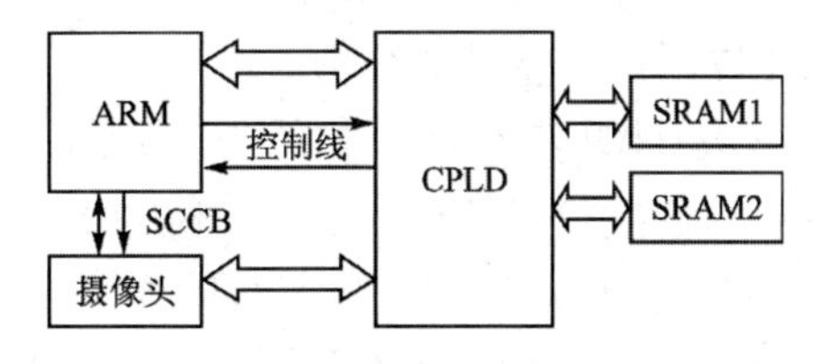

图 6-36　ARM 与 CPLD 接口设计

5.ARM 与蓝牙接口设计

蓝牙是无线数据和语音传输的开放式标准,它将各种通信设备、计算机及其终端设备、各种数字系统,甚至家用电器,采用无线方式连接起来。为了优化系统设计,采用性价比高的 CSR BCZ 实现蓝牙无线串口。CSR BCZ 是一款高度整合的模块级蓝牙芯片,主要包括基带控制器、2.4~2.5 GHz 的数字智能无线电和程序数据存储器。通过该模块,系统可以提供无线标准 UART 接口,支持多种波特率(如 9.6 kb/s、19.2 kb/s、38.4 kb/s、57.6 kb/s、115.2 kb/s、230.4 kb/s、460.8 kb/s、921.6 kb/s)。

系统经过测试发现,当速率为 460.8 kb/s 时,蓝牙芯片能够正常工作;而在 921.6 kb/s 时,会有很高的误码率。

蓝牙模块接口电路如图 6-37 所示。

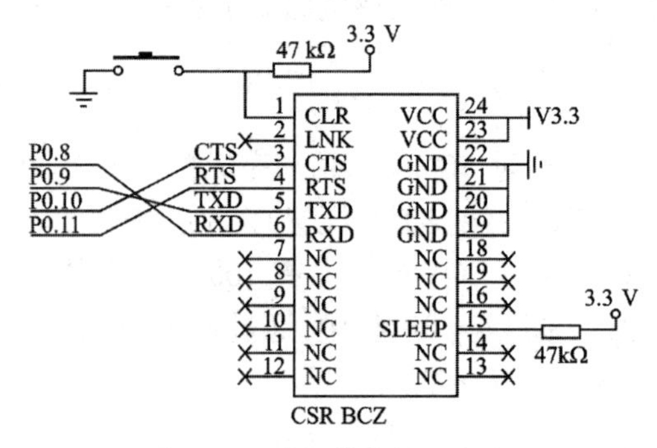

图 6-37 蓝牙模块接口电路

6. JPEG-LS 图像编码

系统采集的原始图像相关性大、数据量大,需要进行图像压缩。医学图像要求将图像质量放在首位,因此必须采用无损压缩算法。系统采用静态图像无损压缩技术 JPEG-LS,它是目前无损压缩算法中性能较好的一种算法。JPEG-LS 是 ISO/ITU 组织提出的最新的连续静态图像近无损压缩标准。该标准采用 LOCO-I(Low Com-plexity Lossless Compression for Images)核心算法,建立简单的上下文模型,在低复杂度的情况下实现了高压缩率;同时,该算法对图像逐行进行压缩,降低了系统对图像缓冲区的要求。

习题与思考题

1. 图像本身可直接获得至少三维信息,举例说明有哪些信息?
2. 本章介绍了哪两种固态图像传感器的技术?它们有何异同?选用时如何考虑?
3. 用自己的语言描述 CCD 图像传感器的结构。
4. CCD 图像传感器的工作有哪几步?每一步完成什么功能?
5. 在 CCD 图像传感器中的电荷转移过程中用到几种电压?这意味着什么?
6. CCD 图像传感器有几种输出形式?这意味着对后续接口电路有何要求?
7. 按照像素的排列,CCD 可分为哪两大类?各适合什么样的应用场合?
8. 面阵 CCD 图像传感器由哪几部分组成?有哪些典型结构形式?各有何特点?
9. 用自己的语言描述 CMOS 图像传感器的结构。
10. CMOS 图像传感器输出信号的形式是什么?

11. CMOS 图像传感器有几大类型?

12. 有哪些特殊性能的 CMOS 图像传感器? 各适合何种应用场合?

13. CMOS 图像传感器有哪几种读出模式?

14. 固态图像传感器尺寸是如何定义的?

15. 为什么要区别图像传感器像素总数和有效像素数?

16. 什么是图像传感器的动态范围? 对图像传感器的性能意味着什么?

17. 什么是图像传感器的灵敏度? 其与动态范围有何关系?

18. 什么是图像传感器的分辨率? 其与图像传感器有效像素数有何关系?

19. 什么是图像传感器的光电响应不均匀性? 其会给图像采集带来什么样的影响?

20. 什么是图像传感器的光谱响应特性? 在应用时应该如何选择?

21. 图像传感器在医学上的应用有两种式:直接获取图像和间接获取图像。前者如电子内(窥)镜等,后者如 DR 等。请给出若干图像传感器在医学应用的实例,并说明其临床应用的意义。

第7章　生物电信号检测

7.1　生物电基本知识

生物电是生物的器官、组织和细胞在生命活动过程中发生的电位和极性变化。它是生命活动过程中的一类物理、物理-化学变化，是正常生理活动的表现，也是生物活组织的一个基本特征。

相对于植物，动物体中能传导的电反应更普遍。例如，当神经细胞受到较强的电刺激时，在阴极产生的局部电反应随刺激增强而增大，超过阈值，就会引起一个能沿神经纤维传导的神经冲动。神经冲动到达的区域伴有膜电位的变化，称为动作膜电位（简称动作电位）。这是一个膜电位的反极化过程，即由原来的膜外较膜内正变为膜外较膜内负。因此，发生兴奋的部位与静息部位之间出现电位差，兴奋部位较正常部位为负，电位可达 100 mV 以上。这个负电位区域可以极快的速度向前传导，如对虾大神经纤维的传导速度可达 80~200 m/s。

兴奋性突触后电位或感受器电位，虽然不是能传导的兴奋波，但当它们增大到一定程度时，就会影响邻近神经组织的兴奋性，甚至发生伴有负电位变化的神经冲动。

动物的组织或器官，在发生应激性反应的情况下，也会出现电变化。它的大小与极性决定于组成该组织的细胞兴奋时所产生的电场的矢量总和。例如眼睛受光照刺激时，可记录到眼球的前端与后面之间的电位差变化，称为视网膜电图。它的波形很复杂，是由光刺激使感受细胞产生感受器电位，并相继引起视网膜中其他细胞产生兴奋与电位变化。由于这些电变化的电场方向不一致，因此视网膜电图标志的是这些细胞产生的电场的矢量总和。不同的动物，由于视网膜的结构不同，产生的视网膜电图也不同，同时光照程度、时间等因素也会影响视网膜电图的波形。

生物有机体是一个导电性的容积导体。当一些细胞或组织上发生电变化时，将在这个容积导体内产生电场。因此，在电场的不同部位中可引导出电场的电位变化，而且其大小与波形各不相同。例如，心电图就是心脏细胞活动时产生的复杂电位变化的矢量总和。随引导电极部位不同，记录的波形不一样，所反映的生理意义也不同。另外，高等动物中枢神经系统中所产生的电场，在人或动物的头皮上，无论静息状态或活动状态时，都有“自发”的节律性电位波动，称为脑电波。它是脑内大量的神经细胞活动时所产生的电场的总和表现。在静息状态时，电位变化幅度较高，而波动的频率较低。当兴奋活动时，由于脑内各神经元的活动步调不一致（趋于异步化），总和电位就较低，而波动的频率较高。当接受外界的某种特定刺激时，总和电场比较强大，因此可以记录到一个显著的电位变化。因为这种电位变化是由外界刺激诱发而产生的，所以称为诱发电位。

7.1.1　静息电位

静息电位是在没有发生应激性兴奋的状态下，生物组织或细胞的不同部位之间所呈现的电位差。例如，眼球的角膜与眼球后面对比，有 5~6 mV 的正电位差，神经细胞膜内外则存在几十毫伏的电位差等。静息状态细胞膜内外的电位差，称为静息膜电位，简称膜电位。它的大小与极性主要决定于细胞内外的离子种类、离子浓差以及细胞膜对这些离子的通透性。例如，神经或肌肉细胞，膜外较膜内正几十毫伏。在植物细胞（如车轴藻）的细胞膜内外有 100 mV 以上的电位差。改变细胞外液（或细胞内液）中的钾离子浓度，可以改变细胞膜的极化状态。这说明细胞膜的极化状态主要是由细胞内外的钾离子浓度差所决定的。在细胞膜受损伤（细胞膜破裂）的情况下，损伤处的细胞液内外流通，损伤处的膜电位消失。因此，正常部位与损伤部位之间就呈现电位差，称为损伤电位（或分界电位）。

有些生物细胞，不仅细胞膜内外有电位差，在细胞的不同部位之间也存在电位差，这类细胞称为极性细胞。在极性细胞所组成的组织中，如果极性细胞的排列方向不一致，它们所产生的电场相互抵消，该组织就表现不出电位差；如果极性细胞的排列方向一致，该组织的不同部位间就呈现一定的极性与电位差。它的极性与电位大小取决于细胞偶极子矢量的并联、串联或两者兼有所形成的矢量总和。例如，青蛙的皮肤在表皮接近真皮处，有极性细胞，这些细胞具有并联偶极子的性质，内表面比外表面正几十毫伏。在另一些生物组织上，极性细胞串联排列，如电鳗的电器官就是由特化的肌肉所形成的“肌电板”串接而成的。由 5 000~6 000 个肌电板单位串联而成的电鳗的电器官，由于每个肌电板可产生 0.15 V 左右的电压，因此这种电器官放电的电压可高达 600~800 V。某些植物的根部，也是由极性细胞串联构成的，因此由根尖到根的基部各点间都可能呈现电位差。

7.1.2　应激性

活的生物体具有应激性，即当它受到一定强度（阈值）的刺激作用时，会引起细胞的代谢或功能的变化。这种引起变化（突奋）的刺激要有一定的变化速率，缓慢地增强刺激强度不能引起应激反应。例如用直流电作为刺激，通电时的应激反应发生在阴极处，断电时的应激反应则发生在阳极处。应激反应之后，要经过一段恢复时期（不应期），才能再对刺激起反应。在应激反应过程中，常伴有细胞膜电位或组织极性的改变。

7.1.3　植物局部电反应

植物的应激性很缓慢，并往往局限于受到刺激的区域。它的反应强度决定于刺激的强度，在刺激作用点上产生负电位变化。例如，植物组织受到曲、折（机械刺激），可引起几十毫伏的负电位反应。植物光合作用中出现的电变化是一种由代谢变化引起的电反应。植物进行光合作用的强度取决于叶绿素的含量，因此如果不同部位的光照强度或叶绿素含量不同，将使不同部位的代谢强度出现差异。这时，不仅表现出产氧量和二氧化碳消耗量的不同，而且在不同部位之间出现电位差。例如，在太阳草的叶片上，一部分给予光照，另一部分不给予光照，则几分钟之内两部分之间可产生 50~100 mV 的电位差。在一定范围内，电位差的大小与光照强度成正比。

7.1.4 动物局部电反应

动物的细胞或组织，尤其是神经与肌肉，受刺激时发生的电变化比植物更明显。如果神经纤维局部受到较弱的电刺激，则阴极处的兴奋性升高、膜电位降低（去极化），阳极处兴奋性降低、膜电位升高（超极化）。在刺激较强且接近引起兴奋冲动阈值的情况下，阴极的电位变化大于阳极，这是一种应激性反应。但是这种电位变化仅局限在刺激区域及其邻近部位，并不向外传播，故称为局部反应，所产生的电位称为局部电位。一个神经元接受另一个神经元的兴奋冲动而产生突触传递的过程中，在突触后膜上会产生兴奋性突触后电位或抑制性突触后电位。前者是突触后膜的去极化过程，后者是突触后膜的超极化过程。这些电位变化只局限在突触后膜处，并不向外传导，也是一种局部电位。如果感受器中的感觉细胞或特殊的神经末梢受到适宜刺激，如眼球中的感光细胞受光的刺激、机械感受器柏氏小体中的神经末梢受到压力刺激也会产生局部电位反应，称为感受器电位或启动电位。同样，肌肉细胞接受收神经冲动的情况下，在神经与肌肉接头处（神经终板）也会产生局部的、不传导的负电位变化，称为终板电位。所有这些局部电位，都会扩布到邻近的一定区域，但不属于传导。离局部电位发生处越近，该电位越大，并按距离的指数函数衰减。局部电位的大小随刺激强度的增大而增大，大的可达几十毫伏。

7.1.5 传布性

一方面，生物电一经产生就会沿着特定的生物组织，如神经和肌肉传导；另一方面，任何生物组织，也是电的良导体，虽然导电效率不如在神经和肌肉内部传导那么高效，但也能够把在神经和肌肉内部传导生物电信号向整个人体传播。前者生物电信号的传导符合“全或无”规律，类似数字信号的传播，几乎无衰减。后者生物电信号的传导类似空中的无线电传播，但随与信号源的距离增大衰减得更快。

7.1.6 生物电的意义

所有的生命都伴随有生物电的产生、传播和由生物电导致的电-机、电化学等活动。最原始、最基本的电活动是细胞离子通道中的离子电流的进出和细胞膜电位的变化，并由此导致神经和肌肉等组织的电传导和机械收缩等活动。

另外，生物体要维持生命活动，必须适应周围环境的变化。由于外界的各种因素及其变化，如光照、声音、热、机械等的作用及其变化而对生物体产生刺激，生物有机体将各种不同的刺激动因快速转变成为同一种表现形式的信息，即神经冲动，并经过传导、传递和分析综合，及时做出应有的反应。高等动物具有各种分工精细的感受器，每种感受器一般只能感受某种特殊性质的刺激。感受器中的感觉细胞接受刺激时会产生感受器电位，并用它来启动神经组织，产生动作电位。因此，不同的刺激动因都变成了同一形式的神经冲动。神经冲动是“全或无”性质的，即“通”“断”形式的信息。神经冲动采用频率变化形式传递信息到中枢神经系统。中枢神经系统对信息进行分析、综合、编码，并将同时做出的反应信息以神经冲动形式传向外周效应器官。动作电位的传导极为迅速，所以生物体能及时对周围环境变化做出迅速的反应。这一系列的信息传递都是以发生各种形式的生物电变化来完成的。

7.1.7　生物电的应用

生物体内广泛、繁杂的电现象是正常生理活动的反映,在一定条件下,从统计意义上来说生物电是有规律的即一定的生理过程对应着一定的电反应。因此,依据生物电的变化可以推知生理过程是否处于正常状态,如心电图、脑电图、肌电图等生物电信息的检测等。反之,当把一定强度、频率的电信号输送到特定的组织部位,则又可以影响其生理状态。例如,用“心脏起搏器”可使一时失控的心脏恢复其正常节律活动;应用脑的电刺激术(EBS)可医治某些脑疾患;在颈动脉设置血压调节器,则可调节病人的血压;机械手、人造肢体等都是利用肌电实现随意动作的人-机系统;宇航中采用的“生物太阳电池”就是利用细菌生命过程中转换的电能,提供了比硅电池效率高得多的能源。可以预见,生物电在医学、仿生、信息控制、能源等领域将会不断开发其应用范围。

7.2　生物电测量电极

在检测心电图、脑电图、肌电图、眼电图及细胞电等体内、体表生物电时,需要采用所谓的生物电测量电极,又称为引导电极。引导电极通常是由经处理的某种金属板、金属细针或金属网制成,其性能优良与否,将直接影响各种体内生物电检测的效果。

7.2.1　引导电极的种类

引导电极的种类很多,有不同的分类方法。按安放的位置,可分为体表电极、皮下电极与植入电极等;按电极的形状,可分为板状电极、针状电极、螺旋电极、环状电极及球状电极等;按电极的大小,可分为宏电极与微电极等。体表电极若按电极与皮肤之间是否采用导电膏,又可分为湿电极与干电极,前者采用导电膏,后者不用导电膏,而仅在金属板上制作一层绝缘薄膜,因而亦称为绝缘电极,与一般的传导型电极不同,它是利用绝缘薄膜构成的电容作为交流静电耦合,来拾取人体电位的变化分量,因此亦称为静电耦合型电极。图 7-1 所示为几种常见的宏电极结构示意图。电极的结构与形状取决于被测对象及电极安放的位置。

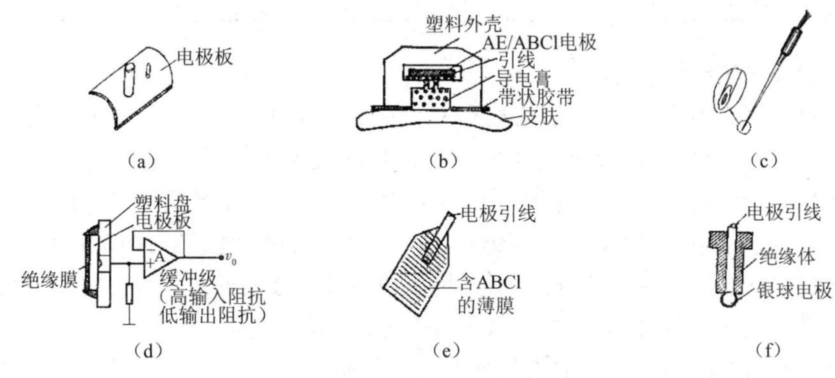

图 7-1　几种宏电极结构示意图

(a)板状四肢电极　(b)体表心电电极　(c)针状皮下电极　(d)绝缘干电极　(e)柔性体表电极　(f)环状电极

7.2.2 生物电极基本知识

由于人体的活组织是一个含有多种金属元素的电介质,电极与人体相接触来拾取生物电位是一个相当复杂的过程。下面仅介绍一些基本而必要的知识。

1. 电极的换能作用

生物体内的电流是靠离子传导的,而电极与导线中的电流则是依赖电子传导,因此可以认为电极在离子导电系统与电子导电系统之间形成一个界面,在电极-电介质间发生了离子导电向电子导电的能量转换过程。从这个意义上来说,生物测量电极起着换能器的作用。

2. 半电池电位

当某种金属电极浸入含有这种金属离子的电解质溶液时,金属的原子将失去一些电子进入溶液,溶液中的金属离子也将在金属电极上沉积,当这两个过程相平衡时,在金属和电解质溶液的接触面附近形成电荷分布——双电层,并将建立起一个平衡的电位差,对某种金属与电解质溶液来说,这种电位差是一个完全确定的量。这种金属与电解质的组合如同半个电解质电池,故将这种组合称为半电池电极。表 7-1 给出了常用电极材料在 25 ℃时的半电池电位。

表 7-1 常用电极材料在 25 ℃时的半电池电位

金属与反应	半电池电位/V
$Al \rightarrow Al^{3+}+3e^-$	−1.660
$Zn \rightarrow Zn^{2+}+2e^-$	−0.763
$Ni \rightarrow Ni^{2+}+2e^-$	−0.250
$Pb \rightarrow Pb^{2+}+2e^-$	−0.126
$H_2 \rightarrow 2H^{+}+2e^-$	0.000(规定值)
$A_g+Cl^- \rightarrow A_gCl+e^-$	+0.223
$Cu \rightarrow Cu^{2+}+2e^-$	+0.337
$Ag \rightarrow Ag^{+}+e^-$	+0.799
$Au \rightarrow Au^{+}+e^-$	+1.680

3. 电极的极化与电极电位

当有电流流经电极和电解质溶液之间时,电极会产生极化现象,并产生极化电位,使电极-电解质溶液间的电位发生变化。半电池电位与极化电位的总和电位差称为电极电位。电极电位往往比所要测定的生物电信号强,而且电极电位是一个变化量,因此为了有效地检测生物电信号,应尽量使电极电位趋于恒定,并尽量降低其数值。A_g-A_gCl 电极对于生物体组织具有非常小而稳定的半电池电位,而且是一种不可极化电极,因而常用来作为生物测量用的引导电极。此外,在电路上也可采取适当措施,例如在电路上将电极电位与生物电信号分离;两个电极采用完全对称的结构,以便在放大器输入端进行有效补偿;对电极所接触的组织表面进行处理,电极与组织之间用饱和 NaCl 溶液浸湿加一层电膏,提高放大器的输入阻抗和降低输入电流等措施,也都有利于生物电信号的检测。

7.2.3　电极的电性能与等效电路

实验研究证明,电极-电解质溶液界面的伏安特性呈非线性,也就是说电极的性能类似一个非线性元件。电极的性能与流过它的电流密度有关,还与流过它的电流频率有关。电极的电性能可用其阻抗特性来表达。对一个正弦信号来说,电极可由一个电阻和电容相串联的电路来模拟。由于电极-电解质溶液界面上存在电荷分布——双电层(图 7-2),这个双电层特性可以用一个电容来等效。但在实际上,串联等效电阻和等效电容是随频率变化的,不能规定为一个确定的值,频率越低,串联电阻越大,电容的容抗也越大。故若用串联电阻及电容来模拟电极性能,势必会出现:在频率趋于零(直流)时,电极的阻抗将趋于无穷大,直流电将不能通过;而事实上,直流电是可以通过的,而且当频率趋向零时,电极的阻抗值相对保持恒定,在不同的电流密度下都是一个有限值。所以,电容与电阻串联的电路模型必须加以修改。一种方法是在该电路的基础上再并接一个电阻 R_f(图 7-2(a)),则可用来说明频率为零时的电阻特性。电极-电解质溶液的串联等效电路中,串联电阻 R 和电容 C 的数值取决于金属的类型、面积、表面情况、测量电流的频率和电流密度以及电解质的类型及其有效浓度。另一种方法是将串联 RC 电路变成并联 RC 电路(图 7-2(b)),其中 C_H 表示双电层的电容,R_t 表示其泄漏电阻,电容 C_H 及电阻 R_t 与频率有关。该电路在很低频率及直流时,只呈现电阻特性。

上述等效电路模型中未考虑流出双电层的离子在电解液中的扩散过程,若考虑扩散过程,电路中还必须引入表征扩散作用的扩散阻抗,扩散阻抗也可用串联或并联的 RC 电路来表示,如图 7-2(c)所示。其中,C_d、R_d 是用来反映扩散过程的等效电容与电阻,它们都与频率有关。

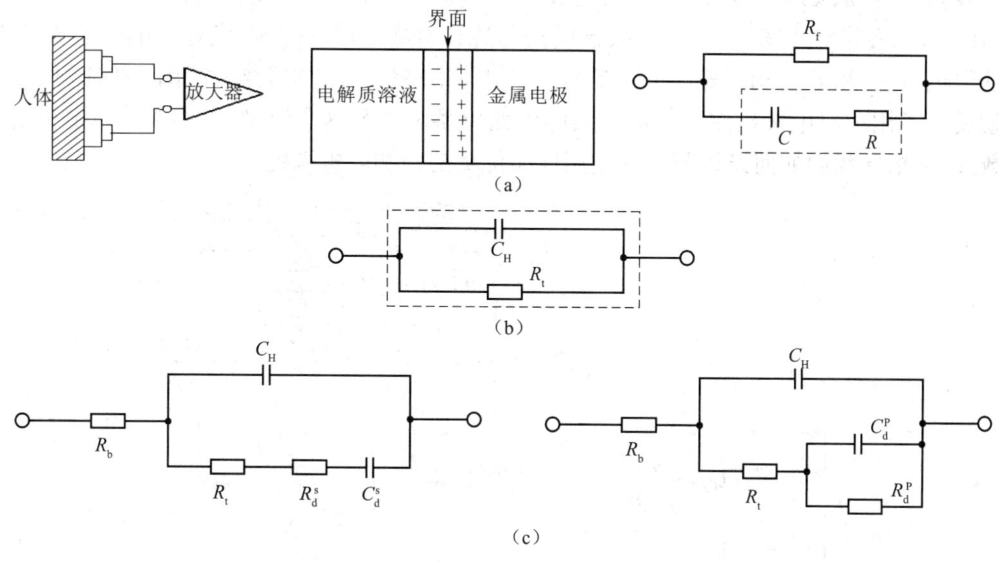

图 7-2　小信号电极-电解质溶液的电路模型

(a)电极界面及其等效半电池　(b)简化的电路模型　(c)考虑扩散时的完整电路模型

用 R_d、C_d 串联来等效扩散阻抗时,其值可写为

$$\left.\begin{aligned} R_{\mathrm{d}}^{\mathrm{s}} &= \frac{RT}{z^2F^2}\frac{1}{\sqrt{2\omega}}\frac{1}{c_0\sqrt{D}} \\ C_{\mathrm{d}}^{\mathrm{s}} &= \frac{z^2F^2}{RT}\sqrt{\frac{2}{\omega}}c_0\sqrt{D} \end{aligned}\right\} \tag{7-1}$$

式中：D 是扩散系数；ω 为角频率；C_0 是平衡情况下的浓度；R 为气体常数；F 为法拉第常数；T 为热力学温度；z 为金属的价数。

由式(7-1)可得

$$R_{\mathrm{d}}^{\mathrm{s}}C_{\mathrm{d}}^{\mathrm{s}} = \frac{1}{\omega} \tag{7-2}$$

用 R_{d}、C_{d} 并联来等效扩散阻抗时，其值可写为

$$\left.\begin{aligned} R_{\mathrm{d}}^{\mathrm{p}} &= \frac{RT}{z^2F^2}\sqrt{\frac{2}{\omega}}\frac{1}{c_0\sqrt{D}} \\ C_{\mathrm{d}}^{\mathrm{p}} &= \frac{z^2F^2}{RT}\frac{1}{\sqrt{2\omega}}c_0\sqrt{D} \end{aligned}\right\} \tag{7-3}$$

且有

$$R_{\mathrm{d}}^{\mathrm{p}}C_{\mathrm{d}}^{\mathrm{p}} = \frac{1}{\omega} \tag{7-4}$$

考虑到电解质的容积电阻 R_{b}，则等效电路中尚需接入一个串联电阻 R_{b}，如图 7-2(c)所示。这样就构成了一个完整的小信号电极-电解质溶液的电路模型。

在体表采用体表宏电极检测生物电位时，常采用两个电极安放在人体的表面，在电极与体表间加有导电膏时，将有两个界面存在，一个是电极与导电膏间的界面，另一个是导电膏与体表间的界面，如图 7-3(a)所示。电极与导电膏的界面存在半电池电位 E，表皮的外层(角质层)可看作对于离子的半透膜，该膜的两边若有离子浓度差别，则存在电位差 E'。表皮的阻抗以 R_{e} 和 C_{e} 表示，表皮下面的真皮和皮下层则呈现纯电阻特性，图 7-3(b)所示电路就反映了用一对电极检测生物电的实际电路模型。了解这个模型，有助于认识电极的电参数，以及指导我们如何设计与正确使用性能优良的检测电极系统。

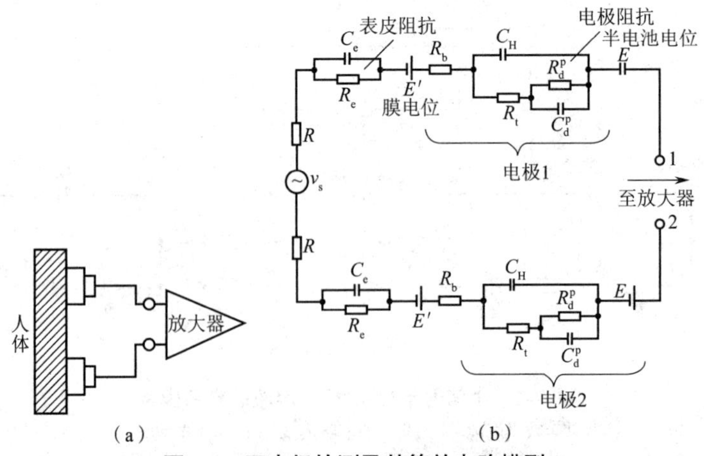

图 7-3 双电极检测及其等效电路模型

(a)使用中双电极检测 (b)双电极检测的等效电路模型

7.2.4 微电极及其等效电路

在测量单细胞或神经元内的电位时,必须采用比细胞的尺寸还要小的电极,这种电极的尖端直径仅为 0.5~5 μm,因此这类电极通常称为微电极。微电极一般有两种类型:一类是金属微电极,另一类是充填电解质的玻璃微电极,如图 7-4 所示。金属微电极的尖端采用高硬度和一定刚度的微细金属丝或金属针,以便于插入细胞内部,尖端(测量尖端)裸露在绝缘覆盖层外,测量尖端的精工制作是金属微电极成功的关键;绝缘覆盖保护层的材料应根据不同的金属电极材料与其黏接力的大小来选取。金属微电极材料一般采用不锈钢、碳化钨、铂铱合金等,绝缘覆盖保护层可采用清漆或玻璃。

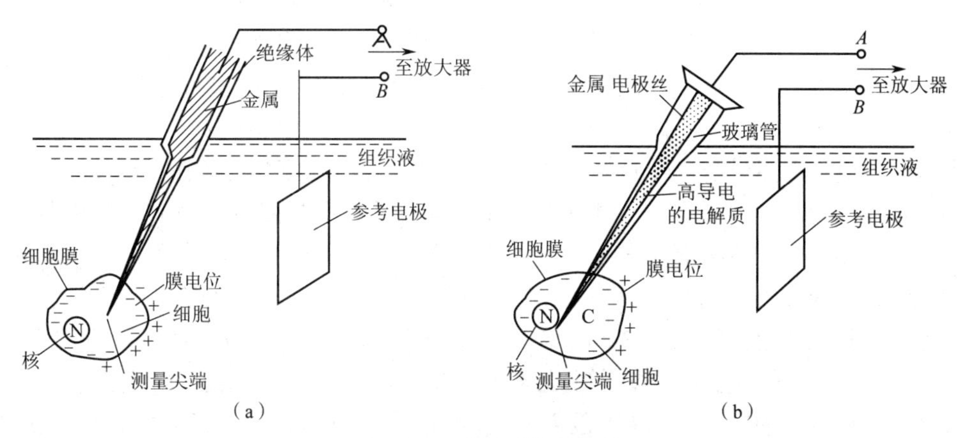

图 7-4 两种类型的微电极

(a)金属微电极 (b)玻璃微电极

金属微电极经组织液刺入细胞中时的小信号等效电路如图 7-5 所示。其中,R_a 为金属电极引线的电阻,R_b 为参考电极引线的电阻,微电极尖端与细胞内的电解质界面以及参考电极与组织液中的电解质界面间的电位、界面阻抗分别由 E_a、R_{fa}、C_{wa}、R_{wa} 以及 E_b、R_{fb}、C_{wb}、R_{wb} 来表示,$E(t)$表示细胞膜电位,R_{inc} 与 R_{cxc} 分别表示细胞内和细胞外(组织液)电解质的电阻,R_s 为电极丝本身的电阻,进入组织液中带绝缘层的一段电极丝与组织液电解质之间还存在分布电容 C_d。因此,就可得出一个完整的金属微电极通过组织液测量细胞电位时的等效电路。考虑到 E_a 和 E_b 是已知常数(直流),而细胞膜电位 $E(t)$是待测变量,因此可将该等效电路简化为图 7-5(b)所示的等效电路形式。由于 R_a、R_s、R_b 以及参考电极与组织液中的电解质间的界面阻抗值都较金属微电极尖端与细胞内的电解质间的界面阻抗小多,故在简化等效电路中已被略去。等效分布(旁路)电容 C_d' 的大小与绝缘材料的介电常数和厚度以及电极浸入溶液的深度有关。由于它的存在,将对被测信号的高频分量呈现较大的旁路作用,尤其是电极与电解质界面阻抗较大时更为明显。这是导致测量细胞动作电位失真的决定因素,为此必须在电路上采取措施来改善电极的高频响应。

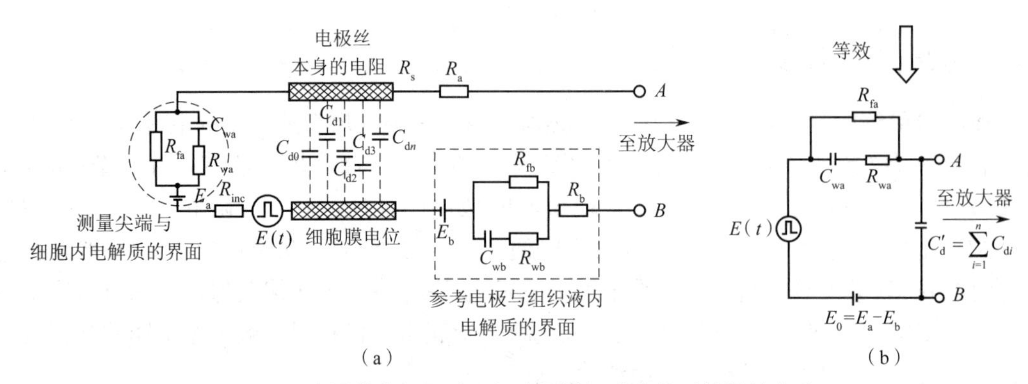

图 7-5　金属微电极通过组织液测量细胞电位时的等效电路

(a)金属微电极完整的等效电路 (b)金属微电极简化的等效电路

图 7-4(b)所示的玻璃微电极,经组织液刺入单细胞测量细胞电位时的等效电路如图 7-6(a)所示。其中,R_a、R_b 分别表示微电极与参考电极引线电阻,E_a、R_{fa}、C_{wa}、R_{wa}(虚线框①内)表示微电极的电阻丝与玻璃管内电解质之间的电位及界面阻抗,E_b、R_{fb}、C_{wb}、R_{wb}(虚线框②内)表示参考电极与组织液中的电解质之间的电位及界面阻抗;E_t 表示微电极尖端与细胞液之间的电位,$E(t)$为细胞膜电位,R_t 为充填在玻璃管尖端的电解质电阻,R_{inc} 与 R_{exe} 分别为细胞内、外液体的电阻;玻璃管中的液体与组织液之间的分布电容为 C_d。上述这些量中 R_t 是一个很大的数值,若用 3 mol 氯化钾溶液作为玻璃管内充填溶液,则 R_t 可高达 100~200 MΩ,另外分布电容 C_d 的作用也不可忽视,若忽略其他的阻抗,则该等效电路可以简化为图 7-6(b),其中 E_0 为尖端电位 E_t 与电位 E_a、E_b 的代数和。玻璃微电极与金属微电极相比,玻璃微电极具有更高的电极阻抗,等效电路具有低通滤波特性,不适宜做高频、快速的生物电测量,而由于金属微电极的等效电路呈现高通滤波特性,因此可用来检测高频生物电,但其低频特性较差。所以,金属微电极与玻璃微电极都有各自的适用范围。

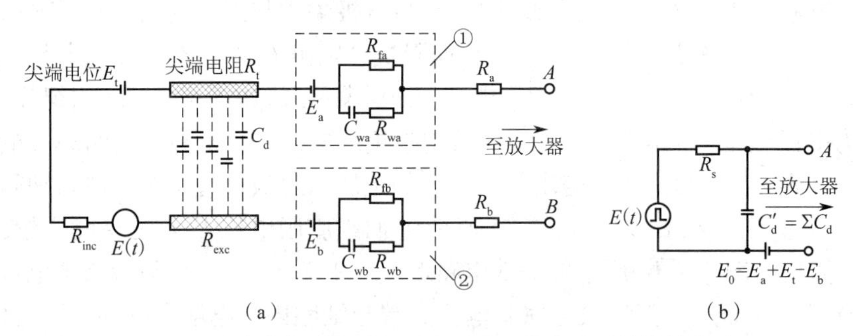

图 7-6　玻璃微电极通过组织液测量细胞电位时的等效电路

(a)玻璃微电极完整的等效电路 (b)玻璃微电极简化的等效电路

7.3　心电信号检测与心电图机

7.3.1　心脏电传导系统和心电图

心脏具有特殊的电传导系统，它位于心壁内，由特殊分化的心肌细胞构成。其功能是产生和传导兴奋，维持和协调心脏正常节律。心脏电传导系统是由窦房结、结间束、房室交界、希氏束、束支和浦肯野氏纤维等组成。

窦房结位于上腔静脉和右心房交界处的心肌与心外膜之间，为一棱形的细胞束，其大小约为 15 mm × 5 mm × 1.5 mm。它是心脏的正常起搏点，能自动地、有节律地产生触发电信号，并向外传播到结间束和心房肌。

结间束是连接窦房结和房室交界之间的特殊心肌纤维构成的细束，共有三条，即前结间束、中结间束和后结间束。其作用是将窦房结产生的兴奋较快地传到心房肌和房室交界外。前结间束分出一支连至左心房，称为房间束。结间束和房间束的传导速度比心房肌的传导速度要快，心房传导束（结间束及房间束）的传导速度约为 1.7 m/s，心房肌的传导速度为 30~45 cm/s（平均约为 0.4 m/s）。

房室交界为心房和心室之间的特殊传导组织，它是心房与心室之间兴奋的传导通道，主要由结区（房室结）、房结区、结希区三部分组成。在心房收缩结束之前，必须要求心室不能响应动作电位而进行收缩，因此需要一个延迟时间。当窦房结发出一个脉冲后，到达房室交界的时间为 30~50 ms，而通过房室交界传出脉冲之前的时间为 110 ms（即脉冲在房室交界内的传导时间）。因此，房室交界像是一个延迟线，以延缓动作电位沿着心内传导系统向心室推进。房室交界的功能：①房、室之间的传导作用；②延迟作用，保证心房收缩后才发生心室收缩；③房结区和结希区具有自律性，而房室结无自律性。

希氏束（房室束）为由房室交界往下延续部分，穿过右纤维三角，走行于室间隔内，止于室间隔肌部上缘。希氏束为一根粗束，长 10~20 mm，宽 3 mm，电位极小，在心内记录为 0.1~0.5 mV，若在体表记录仅为 1~10 μV，因此用普通心电图机是不可能记录下来的。如仅增加仪器的增益，信号仍要被噪声掩盖，可以通过提高信噪比把它们在体表检测出来——体表希氏束电图，它在临床上有较大的实用价值。

束支即希氏束在室间隔肌部上缘分为左、右两支，走行在室间隔两侧下方。右束支细而长，沿途分支少，分布于右心室；左束支呈带状，沿途分支多，分布于左心室。

浦肯野氏纤维为左、右束支的最后分支，分支细小而多，形成网状，并垂直穿入心室肌约 1/3 厚度，终止在普通心室肌细胞上；而心室肌外层的 1/3~1/2 由心室肌传导。浦肯野氏纤维的传导速度非常快，为 200~400 cm/s，而心室肌的传导速度较慢，约为 100 cm/s。

关于心脏内的兴奋传导时间：窦房结与房室结之间动作电位传递时间约为 40 ms；房室交界延迟时间为 110 ms；希氏束和束支及其分支传导速度快，兴奋进入希氏束只需 30 ms 即达到最远的浦肯野氏纤维；心室肌外层的 1/3~1/2 由普通心室肌传导，右心室约需 10 ms，左心室约需 30 ms，所以从窦房结到心室外表面的总心内传导时间约为 0.22 s。

心肌是由无数的心肌细胞组成，由窦房结发出的兴奋，按一定途径和时程，依次向心房和心室扩布,引起整个心脏的循序兴奋。心脏各部分兴奋过程中出现的电位变化的方向、途径、次序和时间等均有一定规律。由于人体为一个容积导体,这种电变化亦必然扩布到身体表面。鉴于心脏在同一时间内产生大量电信号,因此可以通过安放在身体表面的胸电极或四肢的电极,将心脏产生的电位变化以时间为函数记录下来,这种记录曲线称为心电图(Electrocardiogram, ECG),图 7-7 所示为典型的心电图。心电图反映心脏兴奋的产生、传导和恢复过程中的生物电变化。心肌细胞的生物电变化是心电图的来源,但是心电图曲线与单个心肌细胞的膜电位曲线有明显的区别。

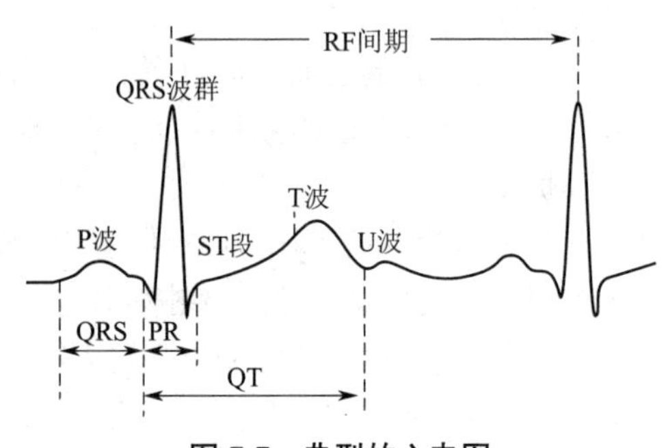

图 7-7 典型的心电图

ECG 波形是由不同的英文字母统一命名的。正常心电图由一个 P 波、一个 QRS 波群和一个 T 波等组成。P 波起因于心房收缩之前的心房除极时的电位变化;QRS 波群起因于心室收缩之前的心室除极时的电位变化;T 波为心室复极时的电位变化,其幅度不应低于同一导联 R 波的 1/10,T 波异常表示心肌缺血或损伤。ECG 的持续时间有:P—R 间期(或 P—Q 间期)为 P 波开始至 QRS 波群开始的持续时间,也就是心房除极开始至心室除极开始的间隔时间,正常值为 0.12~0.20 s,若 P—R 期延长,则表示房室传导阻滞;Q—T 间期为 QRS 波群的开始至 T 波的末尾的持续时间,也就是心室除极和心室复极的持续时间,正常值为 0.32~0.44 s;S—T 段为从 QRS 波群终末到 T 波开始之间的线段,此时心室全部处于除极状态,无电位差存在,所以正常时与基线平齐,称为等电位线,若 S—T 段偏离等电位线一定范围,则表示有心肌损伤或缺血等病变;QRS 波群持续时间正常值为 0.06~0.11 s。

7.3.2 心电图机的结构和功能

记录体表各点随时间而变化的心电波形的仪器称为心电图机。医生根据所记录的心电波形的形态、波幅大小以及各波之间的相对时间关系判断心脏疾病。

由于心电信号比较微弱,仅为毫伏级,所以心电图机极易受使用环境(特别是 50 Hz 的干扰)的影响。为了能获得清晰而良好的心电波形记录,对心电图机的抗干扰能力提出较高的要求。此外,为了识别心电图的形态,我国医药行业标准《心电诊断设备》(YY 1139—2013)对心电图机提出各种技术要求,主要如下。

(1)输入阻抗:单端输入阻抗不小于 2.5 MΩ。

(2)输入回路电流:各输入回路电流不大于 0.1 μA。

(3)定标电压:有 1 mV ± 5%的标准电压,用于对心电图机增益进行校准。

（4）灵敏度线性。

①灵敏度控制：至少有三个固定增益，即 5 mm/mV、10 mm/mV 和 20 mm/mV。

②转换误差范围：± 5%。

③耐极化电压：加 ± 300 mV 直流极化电压，灵敏度变化范围为 ± 5%。

④最小检测信号：能检测 10 Hz、20 μV（峰峰值）的信号。

（5）噪声水平：所有折算到输入端的噪声应小于 35 μV。

（6）频率特性。

①幅度频率特性：以 10 Hz 为基准，1~ 75 $Hz^{+0.4dB}_{-3.0dB}$。

②低频特性：若以时间常数 τ 表示，则 $\tau \geqslant 3.2$ s。

（7）抗干扰能力：共模抑制比 K_{CMR}>60 dB。

（8）50 Hz 干扰抑制滤波器：≥ 20 dB

（9）记录速度：有 25 mm/s、50 mm/s ± 5%两挡。

（10）其他，医学仪器除与其他仪器一样能满足环境实验的要求外，还有严格的安全性要求，这些由国标医用电气设备第 2 部分：心电图机安全专用要求（GB 10793—2000）专门来规定。

图 7-8 所示为现代心电图机的结构框图。

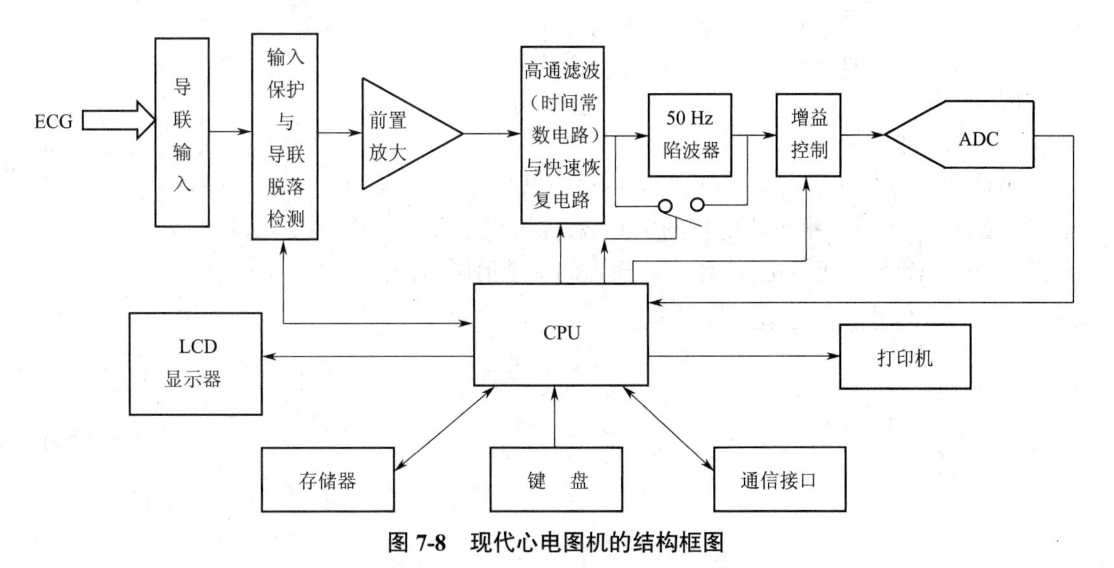

图 7-8　现代心电图机的结构框图

7.3.3　标准导联系统

心脏电兴奋传导系统所产生的电压是幅值及空间方向随时间变化的向量。放在体表的电极所测出的 ECG 信号将随不同位置而变化，如心动周期中某段 ECG 描迹在这一电极位置不明显，而在另一位置上却很清楚。为了完整描述心脏的活动状况，常用在水平和垂直方向的十二种不同导联做记录，以看清各重要细节。心电信号通过导线和电极加到心电图机放大器的输入端，一般总把导线和电极合在一起称为导联，例如加到病人右腿的电极称为 RL 导联。在临床心电图中，必须有更多的导联才能完整描述心脏的电兴奋活动，所以就需选择两个电极或一个电极与互接电极组接到放大器的输入端。这种特殊电极连接方法也可看成导联,这样就会使命名产生混乱。为了避免这一问题,把特殊电极组和其连接到放大器的方法称为导联,而把单根电极导线称为电极。

1931 年, William Einthoven 发明原始的 ECG 导联系统。他假定在心动周期任一瞬间,心脏额面净的电兴奋是一个两维向量。代表向量箭头的长度与瞬间净的除极和复极的电压或电位差成比例,其方向与心脏除极和复极的净方向一致,并进而假定向量的起点位于等边三角形的中心,三角形的顶点是两肩和腹股沟区。由于人体的间质液中的离子是良好的电传导体,所以可把两肩的三角形顶点扩展到两臂,腿是腹股沟区的延伸,这样三角形的顶点可有效地用三个肢体来代表。图 7-9 所示为爱氏三角形图。电极放在左臂(LA)和右臂(RA)上来测量该两点间的电位差,这种接法称为Ⅰ导联;Ⅱ导联是测量左腿(LL)和右臂(RA)间的电位差;Ⅲ导联是测量左腿(LL)和左臂(LA)间的电位差。心电放大器的接地端与右腿接在一起。这种测量两点间电位差的导联称为双极导联。已知起始于爱氏三角形中心的心向量在三个边上和投影即为导联Ⅰ、Ⅱ和Ⅲ心电标量的大小。相反,如果已知三个标准导联中的两个或全部,就可决定额面的心向量。假定三角形在电性能上是均匀的,并以 V_R、V_L 和 V_F 来表示右臂、左臂和左腿的电位,则

$$\text{导联Ⅰ} = \text{Ⅰ} = V_L - V_R \tag{7-5}$$

$$\text{导联Ⅱ} = \text{Ⅱ} = V_F - V_R \tag{7-6}$$

$$\text{导联Ⅲ} = \text{Ⅲ} = V_F - V_L \tag{7-7}$$

可得

$$\text{Ⅰ} + \text{Ⅲ} = V_F - V_R = \text{Ⅱ} \tag{7-8}$$

1934 年,威尔逊(Wilson)提出把肢体电极 RA、LA 和 LL 经三个相等的且大于 5 kΩ 的电阻接在一起,组成一个平均电位的中心端,称为威尔逊中心端(WT)。其作用是在心动周期内获得一个比较稳定的电压,作为体表上的基准值同,且有

$$\frac{V_R - V_{WT}}{R} + \frac{V_L - V_{WT}}{R} + \frac{V_F - V_{WT}}{R} = 0$$

故得

$$V_{WT} = \frac{1}{3}(V_R + V_L + V_F) \tag{7-9}$$

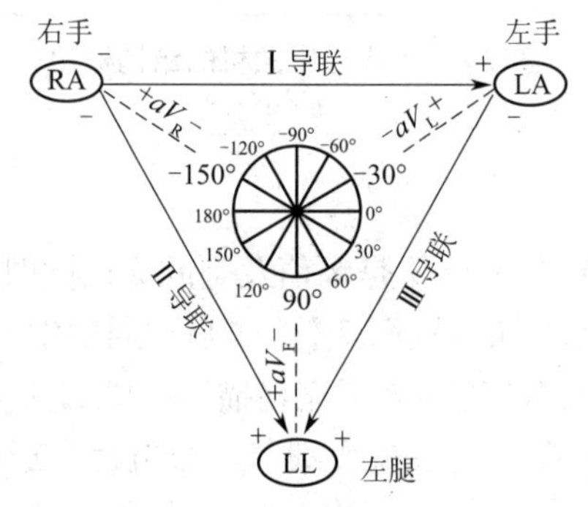

图 7-9 爱氏三角形图和标准双极导联

式中：V_{WT} 为威尔逊中心端电位，可以它为基准点来测量人体表面某点的电位变化。

这种反映单点电位变化的连接方法称为单极导联。如果用 $\overline{V_R}$ 表示 RA 和中心端之间的电位差，$\overline{V_L}$ 表示 LA 和中心端之间的电位差，$\overline{V_F}$ 表示 LL 和中心端之间的电位差，那么

$$\overline{V}_R = V_R - \frac{1}{3}(V_R + V_L + V_F) \tag{7-10}$$

$$\overline{V}_L = V_L - \frac{1}{3}(V_R + V_L + V_F) \tag{7-11}$$

$$\overline{V}_F = V_F - \frac{1}{3}(V_R + V_L + V_F) \tag{7-12}$$

$$\overline{V_R} + \overline{V_L} + \overline{V_F} = 0 \tag{7-13}$$

由于每个肢体导联都由一个电阻 R 使肢体电极和中心端分流，这就势必减小了被测信号的幅值。若去除肢体电极与中心端之间的电阻，分流作用就不再存在，因此导联的电位就会加大，所以把这种接法的导联称为加压导联，用 aV_R、aV_L 和 aV_F 来表示。加压导联并不影响导联向量的方向，但它能使信号幅值增加 50%，所以临床上常用加压导联来代替单极肢体导联。可以证明：

$$aV_R = \frac{3}{2}\overline{V_R} \tag{7-14}$$

$$aV_L = \frac{3}{2}\overline{V_L} \tag{7-15}$$

$$aV_F = \frac{3}{2}\overline{V_F} \tag{7-16}$$

除双极肢体导联和加压导联外，还有单极胸导联，它把单个胸电极放在胸部预先指定的六个位置上，如图 7-10 所示。这六个位置确定了心脏在不同部位的立体角。它把心脏分为几个部分（如左心房、右心房、左室、右室及心隔膜），这样便可以几何方法确定在每一导联位置上心脏偶极子电位和相对百分数。由于电极放置在心脏前面，所以这种导联也称为心前区单极导联，以 $V_1 \sim V_6$ 来表示，其值分别为心前区导联所记录电位差：

$$\left.\begin{aligned}
&V_1 - \frac{1}{3}(V_R + V_L + V_F)\\
&V_2 - \frac{1}{3}(V_R + V_L + V_F)\\
&V_3 - \frac{1}{3}(V_R + V_L + V_F)\\
&V_4 - \frac{1}{3}(V_R + V_L + V_F)\\
&V_5 - \frac{1}{3}(V_R + V_L + V_F)\\
&V_6 - \frac{1}{3}(V_R + V_L + V_F)
\end{aligned}\right\} \tag{7-17}$$

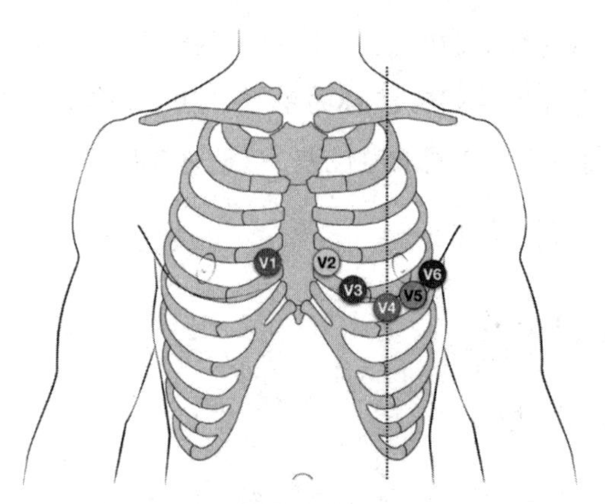

图 7-10 单极胸导联的六个位置

7.3.4 心电检测中的干扰及其对策

进行心电测量时,人体不可避免地要和所处的环境发生联系。有些环境不仅给心电波形带来干扰,影响医生的诊断,严重情况下会使心电图机损坏,威胁病人和操作者的安全。被测参数以外的信号统称为干扰。任何生理参数的测量对排除干扰这一点的要求都是一致的。下面讨论心电检测中的干扰来源、减少或消除干扰的办法。

1. 电极噪声

无论是板状金属电极还是针状电极,由于其和电解质或体液接触,在金属界面上总会产生极化电压。该极化电压大小与电极材料、界面状况及所加的电极糊剂时间有关,其叠加在信号上形成干扰,且一般为数十毫伏,有的达数百毫伏甚至伏级。该电压会随环境条件而改变,如电极糊干燥引起极化电压的缓慢变化,还与使用的频率有关。这些变化是基于电化学的变化,实际使用中,其受电极与人体的接触状况的影响极大。

2. 无线电波及高频设备干扰

人体大体上可看作导体,接上电极导线就会起到收信天线的作用,可接收无线电波以及高频设备的电磁波。由于电极-人体界面和放大器特性的非线性,它可把高频检波并构成对心电信号的干扰。另外,在使用高频手术电刀时,电极-人体界面为一整流器,它检出高频载波中的低频包络成分,该成分进入心电图机会形成干扰。

3. 被测生理变量以外的人体电现象所引起的噪声

在人体上有多种电现象混杂在一起。当测量某一生理量(如心电)时,其他的电现象就成为干扰。所以,某一生理量有时候是信号,而在另一场合会成为噪声。做心电图时,肌肉紧张所引起的肌电就构成了对心电图的干扰;做脑电图时,头皮的移动(肌电, Electromyography, EMG)、眼球的转动(眼电, Electrooculogram, EOG)就会影响测量;测量胎儿心电时,母体的心电就是干扰源等。

4. 其他医疗仪器的噪声

许多治疗仪器和测量、监护仪器一起工作时,将会构成干扰而影响测量。如心脏起搏器的起搏脉冲将影响心电和心率的测量,诱发电位的电刺激也是一个干扰源。

用以治疗房颤和室颤的除颤器所产生的宽为 2~5 ms、高达数千伏的电脉冲,对心电图机构成很大的干扰，甚至可使无高压保护的心电图机损坏。

5. 电子器件噪声

在某些生理变量测量中，被测信号往往非常微弱，如体表希氏束电图和体表后电位的幅值在 0~5 μV，所以电子器件的噪声也成为测量的干扰源。这些噪声有电阻器件的热噪声，有源电子器件中的散粒噪声，晶体管器件的低频噪声（1/f 噪声）及两种不同材料接触时所产生的接触噪声等。这些噪声大都和放大器工作的带宽有关。由于噪声是一随机信号，除采用平均技术减少其影响外，重要的是选择低噪声器件，合理设计前置放大器电路。

6. 仪器内部布局、布线的因素所造成的干扰

仪器装置内部的 50 Hz 工频干扰及电源整流电路的波基本上是叠加的，这将导致各通道间和各不同功能板上的交叉干扰。此外，还有电路的布线不当，如大电流通过第一级放大器、有两个以上的接地点、输出通过电感、分布电容及低绝缘强度的基板不适当地耦合到放大器的输入级，以及变压器的漏磁、电容的漏电等，都会导致测量电路工作的不稳定性。

7. 静电噪声

许多人造毛、尼龙、腈纶等织物，在干燥的季节，由于摩擦产生静电，其值甚至可高达数百伏。绝缘的塑料制品在干摩擦下也会产生同样情况。这将给测量带来极大的干扰，严重情况下会使仪器无法工作甚至损坏仪器。

8. 50 Hz 交流干扰

50 Hz 交流干扰是由室内的照明及动力设备所引起的干扰，其是量大面广的干扰源。因其频率也处于绝大多数生理变量的频带范围内，所以提高对 50 Hz 交流干扰的抗干扰能力是医学测量和医学仪器设计中面临的一个基本而关键的难题。

1）交流磁场的干扰

照明设备、沿天花板和墙壁及地面走的动力线、无线电广播、医院手术室中的高频电刀、X 光机、理疗电气设备、可控硅设备及其动力设备，凡是能发射高频和工频电磁波的导线和设备都会干扰心电图机。其原因是干扰磁场穿过一定面积的输入回路时，感生出感应电动势并与心电信号相加，大的地回路面积会引起可观的干扰。图 7-11 所示为引起和消除干扰的原理图。

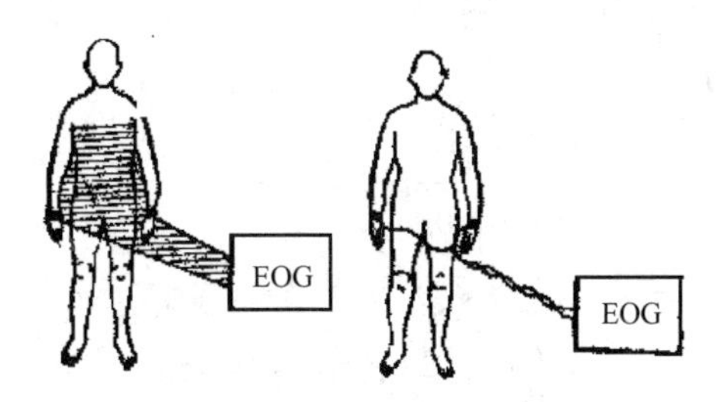

图 7-11　引起和消除交流磁场干扰的原理图

在输入阴影回路面积内，感应电动势为

$$E=-\frac{\mathrm{d}\Phi}{\mathrm{d}t}=-S\frac{\mathrm{d}B}{\mathrm{d}t} \tag{7-18}$$

式中：Φ 为磁通量（Wb）；$B=B_{\mathrm{m}}\cos\phi\cos\theta\cos\omega t(\mathrm{Wb/m^2})$；$\cos\phi\cos\theta$ 为输入回路线圈平面

法线与 B 的夹角;S 为输入回路面积。

$$E=\omega SB_{\mathrm{m}}\cos\phi\cos\theta\sin\omega t$$

由此可知,此干扰电动势与人体坐卧的方向有关。为了降低此项干扰,除改变人体的方向位置外,还应力求减小环路面积,使两臂紧靠身体,并将导线互相缠绕在一起。消除地环路面积的方法是采用一个接地点。最彻底的方法是消除干扰源或截断干扰磁场的传导途径。例如,在可控硅设备内加 RC 吸收电路,减少可控硅转换时所产生的高频磁场干扰;用高磁导率的材料对 50 Hz 的电源变压器进行磁屏蔽,防止漏磁场进入输入回路;对高频磁场则可采用铜、铝导体屏蔽,用感应的涡流截断高频磁场通路。

2)泄漏电流干扰

电力线的覆盖层、墙壁及床等会因湿度增加而使其绝缘强度下降。手术室中因蒸汽凝结的水沾湿墙壁和床面,而降低表面的绝缘强度,使泄漏电流增加。心电图机内的电源变压器绝缘电阻的下降同样导致泄漏电流的增大。泄漏电流通过天花板、墙壁和地面再经床传至人体,然后经心电图机到地,流经人体及电极导联,在人体-电极接触电阻上形成 50 Hz 的干扰信号。

其解决方法是用高绝缘强度的合成树脂板放在床脚下,以截断泄漏电流进入人体的通路。也可在床和地面间放置一铜板或在床下放金属网板并接地,这时泄漏电流不再流经高阻床,而是通过低阻的金属网板将泄漏电流短路,从而排除因泄漏电流所引起的 50 Hz 干扰。

3)静电干扰

心电图机周围环境中的电力线,不管有无电流通过,它与导联线间总存在静电耦合电容。由电容耦合所引起的位移电流将通过皮肤-电极接触阻抗到地,如图 7-12 所示。其中,假定人体的电阻与皮肤-电极接触电阻相比可略而不计,Z_1、Z_2 为皮肤与电极间的接触阻抗,Z_{G} 为接地电极与皮肤间的接地阻抗。由此就可算出心电图机输入端 A、B 间因位移电流所产生的电位差:

$$\dot{V}_A=\dot{I}_{\mathrm{d1}}Z_1+(\dot{I}_{\mathrm{d1}}+\dot{I}_{\mathrm{d2}})Z_{\mathrm{G}} \tag{7-19}$$

$$\dot{V}_B=\dot{I}_{\mathrm{d2}}Z_2+(\dot{I}_{\mathrm{d1}}+\dot{I}_{\mathrm{d2}})Z_{\mathrm{G}} \tag{7-20}$$

$$\dot{V}_A-\dot{V}_B=\dot{I}_{\mathrm{d1}}Z_1-\dot{I}_{\mathrm{d2}}Z_2 \tag{7-21}$$

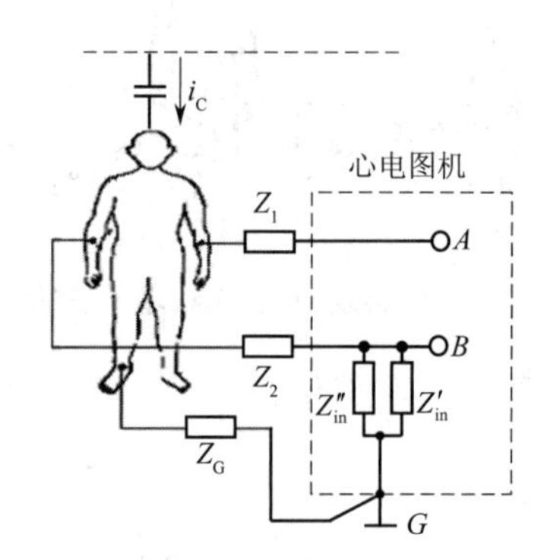

图 7-12 由分布电容产生的 50 Hz 电场干扰

如果 $\dot{I}_{d1}=\dot{I}_{d2}=\dot{I}_{d}$，则 $\dot{V}_A-\dot{V}_B=\dot{I}_d(Z_1-Z_2)$，表示电极-皮肤接触阻抗不平衡所引起的干扰。一般情况下，对 1~3 m 长的导线，$|\dot{I}_d|$ 的典型值为 6×10^{-9} A。当 Z_1、Z_2 间不平衡阻抗为 5 kΩ 时，其干扰电压为

$$|\dot{V}_A-\dot{V}_B|=|\dot{I}_d(Z_1-Z_2)|=6\times10^{-9}\ \text{A}\times5\ \text{k}\Omega=30\ \mu\text{V}$$

由上述分析可知，要想干扰小，就应使电极-皮肤不平衡接触阻抗小，因此力求使 Z_1、Z_2 值小而对称。通常用细砂纸擦去皮肤表面角质层，并在皮肤和电极之间放入导电膏来降低皮肤-电极接触阻抗及两阻抗间的不平衡程度。

通常人臂电阻约为 400 Ω，躯干电阻为 20 Ω，所以位移电流大部分经人体到地。这些位移电流流经 Z_G 时建立共模电压 $\dot{V}_{cm}$，其值为

$$\dot{V}_{cm}=(\dot{I}_{d1}+\dot{I}_{d2})Z_G=2\dot{I}_dZ_G \tag{7-22}$$

位移电流也可直接通过人体，然后再经 Z_G 到地，如图 7-13 所示。根据人体等效电路，可以求出位移电流在体内电阻 Z_L 上所建立的电压，即

$$\dot{V}_{ac}=\dot{I}_dKZ_L \tag{7-23}$$

当 $K=1$，$|\dot{I}_d|=0.1\ \mu\text{A}$，$|Z_L|=100\ \Omega$ 时，$|\dot{V}_{ac}|=10\ \mu\text{V}$。

在较差的环境下，如果 $|\dot{I}_d|=0.5\ \mu\text{A}$，接地阻抗值为 100 kΩ，可以求得共模电压为

$$|\dot{V}_{cm}|=2\times0.5\times10^{-6}\ \text{A}\times100\times10^3\ \Omega=0.1\ \text{V}$$

这是较坏的情况，一般 $|\dot{V}_{cm}|$ 在 1~10 mV。以上分析是假定心电图机输入阻抗远大于皮肤-电极接触阻抗得出的。当以上条件不满足时，皮肤-电极的不平衡阻抗分压效应将导致可观的干扰。忽略在人体内电阻上所建立电压 V_{ac}，由图 7-13(a)可以得出

$$\dot{V}_A=\dot{V}_{cm}\left(\frac{Z'_{in}}{Z'_{in}+Z_1}\right) \tag{7-24}$$

$$\dot{V}_B=\dot{V}_{cm}\left(\frac{Z''_{in}}{Z''_{in}+Z_2}\right) \tag{7-25}$$

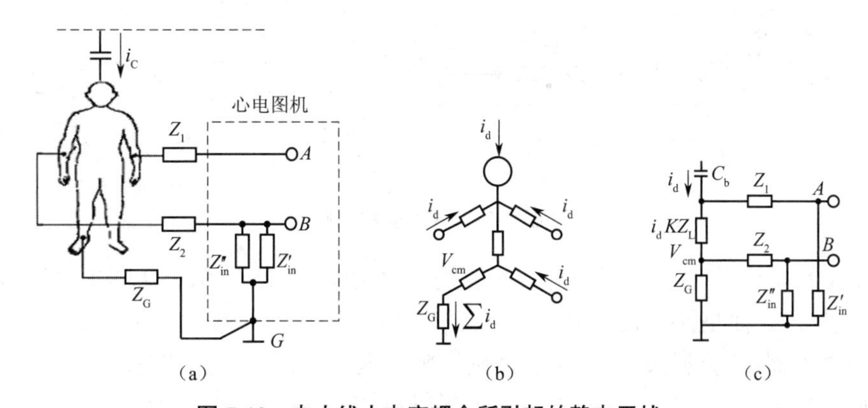

图 7-13　电力线由电容耦合所引起的静电干扰

(a)直接通过人体到地的位移电流路径图　(b)位移电流路径电路示意图

(c)直接通过人体到地的位移电流等效电路图

当 $Z'_{in}=Z''_{in}=Z_{in}$ 时，可得

$$\left|\dot{V}_A-\dot{V}_B\right|=\left|\dot{V}_{\mathrm{cm}}\right|\frac{(Z_2-Z_1)Z_{\mathrm{in}}}{Z_1Z_2+Z_{\mathrm{in}}(Z_1+Z_2)+Z_{\mathrm{in}}^2} \tag{7-26}$$

由于 $Z_{\mathrm{in}}>>Z_1$、Z_2，则式 7-26 可简化为

$$\left|\dot{V}_A-\dot{V}_B\right|=\frac{Z_2-Z_1}{Z_{\mathrm{in}}}\left|\dot{V}_{\mathrm{cm}}\right| \tag{7-27}$$

假定 $|\dot{V}_{\mathrm{cm}}|=10\ \mathrm{mV}$，$|Z_2-Z_1|=5\ \mathrm{k\Omega}$，若使 $|\dot{V}_A-\dot{V}_B|$ 值小于 10 μV，则 Z_{in} 值应为

$$|Z_{\mathrm{in}}|=\left|\dot{V}_{\mathrm{cm}}\frac{Z_2-Z_1}{\dot{V}_A-\dot{V}_B}\right|=10\times10^{-3}\ \mathrm{V}\times\frac{5\ \mathrm{k\Omega}}{10\times10^{-6}\ \mathrm{V}}=5\ \mathrm{M\Omega}$$

由此可见，若使 Z_{in} 输入阻抗提高到 50 MΩ，在上述相同的条件下，共模电压可允许增大至 100 mV。

以上结果是在输入阻抗相等的条件下得出的，但并不实际。为了把干扰限制到 0.1%，即 $|\dot{V}_A-\dot{V}_B|/|\dot{V}_{\mathrm{cm}}|$ 必须小于 0.001，即使 $|Z_1|=|Z_2|=10\ \mathrm{k\Omega}$，$Z_{\mathrm{in}}$ 的不同也会引起干扰。假定 $|Z'_{\mathrm{in}}|=5\ \mathrm{k\Omega}$，$Z''_{\mathrm{in}}=\infty$，由式（7-26）、式（7-27）可得

$$|\dot{V}_A-\dot{V}_B|=\left|\dot{V}_{\mathrm{cm}}\left(\frac{5}{5.01}-1\right)\right|=0.000\,2\,|\dot{V}_{\mathrm{cm}}|$$

从上面分析可知，Z_1、Z_2 的绝对值越大，$|\dot{V}_A-\dot{V}_B|$ 值也会越大。解决该问题的办法，除了尽量减小皮肤-电极接触阻抗外，尽可能提高共模输入阻抗也是一种有效方法。图 7-14 所示为采用共模反馈提高共模输入阻抗的原理电路。50 Hz 的共模电压经 A_4 接至导联屏蔽线和滤波电容的节点上，可使输入信号线和屏蔽层处于相同的共模电位，从而消除导联电缆线的分布电容和滤波电容的影响，同时也可提高放大器的输入阻抗。

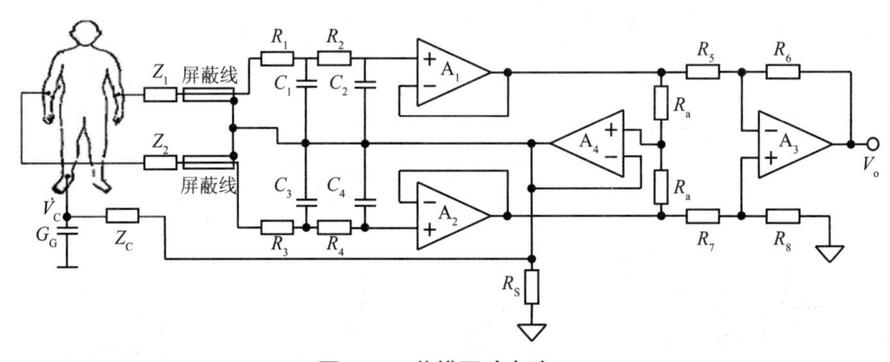

图 7-14　共模驱动电路

减少位移电流的干扰也可采用右腿驱动电路，如图 7-15 所示。从图中可以看到，右腿这时不直接接地，而是接到辅助放大器 A_3 的输出。从两只 R_a 电阻节点检出共模电压，经辅助的反相放大器后，再通过 R_0 电阻反馈到右腿。人体的位移电流这时不再流入地，而是流向 R_0 和辅助放大器的输出，使得人体的电平维持在信号地（或电源地）。R_0 在这里起安全保护作用，当病人和地之间出现很高电压时，辅助放大器 A_3 饱和，右腿驱动电路不起作用，A_3 等效于接地，因此 R_0 电阻这时起限流保护作用，其值一般取 200 kΩ ~ 5 MΩ。

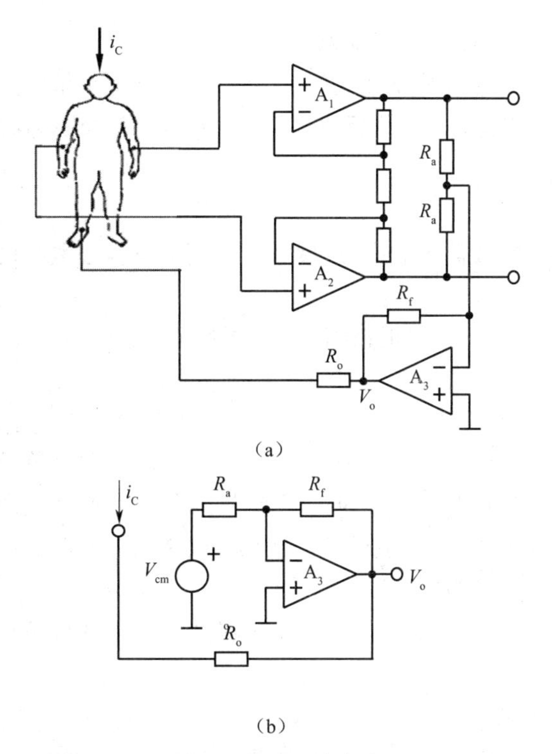

图 7-15　右腿驱动电路

(a)右腿驱动电路连接图　(b)右腿驱动等效电路图

从图 7-15(b)所示等效电路可以求出辅助放大器不饱和时的共模电压。高阻输入级的共模增益为 1,故辅助放大器 A_3 的反相端输入为

$$\frac{2\dot{V}_{cm}}{R_a}+\frac{\dot{V}_o}{R_f}=0 \tag{7-28}$$

由此得

$$\dot{V}_o=-\frac{2R_f}{R_a}\dot{V}_{cm} \tag{7-29}$$

将 $\dot{V}_{cm}=\dot{I}_d R_0+\dot{V}_o$,代入式(7-29),可得

$$\dot{V}_{cm}=\frac{R_0\dot{I}_d}{1+\dfrac{2R_f}{R_a}} \tag{7-30}$$

由此可见,若要使 $|\dot{V}_{cm}|$ 尽可能小,即 $\dot{I}_d$ 在等效电阻 $R_0/(1+2R_f/R_a)$上压降小,可以增大 $2R_f/R_a$ 值。由于 R_0 在大 V_{cm} 时,必须起保护作用,所以其值较大。这样就要求辅助放大器必须具有在微电流下工作的能力,R_f 可选较大值。如果选 $R_f=R_0=5\ \text{M}\Omega$,$R_a$ 典型值为 25 kΩ,则等效电阻为 12.5 kΩ。若位移电流 $|\dot{I}_d|=0.2\ \mu\text{A}$,则共模电压为

$$|\dot{V}_{cm}|=0.2\times10^{-6}\ \text{A}\times12.5\ \text{k}\Omega=2.5\ \text{mV}$$

如果将 ECG 的测量系统放在接地的密封铜网的屏蔽室内,由电力产生的位移电流便直接通过铜网到地,而不再流经身体和心电图机,就从根本上消除了位移电流对 ECG 的干扰,

但付出的代价是必须有价格昂贵的屏蔽室。

采用隔离放大器降低位移电流也可减小对 ECG 的干扰。隔离放大器主要有光电耦合和磁耦合两种形式的隔离放大器。今后主要应用集成光电耦合隔离放大器和磁隔离放大器。

7.3.5 特殊心电图机

针对一些特殊的诊断或监护需求，发展了一系列的特殊心电图机。

1. 动态心电图机

动态心电图是一种可以长时间连续记录并分析人体心脏在活动和安静状态下心电图变化的方法。

动态心电图技术于 1957 年由 Holter 首先应用于监测心脏电活动的研究，所以又称为 Holter 监测心电图，目前已成为临床心血管领域中非创伤性检查的重要诊断方法之一。与普通心电图相比，动态心电图在 24 小时内可连续记录多达 10 万次左右的心电信号，从而可以提高对非持续性心律失常，尤其是对一过性心律失常及短暂的心肌缺血发作的检出率，因此扩大了心电图临床运用的范围。

现代的动态心电图机具有多导联、长时间（可达 1 周）、小体积（手机大小甚至更小）的特点。

2. 运动负荷心电图机

运动负荷心电图是通过一定量的运动增加心脏负荷，记录和观察心电图变化，对已知或怀疑患有心血管疾病，尤其是冠状动脉粥样硬化性心脏病（冠心病）进行临床评估的方法。与冠状动脉造影相比，虽然该心电图有一定比例的假阳性与假阴性，但由于其简便实用、费用低廉、无创伤、符合生理情况、相对安全，故被公认为是一项重要的临床心血管疾病检查手段。运动引发心肌梗死和死亡概率为 0%~0.005%，是比较安全的。近年来几个大规模病例报道，运动中或运动后需要住院、心肌梗死或猝死的危险分别为≤0.2%，0.04%和 0.01%。

3. 胸前体表标测心电图机

胸前体表标测心电图也称胸前多导心电图，即等电位体表标测图（body surface maps），通过多导心电图将心动周期中的心电活动记录下来，从而为心脏异常的诊断、治疗及预后提供资料。

根据人体胸廓大小，可在胸前安置 36（6×6）枚、49（7×7）枚、56（7×8）枚、72（9×8）枚电极，甚至最多可达 120 枚电极（导联）。从胸前上数第二肋间安放电极，整个胸前每肋间 6~9 枚电极，共安放 6~8 排。一般成人多导电极间波形变动范围为 1.5~2.0 cm^2，因此改为 36 个或 49 个导联（电极）足以反映心电的各种变化。以 36（6×6）个导联（电极）为例，每横列由胸骨右缘起至左腋中线上，等距排列 6 枚电极，以 1、2、3、4、5、6 表示，每纵列从平二肋间起至剑突与脐部连线的中点止，等距排列 6 枚电极，以 A、B、C、D、E、F 表示。

4. 穿戴式心电图机

随着微电子技术、计算机技术和网络技术的发展，微型心电图机已经可以做到一枚硬币大小，可方便安装在内衣上，或作为项链挂在脖子上，或作为腕表戴在手腕上，当需要时可以采集佩戴者的心电图，也可以长期间地采集佩戴者的心电图，其作用与动态心电图相当，但价格十分便宜，且能够长期在自然（即不影响佩戴者日常作息规律）条件下获得佩戴者的心电图,对这样获得的心电图数据进行大数据人工智能分析,不仅可以准确地捕捉到异常心电图和做出精确的诊断,还能找出心脏病发病的规律和原因,从而找到弭患心脏病的途径。

7.3.6　心电图机的发展趋势

随着科技和医学的发展,以及医学观念和健康观念的改变,心电图机呈现如下发展趋势。

1. 高分辨率、高采样率

为了提高心电图的诊断灵敏度和可靠性,心电图机的一个明显发展趋势是高分辨率和高采样率,分辨率提高到 24 位,采样率提高到 2 000 SPS。

2. 多通道

除常规 12 导联外, 18 导联心电图机也已进入临床应用,胸前体表标测心电图机所用高达 120 导联也逐步进入临床。

3. 配合其他生理参数

与其他生理信号同步进行监测正在成为趋势,如与心音、血压、血氧饱和度等进行同步测量和记录。注意与床边监护有所不同的是,这种多参数的同步监测的精度更高,目的是可以更全面、更准确地诊断心血管系统的病因。

4. 长期、动态、大容量存储心电图系统

动态心电图机正在成为发展趋势,时间更长,可达一个星期以上,甚至几个月的不间断记录心电图;容量更大,几 GByte 甚至几十 GByte。

5. 利用手机或直接连接网络与云计算

随着微电子技术和网络技术的发展,做到微小体积的同时,心电图机还能与手机相连,或者直接与网络相连,在实现被测试者处于无感、自然状态下的同时,几乎无数据容量的限制。由于与网络相连,大数据存储与处理的困难迎刃而解,可以利用云计算。同时,还可实现潜在的多种价值,如动态监护以实现任何时间、任何地方佩戴者出现危险情况时报警;大数据挖掘可对心血管系统疾病的研究更加深入、全面。

6. 便捷

将心电图机的成本做到几十元甚至几元,一次性心电图机的出现指日可待,穿上一件背心就可监测心电信号,带上一个戒指就可测量心电信号等,大量各种各样的极低成本心电图机的出现必将实现心电图检测的空前普及。

7.4　神经系统电信号检测与脑电图机

7.4.1　神经系统概述

神经系统是人体重要的和最复杂的信息传递和控制系统,人们对此系统的认知还十分有限。神经系统是人体的主要调节系统,整合和调节身体各器官的功能活动,同时使人体的内环境随时适应外界环境的变化。人体生活在千变万化的外界环境中,当环境条件发生变化时,体内的功能也进行相应的调整,以适应变化的环境。体内环境的相对稳定性是通过神经（电化学）和体液（生物化学）的负反馈网络来实现的。例如，血液中 CO_2 过多，则大脑使呼吸检测肌运动，致使呼吸检测速率和通气增加，并经肺部排出 CO_2；人类神经系统的高级中枢——大脑皮质具有抽象的思维和意识活动。

神经系统在形态和功能上是统一的整体。按照所在位置和功能的不同可分为以下两部分。

（1）中枢神经系统：包括位于颅腔内的脑和位于椎管内的脊髓两部分，两者是相连续的。

（2）周围神经系统：包括与脑相连的脑神经（12 对）和与脊髓相连的脊髓神经（31 对）。它们两侧对称地向周围分布到组织器官，其功能是由周围向中枢或由中枢向周围传递信息（神经冲动）。按照所支配的对象不同，周围神经系统又可分为两种。

①躯体神经：支配皮和骨骼肌的感觉和运动。

②内脏神经：支配内脏的平滑肌、心肌和腺体的感觉和运动。内脏神经的运动（传出）神经又称植物神经，可以根据功能的不同分为交感神经和副交感神经两种。

图 7-16 所示为人体神经系统结构图。

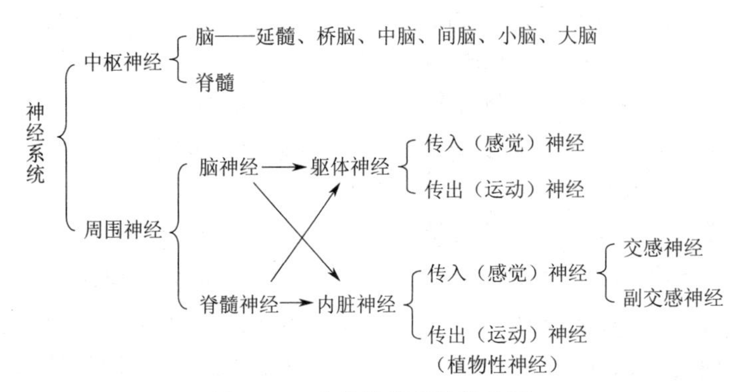

图 7-16 人体神经系统结构图

7.4.2 神经系统的电活动

神经元像身体的其他细胞一样具有生物电活动，神经元在安静时处于电的极化状态，神经元的膜内电位与膜外电位相比，前者约为-70 mV。这种静息电位的形成是由于 K^+外流所致；当神经元接受一个超过阈值的刺激（电的、化学的、机械的或热的）时，由于膜对 Na^+的通透性突然增加，产生膜的除极化，继而发生复极化，致使膜电位产生一系列的变化，形成一个神经冲动（即动作电位）。

在神经元中产生膜电位，“全或无定律”适用于神经纤维（轴突）。因此，如果达到一定的刺激阈，便能产生一次冲动，并以一定速度传遍整个纤维，其传导速度取决于纤维的直径。

神经元的胞体通过突触与其他神经元连接，突触产生两种不同的电位：兴奋性突触后电位（EPSP）使胞体兴奋；抑制性突触后电位（IPSP）则使胞体抑制。突触电位的振幅随着刺激点的距离增加而减小。每条神经纤维都能产生一个很小的 EPSP，但不足以使神经元兴奋。然而，许多神经纤维电位的综合，便可产生一次冲动。

对于中枢神经的电活动，由于大脑皮层由亿万个神经元组成，它较接近表面，所以电活动较易观察。大脑皮层经常具有持续的节律性变化，称为自发脑电活动。在无刺激时，在不同部位，自发的脑电活动的频率和振幅亦有所不同。如果把引导电极（双极或单极）放在头皮表面，通过脑电图仪所记得的电位波形称为脑电图（EEG）；直接从皮层表面所记得的电位波形称为皮质电图，它可以作为意识水平的真实反映指标。脑电图和皮质电图都反映大脑皮质的自发脑电活动。

脑电图的波形近似于正弦波，它主要由上皮层神经元的突触后电位变化所形成。这些电位起源于单个神经元，但单一神经元的突触后电位变化不足以引起头皮表面电位的改变，必须有大量的神经元同时发生突触后电位变化。所以，它是同步化放电综合起来形成的电场。由于同步才能引起头皮表面电位的变化产生脑电图。这种同步化现象受皮质下中枢的控制，也可能来自脑干（丘脑），其机制目前还不完全了解。从头皮上所得到的脑电波的幅值，在正常的情况下约在 100 μV 以下；而在暴露的大脑皮层表面所取得的电位则比此值大 10~20 倍，约为 1 mV，它们的频率范围为 1~50 Hz。在大脑的不同叶上，波形性质不同，并依赖于觉醒和睡眠的水平。另外，还存在很大的个体差异。由于目前对同步化机制了解甚少，所以对 EEG 图形只能依靠经验从临床角度加以解释。

7.4.3　脑电图技术

脑电图（EEG）反映大脑的电活动，它是用放在头皮表面的电极检测并经放大的与大脑神经活动有关的生物电位。脑电图技术包括以下几方面。

（1）生物电位检测：用头皮或大脑表面传感器电极检测。

（2）EEG 信号处理：将传感器的输出放大和滤波（0.1~100 Hz）。

（3）EEG 信号记录：信号显示在图形记录仪或 CRT 上。

（4）EEG 信号分析：观看或用计算机解释 EEG 的结果。

所得到的 EEG 记录，在临床上可用于论断颅内病变、探讨脑疾病的演变过程以及药物疗效观察。EEG 是了解脑功能的主要途径，所以在临床及生理学研究上获得了广泛的应用。脑电图的重要特征是输出信号的频率而不是信号的波形。EEG 是非周期性信号，无论在幅值方面，还是在相位和频率方面，都是连续变化。EEG 临床上广泛用于以下领域。

（1）神经学：神经学家大量依靠 EEG 研究大脑功能，在临床上常与人体其他生理参数检查相结合，以确诊病人脑部病变。

（2）神经外科：神经外科医生常用 EEG 来定位病灶，指导脑外科手术。

（3）麻醉学：麻醉医师用 EEG 决定受麻醉病人的麻醉情况，这对施行心脏手术或对难以用其他参数监护的病人特别可靠。

（4）精神病学：为了能更确切地诊断精神失调，可用 EEG 来确定器质性脑病的有无。

（5）儿科学：EEG 和其他方法检查（如诱发电位）一起，可用以诊断新生儿的听觉和视觉问题等。

（6）老年病学：通过 EEG 检查老年性痴呆等老年病患。

通常脑电活动可用三类电极来记录，即头皮电极、皮质电极和深部电极。采用各种设计的细绝缘针电极推进到脑的神经组织，所记录得到的脑电图称为深部脑电图。对各种神经膜电位则可采用微电极检测。

1. 脑电幅值和频带

如前所述,头皮表面的 EEG 信号范围为 1~100 μV(峰-峰),频率范围为 0.5~100 Hz,皮质电位约为 1 mV。而在头皮表面测量的脑干信号的峰-峰值却不大于 0.25 μV,频率在 100~3 000 Hz。显然,脑电图的特征与大脑皮质的活动程度有很大的关系,如脑电在觉醒和睡眠状态有明显的变化。通常脑电图是不规则的,但在异常场合却会表现出特殊的形式,如癫痫脑电图表现有特异的棘波。图 7-17 所示为静息状态下的典型脑电图。

脑电按所包含的频率成分可分为以下五类。

(1)δ:0.5~4 Hz。

(2)θ:4~8 Hz。

(3)α:8~13 Hz。

(4)β:13~22 Hz。

(5)γ:22~30 Hz 及更高频率。

这些频率的生理意义还不完全清楚。α 波可在清醒的、大脑处于静息状态的所有正常人的脑电中找到,在后脑枕区中信号最强,其值范围为 5~200 μV。当进入睡眠时,α 波完全消失。清醒时睁开眼睛或注意力集中时其幅值降低,并由较高频率的 β 波所代替。

β 波的峰-峰值小于 20 μV,它遍及整个大脑,通常可在顶区和额区记录到。它可进一步分成两种形式:β_{I} 和 β_{II}。β_{I} 波频率约为 α 波的两倍,它与 α 波一样受心理活动的影响。β_{II} 波在中枢神经系统强烈活动或紧张时出现。因此,一种 β 活动可由心理活动来诱发,而另一种 β 活动则受心理活动所抑制。

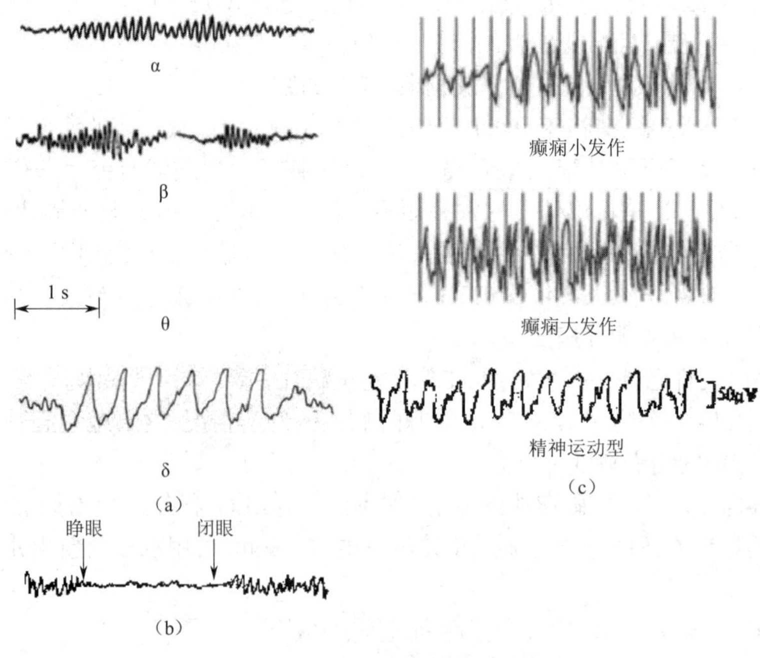

图 7-17 静息状态下的典型脑电图

γ 波的峰-峰值小于 2 μV，它是由注意或感觉刺激所引起的低幅高频波。

θ 波和 δ 波峰-峰值小于 100 μV。θ 波主要发生在儿童的顶部和颞部；但一些成年人，在感情压抑期间，特别在失望和遇到挫折的时候，也能出现近 20 s 的 θ 波。δ 波有时每 2 s 或 3 s 出现一次。它出现在熟睡、婴儿及严重器质性脑病患者中，也可以在做了皮质下横切手术的实验动物的脑上记录到这种 δ 波。这是由于这种手术使大脑皮质和网状激活系统产生功能性分离。所发 δ 波只能在皮质内发生，而不受脑的较低级部位神经的控制。

2. 临床脑电图

进行临床 EEG 检查时，必须考虑两种非常重要的参数，即病人的年龄和意识状态，两者都会影响 EEG 的模式。EEG 的频率随年龄而增加，而幅值则随年龄而减小，小孩的脑电波是高幅度的慢波，而成人的脑电波则为低幅度的快波。意识状态也尤为重要，睡眠时，成人的 EEG 是高压的慢波，这在清醒状态是看不到的。对有脑病的 EEG，其波形独具特征并有明显的变化。癫痫大发作和发狂与有控制的肌肉收缩（惊厥）有联系，带有昏迷（在无意识状态中，病人不可能用外部刺激来唤醒）的 EEG 模式，其变化很突出，通常反映出大幅值、随机，特别在接近大脑运动区由低到高的频率摆动；而癫痫小发作与小肌肉运动有关，偶尔表现为短暂的意识丧失。有些小孩或病人因其发作时间短，所以很难注意到这一症状，可用外界刺激来诱发这些病状，如可用视觉、听觉及外周感觉的刺激方法诱发出脑干的诱发电位，用以诊断脑的机能失调。

头皮上电极的放置方法大多采用国际联合会的 10-20 导联系统。它应用确定的解剖学标志作为脑电图电极的标准部位。为了便于区分电极与两大脑半球的关系，通常规定右侧用偶数，左侧用奇数。以从鼻根至枕骨粗隆边一正中矢状线为准，在此线左、右等距离的相应部位定出左、右前额点（F_{p1}、F_{p2}）、额点（F_3、F_4）、中央点（C_3、C_4）、顶点（P_3、P_4）和枕点（O_1、O_2）。前额点位置在鼻根上相当于鼻根至枕骨粗隆的 10%处；额点在前额点之后，相当于鼻根至前额点距离的 2 倍，即鼻枕正中线距离 20%处；向后中央、顶、枕诸点的间隔为 20%。10-20 导联系统的命名即源于此。表 7-2 列出了 10-20EEG 导联系统。

表 7-2　10-20 EEG 导联系统

通道	导联
1	F_{p2}—F_8
2	F_8—T_4
3	T_4—T_6
4	T_6—O_2
5	F_{p1}—F_7
6	F_7—T_3
7	T_3—T_5
8	T_5—O_1
9	F_{p2}—F_4
10	F_4—C_4

续表

通道	导联
11	C_4—P_4
12	P_4—O_2
13	F_{p1}—F_2
14	F_3—C_3
15	C_3—P_3
16	P_3—O_1

图 7-18 所示为 10-20 导联系统在一个平面上的所有电极和外侧裂、中央沟的位置。外圈是枕骨粗隆和鼻根的高度,内圈代表电极的颞线。

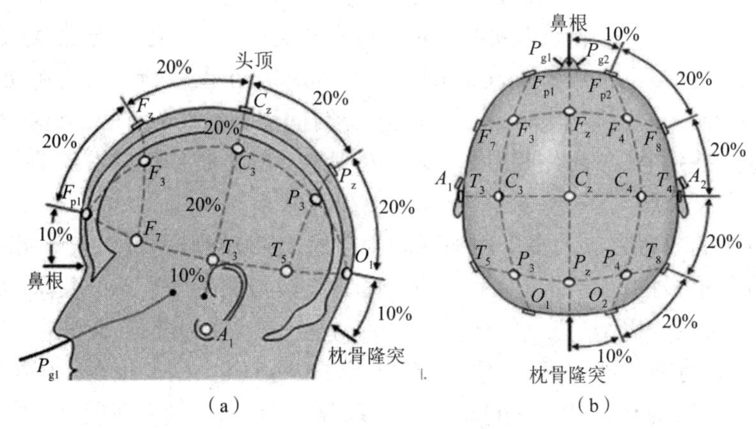

（a） （b）

图 7-18 10-20 导联系统的电极位置

（a）头左面视图顶部 （b）头顶视图

常用的电极连接形式有三种:（1）双极导联,即一对电极之间的链接;（2）单极导联,一个电极和远处参考电极之间的连接;（3）平均导联,一个作用电极和全部作用电极通过相等的高电阻接到一公共参考点之间的连接。双极导联系统中进行逐对电极间的电位掩蔽测量。这种方法由于电极间距离小,所以易于抵消远处公共电场的影响。由于它对 ECG 干扰具有较高的抑制能力,所以能准确地确定反应的位置。由于所记录的脑电图与电极距离成比例,所以还应力求使左、右半球对应部位的电极和各电极与鼻根中线保持等距离,以利于进行左、右半球间的比较。图 7-19 中的箭头所指的电极都接脑电图机的同相端,例如 1 通道(F_{p2}-F_8),F_{p2} 接脑电图机反相端,F_8 接同相端。

图 7-20 所示为我国八道脑电图机的六种常用导联,其中实线接放大器反相端,虚线接同相端,必要时可根据病理的需要由医生自行安排各种导联的连接方法。

在常规临床脑电图描记中,电极放置是一个重要问题。脑电图电极面积小,这样对头发破坏也小,要求能易于固定,能长时间保持在原位置上;同时还必须不引起病人的不适感。常使用酒精使描记部位脱脂,再涂上导电膏,或用火棉胶把非极化的银-氯化银电极粘贴在头皮上,或用橡皮膏固定好。

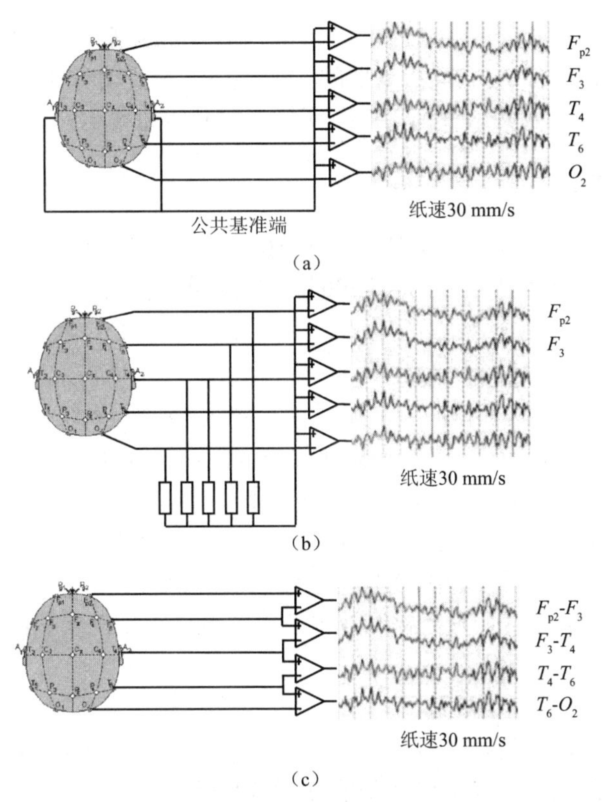

图 7-19　常用的三种电极连接形式

(a)单极导联　(b)平均导联　(c)双极导联

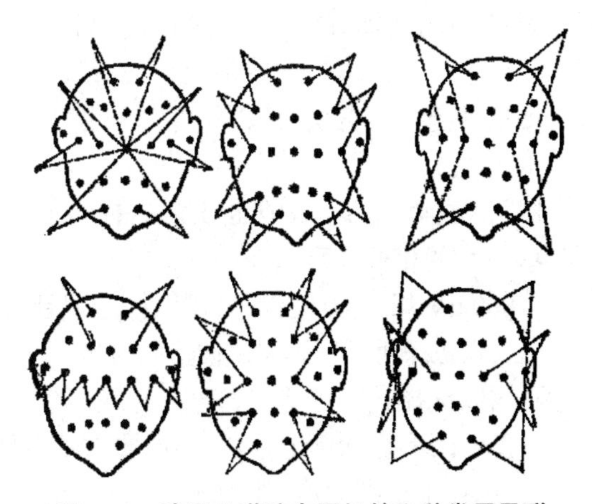

图 7-20　我国八道脑电图机的六种常用导联

通常患者在清醒状态,闭眼静卧在床上或坐在舒适的椅子上记录 EEG。病人应尽可能放松,以减小电极导联移动所引起的伪迹。在患者进入安静状态之后,记录的脑电图表明在顶-枕区 α 节律占优势;在前额区中,除 α 节律外,还有低幅、频率较高的 β 节律。对正常人,左、右半球记录基本是对称的。

一般来说,大脑活动的程度和 EEG 节律的平均频率间有一定的关系,其频率随大脑活动程度提高而增加。例如，δ 波常见于昏迷、外科麻醉和睡眠状态；θ 波见于婴儿；α 波见于松弛状态；β 波常见于紧张的心理活动期间。可是在心理活动时，波形常变为异步。因此，尽管皮质活动增加，而其头皮表面的总电位所描记的幅值却减小了。

7.4.4 脑电图机系统

测量记录大脑内电活动的装置称为脑电图机。典型的临床脑电图机由八道、十六道所组成，可用以同时记录幅值从几微伏到 200 μV、频率从零点几赫兹到 100 Hz 的脑电信号。通常除利用脑电的频率成分、波幅高低、波形的位相、波形的数量（即在某特定时间内所出现的数量）及其分布部位和波形变化等特点外，还广泛应用体内及外界环境变化所诱发出脑电波形变化的技术来分析和诊断脑部疾病，如急性中枢神经系统感染、头内肿瘤占位性病变、脑血管疾病及脑损伤、癫痫、体内生化变化（血糖变化、血钙含量变化、代谢功能变化）、体温、麻醉状态、精神活动和意识状态等。外界诱发因素有：过度换气降低了 CO_2 水平，使大脑血管收缩，降低了可利用氧的数量，从而就形成大的慢波；静闭眼实验；压迫颈动脉实验；用节律性声、光刺激；睡眠及药物诱发等。

脑电图还可与心电、血压、呼吸检测及电流皮肤反应等生理参量同时进行记录，并对所取得的数据进行综合性分析。

脑电图机应具有下列功能控制。

（1）增益：即灵敏度量程开关，通常选择灵敏度范围为 ×1、×4、×20、×250 和 ×500。

（2）增益控制：即灵敏度的电位器调节，用以调整整机增益，使在不消除 EEG 峰的情况下有足够的动态范围。大多数脑电图机设有总增益和各通道分增益控制，有些 EEG 机增益用 μV/cm 表示。

（3）低频滤波衰减器：即高通滤波器开关，用以选择低频截止频率：0.16 Hz、0.53 Hz、1 Hz 和 5.3 Hz。

（4）高频滤波衰减器：即低通滤波器开关，用以选择高频截止频率，可为 15 Hz、35 Hz、50 Hz、70 Hz 和 100 Hz。

（5）50 Hz 切迹滤波器开关：用以连接或断开 50 Hz 滤波（典型对 50 ± 0.5 Hz 降低-60 dB，修理不应引起某些信号的相位失真）。

（6）定标按钮：提供 5~1 000 μV 峰-峰方波信号，用以标定记录脑电图。

（7）基线（即位置）调节：用以放置所显示 EEG 波形的位置。

（8）单独电极选择开关：用以选择或安排特定的电极导联连接。

（9）事件标识按钮：用以指示图形显示标记，以识别所要求的事件。

（10）走纸速度开关：用以选择走纸的速度，如 10 mm/s、15 mm/s、30 mm/s 和 60 mm/s。

光刺激器的频率范围一般为 0~100 Hz，脉冲周期为 0~300 ms，从信号触发到刺激的延迟在 0~300 ms 以内，可调光能量为 0.1~0.6 J，光脉冲持续时间为 0.2 ms，用白光作光源，光色可由红、橙、黄、绿和蓝色滤光片得到。

声刺激器的声音脉冲强度为 50~90 dB，持续时间为 10ms，重复频率为 0~50 Hz，有可调的咔嗒声及 250 Hz、500 Hz、1 000 Hz、2 000 Hz 等 5 挡纯音。

图 7-21 所示为现代脑电图机的结构框图。其除可记录常规脑电图外，系统中有声、光

刺激器，可产生周期性的声、光信号，可以从受刺激病人的头皮表面测量诱发电位。由于诱发电位幅值极小，所以必须采用平均技术，将有用的诱发信号算术叠加平均，对随机或不与刺激信号同步的 50 Hz 干扰也得到有效的抑制。

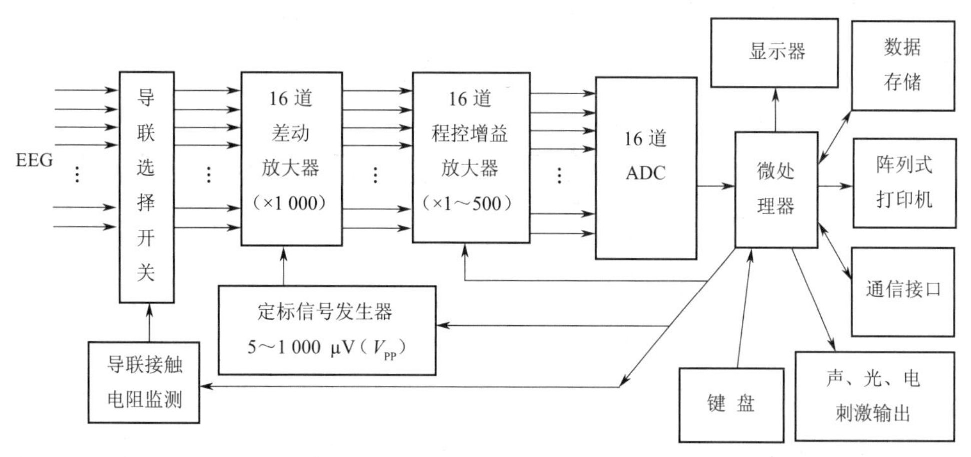

图 7-21　16 道脑电图机的结构框图

图 7-21 所示的 16 道脑电图机中，安放在头皮上的电极由电极电缆接到导联开关选择器。导联开关选择器的作用是选择电极导联的接法及交换左、右半球的电极。用交流信号检查每一电极与头皮的接触状况，也可单独选择电极的程序（即电极导联的连接方式）。由一独立电路产生方波作为整机的定标信号，并加到前置放大器的输入端。它除用作标定外，还可用以检查系统的工作情况。加入定标信号后，如果输出读数不正确，即不在指标范围内，则应调整放大器的增益。该方波信号也可以大致检查脑电图机的频响。

脑电信号幅值较小，诱发电位信号幅值更小，一般为 0~5 μV，因此它极易受外部 50 Hz 和内部噪声干扰的影响。所以，在脑电图机系统中，对低压电源的设计和制造要求较高，这点应引起足够的重视。

EEG 系统的分析可通过微处理器来实现。EEG 信号首先经 ADC 量化，然后通过计算机进行分析，将结果存入存储器或磁盘内。

（1）前置放大器：由于 EEG 信号非常微弱，一般在微伏级，所以对前置放大器的要求比对心电放大器高。前置放大器是 EEG 机中的一个最重要的环节。其输入级应具有如下特性：低输入噪声（$\leqslant 3\ \mu V_{PP}$）；高增益（$0.5\times10^3\sim10\times10^4$）；高共模抑制比（$K_{CMR}\geqslant 80$ dB）；低漂移和高输入阻抗（$\geqslant 10\ M\Omega$）；低频交流耦合工作（1 Hz 或更低）等。要达到上述要求，除采用低噪声差动电路外，对元器件必须进行严格的挑选，同时也应十分注意工艺。

（2）皮-电极接触电阻的检测：电极与头皮接触的好坏，直接影响电极-头皮接触电阻的大小。接触不好必然引入较大的交流干扰，尤其在松动时，电极与头皮的接触面将随病人的呼吸检测或身体、脸部的动作而改变，这将导致伪迹的产生。头皮-电极接触电阻值越小，得到波形的质量就越高、越稳定。所以，头皮-电极接触电阻的测量是非常重要的，在所有脑电图机中都包含有这一单元。

7.4.5 脑电图机的主要类型

以图 7-21 所示的现代脑电图机的结构框图为基本结构，针对临床上的需求，有一系列不同类型的脑电图机（图 7-22），下面简单介绍其中应用最广泛的几种。

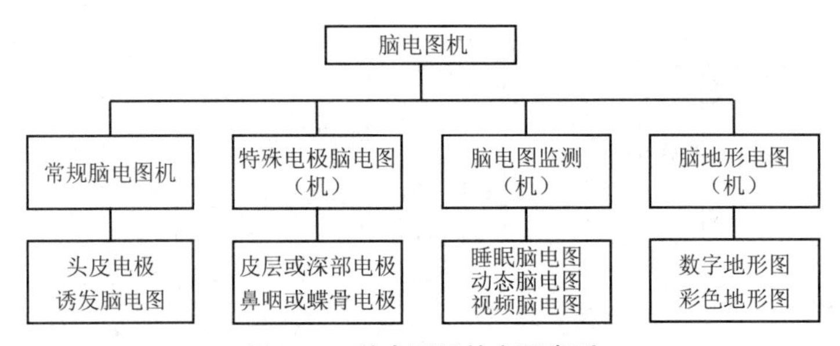

图 7-22 脑电图机的主要类型

1. 常规脑电图机

常规脑电图机简称脑电图机，是临床上应用最广泛的脑电图机。脑电图是一种对大脑功能变化进行检查的有效方法，由于大脑功能的变化是动态的、多变的，因此对一些临床有大脑功能障碍表现的患者在做一次脑电图检查没有发现异常时，不能完全排除大脑疾病的存在，而应定期进行脑电图复查，才能准确地发现疾病。常规脑电图机在临床主要应用于以下疾病的检查。

1）癫痫

由于癫痫在发作时脑电图可以准确地记录出散在性慢波、棘波或不规则棘波，因此对于诊断癫痫，脑电图检查十分准确，且脑电图对抗癫痫药的停药具有指导作用。

2）精神性疾病

为了确诊精神分裂症、躁狂抑郁症、精神异常等，可做脑电图检查，排除包括癫痫在内的脑部其他疾患。

3）其他疾病

脑电图所描记的脑部活动图形，不仅能说明脑部本身疾病，如癫痫、肿瘤、外伤及变性病等所造成的局限或弥散的病理表现，而且对脑外疾病如代谢和内分泌紊乱及中毒等所引起的中枢神经系统变化也有诊断价值。

2. 动态脑电图（机）

动态脑电图（机）是由患者携带的一种微型、大容量脑电图记录装置，可在患者处于正常环境下，从事日常活动的过程中，长时间实时地记录患者的全部脑电活动，并将脑电信号通过差分前置放大器记录在磁带上，通过回放，重现原来录制的脑电图。动态脑电图可对癫痫进行鉴别诊断，有助于观测癫痫发作时电位的频率特征和病灶波及的范围，特别是识别睡眠时亚临床发作型癫痫。动态脑电图（AEEG）检查反映的是脑电活动情况，对脑功能异常敏感性高，对小儿癫痫的诊断、分类及指导治疗价值较大；MRI 反映的是脑形态结构方面的变化，是小儿癫痫病因研究及手术评价的首选方法之一。

3. 视频脑电图(机)

视频脑电图就是脑电图和视频的结合。根据脑电图的导联数,可以分为 32 导视频脑电图、64 导视频脑电图和 128 导视频脑电图等,根据需要也可以制作更多导的视频脑电图;根据摄像头数量的多少,可以分为单摄像头视频脑电图和双摄像头视频脑电图。视频脑电图机质量的好坏主要取决于三个方面的因素:放大器、摄像系统和计算机系统。通过视频脑电图可以将患者被监测过程中的一举一动,用红、蓝、绿等色彩在视频图像中标识出来,更有利于捕捉到每一个异常的行为动作,结合脑电图或睡眠参数,能大大提高病症的诊断率和工作效率。

4. 脑电地形图(机)

脑电地形图(BEAM)是指将脑电信号输入电子计算机进行处理,对各导联各频段的脑电波功率值进行分析后,用不同颜色的图像进行显示的一项崭新的检查技术,可以对脑电信号进行时间和空间的定量分析,也称为脑电位分布图,是定量脑电图的分析技术之一。

脑电地形图机通常是集脑电图、脑地形图、脑电监护于一体的多功能仪器,具有 16 导无笔描记脑电图、动态三维脑电地形图和完备的病案管理系统等功能。脑电地形图在功能性诊断方面优于 CT,如颅内感染性疾病、脑膜炎、脑脓肿、某些儿科疾病;对气体中毒、农药中毒能做出正确诊断。对癫痫病和脑震荡等 CT 无能为力的疾病,特别在脑神经诊断方面,如神经衰弱、分裂症、神经功能症、精神病、神经发育不全及一般性脑外伤等方面的定位、诊断、分型、指导用药,可为脑复苏及神经康复提供重要依据。其在脑血管诊断方面和经颅多普勒具有一致性,如脑缺血、脑动脉硬化和脑供血不足等。脑电地形图机能客观反映脑血管病变后脑机能变化情况,是研究脑血管病的早期诊断、疗效和预后评价的无创检查仪器。其在颅内占位病变与 CT 具有一致性,如脑肿瘤(脑膜瘤、细胞瘤、结核瘤、血管瘤)、脑寄生虫病、脑出血、脑血栓塞等疾病的诊断。脑电地形图仪机占位性病变诊断较常规脑电图机阳性率高,病变部位显示直观、醒目、定位准确;对常规颅内疾病及各种原因引起的脑挫伤、脑损伤及颅内感染等诊断优于常规脑电图机。

7.4.6　脑电图机的发展趋势

微电子技术和计算机技术强有力地推动了脑电图机的发展,其发展趋势主要体现在以下方面。

1. 多导联

随着电子计算机和放大器等电子技术的不断发展,现代脑电图机基本上都是数字化脑电图机,机械性的老式脑电图机已基本被淘汰。而且数字化脑电图机也在不断更新换代,导联数由最初的 8 导逐渐升级为 16 导、32 导、40 导、64 导、128 导和 196 导等,甚至已经有 256 导脑电图机出现。同时,脑电图和摄像系统结合,出现了数字视频脑电图(VEEG),即在做脑电图的同时进行录像,并通过软件把每一时刻的脑电图和视频图像一一对应起来,可以在看脑电图的同时,观看患者发作时的同步录像,可大大地提高对癫痫发作事件的认识,可以比较容易地剔除伪差的干扰。

2. 高分辨率和采样率

脑电图机从最初的 8 位 ADC 分辨率,发展到目前以 12 位 ADC 为主,也有部分产品出现 16 位 ADC，甚至个别产品为 24 位 ADC。

目前，脑电图机的采样率也普遍提升到 1 000 SPS，少数产品达到 2 000 SPS。

ADC 分辨率和采样率的大幅度提高，一方面直接提升了脑电图的时间、幅值的准确性；另一方面更有利于采用数字信号处理，从而提高脑电图的抗干扰能力，进而又提升了脑电图的时间、幅值的准确性，有利于识别微小的脑电信号，特别是在脑诱发电位检测等应用中可以显著改善阳性率。

3. 穿戴式装置、大容量存储、网络传输与云计算

随着 SoC（System on Chip，片上系统或单片系统）的涌现，微小体积和极低功耗的穿戴式脑电记录系统已经出现，结合物联网和大容量存储器（FLASH memory），在近乎“无时无处无形”的条件下记录 EEG 信号已成为现实。在不久的将来，采用云计算的脑电动态记录与监护系统，必将导致脑电图临床诊断的革命，也可为癫痫患者的发作前预警提供充足的时间。

7.5 肌电图机

7.5.1 肌电图的基本知识

肌电图（Electromyogram，EMG）是通过测定运动单位电位的时限、波幅，安静情况下有无自发的电活动，以及肌肉大力收缩的波形及波幅，区别神经源性损害和肌源性损害，诊断脊髓前角病变、慢性损害（如脊髓前灰质炎、运动神经元疾病），神经根及周围神经病变（如肌电图检查可以协助确定神经损伤的部位、程度、范围和预后）。

肌纤维（细胞）与神经细胞一样，具有很高的兴奋性，属于可兴奋细胞。它们在兴奋时最先出现的反应就是动作电位，即发生兴奋处的细胞膜两侧出现可传导性电位。肌肉的收缩活动就是细胞兴奋的动作电位沿着细胞膜传导向细胞深部（通过兴奋-收缩机制）引起的。

肌纤维安静时只有静息电位，即在未受刺激时细胞膜内外两侧存在的电位差，也称为跨膜静息电位或膜电位。静息电位表现为膜内较膜外为负，常规以膜外电位为零，则膜内电位约为-90 mV。

肌纤维或神经细胞受刺激而产生兴奋，在兴奋部位的静息电位发生迅速改变，首先是膜电位减小，达到某一临界水平时，瞬时从负变成正的膜电位，然后以几乎同样迅速的变化，又回到负电位，而恢复正常负的静息电位水平。这种兴奋时膜电位的一次短促、快速而可逆的倒转变化，便形成动作电位。它总是伴随着兴奋的产生和扩散，是细胞兴奋活动的特征性表现，也是神经冲动的标志。

一般情况下，肌纤维总是在神经系统控制下产生兴奋而发生收缩活动。这个过程就是支配肌纤维的运动神经元产生兴奋，发放神经冲动（动作电位）并沿轴突传导到末梢，释放乙酰胆碱作为递质，实现运动神经-肌纤维接头处的兴奋传递而后引起的。总之，肌纤维及其运动神经元在兴奋过程中发生的生物电现象正是其功能活动的表现。

肌电图测量正是基于以上生物电现象，采用细胞外记录电极将体内肌肉兴奋活动的复合动作电位引导到肌电图机上，经过适当的滤波和放大，电位变化的振幅、频率和波形可在记录仪上显示，也可在示波器上显示。

7.5.2 肌电图机的基本原理

肌肉收缩时会产生微弱电流，在皮肤的适当位置附着电极可以测定身体表面肌肉的电流，该电流强度随时间变化的曲线称为肌电图。肌电图应用电子仪器记录肌肉在静止或收缩时的生物电信号，在医学中常用来检查神经、肌肉兴奋及传导功能等，以此确定周围神经、神经元、神经-肌肉接头及肌肉本身的功能状态。

肌电图对神经嵌压性病变、神经炎、遗传代谢障碍神经病、各种肌肉病也有诊断价值。此外，肌电图还用于在各种疾病的治疗过程中追踪疾病的恢复过程及疗效。

1. 肌电信号的基本参数

（1）正常信号幅值：100 μV~100 mV。

（2）频率范围：10~2 000 Hz。

（3）脉冲持续时间：0.6~20 ms。

2. 肌电信号检测中的主要干扰和限制

在肌电检测中主要存在以下干扰源。

（1）50 Hz 工频干扰：市电的供电电压频率为 50 Hz，它常以电磁波的形式辐射，这种干扰称为工频干扰，只要在使用交流电源的场所就难以避免这种干扰的存在，而且其是强度最大的干扰（源）。

（2）极化电压：由电极和导电膏构成的半电池所出现的极化电压，其幅值可达 300 mV，是直流电压或频率极低的信号。

（3）电极与人体安装部位的相对运动导致的运动伪迹：常见于运动中的肌电测量中。

（4）高频噪声：来源于无线电设备、其他仪器设备等。一般情况下，由于这类高频信号的频带宽远在人体肌电信号频率范围以外，所以不会直接影响信号测量系统。但当高频噪声幅度过大、皮肤阻抗过大或者表面电极接触不良时，则会发生高频削波现象或者“检波”现象，产生低频噪声，对电路产生干扰。

（5）心电或其他非被测肌群的肌电干扰：当采集肌电信号时，除被采集的肌电信号外，其他所有信号（如脑电信号、心电信号）都是干扰信号。

（6）刺激伪迹：给予神经细胞刺激时由于刺激的机械作用引起的膜电位的变化，尤其当刺激强度较大或者电极比较靠近记录部位时将出现很强的干扰。

3. 肌电图机的基本参数

（1）电压灵敏度：一般为 0.05 μV/div~10 mV/div，可分挡控制。

（2）等效输入噪声：≤1 μV RMS，更低者可≤0.5 μV RMS。

（3）共模抑制比：≥80 dB，高者可达 110 dB。

（4）分辨率：12 位，高者可达 24 位。

（5）幅值（电压）误差：−15%~+5%。

（6）频带：5 Hz~1 kHz，更优者可达 0.5 Hz~10 kHz。

（7）声刺激强度：可达 125 dB。

（8）刺激恒流源：最大电流脉冲输出强度为 100 mA（安全上限）。

4. 肌电图机的基本结构

现代肌电图机已经完全采用计算机作为控制核心，其基本结构如图 7-23 所示。

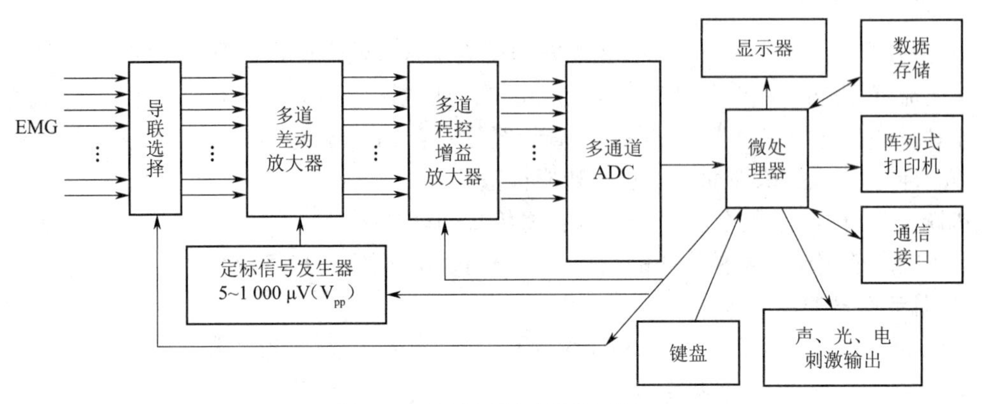

图 7-23 肌电图机的结构框图

肌电图测量时可用电极大体有两类：一类是皮肤表面电极，它是置于皮肤表面，用以记录整块肌肉的电活动，以此来记录神经传导速度、脊髓的反射、肌肉的不自主运动等；另一类是同轴单心或双心针电极，它是插入肌腹，用以检测运动单位电位。医学上常用针电极，其插入受检的肌肉会引起疼痛，因此在测量肌电时不可滥用。在相同的条件下，使用电极面积小者比面积大者记录的电位更大。因此，在测量肌电时，使用较多的是皮肤表面电极。它的优点是不引起疼痛，也常在测定神经传导速度时用于记录诱发的 EMG 反应。表面电极通常为两个小圆盘（直径约 8 mm）或长方形（12 mm × 6 mm）的不锈钢、锡或银板构成，安放在被检测 EMG 的肌肉皮肤表面，电极间距离视肌肉大小及检测范围而定。

7.5.3 肌电图机的发展趋势

现代肌电图机的发展主要有以下 3 个趋势。

（1）高精度：主要体现在肌电数据采集的高分辨率和高采样率，分别达到 16~24 位和 10 kHz 以上。

（2）无线和可穿戴式：放大器做得越来越轻巧，甚至与电极集成在一起，测量肌电时做到“无感”。

（3）多功能：与脑电结合，或与加速度、压力传感器等传感器结合，并同步实现数据采集。

上述发展趋势可为临床诊断提供更丰富的信息，也可为医学的基础研究提供强有力的手段。

7.6　生物电检测前置放大器的设计

7.6.1　生物电检测前置放大器的要求

设计任何一个信号检测系统都必须至少考虑两个方面:一是信号;二是噪声。信号主要是考虑其幅值和频带,根据信号的幅值来设计放大器的增益,根据信号的频带来设计系统中的滤波器;而噪声要考虑的因素更多,如噪声的幅值和频率、来源和性质。当噪声与信号的频带有重叠时(在生物医学信号检测时,这往往是极其普遍的情况),除非迫不得已,往往不能采用普通的模拟滤波器来抑制干扰,而应该根据噪声的来源采取相应的技术措施来抑制干扰。

系统设计不仅在放大信号和抑制噪声时会出现矛盾(如噪声与信号的频带有重叠),在抑制不同的噪声时也会出现矛盾,如在前置放大器输入端配置无源滤波器必将有利于抑制高频噪声和直流极化电压,但无源滤波器会降低差动放大器的共模抑制比和输入电阻的平衡,不利于对工频 50 Hz 干扰的抑制;又如提高放大器输入阻抗有利于提高电路抑制不平衡电阻(阻抗)带来的工频干扰,但高输入阻抗放大器的热噪声也大;再如提高差动放大器的增益有利于提高共模抑制比,但提高增益受放大器的动态范围的限制等。

系统设计还存在其他一些矛盾,如性能与工艺性、成本之间的矛盾。所以,在设计中要充分运用先进的电子技术新成果和新技术,保证主要技术指标,综合平衡和巧妙化解各种矛盾,达到综合技术、经济指标最佳。

7.6.2　生物电检测前置放大器的设计举例

下面以常规心电信号检测为例,说明生物电检测前置放大器的设计。

试设计心电信号检测前置放大器,放大器采用 ±3 V 供电,假定要求信号的输出幅值为 ±2.5 V,频率范围为 0.05~75 Hz。

由于心电信号的幅值在 0.5~5 mV,因此放大器的总增益为 500~5 000。前置放大器的增益大一些,对抑制放大器器件本身噪声有利,但最大不应超过放大器的总增益最小值 1 000。对每级放大器的最大增益还应考虑器件本身的带宽,以及在存在噪声时和电源条件下器件所能达到的动态范围(输出信号摆幅)和一定的裕量。这里取前置放大器的增益为 100。

设计放大器特别是前置放大器,更重要的考虑噪声及其抑制问题。图 7-24 形象地说明在设计放大器时所应考虑的噪声及其抑制方法以及它们之间的关系。在图 7-24 中,检测心电信号时难以避免的噪声示意在图中心,而抑制噪声的各种电路方法如同百万雄师紧紧地把这些噪声围歼在中央,每种噪声都有一个以上的克星,或者说每种方法都有它最擅长抑制的噪声。这些方法多数有相互支持的作用,但少数方法之间也会相互矛盾(图中没有表现),还有两种方法即悬浮电源和共模驱动电路是作为后勤部队,起加强前方力量的作用。

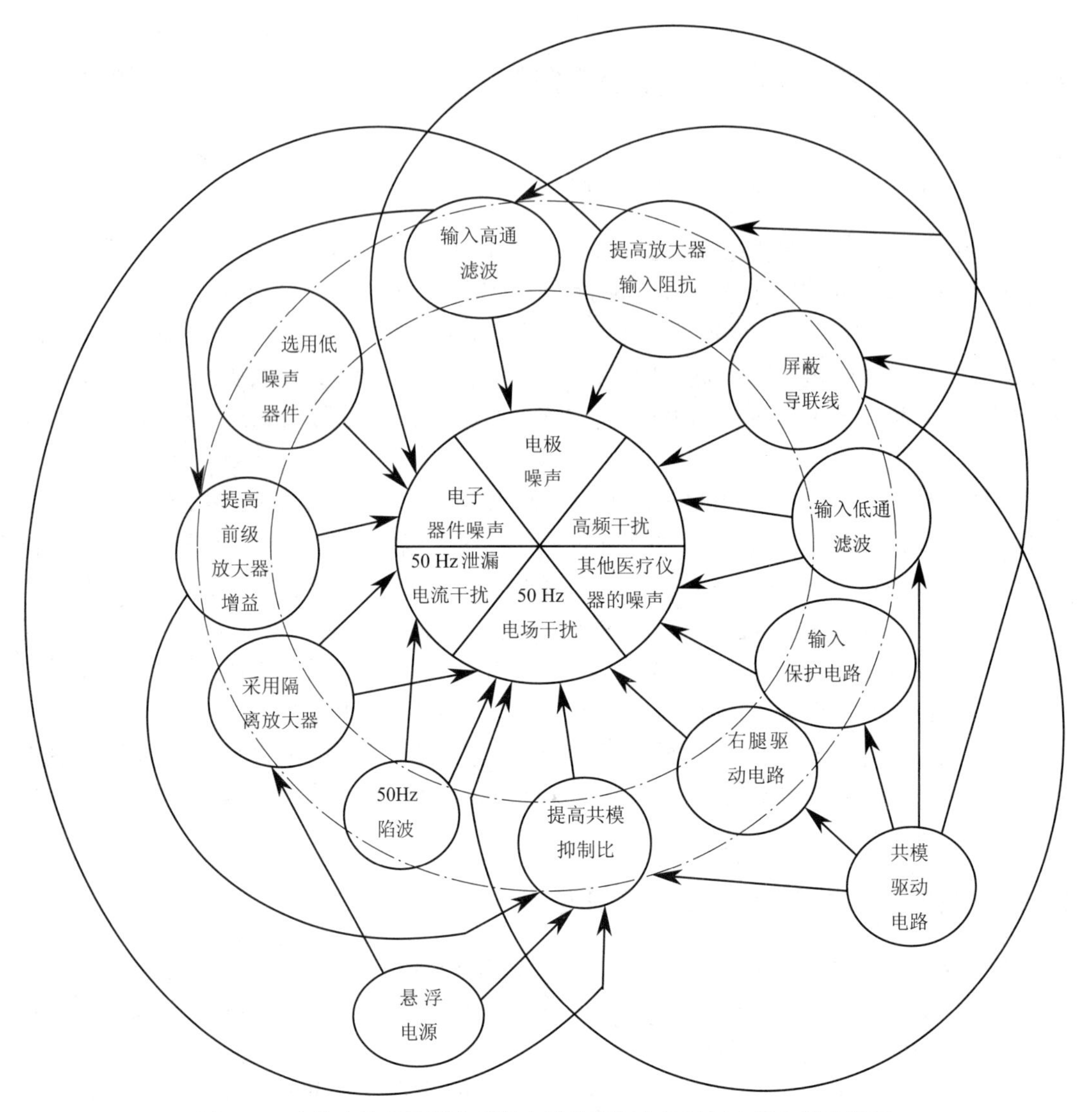

图 7-24 生物电信号检测中的噪声及其抑制方法以及它们之间的关系

按照图 7-24 所示意噪声及其抑制方法以及它们之间的关系，前置放大器的设计关键在于：

（1）全面考虑抑制各种噪声的方法，不能网开一面，让其他的主力（噪声）窜入后级电路；

（2）巧妙配置各种抑制方法，使它们最大效率地发挥作用；

（3）注意扬长避短，使各种抑制方法配合好，尽可能地化解个别方法之间的矛盾。

下面讨论心电信号检测前置放大器的具体设计，在心电信号检测前置放大器将采用下列措施抑制干扰。

（1）选用低噪声的集成仪器放大器 MAX4194 作为放大器的核心元件，以抑制放大器本身的噪声。同时，最大限度地提高心电信号检测前置放大器的增益，不仅可以有效地抑制电子器件的噪声，还能提高电路的共模抑制比。MAX4194 本身具有一系列优良的性能：

1 000 MΩ 的输入阻抗有利于抑制电极噪声；100 dB 以上的共模抑制比有利于抑制 50 Hz 电场干扰；其轨-轨（输出幅度可接近电源电压）的特性在低电压电源工作时可实现较高的增益值；只有 93 μA 的工作电流和最低 2.7 V 的工作电源电压很容易实现隔离放大，有利于抑制 50 Hz 泄漏电流干扰和电场干扰。

（2）输入采用无源低通滤波器和输入保护电路，以保护放大器和抑制其他医疗仪器的噪声与外界的高频干扰。

（3）在无源低通滤波器和输入保护电路之后接无源高通滤波器。采用无源高通滤波器以抑制电极噪声（极化电压），同时还可以保证最大限度地提高心电信号检测前置放大器的增益。

（4）采用共模驱动电路以避免无源滤波器和保护电路的元件参数不匹配所带来的共模干扰变为差模干扰的问题，同时可以提高共模输入阻抗。

（5）在共模驱动电路的基础上很容易实现右腿驱动电路。右腿驱动电路可以大幅度提高抑制共模干扰的能力。

（6）导联线采用屏蔽电缆，以抑制高频干扰和 50 Hz 电场干扰。

（7）采用隔离放大器的形式，即前级放大器与后级电路分开供电和采用光电耦合器传输信号。

图 7-24 所示的技术手段已全部得到采用，所以对心电信号检测中可能存在的干扰均有相应的抑制手段。依据上述设计思想所设计的放大器如图 7-25 所示。

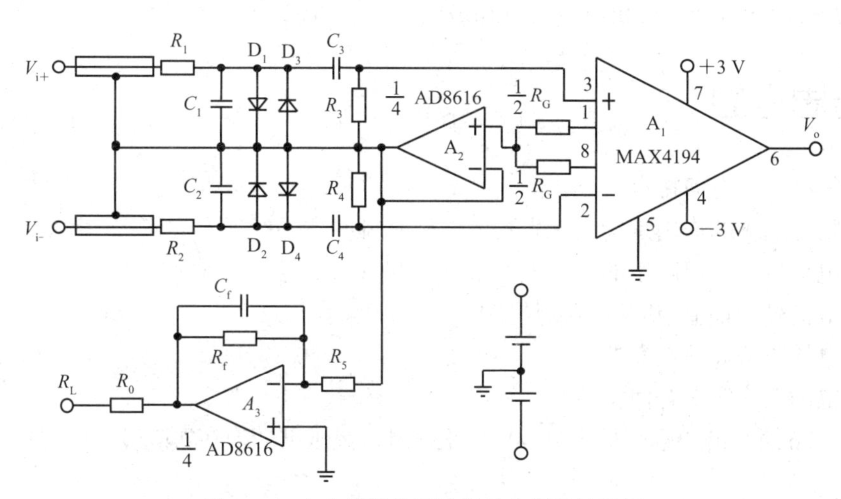

图 7-25　心电信号检测前置放大器设计举例

下面设计电路元件参数。

（1）选用低噪声的集成仪器放大器 MAX4194 作为放大器的核心元件，最低 2.7 V 的工作电源电压满足电源要求。

（2）MAX4194 具有轨-轨（输出幅度可接近电源电压）的特性，放大器输入端设计有高通滤波器可以抑制极化电压；MAX4194 的失调电压不到 100 μV，因此取其电压增益 500（MAX4194 的最大增益为 1 000，而设计要求的增益范围为 500~5 000）。根据 MAX4194 的增益计算公式

$$A_G = 1 + \frac{50\ \text{k}\Omega}{R_G}$$

可得 $R_G = 100.2\ \Omega$，取 $R_G = 100\ \Omega$，增益误差为 0.2%。

MAX4194 在增益为 1 000 时的 3 dB 带宽为 147 Hz，大于设计要求。查 MAX4194 的其他指标也满足心电信号检测的要求。

（3）保护电路要求在输入出现 5 000 V 高压时不会损毁电路，二极管 $D_1 \sim D_4$ 选用低漏电的微型二极管 1N4148，其最大允许通过的瞬时电流为 100 mA，因此限流保护电阻（也是低通滤波器的组成部分）R_1 和 R_2 为 50 kΩ。

（4）按设计要求，无源低通滤波器的截止频率为 75 Hz，由此可计算得到 $C_1 = C_2 =$ 42 463 pF，考虑到存在电极与人体接触阻抗等信号源内阻和电容取系列值等因素，实际可取 $C_1 = C_2 = 0.022\ \mu\text{F}$。

（5）无源高通滤波器的截止频率为 0.05 Hz，取 $R_3 = R_4 = 10\ \text{M}\Omega$，使得 R_1 和 R_2 以及电极与人体接触阻抗等信号源内阻带来的信号衰减<1%。同时可计算得到 $C_3 = C_4 = 0.64\ \mu\text{F}$，考虑到电容取系列值，实际可取 $C_3 = C_4 = 0.68\ \mu\text{F}$。

（6）AD8616 可以工作在 2.5 V 的单电源或 ±1.25 V 的双电源下，可选用于共模驱动电路和右腿驱动电路。

（7）取 $R_5 = 10\ \text{k}\Omega$，$R_F = 10\ \text{M}\Omega$，$C_F = 4\ 700\ \text{pF}$（C_F 的作用是使右腿驱动电路稳定），$R_0 =$ 100 kΩ。

（8）光电耦合电路和后级电路等其他电路不在此讨论。

习题与思考题

1. 生物电信号有何特点？
2. 生物电电极的作用是什么？生物电电极有哪些主要指标？如何选用生物电电极？
3. 心电信号是如何产生的？心电图中波形和参数的定义是什么？
4. 心电信号的幅值与频率范围是什么？
5. 心电导联是如何定义的？
6. 心电图在临床上有何价值？
7. 图 7-26 所示的心电图机中，1 mV 校正信号及灵敏度切换在实际应用中起什么作用？

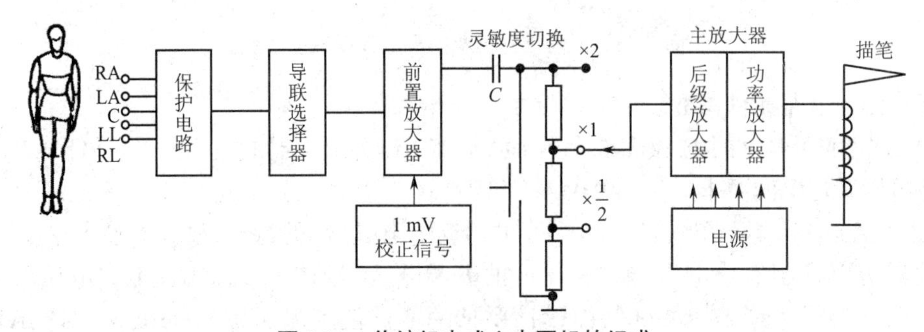

图 7-26 传统机电式心电图机的组成

8. 说明心电图机的结构,考察一台心电图机并试用一下,说明心电图机有哪些功能? 这些功能是如何实现的? 性能如何? 有何需要改进的地方? 如何改进?

9. 心电信号的频率范围为 0.5~200 Hz,而一般心电图机的频率特性选在 0.05~100 Hz(-3 dB),这对记录心电信号有什么影响?

10. 在记录心电图时,常会产生基线漂移,什么方法可以克服或减小这种漂移?

11. 试剖析图 7-27 所示电阻网络(图中 W 即所谓 Wilson 节点),在多路心电图机中该电阻网格应怎样接入电路?

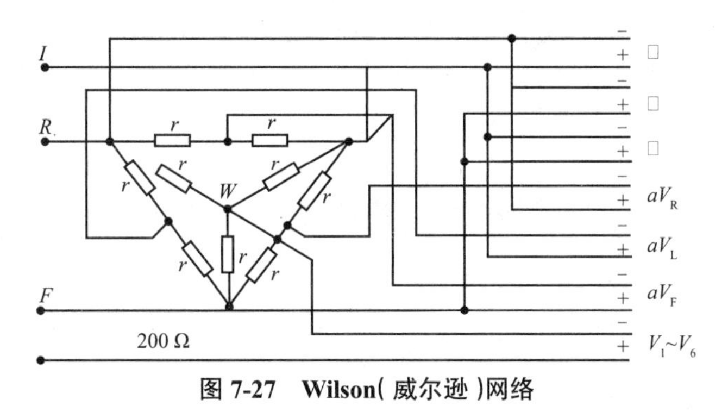

图 7-27　Wilson(威尔逊)网络

12. 如何采用 8 个通道的放大器实现 12 导心电信号的同步采集?(提示:将所有的导联相对于左腿的信号进行放大,然后采用数字的方法进行计算得到 12 导心电信号。)

13. 脑电是如何产生的? 脑电信号中有哪些种类的波形? 有何意义?

14. 脑电图在临床上有何意义?

15. 为什么一般希望在屏蔽室中记录脑电图?

16. 考察一台脑电图机并试用一下,说明脑电图机有哪些功能? 这些功能是如何实现的? 性能如何? 有何需要改进的地方? 如何改进?

17. 采用声、光刺激时,脑电图的变化说明了什么? 什么是自发脑电图? 什么是诱发脑电图?

18. 脑电波的 α、β、θ、γ、δ 等波的意义是什么? 脑电图自动分析的意义与作用何在?

19. 用低噪声高增益放大器放大心电信号时,可发现在 P 波与 QRS 复合波的中间有时可观察到由于希氏束电活动而引起的微弱电信号(微伏级)——希氏束信号,该信号的频率范围为 40~300 Hz。为什么说记录这种信号的主要障碍是工频干扰及肌电干扰?

20. 进行有关睡眠的研究时,采用记录何种生物电图(ECG、EEG、EMG 等)较有意义? 进行人体节律(每日、每月、每年的变化规律)研究时,可采用什么方法?

21. 查找有关文献,查看有哪些生物电信号在临床上得到应用,又有哪些生物电信号尚未得到应用? 这些生物电信号有何特点? 如何检测?

22. 设计脑电信号检测放大器,已知脑电信号幅值范围为 5~200 μV、频率范围为 0.5~100 Hz,要求信号输出幅值为 ±5 V。

23. 肌电的生理意义是什么?

24. 肌电信号的幅值和频率范围为多少?

25. 采集肌电信号有哪些类型的电极?

第8章 生物医学信号检测模拟前端

模拟前端(Analog Front End, AFE)是最近发展起来的SoC(System on Chip,单片系统或片上系统),集成了某种生物医学信号检测所需功能的电路,如模拟信号放大、滤波、偏置等电路以及模数转换器、数字接口电路,有的AFE还集成了传感器。用于心电检测的AFE,通常包括高共模抑制比的仪器放大器、右腿驱动放大器、屏蔽驱动放大器、共模信号取样放大器、模数转换器、导联脱落检测、起搏器检测、滤波器和数字逻辑接口,还包括一些辅助电路,如基准电源、偏置电压、振荡器与时钟等。这些器件通过数字接口可用单片机或DSP,或嵌入式系统进行功能和各种参数的设置。了解这些器件的基本性能有助于我们紧跟科技的发展,设计出高性价比的系统。

8.1 ADAS1000系列心电AFE

ADAS1000系列心电AFE是美国ADI公司生产一款芯片,目前该系列有如下几个品种。

(1)ADAS1000:全功能的5通道ECG,集成了呼吸检测和脉搏检测功能。

(2)ADAS1000-1:在ADAS1000的基础上去掉了呼吸检测和起搏器检测功能。

(3)ADAS1000-2:仅可作为从片,并提供5路心电采集通道(无呼吸检测、起搏器检测以及右腿驱动等功能)。

(4)ADAS1000-3:低功耗、3电极心电图(ECG)模拟前端。

(5)ADAS1000-4:低功耗、3电极心电图(ECG)模拟前端,提供呼吸检测测量和起搏信号检测。

ADAS1000系列心电AFE旨在简化并确保采集高质量ECG信号的任务,针对生物电信号应用提供了一种低功耗、小型数据采集系统。它还具有一些有助于提高ECG信号的采集质量的辅助特性,包括灵活的导联配置模式(如经典的Wilson导联体系、单端导联模式等)、可选的参考驱动、快速过载恢复、能提供幅度和相位信息输出的灵活呼吸检测电路、三通道起搏检测及算法,以及交流或直流导联脱落检测选项。

多个数字输出选项可确保监控和分析信号的灵活性。ADAS1000能够提供丰富的、高精度的数据输出给后端的心电算法平台,如DSP、FPGA以及各种MCU。

为了满足各种ECG应用,ADAS1000、ADAS1000-1、ADAS1000-2均采用一种灵活的架构,提供两种模式供用户选择,即高性能模式和低功耗模式,高性能模式满足用户对性能的需求,但是功耗要比低功耗模式高些。

为了简化制造、测试、开发以及提供整体上电测试,ADAS1000、ADAS1000-1、ADAS1000-2具备许多特性,例如通过校准DAC提供直流和交流测试激励、CRC冗余测试,以及对所有相关寄存器地址空间的读功能。

输入结构为差分放大器输入,允许用户选择不同配置方案来实现最佳应用。

ADAS1000、ADAS1000-1、ADAS1000-2 提供两种封装选项：

（1）56 引脚 LFCSP 和 64 引脚 LQFP；

（2）额定温度范围为-40~85 ℃。

ADAS1000 系列心电 AFE 具有以下特性：

（1）生物电信号输入，数字信号输出，5 个采集（ECG）通道和 1 个受驱导联 IC；

（2）并行可用于 10 多个电极的测量主器件 ADAS1000 或 ADAS1000-1 与从器件 ADAS1000-2 一起使用；

（3）交流和直流导联脱落检测；

（4）3 个导联内置起搏信号检测算法，支持使用者的起搏信号检测；

（5）胸阻抗测量（内部、外部路径）；

（6）可选参考导联；

（7）可调噪声与功耗控制，关断模式；

（8）低功耗，11 mW（1 导联），15 mW（3 导联），21 mW（所有电极）；

（9）提供导联或电极数据；

（10）快速过载恢复；

（11）低速或高速数据输出速率；

（12）串行接口，兼容 SPI/QSPI™/DSP；

（13）56 引脚 LFCSP 封装（9 mm × 9 mm）；

（14）64 引脚 LQFP 封装（主体尺寸 10 mm × 10 mm）。

下面以 ADAS1000 为主简单介绍该系列 AFE 的工作原理与应用。图 8-1 所示为 ADAS1000 的内部功能框图。

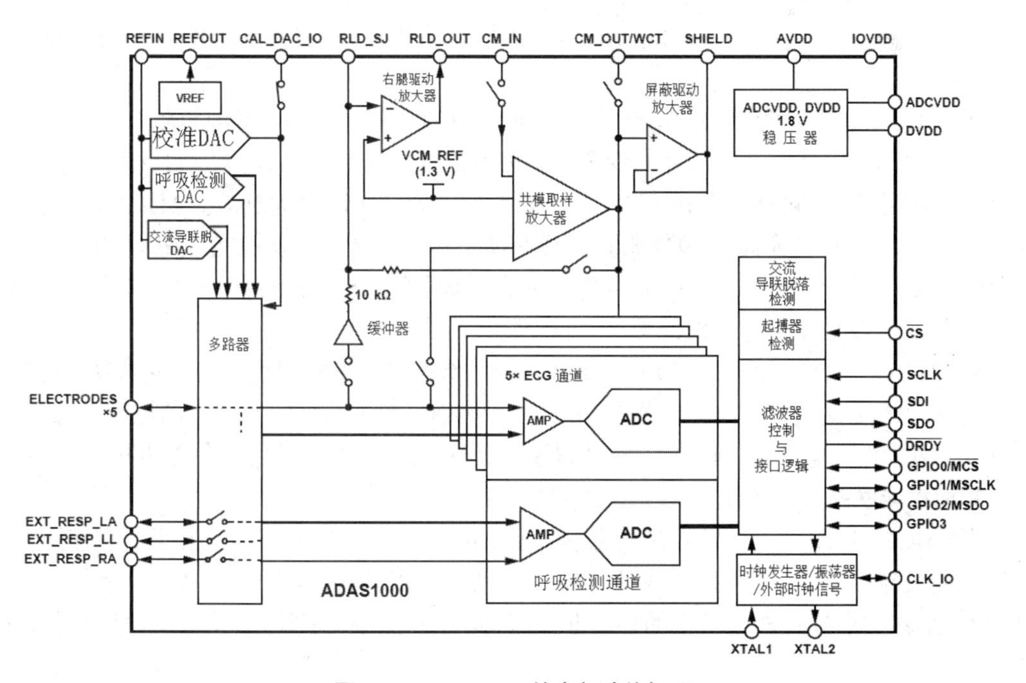

图 8-1 ADAS1000 的内部功能框图

ADAS1000 片内集成的主要功能如下。

1. ECG 通道

每个 ECG 通道由以下部分组成（图 8-2）：一个可编程增益、低噪声、差分前置放大器，一个固定增益抗混叠滤波器，缓冲器，以及一个 ADC。每个电极输入由 PGA 同相输入，内部开关允许 PGA 的反相输入连接到其他电极和/或威尔逊中心电端，以提供差分模拟处理（模拟导联模式），计算某些或全部电极的平均值，或内部 1.3 V 共模基准电压（VCM_REF）。后两种模式支持数字导联模式（导联在片内计算）和电极模式（导联在片外计算）。无论何种情况，内部基准电平都会从最终导联数据中扣除。

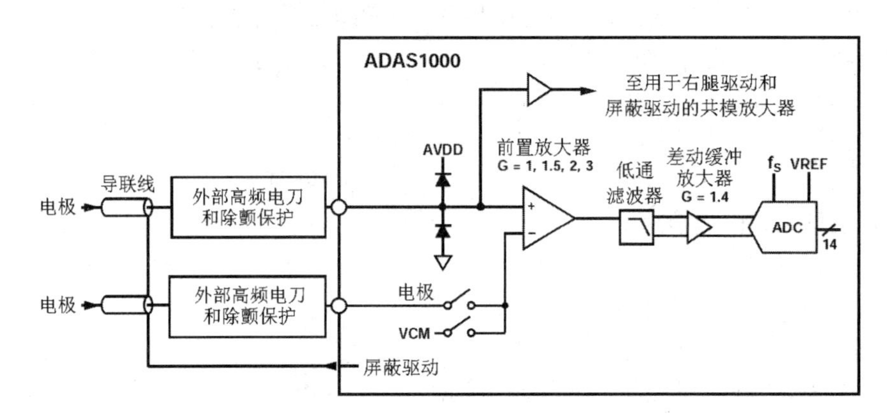

图 8-2　单个 ECG 通道的简化示意图

ADAS1000、ADAS1000-1、ADAS1000-2 采用直流耦合方法，要求前端偏置，以便在相对较低电源电压施加的动态范围限制以内工作。右腿驱动环路通过迫使所有选定电极的电气平均值达到内部 1.3 V 电平（VCM_REF）来执行此功能，从而使各通道的可用信号范围最大化。

所有 ECG 通道放大器均利用斩波来最小化 ECG 频段中的 1/f 噪声贡献。斩波频率约为 250 kHz，远大于任何目标信号的带宽。双极点抗混叠滤波器具有约 65 kHz 的带宽，支持数字起搏信号检测，同时仍能在 ADC 采样速率提供 80 dB 以上的衰减。ADC 本身是一个 14 位、2 MHz SAR 转换器，1 024 倍过采样有助于实现所需的系统性能。ADC 的满量程输入范围为 $2 \times V_{REF}$ 或 3.6 V，不过 ECG 通道的模拟部分会将有用信号摆幅限制在大约 2.8 V。

2. 电极/导联信息和输入级配置

ADAS1000、ADAS1000-1、ADAS1000-2 的输入级有多种不同配置方式。输入放大器是差分放大器，可配置为在模拟域产生导联格式，位于 ADC 之前。此外，在用户的控制下，数字数据可以配置为提供电极或导联格式，这使得输入级具有极大的灵活性，适合各种不同的应用。

3. 模拟导联配置和计算

当 CHCONFIG = 1 时，导联在模拟输入级中配置，如图 8-3 至图 8-5 所示。它使用传统的仪表放大器结构，采用模拟方式计算导联信息，利用共模放大器得到 WCT（威尔逊中心电端）。虽然这会导致模拟域中的导联Ⅱ反转，但可以进行数字校正，使输出数据具有正确的极性。

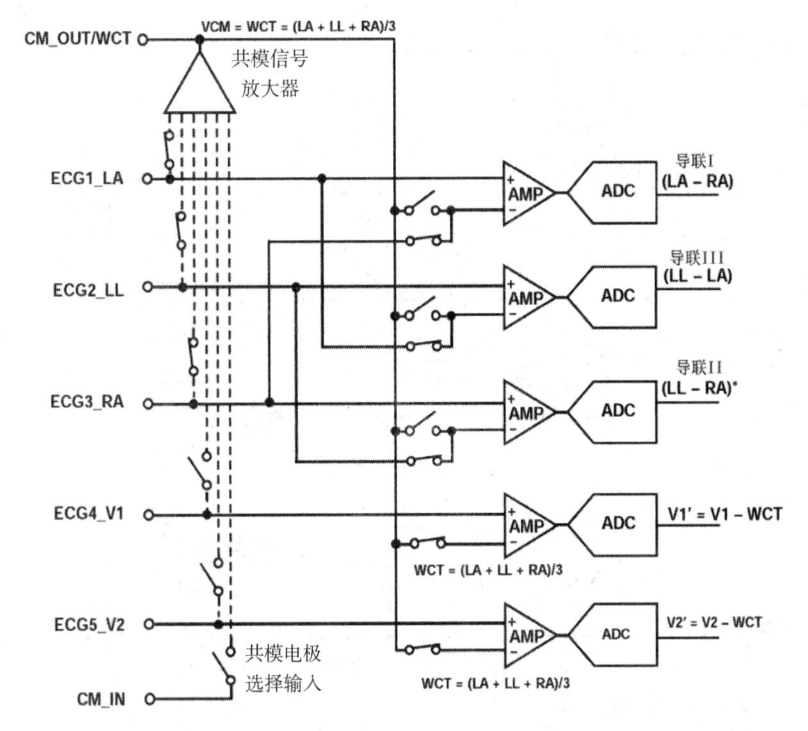

图 8-3　灵活的前端配置——相当于威尔逊中心电端（WCT）的模拟导联模式配置

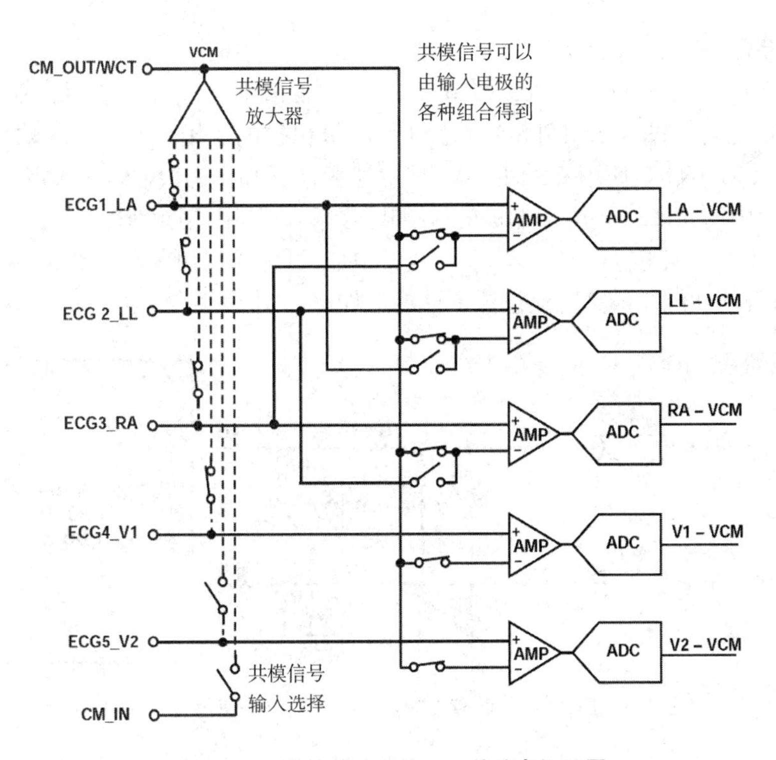

图 8-4　灵活的前端配置——单端电极配置

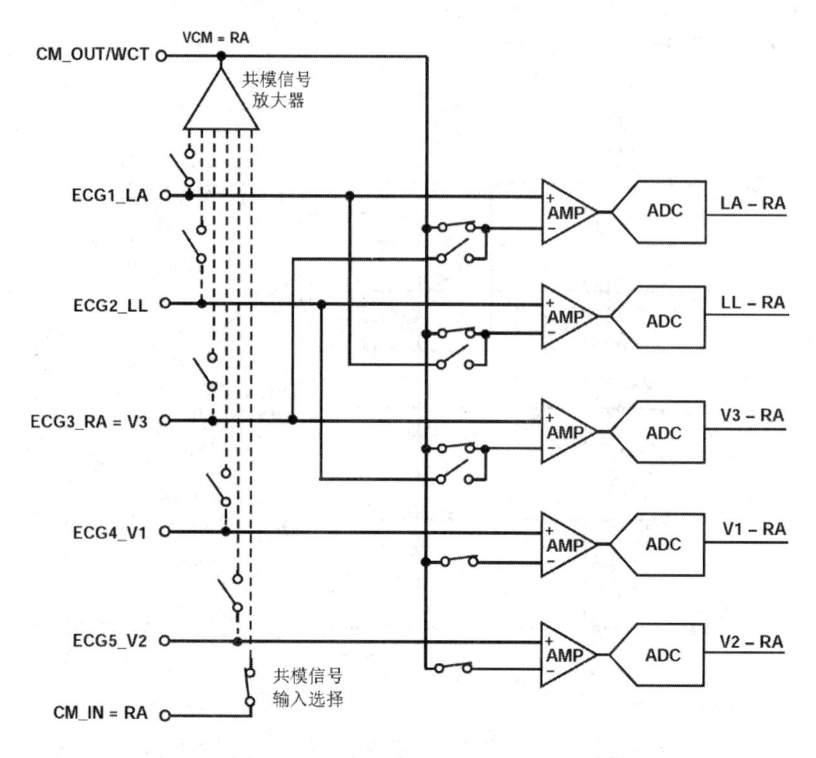

图 8-5 灵活的前端配置——公共电极配置

4. 除颤器保护

ADAS1000、ADAS1000-1、ADAS1000-2 片内无除颤保护功能。应用若需要除颤保护，必须使用外部器件。图 8-6 和图 8-7 所示外部除颤保护的例子，每个 ECG 输入端均需要，包括 RLD 和 CM_IN（若使用 CE 输入模式）。注意，两种情况下 ECG 输入通道总电阻均假定为 5 kΩ（图中的 4 kΩ +人体与电极的接触电阻等）。其中连接到 RLD 的 22 MΩ 电阻是可选电阻，用于为开路 ECG 电极提供安全终端电压，其值可以更大。注意，如果使用这些电阻，直流导联脱落功能在最高电流设置下性能最佳。

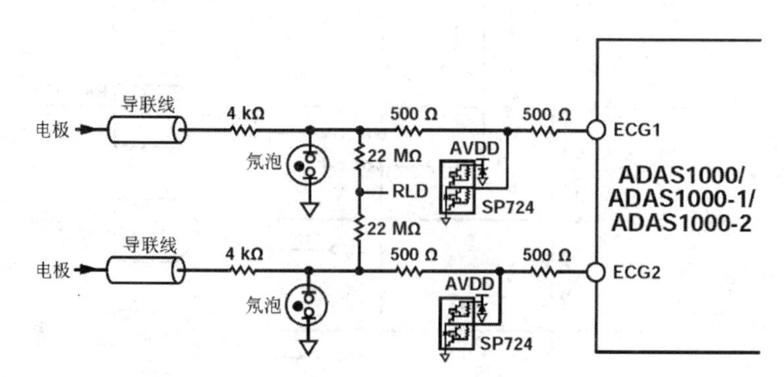

图 8-6 ECG 输入通道上除颤保护示例——使用氖泡保护

（图中已加上二极管 SP724，则效果更好）

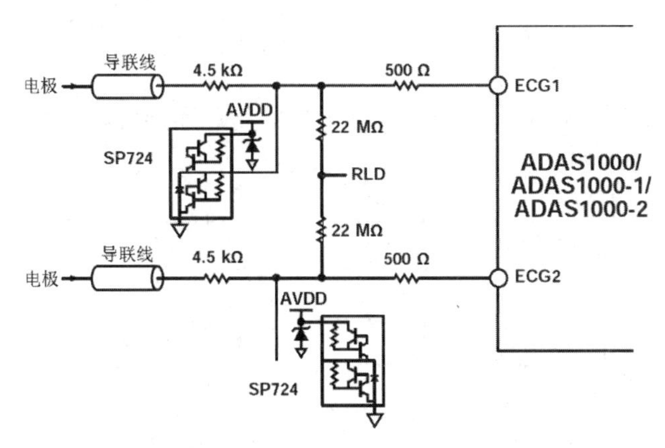

图 8-7　ECG 输入通道上除颤保护示例——仅使用二极管保护

5. ESIS(高频电刀干扰)滤波

ADAS1000、ADAS1000-1、ADAS1000-2 片内无高频电刀干扰抑制(ESIS)功能,应用若需要 ESIS 保护,必须使用外部器件。

6. ECG 路径输入复用

如图 8-8 所示,各 ECG 通道都提供了许多功能的信号路径(呼吸检测除外,它仅连接到 ECG1_LA、ECG2_LL 和 ECG3_RA 引脚)。

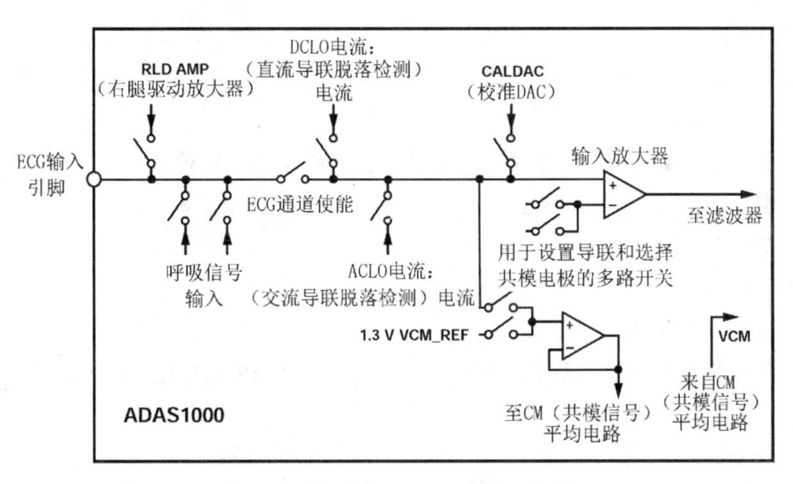

图 8-8　典型的 ECG 通道输入复用

注意,通道使能开关位于 RLD 放大器连接之后,从而允许连接 RLD(重定向至任意一条 ECG 路径)。CM_IN 路径的处理方式与 ECG 信号相同。

7. 共模选择和平均值

共模信号可以从一个或多个电极通道输入的任意组合、内部固定共模电压基准 VCM_REF 或连接到 CM_IN 引脚的外部源获得。后一配置可用于组合模式中,主器件为从器件创建威尔逊中心电端。测量校准 DAC 测试音信号,或将电极与受试者相连时,固定基准电压选项很有用,可用信号可以仅从两个电极获得。

灵活的共模产生方式使得用户能够完全控制相关通道，它与产生右腿驱动（RLD）信号的电路相似，但与后者无关。

图 8-9 所示为共模模块的简化示意图，各电极的物理连接可以采用缓冲器，但为简明起见，图中未显示这些缓冲器。

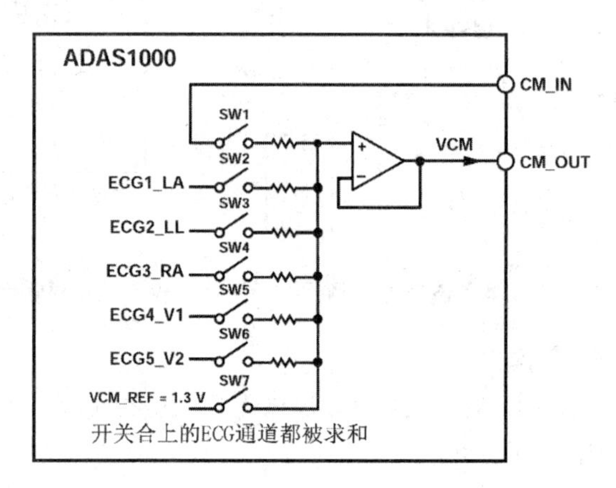

图 8-9 共模信号产生（平均）模块

开关的使用存在多项限制：

（1）若 SW1 闭合，SW7 必须断开；

（2）若 SW1 断开，至少必须有一个电极开关（SW2~SW7）闭合；

（3）SW7 只能在 SW2~SW6 断开时关闭，从而 1.3 V VCM_REF 只能在所有 ECG 通道均断开时求和。

CM_OUT 输出非设计用于供应电流或驱动阻性负载，如果用于驱动从器件（ADAS1000 系列的所有器件均可以作为从器件使用，ADAS1000-2 只能作为从器件使用）以外的任何器件，其精度会下降。如果 CM_OUT 引脚上有任何负载，则需要使用外部缓冲器。

8. 威尔逊中心电端（WCT）

共模选择均值功能非常灵活，允许用户从 ECG1_LA、ECG2_LL、ECG3_RA 电极实现威尔逊中心点。

9. 右腿驱动/参考驱动

右腿驱动放大器或参考放大器是反馈环路的一部分，用于使受试者的共模电压接近输入信号的共模电平。ADAS1000、ADAS1000-1、ADAS1000-2 的内部 1.3 V 基准电平（VCM_REF），使得所有电极输入的中心位于输入范围的中心，从而提供最大输入动态范围，还有助于抑制来自荧光灯或其他与受试者相连仪器等外部来源的噪声和干扰，并吸收注入 ECG 电极的直流或交流检测导联脱落电流。

RLD 放大器的使用方式有多种，如图 8-10 所示。其输入可以利用一个外部电阻从 CM_OUT 信号获得。另外，也可以利用内部开关将某些或全部电极信号合并。

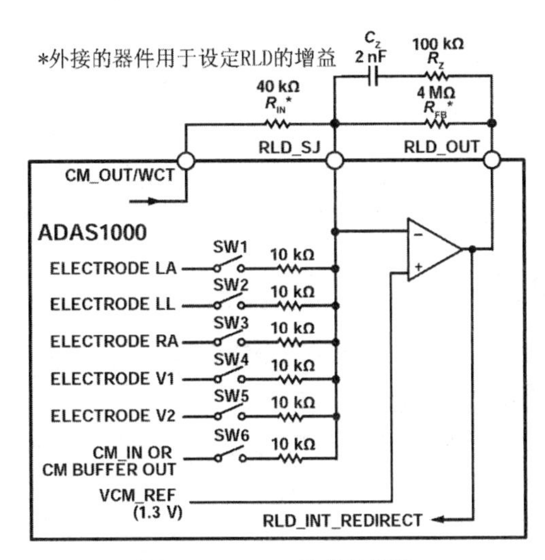

图 8-10　RLD 的外接器件

RLD 放大器的直流增益由外部反馈电阻(R_{FB})与有效输入电阻之比设置,该比值可以通过外部电阻设置,或通过 CMREFCTL 寄存器配置的选定电极数量的函数设置。通常情况下, R_{IN} 为内部电阻,所有活动电极用于产生右腿驱动,导致有效输入电阻为 2 kΩ。因此,实现 40 dB 的典型直流增益需要 200 kΩ 反馈电阻。

RLD 环路的动态特性和稳定性取决于所选的直流增益以及受试者导联的电阻和电容。一般需要使用外部元件来提供环路补偿,对于具体仪器设计和电缆组件,必须根据实验确定如何补偿。

在一些情况下,增加导联补偿是有必要的;但在另一些情况下,用右腿补偿可能更恰当。RLD 放大器的求和结导联到一个封装引脚(RLD_SJ)以方便补偿。

为了防止 RLD 输出电流超出法规要求,实际应用时需要串联一个限流电阻。

在 RLD 模块内有一个导联脱落比较器电路,它监控 RLD 放大器输出,以确定受试者反馈环路是否闭合。开环状态通常由右腿电极(RLD_OUT)脱落引起,往往会将放大器的输出驱动到低电平。此类故障通过表头字反映,从而系统软件可以采取措施,通知用户以及/或者通过 ADAS1000、ADAS1000-1、ADAS1000-2 的内部开关将参考驱动重定向到另一个电极。检测电路在 RLD 放大器内部,在重定向参考驱动下仍能工作。

如果需要使用参考电极重定向功能,各通路必须串联足够大的限流电阻, ADAS1000、ADAS1000-1、ADAS1000-2 外部需要提供连续的受试者保护。ECG 路径中的任何附加电阻必定会干扰呼吸检测测量,还可能导致噪声增加和 CMRR 降低。

基于增益配置(图 8-10),并假设受试者保护电阻为 330 kΩ 时, RLD 放大器可以稳定地驱动最大 5 nF 的电容。

10. 校准 DAC

ADAS1000、ADAS1000-1 内部有多项校准特性。10 位校准 DAC 可用来校正通道增益误差(确保通道匹配)或提供多个测试音,具体选项如下。

（1）直流电压输出（范围为 0.3~2.7 V）。直流电压输出的 DAC 传递函数为

$$0.3\,\mathrm{V}+\left(2.4\,\mathrm{V}\times\frac{code}{2^{10}-1}\right)$$

式中：*code* 为数字信号。

（2）10 Hz 或 150 Hz 的 1 mV 峰-峰正弦波。

（3）1 mV、1 Hz 方波。

通过内部切换，可将校准 DAC 信号路由至各 ECG 通道的输入（图 8-8）。另外，也可以将其从 CAL_DAC_IO 引脚输出，从而测量和校正整个 ECG 信号链中的外部误差源，以及/或者用作 ADAS1000-2 辅助芯片校准的输入。

为确保校准 DAC 成功更新，写入新校准 DAC 寄存器字后，主控制器必须再发出 4 个 SCLK 周期。

11. 增益校准

各 ECG 通道的增益可以调整，以便校正通道间的增益不匹配。GAIN0、GAIN1 和 GAIN2 的工厂调整增益校正系数存储在片内非易失性存储器中，GAIN3 无工厂校准。用户增益校正系数存储在易失性存储器中，可以通过寻址适当的增益控制寄存器来覆盖默认增益值。增益校准适用于标准接口提供的 ECG 数据以及所有数据速率。

12. 导联脱落检测

ECG 系统必须能够检测电极是否不再与受试者相连。ADAS1000、ADAS1000-1、ADAS1000-2 支持两种导联脱落检测方法：即交流和直流导联脱落检测，两种方法彼此独立，可以在串行接口的控制下单独使用或联合使用。

交流和直流导联脱落检测的阈值电压上限和下限均可编程。注意，这些编程阈值电压随 ECG 通道增益而变化，但不受所设置的电流水平影响。

直流导联脱落检测采用与增益无关的固定上限和下限阈值电压。交流导联脱落检测提供用户可编程的阈值，由于检测以数字方式执行，可能需要根据所选的 ECG 通道增益调整阈值。无论何种情况，所有活动通道均使用同样的检测阈值。

导联脱落事件会在帧表头字中设置一个标志，哪一个电极脱落可以通过数据帧或对导联脱落状态寄存器（寄存器 LOFF）进行寄存器读取确定。对于交流导联脱落，关于导联脱落信号幅度的信息可以通过串行接口读出。

13. 直流导联脱落检测

直流导联脱落检测会将一个可编程的小直流电流注入各输入电极。如果电极妥善连接，电流会流入右腿（RLD_OUT），产生一个极小的电压偏移。如果电极脱落，电流就会对该引脚的电容充电，导致该引脚处的电压正偏，产生一个较大的电压变化，从而被各通道中的比较器检测到。

直流导联脱落检测电流可以通过串行接口编程，典型电流范围为 10~70 nA，步进为 10 nA。

检测直流导联脱落事件的传播延迟取决于电缆电容和编程电流，近似计算如下：

延迟 = 电压 × 电缆电容/编程电流

例如：

延迟 = 1.2 V × (200 pF/70 nA) = 3.43 ms

14. 交流导联脱落检测

检测电极是否连接到受试者的另一种方法是将交流电流注入各通道，测量由此产生的电压。系统使用略高于 2 kHz 的固定载波频率，它高到足以被 ADAS1000、ADAS1000-1、ADAS1000-2 片内数字滤波器滤除，而不会在 ECG 信号中引入相位或幅度伪差。

交流导联脱落信号的极性可以针对各电极进行配置，所有电极可以同相驱动，或者某些电极可以反相驱动以使总注入交流电流最小，驱动幅度也是可编程的。检测交流导联脱落事件的传播延迟小于 10 ms。

注意，当校准 DAC 使能时，交流导联脱落检测功能禁用。

15. 屏蔽驱动放大器

屏蔽驱动放大器是一个单位增益放大器，其作用是驱动 ECG 电缆的屏蔽层。为节省功耗，不用时可以将其禁用。

注意，SHIELD 引脚与呼吸检测引脚功能共用，二者可以复用一个外部电容连接。如果该引脚用作呼吸检测功能，屏蔽功能不可用。这种情况下，如果应用需要屏蔽驱动，可以使用一个连接到 CM_OUT 引脚的外部放大器。

延迟 = 电压 × 电缆电容/编程电流呼吸检测(仅限 ADAS1000 型号)

呼吸检测的测量方法是将一个高频(可编程范围 46.5~64 kHz)差分电流驱动到两个电极，由此产生的阻抗变化导致差分电压随呼吸监测速率变化，该信号交流耦合到受试者。采集的信号为 AM，载波在驱动频率，浅调制包络在呼吸检测频率。用户提供的 RFI 和 ESIS 保护滤波器的电阻，加上连接皮肤接口的电缆和电极的阻抗，大大降低了调制深度。其目标是在有大串联电阻的环境下，以低于 1 Ω 的分辨率测量小阻抗变化。电路本身包括一个呼吸检测 DAC，它以可编程频率将交流耦合电流驱动到选定的电极对。由此产生的电压变化经过放大、滤波后，在数字域中同步解调，结果是一个代表总胸阻抗或呼吸检测阻抗(包括电缆和电极贡献)的数字信号。虽然它在片内经过深度低通滤波，但用户需要进一步处理以提取包络，并执行峰值检测以确定呼吸检测情况(或是否无呼吸检测)。

呼吸检测测量可在一个导联(导联 Ⅰ、导联 Ⅱ 或导联 Ⅲ)或外部路径上执行，通过一对专用引脚(EXT_RESP_LA、EXT_RESP_RA 或 EXT_RESP_LL)提供结果，且一次只能测量一个导联。呼吸检测测量路径不适用于其他 ECG 测量，因为其内部配置和解调与 ECG 测量不一致。

16. 内部呼吸检测电容

内部呼吸检测功能使用一个内部 *RC* 网络(5 kΩ/100 pF)，此电路的分辨率为 200 mΩ (路径和电缆总阻抗高达 5 kΩ)，电流交流耦合到读回测量结果的引脚。图 8-11 所示为导联 Ⅰ 上的测量，但类似的测量配置可用来测量导联 Ⅱ 或导联 Ⅲ。通过 RESPCTRL 寄存器配置为最大幅度设置时，内部电容模式无须外部电容，并产生幅度约 64 μA 峰-峰的电流。

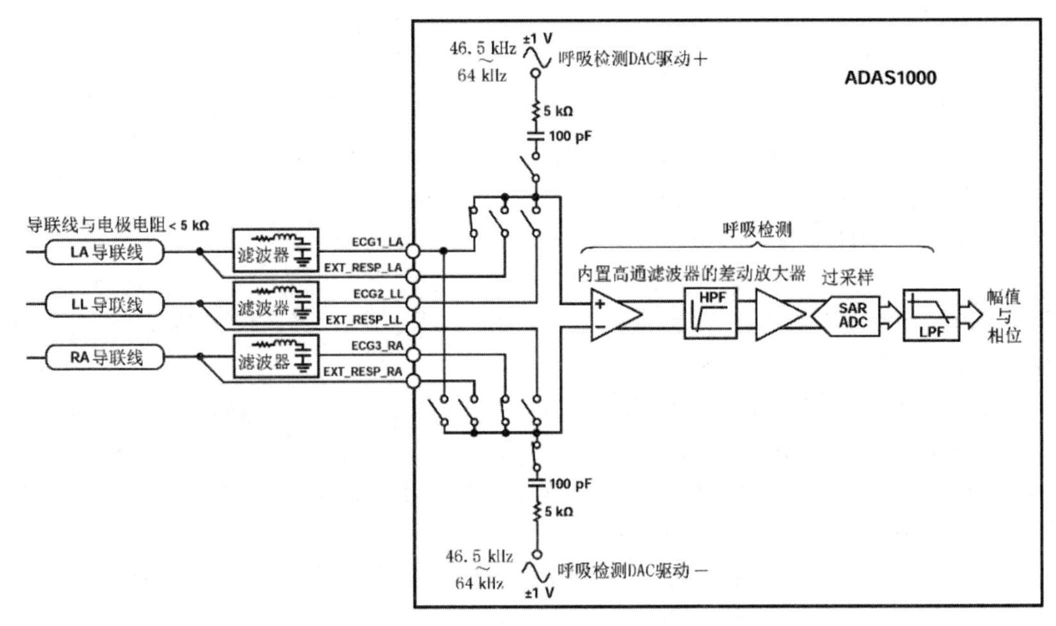

图 8-11 简化呼吸检测功能框图

17. 外部呼吸检测路径

EXT_RESP_xx 引脚既可配合 ECG 电极电缆使用,也可配合独立于 ECG 电极路径的专用外部传感器使用。此外,利用 EXT_RESP_xx 引脚,用户可以在 RFI/ESIS 保护滤波器的受试者一侧测量呼吸检测信号。这种情况下,用户必须采取措施保护 EXT_RESP_xx 引脚,使其免受任何超过工作电压范围的信号影响。

18. 外部呼吸检测电容

如果需要,ADAS1000 允许用户将外部电容连接到呼吸检测电路,以便实现更高的分辨率(< 200 mΩ),这种程度的分辨率要求电缆阻抗<1 kΩ。图 8-12 所示为扩展呼吸检测功能配置下 RESPDAC_xx 路径的连接。同样, EXT_RESP_xx 路径可以在任何滤波电路的受试者一侧连接,但用户必须为这些引脚提供保护。虽然外部电容模式需要外部元件,但它能提供更高的信噪比。注意,一次只能在一个导联上进行呼吸检测,因此可能只需要一对外部呼吸检测路径(和外部电容)。

如果需要,在 ADAS1000 外部使用仪表放大器和运算放大器可以进一步提高其呼吸检测性能。为了达到目标性能水平,仪表放大器必须具有足够低的噪声性能。这种模式使用外部电容模式配置,如图 8-13 所示。使用外部仪表放大器时, RESPCTL 寄存器的位 14 允许用户旁路片内放大器。

19. 呼吸检测载波

在利用外部信号发生器产生呼吸检测载波信号的应用中,当呼吸检测控制寄存器的位 7 RESPEXTSEL 使能时,可以利用 GPIO3 提供的信号使外部信号源与内部载波同步。

20. 评估呼吸检测性能

利用 ECG 仿真器可以方便地研究 ADAS1000 的性能。虽然许多仿真器提供可变电阻呼吸检测功能,但使用此功能时必须谨慎。

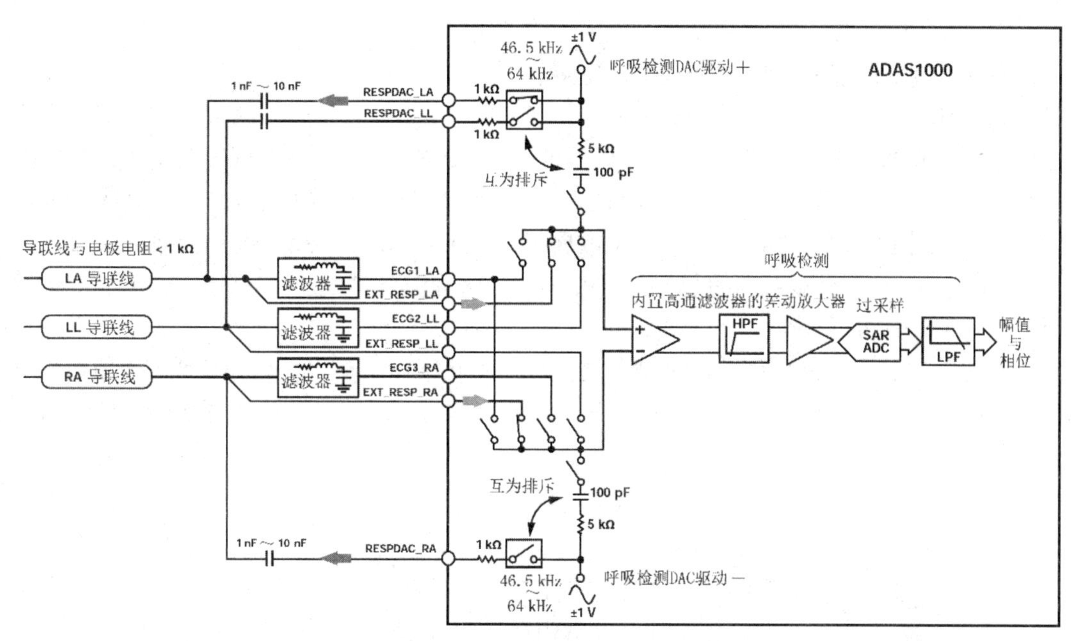

图 8-12　使用外接电容的呼吸检测功能框图

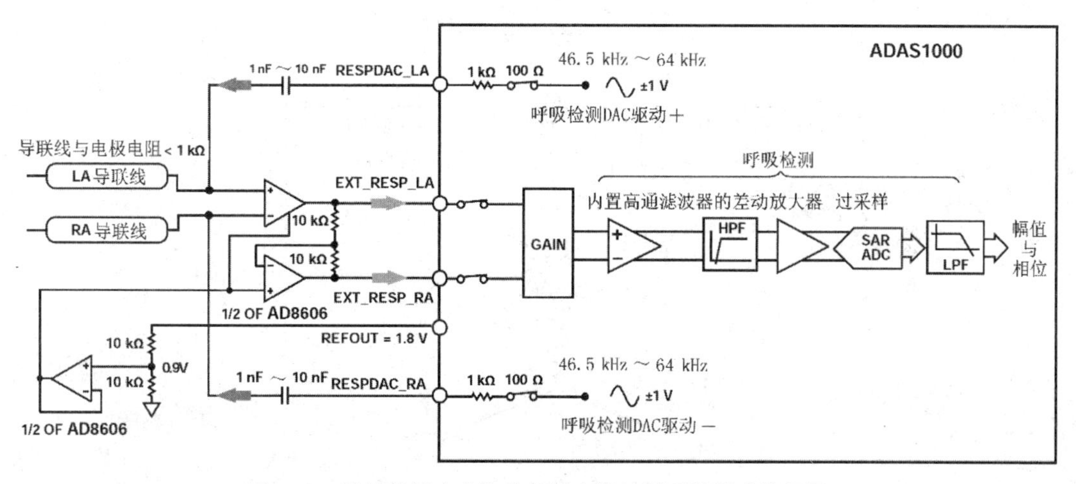

图 8-13　使用外接电容和外部放大器的呼吸检测功能框图

某些仿真器利用电可编程电阻(常被称为数字电位计)来产生随时间变化的电阻,以便由呼吸检测功能测量。数字电位计端子处的电容通常不相等且与代码相关,对于相同的编程电阻变化,这些不平衡电容可能会在不同导联上产生意外偏大或偏小的结果。利用特制配件平衡各 ECG 电极的电容,可以获得最佳结果。

21. 扩展开关导联呼吸检测路径

外部呼吸检测输入具有额外的复用功能,可以用作现有 5 个 ECG ADC 通道的附加电极输入。这一方法允许用户配置 8 路电极输入,但它不是真正的 8 通道/12 导联解决方案。除滤波器延迟外,利用串行接口重新配置多路复用器也需要时间。

用户对 SW1、SW2、SW3 配置具有完全的控制权。

22. 起搏脉冲检测功能(仅限 ADAS1000)

起搏脉冲验证功能对可能的起搏脉冲进行鉴定，并测量有效脉搏的宽度和幅度。这些参数存储在起搏数据寄存器(地址 0x1A、地址 0x3A 至地址 0x3C)中，可读取这些寄存器以了解有关参数，此功能与 ECG 通道并行运行。数字检测利用一个状态机执行，该状态机采用来自 ECG 抽取链的 128 kHz 的 16 位数据工作。主 ECG 信号经过进一步抽取后出现在 2 kHz 输出流中，因此检测到的起搏信号并不与经过充分滤波的 ECG 数据完全同步，此时间差是确定的且可以补偿。

起搏脉冲验证功能可以检测并测量宽度为 100 μs~2 ms、幅度<400 μV 或>1 000 mV 的起搏脉冲，其滤波器可以抑制心跳、噪声和分钟通气脉搏。起搏脉冲检测算法的流程图如图 8-14 所示。

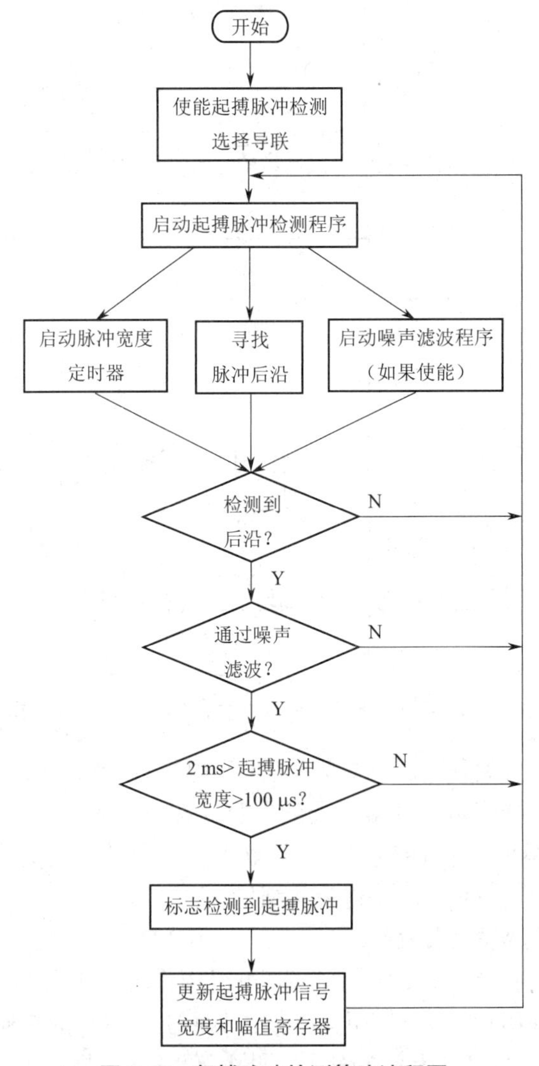

图 8-14　起搏脉冲检测算法流程图

ADAS1000 起搏脉冲检测算法可以在交流导联脱落和呼吸检测阻抗测量电路使能的情况下工作。一旦在指定导联中检测到有效起搏，由 ECG 字组成的包的起始表头字中就会出现检测到起搏标志，这些位表示起搏有效。关于起搏高度和宽度的信息可以通过读取地址 0x1A（寄存器 PACEDATA）的内容来获得。通过配置帧控制寄存器，可以将此字包括在 ECG 数据包/帧中。PACEDATA 寄存器提供的数据总长为 7 位，包括宽度和高度信息。因此，如果起搏高度和宽度需要更高分辨率，可通过读取 PACEDATA 寄存器（地址 0x3A 至地址 0x3C）实现。

某些用户可能不希望使用三个起搏导联进行检测。这种情况下，导联Ⅱ是首选矢量，因为此导联最有可能显示最佳起搏脉冲。其他两个起搏导联在不用时可以禁用。

片内滤波会给起搏信号带来一定的延迟。

23. 导联选择

有三个相同的状态机可用，可以在四个可能导联（导联Ⅰ、导联Ⅱ、导联Ⅲ和 aVF）中的三个上运行以检测起搏脉冲。所有必要的导联计算都在内部执行，与 ECG 通道的输出数据速率、低通滤波器截止频率和模式（电极、模拟导联、公共电极）等设置无关。这些计算会考虑可用的前端配置。

起搏脉冲检测算法通过分析 128 kHz 的 ECG 数据流中的样本来寻找起搏脉冲（图 8-15）。该算法根据 PACEEDGETH、PACEAMPTH 和 PACELVLTH 寄存器中规定的值，以及固定宽度限定条件，寻找边沿、峰值和下降沿。复位后寄存器默认值可以通过 SPI 总线予以覆盖，三个起搏检测状态机可以使用不同的值。

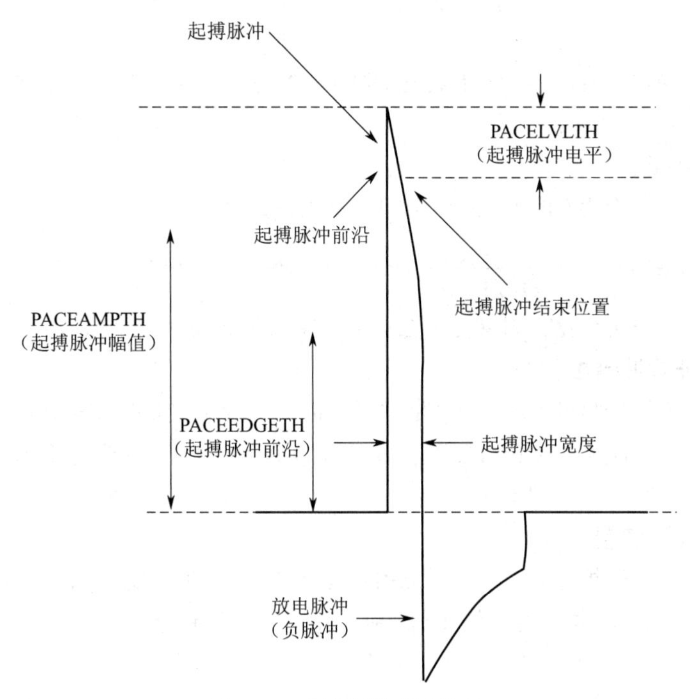

图 8-15　典型起搏脉冲信号

起搏检测的第一步是寻找数据流中的有效前沿。一旦找到候选边沿，算法就会寻找另一个极性相反且满足脉搏宽度标准并通过(可选)噪声滤波器的边沿。只有那些满足所有标准的脉搏才会被标记为有效脉搏。检测到有效脉搏后，帧表头寄存器中的标志就会置位，幅度和宽度信息存储在 PACEDATA 寄存器中(地址 0x1A)。起搏算法寻找负脉搏或正脉搏。

24. 起搏幅度阈值

PACEAMPTH 寄存器(地址 0x07)可用来设置最小有效起搏脉冲幅度：

$$\text{PACEAMPTH}_{设置}=\frac{N\times V_{\text{REF}}}{GAIN\times 2^{16}}$$（对应于 20 μV~5 mV 范围、1.4 倍增益设置(GAIN0)）

其中，$N=0\sim255$(8 位)，寄存器默认值 N = 0x24(1.4 倍增益设置中 PACEAMPTH = 706 μV)；$GAIN$ = 1.4、2.1、2.8 或 4.2(可编程)；V_{REF} = 1.8 V。

此值通常被设置为预期最短起搏幅度。

对于双心室和单极性起搏，为了在大多数工作条件下获得最佳结果，建议将起搏幅度阈值设为 700 μV~1 mV 的值。

为了避免来自受试者的环境噪声影响，该阈值应不低于 250 μV。当有其他医疗设备与受试者相连时，该幅度可以调整为远高于 1 mV 的值。

25. 起搏边沿阈值

PACEAMPTH 寄存器(地址 0x0E)用于寻找表示起搏脉冲开始的前沿：

$$\text{PACEEDGETH}_{设置}=\frac{N\times V_{REF}}{增益\times 2^{16}}\quad(8\text{-}1)$$（对应于 20 μV~5 mV 范围、1.4 倍增益设置）

其中，如果 $N=0$，PACEEDGETH = PACEAMPTH/2，则 $N=0\sim255$(8 位)；增益 = 1.4、2.1、2.8 或 4.2(可编程)；V_{REF} = 1.8 V。

26. 起搏电平阈值

PACEAMPTH 寄存器(地址 0x0F)用于寻找前沿峰值：

$$PACEAMPTH_{设置}=\frac{N\times V_{REF}}{GAIN\times 2^{16}}$$（有符号 FF=-1，01 =+1）

其中，$N=0\sim255$(8 位)；$GAIN$ = 1.4、2.1、2.8 或 4.2(可编程)；V_{REF} = 1.8 V。

27. 起搏验证滤波器 1

此滤波器用于抑制低于阈值的脉冲，如分钟通气(MV)脉冲和电感耦合植入式遥测系统等。它通常使能，通过 PACECTL 寄存器的位 9 控制。此滤波器适用于所有使能且用于起搏检测的导联。

28. 起搏验证滤波器 2

此滤波器同样用于抑制低于阈值的脉冲，如 MV 脉冲和电感植入式遥测系统等。它一般使能，通过 PACECTL 寄存器的位 10 控制。此滤波器适用于所有使能且用于起搏检测的导联。

29. 起搏宽度滤波器

使能时，此滤波器寻找与前沿极性相反且幅度至少为原始触发脉冲一半的边沿。第二沿必须与原边沿相距 100 μs~2 ms。检测到有效起搏宽度后，就会存储该宽度。禁用时，仅 100 μs 的最短脉冲宽度禁用。此滤波器由 PACECTL 寄存器的位 11 控制。

30. 双心室起搏器

如上文所述，起搏算法要求起搏脉冲宽度小于 2 ms。在起搏双心室的起搏器中，双心室可以同步起搏。当起搏宽度和高度在算法的编程限值以内时，就会标记有效起搏，但可能只有一个起搏脉冲可见。起搏宽度滤波器使能时，起搏算法寻找宽度在 100 μs~2 ms 窗口以内的起搏脉冲。假设此滤波器使能，如果两个心室起搏器脉冲在略有不同的时间发出，会导致脉冲在导联中显示为一个较大、较宽的脉冲，那么只要总宽度不超过 2 ms，就会标记有效起搏。

31. 起搏检测测量

ADAS1000 数字起搏算法的设计验证包括检测一系列仿真起搏信号，使用 ADAS1000 和评估板将一个起搏器连接到各种仿真负载（200 Ω~2 kΩ），并且涵盖以下 4 个波形拐角。

（1）最短脉冲宽度（100 μs），最小高度（<300 μV）。

（2）最短脉冲宽度（100 μs），最大高度（最大 1.0 V）。

（3）最长脉冲宽度（2 ms），最小高度（<300 μV）。

（4）最长脉冲宽度（2 ms），最大高度（最大 1.0 V）。

这些情形下的测试均获得了合理的结果。使用交流导联脱落检测功能对记录的起搏高度、宽度或起搏检测算法识别起搏脉冲的能力无明显影响。起搏算法也在呼吸检测载波使能的情况下进行了评估，载波中同样没有观察到阈值或起搏器检测的差异。

这些实验虽然验证了起搏算法在有限的环境和条件下的有效性，但不能代替起搏算法的最终系统验证。这只能在最终系统中执行，使用系统制造商指定的电缆和验证数据集。

32. 评估起搏检测性能

ECG 仿真器可以方便地研究 ADAS1000 捕捉各种法定标准规定的宽度和高度范围内的起搏信号的性能和能力。

ADAS1000 的起搏检测算法按照医疗仪器标准进行设计，某些仿真器的输出信号比标准要求的要宽（或窄），ADAS1000 的算法会将其视为无效信号而予以抑制。

ADAS1000 的起搏宽度接收窗口是最严格的，以 2 ms 为限。如果有问题，可以通过降低主时钟频率来获得一些裕量。例如，用 8.000 MHz 晶振代替建议的 8.192 MHz 晶振，可以将起搏接收窗口的上限从 2.000 ms 提高到 2.048 ms；下限也会提高，但不会影响算法检测 100 μs 起搏脉冲的能力。

更改时钟频率会影响 ADAS1000 的所有其他频率相关功能。沿用 8.000 MHz 晶振例子，ECG 的−3 dB 频率以 8 000/8 192 的系数缩小，40 Hz 变为 39.06 Hz，150 Hz 变为 146.5 Hz，二者仍然在法定要求以内。呼吸检测和交流导联脱落频率以及输出数据速率，同样以 8 000/8 192 的系数缩小。

33. 滤波

图 8-16 所示为 ECG 通道滤波器的信号流。ADC 采样速率是可编程的，在高性能模式下，为 2.048 MHz；在低功耗模式下，降至 1.024 MHz。用户可以用三种数据速率（128 kHz、16 kHz 和 2 kHz）中的一种传输帧数据。注意，虽然 2 kHz 和 16 kHz 数据速率的数据字宽

度为24位，但可用位数分别为19位和18位。

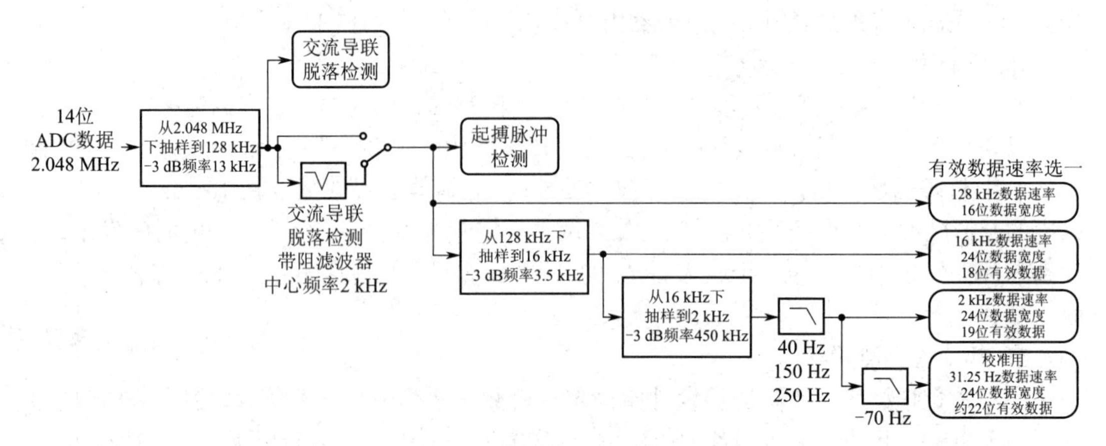

图 8-16 ECG 通道滤波器的信号流

抽取量取决于所选数据速率，数据速率越低，则抽取越多。有4个可选低通滤波器拐角可用，其数据速率为2 kHz。

34. 基准电压源

ADAS1000、ADAS1000-1、ADAS1000-2具有一个高性能、低噪声、片内1.8 V基准电压源，用于ADC和DAC电路。一个器件的REFOUT设计用于驱动同一器件的REFIN。内部基准电压源不能用于驱动较大外部电流；为了在多器件组合工作时实现最佳性能，各器件应使用自己的内部基准电压源。

可以利用一个外部1.8 V基准电压源来提供所需的V_{REF}。这种情况下，片内有一个内部缓冲器配合外部基准电压源使用。

REFIN引脚是一个动态负载，每个使能通道的平均输入电流约为100 μA，包括呼吸检测。使用内部基准电压源时，REFOUT引脚需要通过一个低ESR（最大0.2 Ω）的10 μF电容与0.01 μF电容的并联组合去耦至REFGND，这些电容应尽量靠近器件引脚放置，并且与器件位于PCB的同一侧。

35. 组合工作模式

虽然一个ADAS1000或ADAS1000-1提供的ECG通道能够支持一个5电极和单RLD电极（或最多8导联）系统，但也可以将多个器件并联，从而轻松扩展为更大的系统。这种工作模式下，一个ADAS1000或ADAS1000-1主器件可以轻松地与一个或多个ADAS1000-2从器件一起工作。这种配置中，一个器件（ADAS1000或ADAS1000-1）是主器件，其他器件则是从器件。多个器件必须能很好地协同工作，因此主器件和从器件之间应通过合适的输入/输出进行接口。

注意，使用多个器件时，用户必须直接从各器件收集ECG数据。如果使用传统的12导联配置，Vx导联相对于WCT进行测量，则用户应将ADAS1000或ADAS1000-1主器件配置为导联模式，并将ADAS1000-2从器件配置为电极模式。

电极和导联数据的LSB大小不同，详情见表8-1。

表 8-1　读取电极和导联数据寄存器（电极和导联）地址 0x11 至 0x15，复位值 = 0x000000

R/W	默认值	位	名称	功能
[31:24]	地址 [7:0]	0x11：LA 或导联Ⅰ。 0x12：LL 或导联Ⅱ。 0x13：RA 或导联Ⅲ。 0x14：V1 或 V1′。 0x15：V2 或 V2′		
读	0	[23:0]	ECG 数据	通道数据值。数据左对齐（MSB），无论数据速率为何值。 电极格式中，该值是一个无符号整数。 矢量格式中，该值是一个带符号二进制补码整数。 与电极格式相比，导联/矢量格式有 2 倍的范围，因为其摆幅为 $+V_{REF}$ 至 $-V_{REF}$。因此，LSB 大小加倍。 电极格式和模拟导联格式： 最小值（0000…）= 0 V 最大值（1111…）= V_{REF}/GAIN 数字导联格式： 最小值（1000…）= −（V_{REF}/GAIN） 最大值（0111…）= $+V_{REF}$/GAIN 其中，N = 数据位数，128 kHz 数据速率为 16 位，2 kHz/16 kHz 数据速率为 24 位

注：如果在帧模式下使用 128 kHz 数据速率，只会发送 16 个高位；如果在常规读写模式下使用 128 kHz 数据速率，所有 32 位都会发送。

在组合模式中，所有器件必须以相同的功耗模式（高性能或低功耗）和相同的数据速率工作。

最后给出 ADAS1000 的推荐外围电路，如图 8-17 所示。

8.2　用于脉搏血氧仪的集成模拟前端 AFE4490

AFE4490 是美国 TI 公司生产的一款非常适合于脉搏血氧仪应用的全集成模拟前端（AFE）。它包含一个具有 22 位模数转换器（ADC）的低噪声接收器通道、一个 LED 传输部件和针对传感器以及 LED 故障检测的诊断功能。

AFE4490 是一款可配置定时控制器，这个灵活性使得用户能够完全控制器件定时特性。为了降低对时钟的要求，并为 AFE4490 提供一个低抖动时钟，片内还集成了一个由外部晶振供频的振荡器。AFE4490 使用一个串行外设接口（SPI）™ 与外部微控制器或主机处理器通信。

1. AFE4490 的主要特性

（1）针对脉搏血氧仪应用的完全集成模拟前端：灵活的脉冲排序和定时控制

（2）LED 驱动：

① 集成发光二极管（LED）驱动器（H 桥或推挽）；

② 整个范围内 110 dB 动态范围（在低 LED 电流时保持低噪声）；

③ LED 电流，50 mA、75 mA、100 mA、150 mA 和 200 mA 的可编程范围，每个驱动电路

均具有 8 位电流分辨率；

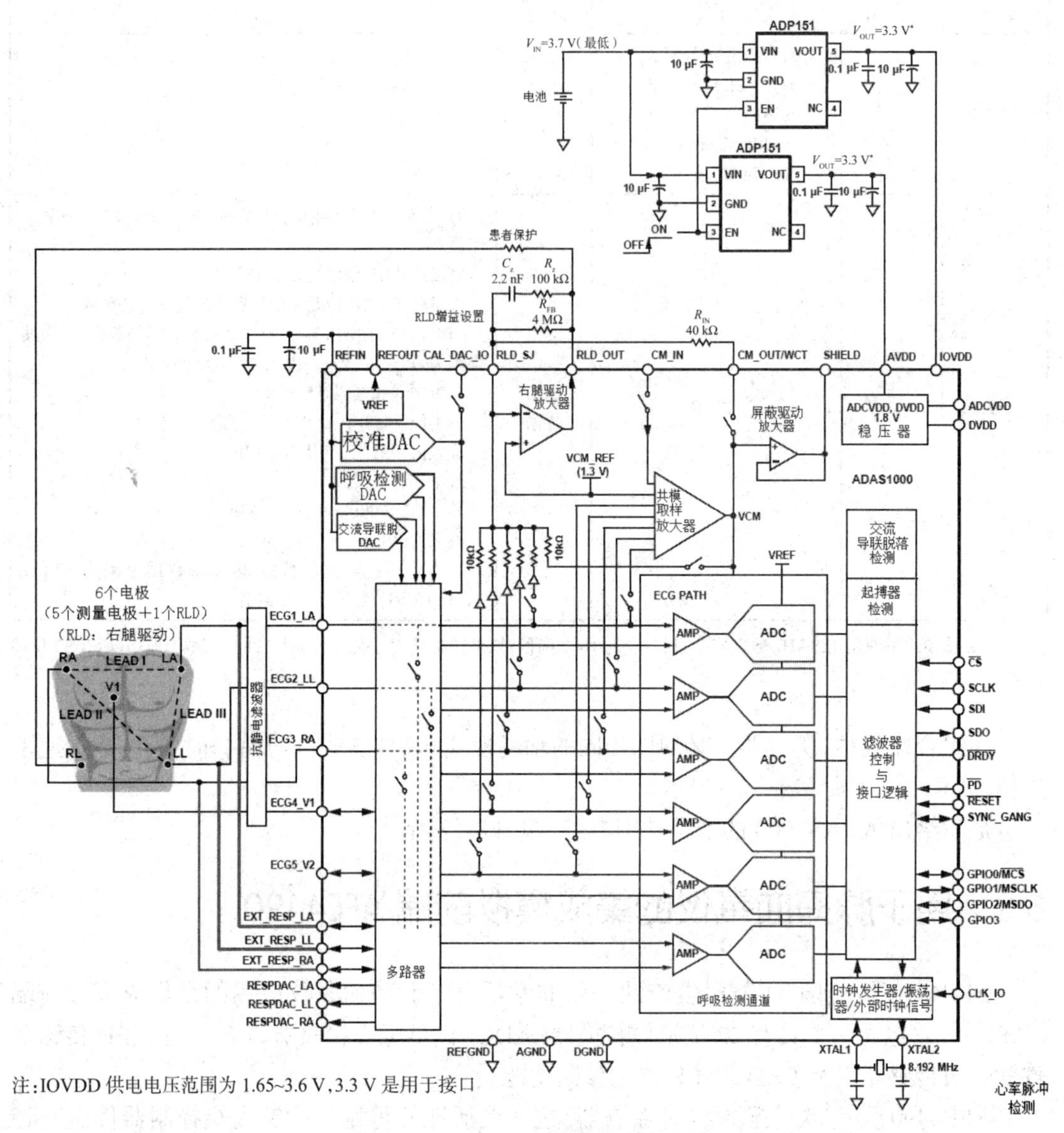

图 8-17 ADAS1000 的推荐外围电路

④ 低功耗,100 μA + LED 平均电流；

⑤ LED 接通时间可编程性,从(50 μs + 稳定时间)到 4 ms。

(3)具有高动态范围的接收通道：

① 等效输入噪声,50 pA RMS(5 μA PD 电流时)；

② 13.5 无噪声位(5 μA PD 电流时测得)；

③ 具有 1~10 μA 可选环境电流的模拟环境消除机制；

④ 低功耗,在使用 3.0 V 电源供电时小于 2.3 mA；

⑤ Rx 采样时间为 50~250 μs；

⑥ 具有 7 个单独 LED2 和 LED1 可编程反馈 R 和 C 设置的 I-V 放大器；

⑦ 集成数字环境光测量和扣除。

(4)集成式故障自诊断：

① 光电二极管和 LED 开路与短路检测；

② 电缆开/关检测。

(5)电源：

① Rx 为 2.0~3.6 V；

② Tx 为 3.0 V 或 5.25 V。

(6)封装：紧凑型四方扁平无引线(QFN)-40 脚封装(6 mm × 6 mm)。

(7)额定温度范围：-40~85 ℃

图 8-18 所示为 AFE4490 的内部功能框图。

2. AFE4490 的工作原理

1)接收通道

下面介绍 AFE4490 的光电信号接收、放大与处理通道。

信号接收前端(图 8-19)包含一个差动电流/电压(I-V)转换放大器(transimpedance amplifier，跨阻放大器)，它将输入的光电电流转换成合适的电压信号。为适应大动态范围的信号放大，跨阻放大器的反馈电阻(R_F)是可编程的，其取值为 1 MΩ、500 kΩ、250 kΩ、100 kΩ、50 kΩ、25 kΩ 和 10 kΩ。

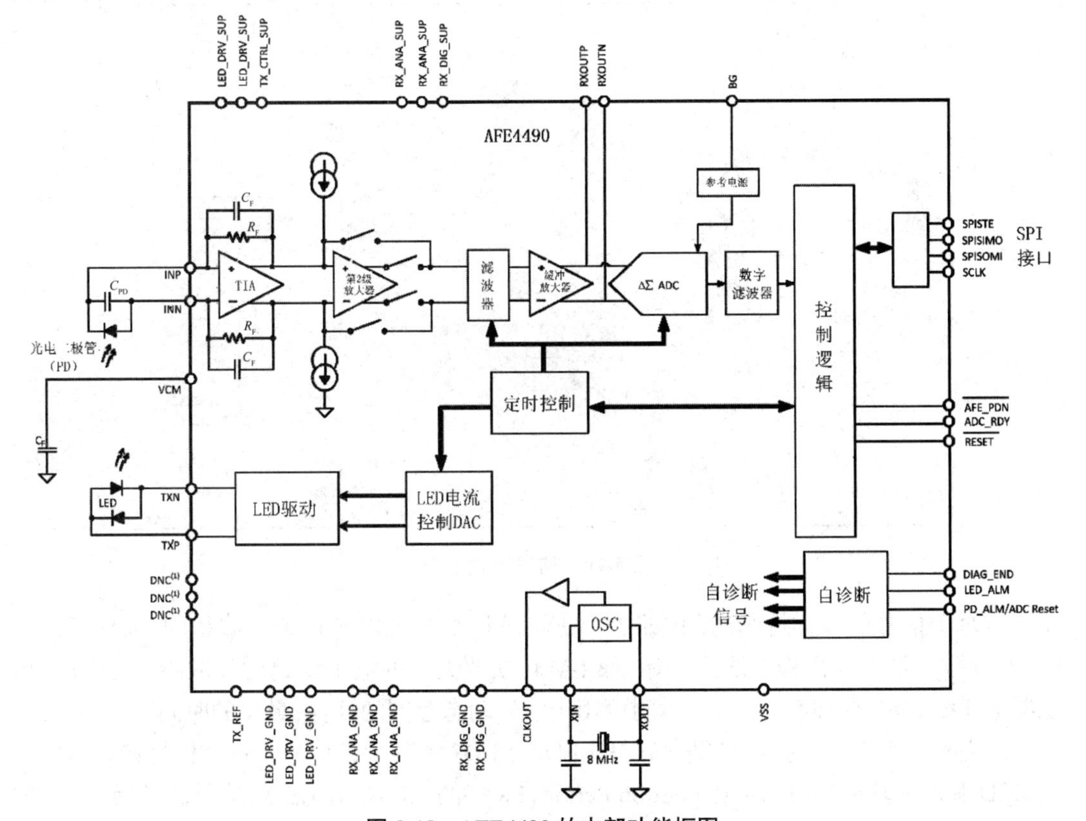

图 8-18　AFE4490 的内部功能框图

反馈电容 C_F 与 R_F 并联一起构成低通滤波器。必须保证低通滤波器的带宽足够高，因为输入的光电电流信号是脉冲，包含极为丰富的高频谐波。C_F 也是可编程的，其取值可为 5 pF、10 pF、25 pF、50 pF、100 pF 和 250 pF，这些电容也可以组合起来使用。

R_F 与 C_F 的选择依据下式确定：

$$R_F \times C_F \leqslant \text{光电脉冲信号时段}/10 \tag{8-2}$$

除光电脉冲信号外，跨阻放大器的输出中还存在干扰环境光电流（包括光电二极管的暗电流、运算放大器的失调电压和电流等）成分。所以，跨阻放大器的后级是包含一个电流 DAC 和一个放大器的消除环境光电流干扰的电路，前者用于抵消环境光电流，后者用于放大剩下来的光电脉冲信号。该级放大器的增益有 5 挡可编程，即 1、1.414、2、2.828 和 4 倍。然后后面是一个 500 Hz 的低通滤波器和一个缓冲放大器，最后是 22 位的 ADC。

消除环境光电流干扰的 DAC 最大输出电流为 10 μA，电流大小可编程为 10 级，即 1，2，…，10 μA。

消除环境光电流干扰的电路分时输出到 LED1 和 LED2 两个通道，共 4 个采样/保持电路（图 8-19 中的滤波器）。当 LED2 亮时，消除环境光电流干扰电路输出被采样到滤波器 LED2 的采样电容 C_{LED2} 中；同样，当 LED1 亮时，消除环境光电流干扰电路输出被采样到滤波器 LED1 的采样电容 C_{LED1} 中；而在 LED2 与 LED1 亮的两个时段之间消除环境光电流干扰电路输出被分别采样到采样电容 C_{LED2_amb} 和 C_{LED1_amb} 中。

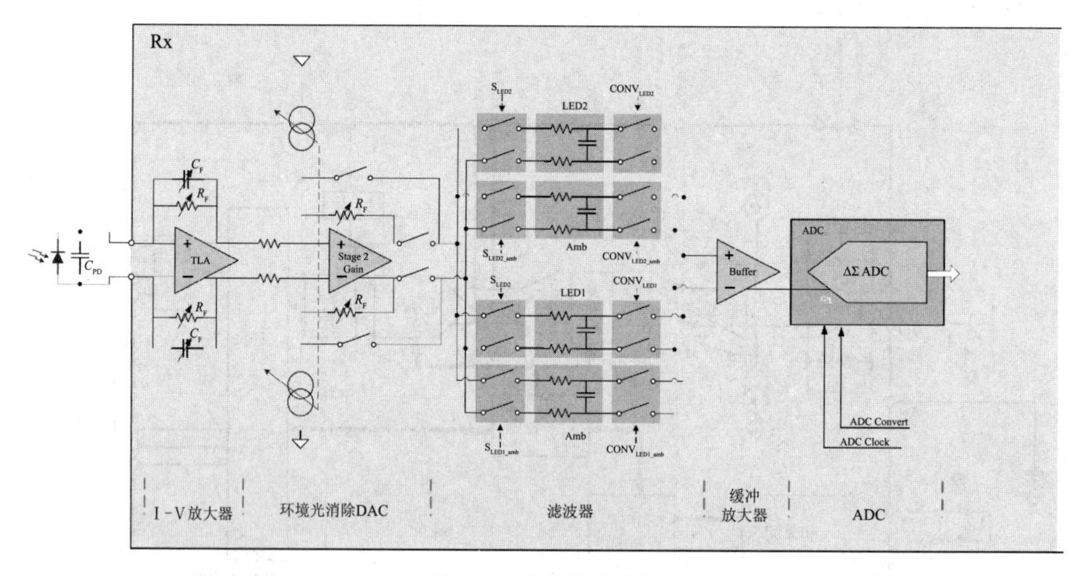

图 8-19 信号接收前端

对每个信号的采样持续时间（即 R_x 采样时间）都是可以各自独立编程的，采样可以在 I-V 转换放大器的输出稳定之后开始，而 I-V 转换放大器的输出稳定时间取决于 LED 和传感器电缆线的建立时间。R_x 采样时间可用于信号动态范围的计算，最短的时间可达 50 μs。

片内有一个 22 位的 ADC 循序转换 LED2、LED1 和环境光信号。每个信号最多占用驱动 LED 脉冲循环周期（Pulse Repetition Period，PRP）的 25%。对 LED2 信号的转换在 LED2

采样时段结束时,同样其他信号的转换也是如此。这样,每个信号的采样和转换都不可能超过 PRP 的 25%。

注意,ADC 转换 LED2、LED1、LED2 时段的环境光和 LED1 时段的环境光的数据流的波特率在每个 PRP 是相同的,接 ADC 之后的数字控制电路将增加两个数据流(图 8-20):LED2-(LED2 时段的)环境光、LED1-(LED1 时段的)环境光。

2)环境光干扰扣除方法

接收模块提供对环境光的采样和转换为数字信号,主控微处理器可以利用这些信息确定环境光干扰的大小,然后通过 SPI 串口设置环境光扣除 DAC,进而消除环境光对测量的影响,相应的控制环路如图 8-20 所示。

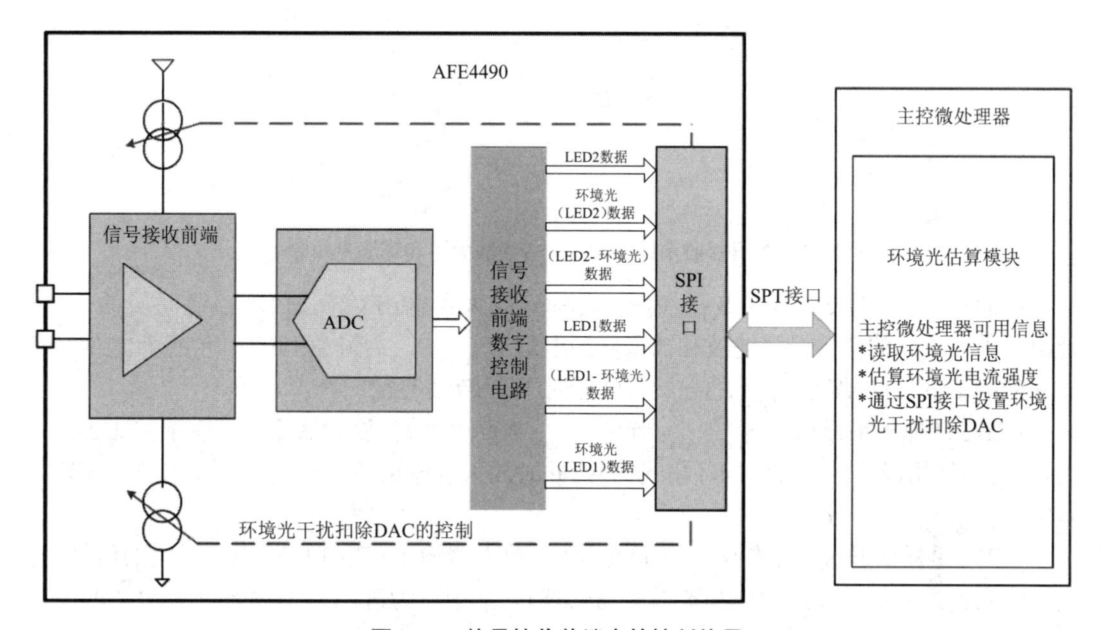

图 8-20　信号接收前端中的控制信号

采用设置环境光扣除 DAC,以消除环境光的干扰和仅保留接收信号中光电容积波的成分,其实现电路如图 8-21 所示。其中,放大器的增益可以通过软件设置 R_g 以得到不同的增益,如 1、1.414、2、2.828 和 4 倍。

放大器的差动输出 V_{DIFF} 为

$$V_{DIFF}=2\times\left(I_{PLETH}\times\frac{R_f}{R_i}+I_{AMB}\times\frac{R_f}{R_i}-I_{CANCEL}\right) \tag{8-3}$$

式中:R_i 为 100 kΩ;I_{PLETH} 为光电二极管中的光电容积波电流;I_{AMB} 为光电二极管中的环境光电流;I_{CANCEL} 为环境光扣除 DAC 的输出电流(由主控微处理器设置)。

3)信号接收前端中的控制信号

在信号接收前端中有如图 8-22 所示的一些控制信号,其中 R 是红光 LED,即下文中的 LED2;IR 是红外光 LED,即下文中的 LED1。

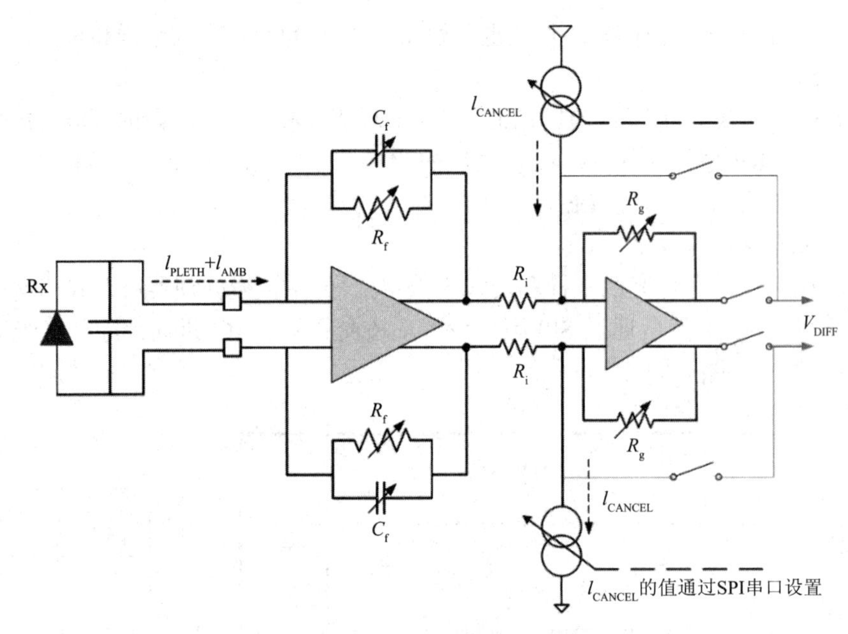

图 8-21 信号接收前端中的 I-V 转换放大器和环境光扣除部分

LED2 采样信号 S_{LED2}：当 S_{LED2} 为高电平时，放大器输出对应 LED2 点亮时段的信号。此时放大器输出的信号经过滤波和被采样到电容 C_{LED2} 中。为避免 LED 和传感器电缆的建立时间的影响，可以编程 S_{LED2} 的起始时间延时于 LED 点亮的时间。

LED2 环境光采样信号 S_{LED2_amb}：当 S_{LED2_amb} 为高电平时，放大器输出对应于 LED2 关闭时段的信号，用以确定 LED2 的环境光信号，此时放大器输出的信号经过滤波和被采样到电容 C_{LED2_amb} 中。

LED1 采样信号 S_{LED1}：当 S_{LED1} 为高电平时，放大器输出对应 LED1 点亮时段的信号，此时放大器输出的信号经过滤波和被采样到电容 C_{LED1} 中。为避免 LED 和传感器电缆的建立时间的影响，可以编程 S_{LED1} 的起始时间延时于 LED 点亮的时间。

LED1 环境光采样信号 S_{LED1_amb}：当 S_{LED1_amb} 为高电平时，放大器输出对应于 LED1 关闭时段的信号，用以确定 LED1 的环境光信号，此时放大器输出的信号经过滤波和被采样到电容 C_{LED1_amb} 中。

LED2 转换时段信号 $CONV_{LED2}$：当 $CONV_{LED2}$ 为高电平时，采样在 C_{LED2} 上的信号经缓冲后输入 ADC 中进行模数转换。进行模数转换的时间为 PRP 周期的 25%，在转换结束时输出对应 LED2 的数字信号。

LED2 和 LED1 环境光转换时段信号 $CONV_{LED2\_amb}$ 和 $CONV_{LED1\_amb}$：当 $CONV_{LED2\_amb}$ 或 $CONV_{LED1\_amb}$ 为高电平时，采样在 C_{LED2} 或 C_{LED1_amb} 上的信号经缓冲后输入 ADC 中进行模数转换。进行模数转换的时间为 PRP 周期的 25%，在转换结束时输出对应 LED2 或 LED1 环境光的数字信号。

LED1 转换时段信号 $CONV_{LED1}$：当 $CONV_{LED1}$ 为高电平时，采样在 C_{LED1} 上的信号经缓冲后输入 ADC 中进行模数转换。进行模数转换的时间为 PRP 周期的 25%，在转换结束时输出对应 LED1 的数字信号。

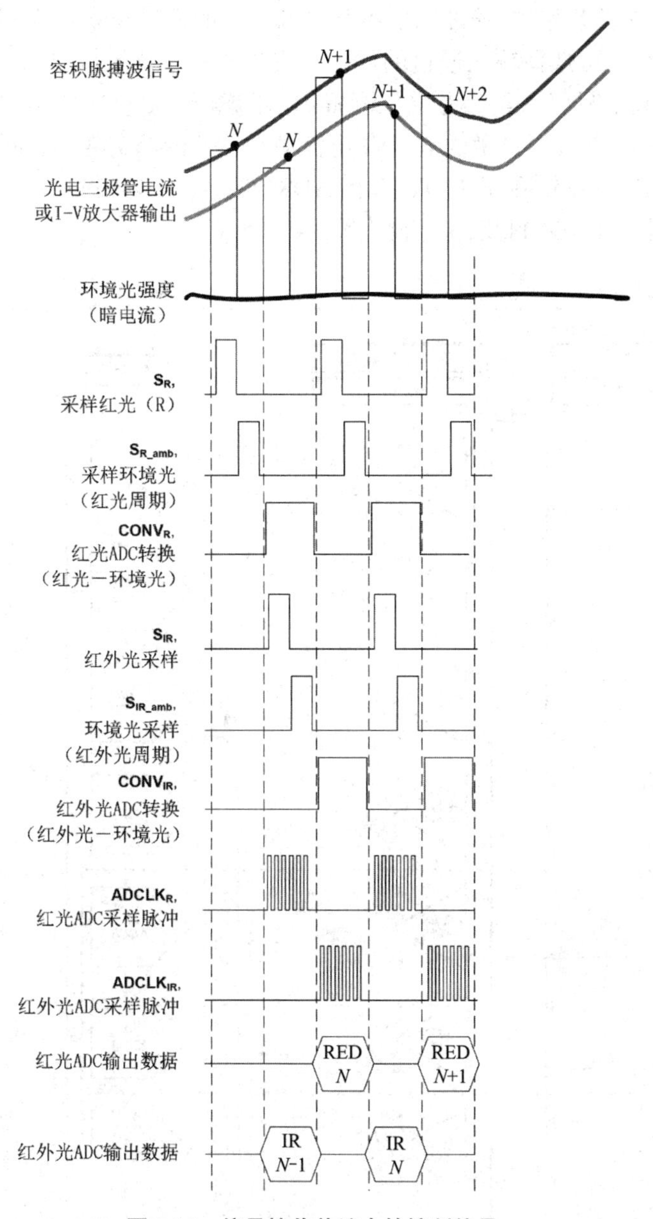

图 8-22　信号接收前端中的控制信号

8.3　ADS1299 系列 EEG FEA

ADS1299-4、ADS1299-6 和 ADS1299 是一系列四通道、六通道和八通道低噪声、24 位同步采样 Δ-Σ 模数转换器（ADC）的 FEA（图 8-23）。该系列器件内置可编程增益放大器（PGA）、内部基准以及板载振荡器。ADS1299-x 具备颅外脑电图（EEG）和心电图（ECG）应用所需的全部常用功能。凭借高集成度和出色性能，ADS1299-x 能够以大幅缩小的尺寸、显著降低的功耗和整体成本构建可扩展的医疗仪器系统。ADS1299-x 在每条通道中配有一个灵活的输入多路复用器，该复用器可与内部生成的信号独立相连，完成测试、温度和导联断开检测。此外，可选择输入通道的任一配置生成患者偏置输出信号，并提供可选 SRB 引脚，旨在将公共信号路由至参考电压配置的多路输入。ADS1299-x 以 250 SPS~16 kSPS 的数据传输速率运行，可通过激励电流阱/电流源在器件内部实现导联断开检测。在通道较多的系统中采用菊花链配置串联多个 ADS1299-4、ADS1299-6 或 ADS1299 器件。ADS1299-x 采用 TQFP-64 封装，工作温度在 –40~85 ℃。

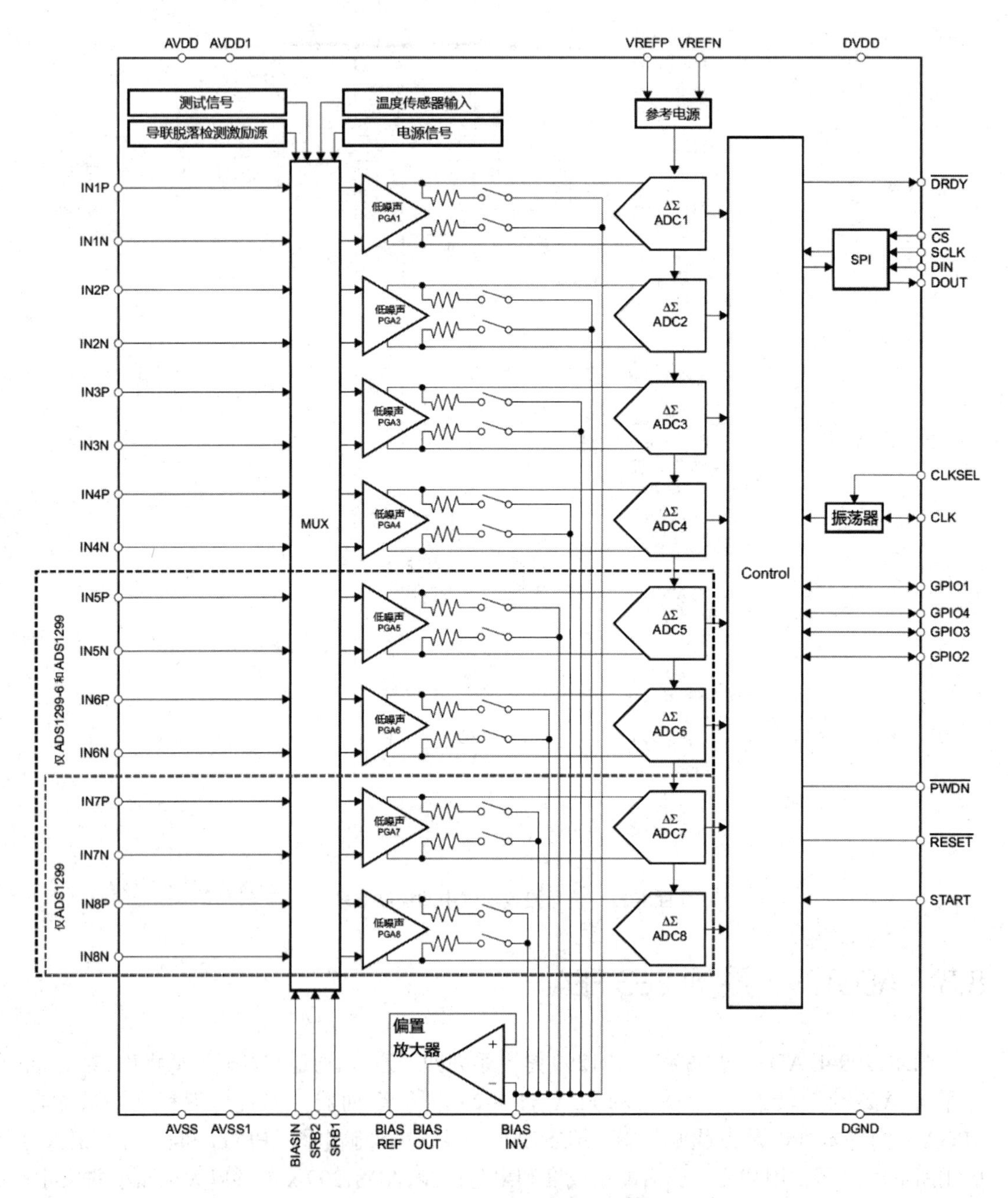

图 8-23　ADS1299 的内部功能框图

图 8-24 和表 8-2 分别给出了 ADS1299 引脚图和引脚定义。

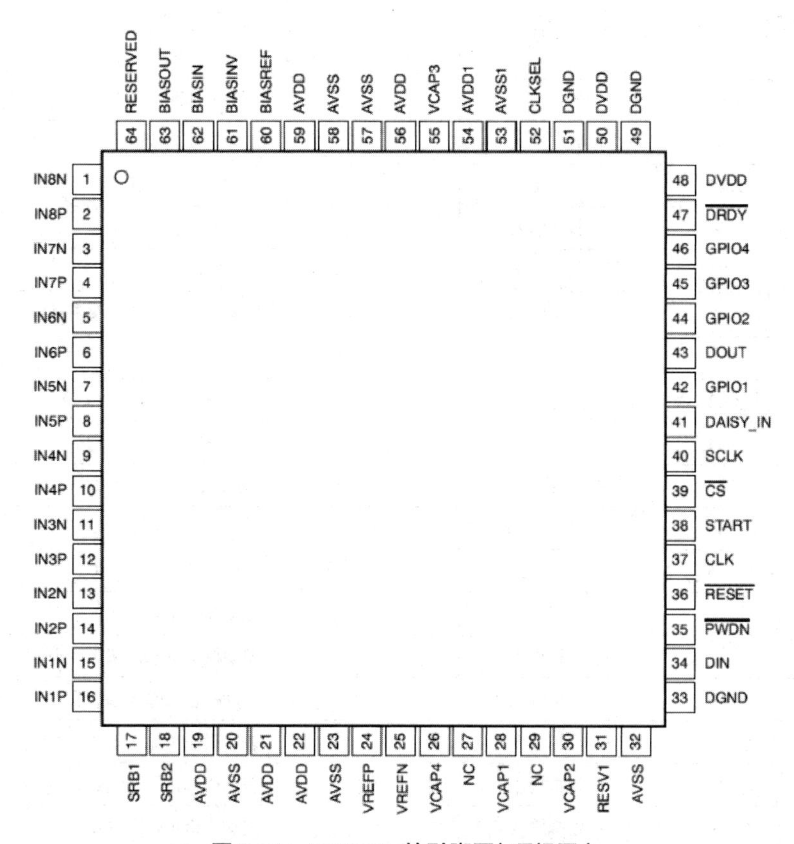

图 8-24　ADS1299 的引脚图(顶视图)

表 8-2　ADS1299 的引脚定义

引脚		类型	说明
名称	序号		
AVDD	19,21,22,56,59	电源	模拟电源,通过 1 μF 电容接 AVSS 退耦
	59	电源	电荷泵模拟电源,通过 1 μF 电容接 AVSS(58 脚)退耦
AVDD1	54	电源	模拟电源,通过 1 μF 电容接 AVSS 退耦
AVSS	20,23,32,57	电源	模拟电源
	58	电源	电荷泵模拟地
AVSS1	53	电源	模拟电源
BIASIN	62	模拟输入	偏置驱动输入至模拟多路开关(MUX)
BIASINV	61	模拟输入/输出	偏置驱动反相输入
BIASOUT	63	模拟输出	偏置驱动输出
BIASREF	60	模拟输入	偏置驱动同相输入
$\overline{CS}$	39	数字输入	片选信号输入,低电平以下
CLK	37	数字输入	主时钟输入

续表

引脚		类型	说明
名称	序号		
CLKSEL	52	数字输入	主时钟选择[1]
DAISY_IN	41	数字输入	菊花链输入
DGND	33,49,51	电源	数字电源地
DIN	34	数字输入	串口数据输入
DOUT	43	数字输出	串口数据输出
$\overline{\text{DRDY}}$	47	数字输出	数据准备好信号,低电平有效
DVDD	48,50	电源	数字电源,通过 1 μF 电容接 DGND 退耦
GPIO1	42	数字输入/输出	通用输入/输出口 1[2]
GPIO2	44	数字输入/输出	通用输入/输出口 2[2]
GPIO3	45	数字输入/输出	通用输入/输出口 3[2]
GPIO4	46	数字输入/输出	通用输入/输出口 4[2]
IN1 N	15	模拟输入	差动模拟负输入端 1[2]
IN1P	16	模拟输入	差动模拟正输入端 1[2]
IN2 N	13	模拟输入	差动模拟负输入端 2[2]
IN2P	14	模拟输入	差动模拟正输入端 2[2]
IN3 N	11	模拟输入	差动模拟负输入端 3[2]
IN3P	12	模拟输入	差动模拟正输入端 3[2]
IN4 N	9	模拟输入	差动模拟负输入端 4[2]
IN4P	10	模拟输入	差动模拟正输入端 4[2]
IN5 N	7	模拟输入	差动模拟负输入端 5[2](仅 ADS1299-6 和 ADS1299)
IN5P	8	模拟输入	差动模拟正输入端 5[2](仅 ADS1299-6 和 ADS1299)
IN6 N	5	模拟输入	差动模拟负输入端 6[2](仅 ADS1299-6 和 ADS1299)
IN6P	6	模拟输入	差动模拟正输入端 6[2](仅 ADS1299-6 和 ADS1299)
IN7 N	3	模拟输入	差动模拟负输入端 7[2](仅 ADS1299)
IN7P	4	模拟输入	差动模拟正输入端 7[2](仅 ADS1299)
IN8 N	1	模拟输入	差动模拟负输入端 8[2](仅 ADS1299)
IN8P	2	模拟输入	差动模拟正输入端 8[2](仅 ADS1299)
NC	27,29	—	无连接,让其空悬
RESERVED	64	模拟输出	保留给未来使用,让其空悬
$\overline{\text{RESET}}$	36	数字输入	系统复位端,低电平有效
RESV1	31	数字输入	保留给未来使用,直接接 DGND
SCLK	40	数字输入	串口时钟输入
SRB1	17	数字输入/输出	患者刺激、参考和偏置信号 1
SRB2	18	数字输入/输出	患者刺激、参考和偏置信号 2

续表

引脚		类型	说明
名称	序号		
START	38	数字输入	同步启动或重启动转换
$\overline{\text{PWDN}}$	35	数字输入	进入闲置模式，低电平有效
VCAP1	28	模拟输出	模拟旁路电容引脚，通过 100 μF 电容接 AVSS 退耦
VCAP2	30	模拟输出	模拟旁路电容引脚，通过 1 μF 电容接 AVSS 退耦
VCAP3	55	模拟输出	模拟旁路电容引脚，通过 1 μF 和 0.1 μF 电容接 AVSS 退耦
VCAP4	26	模拟输出	模拟旁路电容引脚，通过 1 μF 电容接 AVSS 退耦
VREFN	25	模拟输入	
VREFP	24	模拟输入/输出	

注：（1）通过≥10 kΩ 电阻将引脚高至 DVDD 或低至 DGND。
（2）将未使用的模拟输入引脚直接连接到 AVDD。

ADS1299 具有如下特性。

（1）多达 8 个低噪声可编程增益放大器（PGA）和 8 个高分辨率同步采样模数转换器（ADC）。

（2）输入参考噪声：1 μVPP（带宽为 70 Hz）。

（3）输入偏置电流：300 pA。

（4）数据速率：250 SPS~16 kSPS。

（5）共模抑制比（CMRR）：-110 dB。

（6）可编程增益：1、2、4、6、8、12 或者 24。

（7）单极或者双极电源。

① 模拟为 4.75~5.25 V；

② 数字为 1.8~ 3.6 V。

（8）内置偏置驱动放大器，持续断线检测，测试信号。

（9）内置振荡器。

（10）内部或者外部基准。

（11）灵活的省电、待机模式。

（12）与 ADS129x 引脚兼容。

（13）兼容串行外设接口（SPI）的串行接口。

（14）工作温度范围：-40~85 ℃。

在后文中，f_{CLK} 表示 CLK 引脚信号频率，t_{CLK} 表示 CLK 引脚信号周期，f_{DR} 表示输出数据速率，t_{DR} 表示输出数据时间周期，f_{MOD} 表示调制器的采样频率。

8.3.1 模拟功能

1. 输入多路复用器

ADS1299-x 输入多路复用器非常灵活，并提供许多可配置的信号切换选项。图 8-25 所示为其单通道的输入多路复用器。注意，该器件有四个 ADS1299-4、六个 ADS1299-6 或八个 ADS1299 模块，每个通道一个，SRB1、SRB2 和 BIAS-IN 对所有模块都是共用的，INxP 和 INxN 对于四个、六个或八个模块中的每一个都是独立的。这种灵活性允许重要的器件和子系统诊断、校准和配置。通过使用 CONFIG3 寄存器中的 BIAS_MEAS 位和 MISC1 寄存器中的 SRB1 位将适当的值写入 CHnSET[3:0]寄存器，切换每个通道的设置选择。

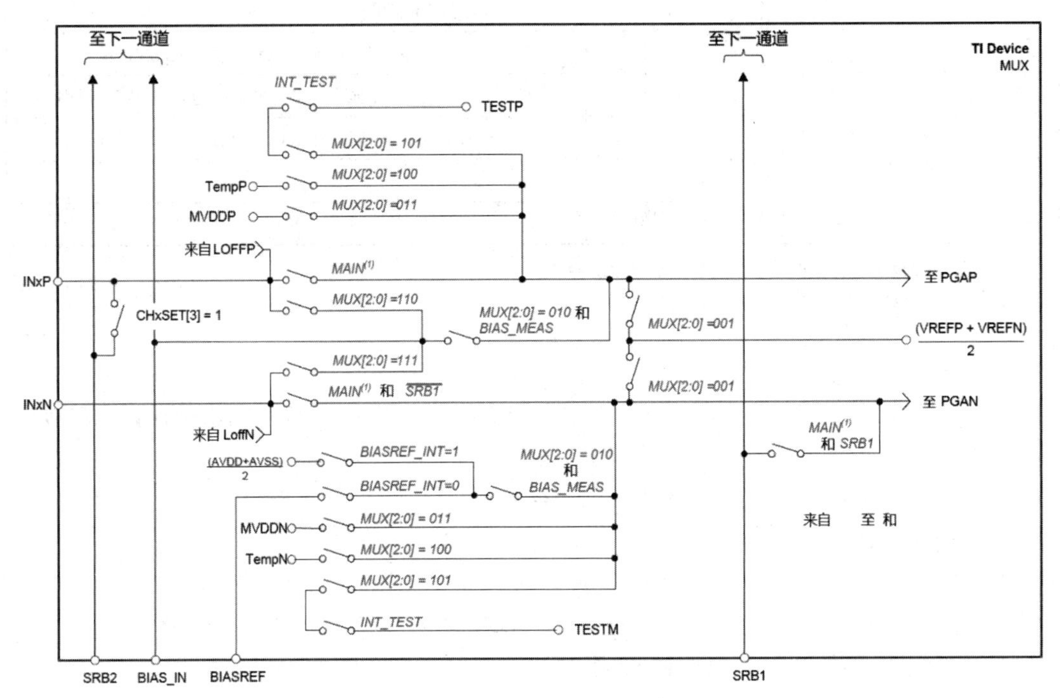

注：MAIN 等于 MUX[2:0]=000、MUX[2:0]=110 或 MUX[2:0]=111。

图 8-25 单通道的输入多路复用器

1）器件噪声测量

设置 CHnSET[2: 0]=001，设置两个通道输入的共模电压=(V_{VREFP} + V_{VREFN})/2。此设置可用于测试用户系统中的固有器件噪声。

2）测试信号（TestP 和 TestN）设置

设置 CHnSET[2: 0]=101，提供内部生成的测试信号，用于通电时的子系统验证。此功能允许对器件内部信号链进行测试。

测试信号通过寄存器设置进行控制：TEST_AMP 控制信号幅度，TEST_FREQ 控制所需频率。

3）温度传感器（TempP、TempN）

ADS1299-x 包含一个片上温度传感器，该传感器使用两个内部二极管，其中一个二极管的电流密度为另一个二极管的 16 倍，如图 8-26 所示。二极管电流密度的差异产生与绝对温度成比例的电压差有关。

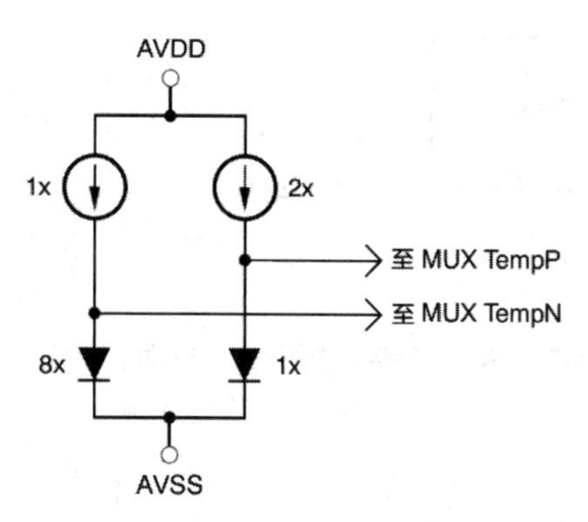

图 8-26　输入端温度传感器测量

由于封装对印刷电路板（PCB）的热阻很低，因此内部器件温度与 PCB 温度密切相关。注意，ADS1299-x 的自加热导致的温度高于周围 PCB 的温度。

式（8-4）可将温度读数转换为摄氏度。在使用这个公式之前，温度读数必须首先标度到微伏。

$$温度（℃）=\frac{温度读数(\mu V)-145\,300(\mu V)}{490\,(\mu V/℃)}+25\ ℃ \tag{8-4}$$

4）电源测量（MVDDP、MVDDN）

对应不同的电源电压，设置 CHnSET[2:0]=011，将通道输入范围设置如下。

如通道 1、2、5、6、7 和 8，（MVDDP–MVDDN）为[0.5×（AVDD+AVSS）]。

如通道 3 和 4，（MVDDP–MVDDN）为 DVDD/4。

为避免在测量电源时使 PGA 饱和，应将增益设置为 1。

5）导联励磁信号（LoffP、LoffN）

导联脱落检测激励信号在开关前输入多路复用器，检测导联脱落的比较器也连接到开关之前的多路复用器。

6）辅助信号输入

BIASIN 引脚主要用于在偏置电极脱落的情况下将偏置信号路由至任何电极。但是，BIASIN 引脚可同时用作多个单端输入通道。可以使用八个通道中的任何一个测量相对于 BIASREF 引脚上的电压来测量 BIASIN 引脚上的信号。通过将通道多路复用器设置为“010”，并将 CONFIG3 寄存器的 BIAS\MEAS 位设置为“1”来完成此测量。

2. 模拟输入

模拟输入器件直接连接到一个集成的低噪声、低漂移、高输入阻抗、可编程增益放大器，该放大器位于单个通道多路复用器后面。

ADS1299-x 模拟输入是完全差分的，差分输入电压（$V_{INxP}-V_{INxN}$）的范围为 $-V_{REF}$/增益到 V_{REF}/增益。

驱动 ADS1299-x 模拟输入的一般方法有两种：伪差分或全差分，如图 8-27、图 8-28 和图 8-29 所示。

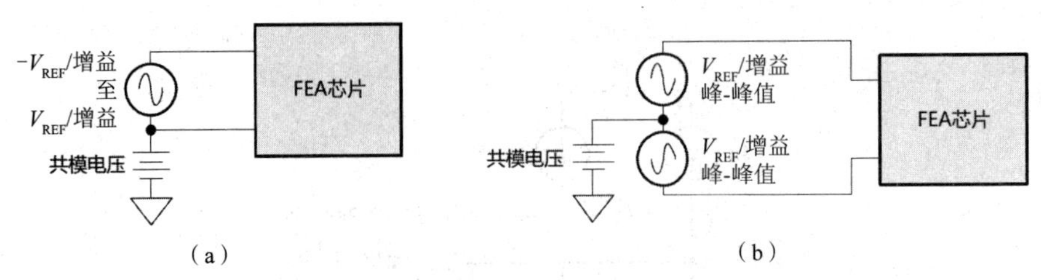

图 8-27 ADS1299-x 的驱动方法:伪差分或全差分

(a)伪差分输入 (b)全差动输入

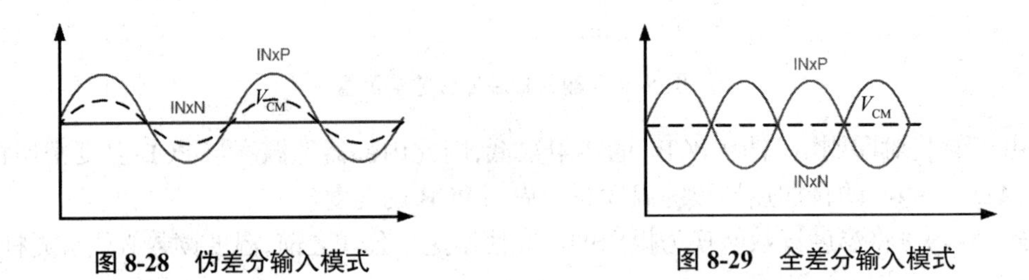

图 8-28 伪差分输入模式 **图 8-29 全差分输入模式**

保持 INxN 引脚在一个共同的电压,最好是在电源中间的电压,配置伪差分信号的全差分输入。将 INxP 引脚从公共电压 $-V_{REF}$/增益变化至 V_{REF}/增益,并保持在容许的绝对最大值范围内。当输入配置为伪差分模式时,共模电压(VCM)随信号电平的变化而变化。验证最小和最大点处的差分信号是否符合输入共模范围。

将 INxP 和 INxN 引脚处的信号配置为 180° 的相位差,以共模电压中心使用全差分输入法。INxP 和 INxN 引脚输入都为公共电压$+V_{REF}/2\times$ 公共电压增益$-V_{REF}$/增益,最大和最小点处的差分电压等于 $-V_{REF}$/增益到 V_{REF}/增益,并以固定共模电压(V_{CM})为中心。在差分配置中使用 ADS1299-x,以最大化模数转换器的动态范围。为获得最佳性能,建议将公共电压设置在模拟电源的中点[(AVDD+AVSS)/2]。

低噪声 PGA 是一个差分输入和输出放大器,如图 8-30 所示。PGA 有七个增益设置(1、2、4、6、8、12 和 24),可以通过写入 CHnSET 寄存器进行设置。ADS1299-x 具有 CMOS 输入,因此具有可忽略的电流噪声。表 8-3 给出了各种增益设置的典型带宽值。注意,表 8-3 显示小信号带宽。对于大信号,性能受到 PGA 转换速率的限制。

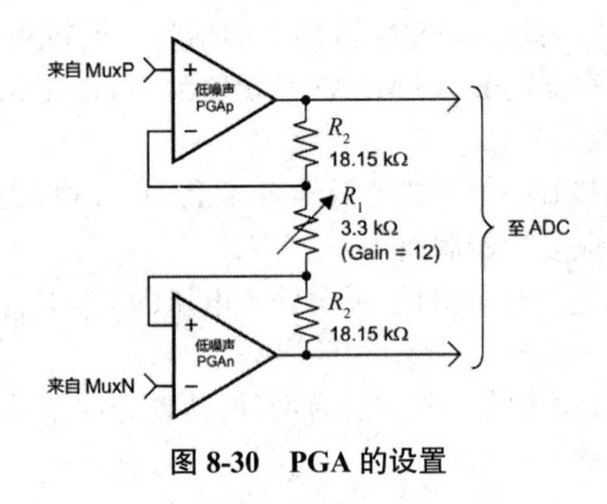

图 8-30 PGA 的设置

表 8-3　PGA 增益与带宽

增益	室温下归一化带宽/kHz
1	662
2	332
4	165
6	110
8	83
12	55
24	27

实现增益的 PGA 电阻 R_1=39.6 kΩ 时的增益为 12。

1）输入共模范围

为了保持在 PGA 的线性工作范围内，输入信号必须满足本节讨论的某些要求。

图 8-30 中放大器的输出摆幅不能比 200 mV 更接近电源（AVSS 和 AVDD）。如果放大器的输出被驱动到供电轨 200 mV 以内，则放大器饱和，因此成为非线性。为了防止这种非线性工作条件，输出电压不得超过前端的共模范围。

前端的可用输入共模范围取决于各种参数，包括最大差分输入信号、电源电压、PGA 增益和放大器净空的 200 mV。该范围可表示为

$$\mathrm{AVSS}+0.2\mathrm{V}+\frac{\text{增益}\times V_{\mathrm{MAX\_DIFF}}}{2}<CM<\mathrm{AVDD}-0.2\mathrm{V}-\frac{\text{增益}\times V_{\mathrm{MAX\_DIFF}}}{2} \tag{8-5}$$

式中：$V_{\mathrm{MAX\_DIFF}}$ 为 PGA 输入端的最大差分信号；CM 为共模范围。

例如，AVDD=5 V，增益=12，$V_{\mathrm{MAX\_DIFF}}$ = 350 mV，则 2.3 V< CM <2.7 V。

2）输入差动动态范围

差分输入电压范围（$V_{\mathrm{INxP}}-V_{\mathrm{INxN}}$）取决于系统中使用的模拟电源和参考电压，该范围可表示为

$$\text{满量程}=\frac{\pm V_{\mathrm{REF}}}{\text{增益}}=\frac{2V_{\mathrm{REF}}}{\text{增益}} \tag{8-6}$$

3）Δ-Σ 型 ADC

每个 ADS1299-x 通道有一个 24 位 Δ-Σ 型 ADC。此转换器使用一个二阶调制器，调制器以 $f_{\mathrm{MOD}}=f_{\mathrm{CLK}}/2$ 的速率对输入信号进行采样。如图 8-31 所示，任何 Δ-Σ 型 ADC，器件噪声被整形到 $f_{\mathrm{MOD}}/2$。后面介绍的片上数字抽取滤波器可用于滤除高频噪声，这些片上抽取滤波器还提供抗混叠滤波。这个 Δ-Σ 型 ADC 大大降低了奈奎斯特模数转换器通常需要的模拟抗混叠滤波器的复杂性。

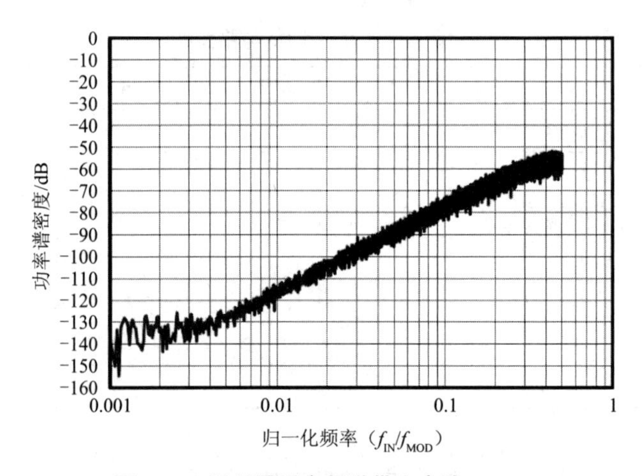

图 8-31 调制器噪声频谱带宽高达 f_{MOD} /2

4）参考电源

图 8-32 所示为 ADS1299-x 内部参考电源的简化框图，4.5 V 参考电压是相对 AVSS 的。使用内部参考电压时，将 VREFN 连接到 AVSS。

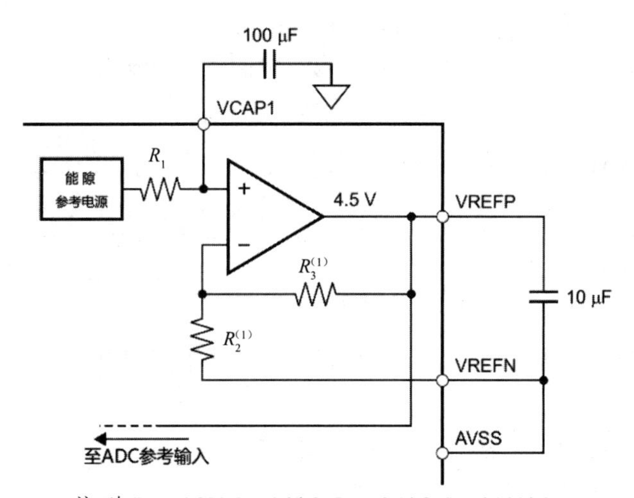

注：对 V_{REF} = 4.5 V，R_1 = 9.8 kΩ，R_2 = 13.4 kΩ，R_3 = 36.85 kΩ

图 8-32 内部参考电源

外部限带电容决定了参考噪声的贡献量。对于高端脑电系统，电容值的选择应使带宽限制在 10 Hz 以下，以使参考电源的噪声不会占系统噪声的主导地位。

或者关闭内部参考电源缓冲器，将外部参考电源施加到 VREFP。图 8-33 所示为一个典型的外部参考电源的驱动电路，由 CONFIG3 寄存器中的 PD_REFBUF 位控制内部参考电源的关闭与否。

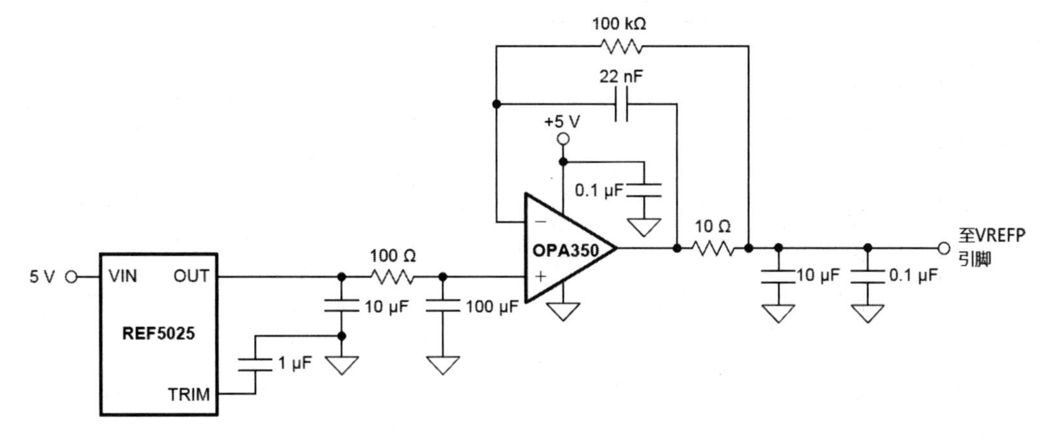

图 8-33　外部参考电源的驱动电路

8.3.2　数字功能

1. 数字抽取滤波器

数字滤波器接收调制器输出并抽取数据流，通过调整过滤量，可以对分辨率和数据速率进行折中，即对更高分辨率过滤更多，对更高数据速率过滤更少。较高的数据速率通常用于交流导联脱落检测的脑电图中。

每个通道上的数字滤波器由一个三阶 sinc 滤波器组成。sinc 滤波器抽取比可以通过 CONFIG1 寄存器中的 DR 位进行调整。此设置是影响所有通道的全局设置，因此器件中所有通道都以相同的数据速率运行。

sinc 滤波器是一种可变抽取率的三阶低通滤波器，数据从调制器以 f_{MOD} 的速率提供给该滤波器。sinc 滤波器衰减调制器的高频噪声，然后将数据流抽取为并行数据流。抽取率影响整个转换器的数据速率。

sinc 滤波器的缩放 Z 域传递函数为

$$\left|H(Z)\right| = \left|\frac{1-Z^{-N}}{1-Z^{-1}}\right| \tag{8-7}$$

sinc 滤波器的频域传递函数为

$$H(f) = \left|\frac{SIN\left[\dfrac{N\pi f}{f_{\text{MOD}}}\right]}{N \times SIN\left[\dfrac{\pi f}{f_{\text{MOD}}}\right]}\right| \tag{8-8}$$

式中：N 为抽取比。

sinc 滤波器具有以输出数据速率及其倍数出现的陷波(或零)。在这些频率下，滤波器具有无限衰减。图 8-34 所示为 sinc 滤波器的频率响应，图 8-35 所示为 sinc 滤波器的衰减。

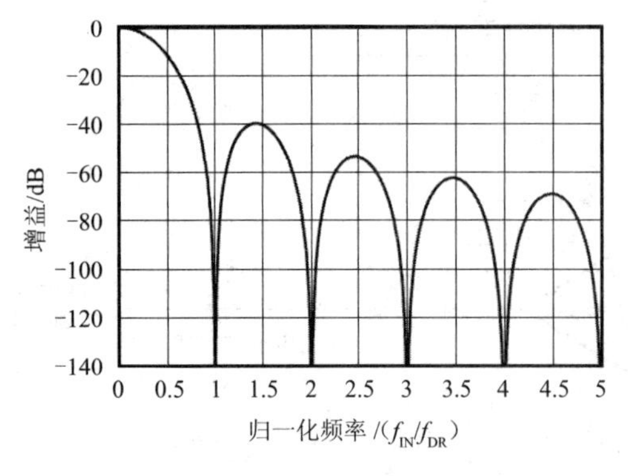

图 8-34 sinc 滤波器的幅频响应曲线

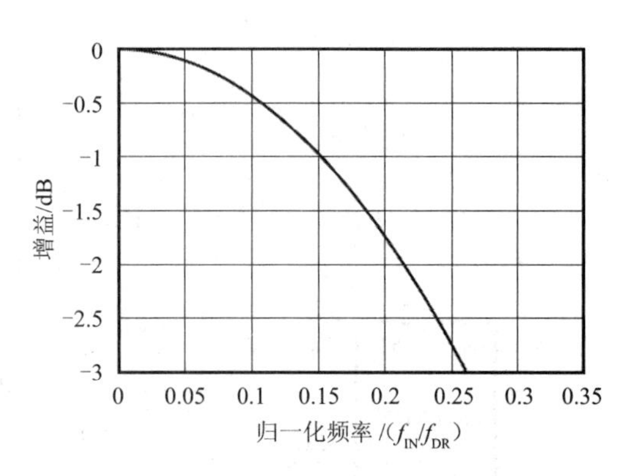

图 8-35 sinc 滤波器的衰减曲线

在输入端有阶跃变化时，滤波器取 $3t_{DR}$ 结算。在开始信号的上升沿之后，滤波器用一段时间给出第一个数据输出。在 SPI 接口部分的起始小节中讨论了滤波器在不同数据速率下的稳定时间。图 8-36 和图 8-37 分别为在不同数据速率下直到 $f_{MOD}/2$ 和 $f_{MOD}/16$ 的滤波器传递函数。图 8-38 所示为扩展到 4 f_{MOD} 的传递函数。ADS1299-x 通带在每个 f_{MOD} 上重复。系统中输入 *RC* 抗混叠滤波器的选择应使 f_{MOD} 倍数附近的任何频率干扰得到充分衰减。

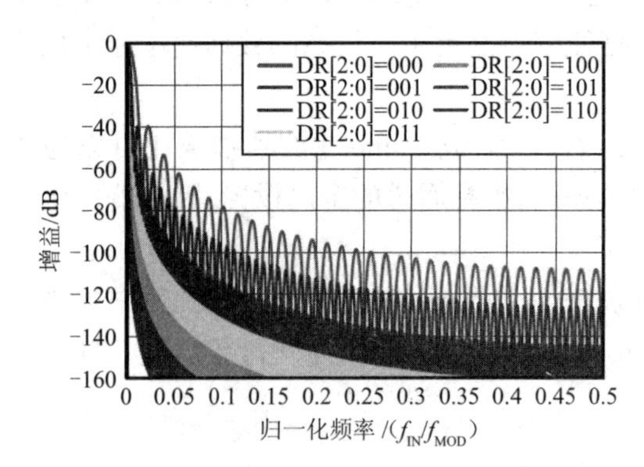

图 8-36 不同数据速率下直到 $f_{MOD}/2$ 的滤波器传递函数

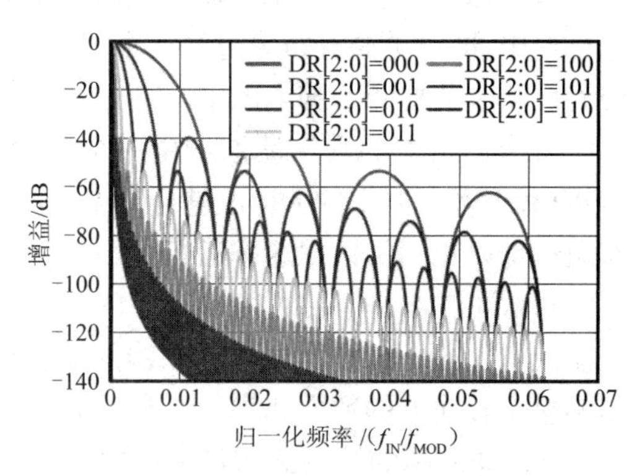

图 8-37 不同数据速率下直到 $f_{MOD}/16$ 的滤波器传递函数

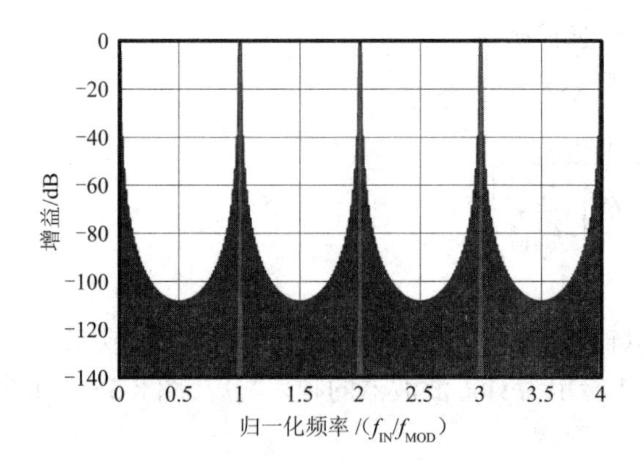

图 8-38 片上抽取滤波器直到 $4f_{MOD}$ 的传递函数（DR[2:0] = 000 和 DR[2:0] = 110）

2. 时钟

ADS1299-x 提供两种器件时钟方法:内部和外部。内部时钟非常适合低功耗、电池供电的系统。内部振荡器在室温下进行微调,以保证精度,精度在规定的温度范围内变化。时钟选择由 CLKSEL 引脚和 CLK_EN 寄存器位控制。

用 CLKSEL 引脚选择内部或外部时钟，CONFIG1 寄存器中的 CLK_EN 位启用和禁用要在 CLK 引脚中输出的振荡器时钟。这两个引脚的真值表如表 8-4 所示。在菊花链配置中使用多个器件时,CLK_EN 位非常有用。在断电期间,建议关闭外部时钟以节省电源。

表 8-4　CLKSEL 引脚和 CLK_EN 位

CLKSEL	CONFIG1.CLK_EN	时钟源	CLK 引脚的状态
0	x	外部	输入外部时钟
1	0	内部时钟振荡器	三态
1	1	内部时钟振荡器	输出内部时钟振荡器

3. GPIO

ADS1299-x 在正常工作模式下共有四个通用数字 I/O(GPIO)引脚可用。数字 I/O 引脚可通过 GPIOC 位寄存器单独配置为输入或输出。GPIO 寄存器中的 GPIOD 位控制引脚电平。当读取 GPIOD 位时,返回的数据是管脚的逻辑电平,无论它们是编程为输入还是输出。当 GPIO 引脚配置为输入时,对相应 GPIOD 位的写入没有影响;当配置为输出时,对 GPIOD 位的写入将设置输出值。

如果配置为输入,这些引脚必须驱动(不要浮动)。GPIO 引脚在通电或复位后设置为输入。图 8-39 所示为 GPIO 端口结构。如果不使用,引脚应短接到 DGND。

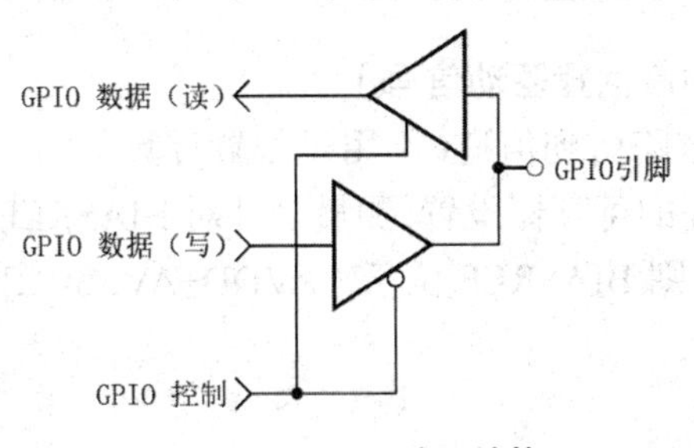

图 8-39　GPIO 端口结构

8.3.3　脑电图和心电图的特殊电路

1. 输入多路复用器(偏置驱动信号的重路由)

输入多路复用器具有特定于 EEG 的偏压驱动信号功能。当选择适当的通道进行偏置偏差,反馈元件安装在芯片外部,环路闭合时,偏置信号在偏置管脚处可用。这个信号可以在滤波后输入,也可以直接输入 BIASIN 引脚,如图 8-40 所示。通过将适当信道设置寄存器的 MUX 位设置为 P 侧的“110”或 N 侧的“111”,可以将该 BIASIN 信号复用到任何输入电极中。图 8-40 显示了从信道 1、2 和 3 生成并路由到信道 8 的 N 侧的偏置信号,此功能可用于动态更改用作参考信号的电极,以驱动患者身体。

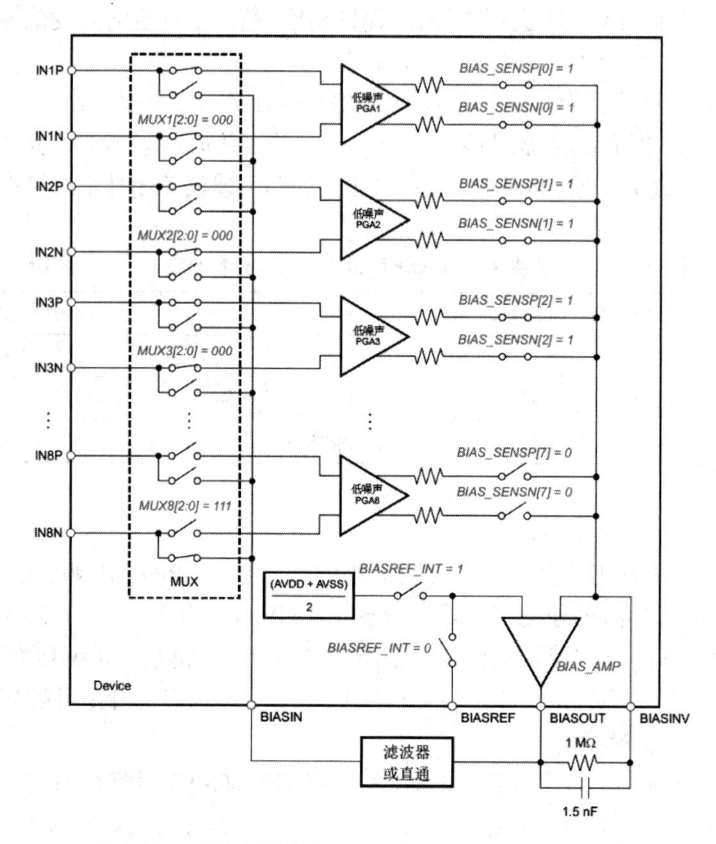

图 8-40 配置为路由到 IN8N 的 BIASOUT 信号示例

2. 输入多路复用器(测量偏置驱动信号)

此外,可以将偏置信号路由到信道(不用于偏置计算)以进行测量。图 8-41 所示为将 BIASIN 信号路由到信道 8 的寄存器设置,测量是针对 BIASREF 引脚上的电压进行的。如果 BIASREF 选择为内部,则 BIASREF 位于[(AVDD+AVSS)/2]。此功能对于产品开发期间的调试非常有用。

3. 导联脱落检测

患者电极阻抗会随时间而增加,必须持续监控这些电极连接,以验证是否在合适的阻抗范围内。ADS1299-x 导联脱落检测功能块为用户提供了很大的灵活性,可以从各种导联脱落检测策略中进行选择。虽然称为导联脱落检测,但实际上是一种电极脱落检测。

其基本原理是注入激励电流并测量电压,以确定电极是否与人体良好接触。图 8-42 所示为导联脱落检测电路,该电路提供两种不同的方法来确定患者电极的状态。这些方法在激励信号的频率上有所不同,可以使用 LOFF_SENSP 和 LOFF_SENSN 寄存器在每个通道上有选择地进行导联。

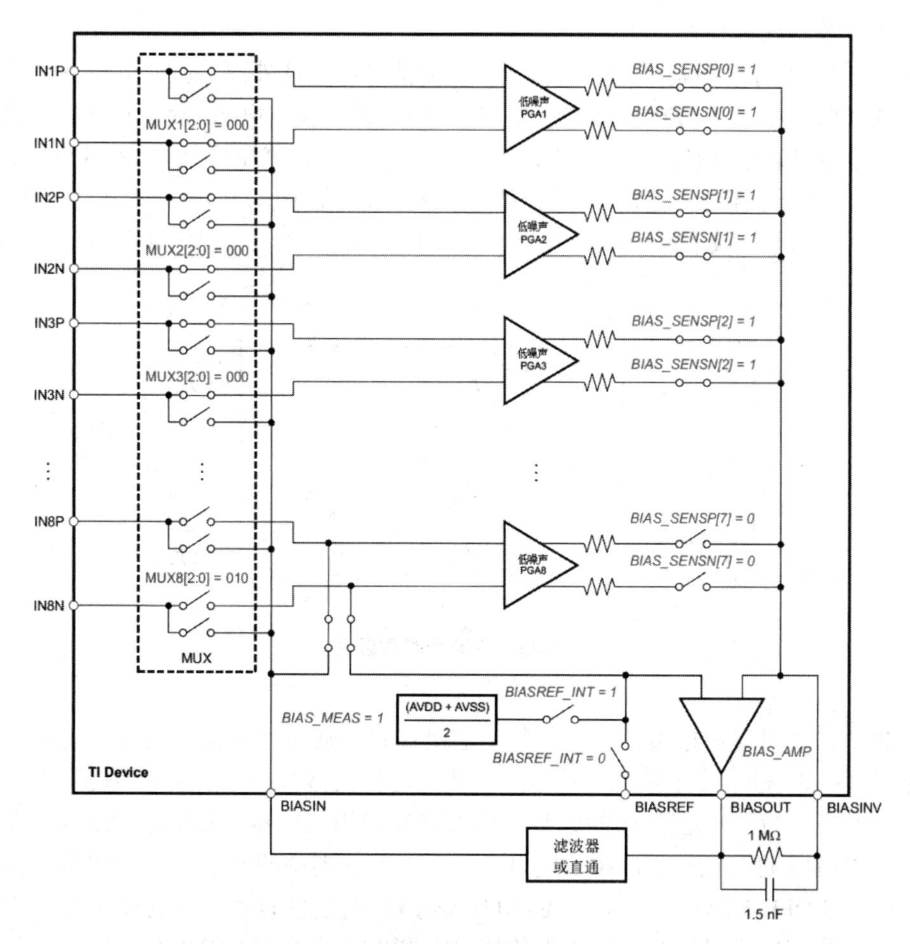

图 8-41　配置为由通道 8 读回的 BIASOUT 信号

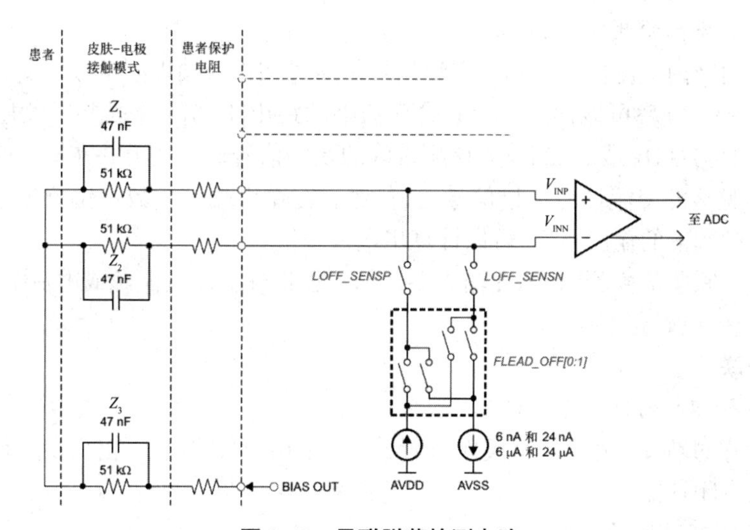

图 8-42　导联脱落检测电路

1）直流导联脱落检测

在该方法中，导联激励采用直流信号。直流信号可以从外部上拉或下拉电阻器或内部电流源或接收器中选择，如图 8-43 所示。通道的一侧被拉向电源，另一侧被拉向地面。上拉和下拉电流可以通过设置 LOFF_FLIP 触发寄存器中的位来交换，如图 8-43（b）和图 8-43（c）所示）。对于电流源或电流汇，可以使用 LOFF 寄存器中的 ILEAD_OFF[1：0]位来设置电流的大小。与上拉或下拉 10 MΩ 电阻相比，电流源或电流汇可提供更大的输入电阻。

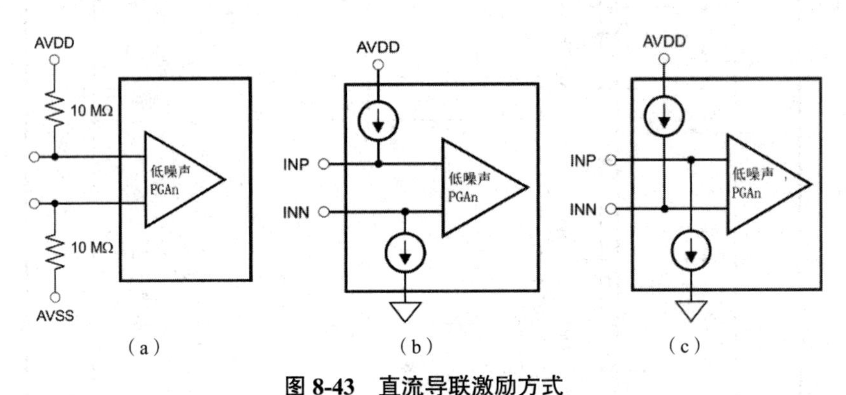

图 8-43 直流导联激励方式

（a）外部上拉或下拉电阻器 （b）（c）输入电流源

检出的信息可以通过搜索器件的数字输出代码或通过片上比较器监测输入电压来完成。如果任一电极断开，上拉和下拉电阻会使通道放大器饱和。搜索输出代码确定 P 侧或 N 侧是否断开。为了确定哪个电极是断开的，必须使用比较器。使用比较器将输入电压与 3 位 DAC 的输出进行比较，DAC 的电平由 LOFF 寄存器中的补偿位[2：0]设置。比较器的输出存储在 LOFF_STATP 和 LOFF_STATN 寄存器中，这些寄存器作为输出数据流的一部分。如果未使用直流导联脱落检测功能，则可以通过设置 CONFIG4 寄存器中的 PD_LOFF_COMP 位来关闭比较器。

2）交流导联脱落检测（一次或定期）

该方法采用带内交流信号激励。交流信号是通过在输入端以固定频率交替提供电流源和电流汇产生的。频率可以通过 LOFF 寄存器中的跳出[1：0]位来选择。激励频率在两个带内频率中选取（7.8 Hz 或 31.2 Hz），该频带内的激励信号通过通道并在输出端测量。

感应导联脱落的交流信号通过信号通道，然后在输出端进行数字化测量来完成。通过测量激励信号频率下的输出幅值，可以计算出电极阻抗。

对于连续导联脱落检测，必须在输入端外部施加带外交流电流源或电流汇，然后对该信号进行数字处理，以确定电极阻抗。

4. 偏置导联

1）正常运行期间的偏差导联检测

在正常操作过程中，由于必须关闭偏置放大器的电源，因此不能使用 ADS1299-x 上电时的偏置导联关闭功能。

2）上电时的偏置导联检测

此功能包含在 ADS1299-x 中，用于确定偏置电极是否适当连接。通电时，ADS1299-x

使用电流源和比较器确定偏置电极连接状态,如图 8-44 所示。比较器的参考电平被设置为确定可接受的偏置阻抗阈值。

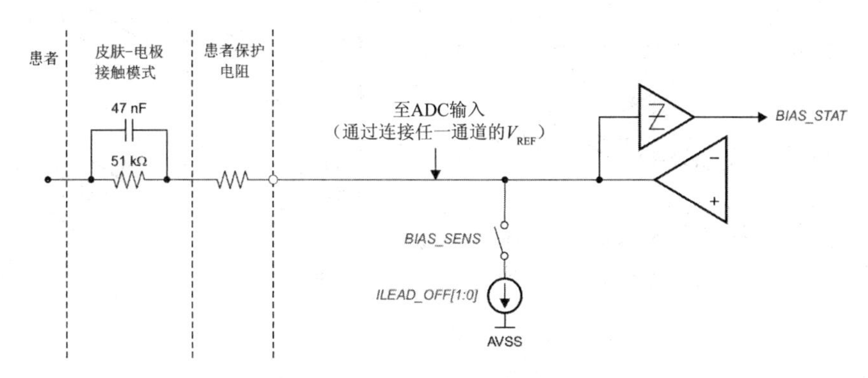

图 8-44　上电时的偏置导联检测

当偏置放大器通电时,电流源不起作用。只有比较器可以用来检测偏置放大器输出端的电压。比较器阈值由为其他负输入设置阈值的相同 LOFF[7:5]位设置。

5. 偏置驱动(直流偏置电路)

使用偏置电路来对抗由于电源线和其他光源(包括荧光灯)而引起的脑电图系统中的共模干扰。偏置电路感测所选电极组的共模电压,并通过用反向共模信号驱动机体来创建负反馈回路。负反馈环路将共模运动限制在一个很窄的范围内,这取决于环路增益。

整个稳定环路是特定于基于环路中不同极点的单个用户系统的。ADS1299-x 集成了多路复用器,以选择通道和运算放大器。所有的放大器终端都可以在引脚处,允许用户选择反馈回路的组件。图 8-45 所示电路显示了偏置电路的整体功能连接。

偏置驱动的参考电压可以选择为内部产生[(AVDD+AVSS)/2]或外部提供电阻分压器。偏置环路的内部参考电压与外部参考电压的选择是通过将适当的值写入 CONFIG2 寄存器中的 BIASREF_INT 位来定义的。

如果不使用偏置功能,则可以使用 PD_BIAS 偏置位关闭放大器。当菊花链连接多个 ADS1299-x 器件时,使用 PD_BIAS 偏置位关闭除一个外的所有偏置放大器。

BIASIN 引脚功能在输入多路复用器部分中解释。

具有多个器件的偏置配置如图 8-46 所示。

8.3.4　功能与模式

1. 启动数据转换

将启动(START)引脚拉高至少 2 个 t_{CLK} 周期,或发送 START 命令开始转换。当 START 引脚变低且 START 命令尚未发送时,器件不会发出 $\overline{\text{DRDY}}$ 信号(即转换停止)。

使用 START 命令控制转换时,将 START 引脚保持在低位。ADS1299-x 具有两种模式来控制转换,即连续模式和单激发模式,具体模式由 SINGLE_SHOT 位(CONFIG4 寄存器的第 3 位)选择。在多器件配置中,START 引脚用于同步器件。

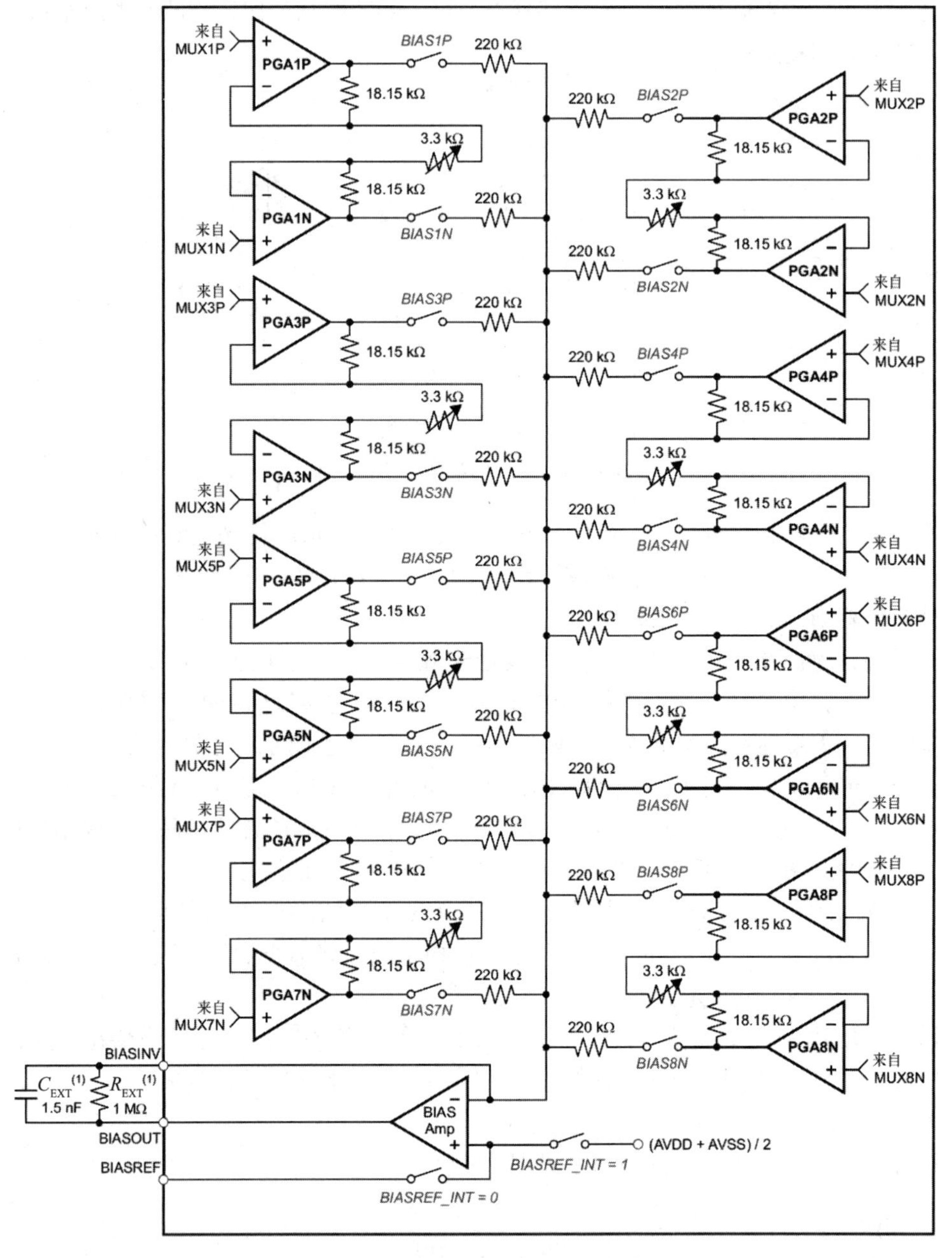

图 8-45 偏置驱动放大器通道选择

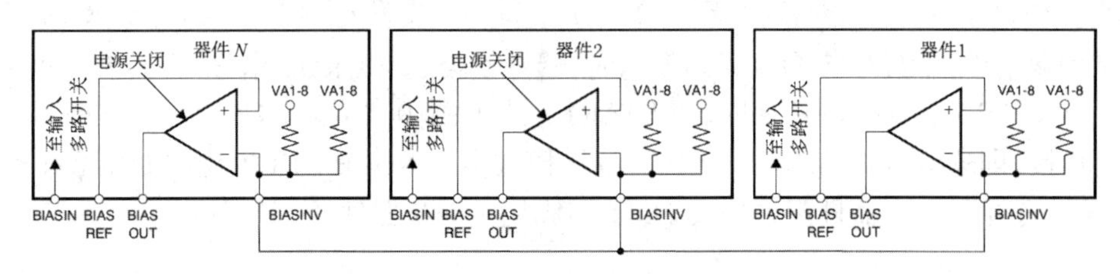

图 8-46 用于多个器件的偏置驱动连接

建立时间（t_{SETTLE}）是当启动信号拉高时，转换器输出完全设置数据所需的时间。当 START 引脚被拉高时，$\overline{\mathrm{DRDY}}$ 也被拉高。下一个 $\overline{\mathrm{DRDY}}$ 下降沿表示数据准备就绪。

2. 复位（$\overline{\mathbf{RESET}}$）

复位 ADS1299-x 有两种方法：将复位引脚拉低和发送复位命令。使用复位引脚时，需确保在将引脚移回高位之前遵循最小脉冲持续时间计时规范。复位指令在指令的第八个 SCLK 下降沿生效。复位后，需要 18 个 t_{CLK} 周期来完成配置寄存器到默认状态的初始化，并开始转换周期。注意，每当 CONFIG1 寄存器使用 WREG 命令设置为新值时，就会自动向数字滤波器发出内部重置。

3. 断电（$\overline{\mathbf{PWDN}}$）

当 $\overline{\mathrm{PWDN}}$ 被拉低时，所有的片上电路都断电。要退出掉电模式，将 $\overline{\mathrm{PWDN}}$ 引脚置于高位。在退出掉电模式时，内部振荡器和基准需要时间来唤醒。

在断电期间，建议关闭外部时钟，以节省电源。

4. 数据传输

1）数据就绪（$\overline{\mathrm{DRDY}}$）

$\overline{\mathrm{DRDY}}$ 是一个从高到低的输出信号，表示新的转换数据准备就绪。$\overline{\mathrm{CS}}$ 信号对数据就绪信号没有影响。$\overline{\mathrm{DRDY}}$ 行为取决于器件是处于 RDATAC 模式，还是使用 RDATA 命令按需读取数据。

使用 RDATA 命令读取数据时，读取操作可以与下一个 $\overline{\mathrm{DRDY}}$ 事件重叠，而不会导致数据损坏。

START 引脚或 START 命令将器件置于正常数据捕获模式或脉冲数据捕获模式。

图 8-47 所示为数据检索期间 $\overline{\mathrm{DRDY}}$、DOUT 和 SCLK 之间的关系（对于 ADS1299）。DOUT 锁在 SCLK 上升沿，$\overline{\mathrm{DRDY}}$ 在 SCLK 下降边缘被拉高。注意，无论是从器件检索数据还是通过 DIN 引脚发送命令，$\overline{\mathrm{DRDY}}$ 在第一个 SCLK 下降沿拉高。

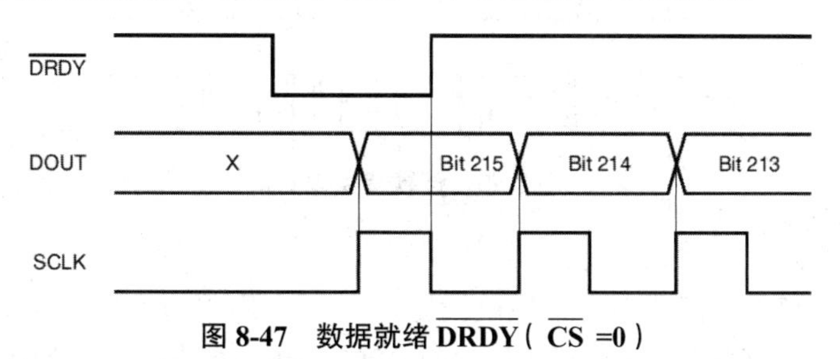

图 8-47　数据就绪 $\overline{\mathbf{DRDY}}$（$\overline{\mathbf{CS}}$ =0）

2）读数据

数据检索可以通过以下两种方法之一完成。

（1）RDATAC：连续读数据命令，将器件设置为连续读取数据，而不发送命令的模式。

（2）RDATA：读命令要求向器件发送一个命令，用最新数据加载输出移位寄存器。

转换数据通过在 DOUT 上移出数据来读取。DOUT 上数据的 MSB 在第一个 SCLK 上升沿上计时。$\overline{\mathrm{DRDY}}$ 在第一个 SCLK 下降边缘返回高位。在整个读取操作中，DIN 应保持较低。

数据输出中的位数取决于通道数和每个通道的位数。对于 8 通道 ADS1299,数据输出的数量为[(24 状态位+24 位 × 8 通道)=216 位]。24 个状态位的格式为(1100+LOFF_STATP+LOFF_STATN+GPIO 寄存器的位[4：7])。每个通道数据的数据格式为 2 的补码和 MSB 在先。当使用用户寄存器设置关闭通道时,相应的通道输出设置为“0”。但是,通道输出序列保持不变。

ADS1299-x 还提供了多重读功能,只需在 RDATAC 模式下提供更多 SCLK,就可以多次读取数据。在这种情况下，MSB 数据字节在读取最后一个字节后重复。CONFIG1 寄存器中的菊花位必须设置为“1”才能进行多次读。

3)连续转换模式

转换开始于起始管脚处于高位或发送 START 命令时。如图 8-48 所示,当转换开始时,$\overline{\text{DRDY}}$ 输出变高,当数据准备就绪时,$\overline{\text{DRDY}}$ 输出变低。转换将无限期地继续,直到起始引脚变低或传输停止命令。当起始引脚拉低或发出停止命令时,允许正在进行的转换完成。

在这种模式下控制转换时,启动引脚或启动和停止命令需要 $\overline{\text{DRDY}}$ 定时。t_{SDSU} 计时指示何时开始引脚低或何时在 $\overline{\text{DRDY}}$ 下降沿之前发送停止命令,以停止进一步转换。t_{DSHD} 定时指示何时将起始引脚调低或在 $\overline{\text{DRDY}}$ 下降沿后发送停止命令,以完成当前转换并停止进一步转换。为了保持转换器连续运行,可以将启动销永久性地固定在较高的位置。

从单触发模式切换到连续转换模式时,将启动信号调低并调回高位,或先发送停止命令,再发送启动命令。此转换模式非常适合需要固定连续转换流结果的应用程序。启动和停止命令在第七个 SCLK 下降沿生效。

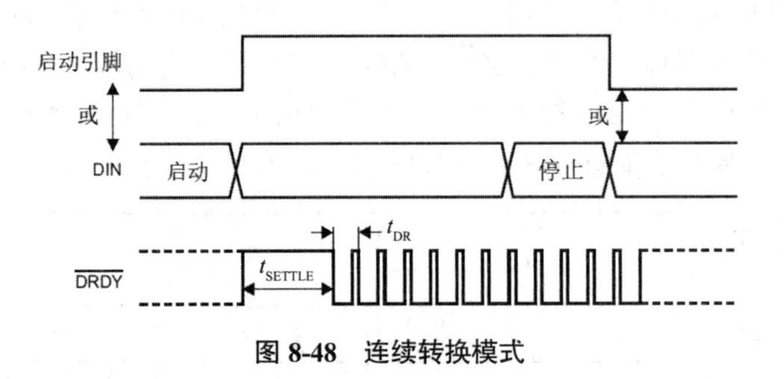

图 8-48 连续转换模式

4)单触发模式

通过将 CONFIG4 寄存器中的单炮位设置为“1”,启用单炮模式。在单次激发模式下,当起始引脚处于高位或发送启动命令时，ADS1299-x 执行单次转换。如图 8-49 所示,当转换完成时,$\overline{\text{DRDY}}$ 变低,进一步的转换停止。无论转换数据是否被读取,$\overline{\text{DRDY}}$ 都保持低。要开始新的转换,先将起始引脚调低,然后再调回高位,或者再次发送 START 命令。从连续转换模式切换到单触发模式时,将启动信号调低并调回高位,或先发送停止命令,再发送启动命令。

此转换模式非常适合需要非标准或非连续数据速率的应用程序。发出启动命令或将启动引脚拨到高位将重置数字滤波器,有效地将数据速率降低为 1/4。这种模式使系统更容易受到混叠效应的影响,需要更复杂的模拟或数字滤波,主机处理器上的负载增加,因为处理器必须切换启动引脚或发送启动命令以启动新的转换周期。

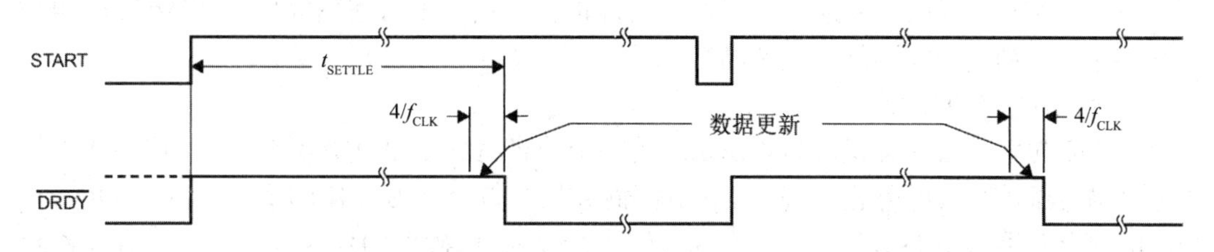

图 8-49　在单触发模式下无数据读的 $\overline{\text{DRDY}}$ 信号

8.3.5　编程

1. 数据格式

ADS1299 提供 24 位二进制 2 补码格式的数据。一个代码（LSB）的大小可用下式计算：

$$1\ \text{LSB} = \left(2 \times V_{REF} / \text{增益}\right) / 2^{24} = +\text{FS} / 2^{23} \tag{8-9}$$

正满刻度输入产生的输出代码，负满标度输入产生 800000 h 的输出代码。对于超过满刻度的信号，输出 7FFFFFh 或 800000 h。表 8-5 给出了不同输入信号的理想输出代码。当模拟输入为正或负满标度时，所有 24 位切换。

表 8-5　理想输出码与输入信号

输入信号 V_{IN}（INxP - INxN）	理想输出码
≥ FS	7FFFFFh
+FS /（2^{23} – 1）	000001h
0	000000h
–FS /（2^{23} – 1）	FFFFFFh
≤ –FS	（2^{23} / 2^{23} – 1）800000h

注：排除噪声、线性、偏移和增益误差的影响。

2. SPI 接口

SPI 兼容串行接口由四个信号组成：$\overline{\text{CS}}$、SCLK、DIN 和 DOUT。接口读取转换数据，读取和写入寄存器，并控制 ADS1299-x 操作。数据就绪输出 $\overline{\text{DRDY}}$ 用作状态信号，以指示数据何时就绪。当有新数据可用时，$\overline{\text{DRDY}}$ 变低。

1）芯片选择（$\overline{\text{CS}}$）

$\overline{\text{CS}}$ 引脚激活 SPI 通信。$\overline{\text{CS}}$ 在操作数据之前必须处于低电平，并且在整个 SPI 通信期间必须保持低电平。当 $\overline{\text{CS}}$ 高时，DOUT 引脚进入高阻抗状态。因此，对串行接口的读写被忽略，串行接口被重置。$\overline{\text{DRDY}}$ 引脚操作独立于 $\overline{\text{CS}}$。$\overline{\text{DRDY}}$ 指示新的转换已经完成，并且作为对 SCLK 的响应而被强制为高，即使 $\overline{\text{CS}}$ 是高。

将 $\overline{\text{CS}}$ 设为高电平只会停用与器件的 SPI 通信，并且串行接口被重置，数据转换继续进行，并且可以监视 $\overline{\text{DRDY}}$ 信号以检查新的转换结果是否准备就绪。监控 $\overline{\text{DRDY}}$ 信号的主机可以通过将 $\overline{\text{CS}}$ 引脚拉低来选择适当地从器件进行通信。串行通信完成后，需要等待四个或更多个 t_{CLK} 周期，然后再将 $\overline{\text{CS}}$ 调高。

2）串行时钟（SCLK）

SCLK 为串行通信提供时钟。SCLK 是一个施密特触发器输入，但建议保持 SCLK 信号尽可能远离噪声，以防止故障、无意中传输数据。数据在 SCLK 的下降沿移入 DIN，在 SCLK 的上升沿移出 DOUT。使用 SCLK 输入命令时，应确保向器件发出完整的 SCLK 脉冲个数。否则，会导致器件串行接口处于未知状态，需要将 $\overline{\text{CS}}$ 置于高位才能恢复。对于单个器件，SCLK 所需的最低速度取决于通道数、分辨率位数和输出数据速率。例如，如果 ADS1299 用于 500 SPS 模式（8 个通道，24 位分辨率），则 SCLK 最小速度为 110 kHz。

数据检索可以通过将器件置于 RDATAC 模式或根据需要对数据发出 RDATA 命令来完成。式（8-10）中的 SCLK 速率限制适用于 RDATAC。对于 RDATA 命令，如果必须在两个连续 $\overline{\text{DRDY}}$ 信号之间读取数据，则该限制适用。式（8-10）假设在数据捕获之间没有发出其他命令。

$$t_{\text{SCIK}} < \frac{t_{\text{DR}} - 4t_{\text{CLK}}}{N_{\text{BITS}} \times N_{\text{CHANNELS}} + 24} \tag{8-10}$$

3）数据输入（DIN）

DIN 与 SCLK 一起用于向器件发送数据。DIN 上的数据被转移到 SCLK 下降沿的器件中。这种器件的通信本质上是全双工的。即使在数据被移出时，器件也会监视被移入的命令。输入命令时，输出移位寄存器中存在的数据被移出。因此，在移出数据时，确保 DIN 引脚上发送的内容有效。当读取数据时不向器件发送命令，在 DIN 上发送 NOP 命令。在 DIN 上发送多字节命令时，确保在发送多字节命令部分满足 t_{SDECODE} 定时。

4）数据输出（DOUT）

DOUT 与 SCLK 一起用于从器件读取转换结果和寄存器数据。数据首先在 SCLK 的上升沿，MSB 宰相。当 $\overline{\text{CS}}$ 变高时，DOUT 进入高阻抗状态。图 8-50 所示为 ADS1299 数据输出协议。

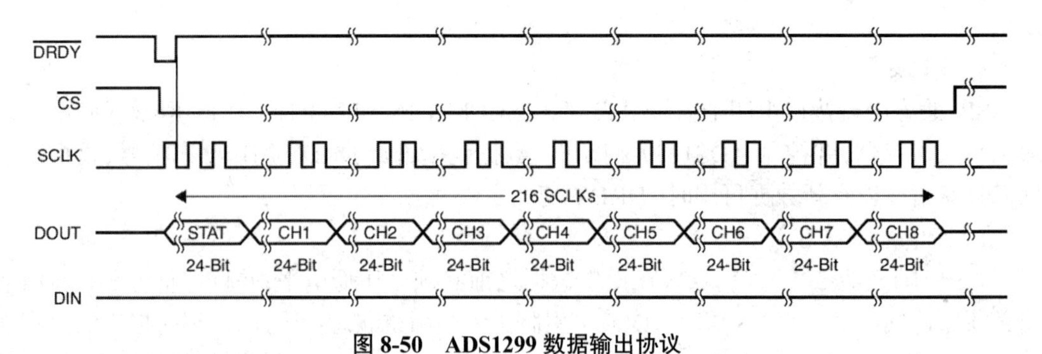

图 8-50　ADS1299 数据输出协议

3. SPI 命令定义

ADS1299-x 提供灵活的配置控制，这些命令汇总在表 8-6 中，用于控制和配置器件操作。这些命令是独立的，但需要第二个命令字节加上数据的寄存器读写操作。$\overline{CS}$ 可以在命令之间处于高位或低位，但在整个命令操作中必须保持低位（特别是对于多字节命令）。系统命令和 RDATA 命令由第七个 SCLK 下降沿上的器件解码。寄存器读写命令在第八个 SCLK 下降沿上解码。在发出命令后将 $\overline{CS}$ 拉高时，确保遵循 SPI 计时要求。

表 8-6　命令的定义

指令	说明	第一个字节	第二个字节
系统指令			
WAKEUP	从闲置模式唤醒	0000 0010（02 h）	
STANDBY	进入闲置模式	0000 0100（04 h）	
$\overline{\text{RESET}}$	复位器件	0000 0110（06 h）	
START	启动或重启（同步）转换	0000 1000（08 h）	
STOP	停止转换	0000 1010（0Ah）	
数据读命令			
RDATAC	使能连续读数据模式， 上电时该模式是缺省模式(1)	0001 0000（10 h）	
SDATAC	停止连续读数据模式	0001 0001（11 h）	
RDATA	用指令读数据； 支持批量读数据	0001 0010（12 h）	
寄存器读命令			
RREG	读从 r rrrr 开始地址的 n nnnn 寄存器数据	001r rrrr（2xh）(2)	000n nnnn(2)
WREG	写 n nnnn 的数据到从 r rrrr 地址开始寄存器	000n nnnn(2)	010r rrrr（4xh）(2)

注：（1）在 RDATAC 模式下，将忽略 RREG 命令。
（2）n nnnn = 要读取或写入的寄存器数 –1。例如，要读取或写入三个寄存器，设置 n nnnn = 0（0010）。r rrrr = 要读取或写入寄存器的起始地址。

1）发送多字节命令

ADS1299-x 串行接口以字节为单位对命令进行解码，需要 4 个 t_{CLK} 周期来解码和执行。因此，在发送多字节命令（如 RREG 或 WREG）时，一个 $4t_{CLK}$ 周期必须将一个字节（或命令）的结尾与下一个字节（或命令）的结尾分开。

假设 SCLK 是 2.048 MHz，那么 $t_{SDECODE}$（$4t_{CLK}$）是 1.96 μs。当 SCLK 为 16 MHz 时，一个字节可以在 500 ns 内传输。此字节传输时间不符合 $t_{SDECODE}$ 规范，因此必须插入一个延迟，以便第二个字节在 1.46 μs 之后到达。如果 SCLK 是 4 MHz，则一个字节的传输需要 2 μs，传输时间超过了 $t_{SDECODE}$，处理器可以毫不延迟地发送后续字节。在后面的场景中，可以对串行端口进行编程，使其从每个周期的单字节传输变为多字节传输。

2）唤醒：退出待机模式

唤醒命令用于退出低功耗待机模式，此命令没有 SCLK 速率限制，可以随时发出，后续的任何命令必须在延迟 4 个 t_{CLK} 周期后发送。

3）待机：进入待机模式

待机命令用于使器件进入低功率待机模式。除参考电源外，电路的所有部分都关闭。此命令没有 SCLK 速率限制，可以随时发出。器件进入待机模式后，不要发送唤醒命令以外的任何其他命令。

4）重置：将寄存器重置为默认值

$\overline{\text{RESET}}$ 命令用于重置数字滤波器周期，并将所有寄存器设置返回缺省值。此命令没有 SCLK 速率限制，可以随时发出。执行复位命令需要 18 个 t_{CLK} 周期，在此期间避免发送任何命令。

5）启动：启动转换

START 命令用于启动数据转换。将起始引脚固定在低位，以通过命令控制转换。如果正在进行转换，则此命令无效。STOP 命令停止转换。如果启动命令紧接着停止命令，则它们之间必须有 4 个 t_{CLK} 周期延迟。

当启动命令发送到器件时，保持启动引脚低，直到发出停止命令。此命令没有 SCLK 速率限制，可以随时发出。

6）停止：停止转换

停止命令用于停止转换。发送 STOP 命令后，将完成正在进行的转换，停止进一步的转换。如果转换已停止，则此命令无效。此命令没有 SCLK 速率限制，可以随时发出。

7）RDATAC：连续读取数据

RDATAC 命令允许在每个 $\overline{\text{DRDY}}$ 上输出转换数据，而无须发出后续的读取数据命令。此模式将转换数据放入输出寄存器，并可直接移出。读取数据连续模式为器件默认模式，开机时器件默认为此模式。

RDATAC 模式可被 SDATAC 命令取消。如果器件处于 RDATAC 模式，则必须先发出 SDATAC 命令，然后才能向器件发送任何其他命令。此命令没有 SCLK 速率限制。但是，随后启动数据传输的 SCLK 或 SDATAC 命令应在完成之前至少等待 4 个 t_{CLK} 周期。在 $\overline{\text{DRDY}}$ 脉冲周围有一个 4 个 t_{CLK} 周期的禁区，在该区域中不能发出该命令。如果没有从器件中得到数据，DOUT 和 $\overline{\text{DRDY}}$ 在此模式下的输出电平相同。要在发出 RDATAC 命令后从器件启动数据传输，需要确保 START 引脚高或发出 START 命令。图 8-51 所示为使用 RDATAC 命令的推荐方法。RDATAC 非常适用于数据记录器等应用程序，在这些应用程序中，寄存器只设置一次，不需要重新配置。

8）SDATAC：停止连续读取数据

SDATAC 命令用于取消读取数据连续模式。此命令没有 SCLK 速率限制，但下一个命令必须等待 4 个 t_{CLK} 周期才能完成。

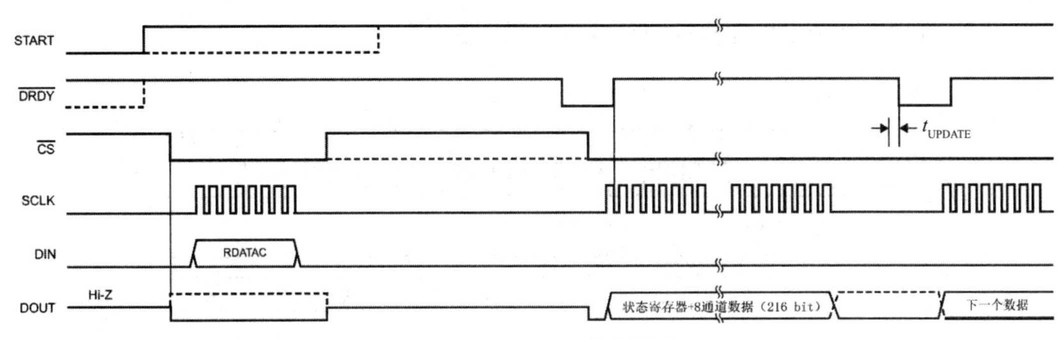

图 8-51　RDATAC 推荐用法

9）RDATA：读取数据

当不处于读数据连续模式时，RDATA 命令用最新数据加载输出移位寄存器。在 DRDY 变低后发出这个命令来读取转换结果。此命令没有 SCLK 速率限制，并且后续命令或数据检索 SCLK 不需要等待时间。要在发出 RDATA 命令后从器件检索数据，确保 START 高或发出 START 命令。使用 RDATA 命令读取数据时，读取操作可以与下一个 DRDY 事件重叠，而不会导致数据损坏。图 8-52 所示为使用 RDATA 命令的推荐方法。RDATA 最适合 ECG 和 EEG 的记录系统，其中寄存器设置必须在转换周期之间读取或更改。

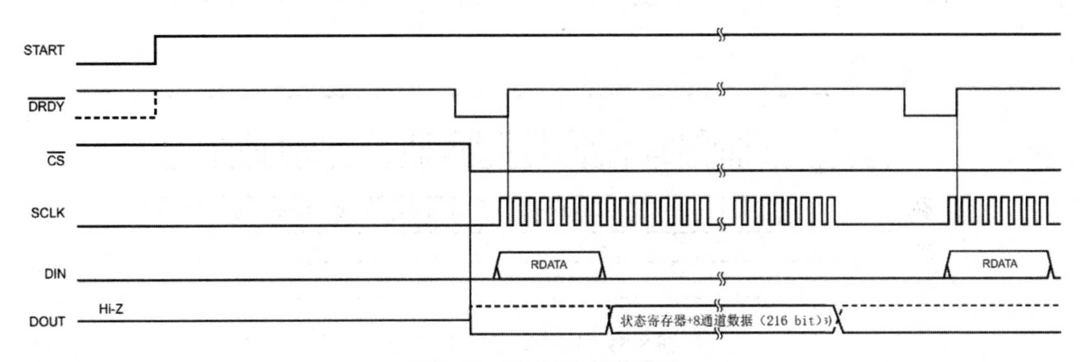

图 8-52　RDATA 推荐用法

10）RREG：从寄存器读取

RREG 命令用于读取寄存器数据。寄存器读取命令是一个两字节的命令，后跟寄存器数据输出，第一个命令字节包含命令和寄存器地址，第二个命令字节指定要读取的寄存器数 –1。

第一个命令字节：001r rrrr，其中 r rrrr 是起始寄存器地址。

第二个命令字节：000n nnnn，其中 n nnnn 是要读取的寄存器数 –1。

该操作的第 17 个 SCLK 上升沿对第一个寄存器的 MSB 进行计时，如图 8-53 所示。当器件处于读数据连续模式时，必须先发出 SDATAC 命令，然后才能发出 RREG 命令。可以随时发出 RREG 命令，但是由于此命令是多字节命令，因此存在 SCLK 速率限制，具体取决于 SCLK 的发出方式以满足 $t_{SDECODE}$ 定时。

注意,在整个命令发出和执行期间,$\overline{CS}$ 必须为低电平。

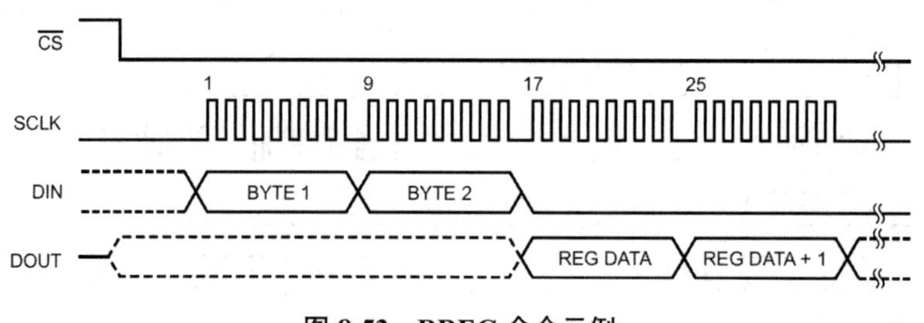

图 8-53 RREG 命令示例

从寄存器 00h(ID 寄存器)开始读取两个寄存器(字节 1=0010 0000,字节 2=0000 0001)

11)WREG:写入寄存器

此命令用于写入寄存器数据。寄存器写入命令是一个两字节的命令,后跟寄存器数据输入,第一个字节包含命令和寄存器地址,第二个命令字节指定要写入的寄存器数 –1。

第一个命令字节:010r rrrr,其中 r rrrr 是起始寄存器地址。

第二个命令字节:000n nnnn,其中 n nnnn 是要写入的寄存器数 –1。

在命令字节之后是寄存器数据(MSB first 格式),如图 8-54 所示。WREG 命令可以随时发出。但是,由于此命令是多字节命令,因此存在 SCLK 速率限制,具体取决于 SCLK 的发出方式,以满足 $t_{SDECODE}$ 定时。注意,在整个命令发出和执行期间,$\overline{CS}$ 必须为低电平。

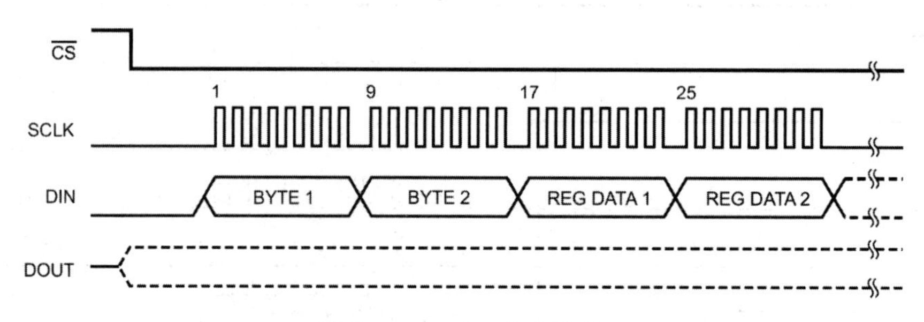

图 8-54 WREG 命令示例

从 00h 开始写入两个寄存器(ID 寄存器)(字节 1=0100 0000,字节 2=0000 0001)

8.3.6 寄存器映射

表 8-7 给出了 ADS1299-x 的全部寄存器。

表 8-7 ADS1299-x 的全部寄存器

地址	寄存器	缺省值	寄存器的位							
			7	6	5	4	3	2	1	0
只读 ID 寄存器										
00h	ID	xxh	REV_ID[2:0]			1	DEV_ID[1:0]		NU_CH[1:0]	
全局设置操作通道										

续表

地址	寄存器	缺省值	寄存器的位							
			7	6	5	4	3	2	1	0
01h	CONFIG1	96h	1	$\overline{\mathrm{DAISY\_EN}}$	CLK_EN	1	0	DR[2:0]		
02h	CONFIG2	C0h	1	1	0	INT_CAL	0	CAL_AMP0	CAL_FREQ[1:0]	
03h	CONFIG3	60h	$\overline{\mathrm{PD\_REFBUF}}$	1	1	BIAS_MEAS	BIAS-REFJNT	$\overline{\mathrm{PD\_BIAS}}$	BIAS_LOFF_SENS	BIAS_STAT
04h	LOFF	00h	COMP_TH[2:0]			0	ILEAD_OFF[1:0]		FLEAD_OFF[1:0]	
通道设置										
05h	CH1SET	61h	PD1	GAIN 1 [2:0]			SRB2	MUX1[2:0]		
06h	CH2SET	61h	PD2	GAIN2[2:0]			SRB2	MUX2[2:0]		
07h	CH3SET	61h	PD3	GAIN3[2:0]			SRB2	MUX3[2:0]		
08h	CH4SET	61h	PD4	GAIN4[2:0]			SRB2	MUX4[2:0]		
09h	CH5SET[1]	61h	PD5	GAIN5[2:0]			SRB2	MUX5[2:0]		
OAh	CH6SET[1]	61h	PD6	GAIN6[2:0]			SRB2	MUX6[2:0]		
OBh	CH7SET[2]	61h	PD7	GAIN7[2:0]			SRB2	MUX7[2:0]		
OCh	CH8SET[2]	61h	PD8	GAIN8[2:0]			SRB2	MUX8[2:0]		
ODh	BIAS_SENSP	00h	BIASP8[2]	BIASP7[2]	BIASP6[1]	BIASP5[1]	BIASP4	BIASP3	BIASP2	BIASP1
OEh	BIAS_SENSN	00h	BIASN8[2]	BIASN7[2]	BIASN6[1]	BIASN5[1]	BIASN4	BIASN3	BIASN2	BIASN1
OFh	LOFF_SENSP	00h	LOFFP8[2]	LOFFP7[2]	LOFFP6[1]	LOFFP5[1]	LOFFP4	LOFFP3	LOFFP2	LOFFP1
10h	LOFF_SENSN	00h	LOFFM8[2]	LOFFM7[2]	LOFFM6[1]	LOFFM5[1]	LOFFM4	LOFFM3	LOFFM2	LOFFM1
11h	LOFF_FLIP	00h	LOFF_FLIP8[2]	LOFF_FLIP7[2]	LOFF_FLIP6[1]	LOFF_FLIP5[1]	LOFF_FLIP4	LOFF_FLIP3	LOFF_FLIP2	LOFF_FLIP1
导联脱落寄存器(只读)										
12h	LOFF_STATP	00h	IN8P_OFF	IN7P_OFF	IN6P_OFF	IN5P_OFF	IN4P_OFF	IN3P_OFF	IN2P_OFF	IN1P_OFF
13h	LOFF_STATN	00h	IN8M_OFF	IN7M_OFF	IN6M_OFF	IN5M_OFF	IN4M_OFF	IN3M_OFF	IN2M_OFF	IN1M_OFF
GPIO 和其他寄存器										
14h	GPIO	0Fh	GPIOD[4:1]				GPIOC[4:1]			
15h	MISC1	00h	0	0	SRB1	0	0	0	0	0
16h	MISC2	00h	0	0	0	0	0	0	0	0
17h	CONFIG4	00h	0	0	0	0	SINGLE_SHOT	0	$\overline{\mathrm{PD\_LOFF\_COMP}}$	0

注:(1)寄存器或位仅在 ADS1299-6 和 ADS1299 中可用,ADS1299-4 中的寄存器位设置为 0h 或 00h。
(2)寄存器或位仅在 ADS1299 中可用,ADS1299-4 和 ADS1299-6 中的寄存器位设置为 0h 或 00h。

8.3.7 应用

1. 基本应用建议

1)未使用的输入和输出引脚

关闭未使用的模拟输入,并将其直接连接到 AVDD。

如果未使用,关闭偏置放大器电源,并浮动 BIASOUT 和 BIASINV。BIASIN 也可以浮动,如果不使用,也可以直接绑定到 AVSS。

将 BIASREF 直接连接到 AVSS,如果未使用,则保持浮动。

将 SRB1 和 SRB2 直接连接到 AVSS,如果未使用,则使其保持浮动状态。

不要浮动未使用的数字输入,否则可能会导致过多的电源泄漏电流。将双状态模式设置引脚高至 DVDD 或低至 DGND 至少大于 10 MΩ 电阻器。

如果未使用,则使用弱上拉电阻器将 $\overline{\text{DRDY}}$ 拉至电源。

如果不是菊花链装置,直接将菊花链连接到 DGND。

2)设置器件

图 8-55 所示为在基本状态下配置器件和采集数据的过程。此过程将器件置于与相关部分中列出的参数匹配的配置中,以检查器件在用户系统中是否正常工作。开始时遵循此步骤,直到熟悉器件设置为止。验证此过程后,可以根据需要配置器件。

Ⅰ. 导联脱落

设置直流引线关闭以及所有通道的上拉和下拉电阻。

WREG LOFF 0x13　　　　//比较器阈值在 95%和 5%,上拉或下拉电阻直流引线关闭

WREG CONFIG4 0x02　　　　//开启直流导联脱落比较器

WREG LOFF_SENSP 0xFF　　　　//打开所有通道的 P 侧,以进行导联脱落检测

WREG LOFF_SENSN 0xFF　　　　//打开所有通道的 N 侧,以进行导联脱落检测

观察输出数据流的状态位以监视引出状态。

Ⅱ. 偏置驱动

代码选择偏差作为前三个通道的平均值。

WREG RLD_SENSP 0x07　　　　//为 RLD 感应选择通道 1-3 P 侧

WREG RLD_SENSN 0x07　　　　//选择通道 1-3 N 侧进行 RLD 检测

WREG CONFIG3 b'x1xx 1100　　　　//打开偏置放大器,设置内部偏置电压

代码将 BIASOUT 的通过 4 N 侧路由并用通道 5 测量偏压,需要确保芯片外的 BIASOUT 引脚连接到 BIASIN 引脚。

WREG CONFIG3 b'xxx1 1100　　//打开偏置放大器,设置内部偏置反电压,设置偏置测量位

WREG CH4SET b'xxxx 0111　　//将 BIASIN 路由到通道 4 N 侧

WREG CH5SET b'xxxx 0010　　//在通道 5 测量 BIASIN 相对于 BIASREF 的偏差值

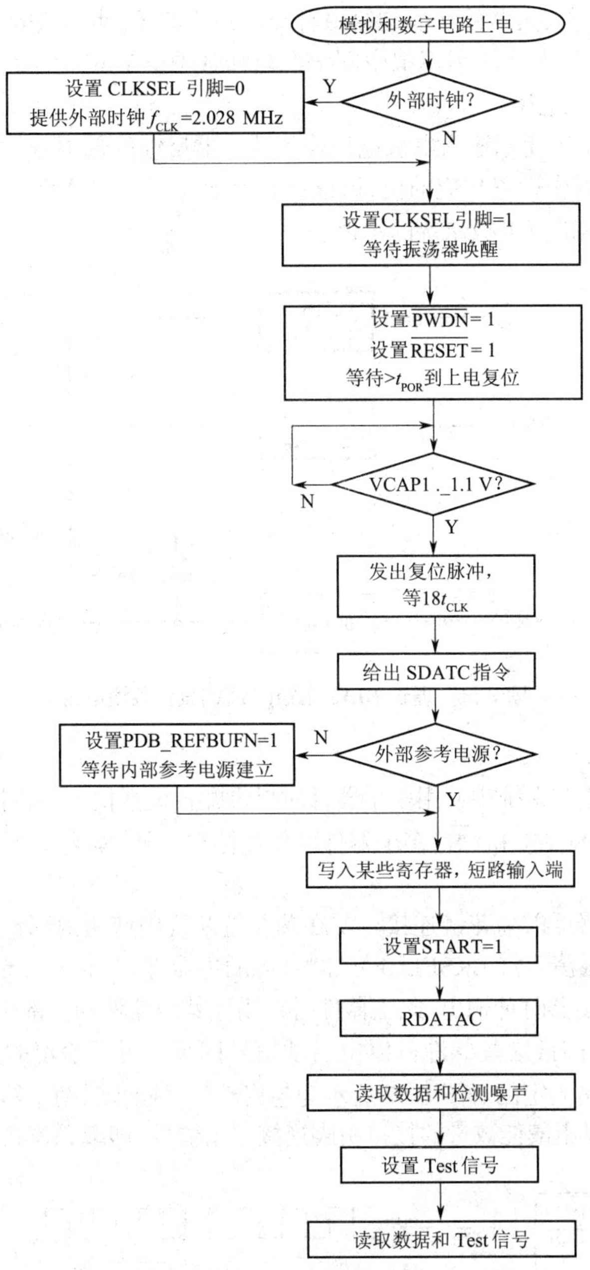

图 8-55　在基本状态下配置器件和采集数据的过程

3)建立输入共模参考点

ADS1299-x 测量全差分信号，其中共模电压点为正负模拟输入的中点。由于工作所需的净空，内部 PGA 限制了共模输入范围。由于噪声很容易耦合到人体上，就像天线一样，人体容易产生共模漂移。这些共模漂移可能会将 ADS1299-x 输入共模电压超出 ADC 的可测量范围。

如果系统使用患者驱动电极，则 ADS1299-x 包括连接到患者驱动电极的片上偏置驱动

（偏置）放大器。偏压放大器的功能是给患者施加一个偏压，使其他电极共模电压保持在有效范围内。通电时，放大器使用模拟中间电源电压或 BIASREF 引脚上的电压作为参考输入，以驱动患者达到该电压。

ADS1299-x 提供了使用输入电极电压作为放大器反馈的选项，通过在 BIAS_SENSP 和 BIAS_SENSN 寄存器中设置相应的位，可以更有效地稳定放大器参考电压的输出。图 8-56 所示为利用这种技术的三电极系统的示例。

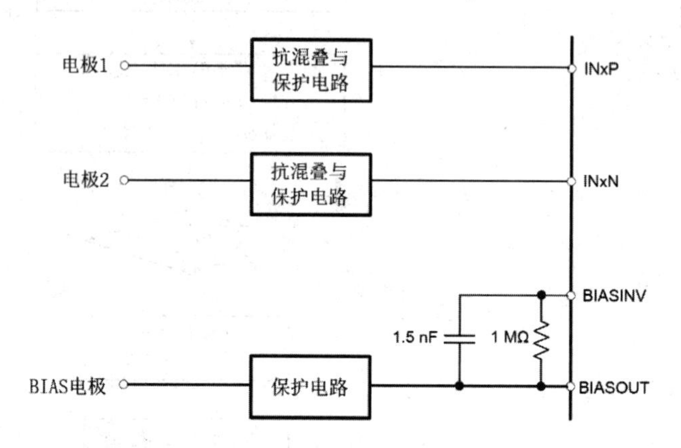

图 8-56 通过 BIAS 电极（导联）设置共模电压

4）多器件配置

ADS1299-x 用于在系统中使用多个器件时提供配置灵活性。串行接口通常需要四个信号，即 DIN、DOUT、SCLK 和 $\overline{\text{CS}}$，多个器件可以连接在一起，连接 n 个器件所需的信号数为 $3+n$。

偏置驱动放大器可以菊花链连接。要在菊花链配置中使用内部振荡器，必须将一个器件设置为启用内部振荡器（CLKSEL=1）的时钟源的主器件，并通过将 CLK_EN 寄存器位设置为“1”，将内部振荡器时钟输出，此主器件时钟用作其他器件的外部时钟源。

当使用多个器件时，这些器件可以由启动信号同步。对于给定的数据速率，从开始到 $\overline{\text{DRDY}}$ 信号的延迟是固定的。图 8-57 所示为与启动信号同步时两个器件的行为。

有两种方法可以用最佳数量的接口引脚连接多个器件，即级联模式和菊花链模式。

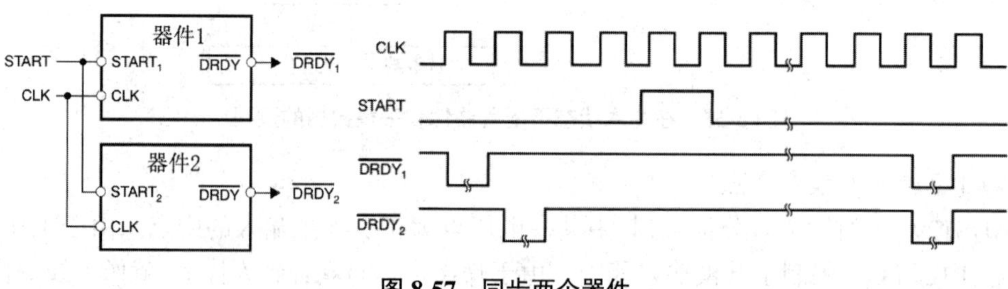

图 8-57 同步两个器件

Ⅰ. 级联模式

图 8-58（a）所示为两个器件级联在一起的配置。这些器件共同构成了一个具有 16 个

通道的系统，DOUT、SCLK 和 DIN 是共享的，每个器件都有自己的芯片选择。当被驱动到逻辑 1 的相应 $\overline{CS}$ 没有选择一个器件时，该器件的 DOUT 是高阻抗的。这种结构允许另一个器件控制 DOUT 总线，此配置方法适用于大多数应用程序。

Ⅱ. 菊花链模式

通过在 CONFIG1 寄存器中设置 $\overline{DAISY\_EN}$ 位来启用菊花链模式。图 8-58（b）所示为菊花链配置。在此模式下，SCLK、DIN 和 $\overline{CS}$ 是共享的。第二个器件的 DOUT 连接到第一个器件的 DAISY_IN，从而创建一个链。使用菊花链模式时，多重读功能不可用。如果不使用，将 DAISY_IN 引脚短接至数字接地。

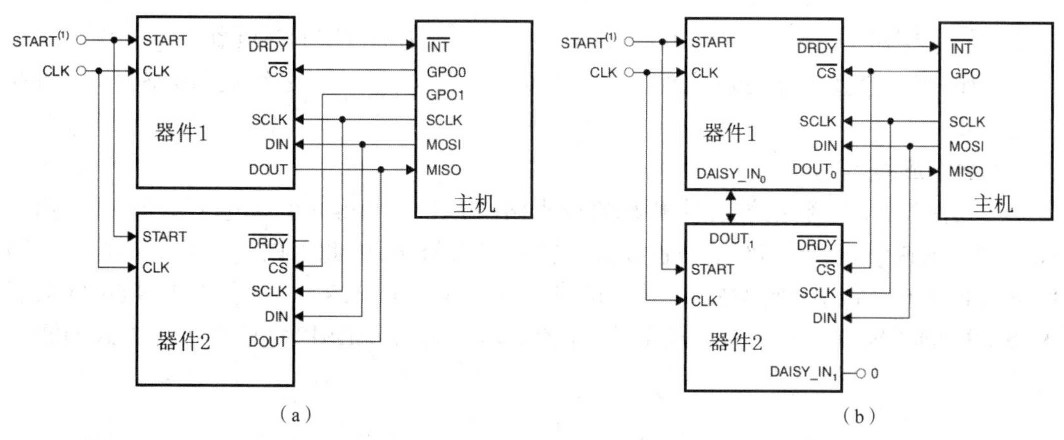

图 8-58　多个器件的配置模式

（a）级联模式　（b）菊花链模式

注：要减少管脚计数，将起始管脚设置为低，并使用 START 串口命令来同步和启动转换。

图 8-59 所示为图 8-58（b）的配置中器件所需的定时。器件 1 的状态和数据首先显示在 DOUT 上，然后是器件 2 的状态和数据。ADS1299 可以与第二个 ADS1299、ADS1299-6 或 ADS1299-4 菊花链连接。

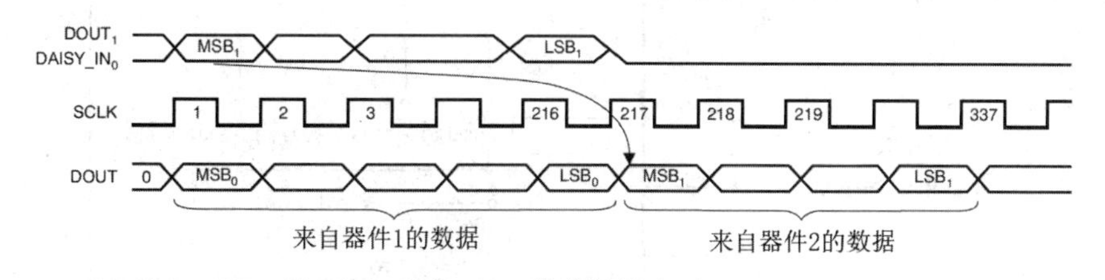

图 8-59　菊花链的定时

当链中的所有器件在相同的寄存器设置下运行时，DIN 也可以共享。这种配置将 SPI 通信信号减少到 4 个，而不考虑器件的数量。偏置驱动器不能在多个器件之间共享，并且必须使用外部时钟，因为共享 DIN 时不能对单个器件进行编程。

注意，在图 8-59 中 SCLK 上升沿将数据移出 DOUT 上的器件，SCLK 负边缘用于将数据锁存到器件 DAISY_IN 中。这种结构允许更快的 SCLK 速率，但也使接口对板级信号延迟敏感。菊花链中的器件越多，遵守设置和保持时间就越具有挑战性。一个星形连接的

SCLK 到所有器件，最大限度地减少 DOUT 长度和其他印刷电路板（PCB）布局技术帮助。在 DOUT 和 DAISY_IN 之间放置延迟电路（如缓冲器）是缓解这一挑战的方法。另一种选择是在 DOUT 和 DAISY_IN 之间插入一个 D 触发器，并在一个反向 SCLK 上计时。还要注意，菊花链模式需要一些软件开销来重新组合跨字节边界分布的数据位。图 8-59 显示了这种模式的时序图。

可以菊花链连接的最大器件数取决于器件运行时的数据速率。器件的最大数量可用下式近似计算：

$$N_{\mathrm{DEVICES}}=\frac{f_{\mathrm{SCLK}}}{f_{\mathrm{DR}}N_{\mathrm{BITS}}N_{\mathrm{CHANNELS}}+24} \tag{8-11}$$

式中：N_{BITS} 为器件分辨率（取决于数据速率）；N_{CHANNELS} 为器件中的通道数。

例如，当 8 信道 ADS1299 以 2 kSPS 数据速率和 4 MHz f_{SCLK} 操作时，10 个器件可以菊花链连接。

2. 典型应用

与其他类型的生物电位信号相比，在脑电图（EEG）中测得的生物电位信号很小。由于 ADS1299 的高性能内部 PGA 具有极低的输入参考噪声，因此可以测量此类小信号。图 8-60 和图 8-61 所示为典型脑电图测量设置中配置 ADS1299 的示例。图 8-60 显示了 ADS1299 的双极性方式测量电极电位，而图 8-61 显示了 ADS1299 的单极性方式的测量连接。

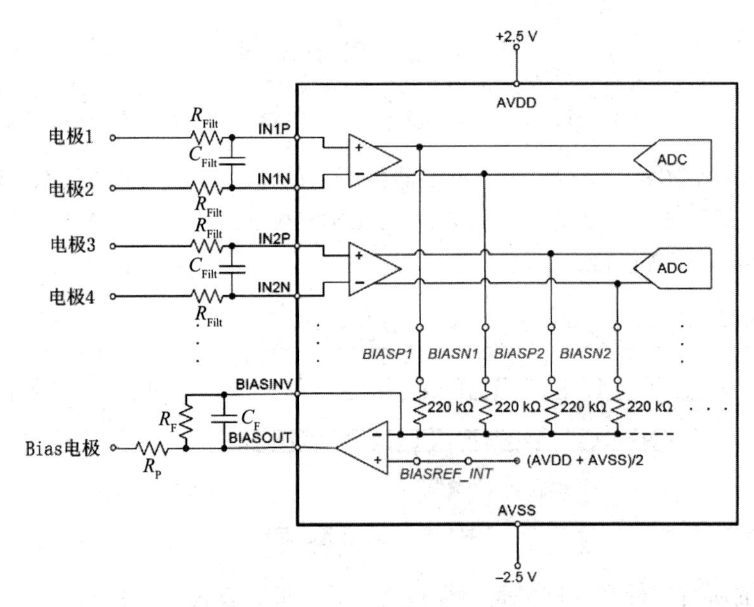

图 8-60 ADS1299 的双极性方式应用

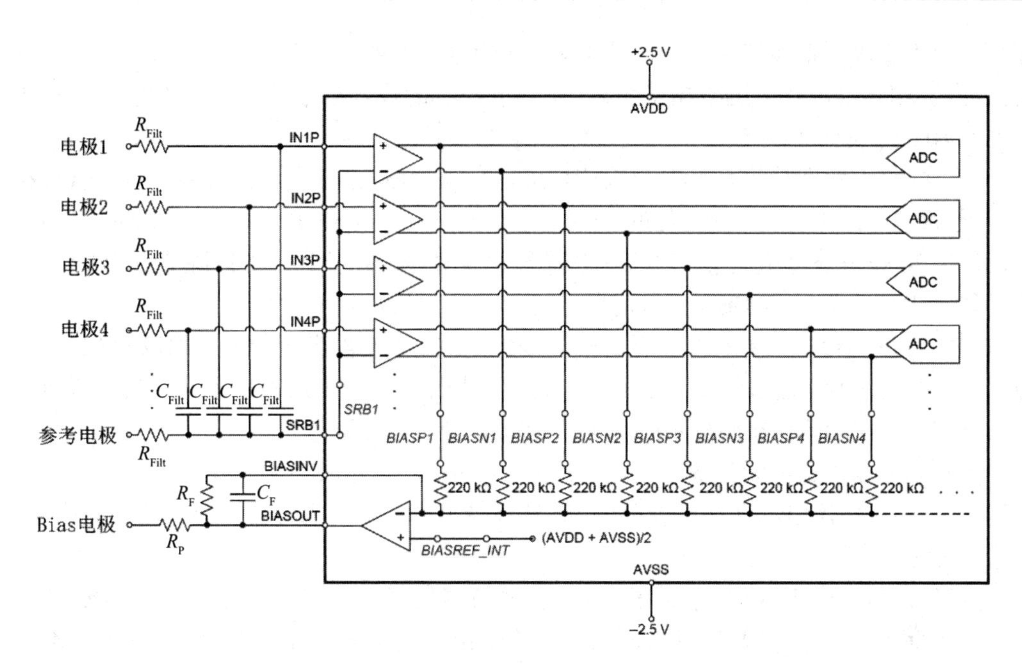

图 8-61　ADS1299 的单极性方式应用

1)设计要求

表 8-8 给出了典型的脑电图测量系统的设计要求。

表 8-8　脑电图测量系统的设计要求

设计参数	数值
带宽	1~50 Hz
最小信号带宽	10 μVPk
输入阻抗	> 10 MΩ
耦合	dc

2)详细设计过程

ADS1299 上的每个通道都经过优化,可以测量单独的脑电图波形。具体的联系取决于脑电图单、双极性方式。双极性是一种配置,其中每个通道表示两个相邻电极之间的电压。例如,要测量 ADS1299 通道 1 上的 Fp1 和 F7 电极之间的电位,将 Fp1 电极连接到 IN1P,将 F7 电极布线到 IN1 N。双极性方式的连接如图 8-60 所示。或者,可以在双极性方式中测量 EEG 电极,其中每个电极相对于单个参考电极进行测量。这种方式还可以通过找出两个电极波形之间的"差"来计算双极性方式中测量的波形。ADS1299 允许通过使用 SRB1 引脚进行这种配置。通过在 MISC1 寄存器中设置 SRB1 位,ADS1299 上的 SRB1 引脚可以内部路由到每个通道负输入。当参考电极连接到 SRB1 引脚,所有其他电极连接到相应的正通道输入时,可以使用单极性方式测量电极电压。单极性方式的连接如图 8-61 所示。

ADS1299 被设计成 EEG 前端,这样在电极和 ADS1299 之间就不需要额外的放大或缓冲级。ADS1299 具有低噪声 PGA,即具有优异的输入参考噪声性能。对于某些数据速率和增益设置,ADS1299 引入的数据量明显小于 1 μV_{RMS} 的输入参考噪声的信号链,使器件更能够处理 10 μV_{Pk} 最小信号幅度。

传统的脑电数据采集系统对前端信号进行高通滤波,去除直流信号的内容。这种拓扑结构允许信号被放大一个大的增益,之后信号可以被 12~16 位的 ADC 数字化。ADS1299 24 位分辨率允许信号与 ADC 进行直流耦合,由于器件可以除去显著的直流偏移,仍然可以测量较小的 EEG 信号信息。

ADS1299 通道输入具有非常低的输入偏置电流,允许电极连接到 ADS1299 的输入,而患者电缆上的泄漏电流非常小。当引出电流源被禁用时, ADS1299 的最小直流输入阻抗为 1GΩ,在启用引出电流源时,ADS1299 的直流输入阻抗通常可达 500 MΩ。

低通滤波器由无源元件 R_{Filt} 和 C_{Filt} 构成。一般来说,建议使用差动电容器 C_{Filt} 来形成滤波器,而不是使用电容器接地的单个 *RC* 滤波器。差分电容器配置可显著改善共模抑制,消除了对元件失配的依赖。

由于 Δ-∑ ADC 滤波器的抽取拓扑结构,滤波器的截止频率可以远远超过 ADC 的数据速率。注意,防止 f_{MOD} 处数字抽取滤波器响应的第一次重复出现混叠。假设 2.048 MHz 的 f_{CLK}, f_{MOD} =1.024 MHz。医用电子技术标准对 R_{Filt} 值有一个最低限度的规定。必须设置电容值以安排适当的截止频率。

如果系统可能受到高频 EMI 的影响,建议在输入端使用共模电容器来过滤高频共模信号。如果增加这些电容器,则电容器应为差动电容器的 1/10 或 1/20,以确保其共模抑制比的影响最小化。

集成偏置放大器在 ADS1299 脑电数据采集系统中有两个用途。一个是偏置放大器提供一个偏置电压,当施加到受试者身上时,该电压使测量电极共模电压保持在 ADS1299 的轨道内,这种情况允许直流耦合。另一个是偏置放大器可被配置为向患者提供负共模反馈,以消除电极上出现的不需要的共模信号。这一特性特别有用,因为生物电位采集系统容易受到工频共模干扰。

偏置放大器通过在 CONFIG3 寄存器中设置 PD_BIAS 偏置位来给定。设置 CONFIG3 寄存器中的 BIASREF_INT 位,将内部生成的模拟中间电源电压输入偏置放大器的同相输入。要启用电极作为偏置放大器的输入,在偏置寄存器或偏置检测寄存器中设置相应的位。

偏置放大器的直流增益由 RBIA 和作为偏置放大器输入启用的通道输入数决定。偏置放大器电路只传递共模信号,因此每个 PGA 输出端的电阻器 330 kΩ 对于共模信号是并联的。偏置放大器以反相增益方案配置,用于确定输入偏置放大器的共模信号的直流增益的公式如式(8-12)所示。电容器 C_f 设置偏置放大器的带宽,确保放大器有足够的带宽输出所有预期的共模信号。

$$\frac{V_o}{V_i}=\frac{R_f N}{330\ \text{k}\Omega} \tag{8-12}$$

直流耦合脑电图数据采集系统的另一个优点是,能够检测到电极与患者接触良好与否。ADS1299 具有集成的导联脱落检测的功能。

3）应用测试

通过一台精密信号发生器，可测试 ADS1299 在频带内和典型脑电图信号幅值的能力，可用图 8-62 所示的配置进行测试。

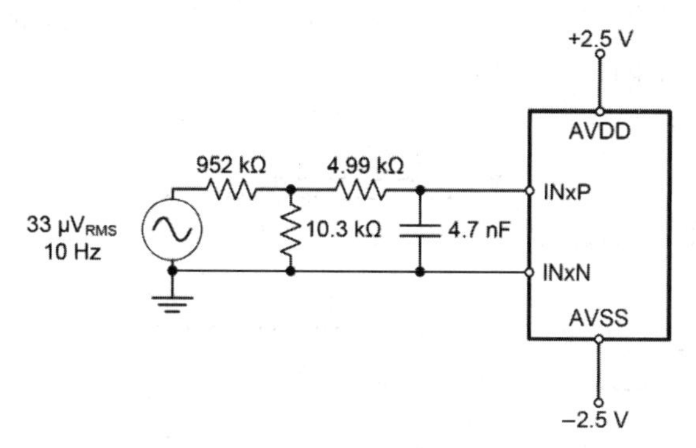

图 8-62　测试 ADS1299 的性能

由于信号源不能直接达到所需的幅值，所以电阻器被用来衰减信号源的电压，图 8-26 中 952 kΩ 和 10.3 kΩ 电阻就是起此作用。在分压器中，输入端出现的信号为 3.5 μV_{RMS}、10 Hz 正弦波。图 8-63 所示为在校准偏移后 ADS1299 的输入参考转换结果。所测信号与一些能用典型的脑电图采集系统测量的最小颅外脑电图信号相似，信号可以清晰识别。鉴于该测量装置为单端配置、无屏蔽，测量装置容易受到严重的电源干扰，可以采用数字低通滤波器消除干扰。

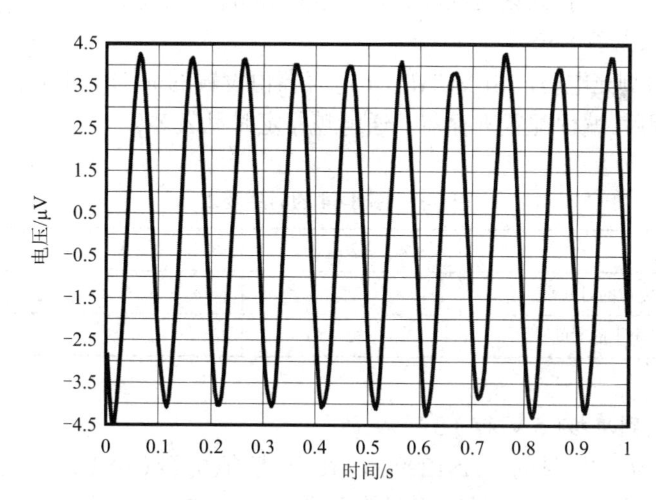

图 8-63　输入 10 Hz 信号的测量结果

3. 电源建议

ADS1299-x 有三个电源：AVDD、AVDD1 和 DVDD。为了获得最佳性能，AVDD 和 AVDD1 必须尽可能干净。AVDD1 提供给电荷泵的电源，t_{CLK} 频率处有瞬态干扰。因此，星形连接 AVDD1 至 AVDD 引脚，AVSS1 连接到 AVSS 引脚。必须消除与 ADS1299-x 操作不同步的 AVDD 和 AVDD1 噪声。用 10 μF 和 0.1 μF 陶瓷电容器为每个器件的电源进行退耦。为了获得最佳性能，将数字电路（DSP、微控制器、FPGA 等）分隔开，以使这些器件上的回流不会穿过器件的模拟返回路径。

1）通电顺序

在器件通电之前，所有数字和模拟输入端必须为低电平。在通电时，保持所有这些信号低电平至电源稳定为止，如图 8-64 所示。

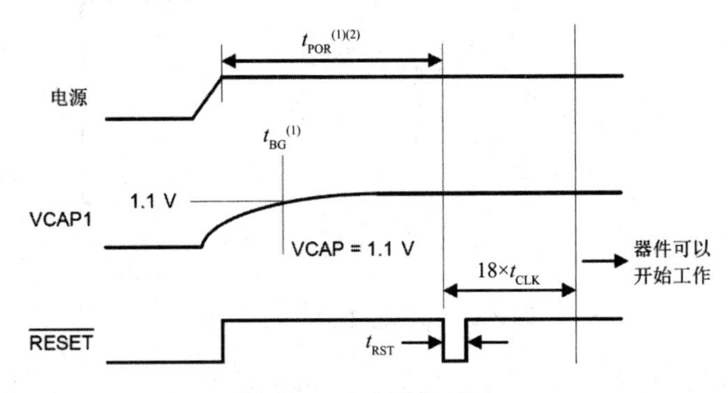

图 8-64 上电的定时图

注：（1）复位脉冲的定时为 t_{POR} 或 t_{BG} 之后，以较长者为准；

（2）使用外部时钟时，t_{POR} 计时直到 CLK 存在且有效时才开始。

留出时间使电源电压达到最终值，然后开始向 CLK 引脚提供主时钟信号。等待时间 t_{POR}，然后使用复位引脚或 $\overline{RESET}$ 命令发送复位脉冲，以初始化芯片的数字部分。t_{POR} 后或 VCAP1 电压大于 1.1 V 后，无论时间较长，均应进行复位。注意：

（1）t_{POR} 的要求见表 8-9；

（2）VCAP1 引脚充电时间由 VCAP1 上电容器值设置的 *RC* 时间常数设置。

释放复位引脚后，编程配置寄存器。通电顺序定时见表 8-9。

表 8-9 图 8-64 的时序要求

	最小	最大	单位
t_{POR} 从上电到复位的时间	2^{18}	—	t_{CLK}
t_{RST} 复位维持低电平的时间	2	—	t_{CLK}

2）将器件连接到单极（5 V 和 3.3 V）电源

图 8-65 所示为单电源的 ADS1299-x。其中，模拟电源（AVDD）被引用到模拟接地（AGND）上，数字电源（DVDD）被引用到数字接地（DGND）。

3）将器件连接到双极（±2.5 V 和 3.3 V）电源

图 8-66 所示为双电源的 ADS1299-x。其中，模拟电源连接到器件模拟电源（AVDD），该电源参考器件模拟回路（AVSS）、数字电源（DVD）被引用到器件数字接地回路（DGND）。

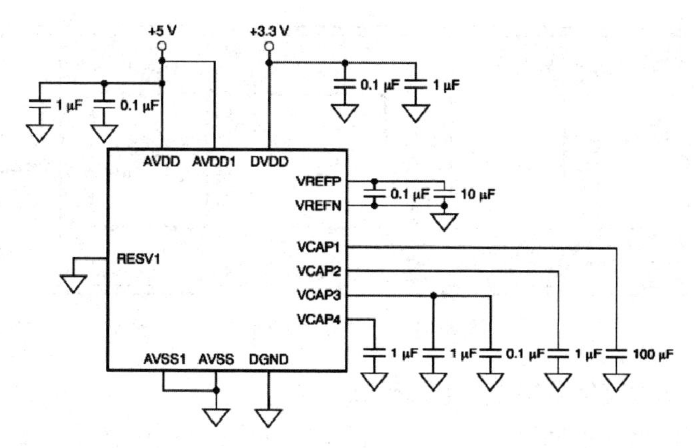

图 8-65　单电源工作

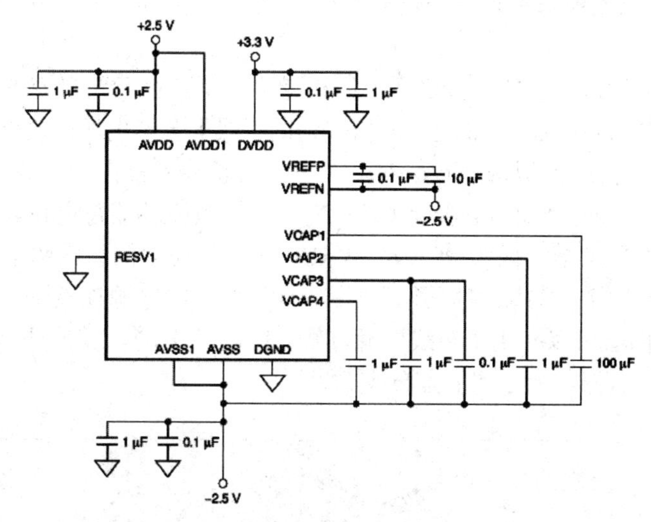

图 8-66　双电源工作

4. 布局指南

在为模拟和数字元件布置印刷电路板（PCB）设计时，建议将模拟组件与数字组件分隔开来布局，如图 8-67 所示。尽管图 8-67 提供了一个很好的组件放置示例，但每个应用程序的最佳放置对于所采用的形状、组件和 PCB 是不一样的，也就是说，没有一种布局适合于每种设计，在使用任何模拟组件进行设计时，必须始终仔细考虑。

以下介绍 ADS1299-x 布局的一些基本建议，以获得 ADC 的最佳性能。注意，一个好的电路设计也可能会被一个糟糕的电路布局毁掉。

（1）各自独立的模拟和数字信号。首先，在布局允许的情况下，将电路板划分为模拟和数字部分，将数字线路与模拟线路分开布置，此配置可防止数字噪声耦合回模拟信号。

（2）地平面可分为模拟平面（AGND）和数字平面（DGND），但不是必须的。在数字平面上放置数字信号，在模拟平面上放置模拟信号。作为布局的最后一步，模拟地和数字地之间的分隔必须在 ADC 处连接在一起。

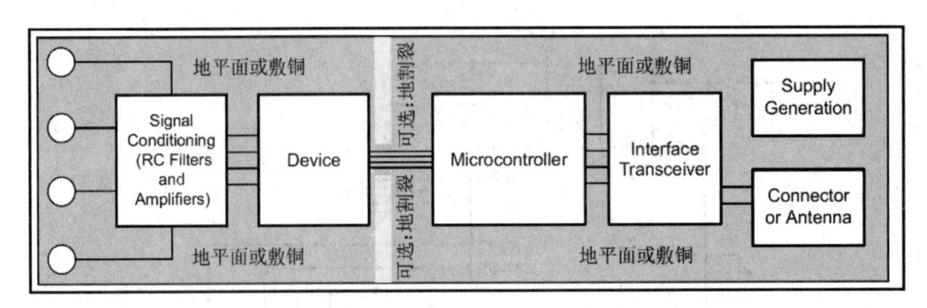

图 8-67　系统组件的布置

（3）用地面敷铜填充信号层上的空白区域。

（4）提供良好的地面返回路径。信号返回电流在阻抗最小的路径上流动。如果接地层被切断或有其他痕迹阻止电流在信号痕迹旁边流动，那么电流必须找到另一条路径返回源并完成电路。如果电流被迫进入一个较长的路径，信号辐射的可能性就会增加。敏感信号更容易受到电磁干扰。

（5）在电源上使用旁路电容器，以降低高频噪声。不要在旁路电容器和有源器件之间放置过孔。将旁路电容器放置在靠近有源器件的同一层上会产生最佳效果。

（6）具有差分连接的模拟输入必须有一个电容器差分放置在输入端，差动电容器必须是高质量的。最佳的陶瓷片式电容器是 C0G（NPO），它具有性能稳定和低噪声的特点。

图 8-68 所示为要求至少两个 PCB 层的 ADS1299 布局示例。示例电路显示为单个模拟电源或双极电源连接。其中，多边形浇口用作器件周围的电源连接。如果使用三层或四层 PCB，则额外的内层可以专用于布线电源迹线。电路板中，模拟信号从左侧布线，数字信号从右侧布线，电源从器件上方和下方布线。

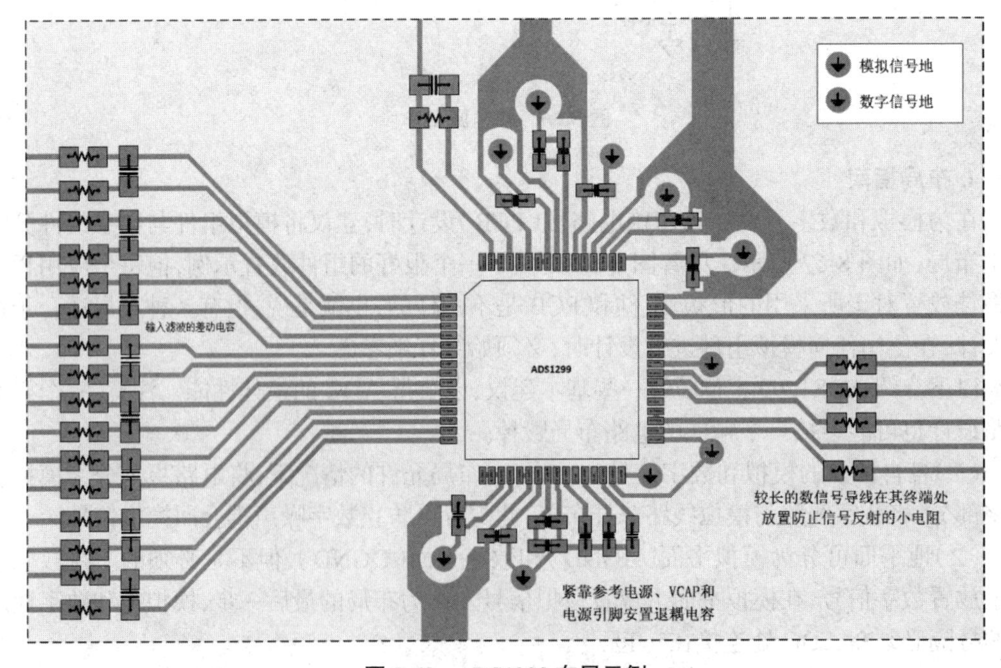

图 8-68　ADS1299 布局示例

8.4 生物阻抗和电化学前端 AD5940 及其应用

8.4.1 AD5940 简介

AD5940 是一款高精度、低功耗模拟前端（AFE）（图 8-69），专为需要高精度、电化学测量技术的便携式应用而设计，如电流、伏安或阻抗测量。AD5940 设计用于皮肤阻抗和人体阻抗测量，并与完整生物电势或生物电位测量系统中的 AD8233 AFE 配合使用。

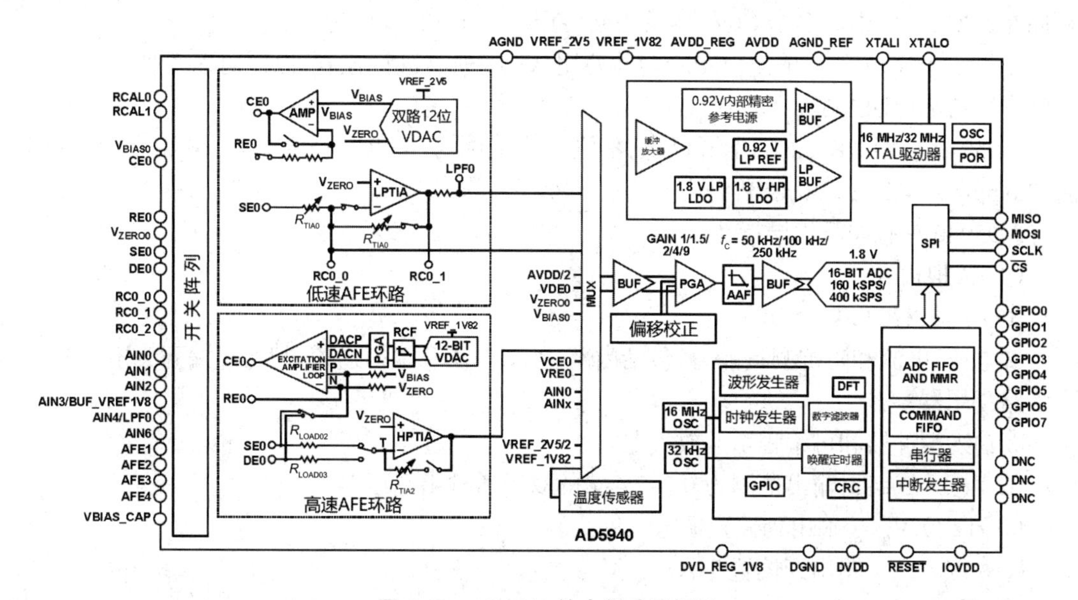

图 8-69　AD5940 的内部功能框图

AD5940 包括两个高精度激励环路和一个通用测量通道，可以对被测传感器进行广泛的测量。第一个激励环路包括一个超低功耗、双通道输出数模转换器（DAC）和一个低功耗、低噪声恒电位仪。该 DAC 的一个输出可控制恒电位仪的同相输入，另一个输出控制跨阻放大器（TIA）的同相输入。该低功耗激励环路能够生成 DC 至 200 Hz 的信号。第二个激励环路包括一个 12 位 DAC，称为高速 DAC。该 DAC 能够生成最高 200 kHz 的高频激励信号。

AD5940 测量通道具有 16 位、800 kSPS 多通道逐次逼近寄存器（SAR）模数转换器（ADC），带有输入缓冲器、内置抗混叠滤波器和可编程增益放大器（PGA）。ADC 前端的输入多路复用器允许用户选择输入通道进行测量。这些输入通道包括多个外部电流输入、外部电压输入和内部通道。利用内部通道，可对内部电源电压、裸片温度和基准电压源进行诊断测量。

电流输入包括两个具有可编程增益的 TIA 和用于测量不同传感器类型的负载电阻。第一个 TIA，称为低功耗 TIA，可测量低带宽信号。第二个 TIA，称为高速 TIA，可测量高达 200 kHz 的高带宽信号。

超低泄漏、可编程开关矩阵将传感器连接到内部模拟激励和测量模块。此矩阵提供一个接口，可用于连接外部 RTIA 和校准电阻。该矩阵还可用于将多个电子测量器件多路复用到相同的可穿戴式设备电极。

提供 1.82 V 和 2.5 V 片内精密基准电压源。内部 ADC 和 DAC 电路采用此片内基准电压源，以确保 1.82 V 和 2.5 V 外设均具有低漂移性能。

AD5940 测量模块可通过串行外设接口（SPI）直接寄存器写入控制，或者通过使用预编程序列器控制，该序列器提供 AFE 芯片的自主控制。6 kB 的静态随机访问存储器（SRAM）划分为深度数据先进先出（FIFO）和命令 FIFO。测量命令存储在命令 FIFO 中，且测量结果存储在数据 FIFO 中。多个 FIFO 相关中断可用于指示 FIFO 何时写满。

提供多个通用输入/输出（GPIOs）并使用 AF 序列器进行控制，以便对多个外部传感器器件进行精确周期控制。

AD5940 采用 2.8~3.6 V 电源供电，额定温度范围为-40 ℃ ~85 ℃。AD5940 提供 56 引脚、3.6 mm × 4.2 mm WLCSP 封装。

AD5940 具有如下优异特性。

（1）模拟输入：

① 16 位、800 kSPS ADC；

②电压、电流和阻抗测量能力，包括内部、外部电流和电压通道，超低泄漏开关矩阵和输入多路复用器；

③输入缓冲器和可编程增益放大器。

（2）电压 DACs：输出范围为 0.2~2.4 V 的双通道输出电压 DAC。

（3）12 位 V_{BIAS0} 输出到偏置恒电位仪：

① 6 位 V_{ZERO0} 输出到偏置 TIA；

②超低功耗，即 1 μA；

③ 1 个高速、12 位 DAC，传感器输出范围为 ±607 mV，输出上具有 2 和 0.05 增益设置的可编程增益放大器。

（4）放大器、加速器和基准电压源：

① 1 个低功耗、低噪声恒电位仪放大器，适合电化学检测中的恒电位仪偏置；

② 1 个低噪声、低功耗 TIA，适合测量传感器电流输出范围为 50 pA~3 mA；

③用于传感器输出的可编程负载和增益电阻。

（5）模拟硬件加速器：

①数字波形发生器；

②接收滤波器；

③复数阻抗测量（DFT）引擎。

（6）1 个高速 TIA，可以处理 0.015 Hz~200 kHz 的宽带宽输入信号。

（7）数字波形发生器，用于生成正弦波和梯形波。

（8）2.5 V 和 1.82 V 内部基准电压源。

（9）降低系统级功耗。

（10）能够快速上电和断电的模拟电路。

（11）可编程 AFE 序列器，最大限度地降低主机控制器的工作负载。

（12）6 kB SRAM，可对 AFE 序列进行预编程。

（13）超低功耗恒电位仪通道：上电且所有其他模块处于休眠模式时为 6.5 μA 的电流消耗。

（14）智能传感器同步和数据采集：

①传感器测量的精确周期控制；

②受控于序列器的 GPIOs。

（15）片内外设：

① SPI 串行输入/输出；

②唤醒定时器；

③中断控制器。

（16）电源：

①电源电压为 2.8~3.6 V；

② 1.82 V 输入/输出兼容；

③上电复位；

④集成已上电的低功耗 DAC 和恒电位仪放大器的休眠模式，以保持传感器偏置；

⑤能够快速上电和断电的模拟电路。

8.4.2　工作原理

AD5940 的主要模块如下。

（1）低功耗、双输出、电阻串 DAC，用于设置传感器偏置电压和低频激励，支持计时安培分析法和伏安法电化学技术。

（2）低功耗恒电位仪，将偏置电压应用于传感器。

（3）低功耗 TIA，执行低带宽电流测量。

（4）高速 DAC 和放大器，设计用于产生高达 200 kHz 的激励信号，以进行阻抗测量。

（5）高速 TIA，支持更宽信号带宽的测量。

（6）高性能 ADC 电路。

（7）可编程开关矩阵，AD5940 的输入开关允许对外部传感器的连接进行充分配置。

（8）可编程序列器。

（9）SPI 接口。

（10）波形发生器，设计用于产生高达 200 kHz 的正弦波和梯形波。

（11）中断源，输出到 GPIOx 引脚，以提醒主机控制器发生了中断事件。

（12）数字输入/输出。

1. 系统配置寄存器

总共有两个系统配置寄存器，见表 8-10。

表 8-10 系统配置寄存器汇总

地址	名称	描述	复位	访问类型
0x00002000	AFECON	AFE 配置寄存器	0x00080000	R/W
0x000022F0	PMBW	功耗模式配置寄存器	0x00088800	R/W

2. 低功耗 DAC

低功耗 DAC 是双输出、电阻串 DAC,用于设置传感器的偏置电压。它有两种输出分辨率格式:12 位分辨率(VBIAS0)和 6 位分辨率(VZERO0)。

正常操作中,12 位输出通过恒电位仪电路设置参考电极和反电极引脚(RE0 和 CE0)上的电压。通过配置 SW12 开关,也可以将此电压发送到 VBIAS0 引脚(图 8-70)。外部滤波电容可以连接到 VBIAS0 引脚。

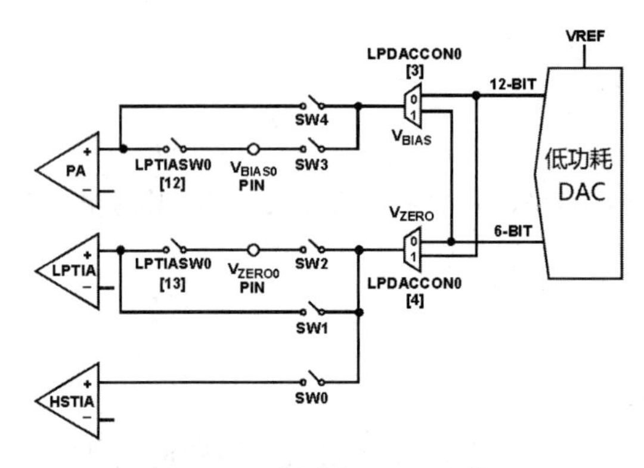

图 8-70 低功耗 DAC 开关

6 位输出设置低功耗 TIA 内部正节点 LPTIA_P(其连接到 ADC 多路复用器)的电压,感应电极上的电压等于该引脚电压。此电压称为 VZERO0,通过配置 SW13 开关可将其连接到 VZERO0 引脚(图 8-70)。在诊断模式下,通过将 LPDACCON0 寄存器中的位 5 设置为 1,VZERO0 输出也可以连接到高速 TIA。

低功耗 DAC 的基准源是低功耗 2.5 V 基准电压源。

低功耗 DAC 由两个 6 位电阻串 DAC 组成。6 位主电阻串 DAC 提供 VZERO0 DAC 输出,由多达 63 个电阻组成,每个电阻的阻值相同。

带有 6 位次 DAC 的 6 位主电阻串提供 VBIAS0 DAC 输出。在 12 位模式下, MSB 从主电阻串 DAC 中选择一个电阻。该电阻的上端用作 6 位次 DAC 的顶部,下端连接到 6 位次 DAC 电阻串的底部,如图 8-71 所示。

12 位和 6 位 DAC 之间的电阻匹配意味着 64 个 LSB12(VBIAS0)等于 1 个 LSB6(VZERO0)。

输出电压范围不是轨到轨。对于低功耗 DAC 的 12 位输出,其范围为 0.2~2.4 V。因此,12 位输出的 LSB 值(12-BIT_DAC_LSB)为

$$\text{12-BIT\_DAC\_LSB} = \frac{2.2\text{V}}{2^{12}-1} = 537.2\ \mu\text{V} \tag{8-13}$$

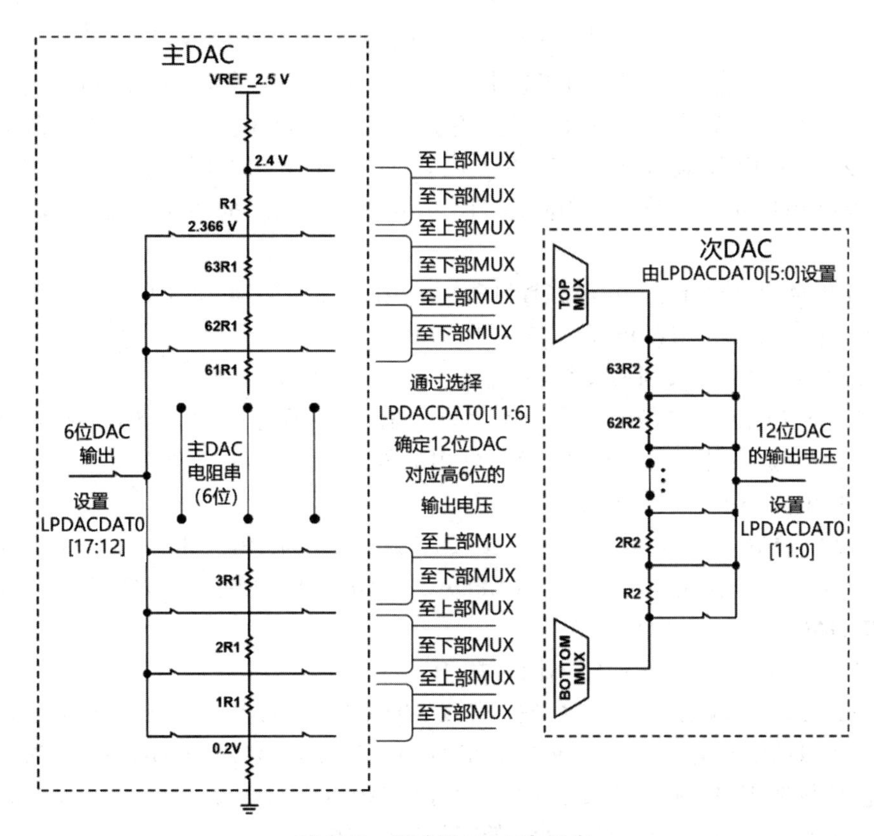

图 8-71　低功耗 DAC 电阻串

6 位输出范围为 0.2~2.366 V。此范围不是 0.2~2.4 V,原因是电阻串中的 R_1 两端存在压降。6 位输出的 LSB 值(6-BIT_DAC_LSB)为

$$\text{6-BIT\_DAC\_LSB} = \text{12-BIT\_DAC\_LSB} \times 64 = 34.38\ \text{mV} \tag{8-14}$$

要设置 12 位 DAC 的输出电压,须写入 LPDACDAT0 位[11:0]。要设置 6 位 DAC 的输出电压,须写入 LPDACDAT0 位[17:12]。

如果系统时钟为 16 MHz,则 LPDACDAT0 需要 10 个时钟周期进行更新。如果系统时钟为 32 kHz,则 LPDACDAT0 需要 1 个时钟周期进行更新。使用序列器时应考虑这些值。

也可以将波形发生器用作低功耗 DAC 的 DAC 代码源。将波形发生器与低功耗 DAC 配合使用时,须确保不违反低功耗 DAC 的建立时间要求。系统时钟源必须是 32 kHz 振荡器。此特性用于超低功耗、始终开启的低频测量,例如皮肤阻抗测量,其中激励信号约为 100 Hz,系统功耗需要小于 100 μA。

1)低功耗 DAC 开关选项

有多个开关选项可供用户配置低功耗 DAC 的各种工作模式。这些开关可用于不同的应用场景,例如电化学阻抗谱。图 8-70 显示了可用的开关,标记为 SW0~SW4。这些开关既可通过 LPDACCON0 寄存器中的位 5 自动控制,也可通过 LPDACSW0 寄存器单独控制。

当 LPDACCON0 的位 5 清 0 时,开关配置为正常模式, SW2 开关和 SW3 开关闭合,

SW0、SW1 和 SW4 开关断开。当 LPDACCON0 的位 5 置 1 时，开关配置为诊断模式，SW0 开关和 SW4 开关闭合，其余开关断开。此特性设计用于电化学应用场景，例如连续葡萄糖测量，其中在正常模式下，低功耗 TIA 测量感应电极；在诊断模式下，高速 TIA 测量感应电极。将 VZERO0 电压输出从低功耗 TIA 切换到高速 TIA 时，传感器的有效偏置 VBIAS0-VZERO0 不受影响。使用高速 TIA 有利于高带宽测量，例如阻抗、斜坡和循环伏安法。

使用 LPDACSW0 寄存器可单独控制各开关，LPDACSW0 的位 5 必须设置为 1，然后每个开关可以通过 LPDACSW0 位[4:0]单独控制。

2)12 位和 6 位输出之间的关系

12 位和 6 位输出大多是独立的。但是，所选的 12 位值对 6 位输出确实有负载效应，必须在用户代码中进行补偿，特别是当 12 位输出电压大于 6 位输出电压时。

当 12 位输出小于 6 位输出时，有

12 位 DAC 输出电压 = 0.2 V +（LPDACDAT0 位[11:0] × 12-BIT_LSB_DAC）

6 位 DAC 输出电压 = 0.2 V +（LPDACDAT0 位[17:12] × 6-BIT_LSB_DAC）– 12-BIT_LSB_DAC）

当 12 位输出大于或等于≥6 位输出时，有

12 位 DAC 输出电压 = 0.2 V +（LPDACDAT0 位[11:0] × 12-BIT_LSB_DAC）

6 位 DAC 输出电压 = 0.2 V +（LPDACDAT0 位[17:12] × 6-BIT_LSB_DAC）

因此，建议在用户代码中添加如下内容：当 LPDACDAT0 位[11:0] = 64 × LPDACDAT0 位[17:12]时，此代码确保 12 位输出电压等于 6 位输出电压。

3)低功耗 DAC 应用场景

Ⅰ. 电化学电流测量

在电化学测量中，12 位输出通过图 8-72 所示的恒电位仪电路设置参考电极引脚上的电压。CE0 引脚和 RE0 引脚上的电压称为 VBIAS0。6 位输出设置 LPTIA_P 节点上的偏置电压，此输出设置感应电极引脚 SE0 上的电压，该电压称为 VZERO0。传感器上的偏置电压实际上是 12 位输出和 6 位输出之间的差值。

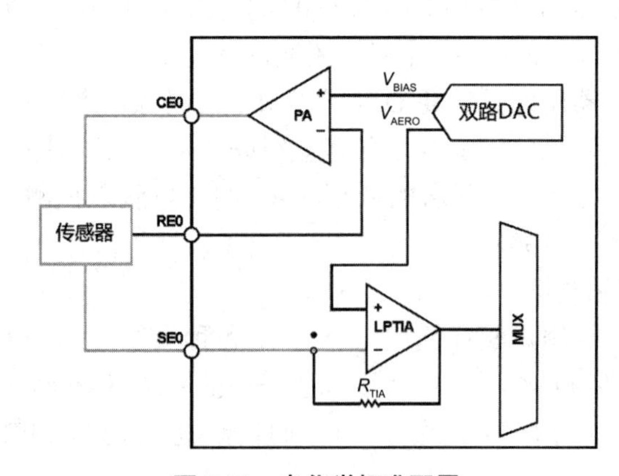

图 8-72 电化学标准配置

Ⅱ. 电化学阻抗谱分析

在许多电化学应用中，执行诊断测量具有重要价值。典型的诊断技术是在传感器上进行阻抗测量。对于某些类型的传感器，在阻抗测量期间必须保持传感器上的直流偏置，AD5940 有助于保持此直流偏置。要执行这种测量，须设置 LPDACCON0 的位 5 为 1。V_{ZERO0} 电压设置为高速 TIA 的输入，高速 DAC 产生交流信号。交流信号的电平通过低功耗 DAC 的 V_{BIAS0} 电压输出设置，SE0 上的电压由 V_{ZERO0} 电压维持。还必须通过设置 AFECON 的位 21 来使能高速 DAC 直流缓冲器。

Ⅲ. 4 线隔离式阻抗测量中的低功耗 DAC

对于 4 线隔离式阻抗测量，如体阻抗测量，通过高速 DAC 将高频正弦波施加到传感器。使用低功耗 DAC 6 位输出电压 V_{ZERO} 和低功耗 TIA 在传感器上设置共模电压。该配置设置 AIN2 和 AIN3 之间的共模电压（图 8-73）。要使能此共模电压设置，SWMUX 的位 3 必须设置为 1。低功耗 DAC 的 V_{BIAS0} 电压输出还设置高速 DAC 激励缓冲器的共模电压。

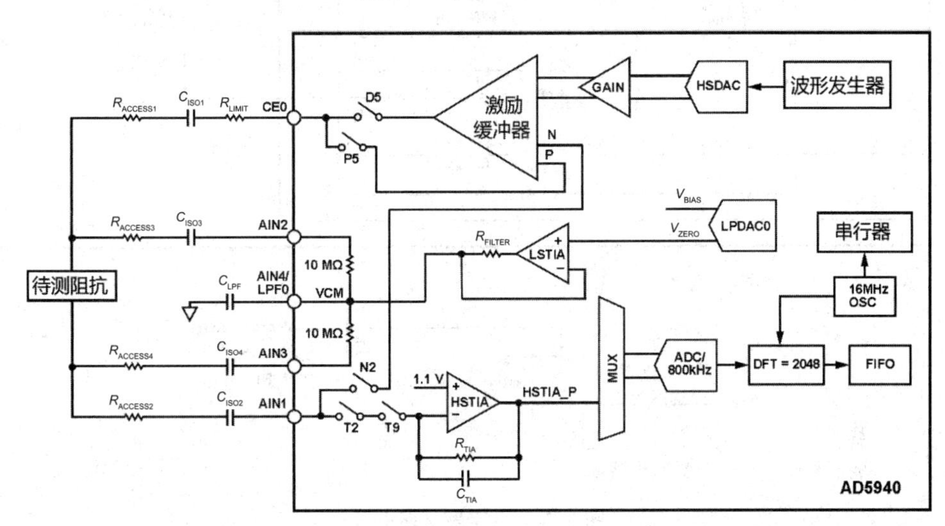

图 8-73　用于 4 线隔离式阻抗测量的低功耗 DAC（HSTIA_P = 高速 TIA 的正输出）

3. 低功耗恒电位仪

AD5940 具有低功耗恒电位仪，其可设置和控制电化学传感器的偏置电压。通常，恒电位仪的输出连接到 CE0，同相输入连接到 VBIAS0 电压，反相输入连接到 RE0，如图 8-74 所示。对于电化学电池，恒电位仪通过反电极（CE0）提供或吸收电流，以维持参考电极（RE0）上的偏置电压。

恒电位仪的输出可以通过开关矩阵连接到各种封装引脚。围绕恒电位仪有多个可配置的开关选项，可提供多种配置选项（图 8-74）。

恒电位仪也可用于标准缓冲输出，以将 VBIAS0 电压输出到 CE0。为此，应闭合 SW10 开关，以将反相输入连接到恒电位仪的输出（图 8-74）。

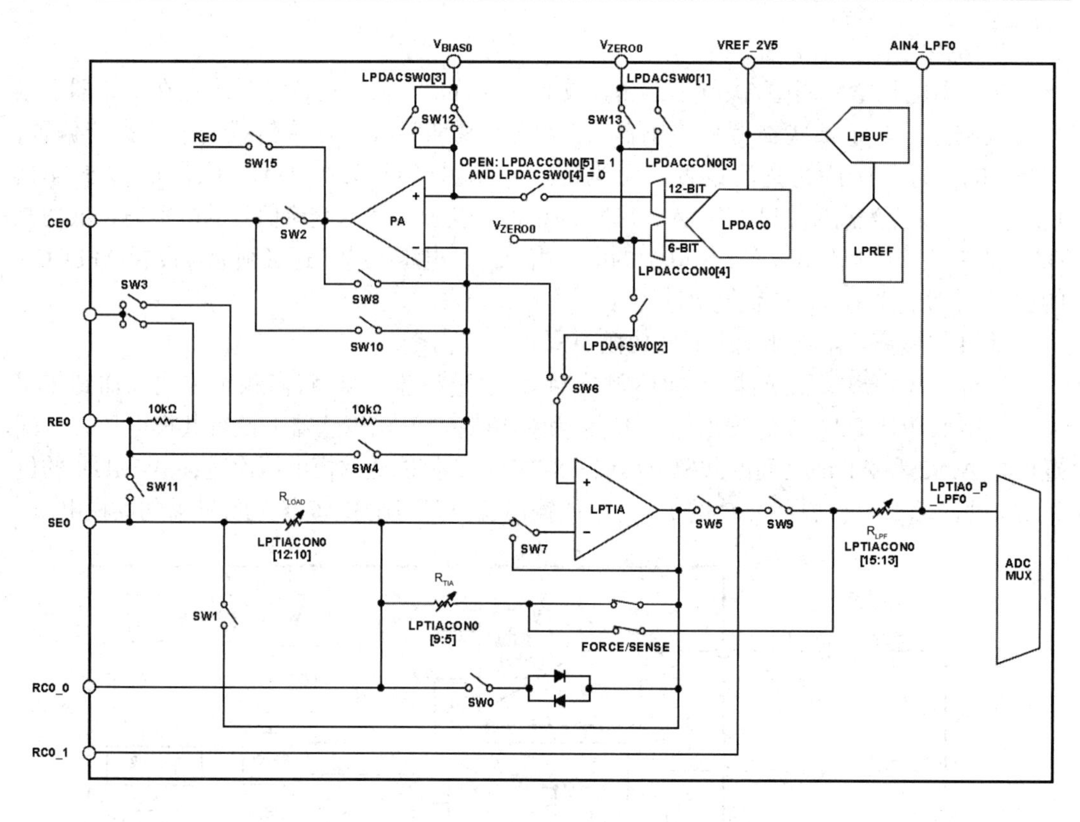

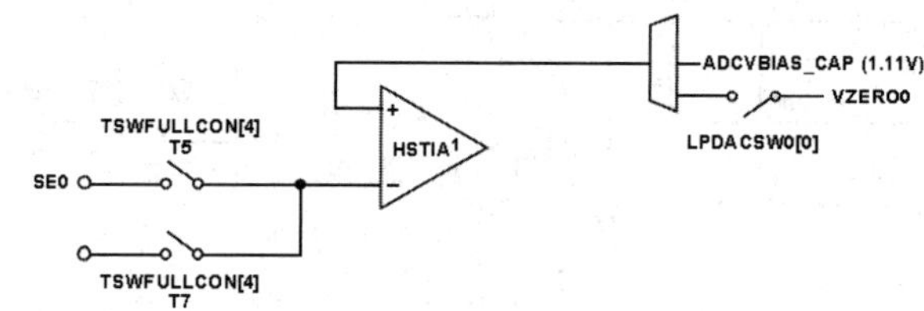

图 8-74 低带宽环路开关

4. 低功耗 TIA

AD5940 具有一个低功耗 TIA 通道,其将小输入电流放大为电压,以便由 ADC 测量。其负载电阻和增益电阻是内置且可编程的。当 PGA 增益为 1 或 1.5 时,选择 R_{TIA} 值使 ADC 输入范围最大化(±900 mV)。

所需增益电阻按下式计算:

$$I_{max} = \frac{0.9\,\text{V}}{R_{TIA}} \tag{8-15}$$

式中:I_{max} 为预期的满量程输入电流;R_{TIA} 为所需的增益电阻。

围绕低功耗 TIA 电路有多个开关, LPTIASW0 寄存器可配置这些开关,图 8-74 显示了可用的开关。当 LPTIACON0 寄存器的 TIAGAIN 位[9: 5]设置后,这些开关会自动闭合。当这些开关闭合时, AIN4/LPF0 引脚上的一个带低通滤波器电阻(R_{LPF})和电容的驱动/检测电路用作电阻电容(RC)延迟电路。LPTIA0_P_LPF0 将低功耗 TIA 低通滤波器的输出连接到 ADC 多路复用器。当使用低功耗 TIA 时，ADI 公司建议将 LPTIA0_P_LPF0 复用选项选择为 ADC 输入，建议在 RC0_0 引脚和 RC0_1 引脚之间连接一个 100 nF 电容，以稳定低功耗 TIA。

1）低功耗 TIA 保护二极管

背靠背保护二极管与 R_{TIA} 电阻并联。这些二极管通过闭合或断开 SW0 而连接或断开，SW0 由 LPTIASW0 位 0 控制。当切换 R_{TIA} 增益设置以放大小电流时，这些二极管用于防止 TIA 饱和。这些二极管的漏电流规格取决于二极管两端的电压。如果二极管两端的差分电压大于 200 mV，漏电流可能大于 1 nA；如果电压大于 500 mV，漏电流可能大于 1 μA。

2）低功耗 TIA 和 PA 的限流特性

除保护二极管外，低功耗 TIA 还内置限流特性。如果低功耗 TIA 的拉/灌电流大于规定的过流限值，放大器就会将电流钳位在此限值。如果传感器在启动期间的拉/灌电流超过过流限值，放大器就会钳位输出电流。

3）低功耗 TIA 驱动/检测特性

LPTIACON0 位[9: 5]可为低功耗 TIA 选择不同的增益电阻值，图 8-74 中将其标记为 R_{TIA}。低功耗 TIA 的反馈路径上显示的驱动和检测连接用于避免开关上的电压（IR）下降，这些开关为内部 R_{TIA} 选择不同的 R_{TIA} 设置。

4）使用外部 R_{TIA}

要使用外部 R_{TIA} 电阻，应执行以下步骤。

（1）在 RC0_0 引脚和 RC0_1 引脚之间连接一个外部 R_{TIA} 电阻。

（2）设置 LPTIACON0 位[9:5] = 0，断开内部 R_{TIA} 电阻与 TIA 输出端的连接。

（3）设置 LPTIASW0 位 9 = 1，闭合 SW9 开关，当使用内部 R_{TIA} 电阻时，应断开 SW9 开关。

（4）将一个外部电容与外部 R_{TIA} 电阻并联，以使环路保持稳定。该外部电容的推荐值为 100 nF。

5）各种工作模式的推荐开关设置

对于各种测量类型，表 8-11 描述了低功耗恒电位仪环路的推荐开关设置。对于所有测量类型，开关设置为 1 表示闭合开关，开关设置为 0 表示断开开关。LPTIASW0 位[13: 0]控制 SW13 至 SW0，如图 8-74 所示。

表 8-11　低功耗恒电位仪环路的推荐开关设置

测量名称	LPDACCONO 位 5	LPDACSWO 位[5:0]	LPTIASWO 位 [13:0]	描述
电流测量模式	0	0xXX	0x3O2C 或 0b11 0000 00101100	正常直流电流测量，连接 V_{BIAS0} 和 V_{ZERO0} DAC 的外部电容
带二极管保护的电流测量模式	0	0xXX	0x302D 或 0b11 0000 00101101	正常直流电流测量，低功耗 TIA 背靠背二极管保护使能，连接 V_{BIAS0} 和 V_{ZERO0} 的外部电容

续表

测量名称	LPDACCON0 位 5	LPDACSW0 位[5:0]	LPTIASW0 位 [13:0]	描述
短路开关使能的电流测量模式	0	0xXX	0x302E 或 0b11 0000 00101110	正常直流电流测量,短路开关保护使能。SW1 闭合以将 SE 输入连接到低功耗 TIA 的输出,连接 V_{BIAS0} 和 V_{ZERO0} 和 V_{ZERO0} 的外部电容口如果外部传感器在上电后必须充电,并且有许多电流流入流出 SE0 引脚,则此设置很有用
零偏置传感器的电流测量模式	0	0xXX	0x306C 或 0b11 0000 01101100	电流测量模式,SW6 配置为将 RE0 和 SE0 电极上的传感器设置为 V_{BIAS0} 电平。恒电位仪反相输入和低功耗 TIA 同相输入短路。对于零偏置传感器,此模式可提供最佳噪声性能
双引线传感器的电流测量模式	0	0xXX	0x342C 或 0b11 0100 00101100	电流测量模式,SW10 闭合以在内部将 CE0 短接至 RE0
使用低功耗 TIA 的计时电流法(低功耗脉冲测试)	1	0x32	0x0014 或 ObOO 0000 0001 0100	V_{BIAS0} 输出产生脉冲并发送到 CE0 电极。低功耗 DAC 上的电容断开连接,低功耗 TIA 测量 SE0 电流响应
SE0 上使用高速 TIA 的计时电流法(全功率脉冲测试)	1	0x31	0x0094 或 0b00 0000 1001 0100	V_{BIAS0} 输出产生脉冲并发送到 CEO 电极,V_{BIAS0} 和 V_{ZERO0} 上的电容断开连接,高速 TIA 测量 SE0 电流响应
使用高速 TIA 的伏安法(全功率脉冲测试)	1	0x31	0x0094 或 0b00 0000 1001 0100	V_{BIAS0} 输出产生脉冲并发送到 CEO 电极,V_{BIAS0} 和 V_{ZERO0} 上的电容断开连接,高速 TIA 测量 SE0 或 DE0 电流响应,高速 TIA 电阻和开关单独配置
恒电位仪和低功耗 TIA 处于单位增益模式(测试模式)	0	OxXX	0x04A4 或 0b00 010010100100	恒电位仪处于单位增益模式,输出到 CE0 引脚,低功耗 TIA 处于单位增益模式,输出至 RC0_1 引脚,此模式可用于检查 V_{BIAS0} 或 V_{ZERO0}DAC 输出

注:0xXX 表示无关。

6)低功耗 TIA 电路寄存器

表 8-12 给出了低功耗 TIA 和 DAC 寄存器。

表 8-12 低功耗 TIA 和 DAC 寄存器

地址	名称	描述	复位	访问类型
0x000020E4	LPTIASW0	低功耗 TIA 开关配置	0x00000000	R/W
0x000020EC	LPTIACON0	低功耗 TIA 控制位,通道 0	0x00000003	R/W

5. 高速 DAC 电路

测量外部传感器的阻抗时,12 位高速 DAC 会产生一个交流激励信号。通过写入数据寄存器或使用自动波形发生器模块直接控制 DAC 输出信号。高速 DAC 信号被馈送到激励放大器,其专门设计用于将该交流信号耦合到传感器的正常直流偏置电压之上。

1)高速 DAC 输出信号生成

设置高速 DAC 的输出电压有以下两种方法。

(1)直接写入 DAC 码寄存器 HSDACDAT。这是一个 12 位寄存器,其最高有效位(MSB)是符号位,写入 0x800 产生 0 V 输出,写入 0x200 产生负满量程,写入 0xE00 产生正满量程。

(2)使用自动波形发生器。波形发生器可用来产生固定频率、固定幅度信号,包括正弦波、梯形波和方波信号。如果用户选择正弦波,则有用于调整输出信号的偏移和相位的选项。

2)高速 DAC 核心的功耗模式(图 8-75)

高速 DAC 的基准电压源是内部 1.82 V 精密基准电压(VREF_1V82 引脚)。根据功耗与输出速率的取舍关系,高速 DAC 有三种基本工作模式,即低功耗模式、高功率模式和休眠模式。不工作时,高速 DAC 也可以进入休眠模式。

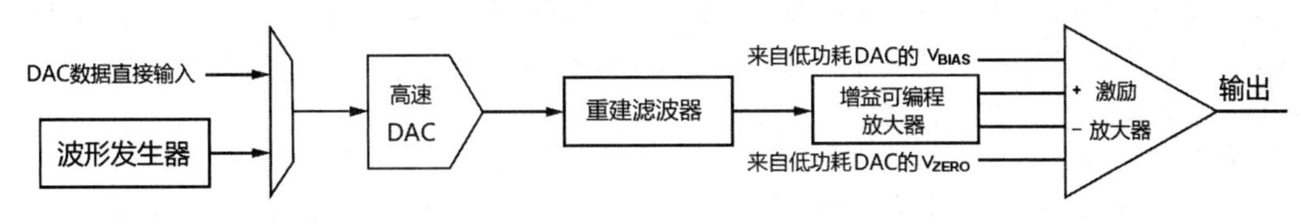

图 8-75　高速 DAC 模块

Ⅰ. 低功耗模式

当高速 DAC 输出信号频率小于 80 kHz 时,使用低功耗模式。

配置高速 DAC 为低功耗模式,要执行以下步骤:

(1)设置 PMBW 寄存器位 0 = 0;在此模式下,高速 DAC 和 ADC 的系统时钟为 16 MHz;

(2)确保 CLKSEL 位[1: 0] = 0,以选择 16 MHz 内部高频振荡器时钟源,确保系统时钟分频比为 1(CLKCON0 位[5:0] = 0 或 1);

(3)如果选择内部高速振荡器作为系统时钟源,务必选择 16 MHz 选项,设置 HSOSCCON 位 2 = 1。

Ⅱ. 高功率模式

高功率模式可提高高速 DAC 放大器支持的带宽。当高速 DAC 频率大于 80 kHz 时,应使用高功率模式。要进入高功率模式,需要进行多次寄存器写操作。

配置高速 DAC 为高功率模式,需执行以下步骤:

(1)设置 PMBW 寄存器位 0 = 1,功耗增加,但输出信号带宽提高到最大 200 kHz,在此模式下,DAC 和 ADC 的系统时钟为 32 MHz;

(2)确保 CLKSEL 位[1: 0]选择 32 MHz 时钟源,例如要选择内部高速振荡器,应设置 CLKSEL 位[1: 0](SYSCLKSEL)= 00,确保系统时钟分频比为 1(CLKCON0 位[5: 0] = 0 或 1);

(3)如果选择内部高速振荡器作为系统时钟源,务必选择 32 MHz 选项,设置 HSOSCCON 位 2 = 0。

Ⅲ. 休眠模式

当 AD5940 进入休眠模式时,高速 DAC 电路的时钟关断以节省功耗。当处于活动模式且未使用高速 DAC 时,应禁用时钟,以节省功耗。

3)高速 DAC 滤波器选项

高速 DAC 的输出极有一个可配置的重构滤波器,重构滤波器的配置取决于 DAC 的输出信号频率。

PMBW 寄存器的位[3: 2]配置重构滤波器的 3 dB 截止频率,应确保该截止频率高于所需的 DAC 输出频率。

(1)如果 DAC 更新频率≤50 kHz,设置 PMBW 位[3:2] = 01 可获得最佳性能。

(2)如果 DAC 更新频率≤100 kHz,设置 PMBW 位[3:2] = 10 可获得最佳性能。

(3)如果 DAC 更新频率最高为 250 kHz,设置 PMBW 位[3:2] = 11 可获得最佳性能。

4)高速 DAC 输出衰减选项

高速 DAC 输出端存在用于修改送至传感器的输出信号幅度的缩放选项。进行任何衰减或增益之前, 12 位 DAC 串的输出为 ±300 mV。在 DAC 输出端,增益为 1 或 0.2。在 PGA 端,增益选项为 2 或 0.25。

5)高速 DAC 激励放大器

图 8-76 所示为高速 DAC 激励放大器的操作及其与开关矩阵的连接。激励放大器有四个输入: DACP、DACN、正(P)和负(N)。高速 DAC 是差分输出 DAC,正输入和负输入直接馈送到激励放大器。这两个输出之间的电压差设置输出波形的峰峰值电压。P 和 N 输入通过提供来自传感器的反馈路径来维持激励放大器的稳定性,并设置高速 DAC 输出的共模电压。在正常情况下,共模由连接到 N 输入的 VZERO0 输出设置。还可以选择对传感器施加直流偏置电压,并将交流信号耦合到该偏置电压上。

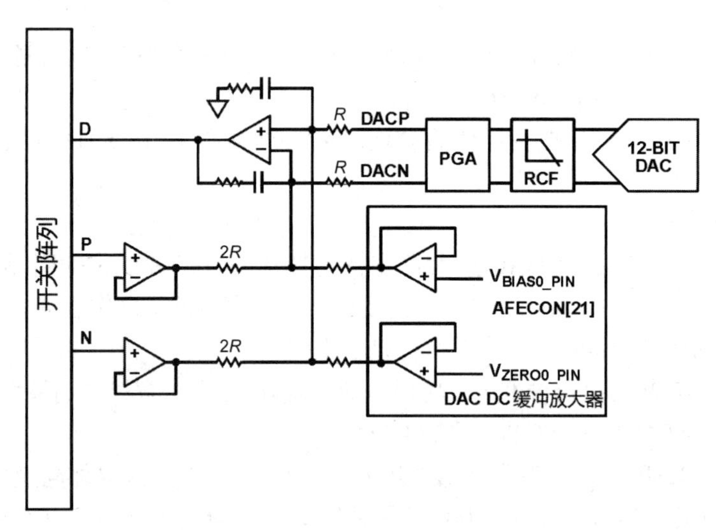

图 8-76 高速 DAC 激励放大器

如果需要的话,有一个选项可在传感器的反电极和感应电极之间提供偏置电压。VBIAS0 设置反电极上的电压(高速 DAC 的共模电压), VZERO0 设置感应电极上的电压。VZERO0 必须连接到高速 TIA 的正端(HSTIACON 位[1: 0] = 01),还必须通过设置 AFECON 位 21 来使能 DAC 的直流缓冲器。采用这种配置便可生成激励波形,如图 8-77

所示。传感器两端的偏置实际上是 V_{BIAS0} 和 V_{ZERO0} 之间的差值。

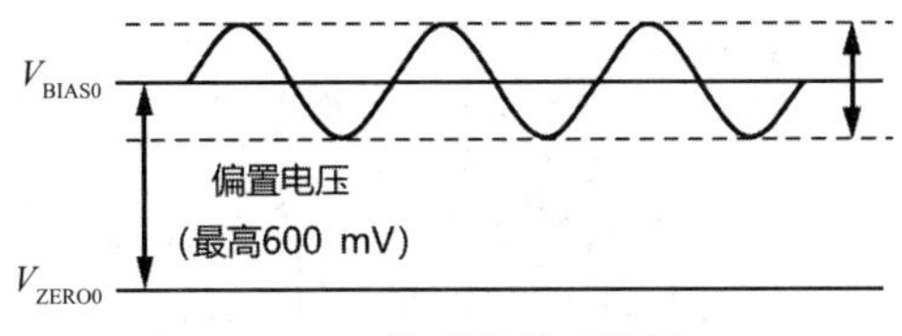

图 8-77　传感器激励信号

注意，高速 DAC 信号链绝不能与低功耗 TIA 一起使用，否则高速 DAC 可能变得不稳定，导致测量不正确。

6. 高速 TIA 电路

高速 TIA 可测量高达 200 kHz 的宽带宽输入信号。

高速 TIA 的输出连接到主 ADC 多路复用器，此输出可编程为 ADC 输入通道。

该模块设计为配合高速 DAC 和激励放大器使用，以进行阻抗测量。

1）高速 TIA 配置

默认情况下，禁用高速 TIA，设置 AFECON[11] = 1 可将其开启。高速 TIA 的可编程灵活性已内置于输入信号选择、增益电阻选择、输入负载电阻选择和共模电压源中。

2）输入信号选择

输入信号选项如下：

（1）SE0 输入引脚；

（2）AIN0、AIN1、AIN2 和 AIN3/BUF_VREF1V8 输入引脚；

（3）DE0 输入引脚，具有自己的 RLOAD/RTIA 选项且可由用户编程。

3）增益电阻选择

增益电阻（R_{TIA}）选项对于 DE0 输入为 50 Ω~160 kΩ，对于所有其他输入引脚为 200 Ω~160 kΩ。

4）负载电阻选择

负载电阻（R_{LOAD}）选项如下：

（1）对于 SE0 和 AFE3，R_{LOAD02} 和 R_{LOAD04} 固定为 100 Ω；

（2）对于 DE0 引脚，R_{LOAD} 是可编程的，用户可以选择 0 Ω、10 Ω、30 Ω、50 Ω 和 100 Ω 的值。

5）共模电压选择

高速 TIA 放大器正输入端的高速 TIA 共模电压设置是可配置的，配置选项如下：

（1）内部 1.11 V 基准电压源，与 VBIAS_CAP 引脚电压相同；

（2）低功耗 DAC 输出（VZERO0）。

图 8-78 所示为高速 TIA 与开关矩阵和外部引脚的连接。注意，DE0 引脚上有额外的负载和增益电阻 R_{LOAD_DE0} 和 R_{TIA_DE0}。

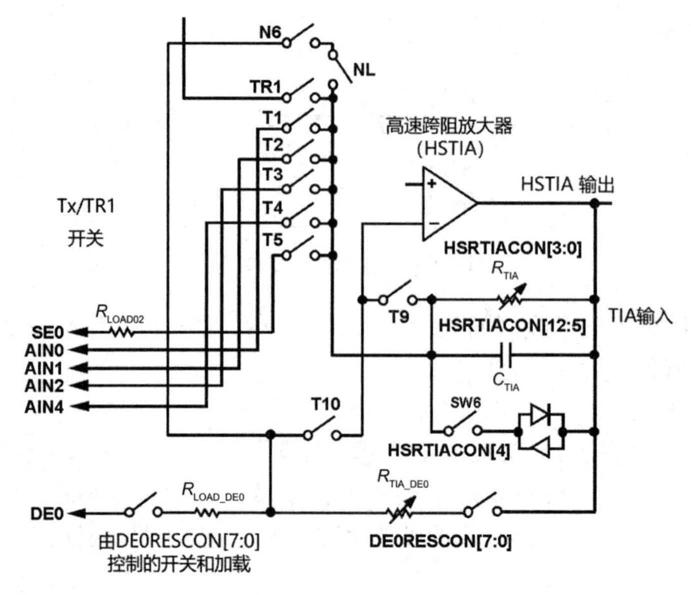

图 8-78 高速 TIA 开关

7. 高性能 ADC 电路

1)ADC 电路概述

AD5940 是一款 16 位、800 kSPS、多通道 SAR ADC,该 ADC 采用 2.8~3.6 V 电源供电。主机微控制器通过序列器或直接通过 SPI 接口与 ADC 连接。

超低泄漏开关矩阵用于连接传感器,并且还可用于将多个电子测量器件复用到相同的可穿戴式设备电极。

ADC 采用精密、低漂移、工厂校准的 1.82 V 基准电压源,也可以将外部基准电压源连接到 VREF_1V8 引脚。

通过 SPI 接口直接写入 ADC 控制寄存器,或通过序列器写入 ADC 控制寄存器,均可触发 ADC 转换。

2)ADC 电路

图 8-79 所示为 ADC 内核框图,其中不包括输入缓冲、增益级和输出后处理。

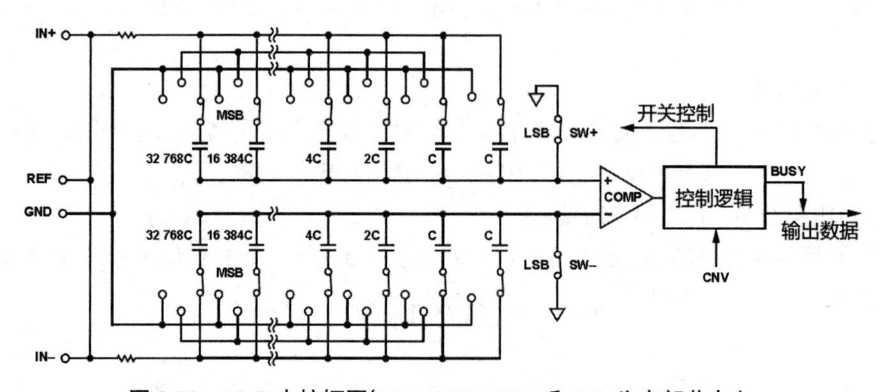

图 8-79 ADC 内核框图(IN+、REF、GND 和 IN–为内部节点)

3)ADC 电路特性

位于高速多通道 16 位 ADC 前面的输入多路复用器支持测量多个外部和内部通道(图 8-80),这些通道包括如下内容。

(1)两个低功耗电流测量通道。这些通道通过 SE0 引脚或 DE0 引脚测量所连接传感器的低电流输出,电流通道馈入可编程负载电阻。

(2)一个低功耗 TIA。低功耗 TIA 有自己的可编程增益电阻,可将非常小的电流转换为可由 ADC 测量的电压信号。低功耗电流通道可配置为在有或无低通滤波器的情况下进行采样。

(3)一个高速电流输入通道,用于执行高达 200 kHz 的阻抗测量。高速电流通道具有专用高速 TIA 和可编程增益电阻。

(4)多个外部电压输入通道。

(5)六个专用电压输入通道:AIN0、AIN1、AIN2、AIN3/BUF_VREF1V8、AIN4/LPF0 和 AIN6。

(6)传感器电极引脚 SE0、DE0、RE0 和 CE0 也可以作为 ADC 电压引脚进行测量,CE0 引脚提供"除 2"选项($V_{CE0}/2$)。

(7)内部 ADC 通道。

(8)AVDD、DVDD 和 AVDD_REG 电源测量通道。

(9)ADC、高速 DAC 和低功耗基准电压源。

(10)内部芯片温度传感器。

(11)两个低功耗 DAC 输出电压 V_{BIAS0} 和 V_{ZERO0}。

(12)ADC 结果后处理功能。

(13)数字滤波器(sinc2 和 sinc3)和 50 Hz/60 Hz 电源抑制。sinc2 和 sinc3 滤波器具有可编程过采样率,允许用户权衡转换速度与噪声性能。

(14)离散傅里叶变换(DFT)与阻抗测量一起使用,可自动计算幅度和相位值。

(15)可编程的 ADC 结果均值可分离 sinc2 和 sinc3 滤波器。

(16)可编程统计选项,用于自动计算均值和方差。

(17)多种校准选项,支持电流、电压和温度通道的系统校准。

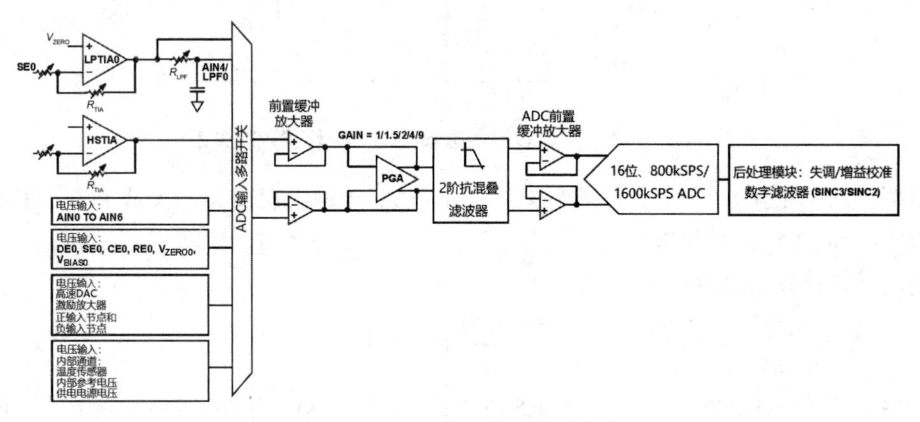

图 8-80 ADC 输入通道基本框图

ADC 输入级提供输入缓冲器,支持所有通道上的低输入电流泄漏规格。

为了支持一系列基于电流和电压的输入范围，ADC 前端提供 PGA 和 TIA。PGA 支持 1，1.5，2，4 和 9 的增益。低功耗 TIA 支持 200 Ω~512 kΩ 的可编程增益电阻,用于阻抗测量的高速 TIA 支持 200 Ω~160 kΩ 的可编程增益电阻。

默认情况下，ADC 的基准源是内部精密低漂移 1.82 V 基准电压源,可选择将外部基准电压源连接至 VREF_1.82 V 引脚和 AGND_REF 引脚。

ADC 支持均值和数字滤波选项,用户可以使用这些选项来权衡速度与精度。不采用数字滤波时,正常模式下的最高 ADC 更新速率为 800 kHz,高速模式下为 1.6 MHz。ADC 滤波选项还包括 50 Hz/60 Hz 交流电源滤波器。使能此滤波器后，ADC 更新速率典型值为 900 Hz。

ADC 支持多种后处理功能,包括用于阻抗测量的 DFT 引擎,目的是消除主机微控制器的处理要求,还支持最小值、最大值和平均值检测。

SAR ADC 是基于电荷再分配型 DAC。容性 DAC 包含两个相同的 16 位二进制加权电容阵列,分别连接到比较器的两个输入端。正常操作时，ADC 模块采用 16 MHz 时钟工作，采样速率为 800 kSPS。后处理 sinc3 和 sinc2 滤波器会降低此输出采样率。建议使用 sinc3 过采样率 4,相应的输出数据速率为 200 kSPS。

对于高功率模式,必须选择 32 MHz 振荡器作为 ADC 时钟源。ADC 最大更新速率为 1.6 MSPS,此时功耗较高,仅 80 kHz 以上的阻抗测量才需要。

4)ADC 转换函数

图 8-81 所示为理想 ADC 转换函数输出码与差分电压的关系。

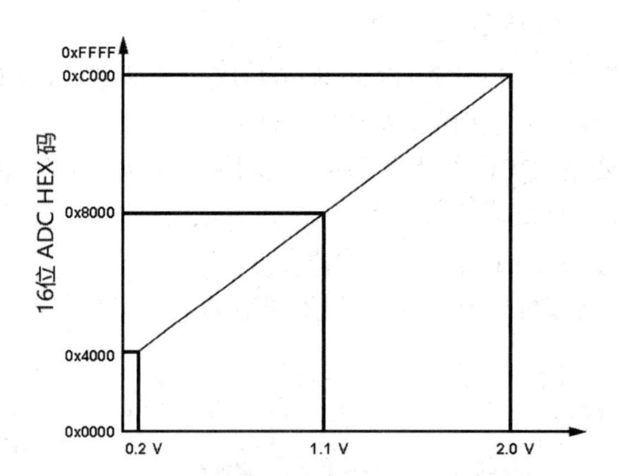

图 8-81 理想 ADC 转换函数输出码与电压输入的关系

在图 8-81 中，ADC 负输入通道为 1.11 V 电压源,正输入通道为 TIA 或 PGA 和/或输入缓冲级之后到 ADC 的任何电压输入。

使用下式计算输入电压 V_{IN}:

$$V_{\mathrm{IN}} = \frac{1.835\ \mathrm{V}}{PGA\_G} \times \left(\frac{ADCDAT - 0\mathrm{x}8000}{2^{15}} \right) + VBIAS\_CAP \qquad (8\text{-}16)$$

式中: PGA_G 为 PGA 增益,可选择 1、1.5、2、4 或 9; $ADCDAT$ 为 ADCDAT 寄存器中的原始

ADC 码；*VBIAS_CAP* 为 VBIAS_CAP 引脚的电压，典型值为 1.11 V。

5）ADC 低功耗电流输入通道

图 8-82 所示为 ADC 低功耗 TIA 电流输入通道。ADC 测量低功耗 TIA 的输出电压。

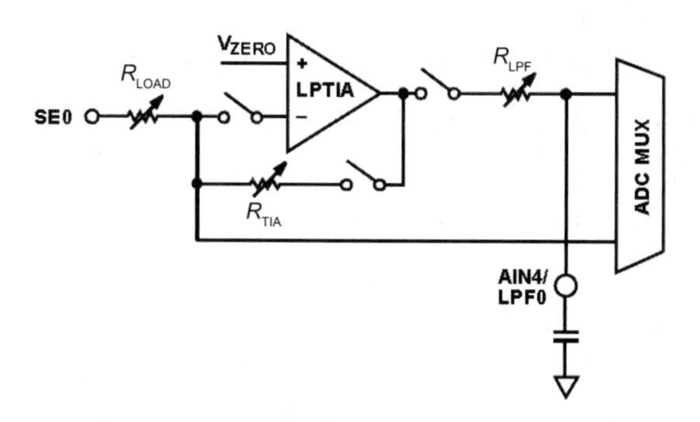

图 8-82　ADC 低功耗 TIA 电流输入通道

正输入可以通过 ADCCON 位[5:0]选择，负输入通常选择 1.11 V 基准电压源，要实现此选择，须对 VBIAS_CAP 设置 ADCCON 位[12:8] = 01000。

可以选择可编程增益级来放大正电压输入。仪表放大器通过 AFECON 位 10 使能。增益设置通过 ADCCON 位[18:16]配置。

增益级的输出经过一个抗混叠滤波器。抗混叠滤波器的截止频率由 PMBW 位[3: 2]设置。设置截止频率以适应输入信号带宽。

ADC 输出码使用偏移和增益校正系数进行校准。此数字调整系数自动产生。使用的偏移和增益校正寄存器取决于所选的 ADC 输入通道。

有关如何配置 R_{LOAD}、R_{TIA} 和 R_{FILTER} 电阻值的详细信息，参见相关部分。低功耗 TIA 输出有一个低通滤波器，其由 R_{FILTER} 和连接到 AIN4/LPF0 引脚的外部电容组成。R_{FILTER} 典型值为 1 MΩ，外部电容建议为 1 μF，从而提供低截止频率。

6）选择 ADC 多路复用器的输入

为优化 ADC 操作，以下是基于测量类型推荐的多路复用器输入：

（1）电压测量；

（2）正多路复用器选择 = CE0、RE0、SE0、DE0 和 AINx；

（3）负多路复用器选择 = VBIAS_CAP 引脚；

（4）低功耗 TIA 上的直流电流测量；

（5）正多路复用器选择 = 低功耗 TIA 的低通滤波器；

（6）负多路复用器选择 = LPTIA_N 节点；

（7）低功耗 TIA 上的交流或更高带宽电流测量；

（8）正多路复用器选择 = LPTIA_P 节点；

（9）MUXSEL_N = LPTIA_N 节点；

（10）高速 TIA 上的电流和阻抗测量；

（11）MUXSEL_P = 高速 TIA 输出；

（12）MUXSEL_N = 高速 TIA 负输入。

8. ADC 后处理

AD5940 提供了多种数字滤波和均值选项,用以提高信噪比性能和整体测量精度。图 8-83 所示为后处理滤波器选项的概览。

后处理滤波器选项包括如下内容:

(1)数字滤波(sinc2 或 sinc3)和 50 Hz 或 60 Hz 电源抑制;

(2)DFT 与阻抗测量一起使用,以自动计算幅度和相位值;

(3)可编程 ADC 结果均值;

(4)可编程统计选项,用于自动计算均值和方差。

1)sinc3 滤波器

sinc3 滤波器的输入是原始 ADC 码,速率为 800 kHz(若选择 16 MHz 振荡器)或 1.6 MHz(若选择 32 MHz 振荡器)。要使能 sinc3 滤波器,应确保 ADCFILTERCON 位 6 = 0。滤波器抽取率可编程,选项为 2,4 或 5,建议使用值为 4 的抽取率。

增益校正模块默认使能,用户不可编程。

2)内部温度传感器通道

AD5940 内置温度传感器通道。温度传感器输出一个与芯片温度成比例的线性电压。

为了提高精度,温度传感器可以通过 TEMPSENS 位[3:1]配置为斩波模式。如果选择斩波,应确保温度传感器通道上发生偶数次 ADC 转换,必须对这些结果进行平均。

温度传感器通道还有专用校准寄存器,ADC 会自动使用该寄存器。

3)sinc2 滤波器(50 Hz/60 Hz 交流电源滤波器)

要使能 50 Hz 或 60 Hz 陷波滤波器来滤除交流电源噪声,须设置 ADCFILTERCON 位 4 = 0 且 AFECON 位 16 = 1。其输入为 sinc2 滤波器输出,输入速率取决于 sinc3 和 sinc2 设置。如果选择,sinc2 滤波器输出,可以通过 SINC2DAT 寄存器读取。

AD5940 有多种输入类型(如电流、电压和温度),因此有多种偏移和增益校准选项。内置的自校准系统用于帮助用户校准不同的 ADC 输入通道,AD5940 软件开发套件中包含该系统。

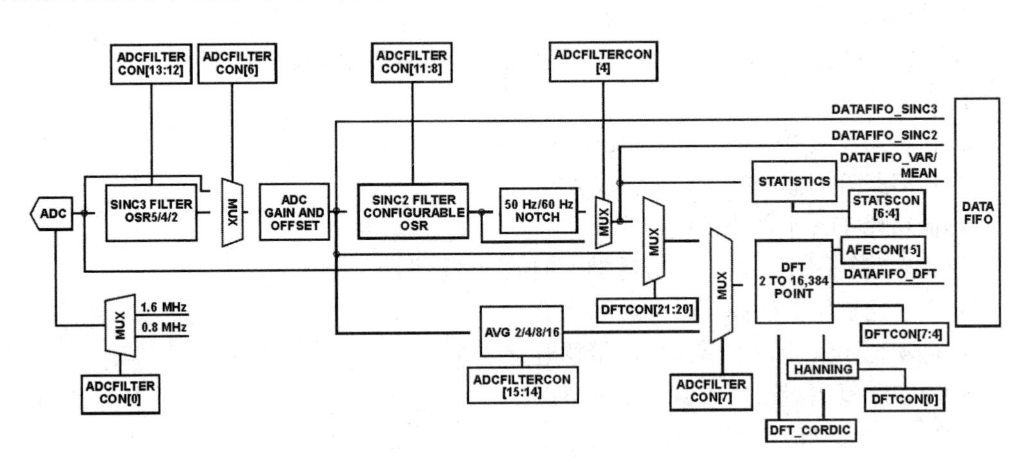

图 8-83 后处理滤波器选项

4)ADC 电路寄存器

表 8-13 给出了全部的 ADC 控制寄存器。

表 8-13　ADC 控制寄存器汇总

地址	名称	描述	复位	访问类型
0x00002044	ADCFILTERCON	ADC 输出滤波器配置寄存器	0x00000301	R/W
0x00002074	ADCDAT	ADC 原始结果寄存器	0x00000000	R/W
0x00002078	DFTREAL	DFT 结果实部器件寄存器	0x00000000	R/W
0x0000207C	DFTIMAG	DFT 结果虚部器件寄存器	0x00000000	R/W
0x00002080	SINC2DAT	Sinc2 滤波器结果寄存器	0x00000000	R/W
0x00002084	TEMPSENSDAT	温度传感器结果寄存器	0x00000000	R/W
0x000020D0	DFTCON	DFT 配置寄存器	0x00000090	R/W
0x00002174	TEMPSENS	温度传感器配置寄存器	0x00000000	R/W
0x000021A8	ADCCON	ADC 配置寄存器	0x00000000	R/W
0x000021F0	REPEATADCCNV	重复 ADC 转换控制寄存器	0x00000160	R/W
0x0000238C	ADCBUFCON	ADC 缓冲器配置寄存器	0x005F3D00	R/W

5)ADC 校准寄存器

表 8-14 给出了全部的 ADC 校准寄存器。

表 8-14　ADC 校准寄存器汇总

地址	名称	描述	复位	访问类型
0x00002230	CALDATLOCK	ADC 校准锁定寄存器	0x00000000	R/W
0x00002288	ADCOFFSETLPTIA	低功耗 TIA 通道的 ADC 偏移校准寄存器	0x00000000	R/W
0x0000228C	ADCGNLPTIA	低功耗 TIA 通道的 ADC 增益校准寄存器	0x00004000	R/W
0x00002234	ADCOFFSETHSTIA	高速 TIA 通道的 ADC 偏移校准寄存器	0x00000000	R/W
0x00002284	ADCGAINHSTIA	高速 TIA 通道的 ADC 增益校准寄存器	0x00004000	R/W
0x00002244	ADCOFFSETGN1	ADC 偏移校准辅助输入通道(PGA 增益=1)寄存器	0x00000000	R/W
0x00002240	ADCGAINGN1	ADC 增益校准辅助输入通道(PGA 增益=1)寄存器	0x00004000	R/W
0x000022CC	ADCOFFSETGN1P5	ADC 偏移校准辅助输入通道(PGA 增益=1.5)寄存器	0x00000000	R/W
0x00002270	ADCGAINGN1P5	ADC 增益校准辅助输入通道(PGA 增益=1.5)寄存器	0x00004000	R/W
0x000022C8	ADCOFFSETGN2	ADC 偏移校准辅助输入通道(PGA 增益=2)寄存器	0x00000000	R/W
0x00002274	ADCGAINGN2	ADC 增益校准辅助输入通道(PGA 增益=2)寄存器	0x00004000	R/W
0x000022D4	ADCOFFSETGN4	ADC 偏移校准辅助输入通道(PGA 增益=4)寄存器	0x00000000	R/W
0x00002278	ADCGAINGN4	ADC 增益校准辅助输入通道(PGA 增益=4)寄存器	0x00004000	R/W
0x000022D0	ADCOFFSETGN9	ADC 偏移校准辅助输入通道(PGA 增益=9)寄存器	0x00000000	R/W
0x00002298	ADCGAINGN9	ADC 增益校准辅助输入通道(PGA 增益=9)寄存器	0x00004000	R/W

续表

地址	名称	描述	复位	访问类型
0x0000223C	ADCOFFSETTEMPSENS	ADC 偏移校准温度传感器通道寄存器	0x00000000	R/W
0x00002238	ADCGAINTEMPSENS	ADC 增益校准温度传感器通道寄存器	0x00004000	R/W

6)ADC 数字后处理寄存器(可选)

表 8-15 给出了所有的 ADC 数字后处理寄存器。

表 8-15 ADC 数字后处理寄存器汇总

地址	名称	描述	复位	访问类型
0x000020A8	ADCMIN	ADC 最小值检查寄存器	0x00000000	R/W
0x000020AC	ADCMINSM	ADC 最小迟滞值寄存器	0x00000000	R/W
0x000020B0	ADCMAX	ADC 最大值检查寄存器	0x00000000	R/W
0x000020B4	ADCMAXSMEN	ADC 最大迟滞值寄存器	0x00000000	R/W
0x000020B8	ADCDELTA	ADC 变化值检查寄存器	0x00000000	R/W

7)ADC 统计寄存器

表 8-16 给出了三种 ADC 统计寄存器。

表 8-16 ADC 统计寄存器汇总

地址	名称	描述	复位	访问类型
0x00002ICO	STATSVAR	方差输出寄存器	0x00000000	R
0x000021C4	STATSCON	统计控制模块配置寄存器,包括均值、方差和异常值检测模块	0x00000000	R/W
0x000021C8	STATSMEAN	均值输出寄存器	0x00000000	R

9. 可编程开关矩阵

AD5940 可灵活地将外部引脚连接到高速 DAC 激励放大器和高速 TIA 反相输入端。这种灵活性支持不同类型传感器的阻抗测量选项,并允许交流信号耦合到传感器的直流偏置电压。

配置开关时,应考虑低功耗放大器输出上的开关设置。上电时,所有开关均断开,传感器处于断开状态。

图 8-84 所示为每个开关矩阵节点(数据输出、正、负和 TIA 节点)连接到 AD5940 内部电路的示意图。图 8-85 所示为开关矩阵上每个开关的详图。

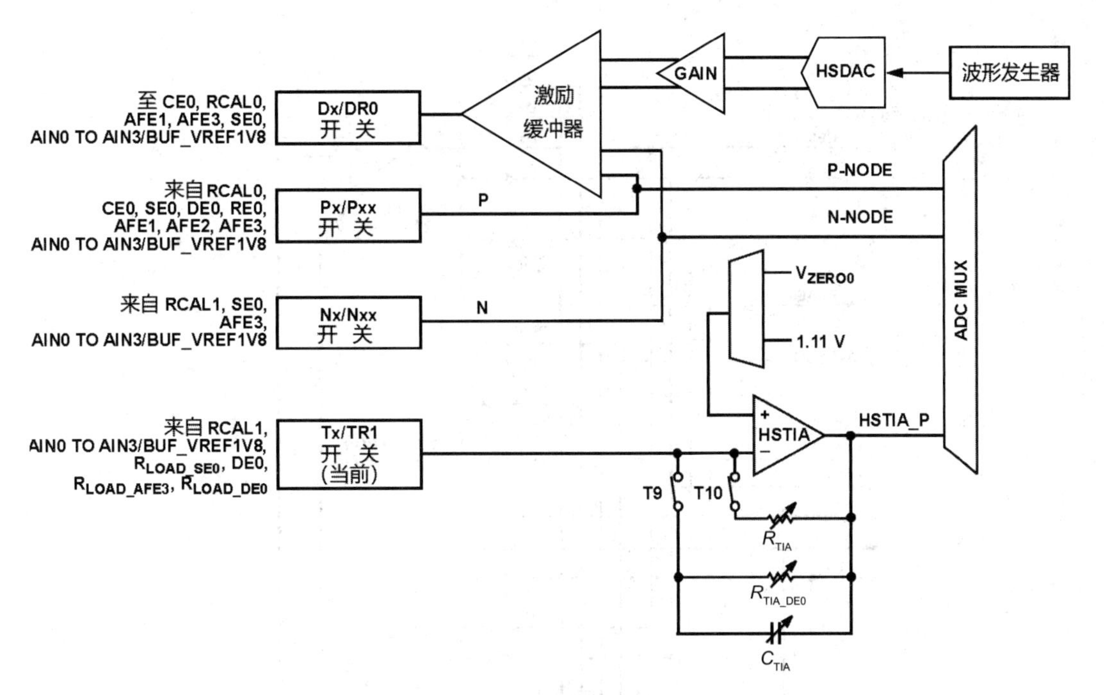

图 8-84　开关矩阵示意图

1）开关描述

Ⅰ. Dx/DR0 开关

Dx/DR0 开关选择连接到高速 DAC 的激励放大器输出的引脚。对于阻抗测量，该引脚为 CE0。如果 DR0 开关闭合，激励放大器的输出可以通过 RCAL0 引脚连接到外部校准电阻（R_{CAL}）。

Ⅱ. Px/Pxx 开关

Px/Pxx 开关选择连接到高速 DAC 的激励放大器正节点的引脚。对于大多数应用，该引脚为 RE0。如果 PR0 开关闭合，激励放大器的负输入可以通过 RCAL0 引脚连接到外部校准电阻。

Ⅲ. Nx/Nxx 开关

Nx/Nxx 开关选择连接到高速 DAC 的激励放大器负节点的引脚。如果 NR1 开关闭合，高速 TIA 的反相输入可以通过 RCAL1 引脚连接到外部校准电阻。

Ⅳ. Tx/TR1 开关

Tx/TR1 开关选择连接到高速 TIA 反相输入的引脚。如果 TR1 开关闭合，高速 TIA 的反相输入可以通过 RCAL1 引脚连接到外部校准电阻。

Ⅴ. AFEx 开关

AFE1、AFE2 和 AFE3 开关仅用作开关，这些开关不是 ADC 输入。在多测量系统中，这些开关提供一种切换传感器电极的方法，这在生物电系统应用中很有用。

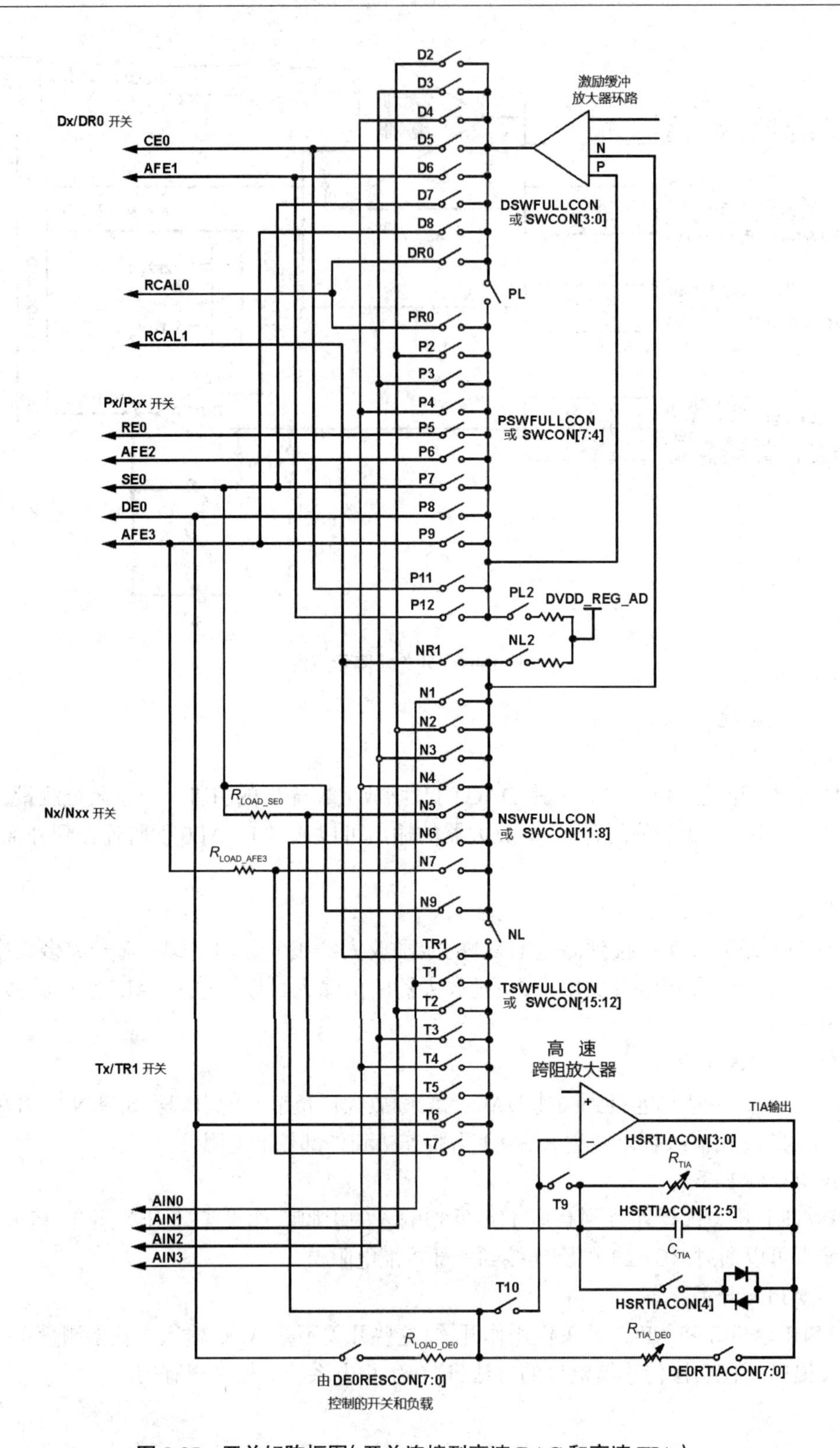

图 8-85 开关矩阵框图(开关连接到高速 DAC 和高速 TIA)

2)休眠模式下的推荐配置

为了最大限度地减少连接到激励放大器正节点和负节点的开关上的泄漏,以及最大限度地减少高速 TIA 上的泄漏,建议通过闭合 PL、PL2、NL 和 NL2 开关将这些开关连接到内部 1.82 V LDO 产生的电压。

在休眠模式下,认为传感器只需要来自低功耗放大器的直流偏置电压。

3)控制所有开关的选项

图 8-85 显示了所有连接到高速 DAC 激励放大器和高速 TIA 反相输入的开关。

有两个选项可用于控制开关矩阵上的开关:

(1)将 Tx/TR1、Nx/Nxx、Px/Pxx 和 Dx/DR0 开关作为一组在 SWCON 寄存器中加以控制;

(2)使用 xSWFULLCON 寄存器对开关矩阵中的每个开关进行单独控制。

如果使用 xSWFULLCON 寄存器控制开关,按以下顺序操作:

(1)写入 xSWFULLCON 寄存器中的特定位;

(2)设置 SWCON 寄存器中的 SWSOURCESEL 位,如果写入 xSWFULLCON 寄存器后未设置该位,则更改不会生效。

此外,可使用状态寄存器回读每个开关的断开或闭合状态。

4)可编程开关寄存器

表 8-17 给出了可编程开关矩阵寄存器。

表 8-17　可编程开关矩阵寄存器汇总

位	位名称	设置	描述	复位
0x0000200C	SWCON	开关矩阵配置	0x0000FFFF	R/W
0x00002150	DSWFULLCON	开关矩阵全面配置(Dx/DRO)	0x00000000	R/W
0x00002154	NSWFULLCON	开关矩阵全面配置(Nx/Nxx)	0x00000000	R/W
0x00002158	PSWFULLCON	开关矩阵全面配置(Px/Pxx)	0x00000000	R/W
0x0000215C	TSWFULLCON	开关矩阵全面配置(TX/TR1)	0x00000000	R/W
0x000021 B0	DSWSTA	开关矩阵状态(Dx/DRO)	0x00000000	R
0x000021B4	PSWSTA	开关矩阵状态(Px/Pxx)	0x00000000	R
0x000021B8	NSWSTA	开关矩阵状态(Nx/Nxx)	0x00000000	R
0x000021BC	TSWSTA	开关矩阵状态(Tx/TRI)	0x00000000	R

10. 精密基准电压源

下面介绍 AD5940 提供的集成基准电压源选项。AD5940 可为 ADC 和 DAC 提供精确的基准电压。1.82 V 基准电压源用于 ADC 和 DAC,2.5 V 基准电压源用于恒电位仪。2.5 V 基准电压源必须通过 VREF_2V5 引脚解耦, 1.82 V 基准电压源必须通过 VREF_1V82 引脚解耦。

图 8-86 所示为可用的基准电压源选项以及控制这些选项的寄存器和位。

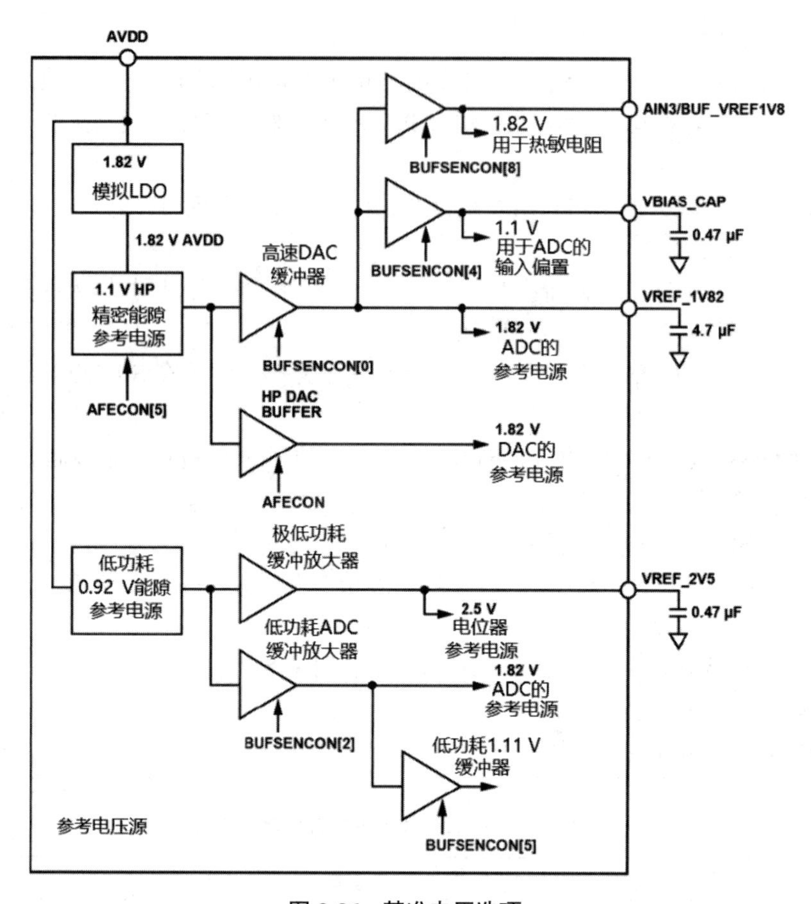

图 8-86 基准电压选项

表 8-18 给出了高功率和低功耗缓冲器控制寄存器 BUFSENCON 的位功能。

表 8-18 BUFSENCON 寄存器的位功能描述

位	位名称	设置	描述	复位	访问类型
[31:9]	保留		保留	0x0	R
8	V1P8THERM-STEN	0 1	缓冲基准电压输出,缓冲输出至 AIN3/BUF_VREF1V82 引脚。 禁用 1.82 V 缓冲基准电压输出。 使能 1.82 V 缓冲基准电压输出	0x0	R/W
7	保留		保留	0x0	R
6	V1P1LPADCCH-GDIS	0 1	控制解耦电容放电开关,此开关将用于 ADC 共模电压的 1 V 内部基准电压源连接到内部放电电路。此位断开时,器件正常工作,以维持外部口 1 V 解耦电容上的基准电压。 断开开关(推荐值),开关断开以维持 L11V 基准电压源的外部解耦电容上的电荷。 闭合开关,开关闭合时,L11V 基准电压源连接到放电电路	0x0	R/W

续表

位	位名称	设置	描述	复位	访问类型
5	V1P1LPADCEN	0 1	ADC 1.11 V 低功耗共模缓冲器(可选),使用高速或低功耗基准电压缓冲器。 禁用 ADC 的 1 V 低功耗基准电压缓冲器。 使能 ADC 的 1 V 低功耗基准电压缓冲器	0x1	R/W
4	V1P1HSADCEN	0 1	使能 V 周速共模缓冲器,此位控制 ADC 输入级的 V 共模电压源的缓冲器。 禁用 V 高速共模缓冲器。 使能 L11V 高速共模缓冲器(正常 ADC 操作的建议值)	0x1	R/W
3	V1P8HSADCCH-GDIS	0 1	控制解耦电容放电开关,此开关将 L82V 内部 ADC 基准电压源连接到内部放电电路。此位断开时,器件正常工作以维持外部解耦电容上的基准电压。 断开开关,如果断开,则基准电压源的外部解耦电容上的电压保持不变(推荐值)。 闭合开关,开关闭合时,基准电压源连接到放电电路	0x0	R/W
2	V1P8LPADCEN	0 1	ADC 1.82 V 低功耗基准电压缓冲器。 禁用低功耗 1.82 V 基准电压缓冲器。 使能低功耗 1.82 V 基准电压缓冲器(推荐值),当退出关断状态时,此设置可加快建立时间	0x1	R/W
1	V1P8HSAD-CILIMITEN	0 1	高速 ADC 输入限流,此位保护 ADC 输入缓冲器。 禁用缓冲器限流。 使能缓冲器限流(推荐值)	0x1	R/W
0	V1P8HSADCEN	0 1	高速 L82V 基准电压缓冲器,使能基准电压缓冲器以进行正常 ADC 转换。 禁用 L82V 高速 ADC 基准电压缓冲器。 使能 L82V 高速 ADC 基准电压缓冲器	0x1	R/W

BUFSENCON 寄存器地址为 0x00002180,复位为 0x00000037。

数据 FIFO 为模拟和 DSP 模块的输出提供了一个缓冲器,输出经过缓冲后由外部控制器读取。

数据 FIFO 可以使用的存储器在 CMDDATACON 寄存器的 DATA_MEM_SEL 位中进行选择,可用选项有 2 kB、4 kB 和 6 kB。数据 FIFO 和命令存储器共享同一 6 kB SRAM。因此,应确保命令存储器和数据 FIFO 之间没有重叠。

数据 FIFO 可通过 CMDDATACON 位[11:9]配置为 FIFO 模式或流模式。在流模式下,当 FIFO 已满时,旧数据会被丢弃,以为新数据腾出空间。在 FIFO 模式下,当 FIFO 已满时,新数据会被丢弃。因此,在 FIFO 模式下,切勿让 FIFO 溢出,否则会丢失所有新数据。

数据 FIFO 始终是单向的。AFE 模块中的可选择源写入数据,外部微控制器从 DATAFIFORD 读取数据。

11. 数据 FIFO

在 DATAFIFOSRCSEL(FIFOCON 位[15:13])中选择数据 FIFO 的数据源,可用选项有 ADC 数据、DFT 结果、sinc2 滤波器结果、统计模块均值结果和统计模块方差结果。

有多个中断标志与数据 FIFO 相关,包括空、满、上溢、下溢和阈值。

用户可以使用 INTCFLAGx 寄存器读取这些中断。每个标志有一个相关联的可屏蔽中断。

上溢和下溢标志仅在一个时钟周期内有效。

将 1 写入 FIFOCON 位 11 可使能数据 FIFO。数据 FIFO 阈值通过写入 DATAFIFOTHRES 寄存器来设置。在任何时候,主机微控制器都可以通过读取 FIFOCNTSTA 位[26:16]来读取数据 FIFO 中的字数。

当数据 FIFO 为空时,从其中读取数据会返回 0x00000000。此外,INTCFLAGx 寄存器中的下溢标志 FLAG27 会置位。

12. 波形发生器

AD5940 采用数字波形发生器来生成正弦波、梯形波和方波。下面介绍如何使用波形发生器(图 8-87)。

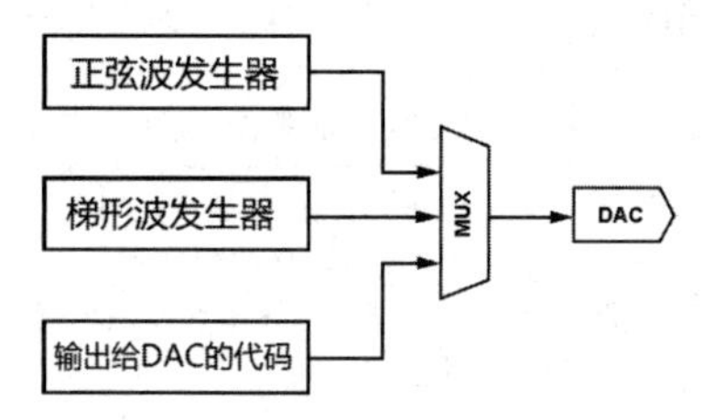

图 8-87 波形发生器简化框图

1)波形发生器特性

波形发生器能够生成正弦波、梯形波和方波,可与高速 DAC 或低功耗 DAC 配合使用。

2)波形发生器操作

要使能波形发生器模块,需将 AFECON 寄存器的 WAVEGENEN 位设置为 1。当此位使能时,所选波形源就会启动并循环,直到禁用该模块(WAVEGENEN = 0)或选择其他源为止。禁用该模块时,DAC 输出电压保持不变,直至选择其他波形(通过写入 WGCON 寄存器的 TYPESEL 位)或波形复位。

Ⅰ. 正弦波发生器

正弦波发生器的框图如图 8-88 所示。

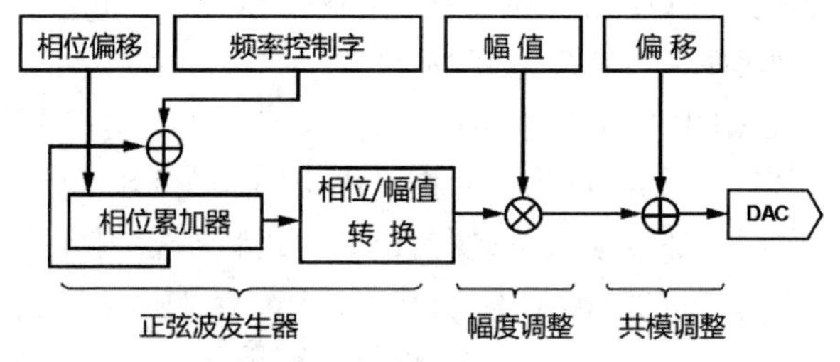

图 8-88 正弦波发生器框图

使用频率控制字(WGFCW 位[30:0])调整输出频率(f_{OUT}),计算公式如下:

$$f_{OUT} = f_{ACLK} \times SINEFCW / 2^{30} \tag{8-17}$$

式中:f_{ACLK} 为 ACLK 的频率,取 16 MHz;$SINEFCW$ 为 WGFCW 寄存器的位[30:0]。

正弦波发生器含有一个由 WGOFFSET 寄存器控制的可编程相位偏移。当使能时，相位累加器使用相位偏移寄存器的内容进行初始化。正弦波发生器启动后，相位增量始终为正。

Ⅱ. 梯形波发生器

梯形波形的定义如图 8-89 所示

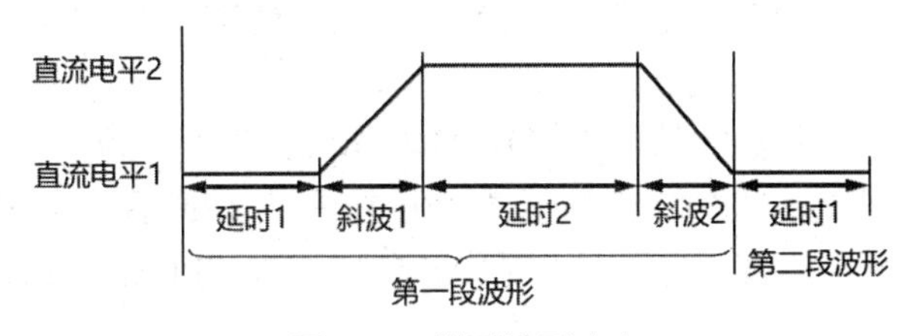

图 8-89　梯形波形定义

图 8-89 所示的六个参数可由用户通过 WGDCLEVEL1、WGDCLEVEL2、WGDELAY1、WGDELAY2、WDSLOPE1 和 WGSLOPE2 寄存器进行编程，这些变量定义了梯形波形。将 WGSLOPEx 寄存器设置为 0x00000 即可生成方波。时间以 DAC 更新时钟的周期数表示；对于梯形函数，时钟频率设置为 320 kHz。梯形波的周期开始于 WGDELAY1 起始时，结束于 WGSLOPE2 完成时。梯形波会继续循环到被用户禁用为止。

3）波形发生器与低功耗 DAC 配合使用

虽然波形发生器主要设计用于高速 DAC，但它也可以与低功耗 DAC 一起用于超低功耗和低带宽应用。要配置低功耗 DAC 以生成波形，需将 LPDACCON 寄存器的位 6 设置为 1。梯形波或正弦波可以如前所述进行选择。当波形发生器配合低功耗 DAC 使用时，必须选择 32 kHz 振荡器作为系统时钟，这会限制信号的带宽。

4）波形发生器寄存器

表 8-19 列出了用于高速 DAC 的波形发生器寄存器。

表 8-19　用于高速 DAC 的波形发生器寄存器汇总

地址	名称	描述	复位	访问类型
0x00002014	WGCON	波形发生器配置寄存器	0x00000030	R/W
0x00002018	WGDCLEVEL1	波形发生器寄存器，梯形波直流电平 1	0x00000000	R/W
0x0000201C	WGDCLEVEL2	波形发生器寄存器，梯形波直流电平 2	0x00000000	R/W
0x00002020	WGDELAY1	波形发生器寄存器，梯形波延迟 1 时间	0x00000000	R/W
0x00002024	WGSL0PE1	波形发生器寄存器，梯形波斜率 1 时间。	0x00000000	R/W
0x00002028	WGDELAY2	波形发生器寄存器，梯形波延迟 2 时间	0x00000000	R/W
0x0000202C	WGSL0PE2	波形发生器寄存器，梯形波斜率 2 时间	0x00000000	R/W
0x00002030	WGFCW	波形发生器寄存器，正弦波频率控制字	0x00000000	R/W
0x00002034	WGPHASE	波形发生器寄存器，正弦波相位偏移	0x00000000	R/W
0x00002038	WGOFFSET	波形发生器寄存器，正弦波偏移	0x00000000	R/W
0x0000203C	WGAMPLITUDE	波形发生器寄存器，正弦波幅度	0x00000000	R/W

13. SPI 接口

1)概述

AD5940 提供 SPI 接口以便于主机微控制器进行配置和控制。主机控制器通过 SPI 读取和写入存储器、寄存器、FIFO。AD5940 用作 SPI 从器件。

Ⅰ. SPI 引脚

主机和 AD5940 之间的 SPI 连接包括 CS、SCLK、MOSI 和 MISO。

Ⅱ. 片选使能

主机必须将 SPI 从器件使能信号连接到 AD5940 的 CS 输入端。为启动 SPI 事务,主机在第一个 SCLK 上升沿之前将 CS 信号驱动为低电平,并在最后一个 SCLK 下降沿之后再将其驱动为高电平。当 CS 输入为高电平时,AD5940 忽略 SPI 的 SCLK 和 MOSI 信号。

Ⅲ. SCLK

SCLK 是由主机驱动至 AD5940 的串行时钟,最大时钟速率为 16 MHz。

Ⅳ. MOSI 和 MISO

MOSI 是从主机驱动到 AD5940 的数据输入线, MISO 是从 AD5940 到主机的数据输出线。MOSI 信号和 MISO 信号在 SCLK 信号的下降沿启动,并在 SCLK 信号的上升沿分别由主机和 AD5940 采样。MOSI 信号将数据从主机传送到 AD5940。MISO 信号在读处理期间将返回的读取数据字段从 AD5940 传送到主机。

2)SPI 工作原理

主机是 SPI 的主器件。SPI 操作的特点和要求如下:

(1)SCLK 始终低于 AD5940 的系统时钟(即 16 MHz);

(2)当 CS 信号变为低电平时,主机必须产生 8 的倍数个时钟周期;

(3)通过 SPI 从器件的传输始终是字节对齐的;

(4)在每个八位字中,首先发送和接收的是最高有效位(位 7);

(5)如果 CS 信号在任何时候由主机拉高,则当 CS 信号由主机再次拉低时, AD5940 便可接受新的 SPI 事务,CS 变高和再次变低之间的最短时间是 t_{10},见表 8-20。

表 8-20 SPI 时序规格

参数	时间	单位	描述
t_1	190	ns(最大值)	$\overline{CS}$ 下降沿到 MISO 建立时间
t_2	5	ns(最小值)	$\overline{CS}$ 低电平到 SCLK 建立时间
t_3	40	ns(最小值)	SCLK 高电平时间
t_4	40	ns(最小值)	SCLK 低电平时间
t_5	62.5	ns(最小值)	SCLK 周期
t_6	27	ns(最大值)	SCLKT 降沿到 MISO 延迟时间
t_7	5	ns(最小值)	MOSI 到 SCLK 上升沿建立时间
t_8	5	ns(最小值)	MOSI 到 SCLK 上升沿保持时间
t_9	19	ns(最小值)	SCLK 下降沿到保持时间 $\overline{CS}$

续表

参数	时间	单位	描述
t_{10}	80	ns（最小值）	$\overline{CS}$ 高电平时间
t_{WK}	22	μs（典型值）	AD5940 唤醒时间

3）命令字节

在 SPI 事务中从主机发送到 AD5940 的第一个字节是命令字节。命令字节指定用于 SPI 事务的 SPI 协议。表 8-55 中详细列出了可用的命令。

表 8-21　SPI 命令

命令	值	描述
SPICMD_SETADDR	0x20	设置 SPI 事务的寄存器地址
SPICMD_READREG	0x6D	指定 SPI 事务为读处理
SPICMD_WRITEREG	0x2D	指定 SPI 事务为写处理
SPICMD_READFIFO	0x5F	读取 FIFO 的命令

AD5940 提供两种主要 SPI 处理协议：写入和读取寄存器以及从数据 FIFO 读取数据。

Ⅰ. 写入和读取寄存器

写入和读取寄存器需要两个 SPI 事务：第一个事务设置寄存器地址；第二个事务是实际读取或写入所需寄存器。以下是写入寄存器的步骤。

（1）写入命令字节并配置寄存器地址。

①将 CS 驱动为低电平。

②发送 8 位命令字节：SPICMD_SETADDR。

③发送要读取或写入的寄存器的 16 位地址。

④将 CS 拉高。

（2）将数据写入寄存器。

①将 CS 驱动为低电平。

②发送 8 位命令字节：SPICMD_WRITEREG。

③将 16 位或 32 位数据写入寄存器。

④将 CS 拉高。

（3）从寄存器读取数据。

①将 CS 驱动为低电平。

②发送 8 位命令字节：SPICMD_READREG。

③在 SPI 总线上发送一个虚拟字节以启动读操作。

④读取返回的 16 位或 32 位数据。

⑤将 CS 拉高。

Ⅱ. 从数据 FIFO 读取数据

从数据 FIFO 回读数据有两种方法：按“写入和读取寄存器”部分所述读取 DATAFI-

FORD 寄存器和实现快速 FIFO 读协议。

如果数据 FIFO 中的结果少于三个，可以从 DATAFIFORD 寄存器中回读数据。但如果 FIFO 中有三个以上的结果，则应实现更高效的 SPI 处理协议。

要从数据 FIFO 中读取数据，执行以下步骤。

（1）将 CS 驱动为低电平。

（2）发送一个 8 位命令字节：SPICMD_READFIFO。

（3）在回读有效数据之前，应通过 SPI 总线传输六个虚拟字节。

（4）连续读取 DATAFIFORD 寄存器，直到只剩下两个结果。

（5）使用非零偏移回读最后两个数据点。

（6）将 CS 拉高。

数据 FIF0 协议如图 8-90 所示。在通过高级外设总线（APB）返回有效数据之前，需要进行六次虚拟读操作。该图还说明了为什么使用非零偏移回读最后两个 FIFO 结果。其中，当 SPI 总线传输数据 B 时，APB 读取数据 C。假设“APB 读取 B”是 FIFO 中的最后一个数据，则读取偏移（ROFFSETC）设置为非零值。然后，APB 读取 DATAFIFORD 之外的寄存器。如果 APB 继续读取 DATAFIFORD 寄存器，则数据 FIFO 会下溢，导致下溢错误。

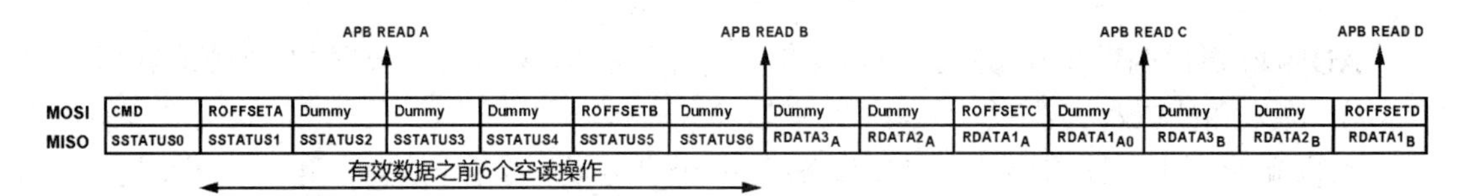

图 8-90　数据 FIFO 读取协议

14. 睡眠和唤醒定时器

1）睡眠和唤醒定时器特性

AD5940 集成了一个 20 位睡眠和唤醒定时器（图 8-91）。睡眠和唤醒定时器提供对序列器的自动控制，并且可以按从 SEQ0 到 SEQ3 的任何顺序依次运行多达八个序列。定时器由内部 32 kHz 振荡器时钟源提供时钟。

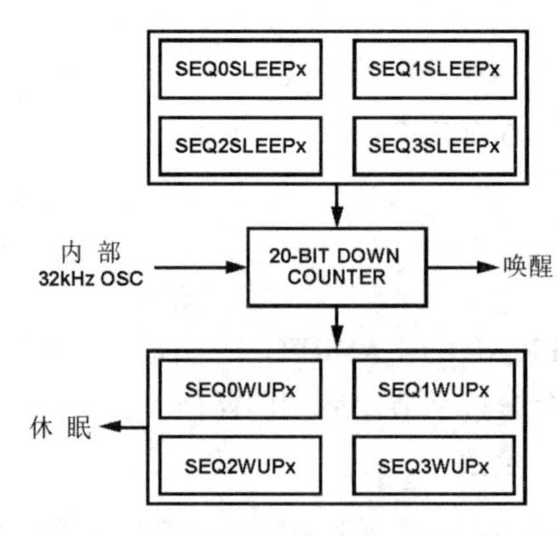

图 8-91　睡眠和唤醒定时器框图

2)睡眠和唤醒定时器概述

睡眠和唤醒定时器模块由一个倒计时的 20 位定时器组成,时钟源为 32 kHz 内部低频振荡器。

如图 8-92 所示,当定时器到期时,器件会自动唤醒并运行序列,最多可以按顺序运行八个序列。

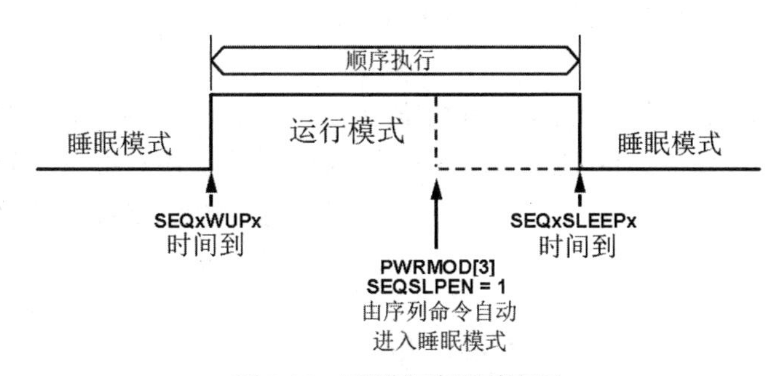

图 8-92　睡眠和唤醒时序图

当定时器到期时,器件返回睡眠状态。如果定时器在序列完成执行之前到期,则序列中的剩余命令会被忽略。因此,用户代码必须确保 SEQxSLEEPx 寄存器中的值足够大,以允许序列执行所有命令。

建议使用唤醒定时器禁用定时器睡眠功能(PWRMOD 位 2 = 0),并使序列器进入休眠模式。设置 PWRMOD 位 3 = 1,使序列器可将器件置于休眠模式。

3)配置一个确定的序列顺序

睡眠和唤醒定时器提供了按特定顺序定期执行序列的功能。序列的执行顺序在 SEQORDER 寄存器中定义。该寄存器中有 8 个可用槽,从 A 到 H。每个槽可配置为四个序列中的任何一个。图 8-93 所示为此特性的一个示例,其有三个确定的执行序列, SEQ1、SEQ2 和 SEQ3。

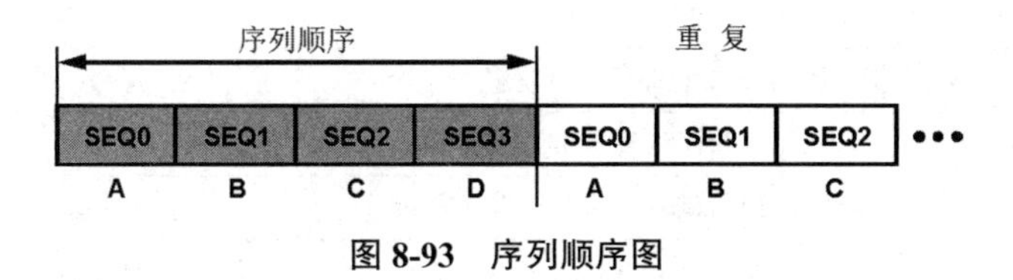

图 8-93　序列顺序图

要配置 AD5940 以实现此序列顺序,采用以下寄存器设置:

(1)SEQORDER 位 SEQA = 0(SEQ0);

(2)SEQORDER 位 SEQB = 1(SEQ1);

(3)SEQORDER 位 SEQC = 2(SEQ2);

(4)SEQORDER 位 SEQD = 3(SEQ3);

(5)CON 位 ENDSEQ = 3(结束于序列 D)。

15. 中断

AD5940 提供多种中断选项(表 8-22),这些中断可配置为切换 GPIOx 引脚以响应中断事件。

1）中断控制器中断

中断控制器分为两个模块，每个模块由一个 INTCSELx 寄存器和一个 INTCFLAGx 寄存器组成，INTCPOL 和 INTCCLR 寄存器是两个模块通用的。在 INTCSELx 寄存器中使能某个中断后，INTCFLAGx 寄存器中的相应位会置 1。可用中断源见表 8-22。INTCFLAGx 中断可配置为切换 GPIOx 引脚以响应中断事件。

2）配置中断

配置中断源之前，必须将 GPIOx 引脚配置为中断输出。GPIO0、GPIO3 和 GPIO6 可以配置为 INT0 输出，GPIO4 和 GPIO7 可以配置为 INT1 输出。用户可以在 INTCPOL 寄存器中设置中断极性（上升沿或下降沿）。当触发中断时，选定的 GPIOx 引脚反转，提醒主机微控制器发生了中断事件。要清除中断源，须写入 INTCCLR 寄存器中的相应位。

表 8-22　中断源汇总

INTC FLAGx 寄存器标志名称	中断源描述
FLAGO	ADC 结果 IRQ 状态
FLAG1	DFT 结果 IRQ 状态
FLAG2	Sinc2 滤波器结果就绪 IRQ 状态
FLAG3	温度结果 IRQ 状态
FLAG4	ADC 最小值不合格 IRQ 状态
FLAGS	ADC 最大值不合格 IRQ 状态
FLAG6	ADC 变化值不合格 IRQ 状态
FLAG7	均值 IRQ 状态
FLAG8	方差 IRQ 状态
FLAG13	引导加载完成 IRQ 状态
FLAG15	序列结束 IRQ 状态
FLAG16	序列器超时已完成 IRQ 状态
FLAG17	序列器超时命令错误 IRQ 状态
FLAG23	数据 FIFO 满 IRQ 状态
FLAG24	数据 FIFO 满 IRQ 状态
FLAG25	数据 FIFO 阈值 IRQ 状态，DATAFIFOTHRES 寄存器中设置的阈值
FLAG26	数据 FIFO 上溢 IRQ 状态
FLAG27	数据 FIFO 下溢 IRQ 状态
FLAG29	异常值 IRQ 状态，检测何时检测到异常值
FLAG31	尝试打断 IRQ 状态，当序列 A 正在运行时，如果发生序列 B 请求，就会设置此中断，该中断表示序 列 B 被忽略

3)自定义中断

用户可以在 INTCSELx 位[12:9]中选择四个自定义中断源,这些自定义中断可以通过写入 AFEGENINTSTA 寄存器的相应位来产生中断事件,只能通过序列器写入该寄存器,使用 SPI 写入该寄存器无效。

表 8-23 给出了中断寄存器。

表 8-23　中断寄存器汇总

地址	名称	描述	复位	访问类型
0x00003000	INTCPOL	中断极性寄存器	0x00000000	R/W
0x00003004	INTCCLR	中断清零寄存器	0x00000000	W
0x00003008	INTCSEL0	中断控制器选择寄存器(INT0)	0x00002000	R/W
0X0000300C	INTCSEL1	中断控制器选择寄存器(INT1)	0x00002000	R/W
0x00003010	INTCFLAG0	中断控制器标志寄存器(INT0)	0x00000000	R
0x00003014	INTCFLAG1	中断控制器标志寄存器(INT1)	0x00000000	R
0X0000209C	AFEGENINTSTA	模拟生成中断	0x00000010	R/W1C

AD5940 实现了 8 个外部中断,可以配置这些外部中断来检测以下类型事件的任意组合:

✧ 上升沿,逻辑检测到从低到高的跃迁并产生一个脉冲;

✧ 下降沿,逻辑检测到从高到低的跃迁并产生一个脉冲;

✧ 上升沿或下降沿,逻辑检测到从低到高或从高到低的跃迁并产生一个脉冲;

✧ 高电平,逻辑检测到高电平,中断线保持有效,直到外部源置为无效;

✧ 低电平,逻辑检测到低电平,中断线保持有效,直到外部源置为无效;

外部中断检测单元模块允许外部事件唤醒处于休眠模式的 AD5940。

4)外部中断配置寄存器

表 8-24 给出了外部中断寄存器。

表 8-24　外部中断寄存器汇总

地址	名称	描述	复位	访问类型
0X00000A20	EIOCON	外部中断配置 0 寄存器	0x0000	R/W
0X00000A24	EI1CON	外部中断配置 1 寄存器	0x0000	R/W
0X00000A28	EI2CON	外部中断配置 2 寄存器	0x0000	R/W
0X00000A30	EICLR	外部中断清零寄存器	0xC000	R/W

16. 数字输入/输出

1)数字输入/输出特性

AD5940 具有 8 个 GPIO 引脚, GPIO 组成一个端口(图 8-94),其宽度为 8 位。每个 GPIOx 包含多重功能,用户代码可配置这些功能。

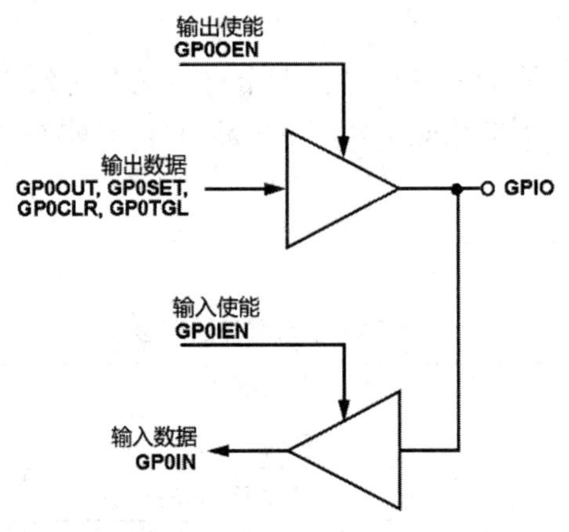

图 8-94 数字输入/输出示意图

2)数字输入/输出操作

Ⅰ. 输入/输出上拉使能

GPIO0、GPIO1、GPIO3、GPIO4、GPIO5、GPIO6 和 GPIO7 引脚具有上拉电阻,使用 GP0PE 寄存器可使能或禁用这些电阻。未使用的 GPIO 必须禁用其相应的上拉电阻以降低功耗。

Ⅱ. 数据输入

当使用 GP0IEN 寄存器将 GPIOs 配置为输入时,GP0IN 寄存器可提供 GPIO 输入电平。

Ⅲ. 数据输出

当 GPIOs 配置为输出时,GP0OUT 寄存器值会反映在 GPIOs 上。

Ⅳ. 位设置

GP0 端口有一个对应的位设置寄存器 GP0SET。使用位设置寄存器可以设置一个或多个 GPIO 数据输出,而不会影响端口内的其他输出。只有对应于写数据位等于 1 的 GPIOx 才会被设置,其余 GPIO 不受影响。

Ⅴ. 位清零

GP0 端口有一个对应的位清零寄存器 GP0CLR。使用位清零寄存器可以清除一个或多个 GPIO 数据输出,而不会影响端口内的其他输出。只有对应于写数据位等于 1 的 GPIOx 才会被清零,其余 GPIO 不受影响。

Ⅵ. 位反转

GP0 端口有一个对应的位反转寄存器 GP0TGL。使用位反转寄存器可以反转一个或多个 GPIO 数据输出,而不会影响端口内的其他输出。只有对应于写数据位等于 1 的 GPIOx 引脚才会被反转,其余 GPIO 不受影响。

Ⅶ. 输入/输出数据输出使能

GP0 端口有一个数据输出使能寄存器 GP0OEN,通过该寄存器可以使能数据输出路径。当数据输出使能寄存器位设置时,GP0OUT 中的值会反映在相应的 GPIOx 引脚上。

Ⅷ. 中断输入

每个 GPIOx 引脚都可以配置为对外部事件做出反应。这些事件可以检测到并用于唤醒器件或触发特定序列。这些事件在 EIxCON 寄存器中配置。写入 EICLR 寄存器中的相应位会清除中断标志。

3）中断输出

AD5940 有两个外部中断，这些中断可映射到某些 GPIOx 引脚。当发生中断时，AD5940 将 GPIOx 引脚设为高电平。当中断清零时，AD5940 将 GPIOx 引脚拉低。这些中断在中断控制器寄存器中配置。

4）数字端口复用

数字端口复用模块可控制指定引脚的 GPIO 功能（表 8-25），这些选项在 GP0CON 寄存器中配置，使用序列器控制 GPIOx。

表 8-25　GPIOx 复用选项

GPIOx 名称	PINxCFG 位设置选项			
	00	01	10	11
GPIO0	中断 0 输出	序列 0 触发	同步外部器件 0	通用输入/输出
GPIO1	通用输入/输出	序列 1 触发	同步外部器件 1	深度睡眠
GPIO2	POR 信号输出	序列 2 触发	同步外部器件 2	外部时钟输入
GPIO3	通用输入/输出	序列 3 触发	同步外部器件 3	中断 0 输出
GPIO4	通用输入/输出	序列 0 触发	同步外部器件 4	中断 1 输出
GPIO5	通用输入/输出	序列 1 触发	同步外部器件 5	外部时钟输入
GPIO6	通用输入/输出	序列 2 触发	同步外部器件 6	中断 0 输出
GPIO7	通用输入/输出	序列 3 触发	同步外部器件 7	中断 1 输出

AD5940 上的每个 GPIOx 都可以通过序列器进行控制。在时序关键应用期间，此控制允许利用专用寄存器 SYNCEXTDEVICE 同步外部器件。要通过此寄存器控制 GPIO，首先必须在 GP0OEN 寄存器中将 GPIOx 配置为输出，然后在 GP0CON 寄存器中选择同步。

5）GPIO 寄存器

表 8-26 给出了 GPIO 寄存器。

表 8-26　GPIO 寄存器汇总

地址	名称	描述	复位	访问类型
0x00000000	GP0CON	GPIO 端口 0 配置寄存器	0x0000	R/W
0x00000004	GP0OEN	GPIO 端口 0 输出使能寄存器	0x0000	R/W
0x00000008	GP0PE	GPIO 端口 0 上拉和下拉使能寄存器	0x0000	R/W
OxOOOOOOOC	GP0IEN	GPIO 端口 0 输入路径使能寄存器	0x0000	R/W
0x00000010	GP0IN	GPIO 端口 0 寄存数据输入寄存器	0x0000	R
0x00000014	GP0OUT	GPIO 端口 0 数据输出寄存器	0x0000	R/W
0x00000018	GP0SET	GPIO 端口 0 数据输出设置寄存器	0x0000	W
0x0000001C	GP0CLR	GPIO 端口 0 数据输出清零寄存器	0x0000	W

续表

地址	名称	描述	复位	访问类型
0x00000020	GP0TGL	GPIO 端口 0 引脚反转寄存器	0x0000	W

17. 系统复位

AD5940 提供以下复位源：

（1）外部复位；

（2）OR；

（3）器件数字部分的软件复位。

低功耗 PA 和低功耗 TIA 电路不复位。

在外部硬件复位或 POR 期间，AD5940 复位。

外部复位或硬件复位连接到外部 RESET 引脚。拉低此引脚时，即发生复位。所有电路和控制寄存器都返回到默认状态。

主机微控制器可通过将 SWRSTCON 位 0 清 0 来触发 AD5940 的软件复位。建议将 AD5940 的 RESET 引脚连接到主机处理器上的 GPIO 引脚，以便控制器能够控制硬件复位。

AD5940 复位状态寄存器为 RSTSTA，读取该寄存器可确定芯片的复位源。

软件复位可以忽略，以确保用于偏置外部传感器的电路不受干扰。这些电路包括超低功耗 DAC、功率放大器和 TIA。可编程开关电路也可以配置为在复位时保持状态不变。

表 8-27 给出了模拟芯片复位寄存器。

表 8-27　模拟芯片复位寄存器汇总

地址	名称	描述	复位	访问类型
0x00000A5C	RSTCONKEY	SWRSTCON 寄存器的密钥保护	0x0000	W
0x00000424	SWRSTCON	软件复位寄存器	0x0001	R/W
0x00000A40	RSTSTA	复位状态寄存器	0x0000	R/W1C

18. 功耗模式

AD5940 有四种主要功耗模式：有效高功率模式（>80 kHz）、有效正常模式（<80 kHz）、休眠模式和关断模式。

1）有效高功率模式（>80 kHz）

当生成或测量 80 kHz 以上的高带宽信号时，建议使用有效高功率模式（>80 kHz）。选择 32 MHz 振荡器来驱动高速 DAC 和 ADC 电路以处理高带宽信号。要使能高功率模式，执行如下步骤：

（1）写入 PMBW = 0x000D；

（2）将系统时钟分频器设置为 2，并将 ADC 时钟分频器设置为 1；

（3）将振荡器切换到 32 MHz；

（4）设置 ADCFILTERCON 位 0 = 1，以使能 1.6 MHz ADC 采样速率。

2）有效低功耗模式（<80 kHz）

有效低功耗模式（<80 kHz）是 AD5940 的默认工作状态，系统时钟为 16 MHz 内部振荡器（PWRMOD 位[1:0] = 0x1）。

3）休眠模式

当 AD5940 处于休眠模式时，高速时钟电路关断，导致所有在进入低功耗时由其提供时钟的模块都处于关断状态，32 kHz 振荡器保持有效，看门狗定时器也有效。要将 AD5940 置于休眠模式，须写入 PWRMOD 位[1:0] = 0x2。建议设置 PWRMOD 位 14 = 0，位 14 控制到 ADC 模块的电源开关。当此开关断开时，ADC 的泄漏会减少，从而降低休眠模式下的电流消耗。

低功率 DAC、基准电压源和放大器也可以保持有效，以维持外部传感器的偏置，但是电流消耗会增加。

4）关断模式

关断模式类似于休眠模式，但用户需要关断低功耗模拟模块。

5）低功耗模式

AD5940 为 EDA 测量等超低功耗应用提供了一项功能，即写入 LPMODECON 寄存器可同时关断各种模块。LPMODECON 寄存器中有许多位对应于某些模拟模块。通过将这些位设置为 1，相应的电路即关断，以节省功耗。例如，将 1 写入 LPMODECON 的位 1 会关断高功率基准电压源。

LPMODECON 寄存器具有密钥保护。访问该寄存器之前，用户必须将 0xC59D6 写入 LPMODEKEY 寄存器。

还有一项特性对超低功耗应用有用，那就是能够利用序列器将系统时钟切换为 32 kHz 振荡器。要使能此特性，须将 1 写入 LPMODECLKSEL 的位 0。然后，序列器便可将系统时钟切换到 32 kHz 振荡器。LPMODECLKSEL 寄存器受 LPMODKEY 寄存器的密钥保护。

6）功耗模式寄存器

表 8-28 给出了功耗模式寄存器。

表 8-28　功耗模式寄存器汇总

地址	名称	描述	复位	访问类型
0x00000A00	PWRMOD	功耗模式配置寄存器	0x0001	R/W
0x00000A04	PWRKEY	PWRMOD 寄存器的密钥保护	0x0000	R/W
0x0000210C	LPMODEKEY	LPMODECLKSEL 和 LPMODECON 寄存器的密钥保护	0x00000000	R/W
0x00002110	LPMODECLKSEL	低功耗模式时钟选择寄存器	0x00000000	R/W
0x00002114	LPMODECON	低功耗模式配置寄存器	0x00000102	R/W

19. 时钟架构

1）时钟特性

AD5940 提供如下时钟选项：

（1）低频 32 kHz 内部振荡器（LFOSC）；

（2）高频 16 MHz 或 32 MHz 内部振荡器（HFOSC），32 MHz 设置仅为高速 DAC 提供时钟以输出 80 kHz 以上的信号，尤其适用于高频阻抗测量；

（3）GPIOx 上的外部时钟输入选项，如果使用 32 MHz 时钟，应确保 ADCCLKDIV 位 [9:6] = 2，以将 ADC 和数字芯片时钟源限制为 16 MHz；

（4）上电时，内部高频振荡器被选择为 AFE 系统时钟，设置为 16 MHz，用户代码可将时钟分频，即除以 1~32 的系数，以降低功耗。

注意，系统性能仅在 AFE 系统时钟速率为 32 MHz、16 MHz、8 MHz 和 4 MHz 时进行过验证。AD5940 系统时钟架构如图 8-95 所示。

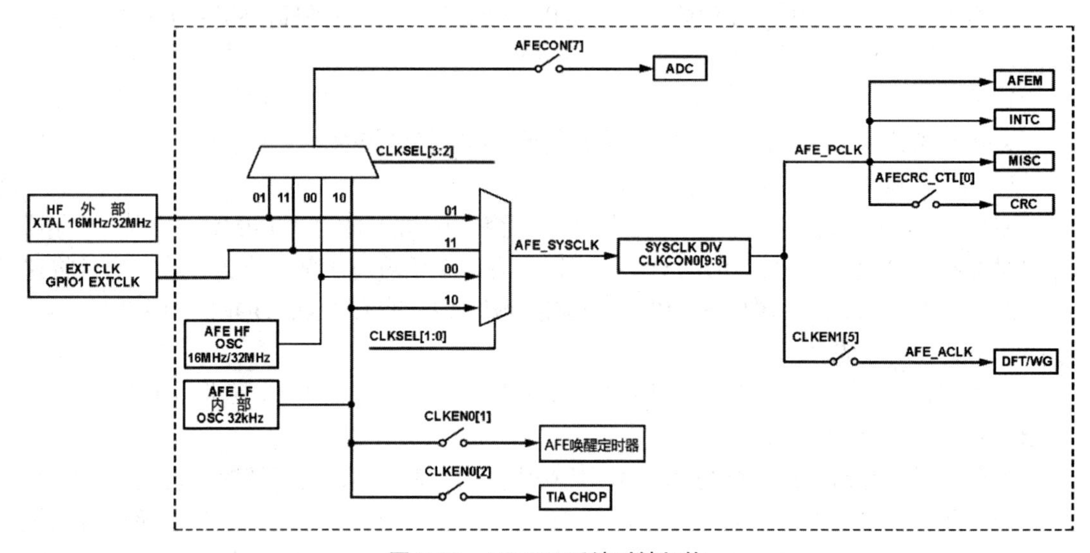

图 8-95 AD5940 系统时钟架构

2）时钟架构寄存器

表 8-29 给出了时钟寄存器。

表 8-29 时钟寄存器汇总

地址	名称	描述	复位	访问类型
0x00000420	CLKCONOKEY	CLKCON0 寄存器的密钥保护寄存器	0x0000	W
0x00000408	CLKCONO	时钟分频器配置	0x0441	R/W
0x00000414	CLKSEL	时钟选择	0x0000	R/W
0X00000A70	CLKENO	低功耗 TI A 斩波和唤醒定时器的时钟控制	0x0004	R/W
0x00000410	CLKEN1	时钟门控使能	0x01C0	R/W
OxOOOOOAOC	OSCKEY	OSCCON 寄存器的密钥保护	0x0000	R/W
OxOOOOOAIO	OSCCON	振荡器控制	0x0003	R/W
0X000020BC	HSOSCCON	高速振荡器配置	0x0034	R/W
0X00000A5C	RSTCONKEY	RSTCON 寄存器的密钥保护	0x0000	W

续表

地址	名称	描述	复位	访问类型
0X00000A6C	LOSCTST	内部低频振荡器测试	0x0088	R/W

8.4.3　应用举例

1. 使用低带宽环路进行 EDA 生物阻抗测量

AD5940 可用于生物阻抗测量，该使用场景需要测量一直进行，典型采样速率为 4 Hz，激励信号为 100 Hz。AD5940 使用低功耗 DAC 产生低频信号，低功耗 TIA 将电流转换为电压，DFT 硬件加速器计算数据的实数和虚数值，可以计算精确交流阻抗值，简化框图如图 8-96 所示。使用 AD5940 的低功耗模式特性可以实现低至 70 μA 的平均电流消耗。

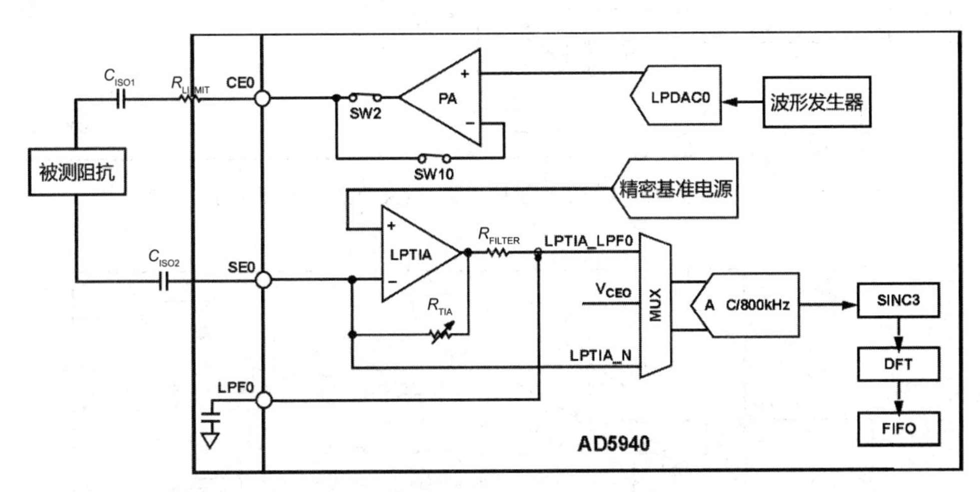

图 8-96　低频 2 线生物阻抗环路（最大带宽 = 300 Hz）

2. 使用高带宽环路进行体阻抗分析（BIA）测量

AD5940 利用其高带宽阻抗环路对人体进行 4 线绝对阻抗测量（图 8-97），高性能 16 位 ADC 及片上 DFT 硬件加速器在 50 kHz 时的目标信噪比是 100 dB，阻抗测量频率高达 200 kHz。

3. 高精度恒电位仪配置

如图 8-98 所示低带宽环路或高带宽环路可用于恒电位仪应用，开关矩阵支持 2 线、3 线或 4 线电极连接。低带宽环路可以使用单参考电极配置，更高带宽环路可以使用单或双参考电极测量配置。

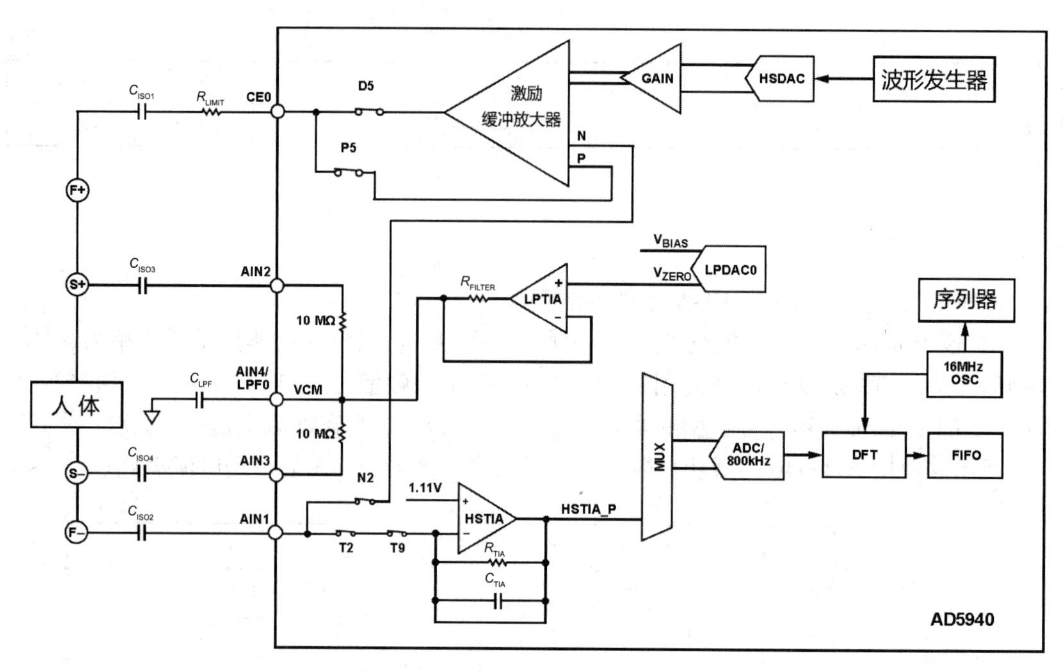

图 8-97　高频 4 线生物阻抗环路（最大带宽 = 200 kHz）

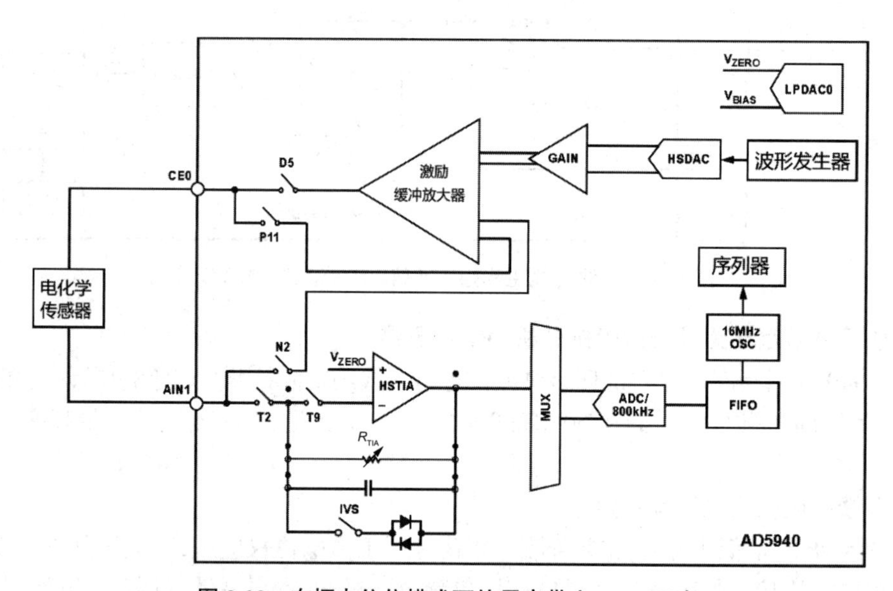

图 8-98　在恒电位仪模式下使用高带宽 AFE 环路

4. 使用 AD5940、AD8232 和 AD8233 进行生物阻抗和心电图（ECG）测量

AD5940 可与 AD8232 和 AD8233 配合使用，进行生物阻抗和 ECG 测量（图 8-99），这两种测量可以方便地使用相同的电极。

当需要测量生物阻抗（如身体成分、水合作用、EDA 等）时，AD8232 和 AD8233 进入关断状态（AD8232 和 AD8233 的 SDN 引脚由 AD5940 GPIOx 引脚控制），AD5940 开关矩阵断开 AD8232 和 AD8233 与电极的连接。

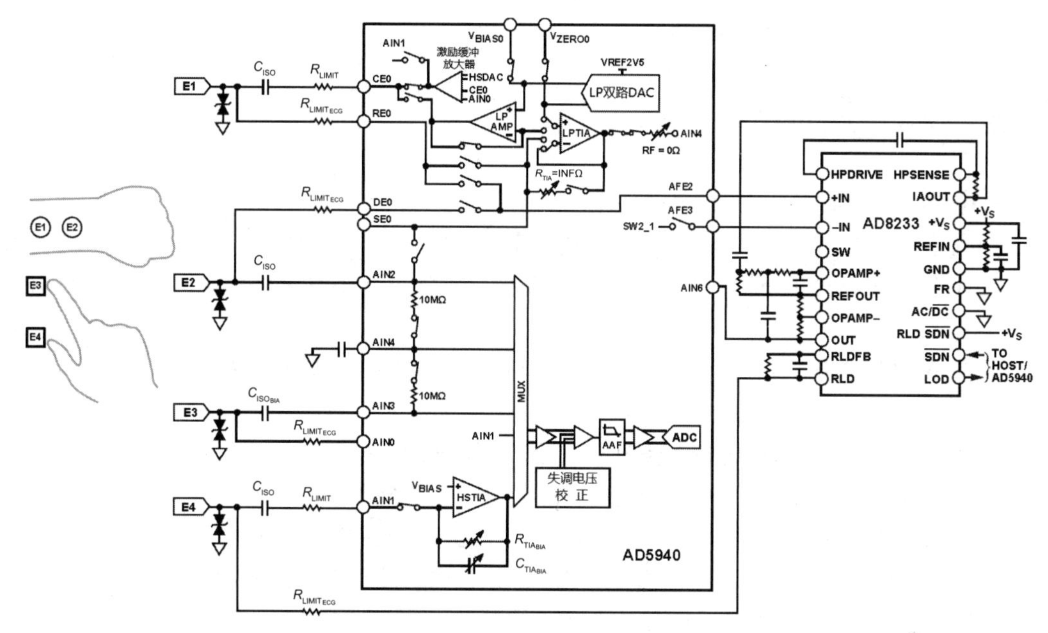

图 8-99　采用 AD5940、AD8232 和 AD8233 实现的生物阻抗和 ECG 系统解决方案

当需要进行 ECG 测量时，AD5940 开关矩阵将 AD5940 AFE 与电极断开，转而连接到 AD8233AFE。AD8233 模拟输出通过 AINx 引脚连接到 AD5940 上的高性能 16 位 ADC，测量数据存储在 AD5940 数据 FIFO 中，由主机控制器读取。

5. 智能水质/液体质量 AFE

AD5940 的特性和灵活性使其成为水质分析应用的理想选择，这些应用通常测量 pH 值、电导率、氧化/还原和温度。图 8-100 所示为一个简化版本，其中 AD5940 配置用来满足这些测量需求，高功率 PA 回路可用于电导率测量。其中显示了一个 2 线电导率传感器。pH 值测量指示溶液的酸度或碱度，在 ADC 转换之前使用外部放大器进行缓冲。

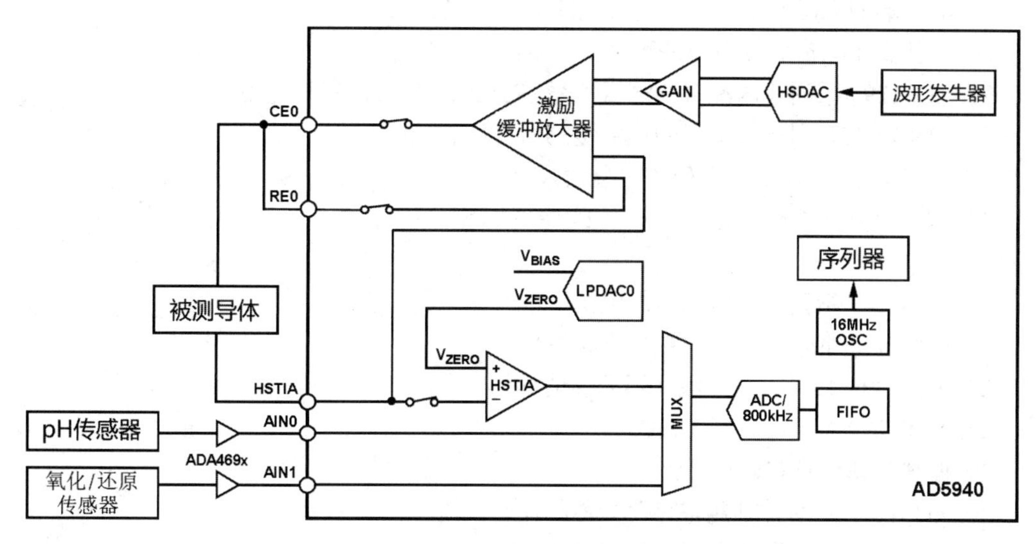

图 8-100　采用 AD5940 的典型水质分析应用

在此应用中，数据 FIFO 和 AFE 序列支持自主的预编程智能水质测量。

习题与思考题

1. 电感传感器有哪些种类？
2. 电感传感器的哪些参数可以用来“传感”？
3. 什么是 AFE？本章介绍的 AFE 有何特点？查找一下还有哪些在医学仪器中使用的 AFE？
4. 在 ADAS1000 系列 ECG AFE 中，针对 ECG 检测中的主要干扰采用了什么样的抑制技术？
5. 在 ADAS1000 系列 ECG AFE 中，如何实现导联脱落的检测？
6. 在 ADAS1000 系列 ECG AFE 中，如何实现呼吸的检测？
7. 在 ADAS1000 系列 ECG AFE 中，如何实现起搏器的起搏脉冲的检测？
8. 在 ADAS1000 系列 ECG AFE 中，如何避免导联线的分布电容对测量的影响？
9. 在 AFE4490 中是如何消除背景光干扰的？
10. 为什么 AFE4490 要做到很大的动态范围？
11. 相比于单端电路，采用差动跨阻放大器（I-V 转换电路）有什么优点？
12. AFE4490 中的差动跨阻放大器有两个 C_f，有何作用？如何确定其大小？
13. 相比于 ADAS1000 系列 ECG AFE，ADS1299 系列 EEG 有哪些性能更优秀？
14. ADS1299 系列的单极输入和双极输入检测各有何意义？
15. 为什么在 EEG 测量中，要检测电极接触（导联脱落）情况？
16. 分析 ADS1299 系列的主要性能，你对此有何看法？
17. 什么是“菊花链”？采用菊花链管理多个器件有何优势？
18. ADS1299 系列不用的输入、输出管脚应该如何处理？
19. 输入端的无源滤波器中的电容应该如何连接？为什么？
20. 为什么要测量器件本身的噪声？
21. ADS1299 系列片内配置的测试信号（TestP 和 TestN）有何应用？
22. ADS1299 系列片内配置的温度传感器有何意义？
23. 如何确定 ADS1299 系列的差分输入电压范围（$V_{INxP}-V_{INxN}$）？
24. 每个 ADS1299-x 通道有一个 24 位 Δ-Σ 型 ADC，如何看待其中二阶调制器噪声频谱？
25. ADS1299 系列应用电路中的电源退耦有哪些内容？
26. 如何分析外部参考电源的驱动电路？
27. ADS1299 系列的 sinc 滤波器的性能如何？
28. ADS1299 系列有几个 GPIO？
29. 偏置驱动信号有何意义？
30. ADS1299 系列有哪些寄存器？各起什么作用？
31. 阻抗和电化学前端 AD5940 有何特点？

32. AD5940 的低功耗及其功率控制有何意义?

33.AD5940 片上集成了强大的信号处理模块,用自己的语言描述这些模块的作用。

34. AD5940 可以完成哪些电化学测量? 检索一下还有哪些型号的电化学模拟前端?

35. AD5940 有很多数量的“寄存器”,从中可以悟到什么?

36. AD5940 中有高速 DAC、高速 ADC 和高速 TIA,为什么在有低速的片上同类功能的模块上还要配置高速的模块? 这些高速模块有多高的速度? 在应用时是否够用?

37. AD5940 可以用于哪些电化学测量?

38. AD5940 可否用于其他生理信号的测量?

第 9 章　数字时代的生物医学传感与测量技术

9.1　概述

所谓“数字时代”，是在测量系统中，以数字信号处理为主，模拟信号处理为辅。这是由于数字信号处理具有远远超过模拟信号处理的性能。但这并不是说模拟信号处理不重要，在被测对象本身就是模拟信号的时候，特别是微弱模拟信号的时候，模拟信号处理就能展现其必要性和重要性。

“数字时代”带来生物医学传感与测量技术一系列全新的理念：

（1）SoC（System on Chip，片上系统）；

（2）多传感器与多维数据；

（3）高速动态测量；

（4）海量数据与数据挖掘；

（5）直接测量、间接测量与建模测量；

（6）“M+N”理论。

这些动态和趋势大体包括了正在进入“数字时代”的进展和发展趋势，把握这些动态将有助于设计性能更强大的生物医学信息检测与处理系统。

9.2　“数字时代”的模拟信号处理

除极个别的生物医学信息是以数字方式出现外，几乎所有的生物医学信息都是以模拟（物理）信号的方式出现。但我们早已进入数字时代，也就是说，对精度和性能要求高一点的设备中，所有的模拟信号都需要转换成数字信号。图 9-1 所示为一个典型的医学系统（仪器）。

从传感器开始到 ADC 都属于模拟信号处理的范围，其作用如下：

（1）将信号放大到接近 ADC 满量程输入范围，以便最大限度地利用 ADC 的分辨率；

（2）保证信号的通频带，以免信号产生频率失真；

（3）滤除带外噪声，保证进入 ADC 的信号（包括噪声）频率（带）足够低于奈奎斯特（Nyquist）频率，以免产生频率混叠及其导致的失真。

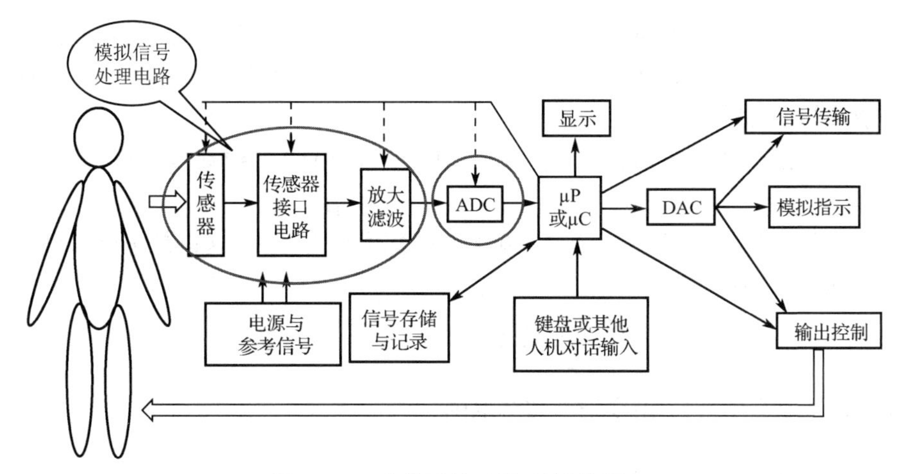

图 9-1　一个典型的医学系统（仪器）

9.3　ADC 与过采样

顾名思义，ADC 的作用就是把模拟信号转换成数字信号。对 ADC 的要求是足够高的精度和足够快的速度。

9.3.1　足够高的精度

在选用 ADC 器件时，无疑精度是最重要的指标，但不少人直接将 ADC 的位数 n 作为精度指标来使用，这是一个严重的误区。要注意以下几对术语的含义是有严格区别的。

1. 精度与分辨率

精度表示观测值与真值的接近程度。它与误差的大小相对应，因此可用误差大小来表示精度的高低，误差小则精度高，误差大则精度低。

精度可以分为绝对精度和相对精度，前者以被测物理量的国际单位制中的基本量作为单位（在本文中的单位通常是伏特），后者是无量纲的数值。实际上，两者都是用“误差”值来表示。

分辨率指能够引起测量系统的输出发生改变的最小输入量。在这里指能够使 ADC 输出改变一个 LSB 的输入电压值，这个电压值也称为 ADC 的“量化电平”。其通常是一个绝对量值，偶尔也会是一个相对量值。

如一个 10 位的 ADC，用数字量来说，其分辨率为 1 LSB，相对分辨率为 $1/2^{10}=1/1\,024$；可能其精度只有 2^8 位（大多数的 ADC 的精度要低 1~2 位），更准确的说法是有 1~4 LSB 的误差，甚至更大的误差。从模拟量的角度（假定 ADC 基准电源 $V_{ref}=4.00$ V），精度可能只有 $\pm V_{ref}/2^8=\pm 0.015\,6$ V，分辨率有 $V_{ref}/2^{10}=0.003\,9$ V。

通过上述说明，可以得到以下结论：

（1）分辨率一定高于精度，分辨率高并不能保证精度高，分辨率不高则精度一定不高；

（2）精度由误差来“定义”，误差越小精度越高，误差越大则精度越低；

（3）精度（误差）有两种表达方式，即绝对精度（误差）和相对精度（误差），前者有量纲单位，后者无量纲，绝对精度（误差）和相对精度（误差）又各自分为模拟量和数字量的表达。

2. 分辨率与动态范围

分辨率在前面已经说明其意义。但在口语中，误把ADC的位数"n"作为分辨率则是司空见惯的。

经常把幅值变化范围，如输入范围、输出范围称为动态范围，这也是不够准确的。实际上，动态范围的定义为

$$\text{动态范围}=\frac{\text{满量程（最大幅值变化范围）}}{\text{分辨率}} \tag{9-1}$$

对于ADC，通常用其输出（数字）动态范围：

$$\text{ADC动态范围}=\frac{2^n(\text{LSB})}{1(\text{LSB})}=2^n \tag{9-2}$$

式中：n为ADC的位数。

式（9-2）说明：

（1）ADC的动态范围是2的位数次方的（正整数）数字；

（2）ADC的动态范围与位数n有关，但与分辨率、精度还是有明确的区别；

（3）ADC的动态范围通常也用dB来表示。

对模拟电路和模拟信号处理，可以得到如下结论：

（1）模拟电路和模拟信号处理对于测量系统是必不可少的，对测量系统的精度是至关重要的；

（2）模拟电路和模拟信号处理绝对不能存在明显的非线性，一旦有了非线性误差，再强大的数字信号处理也解决不了信号的失真问题，即不可能消除非线性误差。

9.3.2 足够快的速度

众所周知，不满足奈奎斯特采样定理将导致混叠效应和误差。问题是任何一种信号中都不可避免地混有高频噪声，任何一个电路也不可避免地存在热噪声，而用滤波器消除信号带外的噪声几乎就是不可能的任务。仅依据奈奎斯特频率来确定ADC的采样频率是不可以的，业界"传说"的"4~10"倍于信号的带宽也是一种不够严谨的说法。

正确的做法是以远远大于奈奎斯特频率的频率进行采样，越高越好，这样做的好处如下：

（1）可以完全避免频率混叠的问题；

（2）可以得到更高精度的信号。

按照"过采样"原理：

$$SNR_{\text{Q-gain}}=10\lg\left(f_{\text{s\_new}}/f_{\text{s\_old}}\right) \tag{9-3}$$

式中：$SNR_{\text{Q-gain}}$为过采样得到的精度增益（dB）；$f_{\text{s_new}}$为ADC的采样率；$f_{\text{s_old}}$为下抽样后得到的采样率。

式（9-3）说明，当$f_{\text{s_new}}>f_{\text{s_old}}$时，得到的数字信号的精度就能提高$SNR_{\text{Q-gain}}$（dB）。

可能读者担心“下抽样”计算复杂，耗时很多。实际上，最简单的“下抽样”就是“平均滤波器”，若过采样倍数

$$k = f_{s\_new} / f_{s\_old} \tag{9-4}$$

把连续 k 个采样值加起来作为一个新的采样值，这就是平均滤波。

为了有一个具体的印象，每过 $k=4$ 倍的过采样，可以提高 6.02 dB 的精度，也就是相当于把 ADC 的精度提高了一位。

9.4　测量（系统）的“两段论”

任何一个测量系统都可以分为两个阶段，如图 9-2 所示。

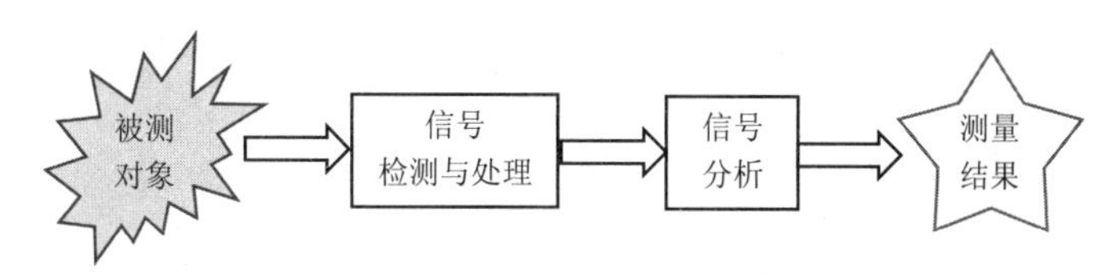

图 9-2　测量系统的两个阶段

信号检测与处理阶段的目的就是获取足够多的“信息”。换言之，整个测量系统能够得到的最高精度或其他性能完全取决于信号检测与处理阶段，这是“必要”条件。

信号分析阶段的关键在于有效提取信息，提高信噪比。换言之，整个测量系统能够得到的最高精度或其他性能也离不开信号分析阶段对各种噪声的抑制，这是“充分”条件。

按照信息论的观点，任何一个信息（信号）测量或分析系统（电路、环节）只能提高“信噪比”，但绝对不可能提高“信息量”，最多是避免或少损失“信息量”。提高测量系统的精度完全在于提高分辨率和抑制误差，且提高分辨率和抑制误差是相辅相成的。

9.5　高精度与高速度测量

提高精度是测量及测量系统的永恒目标，在“数字时代”则在很大程度上体现在提高和使用 ADC 的精度上。同样，ADC 在满足采集信号带宽要求（奈奎斯特采样定律）的同时，采用高速度的 ADC 也有利于提高数据采集精度。

9.5.1　ADC 的选择原则

选择 ADC 时可以参考以下步骤。

1. 工作参数

工作参数包括电源电压、输入范围、输出接口等。不满足这些参数的 ADC 器件难以入选，或者将增加电路的复杂性和降低系统的可靠性。

2. 速度（采样率或数据输出率）

ADC 的速度，即采样率是保障正确采集信号的前提，前面已经做了较充分的说明。下面补充说明几点。

1）采样率

采样率的单位是 SPS（Sample Per Second，每秒采样次数），但在口语中经常被误用为 Hz，这是错误的。

器件手册上通常给出的是可实现的最高采样率，实际使用时应该适当降低一些，以保证 ADC 的精度。

2）转换周期（时间）

转换周期（时间）即 ADC 完成一次转换所需要的时间，通常与 ADC 的工作时钟有关。转换时间与器件的采样率互为倒数。

3）数据输出速率

普通 ADC 器件的数据输出速率等于采样率。但对多通道或具备硬件过采样的器件就不一样。

使用多通道时：

$$\text{数据输出速率} \leqslant \frac{\text{采样率}}{\text{通道数}} \tag{9-5}$$

使用下抽样时：

$$\text{数据输出速率} \leqslant \frac{\text{采样率}}{\text{下抽样率}} \tag{9-6}$$

3. 精度

如前所述，ADC 的精度是由“误差”所定义的，因此选择 ADC 的精度就从其误差来考虑。而 ADC 的误差又可以分为总误差和各种分项误差，以 16 位的 LTC2311-16 为例，其主要技术参数如下。

（1）吞吐速率：5 MSPS。

（2）保证 ±0.75 LSB INL（典型值）、±2 LSB INL。

（3）保证 14 位、无失码。

（4）具有宽输入共模范围的 $8V_{PP}$ 差分输入。

（5）80 dB SNR（典型值，f_{IN} = 2.2 MHz）。

（6）–90 dB THD（典型值，f_{IN} = 2.2 MHz）。

（7）保证工作温度范围为 –40~125 ℃。

（8）3.3 V 或 5 V 单电源。

（9）低漂移（最大 20 ppm/℃）2.048 V 或 4.096 V 内部基准电压源，带 1.25 V 外部基准电压源输入。

（10）I/O 电压范围：1.8~2.5 V。

（11）兼容 CMOS 或 LVDS SPI 的串行 I/O。

（12）功耗：50 mW（V_{DD} = 5 V，典型值）。

（13）小型 16 引脚（4 mm × 5 mm）MSOP 封装。

（14）符合 AEC-Q100 标准，适用于汽车。

上述中“保证 14 位、无失码”说明其精度在“14 位”，这是总精度。简单地选择 ADC 时可以以此参数作为依据。

更精细地分析时，可以从各个分项误差入手，如测量系统对“增益误差”不敏感，则 INL（Integral Nonlinearity，积分非线性）就不那么重要。

性能参数中黑体字部分均是有关“误差（精度）”的，应该说明的是，只有在额定的工作条件下才能保证误差不超出所列的数字。

9.5.2　ADC 的等效分辨率

1. 过采样

根据奈奎斯特定理，采样频率 f_s 应为所要的输入有用信号频率 f_u 的 2 倍以上，即

$$f_s \geqslant 2f_u \tag{9-7}$$

这样就能够从采样后的数据中无失真地恢复出原来的信号。而过采样是在奈奎斯特频率的基础上将采样频率提高一个过采样系数，即以采样频率为 kf_s（k 为过采样系数）对连续信号进行采样。ADC 的噪声来源主要是量化噪声，模拟信号的量化带来了量化噪声，理想的最大量化噪声为 ±0.5 LSB；还可以在频域分析量化噪声，ADC 转换的位数决定信噪比，也就是说提高信噪比可以提高 ADC 转换精度。信噪比（Signal to Noise Ratio，SNR）指信号均方根与其他频率分量（不包括直流和谐波）均方根的比值，信噪与失真比（Signal to Noise and Distortion，SINAD）指信号均方根和其他频率分量（包括谐波但不包括直流）均方根的比值，所以 SINAD 比 SNR 要小。

对于理想的 ADC 和幅度变化缓慢的输入信号，量化噪声不能看作白噪声，但是为了利用白噪声的理论，在输入信号上叠加一个连续变化的信号，这时利用过采样技术提高信噪比，即过采样后信号和噪声功率不发生改变，但是噪声功率分布频带展宽，通过下抽取滤波后，噪声功率减小，达到提高信噪比的效果，从而提高 ADC 的分辨率。

∑-Δ 型 ADC 实际采用的是过采样技术，以高速抽样率来换取高位量化，即以速度来换取精度。与一般 ADC 不同，∑-Δ 型 ADC 不是根据抽样数据的每一个样值的大小量化编码，而是根据前一个量值与后一量值的差值，即所谓的增量来进行量化编码。∑-Δ 型 ADC 由模拟 ∑-Δ 调制器和数字抽取滤波器组成，∑-Δ 调制器以极高的抽样频率对输入模拟信号进行抽样，并对两个抽样之间的差值进行低位量化，得到用低位数码表示的 ∑-Δ 码流，然后将这种 ∑-Δ 码流送给数字抽取滤波器进行抽样滤波，从而得到高分辨率的线性脉冲编码调制的数字信号。

然而，∑-Δ 型 ADC 在原理上，过采样率受到限制，不能无限制提高，从而使得真正达到高分辨率时的采样速率只有几赫兹到几十赫兹，使之只能用于低频信号的测量。

高速、中分辨率的 ADC 利用过采样产生等效分辨率和 ∑-Δ 型 ADC 的高分辨率在原理上基本是一样的，因此本文在归一化条件下提出的 ADC 等效分辨率公式既可以作为评估数字化前端 ADC 的一个通用性能参数，又可以作为 ADC 选用的参考依据。

2.ADC 等效分辨率

与输入信号一起，叠加的噪声信号在有用的测量频带内（小于 $f_s/2$ 的频率成分）即带内噪声产生的能量谱密度为

$$E(f) = e_{rms}\left(\frac{2}{f_s}\right)^{\frac{1}{2}} \tag{9-8}$$

式中：e_{rms} 为平均噪声功率；$E(f)$为能量谱密度（ESD）。

两个相邻的 ADC 码之间的距离决定量化误差的大小，相邻 ADC 码之间的距离表达式为

$$\varDelta = \frac{V_{ref}}{2^N} \tag{9-9}$$

式中：N 为 ADC 的位数；V_{ref} 为基准电压。

量化误差 e_q 为

$$e_q \leqslant \frac{\Delta}{2} \tag{9-10}$$

设噪声近似为均匀分布的白噪声，则方差为平均噪声功率，表达式为

$$e_{rms}^2 = \int_{-\frac{\varDelta}{2}}^{\frac{\varDelta}{2}} \left(\frac{e_q^2}{\varDelta}\right) de = \frac{\varDelta^2}{12} \tag{9-11}$$

用过采样比[OSR]表示采样频率与奈奎斯特采样频率之间的关系，其定义为

$$[OSR] = \frac{f_s}{2f_u} \tag{9-12}$$

如果噪声为白噪声，则低通滤波器输出端的带内噪声功率为：

$$n_0^2 = \int_0^{f_u} E^2(f)df = e_{rms}^2 (\frac{2f_u}{f_s}) = \frac{e_{rms}^2}{[OSR]} \tag{9-13}$$

式中：n_0 为滤波器输出的噪声功率。

由式（9-9）、式（9-11）、式（9-13）可推出噪声功率和分辨率的函数，可表示为

$$n_0^2 = \frac{1}{12[OSR]} (\frac{V_{ref}}{2^N})^2 = \frac{V_{ref}^2}{12[OSR]4^N} \tag{9-14}$$

为得到最佳的信噪比，输入信号的动态范围必须与参考电压 V_{ref} 相适应。假设输入信号为一个满幅的正弦波，其有效值为

$$V_{ref} = \frac{V_{rms}}{\sqrt{2}} \tag{9-15}$$

根据信噪比的定义，得到信噪比表达式为

$$\frac{S}{N} = \frac{V_{rms}}{n_0} = \left|\frac{2^N \sqrt{12[OSR]}}{2\sqrt{2}}\right| = \left|2^{N-1}\sqrt{6[OSR]}\right| \tag{9-16}$$

$$[R_{SN}] = 20\lg\left|\frac{V_{rms}}{n_0}\right| = 20\lg\left|\frac{2^N \sqrt{12[OSR]}}{2\sqrt{2}}\right| = 6.02N + 10\lg[OSR] + 1.76 \tag{9-17}$$

当[OSR]=1 时，其为未进行过采样的信噪比，可见过采样技术增加的信噪比为

$$[R_{SN}] = 10\lg[OSR] \tag{9-18}$$

即可得采样频率每提高 4 倍，带内噪声将减小约 6 dB，有效位数增加 1 位。

香农限带高斯白噪声信道的容量公式为

$$C = W\log_2(1 + S/N) \tag{9-19}$$

式中：W 为带宽。

式（9-19）描述了有限带宽、有随机热噪声、信道最大传输速率与信道带宽信号噪声功率比之间的关系，其可变为

$$\frac{C}{W}=\log_2(1+S/N) \tag{9-20}$$

式（9-20）用来描述系统单位带宽的容量，单位为 b/s。将式（9-16）代入式（9-20）中，可得

$$\frac{C}{W}=\log_2\left(1+2^{N-1}\sqrt{6[OSR]}\right)\approx(N-1)+\log_4[OSR]+\log_4 6\approx N+\log_4[OSR]+0.292 \tag{9-21}$$

式（9-21）可定义成等效分辨率[$ENOB$]，单位为 bit，即

$$[ENOB]=N+\log_4[OSR]+0.292 \tag{9-22}$$

若将信号归一化处理，可得

$$[ENOB]=N+\log_4\left(\frac{f_s}{2}\right)+0.292=N+\log_4(f_s)-0.208(f_s\geqslant 2\ \text{Hz}) \tag{9-23}$$

式中：f_s 为归一化频率下的采样速率。

综上可知，在已知 ADC 归一化采样频率后便可根据式（9-23）得到 ADC 所能提供的最大等效分辨率，以指导正确选择和有效利用 ADC，充分利用其以速度换取分辨率，分辨率可以进一步换取信号增益，足够高的分辨率可以代替信号的模拟放大电路，从而简化软件仪器的数字化前端设计，方便仪器功能的软件定义。

3. 等效分辨率的应用

1）ADC 的选择

表 9-1 为 10 款 ADC 的参数和由式（9-23）计算得到的等效分辨率。由表 9-1 可知，10 是 ADC 的等效分辨率最高，因此仅从等效分辨率来看 AD7739 是设计数字化前端的最优选择，但考虑其采样速率较低，6 和 8 是 ADC 也可以作为优选的型号。总而言之，选择 ADC 时主要参考其等效分辨率和采样速率这两个参数，6、8 和 10 是 ADC 均在考虑之列，其中前两者采样速率较高，适用于中、高频信号的测量；后者采样速率较低，只能用于低频信号的测量。

表 9-1　10 款 ADC 的参数和等效分辨率的比较

编号	参考电压/V	分辨率/bit	采样速率/SPS	等效分辨率/bit	参考型号
1	2.5	8	1.5G	18	ADC08D1500
2	2.5	10	300M	19	AD9211-300
3	2.5	12	170M	19	AD9430-170
4	2.5	12	210M	21	AD9430-210
5	2.5	14	150M	21	AD9254
6	2.5	14	200M	23	ADS5547
7	2.5	16	1M	21	AD7980

续表

编号	参考电压/V	分辨率/bit	采样速率/SPS	等效分辨率/bit	参考型号
8	2.5	16	80M	24	AD9460-80
9	2.5	18	250k	22	AD7631
10	2.5	24	15k	26	AD7739

2)数字化前端的设计

所谓数字化前端,是指直接采用ADC连接传感器,而省却模拟信号处理电路的设计方法,这样可以大幅度简化系统设计,提高系统的可靠性和各项性能。

在设计数字化前端时,选择ADC不仅要考虑ADC的性能,还要兼顾控制器的运算能力。对于中、高频信号的测量,要选用ADS5547和AD9460-80型ADC,其采样速率分别为200 MSPS和80 MSPS。为了与采样速率相匹配,信号处理核心模块一般选用FPGA、DSP或ARM等高速微处理器;而对于低频信号并选用AD7739型ADC时,由于其采样速率只有15 kSPS,因此信号处理核心模块可选用低档单片机。

9.6 测量模式的演进与“$M+N$”理论

9.6.1 测量模式的演进

测量是伴随人类对自然的了解、利用和改造发展起来的。人类的原始测量开始于对尺规的使用,用于测量距离。在古代,中国发明了指南针作为测定方向的简便测量仪器,使人们对角度有了认识。17世纪,伽利略发明了望远镜,使人类能够利用光学仪器进行测量。20世纪50年代以后,科学技术的发展带来了测量技术的革命。微电子学、光学以及激光、计算机、摄影和空间技术的迅猛发展,电磁波测距仪、电子全站仪、数字摄影测量系统等的问世,逐渐结束了“钢尺量距”的历史。特别是近些年来,伴随着人工智能等技术的发展,测量的概念已经不局限于原始的距离、角度、高差等基本观测量,而是更加复杂化、智能化。

从测量模式的角度而言,测量的发展经历了3个阶段,即直接测量、间接测量以及建模测量。直接测量即直接对被测对象进行测量,不通过其他媒介或手段;间接测量则是通过其他方式从另一角度对被测对象展开测量;建模测量则是近些年发展起来的,利用统计学、计量学等方法,通过采集大量样本建立模型,从而得出被测对象数值的方法。早在远古时候,人类便已使用尺规进行直接测量。对于间接测量,最为常见的例子便是弹簧秤测重量的例子,弹簧秤将物理的重量转变为长度继而通过长度换算得出物体的重量。此外,英国人德罕姆最早测得声速以及丹麦天文学家罗默最早测得光速的方法,都是选择测定传播距离和传播时间来确定速度的间接测量。现代科学技术的发展,使人们可以使用更小更精确的实验仪器在实验室中进行测量,然而依旧有诸多测量无法通过直接测量与间接测量的方法得到准确的结果,建模测量为此类测量提供了新的出路。建模测量一般而言是建立在大量样本的基础上的,运用人工智能、机器学习等方法在海量数据中建立有效数据与目标量间的关系，在众多行业得到了广泛应用，如何提高建模测量的预测精度也就成为国内外研究者不容忽视的议题。

9.6.2 多输入、多输出和多干扰测量系统

随着科技的发展，需要同时同步面对的测量对象的种类与数量越来越多，图 9-3 所示的多测量对象（$x_1,x_2,\cdots,x_m$）、多输出量（$y_1,y_2,\cdots,y_l$）的测量系统也越来越多，所涉及的物理原理也越来越多，对测量系统产生的干扰（$c_1,c_2,\cdots,c_n$）种类更是越来越多和越来越复杂。

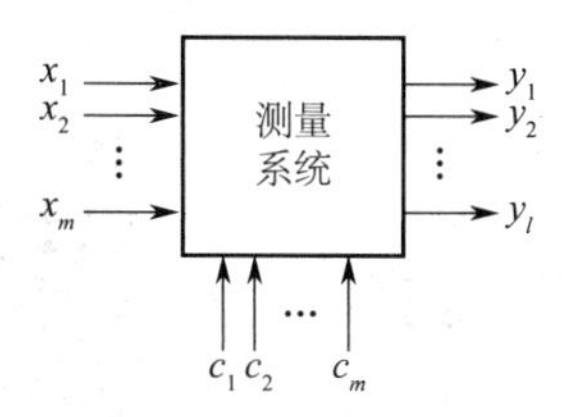

图 9-3 多测量对象、多输出量的测量系统

作为线性的测量系统，其输出可以表达为

$$Y(y_1,y_2,\cdots,y_l)=F[x_1,x_2,\cdots,x_m]+G[c_1,c_2,\cdots,c_n] \tag{9-24}$$

式中：$y_1,y_2,\cdots,y_l$ 为系统的 l 个输出量；$x_1,x_2,\cdots,x_m$ 为系统的 m 个输入量，其中至少有一个被测量或多个被测量；$c_1,c_2,\cdots,c_n$ 为对系统的 n 个干扰因素，其中至少有一个干扰因素或多个干扰因素。

式（9-24）也可以改写为

$$Y(y_1,y_2,\cdots,y_l)=F[x_1,x_2,\cdots,x_m,c_1,c_2,\cdots,c_n] \tag{9-25}$$

针对多（m 个）输入、多（n 个）干扰（系统误差）和多（$l,l\geqslant m+n$）输出的测量系统，为了更准确地确定 l 个输出量与 m 个输入量间的关系，以便准确地测量 m 个被测量中的至少一个或多个，消除或抑制 n 个干扰因素中的至少一个或多个，形成一整套的理论与方法，被称为“M+N”理论。

“M+N”理论从系统、全面的高度看待测量系统，借助“信号与系统”和“数据挖掘”的原理找到观测数据（测量系统的输出）与被测量和干扰量（系统误差）之间的关系，提出了提高测量精度和抑制系统误差的若干行之有效的策略，为复杂测量或测量系统提高精度提供了清晰、明确、可操作性好的途径。

为描述简单起见，把多输入、多输出和多干扰测量系统（Multiple Input，Multiple output and Multiple Interference Measurement System）简称为 MIOIMS。

以下是几个 MIOIMS 的实例。

1. 同时测量压力、温度和湿度的传感器

瑞典林雪平大学的研究团队研制出了一种有机混合离子-电子传导凝胶（图 9-4），可同时测量压力、温度和湿度，且测量过程互不干扰。

压力、温度和湿度的测量大多独立，需集成至电子电路，并使用专用的放大器、信号处理和通信接口。为了降低成本，研究人员将 PEDOT：PSS（保证导电性和塞贝克系数）、纳米原

纤化纤维素（提供机械强度）和 GOPS（提供水稳定性和弹性）三种组分混合到水溶液中，经真空冷冻干燥后制成分支状的感应气凝胶。该气凝胶多孔且富有弹性，兼具电子和离子导通能力与热电效应。气凝胶上下表面经层压制备两个铝电极，连接结果分析设备。气凝胶受热时，其电子热电反应（测量温度，冷热温差越大电流越大）和离子热电反应（测量湿度，湿度为零则不输送离子）的发生速度不同，可通过跟踪电信号随时间的变化来检测温度和湿度的变化。当材料受压时，电阻下降、电导率增加，从而反映压力变化。

这种气凝胶传感器集成了三种信号测量功能，可降低传感器系统复杂性和成本，在多功能物联网、机器人、电子皮肤、功能服装、分布式监控、安全等领域有一定的应用前景。

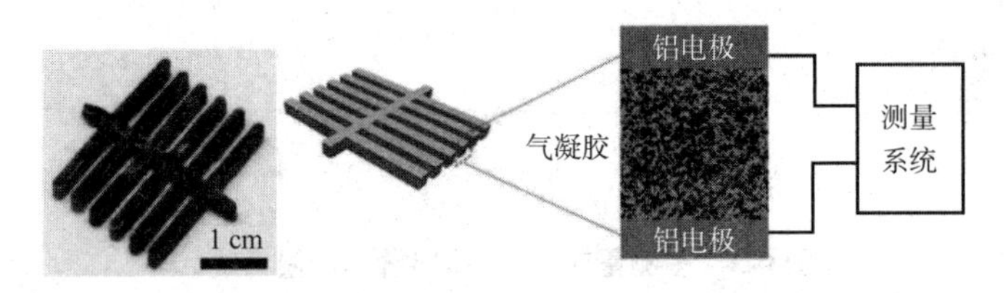

图 9-4　可同时测量压力、温度和湿度的传感器

2. 基于细胞电阻抗传感器的细胞多生理参数分析系统

浙江大学王平教授等针对传统的细胞传感器系统存在参数单一的问题，设计了基于细胞电阻抗传感器的细胞多生理参数分析系统（图 9-5），该系统具有操作简便、一致性高和通量高等特点。采用系统测试实验和细胞实验对系统的基本性能进行测试。实验结果表明，细胞多生理参数分析系统能同时检测细胞生长和心肌细胞的搏动，具备快速、长期、无损和高通量测量的特点。

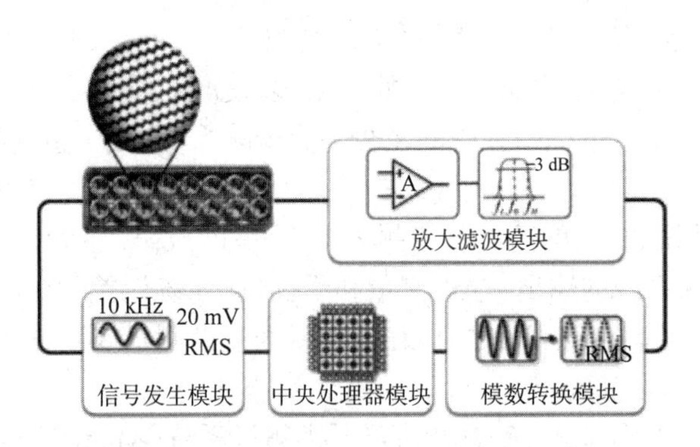

图 9-5　多功能阻抗传感器系统框图

3. 单摄像头获取人脸图像信号与多种生理信号检测

摄像头的基本功能是获得图像或视频，天津大学的李刚课题组利用摄像头进行生物特征识别，在获得人脸图像的同时，还拾取了被测试者的心率、血氧饱和度和其他信息，大幅度提高了生物识别的准确率（图 9-6）。

图 9-6　单摄像头获取人脸图像信号与多种生理信号检测

9.6.3　“$M+N$”理论:以光谱定量分析为例

复杂溶液的光谱定量分析已广泛应用于医药(如血液)、化工(如石油)、食品(如果汁)、工业(如酒精)和其他领域。光谱技术(包括紫外光谱、可见光谱、近红外光谱、中红外光谱和拉曼光谱等)已经发展成为通过复杂液体的透射光谱、反射光谱、散射光谱及其相互作用光谱分析其组成的工具。这类技术方便快捷,具有不消耗化学试剂和低成本的优点。但是,如果没有系统地从测量的各个方面来抑制多因素引起的误差影响,很难进一步提高复杂溶液光谱定量分析的精度。

1. *M* 种成分

如图 9-7 所示,把被测对象、测量系统和环境作为一个整体来分析误差的物理来源与途径以及抑制方法。

被测液体中有 M 种成分,这里的“成分”是指可以引起测量系统输出反应的成分。M 种成分又可以分为两类:m_i 个目标(被测)成分,m_j 个非目标(非被测)成分。

由于吸收光谱是被测液体中的所有成分(M)作用的总和,吸收光谱中的每个波长上的吸光度也是所有成分(M)作用的总和,因此即使不计 N 的影响,任一目标成分的分析误差必定大于其他所有成分分析的误差总和。

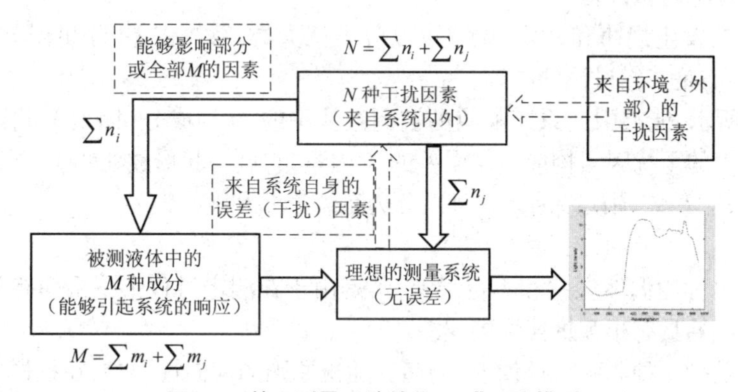

图 9-7　基于测量系统的“$M+N$”理论模型

2. *N* 因素

N 表示多种误差因素,包括测量系统内部的误差和外界干扰因素,如环境温度和湿度、杂散光、光源强度及其频谱的变化、样品池的形位误差、光程的变化、仪器的各种性能的变化等，都将对系统的输出光谱产生影响，进而影响复杂溶液光谱定量分析的结果和精度。

根据能否影响 M 或其中部分成分的光学特性，N 因素又可以分为两类：n_i 和 n_j。如被测溶液的温度和样品皿的尺寸（被测溶液的光程长度）就属于 n_i；而光谱仪自身的噪声、外界的电气干扰等，就属于 n_j；还有一部分的因素既属于 n_i，也属于 n_j，如温度既对被测溶液产生影响，也对测量系统产生影响。

3."$M+N$"项误差来源

如图 9-8 所示，"M+N"理论从系统、全局的角度，认为测量系统输出的光谱是"M+N"共同的贡献。所获得的光谱，可以分为有用信息的光谱（信号）Spectrum_S 和噪声光谱 Spectrum_N。

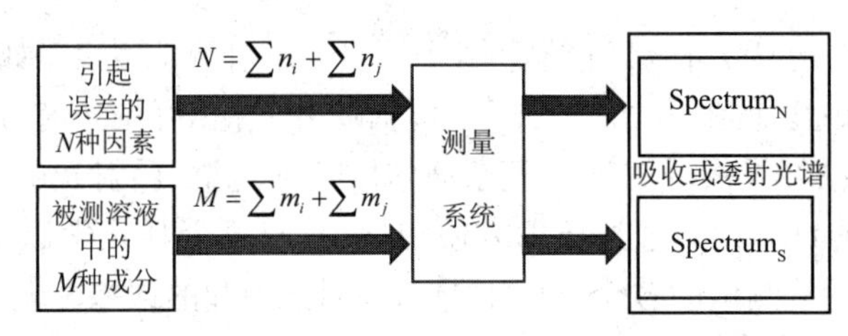

图 9-8　测量系统输出的光谱是"M+N"理论的共同贡献

值得说明的是：

（1）包含被测成分信息才是有用光谱 Spectrum_S，其余的光谱都是噪声光谱 Spectrum_N，但目前还没有方法完全分离这两种光谱；

（2）分析某一成分时，仅考虑该成分的"吸收峰"等是不可取的，应该考虑该成分与其他所有成分的相对吸收关系，如这一成分相对其他成分吸收值很低的谱线也是很重要的；

（3）提高测量精度就是要抑制误差，而抑制某项显著的误差是必须的，但需要全面抑制"M+N"项来源的误差才能保证更高的精度。

4. 系统误差与随机误差

按照误差的发生规律和性质，误差可以分为三大类：系统误差、随机误差和粗大误差。其中，粗大误差不是我们讨论的内容。

如图 9-9 所示，能够引起系统响应的被测液体中的 M 种成分（因素），测量系统中的误差因素和环境中的干扰因素构成引起误差的 N 因素，它们一起形成"M+N"项误差因素。从误差性质来看，"M+N"项误差因素又可以分为系统误差和随机误差。

1）定义

随机误差也称为偶然误差和不定误差，其是由于在测定过程中一系列有关因素微小的随机波动而形成的具有相互抵偿性的误差。

系统误差是指一种非随机性误差，如违反随机原则的偏向性误差，在抽样中由登记记录造成的误差等。系统误差使总体特征值在样本中变得过高或过低，或呈现某种规律性。

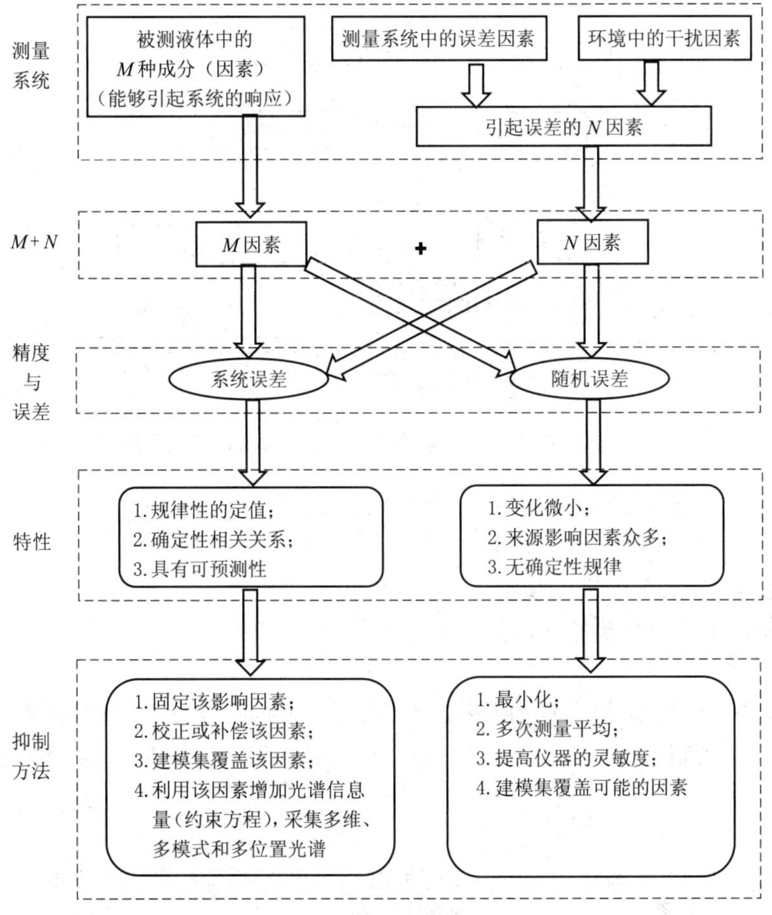

图 9-9　基于误差理论的“M+N”框架

2)特点

(1)系统误差具有规律性、可预测性，而随机误差不可预测、没有规律性。

(2)产生系统误差的因素在测量前就已存在，而产生随机误差的因素是在测量时刻随机出现的。

(3)随机误差具有抵偿性，系统误差具有累加性。

5. 抑制误差、提高精度的策略

按照“M+N”理论有以下两种说法：

(1)无论 m_i 还是 m_j，要么 M 全部能够被精确测量，要么都不能被精确测量；

(2)如果需要测量 m_i，则全部的 m_j 和 N 决定了 m_i 的测量精度。

基于此，“M+N”理论发展了提高测量与分析精度的方法和建模策略，如图 9-10 所示。

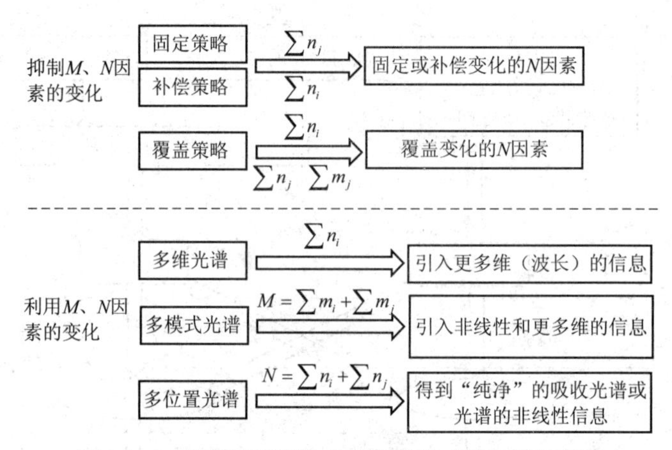

图 9-10 6 种提高测量与分析精度的方法和建模策略

这 6 种提高测量与分析精度的方法和建模策略可以分为两类：

(1)抑制 M 和/或 N 因素的影响；

(2)利用 M 和/或 N 因素的相互作用。

这 6 种提高测量与分析精度的方法和建模策略，说明如下。

1)固定策略

如温度是精密测量中最常见的误差因素，温度既影响测量系统，也影响被测溶液。一个简单的思路就是控制温度——恒温。这是一种十分有效的方法，但有时实现起来有困难或者有代价。

2)补偿策略

仍然以温度为例，在难以做到恒温时，可以测量即时的温度值，依据事先标定的补偿值或补偿规律，对光谱或分析结果进行补偿。

如在采集光谱时，通过调整积分时间的方式来获得适宜信噪比的光谱是常用的方法。然而，在此过程中，光谱仪 CCD 本身的瑕疵所带来的误差常常被忽略，从而影响光谱的精度，针对积分时间的改变所带来的具有随机性的系统误差，可采用对光谱仪标定得到的标定方程来对不同积分时间下采集的光谱进行非线性修正，降低由于积分时间的改变所引入的误差。

3)覆盖策略

需要足够的样本本身就是要求样本“覆盖”尽可能多的各因素的可能“变化范围”。“$M+N$”理论对此要求如下。

(1)从精度的角度上清晰、明确地提出来。

(2)有意识地使收集样本覆盖可能导致影响精度、可能“变化范围”的因素。对 M 因素，作为建模集的样本应该覆盖所有成分的浓度范围的组合，至少要覆盖含量较大、吸光系数(谱线)有较大的值的成分。对 N 因素，如光源、光路径、环境温度等，有意识地收集其可能变化范围的样本，可以显著改善模型的稳健性。

4)多维光谱

“多维”主要指更多波长的光谱，这是由“$M+N$”理论自然而然得到的结论，也可以通过以下途径理解多维光谱的意义。

(1)信息论：波长数越多，自然包含的信息也就越多，就越能覆盖可能导致影响精度、可能“变化范围”的因素。

(2)B. 误差理论：波长数越多，其平均作用越明显。假设 n 个波长的信噪比是一样的，可以认为光谱的信噪比 = $\sqrt{n}$ 单个波长的信噪比。

(3)C. 数学：线性建模(如偏最小二乘法)就是解超定方程，方程数越多，“解球”越小，求解越精确。

(4)D. 谱线差异系数：波长数越多，被测成分相对于其他成分的谱线差异系数越大，其测量(分析)精度越高。

5)多模式光谱

多模式光谱意味着不仅增加线性光谱的波长数，也可能增加非线性光谱与其波长数。从数学上，建模就是利用黑箱理论求最佳解，各种模式的光谱与被测成分一定是确定性的关系，也就是有唯一的解。

这里需要区别的是，多模式光谱为提高定量分析提供了更多的可能，而如何求解、如何利用增加的信息，特别是非线性信息，这是另外一个话题。

一个典型的多模式光谱的实例是吸收光谱与激发荧光光谱联合分析血液成分，取得很好的效果：

(1)采用同一光谱仪，仅增加一个激发光源(LED 或 LD)，相对于吸收光谱的测量几乎没有增加成本或代价；

(2)利用荧光光谱的特异性好的优势；

(3)并不是被测成分能够激发荧光才有效，而是对不能激发荧光的被测成分依然有效。

按照“M+N”理论，如果需要测量 m_i，则全部的 m_j 和 N 决定了 m_i 的测量精度。

6)多位置光谱

如图 9-11 所示，假设一束强度为 I_0 的平行单色光(入射光)垂直照射于一块各向同性的均匀吸收介质表面，在通过厚度为 l 的吸收层(光程)后，由于吸收层中质点对光的吸收，该束入射光的强度降低至 I_1，称为透射光强度。物质对光吸收的能力大小与所有吸光质点截面面积的大小成正比。设想该厚度为 l 的吸收层可以在垂直于入射光的方向上分成厚度无限小的多个小薄层 $\mathrm{d}l$，其截面面积为 S，而且每个薄层内含有吸光质点的数目为 $\mathrm{d}n$ 个，每个吸光质点的截面面积均为 α。因此，此薄层内所有吸光质点的总截面面积 $\mathrm{d}S=\alpha\mathrm{d}n$。

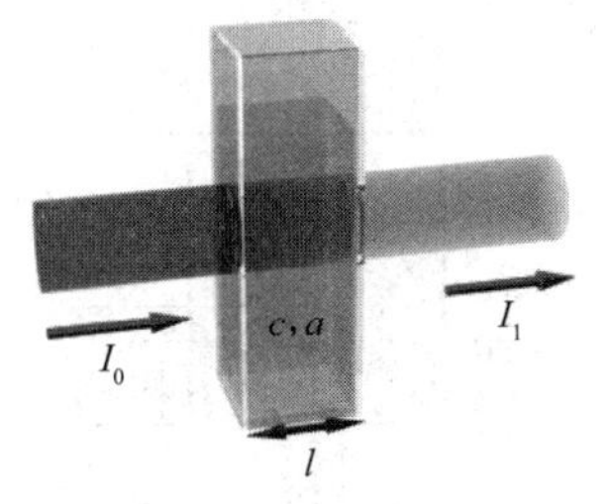

图 9-11　光吸收示意图

假设强度为 I 的入射光照射到该薄层上后，光强度减弱了 $\mathrm{d}I$。$\mathrm{d}I$ 是在小薄层中光被吸

收程度的量度,它与薄层中吸光质点的总截面面积 dS 以及入射光的强度 I 成正比,也就是

$$-\mathrm{d}I = k_1 I\mathrm{d}S = k_1 I\alpha\mathrm{d}n \tag{9-26}$$

式中:负号表示光强度因吸收而减弱;k_1 为比例系数。

假设吸光物质的浓度为 c,则上述薄层中的吸光质点数为

$$\mathrm{d}n = 6.02\times10^{23} cS\mathrm{d}l \tag{9-27}$$

式中:6.02×10^{23} 为 1 摩尔物质中的粒子数。

将式(9-27)代入式(9-26),合并常数项并设 $k_2 = 6.02\times10^{23} k_1\alpha S$,经整理得

$$-\frac{\mathrm{d}I}{I} = k_2 c\mathrm{d}L \tag{9-28}$$

对式(9-28)进行定积分,则有

$$-\int_{I_0}^{I_1}\frac{\mathrm{d}I}{I} = \int_0^l k_2 c\mathrm{d}l$$

$$-\ln\frac{I_1}{I_0} = k_2 cl$$

$$\lg\frac{I_0}{I_1} = 0.43k_2 cl = Kcl \tag{9-29}$$

式中:$\lg\frac{I_1}{I_0}$ 称为吸光度 A;$K = 0.43k_2$;而透射光强度与入射光强度之间的比值 $\frac{I_1}{I_0}$ 称为透射比,或称透光度 T,其关系为

$$A = \lg\frac{I_0}{I_1} = \lg\frac{1}{T} = Klc \tag{9-30}$$

式(9-30)即是朗伯-比尔定律。

被测溶液基本符合应用比尔-朗伯(Lambert-Beer law)定律的 4 个前提条件如下:

(1)入射光为平行单色光且垂直照射;

(2)吸光物质为均匀非散射体系;

(3)吸光质点之间无相互作用;

(4)辐射与物质之间的作用仅限于光吸收,无荧光和光化学现象发生。

也即测得的光谱与溶液的成分之间是线性关系,但在绝大多数的基于光谱的化学定量分析中,既难以测量 I_0,也难以保证 I_0 的一致性和稳定性,这将导致很大的误差。

如图 9-12 所示,在 S_1 和 S_2 两个位置分别测量得到光强(谱)I_{10} 和 I_{20}。

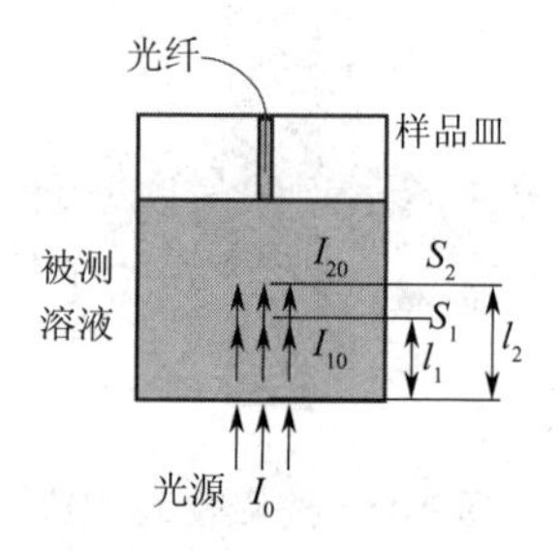

图 9-12 双位置光谱测量示意图

S_1 位置的吸光度：

$$A_1 = \lg(I_0 / I_{10}) = \lg I_0 - \lg I_{10} = Kl_1c \tag{9-31}$$

S_2 位置的吸光度：

$$A_2 = \lg(I_0 / I_{20}) = \lg I_0 - \lg I_{20} = Kl_2c \tag{9-32}$$

式（9-32）减去式（9-31），可得

$$\Delta A = A_2 - A_1 = \log I_{10} - \log I_{20} = \log\left(\frac{I_{10}}{I_{20}}\right) = K(l_2 - l_1)c = \Delta lKc \tag{9-33}$$

即

$$\Delta A = \lg\left(\frac{I_{10}}{I_{20}}\right) = \Delta lKc \tag{9-34}$$

在式（9-34）中，I_{10} 和 I_{20} 是由光谱仪测得的量，与光源 I_0 的强度无关，因此双位置测量光谱的方法在理论上可以消除光源的影响。

其实，双位置法还能消除从光源到样品皿入射处的光路带来的影响。

由于在两个位置测量，实际上还需要其他一些保障获得有益效果的条件：

（1）两个位置间距离的准确性及其定位的重复性；

（2）在光谱仪一定的动态范围和信噪比的情况下，合理选择 l_1 和 l_2 以及 Δl。

9.6.4　非线性透射光谱的采集与分析

在被测溶液的散射等非线性因素可以忽略的情况下，双位置法可以有效抑制一部分 N 因素的影响；在被测溶液的散射等非线性因素比较显著的情况下，双位置法同样可以有效抑制一部分 N 因素的影响，但不能简单地用两个位置的透射光谱来计算“吸收光谱”，而是要用两个位置的透射光谱合成一个光谱来进行分析。为了获取更多的非线性信息，应该采集更多位置的透射光谱来进行分析。

1. 多位置透射光谱的采集

依据朗伯-比尔定律，式（9-30）表明光程 l 与浓度 c 处于相等地位，均是影响吸光度 A 的重要参数。研究光程变化对吸光度 A 的影响时，不妨假设浓度 c 参数不变。图 9-13 所示为多光程检测的示意图，入射光纤均对准出射光纤，其中展示了 5 个不同光程的光纤位置。

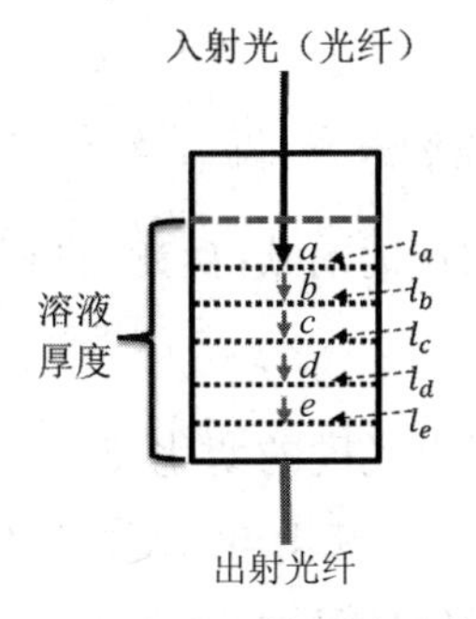

图 9-13　多光程检测的示意图

在光程 c 处对应光强值为 I_c，在 b 处对应光强值为 I_b，在 a 处对应光强值为 I_a。在不同光程处，输出的光强值的比值为

$$\frac{I_a}{I_c}=\frac{I_0 e^{-\varepsilon c l_a}}{I_0 e^{-\varepsilon c l_c}}=e^{(l_c-l_a)\varepsilon c} \tag{9-35}$$

假设 $l_a=10l, l_c=l, \varepsilon cl=1$，则

$$\frac{I_a}{I_c}=e^{-9} \tag{9-36}$$

也就是说，在不考虑散射和光谱仪不饱和的情况下，即使满足朗伯-比尔定律的线性关系，但光程变化较大也会导致两者光强值相差 e^9 倍，这可能导致测量系统的分辨率、灵敏度和信噪比等难以满足，从而造成光谱的测量误差。

考虑到散射的影响，图 9-14 所示为散射导致光路径变化的示意图。假设光路径长度（光程）可用高次函数进行拟合，这里不妨用二次函数进行描述，则有

$$f(l_x)=m_x l_x^2+n_x l_x+k_x$$

则

$$\frac{I_a}{I_c}=\frac{I_0 e^{-\varepsilon c l_a}}{I_0 e^{-\varepsilon c l_c}}=e^{\left[\left(m_c l_c^2+n_c l_c+k_c\right)-\left(m_a l_a^2+n_a l_a+k_a\right)\right]\varepsilon c} \tag{9-37}$$

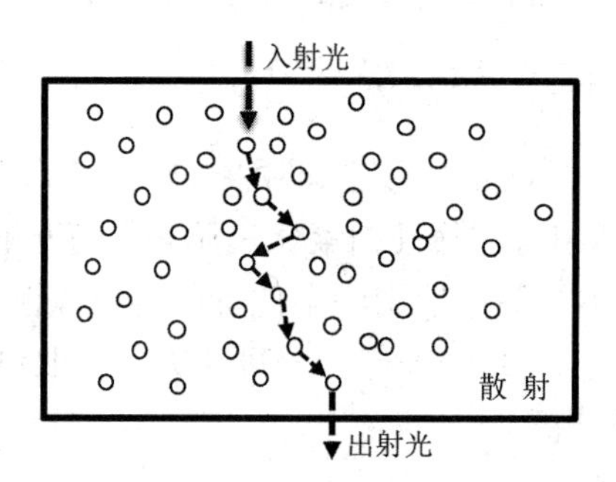

图 9-14 散射导致光路径变化的示意图

对式（9-37）两边取对数，可得吸光度 A 为

$$A=\lg\frac{I_a}{I_c}=0.43\left[\left(m_c l_c^2+n_c l_c+k_c\right)-\left(m_a l_a^2+n_a l_a+k_a\right)\right]\varepsilon c \tag{9-38}$$

式（9-38）中，令

吸光度 A 与浓度之间不再是线性关系，即 $A \propto \psi(l)$。对二次函数 $\psi(l)$ 进行微分，则必有 $\frac{d\psi(l)}{dl}=pl$，其中 p 是系数。两边同时对式（9-38）进行微分，则

$$dA=p\varepsilon c \tag{9-39}$$

当 $\psi(l)$ 是单调的二次函数时，吸光度的变化与浓度之间的关系是线性的。换句话说，当 $\psi(l)$ 是更高次项的函数时，吸光度的变化与浓度之间仍然是一个非线性关系。图 9-15 所示为某血浆样本在某波长和同一积分时间（等效）下，不同光程与光强值之间的关系。

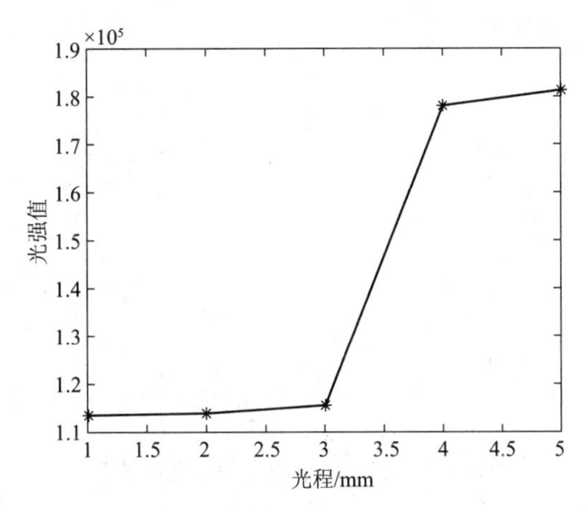

图 9-15　某血浆样本在某波长下不同光程与光强值之间的关系

由图 9-15 可知,光程太大,散射严重,光强值之间的测量误差较大。当光程变化 $\Delta l = |l_e - l_a| > l$ 时, $\psi(l)=\psi(l_e)-\psi(l_a)$,则 $\psi(l)$ 越趋近高次项,从而引起获取的吸光度 A 与浓度 c 之间是高次项关系,即非线性。这里借助于泰勒级数展开形式,用一个隐式的函数表达式进行描述:

$$A=\varepsilon c\left[\frac{f(l_0)}{0!}+\frac{f'(l_0)}{1!}(l-l_0)+\frac{f''(l_0)}{2!}(l-l_0)^2+\cdots+\frac{f^n(l_0)}{n!}(l-l_0)^n+R_n(l)\right] \quad (9\text{-}40)$$

式中: $\frac{f(l_0)}{0!}+\frac{f'(l_0)}{1!}(l-l_0)$ 为 l 的一次函数,等效为最佳光程长; $\frac{f^n(l_0)}{n!}(l-l_0)^n$ (n=2, 3···)表示 l 的 n 次函数,可代表散射引起的光程变化。

令式(9-40)中, $a_0=f(l_0)/0!$, $a_1=f'(l_0)/1!$, $a_2=f''(l_0)/2!$, $a_3=f'''/(l_0)3!$,···,则

$$A=\varepsilon c\left[a_0+a_1(l-l_0)+a_2(l-l_0)^2+a_3(l-l_0)^3+\cdots+R_n(l)\right] \quad (9\text{-}41)$$

假定忽略其后的 3 次及以上的高次项和误差项,则

$$A=\varepsilon c\left[a_0+a_1(l-l_0)+a_2(l-l_0)^2\right],\left|(l-l_0)/l_0\right|\ll 1 \quad (9\text{-}42)$$

据此可以选择适当的阶次构建多光程光谱与物质浓度之间的非线性模型。

2. 建模策略

1)基于 PLS 的多光程光谱建模法

基于 PLS 的多光程光谱建模法将较大光程所测得的光谱等效成若干个等间距的微小光程所测光谱。依据泰勒级数的思想,当光程间距足够小时,可近似看作光程是线性变化,则吸光度与浓度之间也就是线性关系,即仅考虑式(9-42)中的一次项:

$$A=\varepsilon c\left[a_0+a_1(l-l_0)\right],\left|(l-l_0)/l_0\right|\ll 1 \quad (9\text{-}43)$$

以图 9-13 测量 5 个光程(l_a,l_b,l_c,l_d,l_e)为例,其方法步骤如下。

(1)图 9-16 所示为采集某样本不同光程下的透射光谱分别为 S_{l_a} , S_{l_b} , S_{l_c} , S_{l_d} , S_{l_e} ,将光谱数据按光程大小纵向排列,即

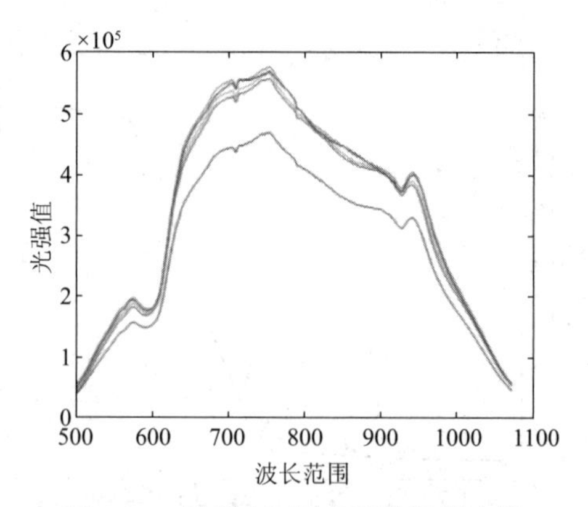

图 9-16　某样本不同光程的透射光谱

$$S_{l\times m}=\begin{bmatrix} I_{l_a}^{\lambda_1} & I_{l_a}^{\lambda_2} & I_{l_a}^{\lambda_3} & \cdots & I_{l_a}^{\lambda_m} \\ I_{l_b}^{\lambda_1} & I_{l_b}^{\lambda_2} & I_{l_b}^{\lambda_3} & \cdots & I_{l_b}^{\lambda_m} \\ I_{l_c}^{\lambda_1} & I_{l_c}^{\lambda_2} & I_{l_c}^{\lambda_3} & \cdots & I_{l_c}^{\lambda_m} \\ I_{l_d}^{\lambda_1} & I_{l_d}^{\lambda_2} & I_{l_d}^{\lambda_3} & \cdots & I_{l_d}^{\lambda_m} \\ I_{l_e}^{\lambda_1} & I_{l_e}^{\lambda_2} & I_{l_e}^{\lambda_3} & \cdots & I_{l_e}^{\lambda_m} \end{bmatrix} \tag{9-44}$$

（2）对任意波长 λ_i 在不同光程下的光强值的列向量 $\left[I_{l_a}^{\lambda_i} \quad I_{l_b}^{\lambda_i} \quad I_{l_c}^{\lambda_i} \quad I_{l_d}^{\lambda_i} \quad I_{l_e}^{\lambda_i}\right]^{\mathrm{T}}$ 进行对数处理，得到 $\ln(S_{l\times m})$。

（3）利用最小二乘法将各个波长 λ_i 下对应的光强值的对数 $\ln(S_{l\times m})$ 与光程向量 $\boldsymbol{l}=\left[l_a \quad l_b \quad l_c \quad l_d \quad l_e\right]^{\mathrm{T}}$ 进行一次项拟合（如式（9-43）所示），得到系数 $k\lambda_i$。

（4）将系数 $k\lambda_i$ 按照波长大小排序组成系数谱 $K_1\times m_\lambda$。

（5）利用将所有样本数据组成的系数谱 K 与物质浓度 c 建立 PLS 校正模型。

2）基于小波神经网络的多光程光谱建模法

考虑到 PLS 模型为线性模型，且仅与式（9-43）中的一次项进行关联。为了进一步优化模型的性能，可利用展开的多光程光谱 $S(l\times m)=\left[S_{l_a},S_{l_b},S_{l_c},S_{l_d},S_{l_e}\right]$ 作为小波神经网络模型的输入，输入节点个数为波长数，隐藏层节点个数为 10，使用 Morlet 母小波基函数（如式（9-45）所示），利用转换后的小波系数代表多光程光谱的有效信息，与组分浓度之间进行关联，建立非线性模型。图 9-17 所示为 Morlet 母小波基函数的图形。

$$m(t)=\mathrm{e}^{\mathrm{j}\omega_0 t}\mathrm{e}^{-t^2/2} \tag{9-45}$$

基于小波神经网络的多光程光谱建模步骤如下：

（1）将各个光程下的透射光谱 $S_{l_a},S_{l_b},S_{l_c},S_{l_d},S_{l_e}$ 做归一化处理，得 $S'_{l_a},S'_{l_b},S'_{l_c},S'_{l_d},S'_{l_e}$；

（2）将归一化后的光谱，依据光程大小进行横向排序，并拼接成多光谱 $S'=\left[S'_{l_a},S'_{l_b},S'_{l_c},S'_{l_d},S'_{l_e}\right]$；

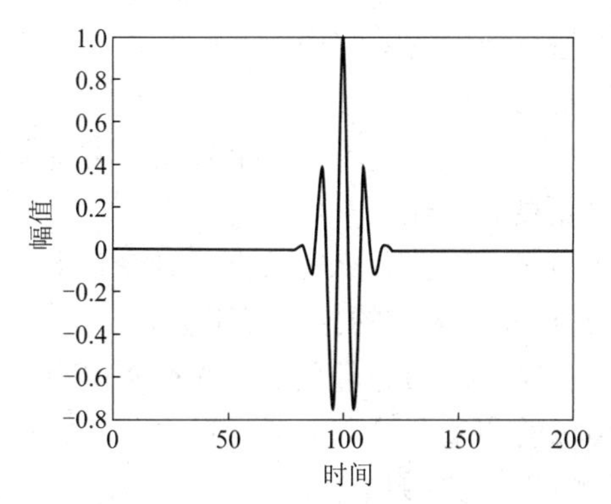

图 9-17　Morlet 母小波基函数的图形

(3)将样本以 4∶1 比例划分为训练样本和预测样本,训练样本用于建立校正模型,预测样本用来检验模型的预测精度;

(4)初始化网络,随机初始化小波函数的伸缩因子和平移因子及网络权重,设置网络学习率;

(5)将训练集的多光谱数据 S' 和参考值输入网络中,进行训练;

(6)依据网络输出和参考值的误差修正小波函数的伸缩因子和平移因子及网络权值,使预测值与参考值之间的误差尽可能小。

本小节内容可以总结如下:

(1)通过多位置的透射光谱测量,在非线性较小甚至可以忽略不计时,差分吸收光谱可以抑制光源等 N 因素的影响;

(2)通过多位置的透射光谱测量,在非线性现象较显著时,可以通过多位置得到蕴含非线性信息的透射光谱;

(3)在建模分析时,利用线性建模的方法(如 PLS)可以在非线性不显著,或间距足够小的情况下得到精度较高的模型;

(4)在建模分析时,利用非线性建模的方法(如神经网络等),可以最充分地利用非线性信息得到很高精度的模型;

(5)多位置的光谱信息采集的关键是保证测量系统的动态范围、分辨率、灵敏度和信噪比。

习题与思考题

1.“数字时代”带来哪些生物医学传感与测量技术全新的理念?

2. 模拟信号处理在“数字时代”有哪些重要作用?

3. 在生物医学测量系统中,如何区分模拟信号处理和数字信号处理?

4. 相比于模拟信号处理,数字信号处理有哪些优势?

5. 数字信号处理在生物医学测量系统中标志性的环节和部件是什么?

6. ADC 的重要作用是什么? 如何选择 ADC?

7. 什么是过采样? 其有何意义?

8. 如何确定生物医学测量系统中的采样率?
9. 数据通过率与采样率有何异同?
10. 什么是测量(系统)的“两段论”? 区分两个阶段有何意义?
11. 如何平衡 ADC 的高精度和高速度?
12. 什么是 ADC 的等效分辨率? 为什么需要考虑这个参数?
13. 测量有哪几种模式? 这几种模式的分类有何意义?
14. 什么是多测量对象、多输出量的测量系统? 并举例说明。
15. 多测量对象、多输出量的测量系统有何意义?
16. 如何提高生物医学测量系统的测量精度?
17. 为什么说提高测量精度的手段必定是抑制误差(与干扰)?
18. 为什么说一个高精度的测量系统的关键是抑制所有明显的误差?
19. 什么是“$M+N$”理论? “$M+N$”理论有何意义?
20. “$M+N$”理论有哪些提高多测量对象、多输出量的测量系统精度的策略?
21. “$M+N$”理论能否用于单一被测对象的系统?
22. 用“两段论”分析如何提高测量系统的精度?
23. 在处理测量的非线性误差时,如何用“两段论”抑制或利用非线性?